Tiefbohrtechnik

Von

Gottfried Prikel

Dipl.-Ing., o. Professor für Tiefbohr- und Erdölkunde
an der Montanistischen Hochschule Leoben

Mit 224 Textabbildungen

Wien

Springer-Verlag

1959

ISBN 978-3-7091-3139-8 ISBN 978-3-7091-3138-1 (eBook)
DOI 10.1007/978-3-7091-3138-1

Softcover reprint of the hardcover 1st edition 1959

Vorwort

Der Erfolg und die Kosten einer Bohrung zum Zweck des Aufschlusses oder der Ausbeute einer Erdöl- bzw. Erdgaslagerstätte hängen nicht nur von der Qualität und Leistung der verfügbaren Bohranlage, sondern auch von der angewendeten Bohrtechnik ab, die den jeweils gegebenen lokalen Verhältnissen angepaßt werden muß. Der Bohrtechniker hat daher folgende Fragen zu entscheiden:

1. Welche Arbeitsmethoden und Hilfsmittel sind am geeignetsten, um die Bohrung sicher und kostensparend auf die gewünschte Teufe abzustoßen?
2. Wie müssen die produktiven Horizonte durchbohrt und gesichert werden, um eine möglichst wirtschaftliche Ausbeute zu gewährleisten?

Als Hilfsmittel zur Erfüllung der ihm gestellten Aufgaben standen dem Bohrtechniker bisher nur die in zahlreichen Fachzeitschriften laufend erscheinenden Veröffentlichungen zur Verfügung, in denen über die beim Abteufen, Verrohren, Zementieren und bei den sonstigen bei einer Tiefbohrung vorkommenden Arbeiten gemachten Erfahrungen berichtet wird.

Das vorliegende Buch will nun die einzelnen Teilgebiete zusammenfassend erläutern und damit ein Leitfaden für in der Praxis stehende Bohrtechniker und für Studierende sein, in dem die wichtigsten Probleme und heute angewendeten Methoden prinzipiell besprochen werden. Auf diese Weise bildet es eine Ergänzung zu meinem 1957 erschienenen Buch „Tiefbohrgeräte" und gemeinsam mit diesem eine Übersicht über das Gesamtgebiet der Tiefbohrkunde.

Selbstverständlich kann und will auch dieses Buch keinesfalls Anspruch darauf erheben, alle vorkommenden Verfahren und dazugehörigen Einrichtungen ohne Ausnahme vollständig zu behandeln. Dies wäre schon deshalb nicht möglich, weil sich — ebenso wie bei den Tiefbohranlagen, bei denen dauernd verbesserte Konstruktionen und Einrichtungen entwickelt werden — aus Forschung und praktischer Erfahrung immer wieder neue Methoden und Hilfsmittel ergeben; diese Veränderungen werden aber die grundsätzliche Arbeitsweise der Bohrtechnik, wie sie diesem Buch zugrunde liegt, kaum berühren.

Aus der Tatsache, daß bestimmte Lieferfirmen genannt sind, während andere fehlen, darf kein Werturteil abgeleitet werden; es wäre im Rahmen dieses Buches unmöglich, alle Firmen anzuführen, die sich mit der Herstellung von in der Tiefbohrtechnik notwendigen Apparaten, Geräten und Materialien befassen.

Allen den Firmen, die mich durch Überlassung von Unterlagen unterstützt haben, möchte ich an dieser Stelle noch einmal meinen besten Dank aussprechen. Außerdem habe ich zu danken meinem Assistenten, Herrn Dipl.-Ing. Dr. mont. K. Schönberger, der mir bei der Zusammenstellung und der Auswahl des vorhandenen Materials hilfreich zur Seite stand, und dem Springer-Verlag in Wien, der wieder in entgegenkommender Weise für die gelungene Ausstattung des Buches gesorgt hat.

Leoben, im Oktober 1958

Gottfried Prikel

Inhaltsverzeichnis

I. Einleitung

In der vorliegenden „Tiefbohrtechnik" wird die Aufmerksamkeit auf das Spiel der Kräfte gelenkt, welche beim Abteufen von Tiefbohrungen teils vom Menschen beeinflußbar, teils unbeeinflußbar sind.

Es wird auf die zahlreichen Faktoren und deren Einzelwertung hingewiesen, welche für das Gelingen einer Tiefbohrung mitbestimmend sind.

Dabei werden auch Materialien besprochen, die der Bohrtechnik zur Verfügung stehen, um der gestellten Aufgabe bestens gerecht zu werden.

Die verschiedenen Spülungsmedien und deren Einfluß auf den Bohrfortschritt werden ausführlich erläutert.

Angesichts des hohen Anteiles, mit dem die Verrohrungskosten an den Gesamtkosten einer Tiefbohrung beteiligt sind, wurden die Futterrohre, deren Beanspruchung und Zementierung besonders eingehend besprochen.

Schließlich werden Fangarbeiten, Methoden zur Feststellung der Ausbeutekapazität, Perforierarbeiten und moderne Kerngewinnungsmethoden, wie auch die dabei verwendeten Geräte und Apparate behandelt.

II. Der Bohrvorgang beim Rotarybohren

A. Allgemeines

Ein horizontal rotierender Antrieb (Drehtisch) — ober Tage — übermittelt die drehende Bewegung dem Bohrmeißel durch die Mitnehmerstange, das Bohrgestänge und die Schwerstangen. Der vom Meißel erzeugte Bohrschmant wird vom Spülstrom, der durch das hohle Gestänge zur Sohle gelangt, im Ringraum zwischen Bohrloch- und Außenwand des Gestänges zu Tage gefördert.

Das Verhältnis zwischen dem Gestängedurchmesser und der Gestängelänge wird mit zunehmender Teufe ungünstiger.

Ein Bohrstrang von 4 1/2 Zoll Gestänge und einer Länge von 2000 m entspricht etwa einer Bohrstange von 10 mm Durchmesser, welche 175,0 m lang ist.

Wir haben es also mit einem anderen Bohren zu tun als bei einer Werkzeugmaschine, bei welcher der Bohrer sehr kurz eingespannt ist.

Die Bohrarbeit des Meißels kann nicht mit dem Auge beobachtet werden, der Meißel hat wechselnd weiche und harte Gesteine zu durchbohren. Über Tage ist dieser Wechsel erst verspätet, am geringeren oder größeren Bohrfortschritt, zu bemerken.

Der Fischschwanz- oder Blattmeißel schneidet rotierend im Gestein und führt, wie wir später noch sehen werden, infolge der Vibrationen im Bohrstrang auch eine gewisse stoßende Bewegung aus, die auf den Bohrfortschritt mitunter von gutem Einfluß sein kann.

Der gezahnte Rollenmeißel drückt die Zähne, dank eines entsprechenden Bohrgewichtes, in das Gestein und hebt dieses verdrückte, plastisch verdrängte Material stemmend ab.

Der mit Diamanten besetzte Meißel arbeitet schneidend mit sehr geringer Spantiefe auf der Bohrlochsohle.

Bei allen diesen Meißeltypen muß der auf Sohle gebildete Bohrschmant durch den Spülstrom ausgetragen werden, so daß das bohrende Werkzeug, welcher Art immer dieses wäre, lediglich auf der gewachsenen Sohle produktive Arbeit leistet und nicht den Bohrschmant weiter zerkleinert.

Der Zweck jeder Bohrarbeit muß sein, die gewünschte Teufe so wirtschaftlich als möglich zu erreichen. Ein maximaler Bohrfortschritt pro Zeiteinheit muß nicht mit dem wirtschaftlichsten identisch sein.

B. Für den Bohrfortschritt maßgebende Faktoren

Zur Erzielung dieses wirtschaftlichsten Bohrfortschrittes sind nun die folgenden Faktoren maßgebend:

1. Art und Charakteristik des zu durchteufenden Gesteins,
2. die Meißeltype bzw. Meißelkonstruktion,
3. der Bohrlochdurchmesser,
4. der Bohrdruck,
5. die Drehzahl am Meißel,
6. der Effekt des Spülstromes und der hydrostatische Druck auf der Bohrlochsohle,
7. die Bohrausrüstung und die Schulung des Bohrpersonals.

1. Art und Charakter des zu durchteufenden Gesteins

Bei Erdöl- und Erdgas-Lagerstätten sind vorwiegend Sedimentgesteine zu durchteufen. Es sind dies: Tone, Mergel, sandige Tone, lockere Sande, tonige Sande, kompakte, das heißt gut gebundene Sande, Kies und Schotter verschiedener Körnung, teils rein, teils mit Letten vermischt, lockere oder gebundene Konglomerate, weiche und harte Sandsteine, Kalksteine und Dolomite und schließlich auch Eruptivgesteine, wie Granite, Syenite, Basalte usw.

Alle diese Gesteine haben bezüglich ihrer Bohrfestigkeit sehr unterschiedliche physikalische Eigenschaften, die nur in geringem Maße beeinflußt werden können.

Der in einem gegebenen Gestein erzielbare Bohrfortschritt ist von den folgenden Charakteristiken abhängig:

a) Härte der einzelnen Mineralkörner, aus denen das Gestein zusammengesetzt ist,

b) Korngröße dieser Mineralkörner,

c) Art der Bindung untereinander, bzw. deren Verfestigungsgrad,

d) Porosität und Durchlässigkeit des Gesteins,

e) Oberflächentextur,

f) Durchdringbarkeit.

Letztere drückt aus, inwieweit ein gegebenes Gestein mit einem spezifischen Durchdringungsmedium leicht oder schwer durchteuft werden kann.

Durchdringbarkeit und Härte sind hier unterschiedliche Begriffe, da bei ersterer der Verfestigungsgrad der einzelnen Mineralkörner eine maßgebende Rolle spielt.

Darüber hinaus beeinflußt in zahlreichen Gesteinen der hydrostatische Druck, dem dieselben ausgesetzt sind, ebenfalls den erzielbaren Bohrfortschritt.

Tektonische Störungen, wie Brüche und Verwerfungen, können ein Nachfallen der Bohrlochwandungen verursachen und dadurch das Durchteufen erschweren.

Es wurden und werden fortlaufend Versuche unternommen, um eine Klassifikation der Bohrfähigkeit verschiedener Gesteine aufstellen zu können.

Zu einigermaßen verwendbaren Ergebnissen können allerdings nur Untersuchungen im Laboratorium führen, da Versuche in Tiefbohrungen niemals die störenden Momente, wie Schwingungen im Gestänge, Reibung an den Bohrlochwandungen usw., ausschalten lassen, die das Drehmoment wesentlich beeinflussen und eine Vergleichsmöglichkeit erschweren.

Die Klassifikation der Bohrfestigkeit verschiedener Gesteine im Laboratorium erfolgt in der Weise, daß der optimale Bohrfortschritt vom Zeitintervall abhängig gemacht wird, innerhalb welchem eine bestimmte Eindringtiefe, z. B. 1/16 Zoll, abgebohrt wird.

ALBERT L. HEAD JR.[1] unternahm diese Versuche mit einer kleinen Diamantbohrkrone, die einen Bohrkern des zu untersuchenden Gesteins konzentrisch auf die obige Tiefe durchbohrte. Die Drehzahl wurde dabei mit 110 U/Min., der Bohrdruck mit etwa 190,0 kg gewählt.

Um die im Labor ermittelte Klassifikation mit dem optimal möglichen Bohrfortschritt von gebräuchlichen Rollenmeißeln zu vergleichen, wurden die gleichen Gesteine mit sieben verschiedenen Rollenmeißeltypen unter den folgenden Bedingungen gebohrt:

Der Durchmesser der Rollenmeißel war 7 7/8 und 9 Zoll, der Bohrdruck war bei den kleineren Meißeln 14600,0 kg, bei den größeren 15800,0 kg, die Drehzahl betrug 50 bzw. 60 U/Min, das spezifische Gewicht der Spülung variierte zwischen 1,14 und 1,5 kg/l, der Spülungsdruck auf das Gestein war 56 bzw. 77 Atm.

Die durchschnittlichen Bohrleistungen der sieben Bohrmeißel in m/Std. sind der im Labor gefundenen Klassifikation in der nachstehenden Zusammenstellung gegenübergestellt.

Gesteinsart	Laboratoriums-klassifikation	Bohrfortschritt m/Std.
Kalk (Canyon Reef)	2,0	4,89
Anhydrit	3,4	2,49
Kalk (Mississippi)	3,9	1,49
Harter Schiefer	4,3	1,32
Kristalliner Kalk	11,6	1,196
Kohleführender Schiefer	15,0	1,15
Harter Sandstein	19,6	0,842
Sandiger Kalkstein	28,0	0,73
Hornstein	45,8	0,61
Rosa Granit	74,1	0,54
Quarzitischer Sandstein	555,7	0,337

[1] World Oil, Oktober 1951.

Dabei ergab sich für die hier verwendeten unterschiedlichen Rollenmeißeltypen allerdings auch ein verschiedener Bohrfortschritt. Leider sind in der Veröffentlichung diese Typen nicht speziell gekennzeichnet.

In jedem Erdöl-Erdgasfeld können die verschiedensten Gesteinscharakteristiken zu durchteufen sein.

Jede Gesteinsschichte wird entsprechend ihrer Charakteristik mit einer ganz bestimmten Meißeltype den wirtschaftlichsten Bohrfortschritt erzielen lassen.

Allerdings müssen dabei auch der Bohrdruck, die Drehzahl/Min., die Spülungscharakteristik und das Spülvolumen den Verhältnissen angepaßt werden, was in der Praxis nur selten zur Gänze der Fall sein wird.

2. Meißeltypen

Die heute verwendeten Meißeltypen basieren fast durchwegs auf empirischen Versuchen.

a) Blattmeißel

Für weiches Gestein und lockere Kies- und Schotterschichten werden für verhältnismäßig geringe Teufen noch Fischschwanz- bzw. Blattmeißel eingesetzt.

Wir unterscheiden bei diesem Meißel den sogenannten Spanwinkel, den Keilwinkel und den Freiwinkel (s. Abb. 1).

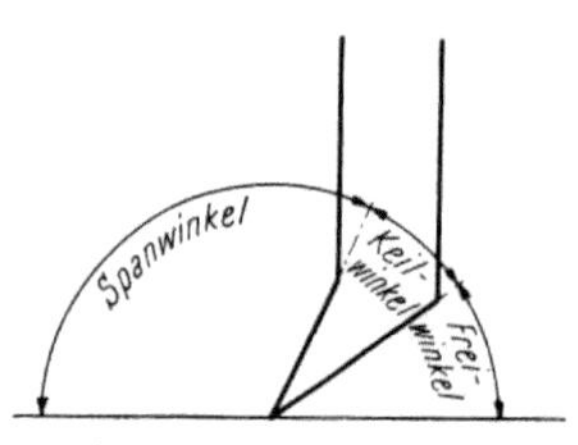

Abb. 1. Winkelbezeichnung beim Blattmeißel

Je weicher das Gestein, um so kleiner kann der Keilwinkel werden und umgekehrt.

Die Schärfe der Schneide und der am Meißel wirkende Bohrdruck bestimmen die Eindringtiefe, bzw. die Spanhöhe.

Die heutigen Meißel werden durchwegs mit Hartmetallen gepanzert, bzw. mit Hartmetall-Formstücken autogen oder elektrisch belegt (s. mein Buch „Tiefbohrgeräte"[1], Kapitel Hartmetalle).

Ein so belegter Meißel weist daher keine sehr scharfe Schneide auf, sondern eine mehr oder weniger dicke Schneidefläche.

Beim Bohren wird nun der Meißelstahl, der die Unterlage, also die Bettung für das Hartmetall darstellt, erheblich stärker abgescheuert als letzteres.

Es wird daher zunächst der Fall eintreten, daß die der Drehrichtung entgegengesetzte Fläche der Meißelschneide, die nicht mit Hartmetall besetzt ist, abgescheuert und auf diese Art die Meißelschneide schärfer gestaltet wird.

Mit zunehmender Abnützung wird allerdings dieser Teil mehr oder weniger flach gescheuert, die Meißelstahl-Unterlage immer dünner werden.

Wird der Meißel nicht rechtzeitig ausgebaut, kann der Hartmetallbelag losbrechen und der schon geringer gewordene Bohrfortschritt rapid fallen.

Sind die Meißelschneiden mit Hartmetallformstücken belegt, die Zwischenräume mit weicherem Hartmetall oder bloß mit Stahl ausgefüllt, so werden sich die Hartmetallstücke frei schneiden und die Meißelschneiden die Fingerform annehmen.

---

[1] Prikel, G.: Tiefbohrgeräte mit besonderer Berücksichtigung der Rotary-Bohranlagen. Mit 322 Textabbildungen. VIII, 305 Seiten. Wien: Springer-Verlag. 1957.

Auch hier werden die Lücken flach geschliffen werden, der Bohrfortschritt wird fallen. Zu langes Belassen des Meißels auf der Bohrlochsohle kann auch hierbei ein Ausbrechen der Hartmetall-Formstücke zur Folge haben und damit den Bohrfortschritt sehr behindern.

Je mehr Schneiden ein Blattmeißel aufweist, um so länger wird er wohl bohren können. Der Bohrfortschritt muß aber keineswegs größer werden, da sich hier der Bohrdruck auf eine größere Anzahl von Schneiden verteilt. Mehrblatt-Meißel ergeben aber eine bessere Rundung des Bohrloches und verhindern auch eher ein Abweichen desselben von der Lotrechten.

Das Produkt aus Spantiefe, Meißeldurchmesser und Drehzahl/Min. ergibt grob das pro Minute erbohrte Gesteinsvolumen.

Das vom Meißel erbohrte Volumen wird je nach der Gesteinscharakteristik zum abgescheuerten Meißel-Metall-Volumen in einem ganz bestimmten Verhältnis stehen. Dieses wird vom Bohrdruck, der Drehzahl/Min. und nicht zuletzt vom gewählten Hartmetallbelag abhängen und den Bohrmeterpreis maßgebend beeinflussen.

Der Fischschwanz- und Blattmeißel arbeitet sich in einer mehr oder weniger flachen Spirale in das Gestein hinein.

Die von der Drehachse am weitesten entfernten Schneideteile legen den größten Weg zurück und sind daher auch am meisten der Abnützung ausgesetzt. Dem wird Rechnung getragen, indem diese Teile am stärksten mit Hartmetall belegt werden.

Eine besondere Meißelform ist der B-Meißel, welcher der Form der natürlichen Abnützung entspricht und das Bohrloch mit einer entsprechend längeren Meißelschneide bearbeitet (s. Abb. 2).

Die Meißelarbeit und damit auch die Abnützung der Schneiden sind hier gleichmäßiger verteilt.

Wo sie eingesetzt wurden, konnte vielfach ein besserer Bohrfortschritt erreicht werden.

Die Bohrmeterleistung erwies sich in manchen Gebieten höher als die des normalen Blattmeißels.

Beim Wechsel von Gesteinshärten besteht allerdings die Gefahr, daß das Bohrloch leichter von der Lotrechten abweichen kann.

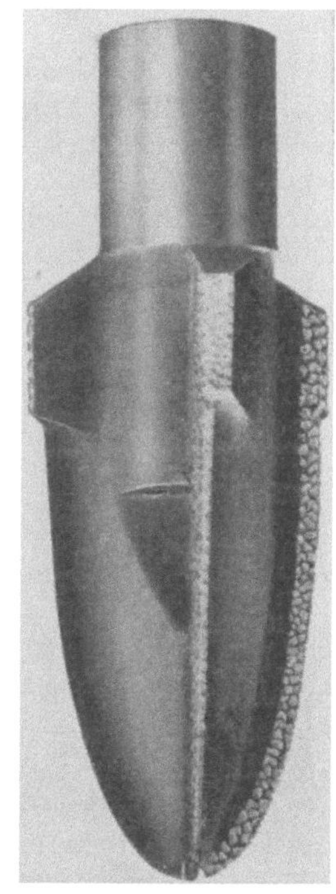

Abb. 2. B-Meißel der Fa. Haniel & Lueg

b) Rollenmeißel

Mit verhältnismäßig wenigen Ausnahmen werden heute die längsten Teufenstrecken bei Tiefbohrungen mit Rollenmeißeln abgeteuft.

Die Bauart und die verschiedenen Typen dieser Spezialmeißel wurden schon in meinem Buch „Tiefbohrgeräte" besprochen.

Für die beiden Extreme, weiches und sehr hartes Gestein, sollen hier die hauptsächlichsten Unterschiede in der Konstruktion nochmals hervorgehoben werden (s. Tab. 1).

Tabelle 1. *Prinzipielle Konstruktion der Rollenmeißel für verschiedenes Gestein*

Konstruktion	weiches Gestein	sehr hartes Gestein
Zahnform	spitzer Schneidewinkel	stumpfer Schneidewinkel
Zahnzahl	wenig Zähne, bzw. größere Zahnlücken	viel Zähne, bzw. kleinere Zahnlücken
Verhältnis des ideellen Abrollradius der Rollen gegenüber Meißelradius	Abrollradius erheblich größer als Meißelradius	Abrollradius nur wenig größer als Meißelradius
Fräswirkung der Rollenzähne auf Sohle	stark ausgeprägt	weniger ausgeprägt

Die Zähne auf den einzelnen Rollen sind so angeordnet, daß die Zahnlücken der einen Rolle von den Zähnen der nächsten bestrichen werden, so daß eine gleichmäßige Bearbeitung der Bohrlochsohle erfolgt.

Zwischen den beiden Extremen — für weiches und sehr hartes Gestein — wird von den Lieferfirmen eine ganze Reihe von Zwischentypen gebaut, die für mittelharte, gebrochene und zerklüftete Gesteine empfohlen werden.

Die von einem Rollenmeißel bei wirtschaftlichem Bohrfortschritt erbohrten Meter sind ein Maßstab für seine Bohrleistung.

Diese Bohrleistung ist begrenzt infolge der nachstehenden Umstände:

1. Abnützung der Schneidezähne,
2. Reduzierung des Außendurchmessers durch Abscheuerung der äußeren Rollenzähne,
3. Abscheuerung der Verlagerung der Rollen,
4. Rollenverklemmung durch Bruch in der Verlagerung.

Ein maßgebender Faktor, der die Lebensdauer eines Rollenmeißels hauptsächlich beeinflußt, ist die Abreibfestigkeit des Gesteins. Sind die einzelnen Mineralkörner sehr hart und scharfkantig, wird die Abnützung der Rollenmeißel auch sehr groß sein.

Die Betriebsdauer der Rollenmeißel hängt vor allem ab:

α) von der Abnützung der Verlagerung, die aus Kugeln und Rollen besteht, und

β) von der Abnützung der Schneidezähne.

α) Die Rollenverlagerung. Zum Unterschied von anderen Wälzlagern sind hier die Kugeln bzw. zylindrischen Rollen nicht in Rollenkäfigen gehalten, sondern zwischen der fixen Rollenachse und der Rollenbohrung lose eingesetzt. Sie können auch nicht mit einem Schmieröl versorgt werden, sondern laufen in der auf der Bohrlochsohle durch den Bohrschmant verunreinigten Bohrspülung.

Dies hat zur Folge, daß sowohl die Rollenachsen als auch die Rollen der Verlagerung während der Bohrarbeit stark abgescheuert werden, was bei nicht rechtzeitigem Ausbau den Bruch der Rollenachse und Verlust der einen oder anderen Rolle zur Folge haben kann. Die weitere Folge ist eine recht unangenehme Fangarbeit nach der im Bohrloch verbliebenen Rolle.

Die Betriebsdauer der Verlagerung hängt unter anderem vorwiegend vom *Verhältnis der Verlagerungsfläche zum Meißeldurchmesser* ab (s. Abb. **3**).

Wie in Abb. 3 ersichtlich, fällt das Verhältnis von Lagerfläche zu Meißeldurchmesser mit der Verkleinerung des letzteren rapid ab.

So hat ein 8 3/4-Zoll-Meißel etwa die doppelte Lagerfläche eines 5 1/2-Zoll-Meißels. Daher kann der 8 3/4-Zoll-Meißel etwa den doppelten Bohrdruck des 5 1/2-Zoll-Meißels aufnehmen. Der größere Bohrdruck ermöglicht damit auch einen besseren Bohrfortschritt. (8 3/4 Zoll = 22,225 cm, 5 1/2 Zoll = 13,97 cm.)

Rollenlager werden von den Lieferfirmen heute nur bis zum Meißeldurchmesser von 5 Zoll gebaut. Bei kleineren Meißeln sitzen die Rollen direkt auf den Achsen. Für diese Meißel wird eine erheblich geringere Drehzahl empfohlen.

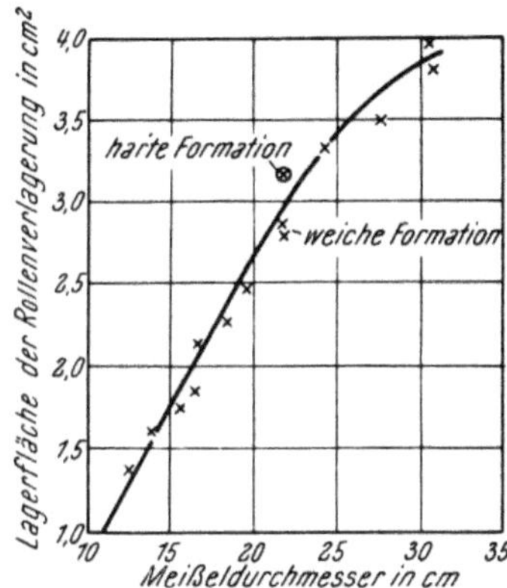

Abb. 3. Lagerfläche der Rollenverlagerung pro cm Meißeldurchmesser für verschiedene Meißeldurchmesser (nach R. A. Bobo, R. S. Hoch und G. S. Ormsby, World Oil, Januar 1955)

Abb. 4. Metallisches Zahnvolumen bei verschiedenen Größen von Dreirollenmeißeln für harte Formationen (nach R. A. Bobo, R. S. Hoch und G. S. Ormsby, World Oil, Januar 1955)

β) Die Lebensdauer der Rollenzähne. Die Rollenzähne sind durchwegs mit Hartmetall gepanzert und können nach Stumpfwerden neu mit Hartmetall besetzt werden.

Es ist eine Seltenheit, daß ein Rollenmeißel wegen zu starker Abnützung der Rollenzähne als unbrauchbar angesprochen werden kann. Es werden fast immer in erster Linie die Verlagerungen die Betriebsdauer begrenzen, da sie nicht wieder betriebsfähig zu gestalten sind.

Praktische Erfahrungen ergaben, daß das von den Rollenzähnen abgescheuerte Metallvolumen eine Funktion des Gesteinsvolumens ist, welches der Meißel erbohrt hat.

Das ursprünglich vorhanden gewesene Metallvolumen der Zähne, in ein Verhältnis gesetzt zur bearbeiteten Fläche der Bohrlochsohle, wird die zu erzielende Bohrleistung widerspiegeln (s. Abb. 4).

Die durchgezogene Linie zeigt das verfügbare Zahn-Metallvolumen pro Flächeneinheit der Bohrlochsohle, die mit der Reduzierung des Meißeldurchmessers stark abfällt. Daher wird auch bei gleichem Bohrdruck pro cm Meißeldurchmesser die potentielle Bohrleistung in derselben Proportion abnehmen.

Es kann folglich mit einem 8 3/4-Zoll-Meißel bei gleichem Bohrdruck etwa die doppelte Leistung erreicht werden wie mit einem 4 3/4-Zoll-Meißel (= 12,06 cm).

Bei sehr hartem Gestein wird sich das Verhältnis der gestrichelten Linie nähern, da bei einer kleineren Meißelgröße die Rollenverlagerung den hohen Bohrdruck nicht mehr aufnehmen kann.

Ein größerer Meißeldurchmesser gestattet einen höheren Bohrdruck, so daß die Rollenzähne tiefer in das Gestein eindringen können und damit auch die Bohrmeterleistung entsprechend erhöht wird.

Die punktierte Linie zeigt das heute verwendete Zahnmetallvolumen einer gegebenen Meißeltype, die etwas vom Durchschnitt abweicht. Für jeden Meißel müßte daher der Verlauf praktisch erst ermittelt werden.

Bezüglich der Hartmetallbesetzung wäre noch folgendes anzuführen. Je kleiner der Meißeldurchmesser und je kleiner die Zahnhöhe, um so dünner wird die Belegung mit Hartmetall sein dürfen.

Daher wird auch schon aus diesem Grunde bei kleinen Durchmessern die Bohrleistung kleiner sein.

γ) Die Zahnhöhe. In weichem Gestein wird die Zahnhöhe entsprechend größer gewählt. Schon bei geringem Bohrdruck kann der Zahn in seiner ganzen Höhe in die Bohrlochsohle eindringen und damit auch einen befriedigenden Bohrfortschritt ermöglichen.

Die fräsende Wirkung ist bei solchen Meißeln viel ausgeprägter, weil hier der ideelle Abrollradius erheblich größer ist als der Meißelradius. Die Rollenzähne werden daher nicht nur tiefer in die Sohle eindringen, sondern auch bei der Drehbewegung des Meißels größere Bohrbrocken von der Sohle abstemmen.

Die maximale Zahnhöhe, die für die verschiedenen Rollenmeißel verfügbar ist, kann also auch als Index für den jeweils zu erzielenden Bohrfortschritt angesehen werden (s. Abb. 5).

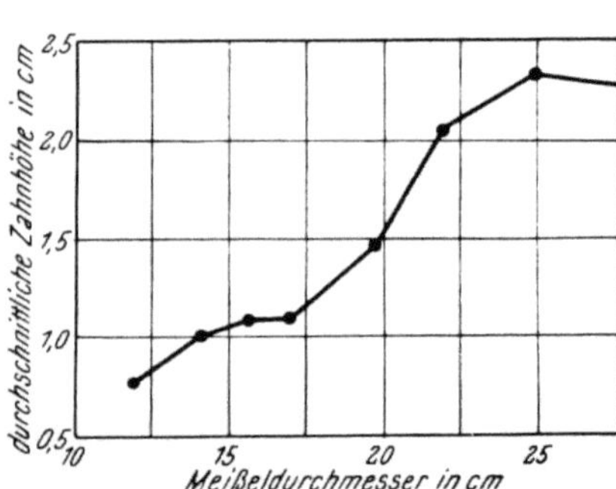

Abb. 5. Durchschnittliche Zahnhöhen für verschiedene Größen von Dreirollenmeißeln für weiche Formationen (nach R. A. Bobo, R. S. Hoch und G. S. Ormsby, World Oil, Januar 1955)

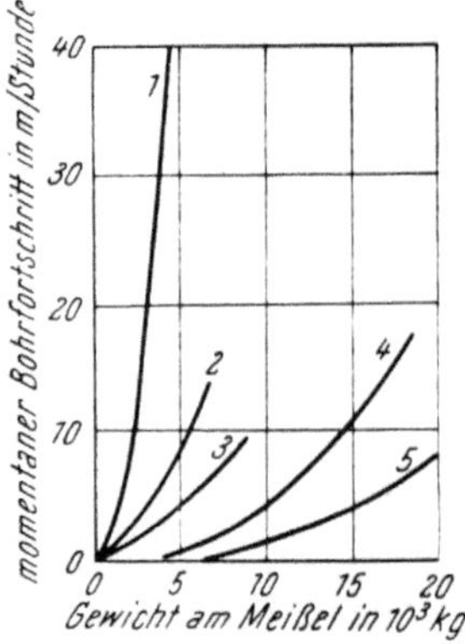

Abb. 6. Bohrfortschritt als Funktion der Meißelbelastung (nach R. A. Bobo, R. S. Hoch und G. S. Ormsby, World Oil, Januar 1955). *1* Indiana Kalkstein, *2* Carthago Marmor, *3* Schwarzer Dolomit, *4* Grauer Granit, *5* Rosa Quarzit. Drehzahl 60 U/Min., 8 3/4-Zoll-Meißel

Nicht jedes Fabrikat von Rollenmeißeln kann als gleichwertig angesehen werden. Laboratoriumsversuche mit zwei Rollenmeißeln derselben Dimension, welche für das gleiche Gestein empfohlen wurden, zeigten unter absolut gleichen Bedingungen eine sehr unterschiedliche Lebensdauer. Der erste Meißel bohrte die doppelte Teufenstrecke wie der zweite. Im Felde ist dieses Verhalten nicht leicht festzustellen, da man in dem einen Falle annehmen könnte, daß die Bohrfestigkeit des Gesteins höher wurde. Oberflächenhärtung der Verlagerung, richtige Wärmebehandlung bei der entsprechenden Stahlqualität und nicht zuletzt eine gute Panzerung mit zähem und nicht sprödem Hartmetall (sprödes blättert leicht ab) sind von besonderer Wichtigkeit.

Allerdings ist auch die richtige Wahl des Bohrdruckes, der Drehzahl und des Spülvolumens für den Bohrfortschritt und die Lebensdauer des Meißels mit verantwortlich (s. Abb. 6).

Empfohlene Bohrdrücke und Drehzahlen der Firma Hughes sind folgende:

a) Unkonsolidierte untiefe Gesteinsschichten	90 bis 180 kg/cm	—	$n =$	150 bis 175 U/Min.
b) Unkonsolidierte mittelharte Gesteinsschichten	350 bis 450 kg/cm	—	$n =$	175 bis 75 U/Min.
c) Konsolidierte mittelharte Gesteinsschichten	450 bis 630 kg/cm	—	$n =$	90 bis 60 U/Min.
d) Konsolidierte harte Gesteinsschichten	730 bis 1080 kg/cm	—	$n =$	50 bis 40 U/Min.

Beim Bohren soll der Bohrdruck zunächst nur maximal die Hälfte des hier angegebenen betragen und nur allmählich auf das oben gegebene Maximum gesteigert werden.

Als führende Rollenmeißel-Erzeugerfirmen wären anzuführen: In USA die Firmen Hughes Tool Co. und Reed Roller Bit Co., in Deutschland die Firma Wirth & Co. im Lizenzvertrag mit der Firma Hughes Tool Co., ferner Firma Söding & Halbach; in England die English Drilling Equipment Co. Ltd. (EDECO) und in Österreich die Firma Mannesmann-Trauzl in Zusammenarbeit mit der Firma Böhler & Co.

δ) Der „Chert bit". Eine auffallend große Steigerung des Bohrfortschrittes ergab schon bei den ersten Versuchen (1951) eine neue Rollenmeißel-Type, der sogenannte „Chert bit", auch „Cobra bit" genannt (s. „Tiefbohrgeräte"). Mit diesem Meißel wurde in sehr hartem Gestein eine Bohrfortschritt-Steigerung bis auf das Zwanzigfache des normalen Vierrollenmeißels erzielt. Dort, wo der normale Rollenmeißel nach etwa 4,0 m Bohrleistung ausgebaut werden muß, ist der „Chert bit" zu empfehlen.

Die Humble Oil & Refining Co. machte diesbezügliche Versuche in einem sehr harten Kalkstein mit Hornsteineinlagen, wo mit einem normalen Vierrollenmeißel 3,0 bis maximal 7,5 m gebohrt werden konnten. Der „Chert bit" durchteufte 28,0 bis 30,0 m in 35 Stunden. Es war ein 8 3/4-Zoll-Meißel = 222,25 mm, der mit einem Bohrdruck von 13 500,0 bis 15 800,0 kg belastet war, das sind 620,0 bis 720,0 kg pro Zentimeter Meißeldurchmesser. Der „Cobra bit" wird besonders für sehr hartes und brüchiges Gestein empfohlen.

ε) Der Zublinmeißel. Über diese Konstruktion wurde ebenfalls schon in meinem Buch „Tiefbohrgeräte" gesprochen. Er eignet sich besonders zur Begradigung von Knie-Bruchpunkten im Bohrloch, ferner zum Beseitigen von Hindernissen, wie z. B. In-die-Wand-drücken von Kleinstteilen, die ins Bohrloch fielen.

3. Der Bohrlochdurchmesser

Er ist abhängig von:

a) Dem Zweck der Bohrung,

b) der zu erreichenden Endteufe,

c) den einzubauenden Verrohrungen (berücksichtigend die Charakteristik der zu durchteufenden Schichten) und dem erwünschten Enddurchmesser der Bohrung.

Bei ausgesprochenen Schurfbohrungen, welche eine neue Lagerstätte erschließen sollen, können die Verhältnisse anders liegen als bei Förderbohrungen in einem schon erschlossenen Ölfeld.

Schurfbohrungen können unter Umständen als sogenannte Slim-hole-Bohrungen, das sind Bohrungen mit kleinem Durchmesser, mit leichten, meist mobilen Anlagen abgeteuft werden, und zwar lediglich zu dem Zweck, die Stratigraphie und die Ausdehnung einer Öl- oder Gaslagerstätte zu ermitteln.

Bei solchen Bohrungen wird nicht damit gerechnet, sie auch als Förderbohrungen zu verwenden. Sie werden meistens nur mit einem Stand-Futterrohr ausgestattet und erreichen ohne eine weitere Verrohrung die erwünschte Endteufe. Die Untersuchung, ob die Lagerstätte eine wirtschaftliche Ausbeute verspricht, wird mit besonderen Geräten, z. B. mit „Johnston-Formation-Testern“ durchgeführt.

Die dabei verwendeten Bohranlagen haben den Vorteil, daß sie bezüglich Transport, Auf- und Abbau und Betriebskosten erheblich billiger sind als solche für normale Förderbohrungen.

Bei letzteren bedingt der für die Förderperiode erwünschte Enddurchmesser der Verrohrung von Haus aus einen größeren Anfangs-Bohrlochdurchmesser.

Slim-hole-Bohrungen werden sich allerdings nur dann empfehlen lassen, wenn die Teufe nicht zu groß ist (etwa 2000 m als Maximum) und nicht zu viele Teste — das sind Untersuchungen der einzelnen Öl- bzw. Gashorizonte — erforderlich sind. Der Zeitfaktor spielt dabei eine sehr maßgebliche Rolle. Je länger ein fast zur Gänze unverrohrtes Bohrloch stehen muß, um so größer wird auch die Gefahr, daß die Bohrlochwand einfällt oder sonstige Schwierigkeiten auftreten, wie z. B. das Quellen einzelner Schichtenkomplexe, was die Bohrarbeit sehr erschweren kann.

Bei größeren Teufen wird man daher stärkere Bohranlagen auch für Schurfbohrungen einsetzen und dabei mit diversen Futterrohrkolonnen rechnen, die so gewählt werden, daß der Enddurchmesser auch der in der Förderperiode zu erwartenden Ausbeutemethode entspricht.

Ferner sind betreffend der Wahl des Bohrlochdurchmessers die folgenden Momente zu beachten:

α) Ein enges Bohrloch ergibt einen größeren Fließwiderstand der zirkulierenden Bohrspülung.

β) Die Kontrolle der dabei verwendeten Bohrspülung erfordert bei kleinkalibrigem Bohrloch eine größere Aufmerksamkeit (Filterkuchenbildung, Wasserabgabe usw.).

γ) Das für den Bohrdruck ausnützbare Schwerstangengewicht fällt rapid mit der Reduzierung des Bohrlochdurchmessers. Kleinkalibrige Schwerstangen, auf Druck beansprucht, werden sich verbiegen und an der Bohrlochwand scheuern. Die sich dabei ergebenden Horizontalkomponenten werden daher den für den Meißel bestimmten Bohrdruck reduzieren. Bei einer gegebenen Schwerstangenlänge ist der maximal mögliche Bohrdruck pro cm Meißeldurchmesser ungefähr proportional der Bohrlochsohlfläche.

δ) Kleinere Bohrlochdurchmesser erfordern daher unter sonst normalen Verhältnissen mehr Bohrtage. Die längere Bohrarbeit bedeutet dabei, wie schon gesagt wurde, auch ein größeres Risiko.

ε) Ein kleinkalibriges Bohrloch benötigt kleinkalibrige Bohrgestänge, was mit höherer Bruchgefahr verbunden ist.

ζ) Endlich wird bei solchen Bohrlöchern die Abweichung von der Lotrechten größer sein, weil die dabei benützten kleinkalibrigen Schwerstangen eine geringere Steifheit aufweisen.

Trotz dieser Nachteile kann ein Bohrloch mit kleinerem Durchmesser wirtschaftlicher werden, und dies aus dem schon erwähnten Grunde, weil bei einer leichten Bohranlage sowohl die Anschaffungskosten, bzw. die Amortisationsquote, als auch die Kosten für den Antransport, Aufbau, Betrieb und Abbau niedriger sind.

Bei Förderbohrungen muß festgelegt werden, welcher Enddurchmesser der mitunter sehr langen Förderperiode am besten entspricht.

Es geht das Bestreben dahin, die Erdöl- oder Gasschichte mit einem Futterrohrdurchmesser zu verrohren, der nicht kleiner ist als 4 3/4 Zoll. Gewöhnlich wird aber ein Durchmesser von 5 1/2 bis 6 5/8 Zoll angestrebt.

Je nach der Charakteristik der darüber liegenden Schichtenkomplexe, vor allem ihrer Standfestigkeit, ergeben sich die vorher einzubauenden Futterrohrdimensionen und damit auch die Durchmesser des Bohrloches in den entsprechenden Teufenstufen.

Um die Futterrohre sicher auf die gewünschte Teufe einzubauen, wird das Bohrloch in weniger standfesten Schichten um etwa 80 bis 120 mm im Durchmesser größer gewählt als der Futterrohr-Außendurchmesser.

Mit zunehmender Teufe nimmt im allgemeinen die Standfestigkeit zu, so daß hier das Übermaß des Bohrloches gegenüber dem Futterrohrdurchmesser etwa zwischen 40 und 90 mm liegen wird. In der Öl- bzw. Gasschichte selbst wird dieses Übermaß oft nur 25 bis 40 mm betragen.

Bei großkalibrigen Schurfbohrungen, aber auch bei den ersten Förderbohrungen einer erschlossenen Lagerstätte sollte man daher anfangs mit einem verhältnismäßig großen Bohrloch beginnen, um gegebenenfalls zusätzlich eine oder zwei Futterrohrkolonnen einbauen zu können und dabei doch die gewünschte Enddimension nicht zu unterschreiten.

Erst wenn die Charakteristik der im Feld zu durchteufenden Gesteinsschichten näher bekannt ist, kann man das endgültige Verrohrungsprogramm festlegen.

Die Kosten der Verrohrung bedeuten etwa 25 bis 30% der gesamten Bohrkosten, daher muß auch die Verrohrung so sparsam als möglich gewählt werden, allerdings darf dabei die Sicherheit der Bohrung für die lange Förderperiode nicht übersehen werden.

Die heutigen Erkenntnisse über die diversen Einflüsse der Bohrspülung und deren Behandlung, um unverrohrt Teufen bis zu 3000 m gefahrlos zu erreichen, haben die Verrohrungskosten wesentlich herabgesetzt.

Die diversen Verrohrungstypen und die Beanspruchung der Futterrohre werden in einem späteren Kapitel (S. 211) eingehend besprochen werden.

4. Der Bohrdruck

a) Allgemeines

Der Bohrdruck ist für den Bohrfortschritt von maßgebender Bedeutung. Ganz allgemein kann gesagt werden, daß mit einem größeren Bohrdruck auch ein größerer Bohrfortschritt erreicht wird. Die entsprechenden Maße des Bohrdruckes für die verschiedenen Verhältnisse sind allerdings bis heute noch nicht einwandfrei ermittelt worden. Versuche mit einem 6 3/4-Zoll-Vierrollenmeißel, bei denen die anderen Faktoren, wie Drehzahl, Meißeltype, Spülvolumen, konstant verblieben, wurden mit Bohrdruckvariationen von 4500 bis 13 500 kg durchgeführt, wobei der Spülstrom so gewählt wurde, daß ein Verkleben des Meißels mit Bohrgut gerade noch verhütet wurde.

Man hat dabei folgendes feststellen können:

Hartes Gestein. Bei einem Bohrfortschritt von 1,5 bis 3,6 m/Std. war dieser dem jeweiligen *Bohrdruck direkt proportional.* (Dies mit ganz geringen Ausnahmen.)

Mittelhartes Gestein. Bei einem Bohrfortschritt von 3,6 bis 12,0 m/Std. stieg der *Bohrfortschritt bei einer Bohrdruckerhöhung um 100% bloß um 55%.*

Weiches Gestein. Bei einem Bohrfortschritt von 15,0 bis 27,0 m/Std. stieg der *Bohrfortschritt bei einer Bohrdruckerhöhung um 100% nur mehr um maximal 50%.*

Die Bohrdruckerhöhung ist somit im harten Gestein am wirkungsvollsten.

Ein sehr anschauliches Bild über den Bohrfortschritt in verschieden hartem Gestein bei unterschiedlichem Bohrdruck, das auf gesammelten Erfahrungen der Gewerkschaft Elwerath basiert, zeigt Abb. 7.

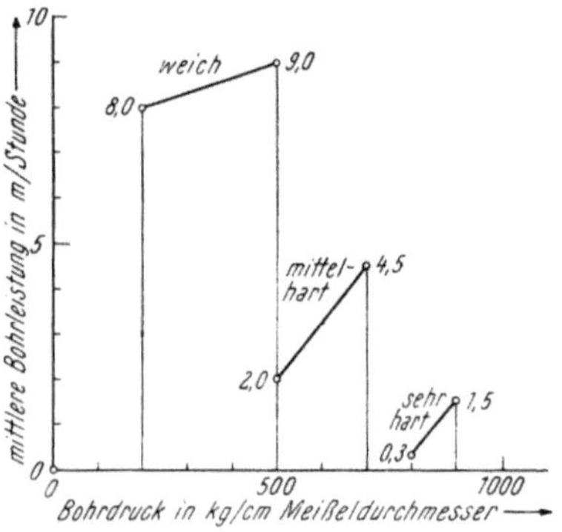

Abb. 7. Bohrleistung in Abhängigkeit von Bohrdruck und Gesteinshärte (nach H. Szepanek, Erdöl-Zeitung, Juli 1956)

Wie aus Abb. 7 zu ersehen ist, ergibt sich in weichem Gestein bei einer Bohrdruckerhöhung um 150% (von 200 auf 500 kg/cm Meißeldurchmesser = M. D.) eine Steigerung des Bohrfortschrittes um nur 12,5% (von 8,0 auf 9,0 m/Std.).

Im mittelharten Gestein wird bei Erhöhung des Bohrdruckes um 40% (von 500 auf 700 kg/cm M. D.) der Bohrfortschritt um 125% (von 2,0 auf 4,5 m/Std.) gesteigert.

Schließlich bringt eine Bohrdruckerhöhung im harten Gestein um bloß 12,5% (800 auf 900 kg/cm M. D.) schon eine Steigerung des Bohrfortschrittes um 400% (von 0,3 auf 1,5 m/Std.) mit sich.

Im Laboratorium der Hughes Tool Co. wurde ermittelt, daß der augenblickliche Bohrfortschritt proportional ist der Drehzahl/Min., multipliziert mit dem Bohrdruck zur Potenz „K". Dabei ist der Bohrdruck mit lbs./Zoll Meißeldurchmesser einzusetzen. Die Potenz „K" variiert vom weichen zum harten Gestein zwischen 1,2 und 2,3.

Der Bohrdruck muß sowohl der Gesteinshärte als auch der Zahnhöhe der Rollen angepaßt sein.

Ein zu großer Bohrdruck, bei welchem auch die Zahnlücken in die Sohle gepreßt werden, hat keine Erhöhung des Bohrfortschrittes zur Folge, sondern lediglich eine erhöhte Beanspruchung der Rollenverlagerung.

Kleinkalibrige Rollenmeißel mit verhältnismäßig niedrigen Zahnhöhen können daher auch nur mit einem entsprechend geringeren Bohrdruck belastet werden.

Wird der Bohrschmant von der Sohle durch den Spülstrom nicht genügend ausgetragen, wird auch die Wirkung des Bohrdruckes reduziert werden.

Mit Rücksicht auf die Wirtschaftlichkeit, also die Zeitdauer, innerhalb welcher der Meißel nutzbringend arbeiten kann, ohne gewechselt zu werden (was die unproduktive Arbeit des Aus- und Einbaues zur Folge haben würde), wird sich das optimale Bohrgewicht anders stellen, als wenn vom absolut größten Bohrfortschritt pro Zeiteinheit, z. B. pro Stunde, die Rede ist.

Diesbezügliche Versuche mit Rollenmeißeln ergaben das folgende Resultat: In hartem Gestein wurde mit einem 6 3/4-zölligen Rollenmeißel und einem Bohrdruck von 12000 kg der wirtschaftlichste Bohrfortschritt erzielt. Er war um 300% höher als jener, der mit dem doppelten Bohrdruck erreicht werden konnte.

Bei Rollenmeißeln hängt der anwendbare Bohrdruck vom Verhältnis der Verlagerungsfläche der Rollen zur Zentimeterzahl des Meißeldurchmessers ab. Wie schon im vorhergehenden Kapitel (S. 7) besprochen wurde, ist dieses Verhältnis bei größerem Meißeldurchmesser viel günstiger. Ein großer Meißeldurchmesser wird daher mit einem größeren Bohrdruck auch einen größeren Bohrfortschritt ermöglichen.

Den für jeden Gesteinscharakter notwendigen Bohrdruck, mit dem auch der wirtschaftlichste Bohrfortschritt erreicht werden soll, muß der eingebaute Schwerstangenstrang ergeben.

In allen Erdölländern geht das Bestreben dahin, das Schwerstangengewicht pro Längeneinheit zu erhöhen. Unter anderem ist es auch diesem Umstand zu verdanken, daß die Bohrkosten pro Meter fast dieselben blieben, obwohl Löhne und Materialkosten in den letzten Jahren stark angestiegen sind.

Durch zahlreiche praktische Versuche wurde festgestellt, daß der Bohrfortschritt vor allem durch einen höheren Bohrdruck und ohne Erhöhung der Drehzahl gesteigert werden kann (s. Abb. 6).

Zu geringes Schwerstangengewicht reduziert den Bohrfortschritt.

Wird ein Teil des Gestängegewichtes zur zusätzlichen Druckbelastung des Meißels herangezogen, wird sich das Gestänge verbiegen und an der Bohrlochwand scheuern, was zum Einfallen derselben und zu Gestängebrüchen führen kann.

Früher wurden etwa 890 kg/cm Meißeldurchmesser als maximaler Bohrdruck angesehen.

Heute werden Rollenmeißel mit einem Durchmesser größer als 200 mm mit dem doppelten Bohrdruck, das sind etwa 1780 kg/cm Durchmesser, belastet.

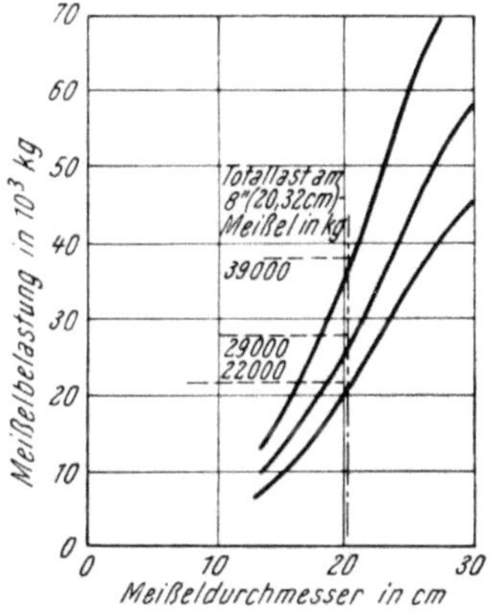

Abb. 8. Maximaler Bohrdruck für gleichmäßige Belastung der Rollenverlagerung (nach R. A. Bobo, R. S. Hoch und G. S. Ormsby, World Oil, Januar 1955)

Eine Faustregel in USA besagt, daß der maximale Bohrdruck mit soviel tausend Pfund gewählt werden soll, als der Wert des in Zoll gemessenen Meißeldurchmessers zum Quadrat erhoben ergibt. Ein 8-Zoll-Rollenmeißel z. B. könnte mit $8^2 \cdot 1000$ lbs. = mit 64 000 lbs. = 28 990,0 kg belastet werden. (Das sind 1430 kg/cm Meißeldurchmesser.)

Eine andere Überlegung bezüglich des anzuwendenden Bohrdruckes bezieht sich auf die Lebensdauer des Rollenmeißels, berücksichtigend das Verhältnis der Rollenverlagerungsfläche zum Meißeldurchmesser (s. Abb. 8).

Die obere Kurve zeigt den möglichen Bohrdruck verschiedener Meißeldurchmesser, welcher äquivalent ist der Lagerbelastung von 40 000 kg eines 8-Zoll-Meißels.

Die beiden anderen Kurven ergeben ebenfalls den möglichen Bohrdruck für verschiedene Meißeldurchmesser, wobei die Lagerbelastung äquivalent ist einem Bohrdruck von 29 000 kg, bzw. 22 000 kg beim 8-Zoll-Rollenmeißel.

Es stellt sich nun die Frage, wie diese Druckbelastung bei der Bohrarbeit zu erfolgen hat.

In der Praxis werden zwei Methoden vorgeschlagen, und zwar:

1. Im harten Gestein soll mit einem geringen Bohrdruck von etwa 600 bis 700 kg/cm Durchmesser begonnen werden und erst nach 1 bis 2 Stunden Bohrzeit, innerhalb der sich die Zähne wenig stumpf geschliffen haben, soll der Bohrdruck auf das wirtschaftlichste Maß gesteigert werden.

2. Nach ganz kurzer Anlaufzeit kann man den maximal wirtschaftlichen Bohrdruck wirken lassen.

Der Meißelausbau soll unbedingt dann erfolgen, wenn ein Blockieren der Rollen durch das Ansteigen des Drehmomentes beobachtet wird.

Hier wäre noch folgendes zu bemerken (s. Abb. 9):

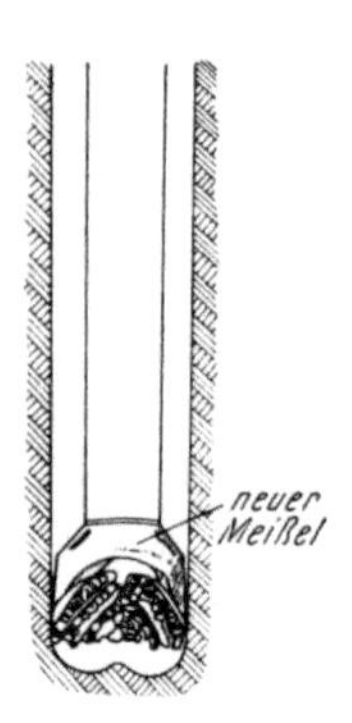

Abb. 9. Bohrlochform, durch stumpfen Meißel hervorgerufen (nach R. A. Bobo, R. S. Hoch und G. S. Ormsby, World Oil, Januar 1955)

Hat der vorher ausgebaute Rollenmeißel durch Abnützung an Außendurchmesser verloren, darf der neue Meißel zunächst nur mit einem geringeren Bohrdruck belastet werden, weil dieser lediglich von den äußeren Rollenzähnen aufgenommen wird. Der Druck soll daher maximal 150 bis 300 kg/cm Durchmesser betragen, und zwar so lange, bis alle Rollenzähne mit der Bohrlochsohle Kontakt bekommen haben.

Derselbe Vorgang ist auch beim Nachbohren einzuhalten.

Um das erforderliche Schwerstangengewicht zu bestimmen, wird unter Beibehaltung der gleichen Drehzahl, des gleichen Spülvolumens und periodischer Vergrößerung des Bohrdruckes der Bohrfortschritt in m/Std. festgestellt. Nach Eintragung in einem Diagramm nach Abb. 6 wird sich ergeben, ob noch eine weitere Steigerung des Bohrfortschrittes möglich ist oder nicht. Dementsprechend müßten eventuell noch zusätzliche Schwerstangen eingesetzt werden.

Nach vielfachen Erfahrungen soll das Schwerstangengewicht (Auftrieb abgerechnet) um 25% größer sein als der maximal erforderliche Bohrdruck. (Man findet allerdings auch Angaben, daß ein Übergewicht der Schwerstangen von 10% genügt, andererseits wird ein Übergewicht bis zu 50% empfohlen.)

b) Schwerstangen mit übernormalem Durchmesser

Wie noch in einem späteren Kapitel (S. 56) näher erläutert wird, hängt die Knickbeanspruchung von der Druckbelastung und dem Trägheitsmoment des Schwerstangenquerschnittes ab. Je größer der Durchmesser, um so größer wird daher der Bohrdruck sein können, ohne daß ein Verbiegen, „Buckeln", des Stranges auftritt.

Ein Schwerstangenstrang mit übernormalem Durchmesser ergibt aber auch eine bessere Geradeführung des Meißels, die ebenfalls noch später besprochen wird.

Je größer der Unterschied zwischen Bohrlochdurchmesser und Schwerstangenaußendurchmesser ist, um so größer ist die Gefahr des Buckelns, das zur Folge hat, daß die Rollen auf der Sohle eine ungleiche Belastung erfahren. Beträgt die Abweichung auch nur 1^0 von der Bohrlochachse, bedeutet dies, daß z. B. bei einem 10-Zoll-Meißel die eine Rolle etwa 3,5 mm von der Sohle abgehoben ist und die anderen beiden den gesamten Bohrdruck aufnehmen müssen (s. Abb. 10). Damit wird naturgemäß auch die Lebensdauer des Rollenmeißels verkürzt.

Man hat aus dieser Erkenntnis die Folgerung gezogen, den Außendurchmesser der am Meißel anschließenden zwei bis vier Schwerstangen größer als bisher üblich zu wählen, so daß sowohl eine bessere Führung als auch eine Konzentrierung des Bohrdruckes am Meißel erreicht wird. An diese im Durchmesser übernormalen Schwerstangen werden die bisher üblichen angeschlossen. In der Fachwelt der USA wird diese Anordnung als Tandem-Schwerstangen bezeichnet.

So wurden beispielsweise für ein 8 3/4-Zoll-Bohrloch zwei bis vier Schwerstangen mit Außendurchmesser von 7 Zoll, ja sogar 7 3/4 Zoll gewählt, an welche bei 4 1/2-Zoll-Bohrgestänge 4 1/2- bis 6 1/4-Zoll-Schwerstangen anschließen.

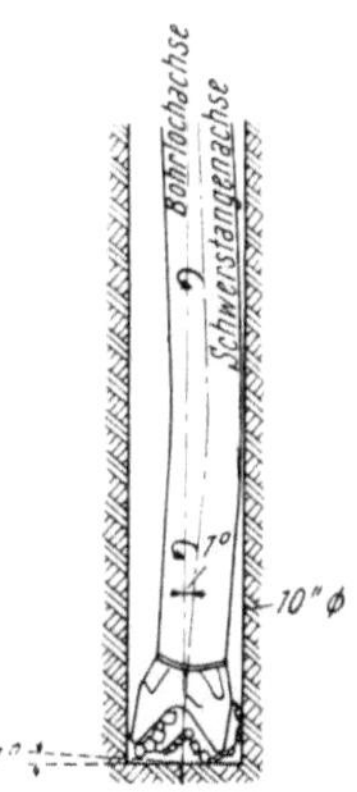

Abb. 10. Auswirkung der Differenz von Bohrloch- und Schwerstangendurchmesser auf die Belastung des Rollenmeißels

Abb. 11 *a*. Gewichtsindikator der Fa. Martin-Decker Corp.

c) Kontrolle des Bohrdruckes

Wie nun aus der Beschreibung der in meinem Buch „Tiefbohrgeräte" besprochenen Rotary-Bohranlage hervorgeht, kann sowohl die Drehzahl des Rotarytisches als auch das Spülvolumen bzw. der Spüldruck in gewissen Grenzen geregelt werden.

Eine Regelung des Bohrdruckes ist mit der bisher besprochenen Einrichtung allein nicht möglich. Sie blieb lange Zeit dem Gefühl des Bohrmeisters überlassen. Erst seit etwa 30 Jahren wurde zu diesem Zwecke eine spezielle Apparatur, und zwar ein besonders gebauter Gewichtsanzeiger in die Hebeeinrichtung eingebaut.

α) Gewichtsanzeiger. Die Firma Martin-Loomis, heute Martin-Decker, baute als erste in USA diese Gewichtsanzeiger — Weight indicators —, die dem Bohrmeister den jeweils angewandten Druck auf die Bohrlochsohle anzeigen.

Dieser Gewichtsanzeiger gibt stets das Gewicht der am Flaschenzugshaken hängenden Last an, sie ist daher ein wertvolles Hilfsmittel nicht nur bei der direkten Bohrarbeit, sondern auch beim Einbau der Futterrohre und den etwa vorkommenden Fangarbeiten.

Eine neuere Type der Firma Martin-Decker, ist ein Indikator, der den Bohrdruck bzw. die am Flaschenzug hängende Last, und zwar mit einem Grob- und Feinanzeiger, ferner den jeweiligen Spülpumpendruck, die Drehzahl des Tisches und mitunter auch das Drehmoment am Tisch anzeigt (s. Abb. 11 *a*).

Darüber hinaus wird angezeigt, welche Geschwindigkeitsstufe am Hebewerk zu schalten ist, berücksichtigend die jeweils am Flaschenzugshaken hängende Last, ein Hilfsmittel, um beim Ausbau des Bohrstranges die vorhandene Antriebsleistung wirtschaftlich auszunützen.

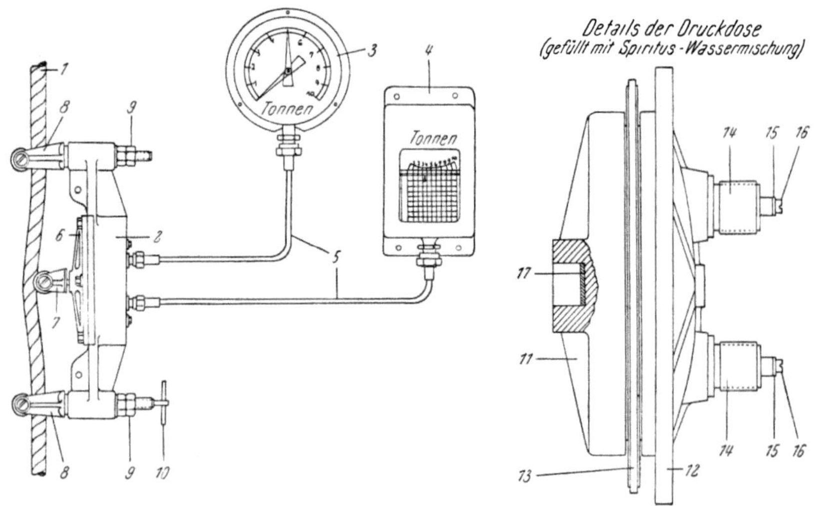

Abb. 11 *b*. Gewichtsindikator der Gesellschaft für nautische und tiefbohrtechnische Instrumente, Kiel.

1 Totes Seilende des Flaschenzuges, *2* Druckdose, *3* Manometer, *4* Registrierinstrument, *5* Verbindungsrohre, *6* Druckdosendeckel, *7* Rollenträger mit Rolle, *8* Gabel mit Rollen, *9* Gewindeende der Gabeln mit Mutter, *10* Knebel zum Festklemmen der Dose, *11* Federdosenoberteil, *12* Federdosenunterteil, *13* Federbalg, *14* Anschlußstutzen, *15* Bleiunterlagscheiben, *16* Abschlußschrauben, *17* Gehärtete Stahlscheibe zur Druckübertragung

Der einfache Gewichtsindikator besteht aus einem Manometer mit Grob- und Feinanzeiger, die auf einem Skalenblatt direkt das Gewicht anzeigen, ferner einem anderen schreibenden Manometer, auf dem das jeweilige Gewicht in Diagrammform aufgezeichnet wird. In der Abb. 11 *b* ist die prinzipielle Anordnung dieses Indikators zu ersehen. Ein diskusförmiges Bronzegefäß, welches ein Diaphragma (Druckdose) enthält, ist mit eigenen Haken an dem toten Seilende des Flaschenzugseiles befestigt. Das Bronzegefäß besitzt im Zentrum einen Druckbolzen, der sich gegen das gespannte Flaschenzugseil stemmt. Ein Kupferröhrchen mit einem Durchmesser von etwa 12 mm führt vom Diaphragma zu den beiden Manometern. Eine spezielle Flüssigkeit, die das ganze Aggregat ausfüllt, überträgt jede Druckschwankung des Diaphragmas an die Manometer-Indikatoren. Das gesamte Volumen an Flüssigkeit beträgt etwa 1/4 l. Temperaturschwankungen haben nur minimalen Einfluß. Der Apparat von Martin-Decker ist für Temperaturunterschiede von $-40°$ bis $+54°$ C unempfindlich. Je nach Anzahl der eingescherten Flaschenzugseile und dem Seildurchmesser sind die Werte der Teilung verschieden.

In Tab. 2 und 3 sind diese Werte für Seile von 25,4 und 28,575 mm Durchmesser, welche am häufigsten Verwendung finden, zu ersehen.

Tabelle 2. *Für 1 Zoll = 25,4 mm Drahtseil*

Teilstriche	kg	Teilstriche	kg	Teilstriche	kg
5	476	19	2620	46	7830
6	617	20	2775	48	8260
7	761	22	3115	50	8700
8	907	24	3455	55	9800
9	1054	26	3810	60	10910
10	1205	28	4180	65	12100
11	1355	30	4560	70	13320
12	1505	32	4960	75	14660
13	1660	34	5360	80	16030
14	1814	36	5760	85	17420
15	1970	38	6170	90	18920
16	2130	40	6570	95	20480
17	2290	42	6990	100	22090
18	2459	44	7410		

Tabelle 3. *Für 1 1/8 Zoll = 28,575 mm Drahtseil*

Teilstriche	kg	Teilstriche	kg	Teilstriche	kg
5	204	19	2235	44	6520
6	340	20	2390	46	6920
7	476	22	2700	48	7330
8	617	24	3010	50	7730
9	760	26	3320	55	8800
10	905	28	3640	60	9960
11	1050	30	3965	65	11110
12	1195	32	4300	70	12540
13	1342	34	4650	75	13700
14	1490	36	5020	80	15100
15	1640	38	5370	85	16470
16	1787	40	5740	90	17900
17	1935	42	6120	95	19400
18	2085				

Diese Zahlen sind mit der Anzahl der jeweils im Flaschenzug eingescherten Seile zu multiplizieren und ergeben dann das Totalgewicht der am Flaschenzugshaken hängenden Last.

Der Zeigerindikator wird mit den noch zu besprechenden Apparaten auf einer vom Bohrturm unabhängigen Stütze angebracht, wohingegen der Schreibapparat meist außerhalb des Turmes aufgestellt wird. Ein Uhrwerk dreht die Scheibe in 24 Stunden um 360°. Beim Feinanzeiger (kleiner Zeiger oder „Vernier“

genannt) entspricht eine ganze Umdrehung von 360^0 20 Teilstrichen des Grobanzeigers (großer Zeiger). Der Druckanzeiger der Spülpumpen ist im Prinzip dieselbe Konstruktion. Hier ist das Diaphragma an die Druckleitung der Pumpe angebaut, es kompensiert auch Druckschwankungen und Vibrationen. Auch hier verbindet ein Röhrchen das Diaphragma mit dem Anzeigeindikator und dem Schreibindikator.

Ein weiterer Indikator, der bei Dampfbetrieb verwendet wird, zeigt den Dampfdruck an, den der Bohrmeister durch das Ventil, welches er nach Bedarf regeln kann, in die Maschine eintreten läßt.

Bei elektrischem Antrieb zeigt der Kilowattmeter die am Drehtisch jeweils erforderliche Leistung an.

Eine neueste Konstruktion für alle Antriebsmaschinen wird noch später erläutert werden.

Der Umdrehungszähler — Tachometer — ist mit einer flexiblen Achse an einer Welle des Hebewerkes, welche beim Drehen des Tisches mitläuft (Vorgelegewelle), oder aber direkt am Rotarytisch angeschlossen. Er kann so eingestellt werden, daß er direkt die Umdrehungszahl des Tisches anzeigt.

Die Lieferfirma gibt jedem Apparat die gewünschten Skalen und Leerdiagramme mit.

Wir geben nun ein Beispiel, wie der Bohrmeister vorzugehen hat, um bei Benützung des oben beschriebenen Anzeigers dem Meißel das notwendige Bohrgewicht zu geben.

Es wird dabei nach folgendem Prinzip vorgegangen: Das gesamte Gewicht des Bohrstranges in dem mit Spülung zirkulierten Bohrloch setzt sich während der Bohrarbeit zusammen aus:

a) der Last, die am Haken hängt, und

b) dem Gewicht, das auf den Meißel wirkt, also den Bohrdruck hervorruft.

Die Bohrgarnitur wird bis knapp über die Bohrlochsohle eingebaut. Die Spülpumpe wird in Gang gesetzt und erst, wenn der Spülstrom normal zirkuliert, wird am Anzeiger das Gewicht der frei am Flaschenzug hängenden Last abgelesen. Der Bohrmeister fixiert diesen Punkt mit einem am Außenrand des Gerätes verschiebbaren Zeiger.

Angenommen sei, daß der Bohrstrang an einem vierrolligen Flaschenzug hängt, somit acht Seile eingeschert sind. Das Flaschenzugseil habe einen Durchmesser von 1 1/8 Zoll. Wenn der Bohrstrang frei im Bohrloch hängt, der Meißel keinen Kontakt mit der Bohrlochsohle hat, weist z. B. der Grobzeiger auf den Teilstrich 50 des Gewichtsindikators. Aus Tab. 3 ist zu entnehmen, daß dieser Teilstrich einer Last von 7730,0 kg/eingeschertem Seil entspricht. Bei acht Seilen ergibt sich daher eine Last von $7730{,}0 \cdot 8 = 61\,840{,}0$ kg.

Durch entsprechendes Lüften der Bandbremse wird allmählich mit der Bohrlochsohle Kontakt genommen. Soll nun beispielsweise mit einem Druck von 8000 kg gebohrt werden, darf die Last am Flaschenzug nur $61\,840 - 8000 =$ $= 53\,840$ kg betragen, bzw. pro Seil $53\,840 : 8 = 6730$ kg. Teilstrich 46 entspricht 6920 kg, Teilstrich $44 = 6520$ kg. Das Mittel zwischen den beiden mit 6720 kg entspricht rund dem Teilstrich 45 und daher auch dem erwünschten Bohrdruck.

Der Bohrstrang muß folglich für diesen Bohrdruck, mittels der Bandbremse, stets so gesenkt werden, daß der Zeiger immer auf den Teilstrich 45 einspielt.

Ändert sich die Gesteinshärte, so muß eben der entsprechende Druck neuerdings eingestellt werden.

Eine andere Konstruktion der deutschen Firma Paul Gräfe stellen die Abb. 12*a* und *b* dar. Die Apparatur besteht aus der Meßdose (*11*), der Instrumententafel (*17*, *18*, *19*), der Verbindungsleitung (*20*), einer Füllpumpe, 5 l Spezialöl als Reserve und dem nötigen Zubehör.

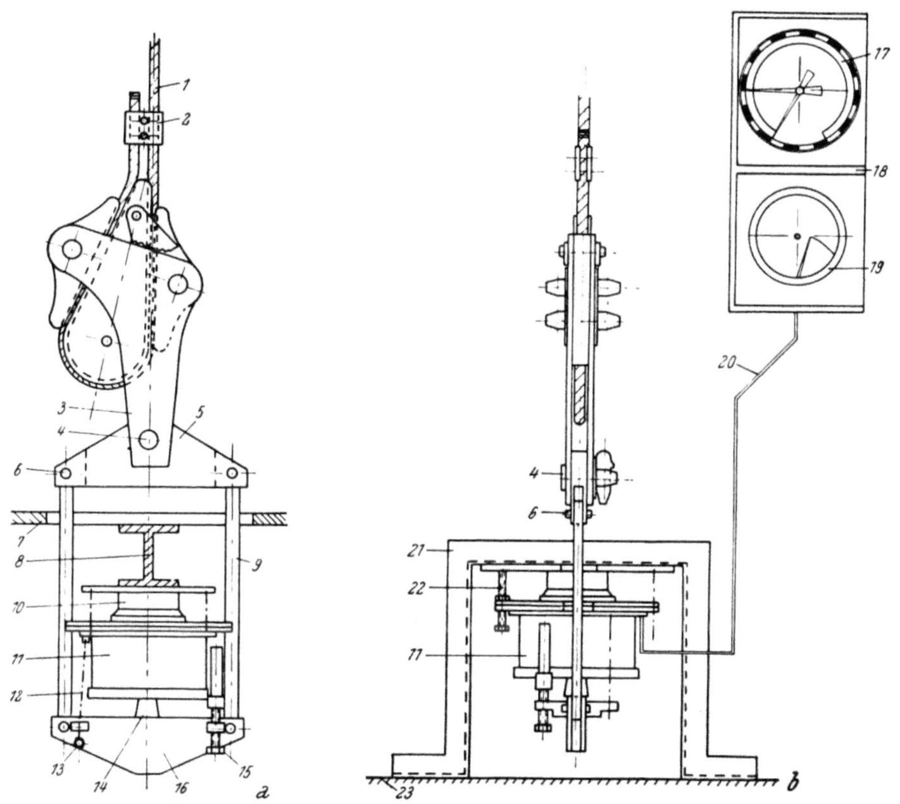

Abb. 12 *a* und *b*. Topfmembrandose des Gewichtsindikators der Fa. Gräfe.
1 Seil, *2* Seilschwanzklemme, *3* Klemmkausche, *4* Anschlußbolzen komplett, *5* Obere Traverse, *6* Bolzen komplett, *7* Bohlenbelag, *8* Unterbauträger, *9* Zugstange, *10* Kugelplatte, *11* Topfmembrandose, *12* Haltekette, *13* Schrauben, *14* Druckbolzen, *15* Entlastungsschrauben, *16* Untere Traverse, *17* Anzeigegerät, *18* Instrumentenkasten, *19* Schreibgerät, *20* Verbindungsleitung, *21* Bock NP 22, *22* Stellschrauben, *23* Betonfundament

Die einzelnen Teile der Meßdose sind aus der Abbildung und der beigefügten Legende ersichtlich.

Zu bemerken ist, daß die Topfmembrane aus einem besonderen Material hergestellt und absolut druckdicht im Gehäuse eingebaut ist.

Der Raum zwischen der Membrane und dem Meßdosendeckel ist mit etwa 7 l der genannten Flüssigkeit angefüllt, die bis -30^0 C kältebeständig ist.

An den mit der Membrane verbundenen Druckkolben aus Schmiedeeisen, der mit Messingführungsringen ausgestattet ist, schließt unten der Seilauflagebogen an.

Die Verbindungsleitung von der Meßdose zum Anzeigeinstrument hat einen Durchmesser von 7 mm und ist etwa 8 m lang. An die Füllpumpe ist der Flüssigkeitsbehälter mit einem Steckventil angeschlossen.

Die Meßdose wird am Turmunterbau fixiert (s. Abb. 12 *a* und *b*), und zwar durch Unterlagen in eine solche Position gestellt, daß das Seil stets einen senkrechten Zug auf den Druckkolben ausübt.

Das über den Seilauflagebogen geführte Seil ist mit seinem Ende an dem zur Turmkrone führenden Seil mit Seilkauschen befestigt.

Das Anzeigeinstrument hat je nach der maximalen Belastung eine entsprechende Einteilung von 0 bis 15, 0 bis 20 oder 0 bis 25 t.

Die am Instrument angezeigte Last muß in diesem Falle mit der eingescherten Seilzahl multipliziert werden, um die totale Last zu ergeben. Es können aber auch Anzeigeskalen geliefert werden, die bei gegebener Seilzahl das gesamte Gewicht anzeigen.

Auch hier sind, wie beim Instrument von Martin-Decker, zwei Zeiger eingebaut, wovon der schwarze Zeiger mit 360 Winkelgraden als Grobanzeiger, der rote mit dreimal 360 Winkelgraden als Feinanzeiger dient.

Das Schreibgerät hat eine Meßscheibe und macht mittels einer Uhr in 24 Stunden eine volle Drehung um 360°.

Für die Anzeige des Spülpumpendruckes kann ein zweiter Schreibarm angesetzt werden.

Die Schreibgeräte sind mit eigenen Schwingungsdämpfern ausgestattet, die von Hand beliebig eingestellt werden können.

Für den Einbau und die Bedienung gibt die Firma entsprechende Instruktionen bei der Lieferung mit.

Um nun einen gegebenen Bohrdruck absolut automatisch einzuhalten, gibt es verschiedene zusätzliche Einrichtungen.

Sie arbeiten entweder nach dem Differentialprinzip, wobei eine der bekanntesten der sogenannte Hild drive ist, oder aber hydraulisch.

β) Der Hild-Antrieb (s. Abb. 13) für Bohranlagen mit Elektromotorentrieb regelt das Nachlassen mit einem Differentialgetriebe.

Zwei Motoren sind mit ihren Achsen an je ein Zahnrad dieses Differentialtriebes angeschlossen. Ihre Drehrichtung ist entgegengesetzt. Der eine Motor übermittelt die Drehbewegung dem Drehtisch, der andere hingegen ist über das Differentialgetriebe und den angeschlossenen Kettentrieb mit der Trommelwelle verbunden, auf welcher das Flaschenzugseil aufgewickelt ist. Sind die Geschwindigkeiten beider Motore die gleichen, so bleibt auch die Trommelwelle stehen. Sind sie hingegen verschieden, dann folgt die Trommelwelle der Drehrichtung der größeren Geschwindigkeit, und zwar mit der Differenz der beiden Geschwindigkeiten. Wenn also der Bohrmotor schwer zu arbeiten hat, seine Drehzahl fällt, hebt der zweite Motor die Trommel und damit Meißel und Bohrgarnitur. Dieser Antrieb ist an elektrische Installationen gebunden.

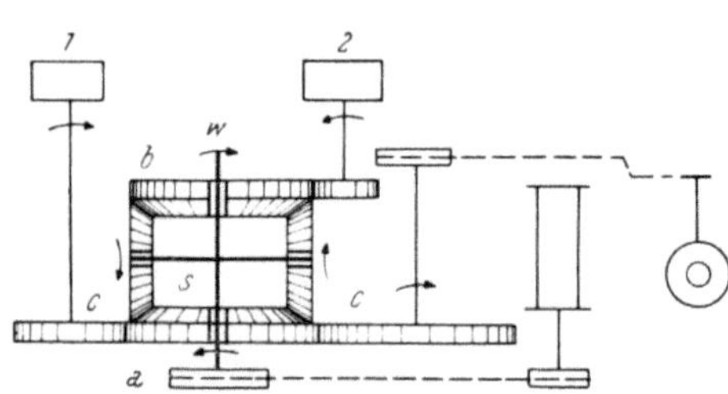

Abb. 13. Automatisch-mechanische Bohrdruckregelung System „Hild“. *1* Bohrmotor, *2* Hilfsmotor, *a* und *b* drehen auf Welle *w*, *c* und *c* durch Steg *s* mit Welle *w* fest verbunden, Bremse frei

Eine ähnliche Konstruktion ist von der Firma Halliburton Oil Well Cementing Co. und der Firma Trauzl gebaut worden; auch hier ist ein Differentialgetriebe zwischen der Antriebsmaschine und dem Hebewerk eingebaut. Dieser Antrieb ist sowohl für Dampf- als auch für Dieselantrieb verwendbar.

γ) Hydraulische Bohrdruck-Regelung. Die hydraulische Nachlaßvorrichtung besteht aus einer Mehrzylinderpumpe mit mehrstufigem Zahnradgetriebe, die auf der Hauptwelle ein Kettenrad aufgekeilt hat (s. Abb. 14 *a*).

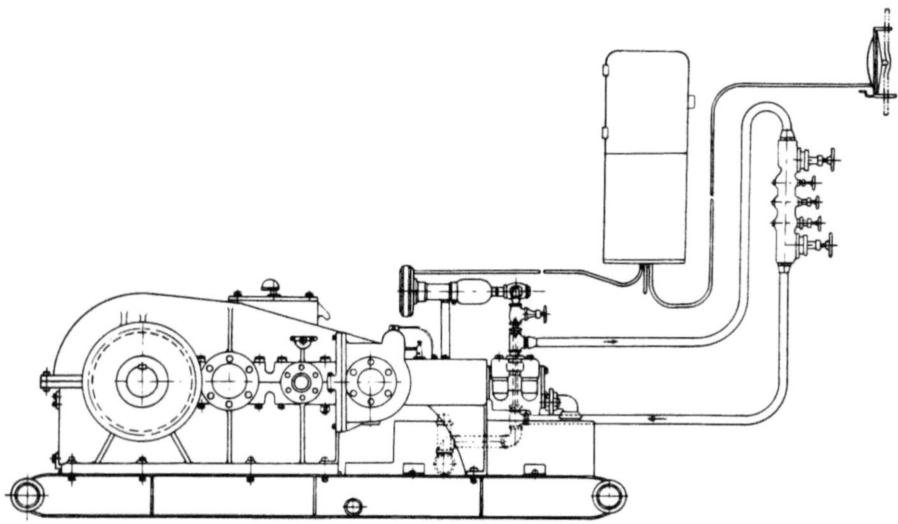

Abb. 14 *a*. Hydraulische Bohrdruck-Regelung der Fa. Oil Well Supply Co.

Von diesem Kettenrad führt eine Kette zur Spillwelle, von der eine weitere Kettenverbindung zur Trommelwelle führt.

Es kann allerdings auch eine direkte Kettenführung von der Pumpenwelle zur Trommelwelle eingebaut sein.

Die Pumpe ist nun mit einer Flüssigkeit gefüllt, die Druckleitung ist zunächst gesperrt. Der Pumpenkolben kann somit nicht bewegt werden. Wenn nun der Meißel knapp über der Bohrlochsohle steht, wird der Kettentrieb von der Pumpe zur Trommelwelle eingeschaltet und die Handbremse an der Trommel völlig gelüftet.

Das durch den Seilzug an der Trommelwelle entstehende Drehmoment wird über den Kettentrieb auf das Getriebe der Pumpe übertragen. Bei der Bohrarbeit öffnet der Bohrmeister langsam eines der Druckventile der Pumpe soweit, daß der Meißel allmählich Kontakt mit der Sohle nimmt, was am Gewichtsindikator beobachtet werden kann, und vergrößert durch weiteres Öffnen der Druckventile den Durchflußquerschnitt solange, bis sich am Indikator der gewünschte Bohrdruck einstellt (s. Abb. 14 *b*).

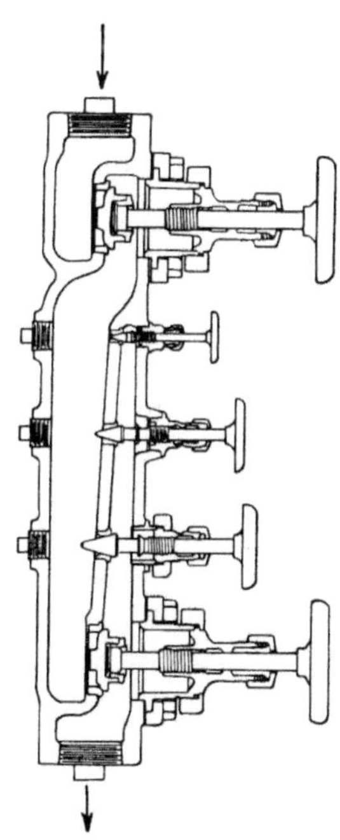

Abb. 14 *b*. Steuerventile der hydraulischen Bohrdruck-Regelung der Fa. Oil Well Supply Co.

Durch zusätzliches Öffnen bzw. Schließen der Ventile kann er automatisch den Bohrdruck beliebig regeln bzw. konstant halten.

Die neueste Einrichtung ist der sogenannte Walking brake band device, bei dem das Nachlassen durch eine hydraulische und pneumatische Einrichtung an den beiden Bandbremsen der Trommel direkt erfolgt.

δ) Elektrische Bohrdruck-Regelung. Eine andere Bohrdruck-Kontroll-Einrichtung ist von der General Electric Co. entwickelt worden. Sie arbeitet nach dem Prinzip des Bremsvorganges mit Gleichstrom-Generatoren. Vorausgesetzt eine gleichbleibende Erregung, ist das Drehmoment dem zugeführten Strom proportional. Bei gleichbleibender Stromzufuhr wird daher auch das Gegendrehmoment konstant bleiben.

Die Regelung erfolgt vom Bohrmeisterstand. Über ein Untersetzungsgetriebe erfolgt die Übertragung des Gegendrehmomentes vom Generator mittels Kettentrieb zum Bohrkran bzw. zur Trommelwelle.

ε) Die Micromatic-Bohrdruck-Regelung. Eine weitere Konstruktion zur Regelung des Bohrdruckes ist die sogenannte „Micromatic Drilling Control" der Firma National Supply Co. (s. Abb. 15).

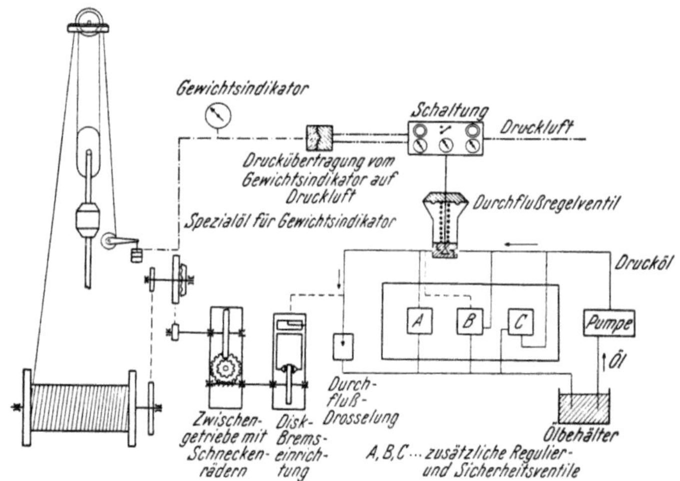

Abb. 15. Die Micromatic-Bohrdruck-Regelung (Micromatic Drilling Control) der Fa. National Supply Co.

Das Prinzip dieser Konstruktion ist folgendes:

Am Schaltpult des Bohrmeisters kann sowohl die Höhe des Bohrdruckes als auch der Bohrfortschritt in m/Std. beliebig geregelt werden.

Die Hebewerkstrommel ist über einen besonderen Kettentrieb, der durch eine Kupplung bei automatischem Bohren eingeschaltet werden kann, mit einer Apparatur verbunden, die mittels einer speziellen Schalteinrichtung entweder einen gleichmäßigen Bohrdruck oder einen gleichen Bohrfortschritt einhalten kann.

Eine Spezialapparatur arbeitet mit einem hydraulischen Ölkreislauf-System, gespeist von einer eigenen Pumpe, das mit dem Gewichtsanzeiger und einem Druckluftsystem über ein Spezial-Regelventil verbunden ist.

Der Bohrmeister ist somit in der Lage, vom Schaltpult aus entweder

a) den Druck, der in der Leitung des Gewichtsindikators herrscht, sowie denjenigen in der Druckluftleitung in ein beliebiges Verhältnis zu schalten, wodurch das Durchflußregelventil entsprechend geöffnet wird, um den in der Durchfluß-Drosselung hervorgerufenen Überdruck auf die Disk-Bremseinrichtung wirken zu lassen. Dadurch wird ein erwünschtes Nachlassen des Flaschenzugseiles der Hebewerkstrommel ermöglicht. Hier wird ein gleichmäßiger Bohrdruck aufrechterhalten.

b) Oder aber, er unterbricht die Verbindung mit der Leitung des Gewichtindikators und läßt einen entsprechenden Luftdruck auf das Durchfluß-Regelventil wirken, der einen konstanten Druck in der Pumpölleitung zuläßt, wodurch ein gleichmäßiges Nachlassen des Flaschenzugseiles und damit ein gleichbleibender Bohrfortschritt resultiert.

Diese automatischen Nachlaßeinrichtungen sind besonders dort von Vorteil, wo große Teufenstrecken gleicher Gesteinshärte zu durchteufen sind.

Bei stark wechselnder Gesteinshärte, wo also wechselnder Bohrdruck in verhältnismäßig kleinen Teufenstrecken zur Anwendung kommen muß, sind sie hingegen von geringer Bedeutung.

Hier muß sich der geschulte Bohrmeister bewähren.

Eine richtige Auswertung der Aufzeichnungen des Gewichtsindikators durch den Bohringenieur und stete Schulung des Bohrpersonals auf Grund dieser Daten sind das beste Rezept zur Erzielung eines wirtschaftlichen Bohrfortschrittes.

5. Die Drehzahl/Min. und ihr Einfluß auf den Bohrfortschritt

a) Allgemeines

Sowohl bei den vielfachen Laboruntersuchungen als auch in der Praxis konnte festgestellt werden, *daß für jede Formation, das heißt Gesteinsbohrfestigkeit, ein ganz bestimmtes Verhältnis zwischen der Drehzahl/Min.* und dem dabei anzuwendenden Bohrdruck besteht, um den wirtschaftlichsten Bohrfortschritt zu ermöglichen.

Wie schon im vorhergehenden Kapitel (S. 12) gesagt wurde, hat die Hughes Tool Co. den Bohrfortschritt als proportional der Drehzahl mal Bohrdruck/Zoll Meißeldurchmesser hoch „*K*“ ermittelt.

Eine Faustregel der Praktiker besagt, daß die maximale Drehzahl gleich ist dem Meißeldurchmesser (in Zoll) zum Quadrat, plus 35, minus den Tausendern des dabei wirkenden Bohrdruckes (in Pfund).

So wäre z. B. die maximale Drehzahl eines Rollenmeißels mit einem Durchmesser von 8 Zoll bei einem Bohrdruck von 50 000 lbs. $= 8^2 + 35 - 50{,}0 = 49$ U/Min.

An der Golfküste wurde in verhältnismäßig weichem Gestein mit einer Drehzahl von 250 U/Min. ein sehr befriedigender Bohrfortschritt erreicht. Höhere Drehzahlen haben bei den heute verfügbaren Rollenmeißeln eine vorzeitige Abnützung der Rollenverlagerungen und der Rollenzähne zur Folge.

Ferner wurde festgestellt, daß auch im weichen Gestein ein größerer Bohrdruck und eine geringere Drehzahl günstiger ist, als der umgekehrte Fall, weil damit eine längere Lebensdauer und höhere Meterleistung des Meißels ermöglicht werden.

Hohe Drehzahlen sind nur dort von Vorteil, wo ein restloses Reinfegen des Bohrschmantes von der Bohrlochsohle durch den Spülsfrom gewährleistet ist.

In hartem und stark scheuerndem Gestein wird eine geringere Drehzahl den Bohrfortschritt steigern. In Abb. 16 ist dies veranschaulicht. Hier wurde mit einem 8 3/4-Zoll-Rollenmeißel, einem Bohrdruck von rund 13 500 kg und Drehzahlen von 45 bzw. 90 U/Min. im Laboratorium ein sehr hartes und scheuerndes Gestein gebohrt. Bei der Drehzahl von 90 U/Min. ergab sich wohl ein Bohrfortschritt von rund 96 cm/Std., dagegen bei 45 U/Min. bloß von 68 cm/Std. Allerdings hatte der erste Meißel schon nach zwei Stunden eine Abnützung der Zähne um etwa 3 mm, hingegen der langsamer drehende die gleiche Abnützung erst nach 3 3/4 Stunden aufzuweisen.

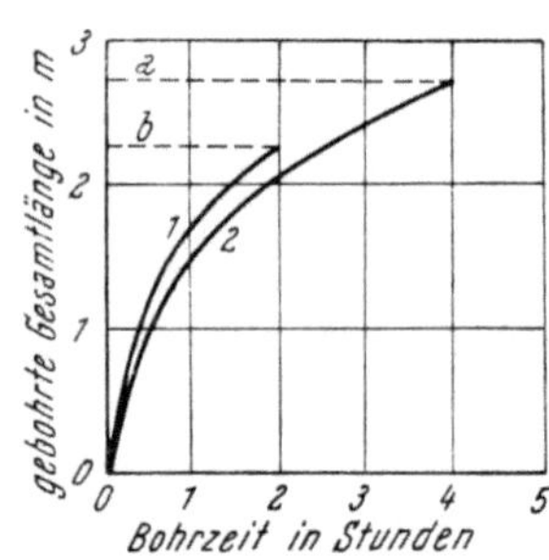

Abb. 16. Gesamtbohrfortschritt als Funktion der Bohrzeit (nach R. A. Bobo, R. S. Hoch und G. S. Ormsby, World Oil, Januar 1955).
1 90 U/Min., *2* 45 U/Min., *a*, *b* innere Zahnreihe auf 1/8 Zoll Höhe abgenützt, Bohrdruck 13 600 kg, 8 3/4-Zoll-Meißel, Sandstein

Im Bohrloch würde daher die größere Drehzahl ein früheres Wechseln des Rollenmeißels erforderlich machen, was mit vielen Stunden unproduktiver und kostspieliger Zeit verbunden ist.

In sehr hartem Gestein und bei Verwendung von Normalschwerstangen mit einer Totallänge von 180 bis 200 m soll nach praktischen Erfahrungen die Drehzahl 75 U/Min. nicht übersteigen.

Hohe Drehzahlen haben im allgemeinen ein starkes Schwingen und eine stoßartige Beanspruchung am Meißel zur Folge und verkürzen dadurch auch seine Betriebsdauer.

Auch die Gewindeverbindungen der aneinander geschraubten Schwerstangen erfahren bei hohen Drehzahlen eine hohe Beanspruchung.

Für jede Bohrlochteufe ergibt sich ein gewisser kritischer Drehzahlbereich, über den in einem späteren Kapitel (S. 71) noch gesprochen wird.

Es sei vorweggenommen, daß die kritische Drehzahl unter anderem von den folgenden Faktoren abhängt:

a) Von der Gesteinsbohrfestigkeit,

b) von der Größe des freien Ringraumes zwischen Bohrloch- und Schwerstangen-Durchmesser,

c) von dem Verhältnis der Länge und dem metallischen Querschnitt des eingebauten Schwerstangenstranges,

d) vom Verhältnis der Steifheit und Festigkeit der Schwerstangenverbinder zu jener der Schwerstangen selbst.

Im allgemeinen kann gesagt werden, daß in weichem Gestein eine 100%ige Steigerung der Drehzahl eine 50%ige Steigerung des Bohrfortschrittes ergibt. Im harten Gestein soll die Drehzahl 100 U/Min. nicht übersteigen.

Jedenfalls sollte durch Variierung der Drehzahl bei sonst gleichen Bedingungen (Bohrdruck, Spülvolumen) das wirtschaftliche Optimum gesucht werden.

Betreffend die Beeinflussung des Bohrdruckes und der Drehzahl/Min. auf die Betriebsdauer der Verlagerung der heute verfügbaren Rollenmeißel konnte folgendes in der Praxis festgestellt werden:

1. Bei einer gegebenen Spülungscharakteristik und gegebenen lokalen Gesteins- und Bohrloch-Verhältnissen wird jeder Rollenmeißel eine bestimmte totale Umdrehungszahl ergeben können.

2. Je höher der Bohrdruck und je größer die Drehzahl/Min., um so kleiner wird seine Betriebsdauer sein.

3. Unter Laborverhältnissen, bei denen Wasser oder eine dünne Tonspülung ohne scheuernde Bestandteile als Spülmedium verwendet werden, ist die *Betriebsdauer eines Rollenmeißels in Stunden umgekehrt proportional der Drehzahl/Min., multipliziert mit dem 2,6-fachen Bohrdruck in lbs., bzw. im metrischen System = Drehzahl/Min. multipliziert mit dem 1,18-fachen Bohrdruck in kg.*

Im Bohrloch wird dies allerdings nicht der Fall sein, da hier die unvermeidlichen Schwingungen und Stöße sowie die scheuernde Wirkung der mit Bohrschmant beladenen Spülung die Betriebsdauer herabsetzen.

b) Drehmoment-Anzeigegeräte

Die bekannte Firma Martin-Decker hat einen Drehmoment-Anzeiger entwickelt, der auf dem folgenden Prinzip beruht:

Die Spannung im ziehenden Teil der Drehtisch-Antriebskette hängt vom Drehmoment ab, mit dem die Bohrgestänge während der Bohrarbeit jeweils beansprucht werden.

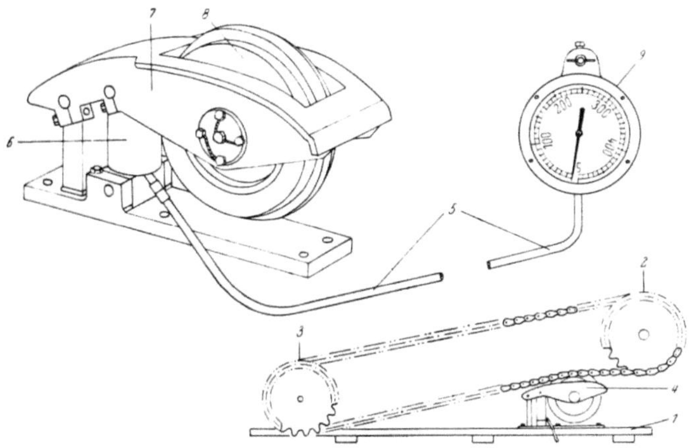

Abb. 17. Hydromechanisches Drehmoment-Anzeigegerät der Fa. Martin-Decker Corp. *1* Turm-Arbeitsbühne, *2* Antriebskettenrad, *3* Drehtischkettenrad, *4* Hydromechanisches Drehmoment-Anzeigegerät, *5* Druckschlauch, *6* Druckdose, *7* Druckhebel, *8* Druckkettenrolle, *9* Manometer

Wird der ziehende Kettenteil an irgend einem Punkt zwischen den beiden Kettenrädern mittels einer Rolle angehoben, so wird diese Rolle, entsprechend der Spannung der Kette, eine Druck-Komponente aufzunehmen haben, welche zu dem jeweiligen Drehmoment in einem bestimmten Verhältnis steht.

In Abb. 17 ist die Konstruktion Martin-Deckers dargestellt.

Der ziehende Kettenteil läuft über ein Rad, dessen Felge aus synthetischem Kautschuk hergestellt ist. Das Rad ist in einer gabelförmigen Schwinge gelagert. Zwischen diesem Rad und dem Drehpunkt der Schwinge ist ein Druckzylinder unterhalb derselben eingebaut, dessen Kolben mit der Schwinge gelenkig verbunden ist.

Der Druckzylinder ist mit der gleichen, temperaturbeständigen Flüssigkeit gefüllt wie der Gewichtsanzeiger. Vom unteren Zylinderteil führt eine Druckleitung mit speziellem Rückschlagventil zum Anzeigegerät nach dem Manometer-

Prinzip. Beim Lösen der Verbindung am Zylinder bleibt dank dieses Spezialventils der Druck in Schlauch und Druckleitung unverändert. Darüber hinaus ist vor dem Anzeigegerät ein kleiner Stoßdämpfer eingebaut.

Je nach der Spannung der Kette in der Ruhestellung wird mittels einer Handpumpe die Flüssigkeit in den Druckzylinder so weit eingeführt, bis der Zeiger am Gerät sich auf den Nullpunkt einstellt.

Die Anzeige kann entweder im Quintuplex-Indikator oder einem eigenen Indikator erfolgen. Das Gerät wird auf der Arbeitsbühne so aufgestellt, daß es stoßfrei steht und vom Bohrmeisterstand gut eingesehen werden kann. Der Bohrmeister ist dieser Art in der Lage, die Drehgeschwindigkeit bzw. den Bohrdruck derart zu regeln, daß das Bohrgestänge nur mit dem zulässigen Drehmoment beansprucht wird.

c) Drehmoment-Regelung nach Firma Salzgitter Maschinen-A. G.

Eine andere Einrichtung wurde von der Firma Salzgitter entwickelt.

Dabei wurde das hydrostatische Getriebe nach dem System THOMA eingebaut, wodurch eine Regelung der Kraftübertragung an die Spülpumpe und den Drehtisch bei Bohranlagen mit bloß einem Antriebsmotor erreicht wurde.

Es ist somit möglich, das Drehmoment beliebig zu regeln. Der Öldruck der hier eingebauten Ölpumpe ist dem Drehmoment proportional, so daß sich bei entsprechender Eichung das jeweilige Drehmoment direkt aus dem Öldruck ergibt und ein spezielles Anzeigegerät nicht erforderlich ist.

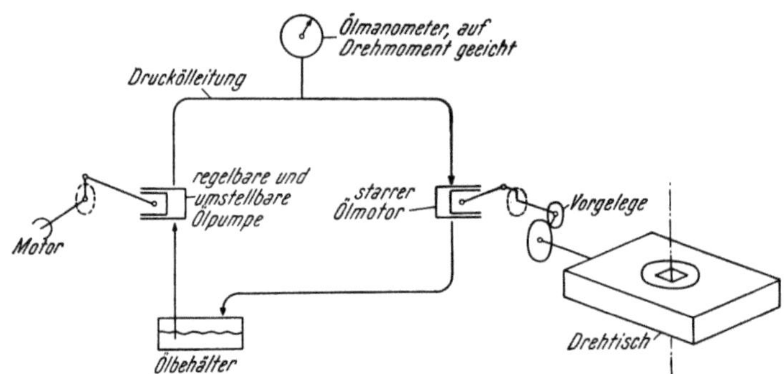

Abb. 18 *a*. Drehmoment-Regelung mit Hydrogigant-Ölgetriebe nach Fa. Salzgitter Maschinen-A. G.

Das Prinzip dieser Einrichtung ist in Abb. 18 *a* schematisch dargestellt.

Ein Elektromotor treibt eine regel- und umstellbare Ölpumpe, deren Druckleitung mit dem starren Ölmotor verbunden ist, dessen Drehzahl von der zugeführten Ölmenge abhängt.

Der Druck in dieser Ölleitung ist nun auch dem Drehmoment, mit dem die Gestänge beansprucht werden, proportional.

Zwischen dem Elektromotor und der Ölpumpe ist das Hydrogigant-Ölgetriebe eingebaut, mittels welchem die erwünschte Regelung erfolgt (s. Abb. 18 *a* und *b*).

Die Kraftübertragung vom Elektromotor erfolgt direkt auf die Trieb- bzw. Hauptwelle (*1*). Im Triebflansch dieser Welle sind die kugeligen Kolbenstangen-Köpfe (*2*) mit den Kolben (*3*) gelagert.

Mit der Triebwelle werden auch die Kolben und mit diesen der Zylinderblock (*4*), der die Zylinderbohrungen (*10*) für die Bewegung der Kolben aufweist und durch den Mittelzapfen (*5*) geführt wird, gedreht. Still steht der Steuerkonus (*6*), der mittels einer Ringmutter (*7*) mit dem Gehäuse (*8*) verschraubt ist.

Das Gehäuse (*8*) ist bis zu 25° gegenüber der Triebwelle schwenkbar. Sind Triebwellen- und Kolbenachse parallel, wird keine Kraft übertragen, da die Kolben hier keine Bewegung ausführen, somit auch kein Drucköl erzeugt werden kann. Erst wenn der Gehäuseteil und damit der Zylinderblock mit den Kolben und Kolbenstangen verschwenkt werden, führen die Kolben bei der Drehbewegung auch eine dem Schwenkwinkel entsprechende Hin- und Herbewegung durch.

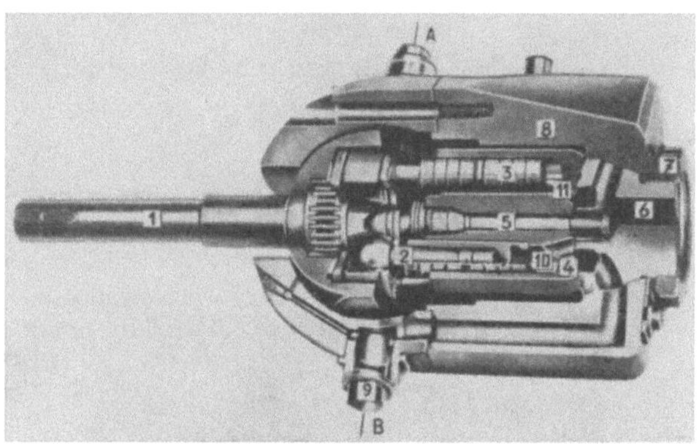

Abb. 18 *b*. Hydrogigant-Ölgetriebe der Fa. Hydromatik G. m. b. H.
1 Triebwelle, *2* Kolbenstange, *3* Kolben, *4* Zylinderblock, *5* Mittelzapfen, *6* Steuerkonus, *7* Ringmutter, *8* Gehäuse, *9* Dichtbüchse, *10* Zylinderbohrung, *11* Steuerbohrung, *AB* Schwenkachse

Dabei wird ein Druck bis 350 Atü in der Ölleitung erzeugt, der auch dem Sekundärteil, der genau so ausgeführt ist wie der Primärteil, übermittelt wird. Der Sekundärteil setzt sich dabei in Bewegung und wandelt die Energie des Drucköles in mechanische Drehbewegung um.

Der Druckölkreislauf ist daher geschlossen. Die Zylinderbohrungen münden im Zylinderblock auf der Seite des Steuerkonus in nach innen gerichteten Bohrungen, welche bei der Drehbewegung an den Ausnehmungen des Steuerkonus vorübergeführt werden. Die eine Ausnehmung dient der Aufnahme und Fortleitung des in den Zylindern beim Druckhub verdrängten Öles zum Sekundärteil, während über die zweite Aussparung beim Saughub das Öl wieder vom Sekundärteil zurückgesaugt wird.

Beim Ölmotor, dem Sekundärteil, verzichtet man auf die Veränderung des Kolbenhubes, es kommt hier der sogenannte starre Ölmotor zur Anwendung. Während man bei der Pumpe von der „Fördermenge" spricht, prägt man beim Motor den Ausdruck „Schluckmenge".

Zwischen Ölpumpe und Ölmotor des Getriebes besteht folgende Beziehung:

$$Q_p \cdot n_p = Q_m \cdot n_m$$

wobei

Q_p Fördermenge der Pumpe/U,
Q_m Schluckmenge des Motors/U,
n_p Drehzahl der Pumpe/Min. und
n_m Drehzahl des Motors/Min.

bedeutet.

Zwecks gleichmäßiger Füllung der Zylinderräume drückt eine eigene Zahnradpumpe, die auf der Antriebswelle der Pumpe befestigt ist, etwa 10% der maximalen Fördermenge in die Niederdruckleitung (Rückleitung vom Motor zur Pumpe).

Je nach Anforderungen an das Getriebe ist der Einbau von Ventilen (Speise-, Spül- und Sicherheitsventil) nötig.

Der Wirkungsgrad des Getriebes liegt in einem weiten Drehzahlbereich über 90%.

Vorteile:

1. Getriebe ist unter Last feinfühlig und stoßfrei regelbar,
2. infolge geringer umlaufender Massen fast momentane Stillsetzung und Umsteuerung,
3. Nutzbremsung ist möglich,
4. unempfindlich gegen Stöße,
5. hohe Betriebssicherheit, geringer Verschleiß,
6. einfache Bedienung, geringe Wartung.

Betriebsmittel für die Pumpen ist säurefreies, oxydations- und alterungsbeständiges Mineralöl mit einer Viskosität von 4,5° E bei 50° C.

Regelung und Steuerung des Getriebes

1. Nullhubregelung. Pumpe wird über einen Regler automatisch in die Nullage zurückgeschwenkt, wobei die Fördermenge noch bis 4% betragen kann. Diese dient dabei zur Schmierung und Kühlung der Triebwerksteile. (Anwendung für Speisepumpen, Akkus, Spannvorgänge und Druckbegrenzung.)

Abb. 18 *c*. Sekundärteil des Hydrogigant-Ölgetriebes der Fa. Salzgitter Maschinen-A.G., am Drehtisch angeflanscht

2. Leistungsregelung. Bei steigendem Betriebsdruck schwenkt der Regler die Pumpe selbständig zurück und verringert die Fördermenge so, daß eine unveränderliche Leistung der Antriebskraftquelle entnommen wird. (Anwendung für Ziehpressen, Fahrzeugantrieb, hydraulische Winden und nun für Rotary-Drehtisch-Antriebe.)

3. *Leistungsregelung mit Druckabschneidung.*
4. *Leistungsregelung und Fördermengenbegrenzung.*
5. *Druckregelung.* Bei veränderlicher Fördermenge wird der Druck konstant gehalten.

Das Hydrogigant-Ölgetriebe wird von der deutschen Firma Hydromatik G. m. b. H. gebaut.

Die Firma Salzgitter hat dieses Getriebe bzw. den oben beschriebenen hydrostatischen Antrieb zunächst in einer fahrbaren Anlage mit einer Antriebsleistung von 160 PS eingebaut.

Der primäre Teil ist vor dem Schaltgetriebe der Anlage, der sekundäre Teil, das heißt der hydraulische Motor, der nur etwa 20 kg wiegt, direkt am Drehtisch angeflanscht (s. Abb. 18 *c*).

6. Einfluß des hydrostatischen Druckes und der Spülstrahlgeschwindigkeit auf den Bohrfortschritt

a) Allgemeines

Vor vielen Jahren wurde schon beobachtet, daß die Bohrfortschritte in der Praxis mit jenen im Laboratorium nicht übereinstimmen, obwohl das Gestein dasselbe war und mit gleichen Bohrdruck und Drehzahlen und Spülvolumen gebohrt wurde.

So wurde beispielsweise von der Hughes Tool Co. in einem Ton-Schiefergestein im Laboratorium ein Bohrfortschritt von 20 bis 30 Fuß/Std. erzielt, wohingegen bei einer Bohrung im gleichen Gestein bei gleichem Druck, gleicher Drehzahl und gleichem Spülvolumen nur 3 bis 5 Fuß/Std. erreicht wurden.

Die vermutliche Ursache wurde dem Druck zugesprochen, den die Spülungssäule auf die Bohrlochsohle ausübt.

Es wurde nun der Effekt dieses Druckes bei verschiedenem Gestein studiert. Im Laboratorium wurde eine eigene Apparatur gebaut, wobei diverse Gesteinskerne einem ansteigenden hydrostatischen Druck ausgesetzt wurden. Man fand dabei, daß der Bohrfortschritt tatsächlich eine Funktion des hydrostatischen Druckes ist.

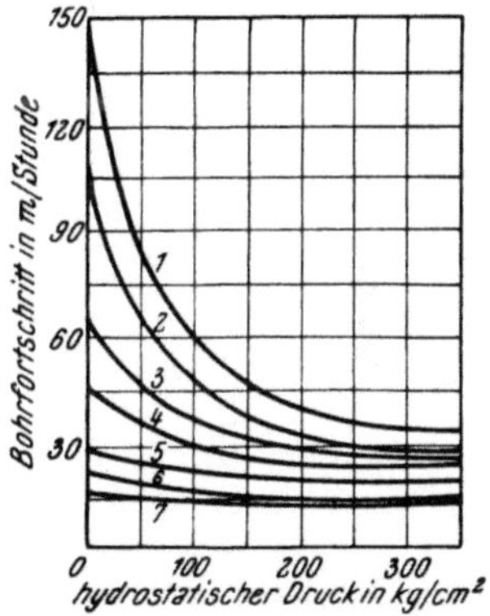

Abb. 19. Bohrfortschritt in Abhängigkeit vom hydrostatischen Druck bei verschiedenen Formationen (nach A. S. Murray und R. A. Cunningham, Petroleum Technology, November 1955). *1* Rifle Tonschiefer, *2* Sparberryschiefer, *3* Wyoming Red Beds, *4* Pennsylvanischer Kalkstein, *5* Rush-Spring Sandstein, *6* Basalt, *7* Ellenburger Dolomit

In der Abb. 19 ist der hydrostatische Druck, dem der betreffende Gesteinskern ausgesetzt war, dem Bohrfortschritt gegenübergestellt. Der Bohrmeißel, ein Rollenmeißel von 1 1/4 Zoll, wurde dabei mit einem Bohrdruck von 1000 lbs. = 453,6 kg belastet.

Die Art der untersuchten Gesteine ist aus der Legende der Abb. 19 zu ersehen. Sie wurden durchwegs unter den gleichen Konditionen (Druck, Drehzahl/Min., Spülvolumen) gebohrt.

Aus der Abbildung geht folgendes hervor:

1. Eine Abnahme des Bohrfortschrittes ist mit der Zunahme des hydrostatischen Druckes zu beobachten. Die Abnahme erreicht bei einem gewissen

hohen hydrostatischen Druck ein Maximum. Dieses Maximum ist scheinbar für jedes Gestein verschieden.

2. Je weicher das Gestein, um so stärker prägt sich der abfallende Bohrfortschritt bei zunehmendem hydrostatischem Druck aus.

Für die maximale Abnahme des Bohrfortschrittes gilt die Gleichung:

$$\frac{B_a - B_h}{B_a}.$$

Es bedeuten:

B_a Bohrfortschritt bei 1 Ata,

B_h Bohrfortschritt nahe der Horizontalen der Kurve.

Bei diesem Verhältnis ergibt sich beim Tonschiefer (*1*) eine Bohrfortschritt-Verminderung um 78%, beim Gestein (*2*) eine solche um 69%, beim Kalkstein (Kurve *4*) um 50% und beim Basalt (Kurve *6*) um 33%.

Eine charakteristische Kurve für viele weiche Tongesteine ist in Abb. 20 dargestellt. Hier bedingt schon ein geringer Anstieg des hydrostatischen Druckes eine erhebliche Verminderung des Bohrfortschrittes. Bei 35 Ata ist die Verminderung gegenüber 1 Ata schon 77% und bei 70 Ata gar 85%.

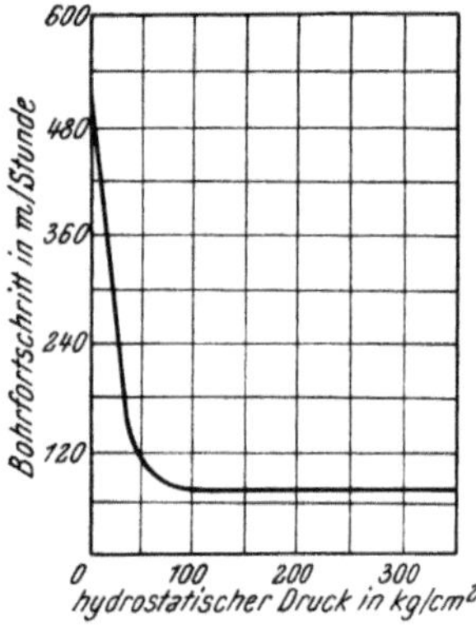

Abb. 20. Bohrfortschritt in Abhängigkeit vom hydrostatischen Druck für Schieferton, Bohrdruck 225 kg (nach A. S. Murray und R. A. Cunningham, Petroleum Technology, November 1955)

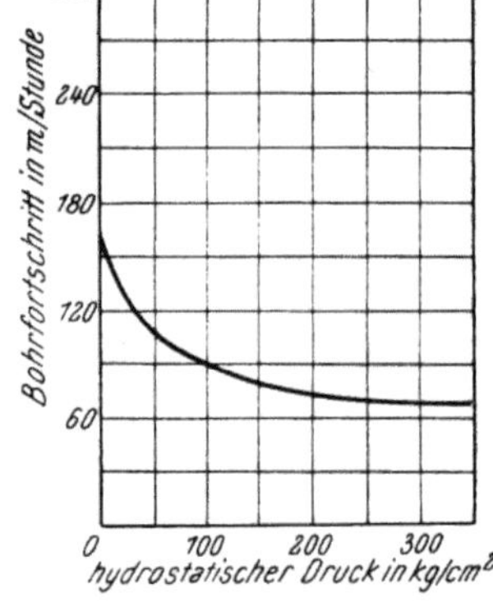

Abb. 21. Bohrfortschritt in Abhängigkeit vom hydrostatischen Druck für harten Quarzit, Bohrdruck 1350 kg (nach A. S. Murray und R. A. Cunningham, Petroleum Technology, November 1955)

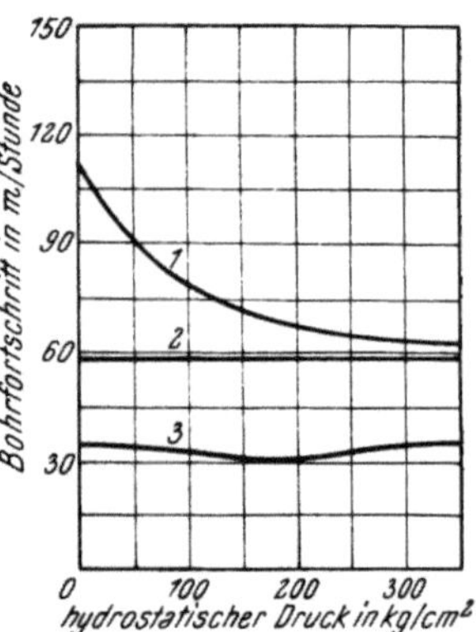

Abb. 22. Bohrfortschritt in Abhängigkeit vom hydrostatischen Druck — abweichendes Verhalten, Bohrdruck 450 kg (nach A. S. Murray und R. A. Cunningham, Petroleum Technology, November 1955).
1 Weißer Dolomit, *2* Chico-Kalkstein, *3* Kanadischer Dolomit

In zahlreichen harten Gesteinen muß allerdings mit größerem Bohrdruck gebohrt werden. So wurde ein harter Quarzit mit einem Bohrdruck von 3000 lbs. = 1350,0 kg mit obigem Meißel gebohrt. Der Verlauf des Bohrfortschrittes bei verschiedenem hydrostatischem Druck ist in Abb. 21 zu ersehen.

Auch hier wird eine merkliche Abnahme des Bohrfortschrittes bei zunehmendem hydrostatischem Druck beobachtet.

Einige Gesteine reagierten allerdings abweichend von jenen, die hier angeführt wurden (s. Abb. 22).

Das Gestein (*1*), ein weißer Dolomit, zeigt die charakteristische Reaktion, wie sie sich auch bei den schon früher besprochenen Gesteinen einstellte, obwohl die Verminderung des Bohrfortschrittes nicht so groß war, wie man erwartet hatte.

Das Gestein nach Kurve *2*, ein Kalkstein (Chico-Kalkstein), zeigte zunächst einen geringen Abfall des Bohrfortschrittes, der aber bei weiterer Erhöhung des hydrostatischen Druckes wieder anstieg.

Bei Kurve *3*, die den Bohrfortschritt in einem kanadischen Dolomit darstellt, sieht man wieder überhaupt keinerlei Einfluß des hydrostatischen Druckes.

Diese Abweichungen sind noch nicht restlos geklärt. Eine vermutliche Erklärung wird am Schluß dieser Ausführungen noch gegeben werden.

b) Der Bohrfortschritt, eine Funktion des Bohrdruckes und des hydrostatischen Druckes

Dieses Verhältnis ist aus Abb. **23** zu ersehen.

Hier wurde ein Dolomit (Ellenburger Dolomit) einmal mit einem Bohrdruck von **453** kg und ein anderes Mal mit dem doppelten Bohrdruck von **906** kg gebohrt. Beim Bohrdruck von **453** kg war der Bohrfortschritt trotz der Erhöhung des hydrostatischen Druckes fast konstant. Die Verminderung war im Maximum 22%.

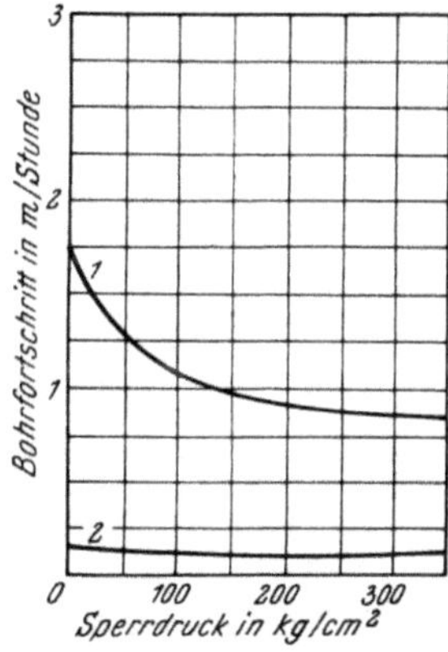

Abb. **23**. Bohrfortschritt als Funktion des Bohrdruckes und des hydrostatischen Druckes für Ellenburger Dolomit (nach A. S. Murray und R. A. Cunningham, Petroleum Technology, November 1955).
1 Bohrdruck 907 kg, *2* Bohrdruck 454 kg

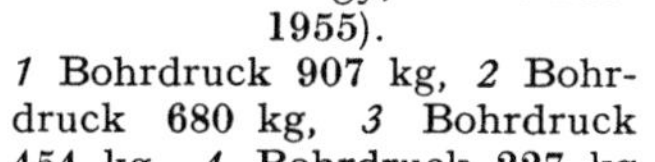

Abb. **24**. Bohrfortschritt als Funktion des Bohrdruckes und des hydrostatischen Druckes für mittelharten Ton (Wyoming Red Beds) (nach A. S. Murray und R. A. Cunningham, Petroleum Technology, November 1955).
1 Bohrdruck 907 kg, *2* Bohrdruck 680 kg, *3* Bohrdruck 454 kg, *4* Bohrdruck 227 kg

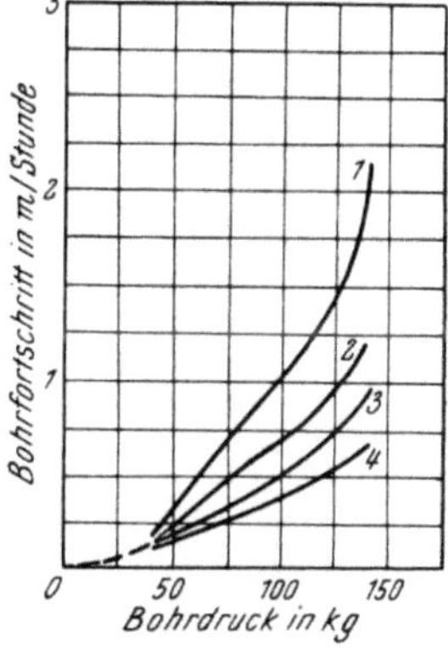

Abb. **25**. Bohrfortschritt als Funktion des Bohrdruckes mit dem hydrostatischen Druck als Parameter für Wyoming Red Beds (nach A. S. Murray und R. A. Cunningham, Petroleum Technology, November 1955)

Beim Bohrdruck von **906** kg hingegen war die Verminderung etwa 50%.

Ein ähnliches Resultat sieht man in Abb. **24**. Es ist dies ein mittelharter Ton (Wyoming Red Beds). Hier wurden Bohrdrücke von **226,5**, **453,0**, **679,5** und **906,0** kg angewendet. Die Kurven sprechen für sich. Je höher der Bohrdruck wird, um so größer wird die Wirkung des hydrostatischen Druckes auf die Verminderung des Bohrfortschrittes.

In Abb. **25** ist das Ergebnis in einer anderen Art dargestellt. Auf der Abszisse sind die Bohrdrücke, auf der Ordinate ist der Bohrfortschritt aufgetragen. Die einzelnen Kurven zeigen den Verlauf desselben in Abhängigkeit vom hydrostatischen Druck.

Ein Vergleich der Bohrfortschritt-Resultate eines 9-Zoll-Rollenmeißels (OSC) mit jenen des 1 1/4-Zoll-Meißels beim Laboratoriumsversuch ergibt das folgende Bild:

1. Bei weichem Gestein ist der Bohrfortschritt der Drehzahl und dem Bohrdruck pro cm Meißeldurchmesser direkt proportional.

2. Falls der Bohrdruck, die Drehzahl und das Spülvolumen konstant bleiben, bleibt der Bohrfortschritt bei zwei verschiedenen Meißeltypen in unterschiedlichem, aber weichem Gestein konstant.

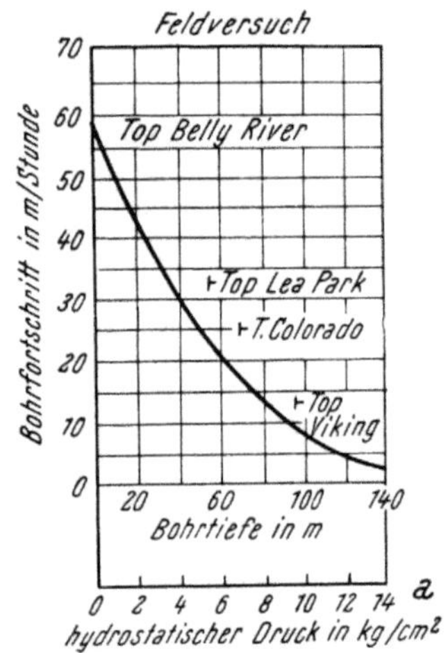

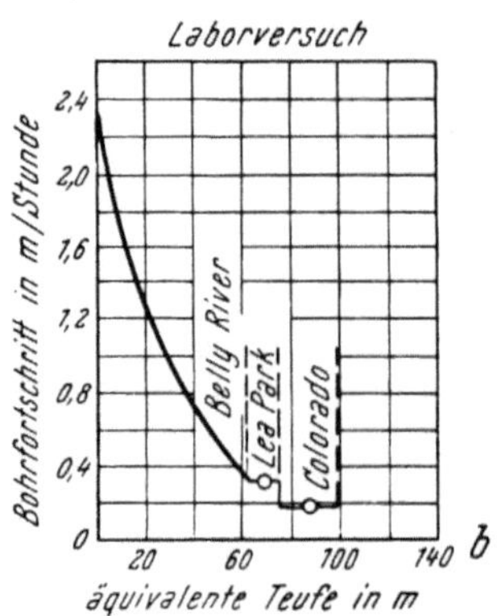

Abb. 26 *a* und *b*. Vergleich der Laboratoriumsversuche mit den praktischen Versuchen zur Ermittlung der Beeinflussung des Bohrfortschrittes durch hydrostatischen Druck (nach A. S. MURRAY und R. A. CUNNINGHAM, Petroleum Technology, November 1955). 1 1/4-Zoll-Meißel, 227 kg Bohrdruck, 50 U/Min.

3. Der prozentuelle Wechsel im Bohrfortschritt infolge des hydrostatischen Druckes ist unabhängig von der Zusammensetzung der verwendeten Spülung.

Diese Verhältnisse sind aus Abb. 26 *a* zu ersehen, die auf praktischen Versuchen bei Bohrungen basieren. Sie stimmen überein mit den Laboratoriumsversuchen, die in Abb. 26 *b* wiedergegeben sind.

Schlußfolgerung. Nach der Theorie von MOHR werden die Gesteine infolge des auf ihnen lastenden hydrostatischen Druckes härter. Allerdings konnte bisher keine einwandfreie praktische Anweisung ermittelt werden, welche eine Bewertung des Verhältnisses zwischen dem hydrostatischen Druck und dem Bohrfortschritt möglich macht.

Charakteristik der Gesteine, bei denen der hydrostatische Druck den Bohrfortschritt nicht beeinflußt. In der vorliegenden Abhandlung wurde gesagt bzw. aufgezeigt, daß bei gewissen Gesteinen eine Beeinflussung des Bohrfortschrittes durch den hydrostatischen Druck nicht beobachtet werden konnte. Es wurde aber festgestellt, daß diese Gesteine eine gute Durchlässigkeit aufwiesen, so daß man annehmen kann, daß die Spülung zum Großteil in die Gesteinsporen gedrückt wurde.

In Gesteinen, wo infolge ihrer geringen Durchlässigkeit oder Vermörtelung ein tieferes Eindringen der Spülung behindert ist, wie dies bei den meisten Laboratoriumsuntersuchungen der Fall war, hat der hydrostatische Druck den Bohrfortschritt stark verringert.

Die Durchlässigkeit des Gesteins wird somit die Wirkung des hydrostatischen Druckes maßgebend beeinflussen.

Bei Bohrungen, welche Gas oder Luft als spülendes Medium verwendeten, konnte unter günstigen Bedingungen ein erheblich größerer Bohrfortschritt erzielt werden, was ebenfalls auf den dabei geringeren hydrostatischen Druck zurückgeführt werden kann.

So konnte beispielsweise in Pennsylvanien unter sonst völlig gleichen Bedingungen die Bohrzeit von 510 Bohrstunden auf 270 Bohrstunden verkürzt werden, als man die Ton-Wasserspülung durch eine Druckluftspülung ersetzte.

Es war dies ein weiterer Beweis, daß der hydrostatische Druck hier von maßgebendem Einfluß war. Die oben genannten Bohrungen hatten eine durchschnittliche Teufe von 2100 m.

Eine weitere Möglichkeit, den hydrostatischen Druck zu reduzieren, ergibt sich dann, wenn die Ton-Wasserspülung mit Druckluft durchsetzt wird.

Einfluß des Spülvolumens auf den Bohrfortschritt. Der Spülstrom hat die Aufgabe, die Bohrlochsohle vom Bohrschmant reinzufegen und im Ringraum zu Tage zu fördern.

Ist die Geschwindigkeit des Spülstromes ungenügend, fällt auch der Bohrfortschritt, wie vielfache praktische Erfahrungen bewiesen. Der Bohrschmant wird in diesem Falle ungenügend von der Sohle gespült und nicht im entsprechenden Maße im Ringraum zu Tage gefördert.

In Abb. 27 (nach H. Szepanek) ist dieser Einfluß dargestellt. Aus der Ringraumgeschwindigkeit ergibt sich auch das jeweilige Spülvolumen, welches in der Teufenstrecke 765,0 bis 808,0 m ungenügend war, wodurch der Bohrfortschritt von durchschnittlich 7,5 m/Std. auf etwa 3,0 m/Std. abfiel.

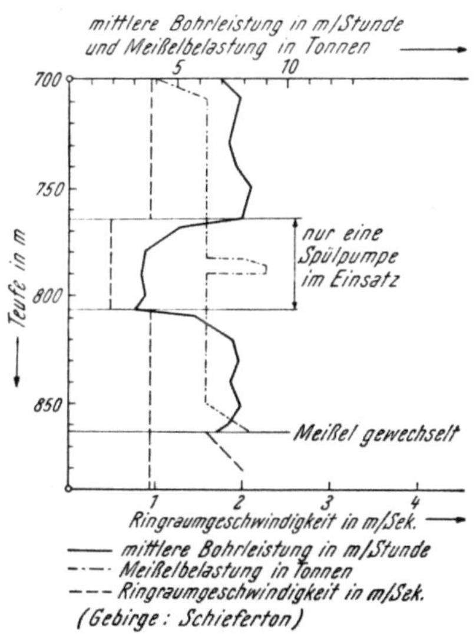

Abb. 27. Bohrleistung, Meißelbelastung und Ringraumgeschwindigkeit bei verschiedenen Verhältnissen (nach H. Szepanek, Erdöl-Zeitung, Juli 1956)

c) Einfluß der Spülstrahlgeschwindigkeit auf den Bohrfortschritt

Das zirkulierende Spülvolumen wie auch die Geschwindigkeit des aus der Meißelbohrung austretenden Spülstrahles beeinflussen unter gewissen Bedingungen ebenfalls den Bohrfortschritt.

Bei den älteren Blatt- und Rollenmeißel-Konstruktionen waren die Spülbohrungen so angeordnet, daß der austretende Spülstrahl die Schneiden bzw. die Rollenzähne tangential traf und den an ihnen haftenden Bohrschmant abspülte. Nur ein Teil des Strahles stieß gegen die Bohrlochsohle.

Bei den sogenannten Düsenmeißeln — Jet bits — ist der Strahl direkt gegen die Bohrlochsohle gerichtet. Durch die hier entstehende Turbulenz werden sowohl die Schneiden als auch die Rollenzähne, vor allem aber auch die Sohle vom

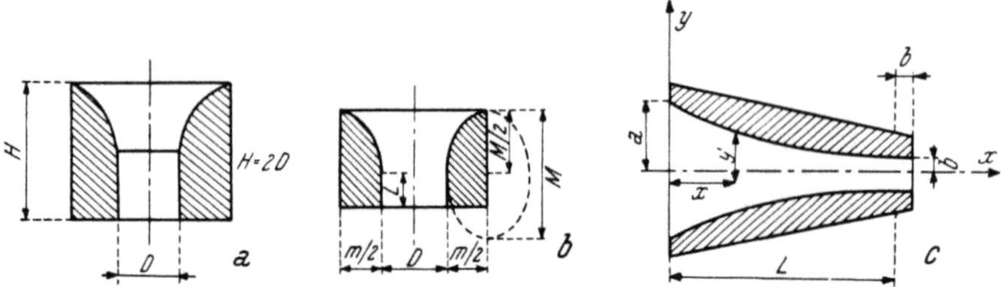

Abb. 28 *a* bis *c*. Formen von Meißeldüsen (nach J. R. ECKEL und W. J. BIELSTEIN, World Oil, Februar-März 1952).
a Gerundete Eintrittsöffnung, *b* Elliptische Eintrittsöffnung, *c* Eintrittsöffnung, die eine gleichmäßige Beschleunigung des Spülstrahles gestattet

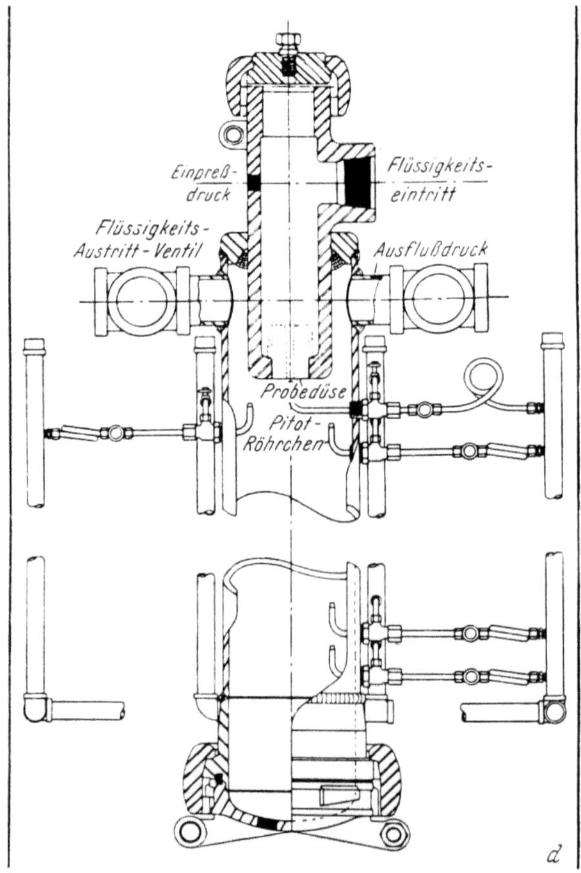

Abb. 28 *d*. Versuchsapparatur zur Ermittlung der Strömungsverhältnisse bei verschiedenen Düsenformen (nach J. R. ECKEL und W. J. BIELSTEIN, World Oil, Februar-März 1952)

Bohrschmant gründlich gereinigt, so daß das Bohrwerkzeug stets im gewachsenen Boden arbeitet.

Die Auswirkung, nämlich eine Erhöhung des Bohrfortschrittes, zeigt sich allerdings erst bei einer bestimmten Strahlgeschwindigkeit, das heißt Fließgeschwindigkeit in der Meißeldüse.

α) Wirkungsgrade verschiedener Düsenformen. Hohe Fließgeschwindigkeiten haben auch hohe Druckverluste zur Folge. Der Wirkungsgrad hängt vor allem von der Form der Eintrittsöffnung der Meißeldüse ab.

Diesbezüglich wurden in USA zahlreiche Versuche durchgeführt, die zu den folgenden Ergebnissen führten:

a) Bei scharfkantiger Eintrittsbohrung ergab sich ein schlechter Wirkungsgrad und eine große Streuung des Spülstrahles.

b) Bei gerundeter Eintrittsöffnung war der Wirkungsgrad erheblich besser, die Streuung geringer. Je größer der Krümmungsradius der Eintrittsöffnung gewählt wurde, um so besser war auch die Stoßwirkung des Strahles (s. Abb. 28 *a*).

c) Bei elliptischem oder parabolischem Querschnitt der Eintrittsöffnung ergaben sich die günstigsten Verhältnisse, der Wirkungsgrad erhöhte sich bis auf rund 0,99 (s. Abb. 28 *b*).

Die scharfkantige Austrittsöffnung zeigte die günstigsten Verhältnisse, die Streuung war am geringsten.

Das Verhältnis der Düsenlänge zum Düsendurchmesser spielt ebenfalls eine sehr maßgebende Rolle.

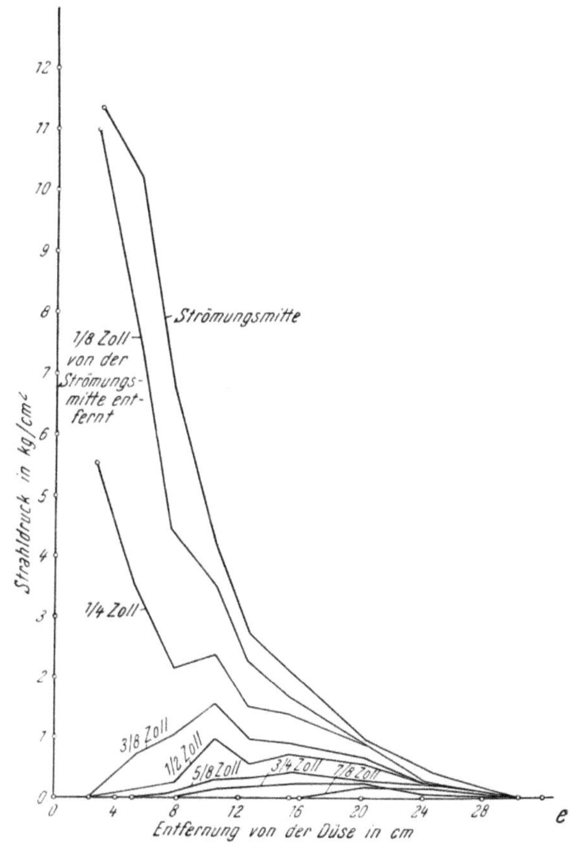

Abb. 28 *e*. Strahldruck in Abhängigkeit von der Entfernung von der Ausströmdüse (nach J. R. ECKEL und W. J. BIELSTEIN, World Oil, Februar-März 1952). Versuchsbedingungen: Flüssigkeitsvolumen 440 l/Min., Rückdruck 2,1 kg/cm², Einlaßdruck 13,6 kg/cm², Auslaßdruck 12,4 kg/cm², Düsendurchmesser 1/2 Zoll

Das günstigste Verhältnis ergab sich bei den vielfachen Untersuchungen in der Größenordnung $0{,}2 \leqslant L/D \leqslant 0{,}5$.

War das Verhältnis kleiner als 0,2, stellt sich ein rapider Abfall des Wirkungsgrades ein. Ist es hingegen größer als 0,5, ist der Abfall viel kleiner.

Bohrmeißel haben oft verhältnismäßig lange Spülbohrungen. Es hat sich als günstig erwiesen, diese Bohrungen so zu gestalten, daß der Spülstrom innerhalb derselben gleichmäßig beschleunigt wird, und zwar so, daß in der am Ende der Spülbohrung eingesetzten Düse die erwünschte Strömungsgeschwindigkeit erreicht wird.

In Abb. 28 *c* ist dies dargestellt.

Bei Versuchen, bei denen der Spülstrahl frei in Luft austrat, konnte eine Streuung desselben kaum beobachtet werden. Um die Versuche unter ähnlichen Verhältnissen durchzuführen, wie sie im Bohrloch herrschen, wurde eine eigene Versuchsapparatur gebaut, wie sie in Abb. 28 *d* dargestellt ist.

In einem geschlossenen, mit Wasser gefüllten Rohr ist im oberen Teil die Düse eingesetzt. In der Richtung des Strahlkernes sind Pitot-Röhrchen in gleichen Abständen im Innern eingebaut, die mit Manometern verbunden den jeweiligen Staudruck anzeigen. Ferner sind seitlich des Strahlkernes gleichfalls Pitot-Röhrchen eingesetzt, um auch die Druckverhältnisse außerhalb der Strahlkernmitte auf Distanzen von 1/8, 1/4, 3/8 Zoll usw. messen zu können.

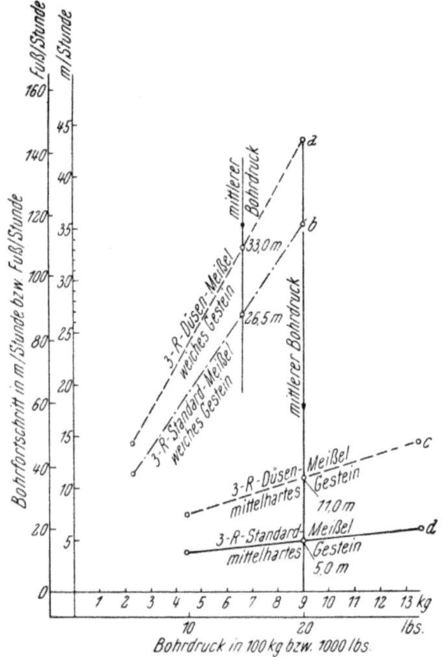

Abb. 29. Vergleich der Bohrfortschritte in weichem und mittelhartem Gestein mit Dreirollenmeißeln bei gleicher Drehzahl und verschiedenem Bohrdruck (nach D. Johnston und W. R. Johnson, World Oil, April 1953)

Die Ergebnisse sind in Abb. 28 *e* zu ersehen. Das Durchflußvolumen war dabei 100 Gallons/Min., das sind rund 378 l/Min., mit einer Geschwindigkeit unmittelbar beim Düsen-Austritt von 49,16 m/Sek. und einem Gegendruck von 21,0 m Wassersäule.

Wie aus Abb. 28 *e* zu ersehen ist, fällt die Fließgeschwindigkeit mit der Entfernung von der Ausflußöffnung stark ab, ebenso wie die Geschwindigkeit der seitlich des Strahlkernes befindlichen Stromfäden mit deren zunehmender Entfernung von der Strahlmitte.

Bis zu einer Entfernung von rund 100 mm von der Ausflußöffnung beträgt der Geschwindigkeitsabfall rund 40%. In einer Entfernung von rund 300 mm ist die gesamte Energie aufgebraucht.

Es konnte ferner festgestellt werden, daß der Bohrfortschritt nur von einer bestimmten Strömungsgeschwindigkeit an in der Meißeldüse eine Steigerung erfährt, die für jedes Gestein unterschiedlich ist.

Vergleiche der Bohrfortschritte mit Normal-Standard-Rollenmeißeln und Düsenmeißeln, bzw. der jeweils pro Meißel gebohrten Meter, sind aus Tab. 4 und Abb. 29 zu ersehen.

Tabelle 4. *West-Texas, mittelhartes Gestein*

a) Standrohrbohrloch 12 1/2 Zoll = 317,5 mm

Sonde Nr.	Y & A 31	Y & A 32	B	C
Teufen von bis Meter geb.	53,0 bis 1080 = 1027,0	55,0 bis 1075 = 1020,0	97,5 bis 1082 = 984,5	93,0 bis 1039 = 946,0
Zahl der Meißel und Type	7 (Düsen-M.)	6 (Düsen-M.)	6 (Düsen-M.) 4 (Standard-M.)	13 (Standard-M.)
Drehstd.	99 1/4	91	141	180 3/4
m/Std.	10,34	11,20	6,98	5,23
m/Meißel	146,7	170,0	98,45	72,8

Die ermittelte Meterleistung/Std. war bei den Düsenmeißeln um rund 76% höher als die der Standardmeißel.

Die totale Meterleistung des Düsenmeißels gegenüber jener des Standardmeißels war im Durchschnitt um rund 85% größer.

b) Standrohrbohrloch 8 3/4 Zoll = 222,25 mm

Sonde Nr.	Y & A 32	Y & A 25	B	C
Teufe von bis m	1080,0 2310,0	1082,0 2270,0	1075,0 2290,0	1078,0 2260,0
Meter geb.	1230,0	1188,0	1215,0	1182,0
Zahl der Meißel und Type	17 (Düsen-M.) 1 (Standard-M.)	15 (Düsen-M.)	24 (Standard-M.) 1 (Düsen-M.)	31 (Standard-M.)
Drehstd.	271 1/2	264 1/2	263	254 1/2
m/Std.	4,53	4,50	4,615	4,64
m/Meißel	68,3	79,2	48,6	38,1

Die ermittelte Meterleistung/Std. war bei Standardmeißeln um 2,64% höher als die der Düsenmeißel, hingegen war die totale Meterleistung/Meißel bei den Düsenmeißeln um 70,38% größer.

Weitere Angaben über die Bohrfortschritte mit Standard- und Düsenmeißeln sind aus Abb. 29 zu ersehen.

Nach Marsh kann die Leistung des Strahles auf die Sohle ungefähr wie folgt errechnet werden:

$$\mathrm{PS} = 0{,}487 \cdot 10^{-9} \cdot \frac{Q^2 \cdot \gamma}{F^2}.$$

Angenommen $Q = 1{,}2\ \mathrm{m^3/Min.}$, Düse 3/4 Zoll, Düsenfläche $= F = 0{,}000\,283\ \mathrm{m^2}$, spezifisches Gewicht $\gamma = 1200\ \mathrm{kg/m^3}$,

$$\mathrm{PS} = 0{,}487 \cdot 10^{-9} \cdot \frac{1{,}2^2 \cdot 1200{,}0}{0{,}000\,283^2} = \underline{10{,}52\ \mathrm{PS}.}$$

Die gute Wirkung der hohen Spülstrahlgeschwindigkeit kann durch ein größeres Spülvolumen bzw. durch entsprechend enge Düsenquerschnitte erzielt werden. Beides bedeutet infolge der dabei auftretenden Widerstände eine erheblich höhere Pumpleistung.

β) Wirtschaftlichkeit beim Bohren mit Düsenmeißeln. Der besondere Vorteil der Düsenmeißel wurde von den maßgebenden Erdölgesellschaften in fast allen Erdölländern bestätigt.

Der aus den Meißeldüsen mit großer Geschwindigkeit austretende Spülstrahl erhöht ganz wesentlich die fegende Wirkung auf der Bohrlochsohle. Es kann daher mit einem größeren Bohrdruck gearbeitet werden, der durch eine höhere Spantiefe auch größere Bohrschmantteile von der Sohle löst. Durch das sehr gründliche und rasche Austragen des Bohrschmantes wird auch die Verlagerung der Rollen weniger vom Bohrschmant gescheuert und damit ihre Betriebsdauer verlängert.

Von mancher Seite stand man dieser Auffassung skeptisch gegenüber, und zwar wegen des angeblich sehr erhöhten PS-Bedarfes bei der Spülpumpe.

Nach Erfahrungen in West-Texas hat sich erwiesen, daß dieser Einwand nicht begründet ist, wie dies aus Abb. 30 *a* und *b* hervorgeht.

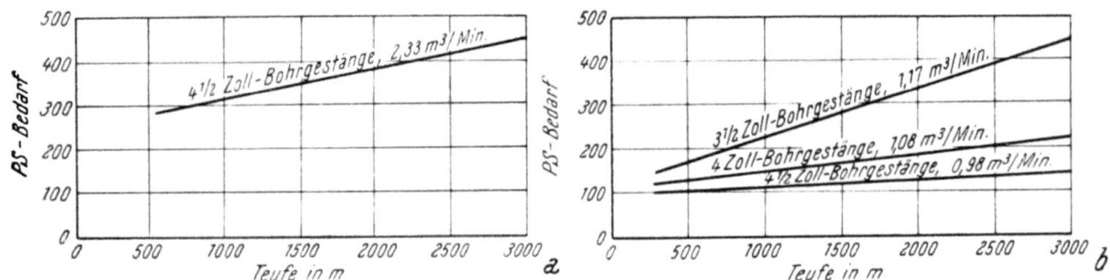

Abb. 30 *a* und *b*. PS-Bedarf der Spülpumpe bei verschiedenen Teufen (nach D. JOHNSTON und W. R. JOHNSON, World Oil, April 1953)

Die erforderliche PS-Leistung der Spülpumpe ist der Teufe gegenübergestellt, wobei im Diagramm verschiedene Gestänge-Durchmesser und unterschiedliche Spülungsvolumen vorgesehen sind.

Das Bohrloch hat einen Durchmesser von 7 7/8 Zoll ≅ 200,0 mm.

Die Geschwindigkeit im Ringraum, die hier als entsprechend angenommen wird, ist 0,9 m/Sek.

Die Geschwindigkeit der Spülung in der Meißeldüse beträgt rund 68,0 m/Sek.

Die Bohrgarnitur setzt sich dabei aus einem Schwerstangenstrang mit einem Außendurchmesser von 6 Zoll = 152,4 mm, einer Bohrung von 2 1/4 Zoll = 57,15 mm und den verschiedenen im Diagramm ersichtlichen Bohrgestängen zusammen.

Das spezifische Gewicht der Spülung beträgt 1,15.

Man ersieht aus dem Diagramm, daß bei einer Teufe von 8000,0 Fuß = 2440,0, einem Gestänge von 4 Zoll F.H., einem Spülvolumen von 1080 l/Min., eine Leistung von rund 200 PS bei der Pumpe erforderlich ist.

Es ist jedenfalls in West-Texas erwiesen worden, daß bei der Verwendung von Düsenmeißeln ein Meißelmarsch von früher 6 bis 12 Stunden auf 20 bis 25 Stunden erhöht werden konnte. Das bedeutet mit anderen Worten, daß erst nach dem zwei- bis dreimal so großen Bohrfortschritt gegenüber jenem, den man mit Normalmeißeln erreichte, der Meißel gewechselt werden muß, was eine ganz wesentliche Ersparnis an unproduktiver Arbeitszeit ergibt.

Die Tendenz, diese Vorteile weitgehendst auszunützen, geht Hand in Hand mit dem Bestreben, durch Wahl eines entsprechenden Bohrstranges auch den Fließwiderstand zu reduzieren und damit auch den PS-Bedarf der Spülpumpen in wirtschaftlichen Grenzen zu halten.

γ) Spülstrahlrichtung. In USA wurde festgestellt, daß auch die Richtung des Spülstrahles, wie er aus der Meißeldüse tritt, für den Bohrfortschritt von Einfluß ist.

Früher wurden die Düsen so angeordnet, daß der Strahl direkt gegen das Meißelblatt, bzw. beim Rollenmeißel tangential zum Konus, gerichtet war, um das Blatt oder die Rollenzähne vom Bohrschmant zu reinigen. Die immer etwas sandhaltige Spülung scheuerte das Meißelblatt ab, die Erosionserscheinungen waren mitunter sehr stark. Bei den neueren Meißeln wird die Sohle vor der Schneide vom Spülstrahl bestrichen. Der Spülstrahl trifft die Sohle etwa 1 1/2 Zoll = 38 mm vor dem Meißelblatt und räumt so den vor den Schneiden befindlichen Schmant weg. Diesbezügliche Resultate s. Tab. 5.

Tabelle 5. *Bohrmeterleistung/Std. bei unterschiedlicher Richtung des Spülstrahles* (nach J. P. Nolley, G. E. Cannon und D. Ragland, World Oil, Oktober 1948)

Meißelform	Düsenrichtung	Spülvolumen	Geschwindigkeit in der Düse	Bohrmeter/Std.
1 Gekrümmt	auf Blatt	2190 l/M	27,0 m	18,0
2 gerade	38 mm vor	—	—	20,7
3 gekrümmt	auf Blatt	—	—	6,3
4 gerade	38 mm vor	—	—	16,8
5 gekrümmt	auf Blatt	—	—	6,3
6 gerade	38 mm vor	—	—	6,6

Die Meißeltypen 1 und 2, 3 und 4, 5 und 6 wurden im selben Gestein erprobt.

Auch die Schneideform spielt dabei eine gewisse Rolle, wie dies aus Tab. 5 hervorgeht.

Bei den Rollenmeißeln haben sich bessere Bohrfortschritte dort ergeben, wo der Spülstrahl vor den Rollen möglichst lotrecht die Sohle trifft, wie dies praktische Versuche von W. J. Bielstein und G. E. Cannon ergeben haben.

δ) Wirkung der Pulsation der Spülpumpe. Die bei Rotary-Bohranlagen verwendeten Zwillingskolbenpumpen ergeben Stöße, die sich der Flüssigkeitssäule und dem Gestänge, sowie dem Meißel mitteilen. Dadurch werden longitudinale Schwingungen hervorgerufen. Bei der normalen Hubzahl der Pumpe von etwa 40 Hub/Min. sind dies etwa 160 Schläge/Min. Wenn auch die Höhe dieser Stöße nicht sehr groß ist (etwa 5 bis 10 mm), so haben sie doch einen gewissen Einfluß auf den Bohrfortschritt. Dieser Effekt konnte gut beobachtet werden, besonders bei harten Schichten, wenn mit dem entsprechenden Bohrgewicht gebohrt wurde. Bei zu großem Bohrgewicht kommen sie natürlich nicht zur Geltung.

7. Bohrausrüstung, Ausbildungsgrad des Bohrpersonals

Die Bohranlage muß den jeweiligen lokalen Gesteinsverhältnissen angepaßt sein. Es muß somit möglich sein, das Bohrgewicht, die Drehzahl und das Spülvolumen entsprechend zu variieren, ferner muß man Meißelkonstruktionen verfügbar haben, die ein wirtschaftliches Optimum an Bohrleistung ermöglichen. Die unproduktive Arbeit des Aus- und Einbaues beim Meißelwechsel muß auf ein Minimum an Zeit herabgesetzt werden.

Dem Personal soll jede physische Anstrengung so weit als möglich erleichtert werden. Richtige Ortslage der Gestänge-Zangen, ein möglichst sauberer, gut beleuchteter und übersichtlicher Arbeitsplatz sind dabei die Voraussetzungen.

Schutzeinrichtungen für das Personal gegen Witterungseinflüsse, Sicherheitseinrichtungen, Rettungsgürtel, richtig angelegte Leitern und Stiegen mit Geländer, gutes Licht bei der Nachtarbeit usw. sind Erfordernisse, denen die nötige Aufmerksamkeit zu widmen ist.

Die Ausbildung des Personals ist ebenfalls ein sehr wichtiger Faktor.

Jeder einzelne Mann soll seinen Arbeitskreis genau vorgeschrieben haben und vor seinem vollen Einsatz entsprechend vorgeschult werden. Die ganze Belegschaft muß aufeinander gut eingespielt sein, so daß zeitraubende Störungen vermieden werden.

Es ist bezeichnend, daß in der Zeit von 1942 bis 1944 die Bohrleistung in USA, als Folge der Einberufung eines großen Teiles des Bohrpersonals zum Militärdienst, sehr stark abfiel.

III. Methode zur Beurteilung der Bohrleistung eines Rollenmeißels

1. Kostenberechnung

Um ein richtiges Urteil über die Bewährung eines Meißels fällen zu können, muß in Betracht gezogen werden:

a) Totalkosten der Bohranlage/Std.,

b) Kosten des Meißels,

c) Zeitaufwand für den Aus-Einbauzyklus.

Diese Kosten sind gegeben in der Formel:

$$K/\mathrm{m} = \frac{M_k + Ak \cdot (Bz + AEz)}{Tm},$$

K/m = Bohrkosten/m,

M_k = Kosten des Meißels,

Ak = Gesamtkosten der Anlage/Std.,

Bz = effektive Bohrzeit des Meißels auf Sohle in Stunden,

AEz = Zeitdauer des Aus-Einbauzyklus in Stunden (Zeit, sobald Meißel von Sohle gehoben, bis neuer Meißel mit Bohren wieder beginnt),

Tm = Totale Meter Bohrleistung des Meißels (in einem Arbeitsgang).

In Abb. 31 *a* ist eine graphische Methode zur Bestimmung der Bohrkosten/m dargestellt.

Auf der Ordinate sind die Bohrmeter aufgetragen, die ein Meißel während eines Marsches leistet.

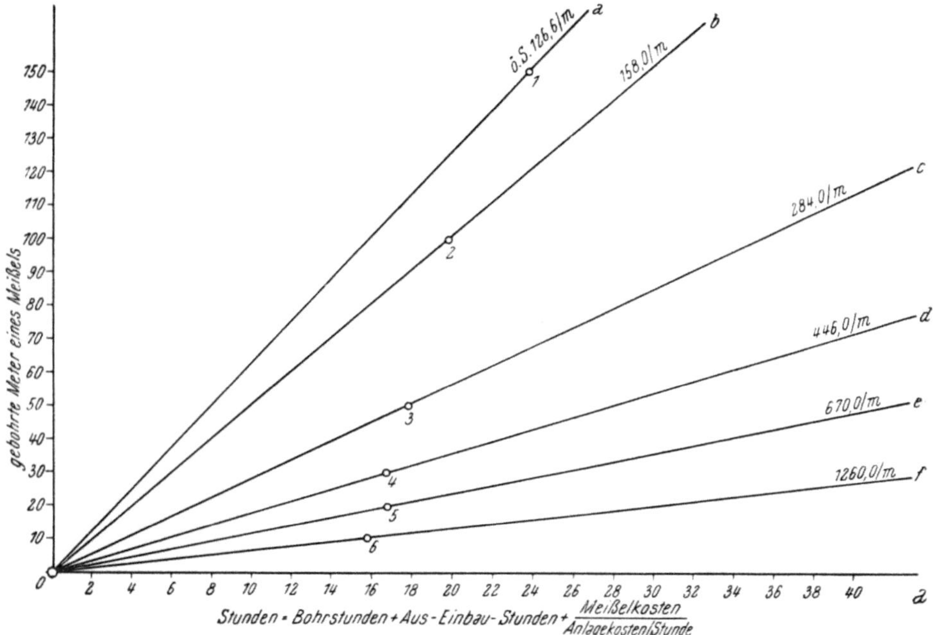

Abb. 31 *a*. Graphische Bestimmung des Bohrmeterpreises eines Meißels (nach H. B. Woods, World Oil, September 1951).
Angenommen: Meißelkosten ö.S. 3000,—, Anlagekosten/Std. ö.S. 800,—, Aus- und Einbauzeit 8 Stunden

Auf der Abszisse ist die Summe der Stunden aufgetragen, die sich zusammensetzen aus: Bohrstunden + Aus-Einbaustunden + Stunden, die sich aus dem Quotienten von Meißelkosten und Anlagekosten/Std. ergeben.

Im Diagramm wurde angenommen:

Meißelkosten	= ö. S. 3000,0
Anlagekosten/Std.	= ö. S. 800,0
Aus-Einbauzeit	= 8 Stunden

Bei Linie *a* wurde vorausgesetzt eine Bohrzeit von 12 Stunden und eine gebohrte Strecke von 150,0 m.

Auf der Ordinate sind aufzutragen 150,0 m.

$$\text{Auf der } X\text{-Achse} = \text{Bohrstd.} + \text{Aus-Einbaustd.} + \frac{\text{Meißelkosten}}{\text{Anlagekosten/Std.}}$$

$$= 12{,}0 + 8{,}0 + \frac{3000{,}0}{800{,}0} = 23{,}75 \text{ Stunden.}$$

Im Schnittpunkt der beiden ergibt sich der Punkt *1*.

Der Bohrmeterpreis ist nach der schon angeführten Formel der folgende:

$$K/\text{m} = \frac{3000{,}0 + 800{,}0 \cdot (12 + 8)}{150{,}0} = \text{ö. S. } 126{,}66$$

Das heißt auf der Verbindungslinie vom Koordinatenursprung zum Punkt *1* ist der Bohrmeterpreis = ö. S. 126,66.

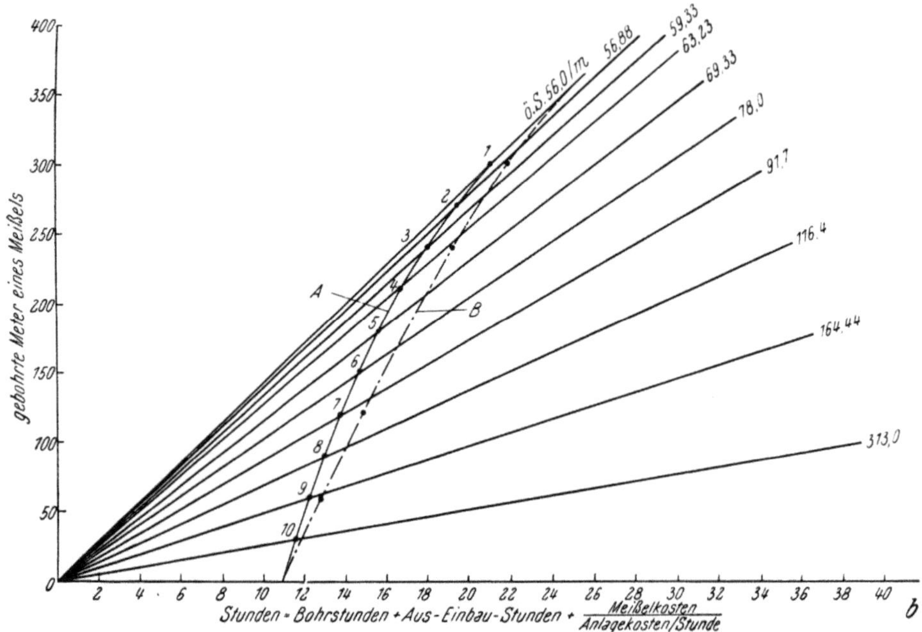

Abb. 31 *b*. Graphische Bestimmung des wirtschaftlichen Bohrmeterpreises eines Meißels (nach H. B. Woods, World Oil, September 1951).
Angenommen: Meißelkosten ö.S. 3000,—, Anlagekosten/Std. ö.S. 800,—, Aus- und Einbauzeit 7,25 Stunden

Nach dem gleichen Prinzip wurden die anderen Bohrmeterpreise bestimmt, und zwar:

1. Meißelkosten, Anlagekosten/Std. und Aus-Einbauzeit sind bei allen unverändert geblieben.

Bei *b* ist die Bohrzeit 8 Stunden, gebohrte Meter = 100,0.

2. Bohrzeit = 6 Stunden, gebohrte Meter = 50,0.
3. Bohrzeit = 5 Stunden, gebohrte Meter = 30,0.
4. Bohrzeit = 5 Stunden, gebohrte Meter = 20,0.
5. Bohrzeit = 4 Stunden, gebohrte Meter = 10,0.

Um festzustellen, ob ein Meißel genügend lange im Bohrloch gearbeitet hat, um die höchste Wirtschaftlichkeit, das heißt den günstigsten Bohrmeterpreis zu ergeben, hat Yeatman eine Methode entwickelt, die in Abb. 31 *b* ersichtlich ist.

Als Grundlage dient die Summe an Zeit in Stunden, die der Meißel beim Bohren für die verschiedenen Teufenstrecken benötigt.

Abb. 31 *b* nimmt als Grundlage die in Tab. 6 ersichtlichen Teufenstrecken der beiden Vergleichsmeißel.

Tabelle 6

Gebohrte m	Bohrstunde	
	Meißel A	Meißel B
30,0	0,7	0,7
60,0	1,3	1,8
90,0	2,1	2,9
120,0	2,8	3,9
150,0	3,7	5,0
180,0	4,6	6,0
210,0	5,6	7,0
240,0	6,8	8,2
270,0	8,2	9,2
300,0	10,0	10,9

Ferner sei angenommen: Meißelpreis bei beiden Meißeln ist je ö. S. 3000,—, die Anlagekosten/Std. sind ö. S. 800,—, die Aus-Einbauzeit ist bei allen Teufenstrecken = 7,25 Stunden und der Quotient aus Meißelkosten: Anlagekosten/Std. = 3,75. Die Summe der Aus-Einbauzeit plus 3,75 = 11,0 Stunden.

Nach der gleichen Methode wie in Abb. 31 *a* sind die Bohrmeterpreise für den Meißel *A* ermittelt und als Linien mit den Preisen/m durchgezogen. Die einzelnen Punkte von *1* bis *10* sind die Schnittpunkte, die sich nach der Rechnung für die einzelnen Teufenstrecken ergeben. Bei einem Bohrfortschritt = 0 m ergibt sich

$$AEz + \left(\frac{\text{Meißelkosten}}{\text{Anlagekosten}}\right) = 7{,}25 + 3{,}75 = 11 \text{ Stunden.}$$

Man ersieht aus dem Diagramm, daß die Gerade mit dem Bohrmeterpreis von ö. S. 56,— die Meterpreiskurve des Meißels *A* bei 300 m tangiert. Ein Weiterbohren hätte daher keine weitere Reduktion des Meterpreises ergeben können.

Beim Meißel *B*, der ebenfalls nach 300 m ausgebaut wurde, hätte ein Weiterbohren noch eine Verbilligung gebracht. Der Endbohrmeterpreis stellt sich hier auf etwa ö. S. 58,—.

2. Anzeigegeräte zur Ermittlung des jeweiligen Bohrfortschrittes

Der sogenannte „Rig runner“ (Abb. 32 *a* und *b*) zeigt den Bohrfortschritt pro einer zu wählenden Zeiteinheit, z. B. pro Stunde, an und ist darüber hinaus ein Warngerät, um zu verhindern, daß der Flaschenzugskloben in die Turmrollenverlagerung gezogen werden kann.

Die vom Meißel pro Zeiteinheit durchteufte Strecke wird mit diesem Gerät direkt mittels Zeiger und indirekt mittels einer Schreibeinrichtung angezeigt und ergibt damit den Bohrfortschritt in dem durchteuften Gestein.

Die Einrichtung besteht aus den folgenden Hauptteilen: Ein 2 bis 3 mm starker Stahldraht, der über eine eigene Turmrolle geführt ist, wird mittels einer kleinkalibrigen Kette mit dem Flaschenzugskloben verbunden. Das andere Ende des Drahtes ist auf einer kleinen Trommel des Apparates aufgespult, die mit einem Getriebe in einem Blechkasten eingebaut ist.

Ein etwa 30 kg schweres Gewicht ist auf einer Kette aufgehängt, die über ein Kettenrad des besagten Getriebes mit der Trommel verbunden ist und den auf dieser aufgespulten Draht immer in Spannung hält.

Die Länge des Weges, den dieses Gewicht bei der höchsten und tiefsten Stellung des Flaschenzugsklobens durchläuft, ist durch die Übersetzung des Getriebes auf etwa 1,5 m begrenzt.

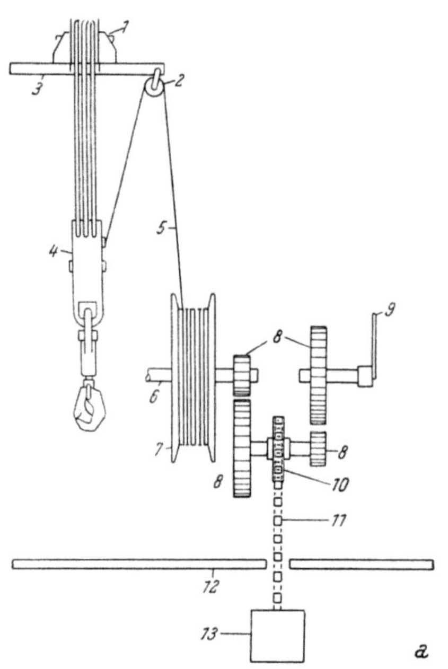

Abb. 32 *a*. Anzeigegerät zur Ermittlung des jeweiligen Bohrfortschrittes (Rig runner) der Fa. Warren Automatic Tool Co.

1 Turmrollenblock, *2* Seilrolle, *3* Water Table, *4* Flaschenzugsblock, *5* Drahtseil, *6* Registriergetriebe, *7* Seiltrommel, *8* Zahnrad, *9* Zeiger, *10* Kettenrad, *11* Kette, *12* Turmbühne, *13* Ausgleichsgewicht

Abb. 32 *b*. Detailansichten des Anzeigegerätes zur Ermittlung des jeweiligen Bohrfortschrittes (Rig runner).

1 Seil zur Rolle an der Turmkrone, *2* Seilführung, *3* Bedienungstür, *4* Reservewindungen, *5* 4 1/2 Zoll (11,4 cm) Durchgangsöffnung, *6* Kette, *7* Seilführungsgabel, *8* Seilführung, *9* Seilführungskette, *10* Kettenführung, *11* Gegengewichtskettenrad, *12* Aufklappbare Seitenwand, *13* Turmbühne, *14* 6 Gewichte mit 136 kg, gezeichnet in höchster Stellung, *15* Seiltrommel, *16* Freies Ende der Gegengewichtskette, *17* Trennwand

Das Gewicht hängt bei seinen Auf- und Abwärtsbewegungen immer unterhalb der Arbeitsbühne.

An der Trommelwelle ist die schreibende Anzeigeeinrichtung, auf einer Getriebewelle ein Teufenanzeiger eingebaut.

Ferner ist im Gerät eine optische und akustische Warneinrichtung vorgesehen, so daß bei einer gewissen Höchstlage des Flaschenzugsklobens ein rotes Lämpchen aufscheint und ein Hornsignal ausgelöst wird.

Das geschriebene Diagramm kann mit den Diagrammen, die aus der SCHLUMBERGER-Vermessung resultieren, gut korreliert werden und gibt gute Hinweise über die jeweilige Härte des durchteuften Gesteines.

IV. Beanspruchung des Bohrgestänges

A. Allgemeines

Während der Bohrarbeit wird das Gestänge auf Zug, Biegung und Verdrehung beansprucht, wobei die Zugbeanspruchung im obersten, schwächsten, metallischen Querschnitt des Gestänges fast immer den höchsten Anteil hat. Die Gesamtlast des frei hängenden Bohrstranges setzt sich aus der jeweiligen Hakenlast (nach Gewichtsindikator), vermindert um die sogenannte tote Last zusammen.

Als tote Last wird das Gewicht der Mitnehmerstange + Flaschenzug mit Haken und das Gewicht des Spülkopfes verstanden.

Bei den verschiedenen Operationen ergeben sich die folgenden Hakenlasten:

a) Hakenlast beim Anheben bzw. Ausbau der Bohrgarnitur, die dabei auf die Länge eines Gestängezuges angehoben werden muß, wobei die Zirkulation der Spülung und die Drehbewegung eingestellt ist ($Q/1$).

b) Hakenlast bei kurzem Manöver der Bohrgarnitur, wobei der Spülstrom in normaler Zirkulation verbleibt, die Drehbewegung aber eingestellt ist ($Q/2$).

c) Hakenlast, wenn Bohrgarnitur wenig von Sohle angehoben, gedreht und der Spülstrom normal zirkuliert wird ($Q/3$).

d) Hakenlast bei der Bohrarbeit mit entsprechendem Bohrdruck ($Q/4$).

Es bedeuten:

$Q/1$, $Q/2$, $Q/3$, $Q/4$ die jeweilige Last am Haken in kg,

L_g = Länge des Gestänges in m,

G_g = Gestängegewicht in Luft, inklusive Tool joints, in kg/m,

A_g = Auftrieb des Gestänges in der Spülung in kg/m,

L_s = Länge der Schwerstangen in m,

G_s = Gewicht der Schwerstangen in Luft in kg/m,

A_s = Auftrieb der Schwerstangen in der Spülung in kg/m,

T = tote Last = Gewicht Mitnehmerstange + Flaschenzug + Haken + Spülkopf in kg,

R_b = Zugkraft zur Überwindung der Reibung des Bohrstranges an der Bohrlochwand bei eingestellter Zirkulation und Drehbewegung bei Ausbau der Bohrgarnitur in kg,

F_g = Flüssigkeitsgewicht der im Bohrstrang beim Ausbau mitgehobenen Spülung in kg. (Die Ausbaugeschwindigkeit des Gestänges wird größer sein als die Ausflußgeschwindigkeit der Spülung aus den mitunter engen oder teilweise verstopften Meißeldüsen. Je nach dem Verhältnis dieser beiden Geschwindigkeiten muß ein bestimmtes Spülungsgewicht mitgehoben werden.)

R_f = Zugkraft zur Überwindung der Flüssigkeitsreibung bei normaler Zirkulation im Bohrstrang in kg. Es ist eine Funktion der Widerstandshöhe bzw. des Druckverlustes im Bohrstrang.

$$R_f = f\left(\frac{h}{10} \cdot \frac{D_i^2 \pi}{4}\right); \qquad h = \lambda \cdot \frac{v^2}{2g} \cdot \frac{L}{D_i} \cdot \gamma_s;$$

R_a = Reibung der im Ringraum hochfließenden Spülung an der Außenwand des Bohrstranges. (Infolge der geringen Geschwindigkeit zu vernachlässigen.)

B_d = Bohrdruck am Meißel in kg.

Die gleitende Reibung der Bewegung R_b ergibt sich wie folgt (s. Abb. 33):

$G =$ Gestänge 4 1/2 Zoll — 9,0 m lang, wiegt rund 300 kg.

$N = G \cdot \cos(90 - \alpha)$

$R = N \cdot \mu$ in kg;

$\mu \cong 0{,}25$ (ungefähr anzunehmen)

a) $\alpha = 30°$

$\cos(90 - 30) = 0{,}485$

$R = 300 \cdot 0{,}485 \cdot 0{,}25$

$= \underline{\underline{36{,}37 \text{ kg}}}$ / Berührungspunkt.

b) $\alpha = 60°$,

$R = 300 \cdot 0{,}866 \cdot 0{,}25$

$\underline{\underline{65{,}0 \text{ kg}}}$ / Berührungspunkt.

Bei 100 Stangenberührungspunkten daher

$= 6500{,}0$ kg bei $\alpha = 60°$ bzw.

$3637{,}0$ kg bei $\alpha = 30°$ und

c) $1175{,}0$ kg bei $\alpha = 10°$.

Abb. 33. Kraftverhältnisse beim Gleiten des Bohrstranges an der Bohrlochwand

ad a) Hakenlast beim Beginn des Ausbaues der Bohrgarnitur (Drehbewegung und Zirkulation eingestellt).

$$Q/1 = \underbrace{L_g \cdot (G_g - A_g) + L_s \cdot (G_s - A_s)}_{C} + R_b + F_g + T$$

Der schwächste metallische Gestängequerschnitt wird daher nach dem Absetzen der toten Last und weiterem Anheben mit $(Q/1 - T)$ belastet sein.

$Q/1$ ebenso wie $(Q/1 - T)$ können am Gewichtsindikator abgelesen werden. (Massendruck in der Beschleunigungsperiode ist hier nicht berücksichtigt.)

ad b) Hakenlast bei kurzem Manöver, das heißt Anheben auf Länge der Mitnehmerstange, eingestellter Drehbewegung, aber beibehaltener Spülungszirkulation.

$$Q/2 = C + R_b + R_f + T.$$

Der schwächste metallische Querschnitt des Gestänges im obersten tragenden Querschnitt ist dabei belastet mit $(Q/2 - T)$.

Massendruck ist hier ebenfalls nicht berücksichtigt. $Q/2$ ist am Gewichtsindikator abzulesen.

ad c) Bohrgarnitur von der Sohle wenig angehoben, im Drehtisch gedreht und Spülung zirkuliert.

$$Q/3 = C + R_f + T.$$

Die Reibungsverluste R_b sind nicht mehr als Last am Haken vorhanden, die Reibung der drehenden Gestänge wird als Drehmoment vom Drehtisch übernommen.

Der oberste Gestängequerschnitt hat daher die Last von $(Q/3 - T)$ aufzunehmen.

ad d) Hakenlast bei der Bohrarbeit mit entsprechendem Bohrdruck.

$$Q/4 = C + R_f - B_d + T.$$

Der oberste Gestängequerschnitt hat die Last von $[Q/4 - (B_d + T)]$ aufzunehmen.

Der auf Sohle gerichtete Spülstrahl bewirkt einen gewissen Rückstoß, der aber hier nicht als wesentliche Entlastung ins Gewicht fällt.

Die Beanspruchung auf Zug soll stets kleiner sein als die Mindest-Streckgrenze der verwendeten Gütestufe des Gestänges. Für die vorwiegend verwendeten Gütegrade „*D*" und „*E*" stellen sich die Werte der Mindeststreckgrenze und Mindestfestigkeit wie folgt:

	Grad *D*	Grad *E*
Mindeststreckgrenze	3870,0 kg/cm²	5270,0 kg/cm²
Mindestfestigkeit	6680,0 kg/cm²	7030,0 kg/cm²

(Die Mindeststreckgrenze ist bekanntlich jene Spannung, bei der die Meßlänge des Probestabes um 0,5% gedehnt wird.)

Berücksichtigend die obigen Mindeststreckgrenzen, können die am häufigsten eingesetzten Rotary-Bohrgestänge die nachfolgenden Lasten tragen:

	Grad *D*	Grad *E*
2 3/8 Zoll $D_a/t = \frac{60{,}325}{7{,}112}$	45 800,0 kg	62 600,0 kg
2 7/8 Zoll $D_a/t = \frac{73{,}025}{9{,}195}$	71 200,0 kg	97 100,0 kg
3 1/2 Zoll $D_a/t = \frac{88{,}9}{11{,}405}$	107 500,0 kg	146 500,0 kg
4 1/2 Zoll $D_a/t = \frac{114{,}3}{10{,}922}$	137 000,0 kg	186 900,0 kg
5 1/2 Zoll $D_a/t = \frac{139{,}7}{10{,}541}$	165 600,0 kg	225 400,0 kg
6 5/8 Zoll $D_a/t = \frac{168{,}275}{8{,}382}$	162 800,0 kg	221 800,0 kg

Es bedeuten: D_a = Außendurchmesser in mm,
t = Wandstärke in mm.

B. Beanspruchung während der Bohrarbeit

Während der Bohrarbeit wird das Gestänge wie folgt beansprucht:

Auf Zug, resultierend aus der Hakenlast vermindert um die tote Last.

Auf Biegung in jenen Teufenpunkten, wo das Bohrloch von der Lotrechten abweicht und dadurch verbogen wird.

Auf Verdrehung infolge des vom Drehtisch übertragenen Drehmomentes.

Darüber hinaus werden noch zusätzliche Beanspruchungen auftreten, welche durch die Resonanz der Schwingungen im Bohrstrang ausgelöst werden, die aber rechnerisch schwer zu erfassen sind.

1. Die Normalspannungen

Wenn die Beanspruchung des metallischen Querschnittes an irgend einem Teufenpunkt des Bohrstranges während der Bohrarbeit untersucht wird, ergibt sich folgendes Spannungsbild, wobei zunächst von der Verdrehungsspannung abgesehen werden soll:

1. Die Zugspannung, gegeben durch das Gewicht des am Querschnitt hängenden Bohrstrangteiles, dividiert durch den metallischen Querschnitt,

2. eine Biegebeanspruchung im gekrümmten Bohrloch, die im konvexen Teil eine Zug-, im konkaven eine Druckspannung zur Folge hat.

Da bei der Drehbewegung in jedem metallischen Querschnittspunkt die letztgenannten Spannungen ununterbrochen wechseln, erfährt auch jeder Querschnitt abwechselnd eine hohe und niedere Zugspannung.

Die Beanspruchung wechselt somit während eines jeden Lastspieles zwischen zwei Grenzwerten, und zwar zwischen der sogenannten Oberspannung σ_o und der Unterspannung σ_u, die um eine Mittelspannung pendeln.

Die Mittelspannung ist das arithmetische Mittel der Ober- und Unterspannung.

$$\sigma_m = \frac{\sigma_o + \sigma_u}{2}.$$

Der beiderseits gleich hohe Spannungsausschlag ist daher:

$$\sigma_a = + \sigma_o = - \sigma_u.$$

Die Ergebnisse einer Prüfung auf Schwingungs- oder Dauerfestigkeit werden in der Form der bekannten WÖHLER-Kurven angegeben.

Die Dauerfestigkeit kann definiert werden als der größte schwingende Dauerausschlag, den ein Werkstoff aushalten kann, ohne dabei zu Bruch zu gehen, oder als der Grenzwert der wechselnden Beanspruchungen, der bei glatten, polierten Stäben noch beliebig lange ertragen werden kann.

Die Ergebnisse von Dauerfestigkeitsversuchen bei verschiedenen Mittelspannungen werden nach DIN 50100 in sogenannten Dauerfestigkeitsschaubildern dargestellt[1].

Bohrgestänge können nicht mit polierten Stäben verglichen werden, ferner arbeiten sie häufig in korrosiven Medien, wodurch ihre Dauerfestigkeit herabgesetzt wird.

2. Die kombinierten Spannungen

Die beim Bohren auftretende Spannung, und zwar die Zug- und Biegespannung als Normalspannungen, und die Schubspannung müssen zu der sogenannten reduzierten, bzw. Vergleichsspannung zusammengesetzt werden.

Die dabei ermittelte maximale Vergleichsspannung darf die Streckgrenze der Stahlsorte, aus der das Gestänge hergestellt ist, nicht überschreiten.

Bestimmung der einzelnen Spannungen

a) Zugbeanspruchung.

$$\sigma_z = \frac{G}{F}.$$

G = Last am Gewichtsindikator, minus tote Last in kg,

F = metallischer Querschnitt in cm^2.

---

[1] Siehe DUBBELS Taschenbuch für den Maschinenbau, Band I, **11.** Aufl. Berlin-Göttingen-Heidelberg: Springer-Verlag. **1953** und THUM, A.: Werkstoff und Gestaltsfestigkeit. Düsseldorf: Deutscher Ingenieur-Verlag.

b) Biegebeanspruchung (s. Abb. 34). Die hier auftretende Wechselbiegebeanspruchung ist ausgedrückt durch die Gleichung:

$$\sigma_b = \frac{D_a}{2} \cdot \frac{E}{R} \text{ kg/cm}^2.$$

D_a = Gestängeaußendurchmesser in m,
D_i = Gestängeinnendurchmesser in m,
E = Elastizitätsmodul in kg/cm²,
R = Radius der Bohrlochkrümmung in m
= näherungsweise = $57{,}3 \cdot b/\beta$,
b = Bogenlänge zwischen zwei Meßpunkten in m,
β = Abweichungswinkel von der Lotrechten in Bogengraden zwischen den Meßpunkten.

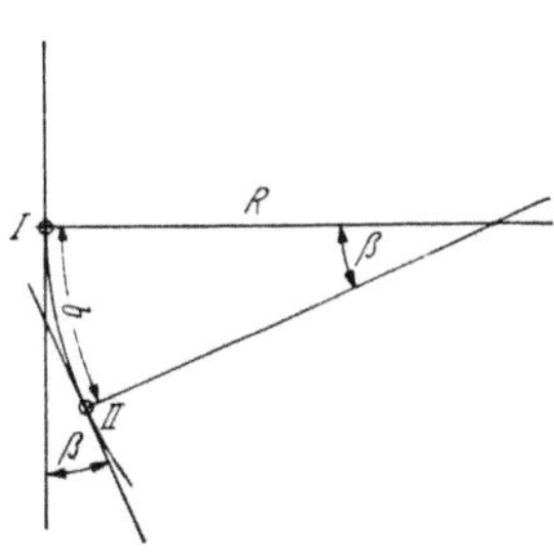

Abb. 34. Schematische Darstellung von Bohrlochabweichung und Krümmungsradius

c) Verdrehungsbeanspruchung.

$$\tau_m = \frac{M_d}{W_p} = \frac{M_d}{\frac{\pi}{16}\left(\frac{D_a^4 - D_i^4}{D_a}\right)}.$$

Auch diese Spannung kann während der Bohrarbeit, entsprechend dem jeweilig erforderlichen Drehmoment, variieren.

3. Die Vergleichsspannung

Die obigen Beanspruchungen werden nach der Hypothese der Gestaltänderungsarbeit zusammengefaßt, welche bei Versuchen mit Stahl, nach HUBER, v. MISES und HENCKY, die beste Übereinstimmung ergab[1].

$\sigma_{vm} = \sqrt{\sigma_m^2 + 3 \cdot (\alpha_0 \cdot \tau_m)^2}$;
σ_{vm} = mittlere Vergleichsspannung,
σ_m = mittlere Normalspannung,
τ_m = mittlere Schubspannung,
α_0 = Anstrengungsverhältnis =

$$\alpha_0 = \frac{\sigma_{zul.}}{\varphi \cdot \tau_{zul.}};$$

bei $\varphi = 1{,}73$, hier nach Schubspannungshypothese, ist $\alpha_0 = 1$.

$\sigma_{vmax} = \sqrt{\sigma_{max}^2 + 3\,(\alpha_0 \cdot \tau_{max})^2}$
σ_{vmax} = maximale Vergleichsspannung,
σ_{max} = maximale Normalspannung,
τ_{max} = maximale Schubspannung.

Beispiel: Eine Bohrgarnitur (exklusive der toten Last), bestehend aus 96 m Schwerstangen 3 1/2 Zoll à 70,0 kg/m, Verdrängung 9 l/m, mit Bohrgestänge 3 1/2 Zoll, Gewicht in Luft = 24,0 kg/m (inklusive Verbinder) und einer Verdrängung von 3,0 l/m, einem metallischen Querschnitt des Gestänges bei D_a = 88,9 mm, D_i = 66 mm von 28 cm², soll auf einer Teufe von 3790,0 m arbeiten. Spezifisches Gewicht der Spülung = 1,2 kg/l. Das Drehmoment pendelt zwischen 50 000,0 und 110 000,0 cm · kg. Das Bohrloch ist bei 170,0 m abgelenkt, und zwar zwischen den zwei 25 m voneinander entfernten Meßpunkten um 2,5°. Der Bohrdruck am Meißel + diverse Reibungsverluste betragen 3000,0 kg.

[1] Siehe DUBBELS Taschenbuch für den Maschinenbau, Band I, 11. Aufl. Berlin-Göttingen-Heidelberg: Springer-Verlag. 1953.

Die Beanspruchung des Bohrgestänges ober Tage (Verbindung zur Mitnehmerstange)

a) Die Zugbeanspruchung. Totalgewicht des Bohrstranges:

1.	Schwerstangen 96 m à 70,0 kg/m	=	6 720,0 kg
	abzüglich Auftrieb 9,4 l/m à 1,2 = 11,3 kg/m · 96,0 m . .	≅	1 085,0 kg
	Gewicht der Schwerstangen in Spülung	=	5 635,0 kg
2.	Gestänge 3694,0 m à 24 kg/m	=	88 656,0 kg
	abzüglich Auftrieb 3,0 l/m à 1,2 kg/l = 3,6 kg/m · 3694,0 m .	≅	13 298,0 kg
	Gewicht der Gestänge in Spülung	=	75 358,0 kg
	Total-Gewicht Bohrstrang (ohne tote Last)	=	80 993,0 kg
	minus Bohrdruck + Reibung	=	3 000 kg
			77 993,0 kg
		≅	78 000,0 kg

$$\sigma_z = \frac{78\,000{,}0}{28{,}0} \cong 2786{,}0\ \text{kg/cm}^2.$$

b) Die Biegebeanspruchung ober Tage ist Null.

c) Verdrehungsbeanspruchung. Wenn das Drehmoment zwischen 50 000 cm · kg und 110 000 cm · kg pendelt, so ist das mittlere Drehmoment das arithmetische Mittel $= \dfrac{50\,000 + 110\,000}{2} = 80\,000$ cm · kg.

$$\tau_m = \frac{M_d}{W_p} = \frac{80\,000}{\frac{\pi}{16}\cdot\left(\frac{D_a^4 - D_i^4}{D_a}\right)}; \quad = \frac{80\,000{,}0}{\frac{3{,}14}{16}\cdot\left(\frac{8{,}894^4 - 6{,}6^4}{8{,}89}\right)}.$$

Die mittlere Schubspannung ergibt sich mit

$$\tau_m = \frac{80\,000}{96{,}0} \cong 833{,}0\ \text{kg/cm}^2.$$

Die maximal auftretende Schubspannung =

$$\tau_{max} = \frac{110\,000{,}0}{96} \cong 1146{,}0\ \text{kg/cm}^2.$$

Das Gestänge erfährt somit im obersten metallischen Querschnitt die folgenden Beanspruchungen:

1. Zugspannung, Mittel und Maximum = 2786,0 kg/cm²,
2. eine mittlere Schubspannung von = 833,0 kg/cm², bzw.

2a. eine maximale Schubspannung von = 1146,0 kg/cm².

Die mittlere reduzierte, bzw. Vergleichsspannung ist somit:

$$\sigma_{vm/1} = \sqrt{2786{,}0^2 + 3\,(1\cdot 833{,}0)^2} = \underline{3137{,}0\ \text{kg/cm}^2};$$

und die maximale reduzierte Spannung ist:

$$\sigma_{vmax/1} = \sqrt{2786{,}0^2 + 3\,(1\cdot 1146{,}0)^2} = \underline{3421{,}0\ \text{kg/cm}^2.}$$

Bei Gestängegütegrad „*E*" mit der Streckgrenze von 5270,0 kg/cm² und einem Sicherheitsfaktor von 1,5 ergibt sich:

$$\frac{5270{,}0}{1{,}5} = 3510{,}0\ \text{kg/cm}^2.$$

Die obige maximale Spannung liegt somit unterhalb des zulässigen Wertes.

Die Beanspruchung des Gestänges bei 170 m, wo eine Biegung des Bohrstranges erfolgt

a) *Zugbeanspruchung.* Vom schon errechneten Gewicht des Bohrstranges von . . . . 78 000,0 kg
sind 170,0 m Gestänge in Spülung abzuziehen, rund . . . . . 3 400,0 kg
verbleibt ein Gewicht von . . . . 74 600,0 kg

$$\sigma_z = \frac{74\,600{,}0}{28{,}0} \cong 2664{,}0 \text{ kg/cm}^2.$$

b) *Biegebeanspruchung.*

$$\sigma_b = \frac{D_a}{2} \cdot \frac{E}{R} \text{ kg/cm}^2;$$

$$D_a = 0{,}0889 \text{ m},$$

$$E = 2{,}1 \cdot 10^6,$$

$$R = 57{,}3 \cdot \frac{25{,}0}{2{,}5} = 573{,}0 \text{ m}.$$

$$\sigma_b = \frac{0{,}0889 \cdot 2{,}1 \cdot 10^6}{2 \cdot 573{,}0} \cong \underline{163{,}0 \text{ kg/cm}^2.}$$

c) *Die Verdrehungsbeanspruchung* ist dieselbe wie ober Tage, das heißt

$$\tau_m = 833{,}0 \text{ kg/cm}^2 \quad \text{und} \quad \tau_{max} = 1146{,}0 \text{ kg/cm}^2.$$

Die Zug- und Biegebeanspruchungen werden als Normalspannungen addiert und ergeben $= 2664{,}0 + 163{,}0 = 2827{,}0$ kg/cm².

$$\sigma_{vm/2} = \sqrt{2827{,}0^2 + 3 \cdot (1 \cdot 833{,}0)^2} = 3174{,}0 \text{ kg/cm}^2,$$

$$\sigma_{vmax/2} = \sqrt{2827{,}0^2 + 3 \cdot (1 \cdot 1146{,}0)^2} = 3454{,}0 \text{ kg/cm}^2.$$

Auch dieser Wert liegt unterhalb des *zulässigen,* der bei einem Sicherheitsfaktor von 1,5 eine Spannung von 3510,0 kg/cm² erlaubt.

4. Verdrillung des Bohrgestänges während der Bohrarbeit

Das bei der Bohrarbeit auftretende Drehmoment hat eine Verdrillung des Bohrstranges zur Folge, die hier näher erläutert werden soll.

Diese Verdrillung darf allerdings den elastischen Bereich des Gestängegütegrades nicht überschreiten. In den nachfolgenden Ausführungen bedeuten:

φ = Verdrillungswinkel im Gradmaß, M_d = Drehmoment kg · m =
$= \frac{716 \cdot N\,(\text{PS})}{n}$,
L = Länge des Gestänges in m, n = U/Min.,
E = Elastizitätsmodul = $2 \cdot 10^6$ kg/cm²,
μ = Querzahl für Stahl nach Poisson 0,25 (Querverkürzung/Längsdehnung),
G = Gleitmodul = $E/2\,(1 + \mu)$ kg/cm²,
$= \frac{2 \cdot 10^6}{2 \cdot (1 + 0{,}25)} = 0{,}8 \cdot 10^6$ kg/cm²,
J_p = polares Trägheitsmoment für vollen Kreisquerschnitt $= \pi/32 \cdot D^4$, und Kreisring $= \pi/32 \cdot (D_a^4 - D_i^4)$, cm⁴,
$G \cdot J_p$ = Verdrehungssteifigkeit in kg · cm².

Der Verdrehungswinkel ergibt sich aus der folgenden Gleichung:

$$\varphi = \frac{180 \cdot M_d \cdot L}{\pi \cdot G \cdot J_p} = \frac{180 \cdot M_d \cdot L \cdot 100{,}0 \cdot 100{,}0}{3{,}14 \cdot 0{,}8 \cdot 10^6 \cdot 3{,}14/32\,(D_a^4 - D_i^4)}.$$

Die Zahl der Verdrehungen um den Winkel von 360° ergibt sich aus

$$X \cdot 360° = \frac{180 \cdot M_d \cdot L \cdot 100{,}0 \cdot 100{,}0}{3{,}14 \cdot 800\,000{,}0 \cdot 3{,}14/32\,(D_a^4 - D_i^4)}\,.$$

$$X = \frac{180 \cdot M_d \cdot L \cdot 100{,}0 \cdot 100{,}0}{360 \cdot 3{,}14 \cdot 800\,000{,}0 \cdot 3{,}14/32\,(D_a^4 - D_i^4)}\,;$$

$$X = \frac{M_d \cdot L}{49{,}30 \cdot (D_a^4 - D_i^4)}\,;$$

Wird M_d in kg · cm und L in cm in obige Gleichung eingesetzt, ist

$$X = \frac{M_d \cdot L}{49{,}30 \cdot 10^4\,(D_a^4 - D_i^4)}\,.$$

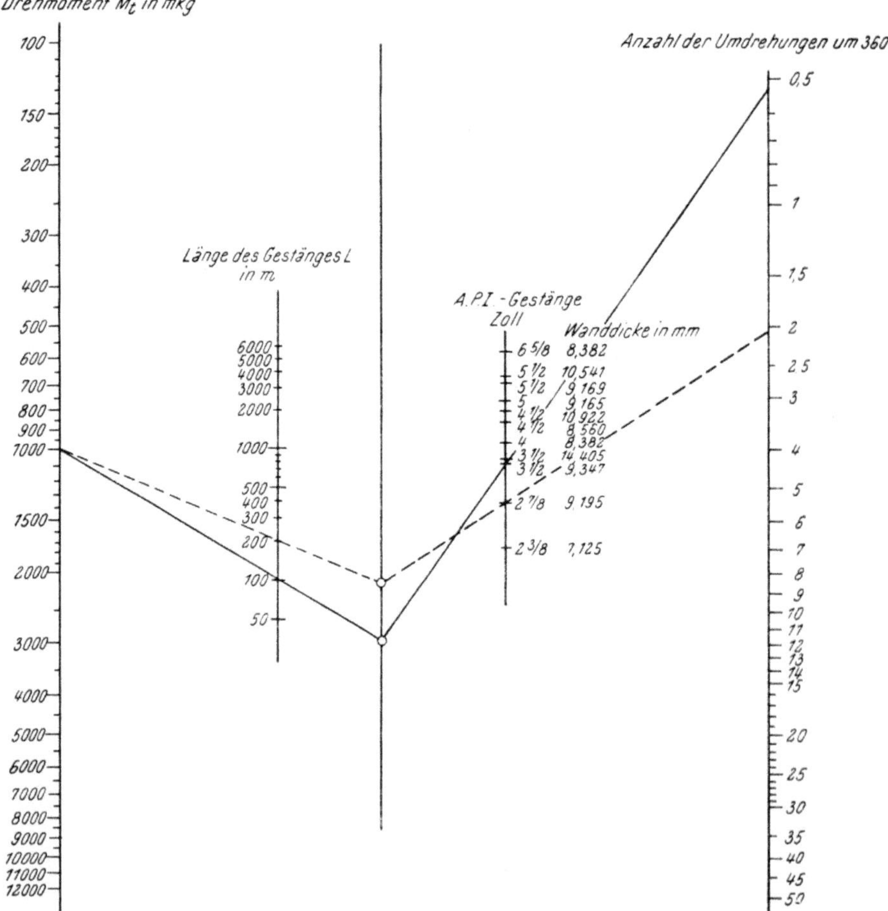

Abb. 35. Nomogramm zur Bestimmung der Verdrillung des Bohrgestänges nach Fa. Mannesmann-Rohrbau. Die mit der Fluchtlinientafel erhaltene Anzahl der Umdrehungen wird um 4 bis 8% reduziert. Damit wird die Versteifung durch die Rohrverbindungen berücksichtigt

Aus dem Nomogramm Abb. 35 kann die Anzahl der Umdrehungen direkt abgelesen werden.

Angenommen: Ein 100,0 m langes Bohrgestänge von 3 1/2 Zoll mit der Wandstärke von 9,347 mm bohrt mit einem Drehmoment von 1000,0 kg · m.

Man verbindet den Punkt 1000,0 kg · m auf der Ordinate für das Drehmoment mit dem Punkt 100,0 auf der Ordinate für Gestängelänge und verlängert die Gerade bis zum Schnitt mit der Zapfenlinie.

Dieser Schnittpunkt wird mit der Marke 3 1/2 Zoll, Wandstärke 9,347 mm auf der Gestängeordinate verbunden.

Die Verlängerung dieser Geraden schneidet die Drehzahlordinate und ergibt auf ihrer Skalateilung 0,53.

Damit ist ausgedrückt, daß das Gestänge bei diesem Drehmoment um 360° · 0,53 = 190,8° gedreht wird.

Aus der Gleichung ergibt sich

$$X = \frac{M_d \cdot L}{49{,}3\,(D_a^4 - D_i^4)} = \frac{1000 \cdot 100}{49{,}3\,(8{,}89^4 - 7{,}02^4)}$$

$$= \frac{100\,000{,}0}{49{,}3 \cdot 3817{,}0} = 0{,}53; \qquad 360° \cdot 0{,}53 = 190{,}8 \text{ Bogengrade.}$$

Bei 1000,0 m sind es 5,3 Umdrehungen um 360° = 1908,0°. Die Schubspannung

$$\tau = \frac{M_d}{W_p}, \qquad M_d = 1000{,}0 \text{ kg} \cdot \text{m} = \underline{100\,000{,}0 \text{ kg} \cdot \text{cm}.}$$

$$W_p = \frac{\pi}{16} \cdot \left(\frac{D_a^4 - D_i^4}{D_a}\right) = \frac{3{,}14}{16} \cdot \left(\frac{8.89^4 - 7.02^4}{8.89}\right) = \underline{84{,}0 \text{ cm}^4,}$$

$$= 100\,000{,}0 : 84{,}0 = 1190{,}0 \text{ kg/cm}^2.$$

Die Streckgrenze ist für den Gütegrad „*D*“ 3870,0 kg/cm², daher ist mehr als die 3,0fache Sicherheit vorhanden.

5. Vergleich der Verdrillung von Wellen, die in Lagern laufen, mit jener der Bohrgestänge

Bei Vollwellen ist eine Verdrillung um 1/4° bis 1/5° pro 100,0 cm Länge zulässig, das sind somit bei 1/5 Bogengraden/m 20 Bogengrade pro 100,0 m.

Bei obigem Beispiel für Gestänge betrug die Verdrillung für dieselbe Länge somit das 9,5fache (190,8 : 20,0 = 9,5).

Aus den obigen Berechnungen geht hervor, daß der Bohrstrang ein sehr flexibles Übertragungsglied darstellt.

Es ist daher darauf zu achten, daß beim Anstieg des Drehmomentes der Meißel rechtzeitig von der Bohrlochsohle angehoben wird, um einen zu großen Anstieg der Verdrillung zu vermeiden.

Eine zu große elastische Verdrillung kann bei zu plötzlicher Entspannung zum Lösen einer nicht gut sitzenden Gewindeverbindung führen.

6. Ermittlung des Teufenpunktes, in welchem der Bohrstrang im Bohrloch festsitzt

Die verschiedensten Ursachen können zum Festwerden der Bohrgarnitur führen, wie z. B. Nachfall, Festbrennen des Meißels auf Sohle bei ungenügender Zirkulation des Spülstromes usw.

Über die dabei anzuwendenden Fangarbeiten wird in Kapitel XX (S. 349) ausführlich gesprochen werden.

Durch entsprechende Manöver, das heißt Spannen und Entspannen, wird man versuchen, den Strang wieder frei zu machen. Die dabei anzuwendende Zugspannung muß allerdings innerhalb der Streckgrenze des Gütegrades bleiben, da sonst die Gefahr besteht, daß sich das Gestänge plastisch verformt und reißt.

Hängt der Strang frei im Bohrloch, erfolgt eine gewisse Verlängerung desselben durch sein Eigengewicht. Sitzt er an irgend einem Teufenpunkt fest, muß ober Tage eine höhere Zugkraft angewendet werden, als sie dem Eigengewicht entsprechen würde, um ihn frei zu machen, was eine weitere Längung der Gestänge zur Folge hat.

Die Beziehungen zwischen der Zugspannung, der durch diese verursachten Längung und der freien Länge des Bohrstranges sind bei gleichartigem, homogenem Gestänge, für die ein lineares Elastizitätsgesetz gilt, durch die nachfolgenden Gleichungen gegeben:

$$\Delta l = \frac{P}{F} \cdot \frac{L}{E}; \qquad \frac{P}{F} = \sigma_z,$$

$$\Delta l = \sigma_z \cdot \frac{L}{E}; \qquad \sigma_z = \frac{\Delta l}{L} \cdot E, \qquad L = \frac{\Delta l}{\sigma_z} \cdot E.$$

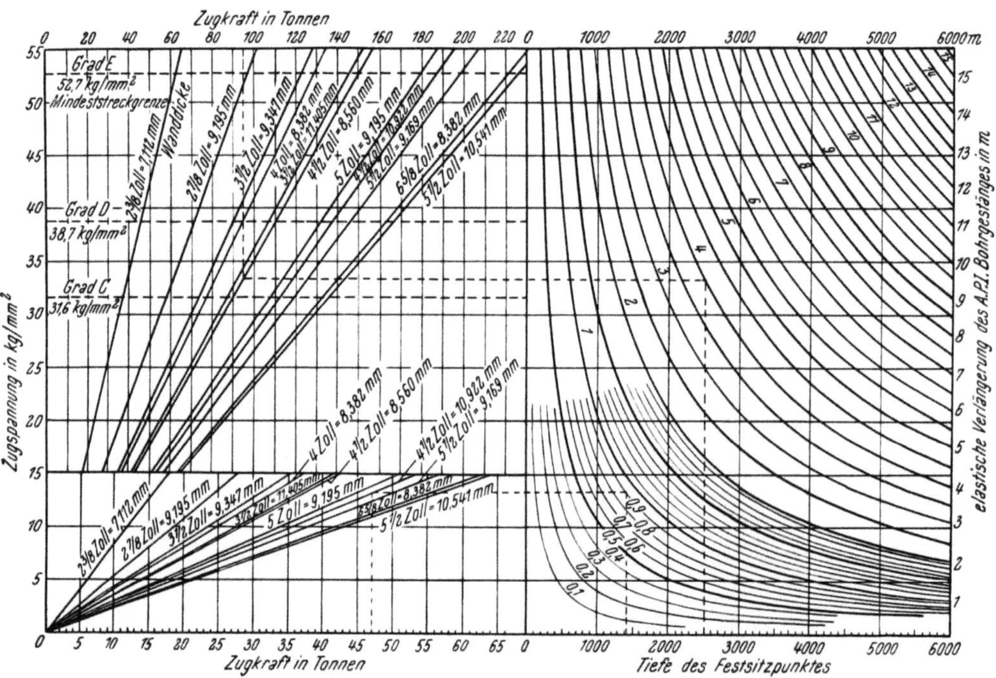

Abb. 36. Bestimmung des Festsitzpunktes von A.P.I.-Gestängen nach Fa. Mannesmann-Rohrbau

Es bedeuten:

Δl = gesamte Längung des Stranges in cm,
L = Länge des freien Stranges, bzw. Teufe des Festsitzpunktes in cm,
P = angewandte Zugkraft ober Tage in kg,
F = metallischer Querschnitt des Gestänges in cm²,
σ_z = Zugspannung in kg/cm²,
E = Elastizitätsmodul $2 \cdot 10^6$ kg/cm².

Aus dem Nomogramm Abb. 36 ist die Teufe des Festsitzpunktes in einfacher Weise zu ermitteln.

Beispiel: Ein Gestänge 4 1/2 Zoll, Wandstärke 10,922 mm, wird mit 47 t gezogen, die Verlängerung beträgt 90 cm. Frage: Wo ist der Strang festgeklemmt?

Auf der Abszisse wird die Lotrechte von Marke 47,0 t mit dem Strahl für 4 1/2 Zoll, Wandstärke 10,922 mm zum Schnitt gebracht. Die Horizontale von diesem Punkt wird mit der Kurve für die Verlängerung 0,9 m geschnitten und dieser Punkt auf die Abszisse projiziert, wo sich der Festsitzpunkt mit 1420,0 m ergibt.

V. Das Verbiegen des Bohrstranges im Bohrloch als Folge des Bohrdruckes. Buckeln der Schwerstangen

Allgemeines

Wie schon im Kapitel II/B/4 (S. 11) ausgeführt wurde, muß der Meißel gegen die Bohrlochsohle gedrückt werden, um überhaupt einen Bohrfortschritt zu erzielen. Für diesen Bohrdruck muß ein Teil des Bohrstranggewichtes herangezogen werden. Die Folge der dabei auftretenden Druckspannungen kann das Verbiegen — Buckeln — des Stranges sein.

Es ergeben sich in diesem Falle die folgenden Fragen:

1. Welches sind die kritischen Werte des Bohrdruckes, bei denen das Verbiegen — Buckeln — des Bohrstranges auftritt?
2. Wie wird die Verformung des verbogenen Stranges aussehen?
3. Wo liegen die Tangentialpunkte, also jene Punkte auf der Biegelinie, an welche eine Tangente parallel zur lotrechten Bohrlochmitte gezogen werden kann? Wo treten die maximalen Spannungen auf?
4. Mit welcher Kraft drückt hier der Bohrstrang gegen die Bohrlochwand?
5. Welcher Art sind die Spannungen im gebogenen Bohrstrang?
6. Wie kann die Neigung des Bohrmeißels gegenüber der Lotrechten auf ein Minimum herabgesetzt werden?
7. Wie soll gebohrt werden, das heißt mit welchem Bohrdruck, um ein Verbiegen des Bohrstranges zu vermeiden?

Der Bohrdruck, den der Meißel auf die Bohrlochsohle ausübt, entspricht dem Gewicht des Meißels und dem Gewicht einer gewissen Länge des darüber befindlichen Bohrstranges (Schwerstangen), wobei der Auftrieb berücksichtigt werden muß.

Den Punkt, der diesen Bohrstrangabschnitt in der Bohrgarnitur oben begrenzt, nennen wir den neutralen Punkt. (Er weicht genau genommen infolge des Auftriebes bzw. Pumpendruckes wenig von jenem Punkte ab, wo Zug- und Druckspannungen gleich Null sind, was aber hier nicht von wesentlicher Bedeutung ist.)

Übersteigt nun der von der Bohrgarnitur auf die Bohrlochsohle ausgeübte Druck ein bestimmtes Maß (wenn also zuviel nachgelassen wird), so wird sich der früher gerade hängende Bohrstrang (also auch die Schwerstangen) seitlich verbiegen, er wird buckeln.

1. Der Tangentenpunkt

Der Bohrstrang wird dadurch an einem Punkt, dem sogenannten Tangentenpunkt, die Bohrlochwand berühren. Die Folge davon ist eine schiefe Stellung der Meißelachse und ein Scheuern des rotierenden Stranges im Tangentenpunkt an der Bohrlochwand (s. Abb. 37).

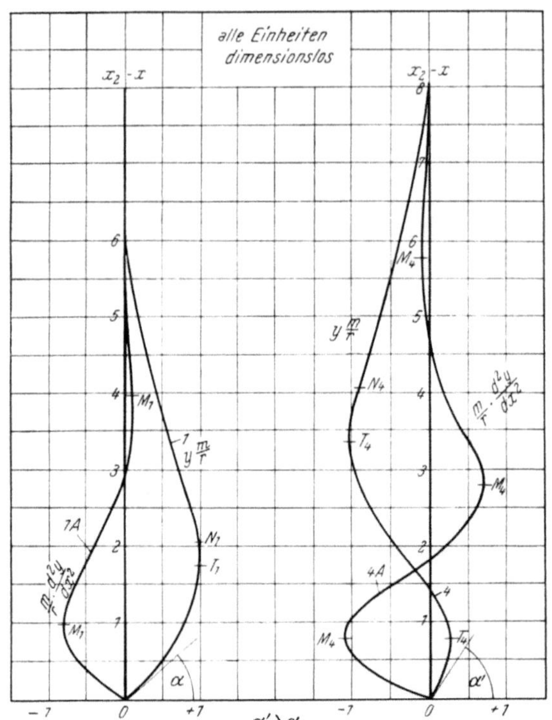

Abb. 37. Verbiegen des Bohrstranges (nach A. LUBINSKI, World Oil, März-Mai 1951).
1 Form der gebuckelten Kurve erster Ordnung,
1A Biegemomentkurve beim Buckeln erster Ordnung,
4 Form der gebuckelten Kurve zweiter Ordnung,
4A Biegemomentkurve beim Buckeln zweiter Ordnung

Wird der Bohrdruck durch weiteres Nachlassen weiter vergrößert, so wird sich durch weiteres Verbiegen des Bohrstranges ein zweiter Tangentenpunkt einstellen.

Wir nennen nun eine Verbiegung mit bloß einem Tangentenpunkt eine Verbiegung erster Ordnung, jene mit zwei Tangentenpunkten eine Verbiegung zweiter Ordnung.

Die Größe der beiden kritischen Bohrdruckwerte hängt sowohl von dem äußeren und inneren Durchmesser und dem Gewicht der Schwerstangen, bzw. der verwendeten Bohrgestänge, als auch vom spezifischen Gewicht der Spülung ab.

Konstanten der Tangentenpunkte

Aus empirischen Versuchen ergaben sich bezüglich der Entfernung der Tangentenpunkte erster und zweiter Ordnung vom Meißel Konstanten.

Die Einheitslängen dieser Konstanten in Metern resultieren aus der nachstehenden Gleichung:

$$m = \sqrt[3]{\frac{E \cdot I_a}{P}}. \tag{1}$$

Es bedeuten:

m = Einheitslänge der Konstanten in m,
E = Elastizitätsmodul in kg/m²,
I_a = äquatoriales Trägheitsmoment in $m^4 = \pi/64\,(D_a^4 - D_i^4)$,
P = Gewicht des Bohrstranges in Spülung in kg/m $= (G_g - A_g)/m$,
G_g = Gewicht des Stranges in Luft in kg/m,
A_g = Auftrieb in Spülung in kg/m.

Die Konstante hat die folgenden Werte:

α) Beim Verbiegen — Buckeln — ersten Grades $= 2{,}04 = K_1$.

β) beim Verbiegen — Buckeln — zweiten Grades $= 4{,}05 = K_2$.

Beispiel: Gegeben ein Gestänge 4 1/2 Zoll F.H., $D_a = 114{,}3$ mm, $D_i = 97{,}18$ mm, Gewicht in Luft = 27,1 kg/m (16,6 lbs./Fuß), wobei auch das Gewicht der Verbinder inbegriffen ist.

Die Spülung hat ein spezifisches Gewicht von 1,2, daher der Auftrieb 4,1 kg/m, das Gestängegewicht in dieser Spülung ist somit = 23,0 kg/m.

Elastizitätsmodul $= \underline{21{,}0 \cdot 10^9 \text{ kg/m}^2}$.

$$I_a = \pi/64 \cdot (D_a^4 - D_i^4) = \underline{396{,}0 \cdot 10^{-8}\,\text{m}^4}.$$

$$m = \sqrt[3]{\frac{21{,}0 \cdot 10^9 \cdot 396.0 \cdot 10^{-8}}{23{,}0}} \cong \underline{15{,}44\,\text{m}}.$$

Die Entfernung des Tangentenpunktes
$T_1 = K_1 \cdot 15{,}44 = 2{,}04 \cdot 15{,}44 = \underline{31{,}49\,\text{m}}.$

2. Der Bohrdruck, der dem Tangentenpunkt entspricht

Aus Gl. (1) ergibt sich nun das Gewicht des Bohrstrangteiles bzw. der durch diesen verursachte Bohrdruck, der eine Verbiegung — Buckeln — ersten Grades zur Folge hatte.

$$m^3 = \frac{E \cdot I_a}{P}\text{; beiderseits mit } P^2 \text{ multipliziert,}$$

$$m^3 \cdot P^2 = \frac{E \cdot I_a}{P} \cdot P^2;$$

$$m^3 \cdot P^3 = E \cdot I_a \cdot P^2;$$

$$m \cdot P = \sqrt[3]{E \cdot I_a \cdot P^2}.$$

Nach den gegebenen Annahmen ergibt sich daher der Bohrdruck

$$m \cdot P = \sqrt[3]{21{,}0 \cdot 10^9 \cdot 396{,}0 \cdot 10^{-8} \cdot 23{,}0^2}$$

$$= 353{,}0 \text{ multipliziert mit der Konstante } K_1 =$$

$$= 353{,}0 \cdot 2{,}04 = \underline{720{,}0 \text{ kg}}.$$

Für ein Buckeln zweiten Grades resultiert nach der gleichen Berechnungsgrundlage:

a) Die Entfernung des zweiten Tangentenpunktes vom Meißel mit 15,44 m · 4,05 = $\underline{62{,}53 \text{ m}}$ und,

b) der Bohrdruck
353,0 · 4,05 = $\underline{1430{,}0 \text{ kg}}$.

Die Abb. 38 *a*, *b*, *c* zeigen die verschiedenen Zusammenhänge:

Abb. 38 *a* das kritische Bohrgewicht verschiedener Bohrstränge bei einer Verbiegung ersten Grades,

Abb. 38 *b* bei einem Verbiegen zweiten Grades,

Abb. 38 *c* das kritische Bohrgewicht, wenn der Bohrstrang aus einer variablen Anzahl von Schwerstangen besteht, für Verbiegungen ersten und zweiten Grades.

So z. B. wäre bei Schwerstangen von 6 1/4 Zoll mit einer Bohrung von 2 7/8 Zoll entweder ein Bohrgewicht unterhalb 3600 kg mit drei Schwerstangen oder aber 8200 kg mit neun Schwerstangen bei einem spezifischen Gewicht der Spülung von 1,2 als Bohrdruck zu empfehlen (s. Abb. 38 *a*, *b* und *c*).

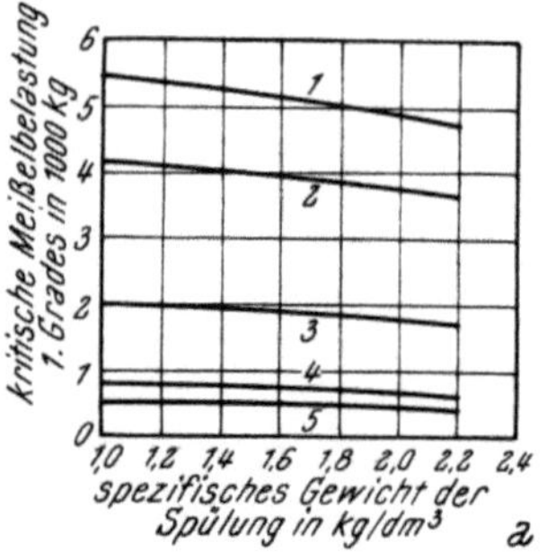

Abb. 38 *a*. Kritische Meißelbelastung ersten Grades in Abhängigkeit vom spezifischen Gewicht der Spülung (nach A. LUBINSKI, World Oil, März-Mai 1951).
1 7-Zoll-Schwerstangen, 3 Zoll Innendurchmesser; *2* 6 1/4-Zoll-Schwerstangen, 2 7/8 Zoll Innendurchmesser; *3* 4 3/4-Zoll-Schwerstangen, 1 7/8 Zoll Innendurchmesser; *4* 4 1/2-Zoll-A.P.I.-Gestänge, 24,7 kg/m; *5* 3 1/2-Zoll-A.P.I.-Gestänge, 19,8 kg/m

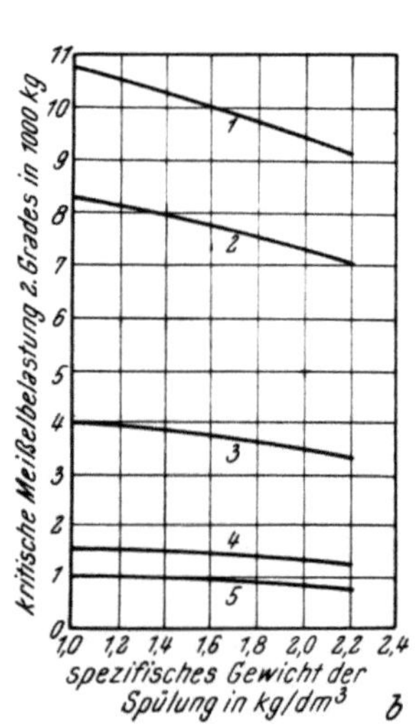

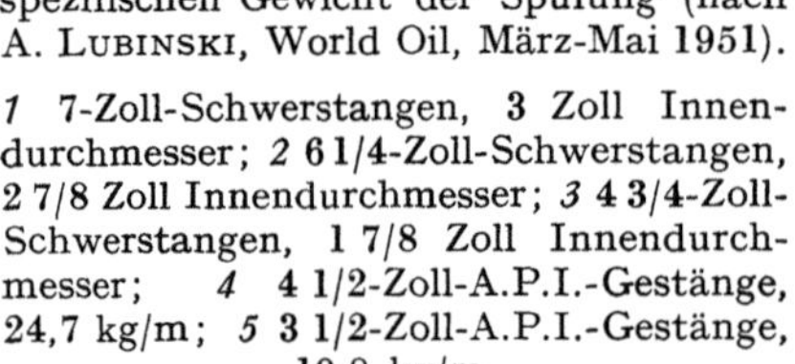

Abb. 38 *b*. Kritische Meißelbelastung zweiten Grades in Abhängigkeit vom spezifischen Gewicht der Spülung (nach A. LUBINSKI, World Oil, März-Mai 1951).

1 7-Zoll-Schwerstangen, 3 Zoll Innendurchmesser; *2* 6 1/4-Zoll-Schwerstangen, 2 7/8 Zoll Innendurchmesser; *3* 4 3/4-Zoll-Schwerstangen, 1 7/8 Zoll Innendurchmesser; *4* 4 1/2-Zoll-A.P.I.-Gestänge, 24,7 kg/m; *5* 3 1/2-Zoll-A.P.I.-Gestänge, 19,8 kg/m

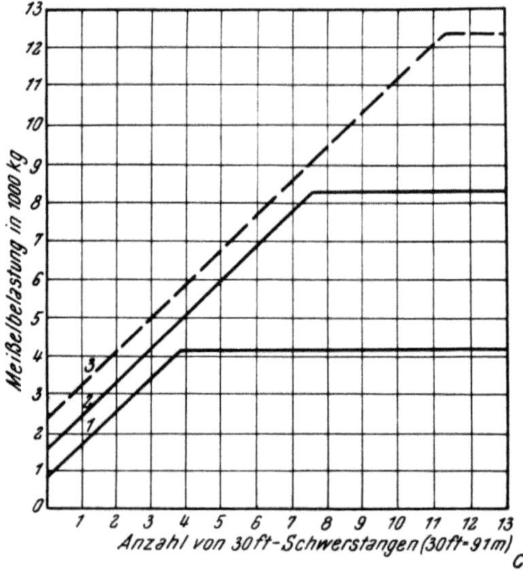

Abb. 38 *c*. Kritische Bedingungen für das Buckeln eines Bohrstranges mit 4 1/2-Zoll-A.P.I.-Gestänge (24,7 kg/m) und 6 1/4-Zoll-Schwerstangen (2 7/8 Zoll Innendurchmesser) (nach A. LUBINSKI, World Oil, März-Mai 1951).

1 Kritische Bedingungen ersten Grades — unterhalb gerader Bohrstrang, *2* Kritische Bedingungen zweiten Grades — unterhalb Bohrstrang einmal gebuckelt, *3* Kritische Bedingungen dritten Grades — unterhalb Bohrstrang zweimal gebuckelt

3. Art der Verformung, Lage der Tangentenpunkte

Dies geht aus Abb. 37 hervor.

Die Tangentenpunkte sind mit T_1 und T_4 bezeichnet und liegen nahe dem neutralen Punkt (Zug- und Druckspannung = 0).

Zunächst erfolgt ein Verbiegen — Buckeln — ersten Grades mit einem Tangentenpunkt. Steigt der Druck, so erfolgt allmählich eine weitere Verformung, dabei wird der Tangentenpunkt 1 nach unten verlegt, gleichzeitig der neutrale Punkt naturgemäß nach oben. Damit stellt sich im oberen Teil des Bohrstranges ein zweiter Tangentenpunkt ein.

Der untere Punkt liegt der Bohrlochachse viel näher als der obere.

Der obere Tangentenpunkt ist dabei dem neutralen Punkt sehr nahe gerückt.

Die Distanz zwischen Meißel und Tangentenpunkt wächst also nicht geradlinig mit dem Gewicht, sie erreicht ein Minimum knapp vor dem Eintreten der Verformung zweiten Grades.

Ist die Verformung ersten Grades erreicht, berührt der Bohrstrang gerade die Bohrlochwand. Der Druck auf diese ist anfangs Null und wächst erst mit weiterer Zunahme des Bohrdruckes. Dadurch wird die Biegelinie des Bohrstranges stärker gekrümmt, es muß somit auch das Biegemoment wachsen. Je größer das Biegemoment anwächst, um so größer muß auch der Druck gegen die Bohrlochwand an diesem Tangentenpunkt werden.

Eine theoretische Erfassung dieses Druckes in Anbetracht der drehenden Bewegung des Bohrstranges in unterschiedlichen Spülungsmedien ist äußerst schwierig durchzuführen und für die Praxis kaum von Bedeutung.

Die Schwingungen im krummen Bohrloch, die dabei erfolgende ungleichmäßige elastische Verformung sind schwer zu erfassen.

Tatsächlich wird ein gewisser Anteil des Bohrstranges bei der Drehbewegung gegen die Bohrlochwand ungleichmäßig schlagen.

Innerhalb eines kritischen Drehzahlbereiches wird sich auch das Maximum dieser Stoßkraft am Drehmomentanzeiger feststellen lassen.

Je größer das Bohrloch im Durchmesser ist, um so größer müssen auch die Wanddrücke werden.

4. Spannungen im Strang

Im gebogenen Bohrstrang ergeben sich Biegemomente, die den jeweiligen Krümmungsradien proportional sind.

Da nun der Strang bei der Bohrarbeit gedreht wird, muß auch die Zug- und Druckspannung in diesen Strangteilen ständig wechseln. Zum Beispiel werden sich auch bei einer Drehzahl von 150 U/Min. innerhalb von 20 Bohrstunden 180 000 Lastspiele ergeben, die eine Ermüdung des Gestänges bzw. des Stranges zur Folge haben müssen.

5. Meißelstellung bei Verformung des Bohrstranges ersten Grades

Der Meißel ist gegenüber der Bohrlochachse geneigt.

Wie aus Abb. 37 hervorgeht, ist diese Abweichung bei der Verformung zweiten Grades erheblich geringer als bei jener ersten Grades.

Es muß daher angestrebt werden, jenen Bohrdruck zu wählen, bei dem noch keinerlei Verformung eintritt. Sollte sich damit nicht der erwünschte Bohrfortschritt einstellen, kann die Meißelbelastung so weit gesteigert werden, daß eine Verformung zweiten, eventuell dritten Grades eintritt.

6. Zu wählender Bohrdruck

Falls beim gewählten Schwerstangenstrang, der den erforderlichen Bohrdruck ergeben soll, eine Verformung desselben eintritt, ist der Einbau eines entsprechenden Tandem-Schwerstangenstranges zu empfehlen.

Wie schon im Kapitel „Bohrdruck" (S. 14) ausgeführt wurde, besteht ein solcher Strang aus zwei bis vier Schwerstangen, die im Außendurchmesser bloß um 1 bis 1 1/2 Zoll kleiner sind als der Bohrlochdurchmesser und an welche die noch erforderlichen Normalschwerstangen anschließen. Damit ist sowohl der Schwerpunkt dem Meißel näher gerückt als auch das Trägheitsmoment im Schwerstangenstrang erhöht und die Gefahr der Verformung (des Buckelns) behoben. Bei diesen übernormalen Schwerstangen muß allerdings auf eine einwandfreie Bohrspülung geachtet werden, um ein Festwerden im eng gewordenen Ringraum zu vermeiden.

VI. Die Ursachen von Brüchen beim Rotary-Bohrgestänge

A. Allgemeines

Das Rotary-Bohrgestänge, als sehr langes Kraftübertragungsglied, ist vielfältigen Beanspruchungen ausgesetzt, welche einen Bruch desselben hervorrufen können.

Jeder Bruch bedeutet eine oft langwierige Unterbrechung der Bohrarbeit. Die daraus resultierende Fangarbeit ist meist sehr kostspielig, ja es kann der Gestängebruch in besonders schwierigen Fällen die Aufgabe der Bohrung zur Folge haben.

Hand in Hand mit der Entwicklung rationellerer Bohrgeräte und Einrichtungen waren daher die Bohrtechniker im Verein mit den einschlägigen Lieferwerken bestrebt, die verschiedenen Ursachen solcher Brüche zu erforschen und die notwendigen Maßnahmen, sowohl bei der Herstellung der Gestänge als auch bei ihrer Handhabung im Bohrbetrieb, zu treffen, bzw. auf diese aufmerksam zu machen.

1. Der Verdrehungsbruch

Unter dem Ausdruck „Gestängebruch", in amerikanischen Fachkreisen als „Twist off" bezeichnet, wurde im allgemeinen ein Bruch verstanden, der infolge zu hoher Verdrehungsbeanspruchung des Bohrgestänges hervorgerufen wurde. Dieser Fall könnte eintreten, wenn z. B. der Meißel auf der Bohrlochsohle fest wird und die Drehbewegung nicht rechtzeitig abgestellt wird. Aber auch in diesem Falle erfolgt zunächst ein Verbiegen, Verkrümmen des Gestänges, dabei eine federnde Verdrehung, ein Verwinden, bevor der Bruch eintritt (s. Abb. 39).

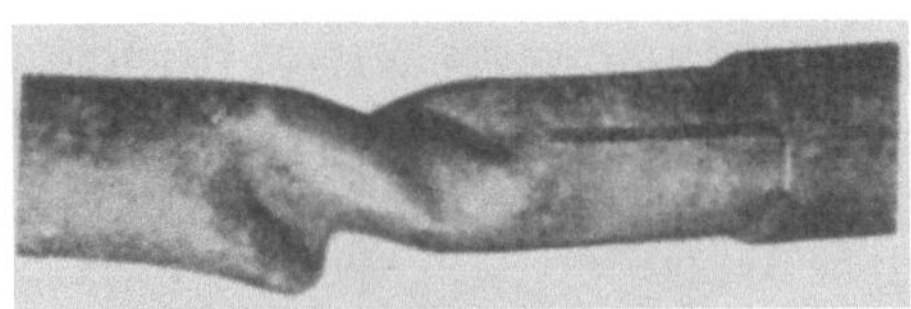

Abb. 39. Bohrstrang durch zu hohes Drehmoment verdreht (nach H. G. TEXTER, Spang-Chalfant, und R. S. GRANT, Hughes Tool Co., World Oil, Oktober 1948 bis März 1949)

In den seltensten Fällen ist dies allerdings die alleinige Ursache eines Gestängebruches. Die Drehbewegung kann fast immer rechtzeitig gestoppt werden, ferner verträgt das heute in Verwendung stehende Gestängematerial vom Gütegrad „*D*" aufwärts recht hohe Verdrehungsbeanspruchungen.

Früher wurden ab und zu spiralförmige Gestängebrüche beobachtet, und zwar nur dort, wo das Gestänge in einem sehr engen Ringraum arbeitete, die Bohrgarnitur im Bohrloch fest wurde und ein kleiner Riß oder eine Schramme lotrecht zur Gestängeachse im Gestänge vorhanden war, wobei letztere durch noch zu besprechende, mechanische Einwirkungen verursacht worden war. Von diesem Riß beginnend, wurde das Gestänge in einer gleichmäßigen, rechtsgängigen (da Drehtisch rechts gedreht wird) Spiralform aufgerissen (s. Abb. 40).

Abb. 40. Bohrstrang in Spiralform aufgebrochen (nach H. G. Texter, Spang-Chalfant, und R. S. Grant, Hughes Tool Co., World Oil, Oktober 1948 bis März 1949)

2. Der Bruch durch zu hohe Zugbeanspruchung

Zu hohe Zugbeanspruchung kann wohl auch die Ursache eines Gestängebruches werden. Wenn die Bohrgarnitur im Bohrloch fest wird und das Gestänge weit über die Streckgrenze gezogen wird, erfolgt zunächst eine Dehnung desselben, bis schließlich an der schwächsten Stelle das Gestänge reißt.

Bei Vorhandensein eines verläßlichen Gewichtsanzeigers wird diese Art von Bruch nicht unbeabsichtigt erfolgen. Bei Fangarbeiten soll das Gestänge nicht über die Streckgrenze beansprucht werden.

Nach der gelungenen Freimachung des Bohrstranges ist jede Stange bezüglich ihrer Länge zu kontrollieren, da es nicht ausgeschlossen ist, daß doch Teile des Bohrstranges über die Streckgrenze beansprucht und dadurch gedehnt wurden. Gestänge, welche bei solchen Operationen eine Dehnung erfahren haben, sind weiterhin nur für untergeordnete Arbeiten bzw. für weniger tiefe Bohrungen zu verwenden.

Für große Teufen, etwa ab 3000 m, wird ein Gestänge mit höherem Gütegrad, z. B. Grad „*E*" an Stelle von Grad „*D*", empfohlen.

In den letzten Jahren ist ein noch besseres Gestängematerial in Verwendung getreten, und zwar die Güte Type SAE 4340, die für höchste Beanspruchungen, Teufen bis über 6000 m, eingesetzt wird.

3. Der Bruch im letzten tragenden Gewinde

Die häufigsten Brüche treten beim normalen Gestänge im letzten Gewindegang auf, der das Gestängeende mit dem Spezialverbinder — Tool joint — verbindet. In diesem Verbinder, der eine viel höhere Wandstärke und Festigkeit hat, ist das Gestänge förmlich einseitig eingespannt.

Infolge der wechselnden Beanspruchung des kreisringförmigen metallischen Querschnittes werden im letzten Gewindegang, durch welchen der metallische Querschnitt reduziert ist, die Beanspruchungen stark konzentriert.

Durch die beim Bohren auftretenden Schwingungen des Bohrstranges erfolgt, wie schon gesagt wurde, laufend ein Wechsel von Druck-Zug-Beanspruchung. Der Bruch wird somit an der schwächsten Stelle dann erfolgen, wenn die zulässige Dauerfestigkeit des Stahlmaterials bei einer gewissen Lastspielzahl überschritten wird.

In Bohrlöchern, die einen verhältnismäßig geraden Verlauf haben, werden die Amplituden der Schwingungen recht groß sein, damit aber auch die Höhe der wechselnden Zug- und Druckbeanspruchungen. In diesen Bohrlöchern werden daher auch diese Brüche häufiger vorkommen als in stärker gekrümmten, in denen das Gestänge an vielen Punkten an der Bohrlochwand anliegt und auf diese Art die Schwingungen gedämpft werden.

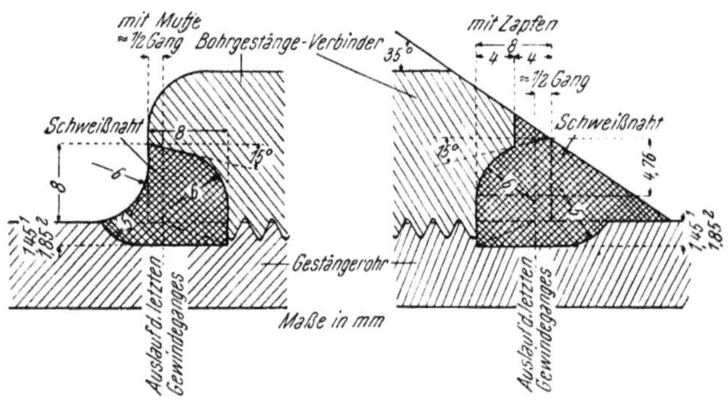

Abb. 41. Darstellung der Verschweißung der Rotary-Bohrgestänge mit den Gestängeverbindern. Links Tool-joint-Muffe, rechts Tool-joint-Zapfen

Es ist auch ein wesentlicher Unterschied, ob das Gestänge in einer viskosen schwereren Spülung arbeitet, wodurch ebenfalls die Schwingungen gedämpft werden, oder z. B. in reinem Wasser.

Die meisten Brüche wurden unmittelbar unterhalb der „Tool joint"-Muffe beobachtet. Man kann daraus schließen, daß sich die Schwingungen vom Meißel nach oben fortpflanzen, bei den als Knoten anzusprechenden „Tool joints" aufgehalten werden und damit in dem durch das letzte Gewinde geschwächten Gestängequerschnitt eine sehr hohe Beanspruchung die Folge ist.

Brüche im letzten eingreifenden Gewinde werden zusätzlich durch Korrosionserscheinungen an dieser Stelle begünstigt.

Ein Verschweißen dieser Stellen hilft dem Übel ab, da die korrosive Flüssigkeit dann keinen Zutritt zu diesen an und für sich sehr empfindlichen Querschnitten hat (s. Abb. 41). Dabei ist zu bemerken, daß die Festigkeit dieser Verschweißung dabei nicht von Bedeutung ist.

Heute wird eine Reihe von Konstruktionen auf den Markt gebracht, welche ein absolut dichtes Abschließen der „Tool joints" an die Außenwand des Gestänges gewährleisten. Die verschiedenen Typen wurden in meinem Buch „Tiefbohrgeräte" besprochen.

4. Undichtigkeiten der Gewinde

Diese Undichtigkeiten kommen bei Gestängegewinden, welche genau nach A.P.I.-Vorschrift geschnitten sind, sehr selten vor. Die Übernahmebestimmungen sind gerade in diesem Punkte sehr streng. Allerdings ist dabei vorausgesetzt, daß die „Tool joints" mit dem richtigen Drehmoment in der Werkstätte aufgeschraubt wurden. Die Verschweißung der „Tool joints" ebenso wie die verschiedenen Patentverbindungen (Shrink grip) haben diese Erscheinung, die früher häufig vorkam, völlig ausgeschaltet. Falls noch heute Undichtigkeiten vorkommen, sind sie vorwiegend auf schlechte Behandlung der Gewinde zurückzuführen.

Über das Aufschrauben der „Tool joints" und die dabei möglichen Auswirkungen wird noch später gesprochen werden.

5. Ermüdungsbrüche

Wenn der Ermüdungsbruch nicht rund um das Gestänge geht, sondern als eine Öffnung im Gestänge aufscheint, kann er auf eine Erosionswirkung der Spülung zurückgeführt werden. Ist hingegen der Bruchquerschnitt gleichmäßig und ungefähr rechtwinkelig, kann er als ein Verdrillungsbruch bezeichnet werden. Genaue Untersuchungen von Bruchstellen haben bewiesen, daß eine Durchbrechung, das heißt Durchwaschung der Gestängewand durch den Spülstrom nur dann erfolgte, wenn die Wand schon eine durch mechanische Einwirkung hervorgerufene Verletzung aufwies, die dann durch den Spülstrom allmählich erweitert wurde.

Die heute übliche Fertigung der Gestänge — nahtloses Ziehen — schließt die Bildung von kleinen Vertiefungen völlig aus.

Man kann somit die Behauptung aufstellen, daß die nach dem Bruch festgestellten Erosionsherde nichts anderes sind als erweiterte Ermüdungsrisse, die ursprünglich durch mechanische Einwirkung hervorgerufen wurden.

Es muß ferner als ein Irrtum bezeichnet werden, daß die Ermüdung des Materials auf eine Kristallisation zurückzuführen wäre. Eine solche Kristallisation findet tatsächlich nicht statt.

Man kann die Ermüdungsbrüche einteilen in:

a) Reine Ermüdungsbrüche,

b) Brüche, hervorgerufen durch Kerben bzw. kleine Risse,

c) Ermüdungsbrüche durch Korrosion.

Reine Ermüdungsbrüche kommen heute bei den üblichen Gütegraden für Bohrgestänge in der Praxis selten vor.

Wenn ein Stahl stets periodisch wechselnden Beanspruchungen ausgesetzt ist, wie Zug und Druck bzw. Biegung und Drehung, wird sich nach einer Anzahl von Lastspielen und einer gewissen Höhe der dabei resultierenden Beanspruchungen ein Ermüdungsbruch einstellen.

Wann der Ermüdungsbruch auftreten wird, hängt von der Dauerfestigkeit des betreffenden Materials, der Art des Mediums, in dem es beansprucht wird, und der Anzahl der wechselnden Lastspiele ab (Nagel im Schraubstock hin- und hergebogen).

Eine Illustration hierzu ist aus Abb. 42 zu ersehen. Ist die Spannung je Lastspiel der Materialgüte entsprechend klein, wird der Stab nicht brechen, auch wenn sich das Lastspiel unendlich oft wiederholt (s. WÖHLER-Kurve).

Kerben, kleine Risse, hervorgerufen durch mechanische Einwirkungen verbunden mit Korrosionserscheinungen, sind die hauptsächlichsten Ursachen, welche bei Ermüdung des Materials Brüche zur Folge haben.

Man muß sich dabei vor Augen führen, daß die Beanspruchung der einzelnen Stangen im Bohrstrang keinesfalls gleich ist und bei den folgenden Bohrungen wieder wechseln wird. Vor allem werden die Normalspannungen, die sich aus der Zug- oder Druck- und Biegespannung zusammensetzen, in den verschiedenen Teufen auch verschieden sein.

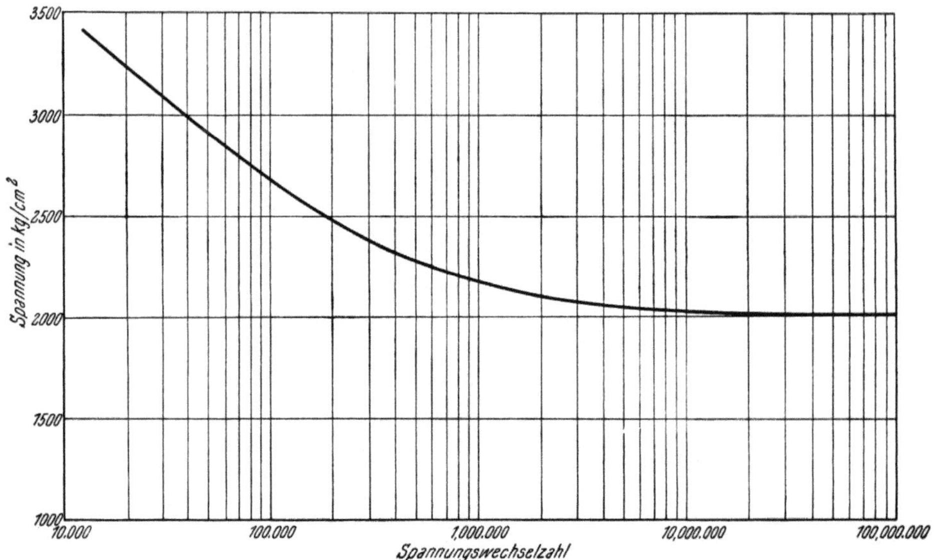

Abb. 42. Typische „S-N"-Kurve eines Stahles mit geringem Kohlenstoffgehalt (nach H. G. Texter, Spang-Chalfant, und R. S. Grant, Hughes Tool Co., World Oil, Oktober 1948 bis März 1949)

In einem geraden Bohrloch nimmt die Zugspannung von unten nach oben gleichmäßig zu, vorausgesetzt, daß für den Bohrdruck am Meißel lediglich das Gewicht der Schwerstangen wirksam wird.

Ist letzteres nicht der Fall, sondern wird auch ein Teil des an die Schwerstangen anschließenden Gestänges zur Erzielung des Bohrdruckes herangezogen, so wird sich dieser Gestängeteil, infolge der Druckbelastung, im Bohrloch verbiegen.

Im krummen Bohrloch erfährt das Gestänge an den diversen Knickpunkten ebenfalls eine Biegebeanspruchung.

Werden nun die Gestängestücke, die im ersten Bohrloch die höchste Beanspruchung erfahren, im nächsten wieder maximal beansprucht, kann nach einer gewissen Anzahl von Lastspielen, wobei die dabei zulässige Vergleichsspannung überschritten wird, ein Ermüdungsbruch auftreten.

Unter der rein theoretischen Annahme, daß der Bohrstrang mit 100 U/Min. 24 Stunden lang gedreht wird, entspricht dies 144 000,0 Lastspielen.

In zehn Tagen Bohrarbeit wären es rund 1,4 Millionen Lastspiele.

Hat sich nun an einer der meist beanspruchten Stellen ein kleiner Riß gebildet, wird er zunächst durch die Erosionswirkung der Spülung erweitert, die ursprünglich scharfen Kanten des Risses werden abgerundet.

Der reduzierte metallische Querschnitt hat damit eine immer höhere Beanspruchung aufzunehmen, bis schließlich der Bruch erfolgt. Solche Brüche haben eine charakteristische Lippenform (s. Abb. 43).

Ein weiterer Hinweis auf einen reinen Ermüdungsbruch ist die Entfernung der Bruchstelle von den Verbindern — Tool joints. Sie beträgt etwa 20 bis 30 cm unterhalb oder oberhalb der genannten Verbinder.

Wenn das Gestänge eine Biegebeanspruchung erfährt, erfolgt bei der Drehbewegung ein seitliches Schlagen der Verbinder, die als steife Knoten bzw. als Einspannungsstellen für das angeschlossene Gestänge anzusprechen sind. Man erkennt dies daran, daß die unteren Enden der „Tool joints" (Verbinder-Muffenstück) an der unteren Kante abgescheuert und angeschlagen sind, also beim Bohren an die Bohrlochwand geschlagen wurden. Dieses seitliche Schwingen der steifen Verbinder muß ein Verbiegen der viel schwächeren Gestängeteile unmittelbar in der Nähe der „Tool joints" zur Folge haben.

Abb. 43. Reine Ermüdungsbrüche (nach H. G. Texter, Spang-Chalfant, und R. S. Grant, Hughes Tool Co., World Oil, Oktober 1948 bis März 1949)

Um daher dieses Schwingen und Verbiegen auf ein Mindestmaß zu beschränken, soll das Gestänge so weit als möglich in gespanntem Zustand gehalten und der erforderliche Bohrdruck lediglich durch das Gewicht der viel steiferen Schwerstangen erreicht werden.

Es kann allerdings auch der Fall eintreten, daß ein reiner Ermüdungsbruch in einer Bohrung im gespannten Teilstück des Bohrstranges auftritt, und zwar dann, wenn dieses Gestängestück in früheren Bohrungen eine Druckbeanspruchung erfahren hat und dabei die kritische Dauerfestigkeit überschritten wurde.

Eine gekrümmte Mitnehmerstange kann ebenfalls zum Bruch in ihrem Übergangsstück zum ersten Gestänge führen, weil hier bei der Drehbewegung ebenfalls hohe Biegebeanspruchungen auftreten müssen.

Aus praktischen Erfahrungen kann ferner gesagt werden, daß eine Ermüdung um so rascher erfolgen wird, je steifer die Gewindeverbindung ist. Je stärker die Verdickung am Gestängeende, ob diese nun außen oder innen ausgebildet ist, um so stärker wird der anschließende, schwächere Gestängequerschnitt verbogen werden. Im allgemeinen wurde beobachtet, daß die innen angestauchten, „internal upset"-Gestänge sich in dieser Hinsicht am besten bewähren.

6. Brüche durch Kerb- bzw. Rißwirkung, Kerbermüdung

Nach Besprechung der Ermüdungsbrüche wird man jene Brüche, welche durch eine Unregelmäßigkeit der Oberfläche hervorgerufen werden, leicht verstehen.

Eine Kerbe oder ein kleiner Riß senkrecht zur Gestängeachse können sehr leicht die Ursache eines Gestängebruches werden.

Beim Anschrauben der „Tool joints" an das Gestänge kann es vorkommen, daß die Gestängehalteeinrichtung nicht voll entspricht, das Gestänge im Haltefutter rutscht und dadurch tiefe transversale Kerben an der Oberfläche entstehen. Die Enden dieser Kerben können bei der Bohrarbeit Ermüdungsbrüche hervorrufen. Sind die Kerben nicht sehr tief, kann durch ein vorsichtiges Abfeilen der Schaden noch einigermaßen behoben werden (s. Abb. 44).

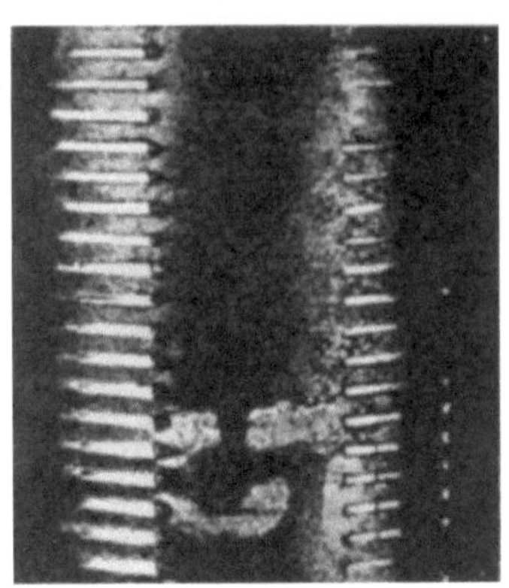

Abb. 44. Spannfutterabdrücke der Verschraubungsmaschine am Bohrgestänge (nach H. G. Texter, Spang-Chalfant, und R. S. Grant, Hughes Tool Co., World Oil, Oktober 1948 bis März 1949)

Eine weitere Gefahr sind die Abfangkeile im Drehtisch und hier besonders die alten Typen. Aber auch bei den neuen Konstruktionen können beim An- oder Abschrauben der Gestänge, die im Drehtisch in Keilen gehalten werden, durch das Mitdrehen des Gestänges transversale Kerben entstehen. Bei geringem Gewicht des schon eingebauten Bohrstranges sollen Gegenzangen an diesen angesetzt werden, um das Rutschen der Gestänge in den Keilen zu verhindern.

Gebrochene Rollenzähne, die in die Bohrlochwand gepreßt wurden, können auch die Ursache solcher Kerben bzw. transversaler Risse oder Kratzer werden.

Das Aufschweißen von Buchstaben zur Bezeichnung der Gestänge, was meist unmittelbar unterhalb der aufgeschraubten „Tool joints" mit elektrischem Schweißgerät erfolgt, kann ebenfalls die Ursache eines Ermüdungsbruches werden. Die Ecken der aufgetragenen Buchstaben sind glashart und spröde und bilden feine, gefährliche Risse im Gestängematerial.

Die gleiche Gefahr besteht dann, wenn die Bezeichnung am Gestänge mit Kreuzmeißeln erfolgt, wodurch gefährliche transversale Kerben gebildet werden. Man sollte daher bei Bezeichnung mit Zahlen römische Ziffern verwenden, die keine transversalen Linien aufweisen, oder aber die Zahlen durch Punkte, die in einer gewissen Entfernung voneinander angeordnet werden, markieren.

Beim Aufstauchen der Gestängeenden für „external upset"-Gestänge ist die Innenwand sehr rauh und muß nachgebohrt werden. Bei diesem Nachbohren kann das Werkzeug bis zur normalen Gestänge-Wandstärke vorrücken und wird hier transversale Dreh-Riefen formen, die ebenfalls die Ursache von Brüchen sein können.

Ferner können sich wegen nicht korrekten Vorganges beim Aufstauchen der Gestängeenden (nicht entsprechende Temperatur) transversale Stauchfalten bilden; wiederum ein möglicher Ursprung von Ermüdungsbrüchen. Solche Fälle kommen allerdings heute sehr selten vor.

Zangenabdrücke sind mitunter recht tief, treten aber in der Längsrichtung des Gestänges auf und sind daher niemals die Ursache von Gestängebrüchen.

Man hat ferner unmittelbar oberhalb der Kautschukprotektoren Korrosionsherde festgestellt. Die Ursache war eine korrosive Bohrspülung, die beim Ausbau des Bohrstranges in der oft muldenförmigen Oberkante der Protektoren am Gestänge haftenbleibt und hier Korrosionen verursacht.

Man verwendet daher besser Protektoren, die oben in eine eng anschließende Lippenform auslaufen, so daß ein Verbleiben von Spülflüssigkeit am Gestänge ausgeschlossen ist.

7. Eigenschaften und Gütegrade des Stahles für Rotary-Bohrgestänge

Zur Verfeinerung des beim Aufstauchen der Gestängeenden groben Kerngefüges werden die Gestänge warm behandelt.

Bei unrichtiger Wärmebehandlung kann sich eine zu niedrige Kerbschlagzähigkeit einstellen, die zu Kerbermüdungsbrüchen führen kann; heute allerdings ein sehr seltener Fall.

Für reine Zug-, Biegungs- oder Torsionsbeanspruchung ist ein Stahl höherer Festigkeit unbedingt besser.

Für sehr tiefe Bohrungen werden daher auch vorwiegend Gestänge höheren Gütegrades eingebaut.

Andererseits konnte aber in der Praxis auch beobachtet werden, daß ein Stahl höherer Festigkeit bezüglich Kerben und Rissen empfindlicher ist.

8. Ermüdungsbrüche durch Korrosion

In vielen Feldern im Mid Continent ist Korrosion die hauptsächlichste Ursache von Ermüdungsbrüchen, und zwar vorwiegend dort, wo mit Rollenmeißeln gebohrt wird, was zunächst unverständlich ist. Die tatsächliche Ursache, warum bei Blattmeißeln dieser Fall viel seltener vorkommt, ist heute noch nicht einwandfrei geklärt.

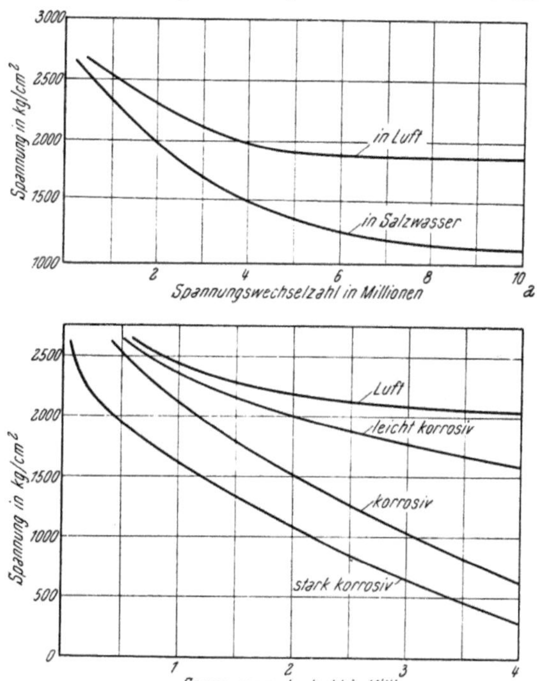

Abb. 45. *a* Typische Ermüdungskurven eines Stahles in Luft und Salzwasser. *b* Typische „S-N"-Kurve für Stahl in verschiedenen Medien (nach H. G. TEXTER, Spang-Chalfant, und R. S. GRANT, Hughes Tool Co., World Oil, Oktober 1948 bis März 1949)

Die zunächst noch nicht erwiesenen Ursachen scheinen folgende zu sein: Rollenmeißel werden in den härteren, damit auch älteren Gesteinsschichten eingesetzt, in denen verschiedene Salze oder Anhydrit, ferner auch Schwefelwasserstoffe vorhanden sind, die leicht bei gewissen Konzentrationen in der Bohrspülung Korrosionen verursachen können.

BATTELLE fand, daß eine 7% Salzlösung sehr starke Korrosionen verursacht (6,6% NaCl + 0,1% MgCl + 0,3% CaCl). Eine geringere oder höhere Konzentration ist nach vielfachen Versuchen weniger korrosiv. Eine völlig mit Salz gesättigte Spülung (s. Gulf Coast) zeigte keinerlei Korrosionen. Der erste Angriffspunkt wird dabei fast immer ein kleiner Riß, eine feine Kerbe werden. Ein rostiger Nagel wird bei wechselnder Beanspruchung viel eher brechen als ein völlig rostfreier. In Abb. 45 *a* und *b* ist die verschiedene Dauerfestigkeit der Anzahl der Lastspiele gegenübergestellt. Die eine Kurve repräsentiert das Verhältnis in Luft, die andere in einem korrosiven Salzwasser.

Eine Serie von Versuchen weist Tab. 7 auf.

Tabelle 7

Anzahl der Proben	Durchschnittliche Vergleichsspannung kg/cm²	Medium	Anzahl der Lastspiele
14	2205,6	Nicht korrosiv	2 200 000,0
5	2205,6	Mittel korrosiv	1 430 000,0
6	2205,6	Korrosiv	860 000,0
6	2205,6	Sehr korrosiv	182 000,0

In Abb. 46 ist dieses Ergebnis graphisch dargestellt.

Beim Bohren in nicht korrosivem Gestein, z. B. in Nord-Louisiana, Ost-Texas, einem Teil von Oklahoma und Californien, ferner in Wyoming und Alberta, können mit einem 4 1/2-Zoll-Gestänge im Durchschnitt 4500 m gebohrt werden, bevor ein Gestängebruch vorkommt. Andererseits treten solche Brüche in korrosivem Gestein — in West-Texas, Nord-Oklahoma, Teilen von Kansas und Süd-Arkansas — schon bei 1200 m auf.

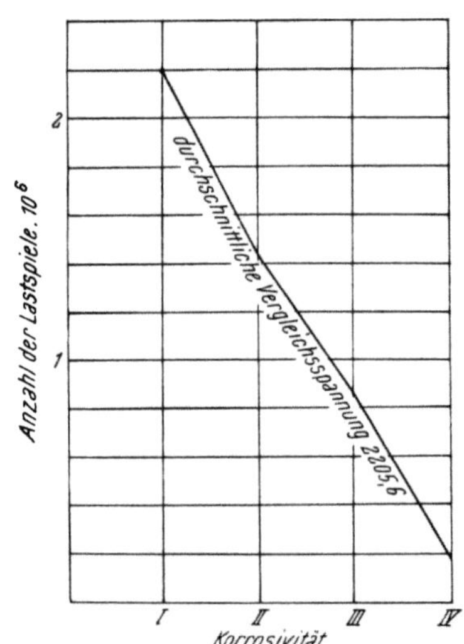

Abb. 46. Abhängigkeit der Lastspielzahl von der Korrosionswirkung des Mediums (nach H. G. TEXTER, Spang-Chalfant, und R. S. GRANT, Hughes Tool Co., World Oil, Oktober 1948 bis März 1949).
I Nicht korrosiv, *II* Mittel korrosiv, *III* Korrosiv, *IV* Sehr korrosiv

Die korrosive Einwirkung beginnt fast ausnahmslos an der Innenwand des Gestänges. An der Außenwand werden anfänglich die kleinen Vertiefungen durch das Scheuern an der Bohrlochwand ausgeschliffen.

Reine Ermüdungsbrüche beginnen allerdings meist an der Außenwand, die bei dem ständigen Wechsel von Biegung und Druck immer eine höhere Beanspruchung hat als die Innenseite.

Bei jeder Stahlsorte läuft die Dauerfestigkeitskurve in nicht korrosivem Medium in eine Gerade aus. Bleibt die Beanspruchung unterhalb dieser Linie, kann die Anzahl der Lastspiele unbegrenzt groß werden.

Im korrosiven Medium hingegen fällt die Kurve stark ab.

Eine tatsächliche Dauerfestigkeit besteht bei Stahl, der in einem korrosiven Medium arbeitet, überhaupt nicht.

Die Korrosion verursacht laufend neue Herde, das heißt Einbuchtungen im Material, die sich immer mehr vertiefen und schließlich die Wand durchbrechen, und zwar auch dann, wenn überhaupt keine Materialspannung auftritt.

Es können somit auch die im Lager gestapelten Gestänge korrodieren, wenn sie von einem korrosiven Medium befeuchtet sind. Selbst wenn dieses Medium in unserem Falle die Spülung, völlig trocken wäre, genügt schon eine gewisse Luftfeuchtigkeit, um den Korrosionsprozeß weiterzuführen.

Bei horizontal gelagertem Gestänge kann beobachtet werden, daß die untere Hälfte der Stangen, in der sich die korrosive Flüssigkeit sammelt, viel stärkere Korrosionsspuren aufweist als die obere.

Vor der Lagerung der Gestänge sollten diese daher gründlich von den Spülungsspuren gereinigt werden.

Eine weitere Ursache kann ein elektrogalvanischer Effekt sein.

Beim nahtlosen Ziehen der Gestänge bilden sich Glühspan-Schuppen. Im Kontakt mit Stahl und bei Vorhandensein einer sehr schwach konzentrierten Salzlösung wird ein galvanischer Strom von minimaler Spannung erzeugt. Der Stromfluß geht von diesen Schuppen zum Stahl, weiterhin zur Flüssigkeit und zurück zu den Schuppen. Der elektrische Strom führt bei seinem Fluß Stahlteilchen mit sich, und zwar von der Größenordnung von etwa 10 kg/Amp. und Jahr. Es ist daher wichtig, diesen Glühspan vor Verwendung der Gestänge mit Druckluft oder eigenen Schabern zu beseitigen.

Ein anderer, noch nicht völlig geklärter Effekt, der Korrosions-Ermüdungsbrüche hervorrufen kann, ist folgender: Auf Biegung oder Zug beanspruchtes Metall zeigt bei Vorhandensein von korrosiven Medien ebenfalls einen elektrischen Stromfluß, wodurch ein Lösen von minimalen Stahlteilchen und damit eine korrosive Einwirkung erfolgt.

Die Materialermüdung durch Korrosion kann somit wie folgt erklärt werden:

a) Der rein chemische Effekt ergibt zunächst sehr kleine Höhlungen im Material, welche durch die galvanischen Effekte verstärkt, das heißt weiter vertieft werden.

b) Erfährt das Material eine Biege- oder Zugspannung, konzentriert sich diese Spannung in dem so reduzierten metallischen Querschnitt, bis schließlich der Bruch eintritt.

In der Praxis wurde festgestellt, daß solche durch Korrosion hervorgerufenen Ermüdungs-Erscheinungen auf der ganzen Länge des Gestängestranges aufscheinen, während reine Ermüdung lediglich in der Nähe der Tool joints auftritt.

Gestänge, die auf Biegung beansprucht werden, zeigen die größten Risse auf der konvexen Seite, wo die Zugspannung am größten ist.

Das völlige Ausschalten der Korrosion ist sehr schwierig.

Zunächst sollten die Glühspan-Schuppen beseitigt werden; ferner müßte das Gestänge einen entsprechenden Überzug erhalten, der die Korrosion unmöglich macht, aber auch bei den wechselnden Beanspruchungen des Materials keine Risse bekommt.

In USA sind diesbezügliche Versuche im Gange, ein abschließendes Rezept kann aber noch nicht gegeben werden. Eine Galvanisierung der Gestänge hat sich z. B. in Californien nicht bewährt.

Ebenso schwierig ist die Behandlung der Bohrspülung mit Zusätzen, die Korrosionen verhüten. Die Spülung ändert beim Durchteufen der verschiedenen Gesteinsschichten zu häufig ihre Zusammensetzung. Die bisher am besten bewährte Methode, Korrosionsermüdung so weit als möglich hintanzuhalten, ist die

Verwendung von langen Schwerstangenzügen, wodurch ein Knicken der Gestänge vermieden wird und diese in ihrer ganzen Länge lediglich eine Zugbeanspruchung erfahren.

Ein weiterer Faktor ist das Brüchigwerden von Stahl, beeinflußt durch Adsorption von Wasserstoff oder Schwefelwasserstoff, wie dies bei dem Pumpgestänge für Tiefpumpen beobachtet wurde. Der Wasserstoff verbindet sich mit den Eisenkristallen, wodurch das Eisen brüchig wird. Sobald das Gas wieder frei wird, erfolgt eine Rückbildung der früheren Struktur, wobei Wärme diesen Prozeß beschleunigt.

9. Abnützung der Gestänge

Wird das Gestänge des Bohrstranges während der Bohrarbeit gestreckt gehalten, so bedeutet eine Reduzierung der Wandstärke infolge Abscheuerung noch keine Bruchgefahr. So konnte z. B. mit einem 4 1/2-Zoll-Gestänge mit einer ursprünglichen Wandstärke von 8,56 mm eine Bohrleistung von 45 000,0 m erzielt werden, obwohl die Wandstärke um etwa 19% reduziert wurde.

Immerhin sollen die Außendurchmesser in gewissen Perioden nachgemessen werden.

In USA wird z. B. bei 4 1/2-Zoll-Gestängen mit dem Normdurchmesser von 114,3 und dem Gewicht von 27,1 kg/m ein Mindestaußendurchmesser von 111,12 mm zugelassen. Mit anderen Worten, die Gestänge können um rund 1/8 Zoll im Durchmesser schwächer werden, wobei allerdings auch die Beanspruchung dementsprechend geringer werden muß.

10. Krummes Bohrgestänge

Das Krummwerden der Gestänge kann hervorgerufen werden durch schlechte Lagerung beim Transport, bei Verlade- und Abladearbeiten, bei Einziehen der Gestängestücke von der Turmbühne in den Turm und schließlich auch im eingebauten Bohrstrang, wenn sie auf Druck beansprucht werden.

Krumme Gestänge werden bei der Drehbewegung an der konvexen Seite stark gescheuert, besonders bei sehr harten und stark scheuernden Bohrlochwänden.

Auch bei zu raschem, unvorsichtigem Einbau des Bohrstranges kann bei plötzlichem Widerstand, den der Meißel im Bohrloch findet, das Gestänge krumm werden. Bei aufmerksamer Beobachtung des Gewichtsindikators und nicht zu raschem Einbau ist dies zu vermeiden.

Das Gestängeende eines im Rotarytisch zu hoch abgefangenen Bohrstranges kann beim An- bzw. Abschrauben eines Gestängezuges verbogen werden.

Es ist daher in jedem Fall vorteilhafter, eine zweite Zange in entgegengesetzter Richtung unterhalb der Tool joints anzusetzen, so daß die Zugkräfte sich gegenseitig aufheben.

Krumme Stangen sind durch entsprechende Geradebiegemaschinen zu begradigen.

Auch durch Schwingungen des drehenden und auf Zug beanspruchten Bohrstranges können die Gestänge im oberen Teil verbogen werden.

Diese Beobachtung wurde in früheren Jahren vielfach in Oklahoma und Californien gemacht, wo die Gestänge in einem großen Ringraum arbeiteten.

Das Bohrgestänge war beim Einbau absolut gerade und mit genügend Schwerstangen für den Bohrdruck ausgestattet. Eine Brückenbildung im Bohrloch war ausgeschlossen, ein Verbiegen beim Ein- und Ausbau der Bohrgarnitur war ebenfalls nicht möglich. Die Gewindeverbindungen im Gestänge, in den angeschlossenen Schwerstangen und in der Mitnehmerstange waren absolut einwandfrei und trotzdem wurde ein Krummwerden der Gestänge infolge der Bohrarbeit festgestellt.

Dieses Krummwerden konnte daher lediglich auf die Schwingungen und Vibrationen des Bohrstranges im Bohrloch zurückgeführt werden.

Es ist wohl nicht möglich, hier eine genaue mathematische Analyse der kritischen Drehgeschwindigkeit durchzuführen, da dabei die verschiedensten Faktoren zu berücksichtigen wären. Zum Beispiel das spezifische Gewicht der Bohrspülung, seine Viskosität, Gewicht der Schwerstangen, bzw. jenes Gewicht, mit welchem noch die Gestänge auf Zug beansprucht werden, wie auch das Gewicht und der Durchmesser der verwendeten Gestänge und der dabei angesetzten Tool joints.

Die einzige Maßnahme ist die häufige Ermittlung der kritischen Drehzahl, welche in der folgenden Weise durchzuführen wäre:

Falls das Bohrloch standfest ist und keine Gefahr besteht, daß beim Einstellen des Spülkreislaufes die Bohrgarnitur im Bohrloch fest wird, soll die Bohrgarnitur zunächst von der Sohle leicht angehoben werden. In dieser Lage wird der Bohrstrang mit einer anfangs geringen Umdrehungszahl/Min. gedreht und diese allmählich und gleichmäßig gesteigert. Bei einer bestimmten kritischen Drehzahl wird das Drehmoment plötzlich rapid ansteigen.

Es ist günstiger, sie bei stehender Zirkulation zu finden, da sonst der Spülstrom eine dämpfende Wirkung ausübt. Man kann allerdings nachher auch mit zirkulierendem Spülstrom die vorher ermittelte kritische Drehzahl kontrollieren.

In jedem Bohrloch werden andere Verhältnisse herrschen, daher hat auch eine theoretische Ableitung der bei der Drehbewegung auftretenden seitlichen Schwingungen für die Praxis wenig Wert.

Es handelt sich um longitudinale Schwingungen mit der Grundfrequenz 1.

11. Eindrücken der Gestänge

Dieses Eindrücken kann lediglich beim Einbau von Formationstestern erfolgen, bei welcher Operation die Gestänge völlig leer in das mit Spülung gefüllte Bohrloch eingebaut werden.

Exzentrische Wandstärken der Gestänge führen äußerst selten zu Unfällen.

Die erlaubte Exzentrizität von rund 12 1/2% der nominellen Wandstärke spielt hier keine Rolle. Verschiedene Versuche auf Außendruck zeigten keinerlei Unterschiede gegenüber absolut konzentrischer Wandstärke.

12. Innere Erosion

Sie war bisher niemals einwandfrei nachzuweisen. Dazu ist die Strömungsgeschwindigkeit viel zu gering.

B. Maßnahmen zur Verhütung von Brüchen im Bohrgestänge

1. Das Schwerstangengewicht im Bohrstrang muß größer sein als der erforderliche Bohrdruck, wobei der Auftrieb zu berücksichtigen ist.

2. Beim Bohren muß das Gestänge, insbesondere die an die Schwerstangen anschließenden Stücke, gerade gehalten werden. Zur eventuell notwendigen Begradigung krummer Schwerstangen, Mitnehmerstangen und Gestänge sollen geeignete Begradigungsmaschinen zur Verfügung stehen. (In Californien erfolgt die Kontrolle mit optischen Instrumenten.) Das Gestänge soll in den Abfangkeilen des Drehtisches möglichst nahe der Muffe gefaßt werden, um, insbesondere bei Verwendung von automatischen Spillen, beim An- und Abschrauben jedes Verbiegen desselben zu vermeiden.

Ist das Bohrloch nicht einwandfrei (Nachfall usw.), muß der Einbau unter genauer Beobachtung des Gewichtsindikators vorsichtig erfolgen, damit ein plötzliches Aufsetzen des Meißels und damit ein Verbiegen des Stranges verhütet wird. Ebenso ist entsprechende Vorsicht beim Hereinholen einzelner Stangenstücke von der Turmbühne zur Gestängebühne geboten.

3. Zu empfehlen ist ferner der Wechsel der ersten Gestängestücke, welche bei einer Bohrung unmittelbar oberhalb der Schwerstangen eingebaut waren, in eine höhere Teufenstrecke bei der folgenden Bohrung.

4. Mit Drehzahlen, die innerhalb des kritischen Drehzahlenbereiches liegen, der vorher praktisch ermittelt wurde, soll nicht gebohrt werden.

5. Die Abfangkeile sollen fein gezahnt sein, um Schrammen und Einkerbungen am Gestänge zu vermeiden. Ferner soll das Drehen des in den Abfangkeilen geklemmten Gestänges vermieden werden.

6. Markierung der Gestänge durch elektrisches Aufschweißen von Buchstaben oder Ziffern muß unbedingt unterlassen werden. Eine Punktmarkierung wird empfohlen.

7. Ermüdung durch Korrosion kann vor allem verhütet werden, wenn eine viskose Spülung salzfrei gehalten wird. Als Schutz wird 2,5 g/l Natriumchromat empfohlen. Ein Schutzüberzug an der Innenwand — Kunstharz — würde sich bewähren, ist aber meist zu kostspielig.

Gestänge, welches gelagert werden soll, muß gründlich gereinigt werden.

Die Kontrolle auf Korrosionserscheinungen soll periodisch durchgeführt werden.

8. Beim Aufschrauben der Verbinder ist zu beachten, daß das Gewinde absolut rein ist und mit einem guten Schmiermittel versehen wird. Das Aufschrauben soll unter Verwendung einer Drehmoment-Meßeinrichtung erfolgen. Vor Einbau der neuen Gestänge sollen die Tool joints mit dem Gestänge verschweißt werden.

9. Beim Bohren ist das Pumpenmanometer aufmerksam zu beobachten, um ein Leckwerden einer Verbindung, durch den am Manometer ersichtlichen Druckabfall, rechtzeitig festzustellen.

10. Im Bohrloch festgewordenes Gestänge soll niemals über die Streckgrenze gezogen werden.

Gedehntes Gestänge kann nur für minderwertige Arbeiten verwendet werden.

VII. Die Gestängeverbinder, Tool joints, und deren Beanspruchung

A. Allgemeines

Als Verbindungsglieder der einzelnen Gestängestücke kommt ihnen besondere Bedeutung zu. Der auf das Gestängeende aufgeschraubte Muffenteil des Verbindungspaares hat nach dem Standard A.P.I. acht Gang/Zoll und ist in einem Konus von 1 : 16 geschnitten.

Das die beiden Tool-joint-Teile verbindende Gewinde erfährt bei jeder Bohrung eine große Anzahl von Kraftverschraubungen, die je nach dem Nenndurchmesser laut amerikanischen Angaben mit einem bestimmten Drehmoment erfolgen sollen, um eine lange Lebensdauer der Verbinder zu sichern.

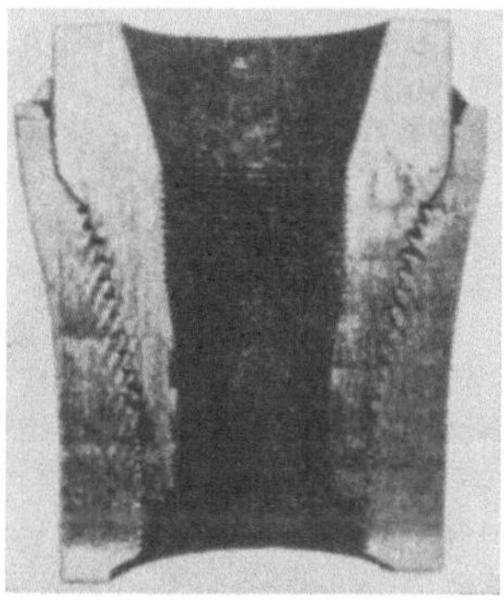

Abb. 47 *a*. Gestängezapfen, in das Muffengewinde eingeschnitten (nach H. G. Texter, Spang-Chalfant, und R. S. Grant, Hughes Tool Co., World Oil., Oktober 1948 bis März 1949)

Abb. 47 *b*. Aufgeweitete Gestängeverbindermuffe mit beginnender Aufspaltung (nach H. G. Texter, Spang-Chalfant, und R. S. Grant, Hughes Tool Co., World Oil, Oktober 1948 bis März 1949)

Abb. 47 *c*. Gestängeverbinderzapfen, der bei Beanspruchung auf Zug und Verdrehung abgebrochen ist (nach H. G. Texter, Spang-Chalfant, und R. S. Grant, Hughes Tool Co., World Oil, Oktober 1948 bis März 1949)

Diese Gewinde der Verbinder weisen die folgenden Gangzahlen/Zoll und Konizitäten auf:

Bei den Nenngrößen 2 3/8 bis 4 1/2 Zoll Normal und Full hole ist die Gangzahl 5/Zoll, die Konizität 1 : 4.

Bei I.F. (Internal flush) der obigen Nenngrößen ist die Gangzahl 4/Zoll und die Konizität 1 : 6.

Bei den Nenngrößen 5 1/2 Zoll, welche als Normal- und Full hole- und Internal flush-Verbinder geliefert werden, ist die Gangzahl bei ersterem 4/Zoll und die Konizität 1 : 4. Bei den zwei anderen Typen hingegen 4 Zoll, bei einer Konizität von 1 : 6.

Schließlich hat die Nenngröße 6 5/8 Zoll sowohl bei den Normal- als auch bei den Full hole-Verbindern eine Gangzahl von 4/Zoll und eine Konizität von 1 : 6

Die Drehmomente, die hier empfohlen werden, sind:

2 3/8 Zoll	550 Kgm.
2 7/8 Zoll	820 Kgm.
3 1/2 Zoll	1380 Kgm.
4 1/2 Zoll	2200 Kgm.
5 1/2 Zoll	3040 Kgm.

Höhere Drehmomente als die hier empfohlenen können zur Folge haben:

a) Aufweitung der Muffe und sogar eine Rißbildung in der Längsrichtung, die an der Oberkante der Schulter beginnt.

b) Aufweitung der Zapfenschulter und Ablösung des aufgestauchten Schulterringes.

c) Einschneiden des Zapfengewindes in den gewindelosen Muffenteil, wodurch das oberste Zapfengewinde abgescheuert und sogar die Zapfenbohrung verengt wird (s. Abb. 47 *a*, *b* und *c*).

1. Materialgüte der Tool joints, Nachbehandlung der Gewinde

Die zunehmende Beanspruchung des Bohrstranges — größere Teufen, höhere Drehmomente, hohe Spülungsdrücke — brachten es mit sich, daß sowohl die Materialgüte als auch die Herstellungsverfahren laufend verbessert werden mußten.

Die früheren Normen erlaubten recht weite Grenzen, die heute viel enger gehalten sind. Heute variiert die für die Verbinder geeignete Stahlhärte von 295 bis 320 Brinell.

Bei weicherem Material wurde ein Fressen der Gewinde viel eher beobachtet als bei härterem. Andererseits wurden bei letzterem wiederum viel eher Brüche konstatiert.

Langjährige Versuche der einschlägigen Firmen ließen schließlich jene Materialqualität finden, die in der Praxis die geringsten Fehler ergab.

Was die Herstellung betrifft, sind zunächst die genauen Formen der Gewinde nach A.P.I. festgelegt. Wichtig ist auch die Nachbehandlung der geschnittenen oder gefrästen Gewinde.

Die Firma Wirth & Co. (wie auch verschiedene andere Lieferfirmen) hat in dieser Hinsicht zahlreiche Versuche durchgeführt, um festzustellen, wieviel Kraftverschraubungen das Gewinde bei verschiedener Oberflächenbehandlung, ohne Schaden zu nehmen, aushält. In Tab. 8 sind die Ergebnisse wiedergegeben.

Tabelle 8. *Kraftverschraubungen in Abhängigkeit von der Oberflächenbehandlung der Tool-joints-Gewinde*

Art des Gewindes bzw. Nachbehandlung	blank	verchromt	verkupfert	Sandstrahlbehandelt	verzinkt
Anzahl der Kraftverschraubungen	30	98	158	195	240
Verhältniszahl	1	3,3	5,3	6,5	8

Der Vergleich spricht für sich selbst.

Neu sind phosphatierte Gewinde, die sowohl in USA als auch in Europa Anklang fanden und die gegenüber den blanken eine Verhältniszahl von 1 : 6 bis 1 : 10 ergaben.

2. Schmierung der Tool-joints-Gewinde

Abgesehen von der Nachbehandlung der Gewinde nach deren Fertigung spielt das Schmiermittel eine entscheidende Rolle.

Das Schmiermittel muß alle Gewinde und Schulterzwischenräume ausfüllen, es darf sich durch den auftretenden Druck nicht verdrängen lassen, es muß ein gutes Verschrauben und Lösen der Verschraubung ermöglichen und schließlich auch ein Rost- und Korrosionsschutz sein.

Auch hier hat die Firma Wirth & Co. in den letzten Jahren viele Versuche in ihrer Versuchsanstalt durchgeführt und dabei folgende Schmiermittel verwendet:

1. ASECO-Fett, bestehend aus: 74% Stauferfett + 20% Bleiweiß + 4% feinstem Zinkstaub + 2% Leinöl.
2. Mennige + Petroleum im Verhältnis 3 : 1.
3. Graphit + Fett.

Es zeigte sich bei diesen Versuchen, daß ASECO-Fett die Gewinde sehr schont und den größten Nachschraubeweg erzielen läßt, sich daher für empfindliche Gewinde empfiehlt.

Durch Zusatz von größeren Mengen Zinkstaub, und zwar bis 60%, wird die für das Grobgewinde der Tool joints hohe Belastungsfähigkeit erreicht.

Die Mischung von Mennige mit Petroleum zeigt den geringsten Nachschraubeweg. Sie wird in der amerikanischen Bohrindustrie für besonders schwere Fälle, also für hohe Drehmomente verwendet, die beispielsweise bei schwierigen Fangarbeiten auftreten können.

Die Graphit-Fett-Mischung zeigt einen mittleren Nachschraubeweg und hat sich damit ebenfalls für Grobgewinde empfohlen.

Nach amerikanischen Erfahrungen haben sich jene Schmiermittel bewährt, die Metall- oder Metalloxyd in feiner Mehlform enthalten. Dort, wo die „Tool joints" schon eine längere Betriebsdauer aufweisen und man befürchten muß, daß die Abdichtung nicht mehr einwandfrei ist, wurde der Mennige-Petroleum-Mischung feinstes Baumwollmehl zugesetzt, was sich als sehr befriedigend erwies.

Bei Auftragen der Schmiermittel ist besonderes Augenmerk darauf zu lenken, daß das Gewinde zunächst gründlichst gereinigt und das Schmiermittel mit einer entsprechenden Bürste auf die ganze Fläche, sowohl der Gewinde als auch der Schultern, aufgetragen wird.

3. Verletzung der Tool-joints-Gewinde

Um jede Gewindeverletzung hintanzuhalten, sollen die Gestänge stets mit entsprechenden Protektoren transportiert und gelagert werden. Bei der Bohrung selbst ist darauf zu achten, daß beim Einbau des Zapfens in die Muffe eine möglichst konzentrische Führung erfolgt, die es verhindert, daß die Gewindespitzen verletzt werden und beim weiteren Einschrauben Pressungen verursachen. Klemmt das Gewinde, so muß zurückgeschraubt werden, bis es einwandfrei kämmt. Geringe Verletzungen sind rechtzeitig zu erkennen und durch vorsichtiges Abfeilen zu beheben.

Neue „Tool joints" sollen bei den ersten drei bis vier Märschen, der sogenannten Einlaufzeit, nicht gesponnen werden. Beim Spinnen erfolgt ein zu rasches Verschrauben, wodurch bei den anfangs sehr genauen und noch nicht kaltverfestigten Gewinden ein Festbrennen oder Pressen die Folge ist.

Besonders wichtig ist ein einwandfreies Gewinde am Übergangsstück der Mitnehmerstange, das die Verbindung mit dem obersten Gestängestück bildet. Da beim Abteufen einer Bohrung der Bohrstrang immer durch je ein Gestängestück verlängert werden muß, wird das oben erwähnte Übergangsstück mit seinem Zapfen in die Muffe eines jeden zugesetzten Stückes verschraubt. Würde daher das Gewinde des Übergangsstückes schadhaft sein, müßten auch die Muffengewinde einer jeden Stange Schaden nehmen.

4. Wackelschäden

Ist die Verbindung zwischen Verbinder-Zapfen und Muffe locker, so spricht man von einem Wackelfehler. Eine so lockere Verbindung kann bei der Bohrarbeit zum völligen Abschrauben an der betreffenden Verbindung führen.

Dauerndes Wackeln kann ferner auch ein Brechen der Gewinde zur Folge haben und auch zu einem völligen Ausreißen des Zapfens aus der Muffe führen. Auch ein Zapfen- oder Muffenbruch ist möglich, und zwar wegen des ständigen und mitunter sehr heftigen Spannungswechsels im Gewindegrund des letzten noch kämmenden Gewindes.

Hohe Zugbeanspruchung bringt eine Längung des Zapfens mit sich. Sind nun die Schulterflächen von Zapfen und Muffe nicht mit einer entsprechenden Vorspannung angeschraubt, wird sich zwischen den Schulterflächen ein Spalt bilden, der ebenfalls die Ursache eines Ermüdungsbruches werden kann.

Über das beim Verschrauben von Verbinderzapfen und Muffe erforderliche Drehmoment, das die entsprechende Vorspannung ergibt, wurde schon eingangs gesprochen.

Von besonderer Wichtigkeit ist die einwandfreie Passung der Schulterflächen, die allseits mit der erforderlichen Vorspannung dicht aneinander schließen müssen. Beim Transport sollten diese Schultern mit entsprechenden Schutzringen versehen werden.

5. Spülungsdurchbruch im Tool-joints-Gewinde

Lockere Verbinder können nicht druckdicht sein. Der zirkulierende Spülstrom wird allmählich das Schmiermittel verdrängen und sich immer mehr in das Gewinde einarbeiten, bis schließlich ein völliger Durchbruch erfolgt. Der Spülstrom ist damit kurz geschlossen, gelangt nicht mehr zum Meißel, was ein Festwerden desselben auf der Sohle zur Folge haben kann.

Die Gewindeverbindung erscheint beim Lösen trocken, das heißt ohne Schmiermittel. Man spricht dann von einem „trockenen" oder im Gegenfalle „nassen" Zapfen.

Ein genaues Beobachten des Manometerdruckes der Spülpumpe, der bei Auswaschung einer Verbindung merklich sinken wird, ist daher von besonderer Wichtigkeit.

Geringe Viskosität der Spülung und hoher Pumpdruck erhöhen diese Gefahr.

6. Äußere Abnützung der Tool joints

In früheren Jahren wurde für den erforderlichen Bohrdruck auch ein Teil des Gestängegewichtes herangezogen. Dabei scheuerten sich sowohl die Gestänge als auch die Verbinder ziemlich gleichmäßig ab und mußten daher auch zum gleichen Zeitpunkt ersetzt werden.

Man hat daraus die Folgerung gezogen, den jeweils erforderlichen Bohrdruck lediglich durch das Gewicht eines entsprechenden, direkt am Meißel anschließenden Schwerstangenstranges zu erzielen, wodurch das Abscheuern der Gestänge wesentlich vermindert werden konnte. Die Gestängeverbinder werden allerdings infolge ihres viel größeren Durchmessers immer eine Abscheuerung erfahren, da sie bei der Bohrarbeit förmlich als Führungen dienen und daher bei den auftretenden Schwingungen mit größerer Kraft gegen die Bohrlochwand schlagen als das Gestänge.

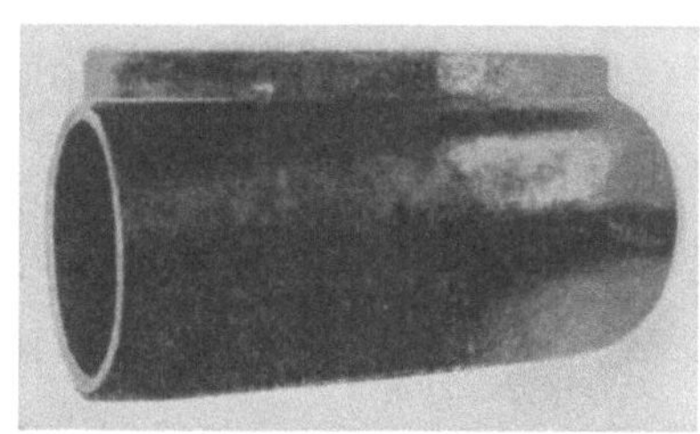

Abb. 48 *a*. Zylindrische Abnützung einer Gestängeverbindermuffe (nach H. G. TEXTER, Spang-Chalfant und R. S. GRANT, Hughes Tool Co., World Oil, Oktober 1948 bis März 1949)

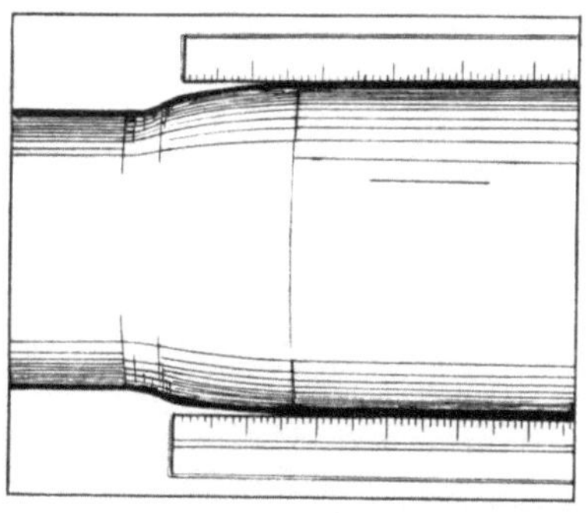

Abb. 48 *b*. Übermäßige tonnenförmige Abnützung eines Gestängeverbinder-Muffenstückes am Gestängeende nach dem Bohren in weichen Schichten (nach H. G. TEXTER, Spang-Chalfant, und R. S. GRANT, Hughes Tool Co., World Oil, Oktober 1948 bis März 1949)

Die Form der Abnützung ist in weichen und harten Gesteinsschichten verschieden. In weichen Schichten bekommen die Verbinder eine Art Tonnenform, in harten eine Art Aufstauchung. Die genauen Ursachen sind bisher nicht einwandfrei geklärt (s. Abb. 48 *a* und *b*).

Man kann aber annehmen, daß die Verbinder das Bestreben haben, bei ihrer Drehbewegung die Bohrlochwand zu erweitern. In weichen Schichten werden sie tiefer eindringen und an den Kanten förmlich geschliffen werden. In harten Schichten hingegen kann ein weiteres Eindringen nicht erfolgen, sondern eher ein ständiges Stoßen an die Bohrlochwand.

Um die Lebensdauer der Verbinder zu erhöhen, wurden im Laufe der Jahre verschiedene Wege gegangen. Es wurden Verbinder mit einem Übermaß im Durchmesser verwendet, wobei allerdings wieder der Ringraum eingeengt wurde. Man baute auch eigene Verschleißübergänge mit größerem Durchmesser zwischen die Verbinder ein, was den Nachteil hatte, daß die Anzahl der Gewindeverbindungen im Bohrstrang größer wurde.

Ferner wurden auf die Verbinder Schrumpfringe aufgezogen, die sich aber bei einseitiger Abscheuerung lösten und Verklemmungen im Bohrloch verursachten.

Heute werden auf die Verbinder Hartmetall-Raupen aufgeschweißt, die eine gute Verschleißfestigkeit haben und sich gut bewähren (s. Abb. 49). Es wird dabei ein Gasschmelzverfahren angewendet, das dem elektrischen vorgezogen wird, da letzteres wegen der hohen Temperatur des Lichtbogens eine dickere Übergangszone der Wolfram-Karbidteile mit dem Stahlgrundstoff bildet und dadurch die Verschleißfestigkeit herabsetzt.

Die Wirksamkeit der Panzerung hängt von der Menge und Güte des gewählten Hartmetalles ab und kann die Lebensdauer der Verbinder bis zu 100% verlängern.

Aufgeschrumpfte oder auf das Gestänge aufgezogene Gestängeverbinder sollten nicht gepanzert werden, weil die für die Aufschweißung erforderliche Temperatur die Schrumpfspannung ungünstig beeinflussen kann.

Abb. 49. Tool joints mit aufgeschweißten Hartmetall-Raupen (nach H. G. TEXTER, Spang-Chalfant, und R. S. GRANT, Hughes Tool Co., World Oil, Oktober 1948 bis März 1949)

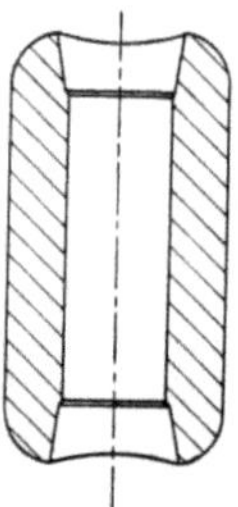

Abb. 50. Gummi-Protektor nach Fa. Patterson-Ballagh

Der innerhalb von Futterrohren arbeitende Bohrstrang soll mit entsprechenden Kautschuk-Protektoren ausgestattet sein, so daß diese und nicht die Tool joints an den Rohrwandungen scheuern.

Die Protektoren sind aus sehr scheuerfestem Kautschukmaterial gefertigt und im Durchmesser um etwa 20 mm größer als der Tool joint-Außendurchmesser.

Je nach Bohrlochverlauf werden die Protektoren pro Bohrstange oder pro Halbzug am Bohrstrang aufgezogen (s. Abb. 50).

7. Korrosions-Ermüdungsbrüche bei Tool joints

Solche Brüche können auch bei den Verbindern auftreten. Die Ursachen wurden schon bei Besprechung der Brüche bei Gestängen erläutert.

Die Brüche haben hier ihren Ursprung fast ausnahmslos im feinen Gewinde, das unbedeckt bleibt, also in jenem Muffenteil, der an das Gestänge angeschraubt ist, aber im Inneren noch bloßliegt. Hier findet eine korrosive Flüssigkeit ihren Angriffspunkt. Im Gewindegrund des unbedeckten Gewindes konzentrieren sich die Spannungen, wobei die Korrosion den metallischen Querschnitt allmählich weiter schwächt und es schließlich zum Bruch kommen kann.

B. Maßnahmen zur Verhinderung von Tool-joints-Schäden

1. Die Verschraubung der Verbinder muß mit dem vorgeschriebenen Drehmoment erfolgen, so daß ein absolut fester Schluß gesichert ist. (Empfohlen wird: Pro Zoll der Nenngröße eine Seilwindung am Spill, z. B. bei 4 1/2 Zoll vier Seilwindungen usw.)

2. Die Schulterflächen müssen einwandfrei sein, Vorsicht bei jeder Handhabung.

3. Achtung auf „trockene" und „nasse" Zapfengewinde! Kontrolle der Schulterflächen mit Flächenlehren. Beschädigte Zapfengewinde dürfen niemals mit unbeschädigten Muffen verschraubt werden.

4. Beim Transport muß ein entsprechender Gewindeschutz vorgesehen werden.

5. Bei neuen Verbindern ist die Verschraubung mit Hand und nicht mit dem Spill durchzuführen.

6. Auftragen eines guten Schmiermittels und vorherige gründliche Reinigung der gesamten Gewindeflächen ist sehr wichtig.

7. Beachtung, daß das Gewinde des Übergangsstückes der Mitnehmerstange einwandfrei ist.

8. Vermeidung einer gewaltsamen Verschraubung nicht kämmender Gewinde.

Kostenvergleich eines Bohrstranges in USA 1941 und 1948
(nach Bohrtechnik und Brunnenbau, Heft 3-7, 1956)

1. *Kapitalsanlage für einen Bohrstrang von 3,600 m mit $4^1/_2$-Zoll-Gestänge*

	1941	1948
Gestänge	46,7%	29,0%
Verbinder	47,0%	43,0%
Schwerstangen	6,3%	28,0%

2. *Betriebsdauer des Bohrstranges*

		1941	1948
Maximale Leistung in m		10 668,00 m	21 336,00 m
a)	Gestänge-Gestehungskosten	$ 15 061,80	$ 19 400,20
	Betriebskosten	$ —	$ 2 000,00
	Total	$ 15 061,80	$ 21 400,20
	Abzüglich Rückerlös	$ 3 390,00	$ 5 499,50
	Reine Ausgabe	$ 11 671,80	$ 15 900,70
b)	Verbinder	$ 14 916,00	$ 28 425,60
	Rückerlös	$ 186,00	$ 11 328,80
	Reine Ausgabe	$ 14 730,00	$ 17 096,80
c)	Schwerstangen	$ 2 573,00	$ 18 634,00
	Betriebskosten	$ 250,00	$ 7 000,00
	Total	$ 2 823,00	$ 25 634,00
	Abzüglich Rückerlös	$ 250,00	$ 3 726,80
	Reine Ausgabe	$ 2 573,00	$ 21 907,20
	Gesamtkosten des Bohrstranges	$ 28 974,80	$ 54 904,70

3. *Kostengegenüberstellung pro gebohrtem Fuß (0,305 m)*

	Preis pro Fuß		% der Gesamtkosten des Bohrstranges	
Jahr	1941	1948	1941	1948
Gestänge	0,333	0,228	41%	29%
Verbinder	0,421	0,243	52%	31%
Schwerstangen	0,059	0,313	7%	40%
Total	$ 0,813	$ 0,784	100%	100%

Aus diesem Kostenvergleich resultiert, daß durch den Einsatz der dem Bohrdruck entsprechenden Schwerstangen und einen Hartmetallbesatz der Tool joints

1. die Lebensdauer verdoppelt wurde (21 336 m : 10 668 m beziehungsweise 70 000,0 : 35 000,0 Fuß),

2. die Lebensdauer der Verbinder durch Panzerung mit Hartmetall und Schmiermittel-Verbesserung vervierfacht wurde,

3. die Schwerstangen an Bedeutung zugenommen haben (ihre Erhaltungskosten wurden höher als die für Gestänge und Verbinder),

4. die Gestehungskosten sich von 1941 bis 1948 verdoppelt haben, da:

a) die Materialpreise um etwa 35% gestiegen sind,

b) ein hoher Bohrdruck durch längere Schwerstangen bedingt ist,

5. die höheren Anlagekosten für den Bohrstrang durch eine längere Betriebsdauer, bessere Bohrverfahren und bessere Bohrstrangausführung vollkommen ausgeglichen wurden.

VIII. Auswechselbare und halbpermanente Schwerstangen-Verbindungen

Um den erforderlichen Bohrdruck am Meißel zu erzielen und darüber hinaus den Gestängestrang in gespanntem Zustand zu erhalten, wird heute eine Anzahl von Schwerstangen an den Bohrmeißel anschließend aneinander geschraubt.

Bei Verwendung der Normaltype mit beiderseitigem Muffengewinde erfolgt die Verbindung der einzelnen Schwerstangen miteinander durch eigene Verbindungsnippel mit beiderseitigem Zapfengewinde.

Beim wiederholten Aus-Einbau-Zyklus ist es kaum zu vermeiden, daß sowohl die aneinander schließenden Schultern von Zapfen und Muffe als auch die Gewinde derselben im Laufe der Zeit beschädigt werden. Beim Kraftverschrauben wird z. B. feiner Sand die Schulter ungleichmäßig scheuern, ja teilweise in dünnen Schichten verquetschen, so daß ein einwandfreies Festsitzen der Schultern aneinander mit gleichmäßiger Vorpressung nicht mehr möglich ist. Dieselbe Wirkung kann auch ein ungeeignetes Schmiermittel haben, welches durch den beim Anschrauben auftretenden Druck völlig ausgepreßt wird, so daß Metall auf Metall zu liegen kommt und dadurch ebenfalls ein Abscheuern von Metallteilchen die Folge sein kann. Weiters wird Schmutz und unsachliches Schmieren und Verschrauben ein Fressen der Gewinde hervorrufen, das zu sogenannten Wackelverbindungen führt. Es kann sogar ein Durchwaschen dieser Gewindeverbindung durch den Spülstrom erfolgen.

Ermüdungsbrüche treten vor allem im letzten, im Durchmesser größten Gewinde des Zapfens auf, seltener im tiefsten Muffengewinde.

Werden nun die Schultern oder Gewinde der Schwerstangen durch eine der obigen Ursachen beschädigt, müssen sie aus dem Betrieb genommen und zum Schneiden eines neuen Gewindes in eine entsprechende Werkstatt transportiert werden.

Dies bedeutet zusätzliche Transport- und Werkstättenkosten und eine Verkürzung der Schwerstange.

1. Auswechselbare Verbindungsstücke

Nach langjährigen Versuchen ist man daher dazu übergegangen, die einzelnen Schwerstangen mit leicht auswechselbaren, halbpermanenten Verbindungsstücken zu verbinden, die ähnlich wie ein Tool joint-Paar aus einem Zapfen und Muffenstück bestehen und den gleichen Außen- und Innendurchmesser wie die Schwerstangen haben.

Eine der ersten Konstruktionen ist in Abb. 51 *a*, *b* und *c* zu ersehen.

In das obere Muffengewinde der Schwerstange ist ein Verbindungsstück mit Zapfen- und Muffengewinde, in das untere Muffengewinde derselben ein Verbindungsstück mit beiderseitigem Zapfengewinde eingeschraubt.

Die Gewinde zwischen den Verbindungsstücken und der anschließenden Schwerstange werden beim Aus-Einbauzyklus niemals ab- bzw. angeschraubt, sondern lediglich die Gewinde zwischen den beiden aneinander schließenden Verbindungsstücken.

Die Länge dieser Stücke ist so gewählt, daß z. B. bei Schulterverletzungen, Fressen der Gewinde usw., ein Nachschneiden derselben mindestens zweimal erfolgen kann und auch nach diesem Nachschneiden noch genügend Höhe verbleibt, um die Gestängezange an die Stücke anzusetzen.

Für den Ansatz der Gestängezangen sind 210 bis 250 mm erforderlich.

Als Normlänge dieser Stücke wurde anfangs in USA 18 Zoll = rund 460 mm gewählt (Länge gemessen zwischen den beiden Schultern jedes Verbindungsstückes). Die Länge der Verbindungsstücke könnte eigentlich beliebig gewählt werden, um als erwünschte Reserve für zusätzlich mögliche Schnitte eines neuen Gewindes zu dienen. Die Schultern aller Teile sind unter 45° außen abgeschrägt, s. Abb. 51 *b*, so daß der Durchmesser der Schultersitzfläche 1/16 Zoll = 1,587 mm kleiner ist als der Außendurchmesser der Schwerstange und Verbindungsstücke.

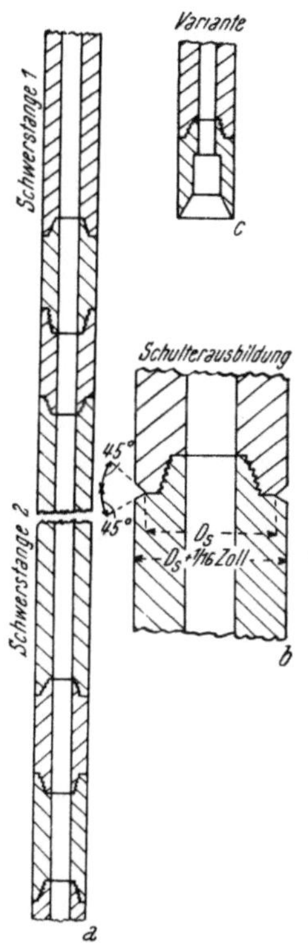

Abb. 51 *a* bis *c*. Auswechselbare Schwerstangenverbinder (nach B. E. Curran, World Oil, Dezember 1949)

Falls der Meißel ein Zapfengewinde hat, wird in das untere Muffengewinde der Schwerstange ein Übergangsstück mit Zapfen- und Muffengewinde eingeschraubt.

Das erste Aufschrauben der auswechselbaren, halbpermanenten Verbindungsstücke erfolgt mit dem genau ermittelten Drehmoment in der Werkstätte, wobei das Gewinde einwandfrei gereinigt und mit einem erprobt guten Schmiermittel geschmiert wird.

Bezüglich des dabei erforderlichen Drehmomentes muß folgendes beachtet werden:

Bei dieser Kraftverschraubung müssen die Schultern mit einem gewissen Überdruck aneinander gepreßt sein, wodurch gleichzeitig im Gewindezapfen eine entsprechende Zugspannung auftritt.

Während der Bohrarbeit ist es kaum zu vermeiden, daß der Schwerstangenstrang eine Biegebeanspruchung erfährt. Wenn man sich die dabei gebildete Biegelinie vergegenwärtigt, so wird der eine Außensektor eine Zugspannung, der gegenüberliegende eine Druckspannung erfahren. Die Zugspannung wird trachten, die beiden Schultern auseinander zu klaffen, die zusätzliche Druckspannung wird auf der Gegenseite eine zusätzliche Pressung bewirken.

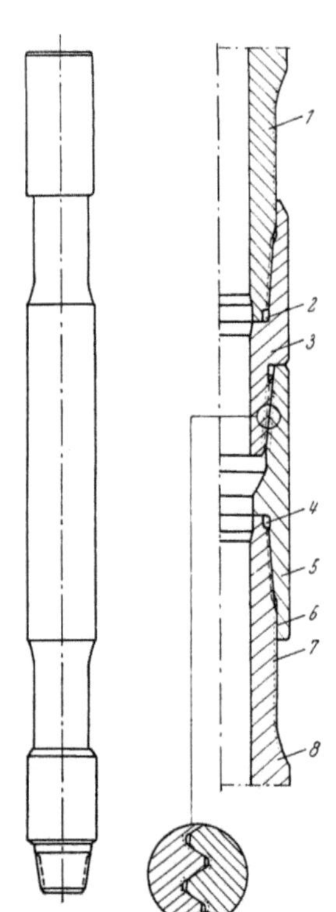

Abb. 52. Schwerstange mit auswechselbaren Verbindern (nach Fa. Reed Roller Bit Co.).
1 Schwerstange, *2* Tragschulter, *3* Verbinderzapfen, *4* Entlastungskehlen, *5* Verbindermuffe, *6* Schrumpfsitz, *7* Kaltverfestigung, *8* Schwerstange, *9* Kaltverfestigung

Die Vorspannung, mit der die beiden Schultern aneinander schließen, muß nun so groß sein, daß auch auf der unter Zugspannung stehenden Front noch immer ein gewisser Anpreßdruck verbleibt, andererseits darf auf der Gegenseite der Druck die zulässige Druckbeanspruchung nicht überschreiten.

Bei der Drehbewegung des Bohrstranges wird ein ständiger Wechsel dieser Beanspruchung erfolgen, also der in einer Stellung bezogene Teil wird wieder eine Druck-, der andere hingegen eine Zugbeanspruchung erleiden.

Der Vorpreßdruck muß somit so gewählt werden, daß die Schulterfläche trotz der Verbiegung des Stranges und dem bei der Drehbewegung erfolgenden Wechsel der Spannungen immer nur eine Druckbeanspruchung erfährt, die allerdings in ihrer Größe wechselt.

Ähnlich ist der Fall beim Gewindezapfen, der bei entsprechender Vorpressung der Schultern eine ständige Zugbeanspruchung erfahren muß.

Es soll aber niemals der Fall eintreten, daß der auf Zug beanspruchte Zapfenteil bei der Drehung um 180° eine gegensätzliche Druckbeanspruchung erfährt.

Es bleibt somit der Spannungsausschlag immer gleich gerichtet, das heißt nur eine Zugspannung, wodurch auch eine höhere Dauerfestigkeit erreicht wird.

Diese halbpermanente Verbindung kann auch auf der Bohrung gewechselt werden, wobei allerdings Maßnahmen getroffen werden müssen, daß das Aufschrauben mit dem gewünschten Drehmoment erfolgt, das stets höher ist als jenes beim normalen Anschrauben der Gestänge.

Auf diese Art werden die Schultern und Gewinde der teuren Schwerstangen geschont und der Unterhalt des Schwerstangenstranges verbilligt.

2. Konstruktion der Firma Reed Roller Bit Co.

Die Firma hat eine neue Konstruktion auf den Markt gebracht, die auch von der Firma Haniel & Lueg im Lizenzverfahren hergestellt wird.

Die Konstruktion ist aus Abb. 52 zu ersehen. Die Schwerstange erhält an den beiden etwas eingezogenen Enden je ein Zapfengewinde. An das untere Ende der Schwerstange wird ein spezielles Zapfen-, an das andere Ende ein Muffenstück angeschraubt. Besonders hervorzuheben sind die Schrumpfsitze dieser Verbindungen an den Schwerstangen, die erwärmt auf deren Enden aufgeschraubt werden und nach Abkühlung und damit verursachter Schrumpfung an den kaltverfestigten Enden der Schwerstangen absolut dicht sitzen. Ferner sind sowohl beim Zapfen als auch beim Muffenstück Entlastungskehlen vorgesehen, die einen besseren Spannungsverlauf in diesen Verbindungen ermöglichen. Die Tragschultern von Verbindungsstück und Schwerstange sitzen mit entsprechendem Vorpreßdruck aneinander.

Die beim Aus-Einbauzyklus zu lösenden Gewindeverbindungen zwischen Verbindungsstück, Zapfen und Muffe sind besonders sorgfältig ausgeführt und der Gewindegrund nach einem Spezialverfahren (HI-Flex) kalt verfestigt.

IX. Bohrspülungen

A. Allgemeines

Als spülendes Medium wurde anfangs reines Wasser verwendet, welches mit dem Bohrschmant des durchteuften Gesteins eine Brühe bildete. Die Konsistenz dieser Brühe war je nach dem Gestein verschieden. Wurden tonige Lagen durchteuft, so ergab sich mitunter eine Art Ton-Wasserspülung.

Man verlangte anfangs von dieser Flüssigkeit nichts anderes als das Kühlen des Meißels auf Sohle und das Austragen des Bohrschmantes.

Beim Einstellen der Zirkulation, wie z. B. während des Ausbaues der Bohrgarnitur, sank der Bohrschmant zur Bohrlochsohle ab, konnte also nicht in Schwebe gehalten werden.

In porösen Gesteinsschichten niederen Druckes drang das Filtrat sehr weit in die Poren des Gesteins ein und es bildete sich an der Bohrlochwand ein grobkörniger, dicker Filterkuchen, der oft das Festwerden des Bohrstranges zur Folge hatte.

Wurden mächtigere Tonbänke durchteuft, nahm die Viskosität und Gelfähigkeit der Spülung infolge der hohen Tonaufnahme stark zu. Spülungen dieser Art nehmen beim Durchteufen von Hochdruckschichten leicht Gase auf, die im Hochsteigen expandierend die Flüssigkeitssäule durchsetzen, dadurch den hydrostatischen Druck reduzieren und wilde Ausbrüche hervorrufen.

Wurde solchen Spülungen Wasser zur Verdünnung zugesetzt, ergab sich wieder eine hohe Wasserabgabe, die beim Durchteufen von quellenden Tonhorizonten eine Verengung des Bohrlochdurchmessers zur Folge hatte.

Je tiefer die Bohrungen wurden, um so unangenehmer machten sich alle diese Schwierigkeiten bemerkbar. Man war gezwungen, in verhältnismäßig kurzen Abständen Futterrohre einzubauen, was die Bohrungen wesentlich verteuerte.

Erst im Jahre 1914 begannen die Amerikaner Heggen und Pollard, 1916 Lewis und McMurray Untersuchungen anzustellen, um eine Spülflüssigkeit zu finden, die all den angeführten Nachteilen begegnen sollte. Der Amerikaner Stroud war der erste, der die Erhöhung des spezifischen Gewichtes durch Zusatz von fein gemahlenem Eisenoxyd zu einer Ton-Wasserspülung empfahl. Er erzielte zunächst durch Zusatz dieses Eisenoxydes zu einer Ton-Wasserspülung vom spezifischen Gewicht 1,15 eine gut pumpbare Spülung mit dem spezifischen Gewicht von 1,9. STROUD empfahl auch als erster Baryt, das bis zum heutigen Tage als Beschwerungsmaterial verwendet wird.

Bentonit, als bester tragender Agend in einer Wasserspülung, wurde erst 1929 von den Amerikanern GROSS und HARTH für diese Zwecke patentiert und spielt auch heute noch bei dieser Bohrspülung die maßgebende Rolle.

Der Amerikaner MARSH war es ferner, der die ersten Kontrollgeräte zur Überprüfung der Spülflüssigkeit einführte. Es war zunächst der, ebenfalls noch heute verwendete, MARSH-Trichter.

Ab **1931** beginnt eine rapide Entwicklung von verschiedenen Kontrollgeräten und Methoden der Spülungsbehandlung.

1937 wird die Filterpresse eingeführt, mit deren Hilfe die Wasserabgabe und Filterkuchendicke einer Spülung im Kontakt mit porösen Schichten überprüft werden kann. Es folgen weitere Apparate zur Bestimmung der Viskosität, der Gelfähigkeit usw.

1. Die Bohrspülungs-Technik

Die Bohrspülungs-Technik ist heute ein weites Spezialfachgebiet geworden. Es ist die Aufgabe des Spülungsfachmannes, den oft sehr unterschiedlichen Charakteristiken der zu durchteufenden Formationen Rechnung zu tragen und jenes Spülungsmedium zu empfehlen, welches sowohl die Sicherheit der Bohrarbeit gewährleistet als auch die Bohrkosten in wirtschaftlichen Grenzen hält.

Fast jedes Jahr bringen einschlägige Lieferfirmen neue Präparate auf den Markt, die die Spülungscharakteristiken verbessern, und ebenso werden aus zahlreichen Bohrfeldern immer neue Erfahrungen gemeldet.

Im folgenden soll daher lediglich auf das Hauptsächlichste hingewiesen werden.

Folgeerscheinungen einer ungeeigneten Ton-Wasserspülung

a) Eine ungenügende Wasserbindung der in der Spülung enthaltenen Festteile hat zur Folge, daß sich im Kontakt mit durchlässigen Schichten an der Bohrlochwand ein dicker, grobkörniger Filterkuchen bildet und das Filtrat in die Schichte weit eindringen kann. Dicke Filterkuchen können ein Festwerden des Bohrstranges im Bohrloch zur Folge haben, das eindringende Filtrat kann Öl- und Gassande verschlämmen und benachbarte Förderbohrungen zum Erliegen bringen.

b) Tonbänke, welche zwischen gut durchlässigen Sandschichten gelagert sind, werden durch Wasseraufnahme quellen und das Bohrloch verengen, ebenfalls eine Gefahr für den im Bohrloch befindlichen Bohrstrang, der fest werden kann.

c) Bei Stillstand der Zirkulation (Stillstand der Pumpe) wird der Bohrschmant in einer ungeeigneten Spülung zu Boden sinken.

d) Das Durchteufen von Schichten hohen Druckes ist mit einer Spülung mit ungenügendem spezifischem Gewicht undurchführbar.

Anforderungen, die an eine gute Bohrspülung gestellt werden

a) Der auf der Bohrlochsohle anfallende Bohrschmant muß vom Spülstrom vollständig zu Tage ausgetragen werden.

b) Das Bohrwerkzeug muß gekühlt werden. Die Spülung hat somit die Wärmeabfuhr zu besorgen und soll darüber hinaus durch Temperaturerhöhung unbeeinflußt bleiben.

c) Die Bohrlochwandungen müssen mit einer dünnen, möglichst wasserundurchlässigen Filterschichte verkleidet werden.

d) Beim Einstellen der Zirkulation muß die Bohrspülung den Bohrschmant in Schwebe halten können.

e) Die Spülungssäule muß den erforderlichen Gegendruck beim Durchteufen von Schichten hohen Druckes ergeben können.

f) Sie muß die Auswertung der zu Tage geförderten Bohrschmantteile ermöglichen und eventuell mitgeführte Gase ober Tage gut abscheiden.

g) Ferner soll die Bohrspülung beim Durchteufen von Öl- oder Gashorizonten diese nicht verschlämmen.

h) Die elektrischen Eigenschaften der Spülung müssen derart sein, daß die SCHLUMBERGER-Messung nicht ungünstig beeinflußt wird.

i) Eine gute Spülung setzt schließlich auch die Reibungswiderstände des Bohrstranges an der Bohrlochwand herab.

Ein weiterer wichtiger Faktor sind die Spülungskosten, die für jeden lokalen Fall berücksichtigt werden müssen.

2. Erläuterung der in Fachkreisen üblichen Begriffe

Bevor auf die oben angeführten Anforderungen näher eingegangen wird, sollen die in Fachkreisen gebräuchlichen Begriffe erläutert werden.

a) Dispersion,
b) BROWNsche Bewegung,
c) Peptisation,
d) Ausflocken,
e) PH-Wert,
f) Viskosität,
g) Versteifung, Gelwerte,
h) Thixotropie.

a) Dispersion

Teilt man einen Würfel von 1 cm Kantenlänge, also 6 cm² Oberfläche, in 1 Million kleiner Würfel, so beträgt die Oberfläche aller dieser Würfel 600 cm². Ton, insbesondere Bentonit, zerfällt im Kontakt mit Wasser in sehr kleine Feststoffteilchen. Das Dispersionsmittel — in unserem Falle Wasser — kann Ton- bzw. Bentonitpartikeln in verschiedenen Größen enthalten. Sind die Teilchen noch mikroskopisch sichtbar, sprechen wir von einer Suspension. Sind sie hingegen nur ultramikroskopisch sichtbar, sprechen wir von einem Kolloid.

Man fand, daß bei dieser Korngröße der Ton- bzw. Bentonitteilchen, kleiner als ein Mikron, die Spülung kolloidale Eigenschaften zeigt und damit auch die geringste Wasserabgabe und eine höhere Viskosität aufweist.

Je besser die Dispersion, um so mehr Wasser kann gebunden werden, um so weniger Festteile sind pro Volumseinheit Spülung erforderlich.

b) Brownsche Bewegung

Eine normale Tonspülung weist Teilchengrößen von 0,0001 bis 0,02 mm auf. Die Teilchen sind negativ geladen, sie stoßen sich somit ununterbrochen ab. Es ist dies die sogenannte BROWNsche Bewegung. Das Elektrolyt muß also positiv geladen sein.

c) Peptisation

Tritt diese BROWNsche Bewegung bei der Spülung auf, bleiben also die einzelnen Teilchen in steter Bewegung, ohne sich zusammenzuballen, so spricht man von einer gut peptisierten Spülung.

d) Ausflockung der festen Teilchen

Die Kristalloide des durchteuften Gesteins können nun das gegenseitige Abstoßen der Feststoffteilchen beeinflussen. Diese Beeinflussung kann durch Aufnahme verschiedener Salze aus den durchteuften Gesteinsschichten erfolgen. Die Teilchen können sich zusammenballen, es bilden sich Ton- bzw. Bentonitklümpchen in frei gewordenem Wasser. Man sagt, die Spülung flockt aus.

e) PH-Wert

Der PH-Wert besagt, ob eine Lösung oder Mischung von festen Stoffen in einer Flüssigphase als sauer oder alkalisch anzusprechen ist.

Der PH-Wert ist der Logarithmus des reziproken Wertes der Wasserstoffionenkonzentration.

$PH = \log 1/H$ (Wasserstoffionenkonzentration wird in Gramm Mol pro Liter ausgedrückt). Chemisch reines Wasser hat den PH-Wert = 7, der als neutral gilt, steigend im PH-Wert sind die Lösungen bzw. Mischungen alkalisch, fallend sind sie sauer.

Die meisten Kolloide sind stabil, wenn ihr PH-Wert sich in den Grenzen 9,0 bis 9,5 bewegt.

f) Viskosität (Zähigkeit)

Der Begriff Viskosität ist eine den Gasen und Flüssigkeiten eigentümliche innere Reibung, bestimmt durch den Widerstand, welcher der Verschiebung ihrer Teilchen entgegengesetzt wird.

Der Umfang des Begriffes „Viskosität" ist nicht genau abgegrenzt. Im allgemeinen wendet man den Begriff Viskosität auf Stoffe an, bei denen im stationären Zustand eine konstante Kraft auch eine konstante Verformungsgeschwindigkeit zur Folge hat. Das Medium zeigt dann ein viskoses Verhalten.

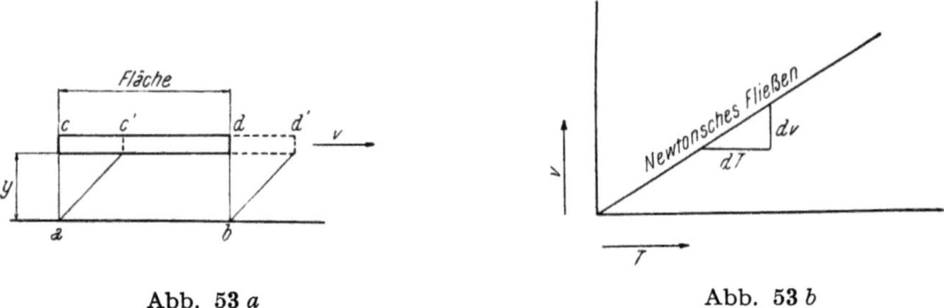

Abb. 53 *a* Abb. 53 *b*

Die Begriffe sind aus Abb. 53 *a* leicht zu verstehen. Auf der Flüssigkeitsschichte mit der Höhe y liegt eine Platte mit der Fläche *Fl*. Wird letztere in der Pfeilrichtung bewegt, so haftet die Flüssigkeit infolge der Adhäsion an der bewegten Fläche, was an der Grenzfläche eine Schubspannung τ zur Folge hat. Die an der Fläche haftende Flüssigkeitsschichte wird mit der Geschwindigkeit der Fläche v mitgenommen. Die Kraft, welche erforderlich ist, die Fläche *Fl* mit der Geschwindigkeit v, über eine gegebene Flüssigkeitsschichte zu bewegen, ist ein Maß für die Viskosität.

Sie wird sinngemäß durch den Verlauf der Schubspannung τ als Funktion der Gleitgeschwindigkeit v dargestellt (s. Abb. 53 *b*).

Die Maßzahl der Viskosität, die auch als Viskositätskonstante, Zähigkeit oder konstante innere Reibung bezeichnet wird, ist die Neigung der Sekante (τ, v) der Kurve $= \eta$.

Die Neigung der Tangente $d\tau/dv$ wird als differentielle Viskosität bezeichnet (s. Abb. 53 *b*).

Wie zu ersehen, beginnt der Fluß im Koordinaten-Ursprung. Wird an Stelle von v das sekundliche Durchflußvolumen Q, statt τ der Druck/Flächeneinheit aufgetragen, so ergibt die Volumsveränderung bei jeder Druckerhöhung den Wert der sogenannten Fluidität Φ, die der reziproke Wert der Viskosität ist: $\Phi = 1/\eta$.

Die an der Grenzfläche zwischen der Platte und der Flüssigkeit auftretende Schubspannung τ ergibt sich mit

$$\tau = \eta \cdot \frac{dv}{dy}$$

Es bedeutet:

τ = Schubspannung in $\text{dyn} \cdot \text{cm}^{-2}$,

η = die dynamische Viskosität,

dv/dy = Geschwindigkeitsgefälle.

Mit wachsender Geschwindigkeit v nimmt sowohl $\frac{dv}{dy}$ als auch die Schubspannung τ zu.

Die Dimension der Viskosität ergibt sich aus der obigen Gleichung $\tau \cdot dy/dv = \text{dyn} \cdot \text{Sek} \cdot \text{cm}^{-2}$.

Die Einheit der Viskosität ist das Poise.

Eine Flüssigkeit hat die Viskosität von 1 Poise, wenn die Kraft von 1 dyn eine ideelle Fläche von 1 cm^2 über die Flüssigkeitsschichte von der Höhe 1 cm mit der Geschwindigkeit von $1 \text{ cm} \cdot \text{Sek.}^{-1}$ gleitend bewegt.

Wasser hat bei rund 20^0 C die Viskosität von 0,01 Poise = 1 Centi-Poise.

Im technischen Maßsystem wird mit kg bzw. kp, m, Sek. gerechnet. Dementsprechend resultiert für die Viskosität

$$\eta = \text{kp} \cdot \text{Sek.} \cdot \text{m}^{-2}.$$

Vielfach wird auch die kinematische Viskosität ν bei verschiedenen Berechnungen der Ströhmungslehre verwendet. Sie ist der Quotient aus der dynamischen Viskosität und der Dichte.

$$\nu = \frac{\eta}{\varrho} = \frac{\text{cm}^2}{\text{Sek.}} \text{ bzw. } \frac{\text{m}^2}{\text{Sek.}}.$$

Die Einheit der kinematischen Viskosität ist 1 Stokes.

Die hier besprochenen Gleichungen gelten allerdings lediglich für reine Flüssigkeiten, die nach Newton auch als Newtonsche Flüssigkeiten bezeichnet werden.

Für eine Bohrspülung als einem hochviskosen Medium ist die Aufstellung der $(\tau\, v)$-Funktion nicht ganz einfach, da sich infolge der Überlagerung der elastischen und plastischen Formänderungen der stationäre Zustand erst nach einiger Zeit einstellt.

Die unmittelbaren Meßergebnisse von $(\tau\, v)$ als Funktionen der Zeit können im nichtstationären Gebiet eine zeitlich veränderliche Viskosität vortäuschen, die in Wirklichkeit nicht vorhanden ist.

Bei diesen als plastisch anzusprechenden Flüssigkeiten sind die Moleküle durch Kräfte aneinander gebunden, es muß daher eine gewisse Energie aufgewendet werden, damit ein Platzwechsel stattfindet.

Die v-Kurve weicht hier von der Newtonschen Geraden ab. Es gilt die Gleichung

$$\tau = \eta' \cdot v^n.$$

Dieses η' ist vom η wohl zu unterscheiden. Die Potenz n ist bei NEWTONschen Flüssigkeiten $= 1$, wohingegen sie hier von 1 verschieden ist.

Die Viskosität der Spülung spielt bei der Bohrarbeit eine sehr maßgebende Rolle, weil sie vor allem den Druckverlust im Bohrstrang wesentlich beeinflußt.

Die Bestimmung dieser Viskosität erfolgt in verschiedenen Apparaten, die noch in einem späteren Kapitel näher besprochen werden.

g) Versteifung der Spülung, die Gelwerte

Eine besondere Eigenschaft einer Ton- bzw. Bentonit-Suspension ist die Zunahme der Viskosität, wenn die Spülung unbewegt gehalten wird.

Diese Versteifung hat große Ähnlichkeit mit der Gelatinierung und erfolgt um so intensiver, je länger die Ruhezeit dauert.

In der Ruhelage tritt eine Verringerung der Dispersion ein, die mit einer gewissen Dehydratisierung verbunden ist.

Man bringt diese Erscheinung mit dem Ionisierungsgrad der einzelnen Partikelchen in Zusammenhang.

Sie vereinigen sich zu größeren Gruppen, die vom Wasser umschlossen sind, dabei aber immer noch miteinander verknüpft bleiben.

Je höher die Konzentration an Feststoffen in der Spülung ist, um so höher ist auch der Versteifungsgrad, was besonders bei gut quellenden Bentoniten beobachtet wurde.

Mit steigender Konzentration steigt auch die Versteifungsgeschwindigkeit.

Eine versteifte Spülung weist eine gewisse Scherfestigkeit auf.

Der Grad der Versteifung wird in Gelwerten in eigenen Viskosimetern gemessen, und zwar in dyn/cm^2 bzw. g/cm^2.

Durch verschiedene Zusätze, wie z. B. Natriumsalze usw. kann der Grad der Versteifung, das heißt der Gelwert, beeinflußt werden. Über diese Zusätze wird in einem späteren Kapitel noch Näheres ausgeführt.

Ein entsprechender Gelwert der Spülung ist vor allem zum In-Schwebe-Halten des Bohrkleins bei eingestellter Zirkulation im Bohrloch erwünscht.

Andererseits können zu hohe Gelwerte wieder nachteilige Folgen für die Bohrung haben, die ebenfalls noch später besprochen werden.

h) Thixotropie

Wird die Versteifung der Bohrspülung durch mechanische Einwirkung wieder zum Großteil aufgehoben, wird sie als thixotrop bezeichnet.

Als Thixotropie bezeichnet man somit die Erscheinung, bei welcher der hohe Steifheitsgrad, hervorgerufen durch längeren Stillstand der Spülung, infolge einer mechanischen Einwirkung in einen wesentlich niedrigeren gewandelt werden kann.

Zur Bestimmung der Thixotropie werden daher die sogenannten Gelwerte zu verschiedenen Zeiten gemessen. Der Gelwert, der unmittelbar nach der Zerstörung der versteiften Struktur gemessen wird, wird als Gelwert 0 Min., jener nach einer Ruhezeit von 10 Min. als Gelwert 10 bezeichnet. Die Differenz der beiden Werte, also Gelwert z. B. 10 Min. minus Gelwert 0 geben das Maß für die Thixotropie an. Steht eine mit Bohrspülung gefüllte Bohrung eine gewisse Zeit, so versteift sie. Wird sodann in diese Bohrung der Bohrstrang eingebaut, erfolgt dadurch schon eine Reduzierung des Gelwertes, den die Spülung im Stillstand aufwies.

Eine thixotrope Spülung hält somit den Bohrschmant in Schwebe und spielt darüber hinaus beim Austragen desselben eine maßgebende Rolle.

3. Aufbau und Eigenschaften einer guten Ton-Wasserspülung

Die Beschaffenheit der Bohrspülung ist ein vitaler Faktor zur sicheren Beendigung jeder Tiefbohrung. Das Verrohrungsprogramm, der Bohrfortschritt, wie auch die Ergebnisse bei der Förderung einer Bohrung werden durch die Bohrspülung beeinflußt.

Nicht nur die beste Schulung des Bohrmeisters, die besten Bohrgeräte und Werkzeuge sind für das einwandfreie Abteufen einer Bohrung von Wichtigkeit, ebenso wichtig ist die Wahl und richtige Behandlung der Bohrspülung.

Zurückkommend auf die schon im Abschnitt A/1 (S. 84) genannten Anforderungen, welche an eine gute Bohrspülung gestellt werden, sollen diese der Reihe nach näher besprochen werden.

a) Das Ausspülen des Bohrschmantes von der Sohle und Hochtragen im Ringraum zu Tage

Das spezifische Gewicht der Festteile und der Spülung sowie die Viskosität und die Fließgeschwindigkeit des Spülmediums spielen dabei eine maßgebende Rolle. Je höher die Viskosität, also je steifer die Spülung ist, um so geringer wird der Schlupf zwischen der fließenden Spülflüssigkeit und den in ihr befindlichen Bohrschmantteilchen sein. Ferner, je geringer die Differenz zwischen den spezifischen Gewichten von Bohrschmant und Spülung ist, um so leichter wird auch der Bohrschmant ausgetragen werden können. Diese Erfordernisse müssen allerdings in gewissen Grenzen bleiben, da sie die anderen Aufgaben der Spülung ungünstig beeinflussen können, wie wir in den nächsten Abschnitten noch hören werden.

b) Abfuhr der Wärme, Einfluß der Temperatur

Das Kühlen des Meißels kann durch jedwede Spülflüssigkeit erfolgen, wenn die Zirkulation entsprechend ist. Die Temperatur im Bohrloch hat einen Einfluß auf die Charakteristik der Bohrspülung. Steht das Bohrloch längere Zeit ohne Zirkulation, z. B. beim Meißelwechsel, oder bei gewissen Fang- oder Meßarbeiten, wird sich die Temperatur zwischen der bei der Bohrarbeit zirkulierten und dadurch kühleren Spülung und dem Bohrloch allmählich ausgleichen.

Eine Erhöhung der Temperatur wird die Viskosität der Spülung im allgemeinen ungünstig beeinflussen. Bei höherer Konzentration ist der Abfall der Viskosität anfangs ein rapider, um bei weiterer Temperaturerhöhung langsamer zu fallen.

Bei kleinerer Konzentration ist der Abfall gleichmäßiger.

Bei einer Ton-Wasserspülung vermindert sich die Viskosität sehr stark. So zeigt Wasser allein bei einer Temperatur von 20° C die Viskosität von 1,0 Centi-Poise, bei 100° C hingegen nur 0,284 Centi-Poise. Durch diese Viskositätsverminderung erhöht sich die unerwünschte Wasserabgabe und damit auch die Dicke des Filterkuchens. Die Spülung wird ausflocken.

Diesen nachteiligen Folgen muß entsprechend begegnet werden.

c) Vermörteln der Bohrlochwand

Je kolloidaler die Spülung ist (die einzelnen festen Teilchen in möglichst kleiner Größe vertreten sind), um so mehr Wasser werden die Festteilchen binden. Hier hat der PH-Wert einen großen Einfluß auf den Grad der Dispersion. Der PH-Wert soll jedenfalls größer sein als 7. Er wird je nach Art und Charakter des durchteuften Gesteines gewisse Veränderungen erfahren.

Die Dicke des Filterkuchens ist hier nicht allein maßgebend, sondern auch seine Durchlässigkeit. Die Filterkuchendicke ist nach Standard mit maximal 4 mm vorgeschrieben. Je feinkörniger der Filterkuchen sein wird, um so weniger Wasser wird er durchlassen, um so besser wird damit die Vermörtelung der Bohrlochwand sein. WILLIAMS und CANNON haben in dieser Hinsicht verschiedene Versuche gemacht und Beziehungen aufgestellt, welche unter anderen auch die Faktoren Druck und Zeit in Rechnung stellen. Man hat dabei festgestellt, daß der Filtrationsgrad nach einer relativ kurzen Zeit konstant bleibt.

d) In-Schwebe-Halten des Bohrkleins

Das In-Schwebe-Halten des Bohrkleins hängt von der Gelfähigkeit und Thixotropie der Spülung ab.

Ungenügende Gelfähigkeit führt zum Absinken des Bohrschmantes, sobald die Zirkulation eingestellt ist. Andererseits konnte folgendes beobachtet werden:

Bohrspülungen, die eine hohe Versteifung und damit auch eine hohe Thixotropie aufweisen, sind nicht immer günstig. Man hat bei einer Reihe von Bohrungen beobachtet, daß beim Durchteufen von Öl- und Gashorizonten beim Ausbau der Bohrgarnitur sehr häufig wilde Eruptionen vorkamen, obwohl das spezifische Gewicht der Spülung bzw. der damit vorhandene hydrostatische Druck genügt hätte, um dem Druck der Ölschichte zu begegnen.

Die genauen Untersuchungen der Ursache ergaben, daß weder das spezifische Gewicht noch die Viskosität der betreffenden Spülungen hiefür von maßgebendem Einfluß war, sondern die zu hohe Gelstärke, welche beim Ausbau des Bohrstranges eine Kolbwirkung und damit einen Unterdruck verursachte, der das Einströmen von Gasen begünstigte.

Es ist also wichtig, diese Gelstärke und damit auch die Thixotropie in gewissen Grenzen zu halten. Sie ist auch für den hier zu verwendenden Pumpdruck maßgebend. Hohe Gelstärke verlangt hohe Pumpdrücke, die möglichst zu vermeiden sind.

Gelwerte haben einen innigen Zusammenhang mit der Viskosität (s. Tab. 9).

Tabelle 9. *Bewertung von Ton-Wasserspülungen verschiedener Zähigkeit und Gelstärke*

Trichterviskosität Sek. MARSH-Trichter	Gelwert, g 0 Min.	10 Min.	Maßstab
30 bis 40	0	10	guter Wert
	10	50	ungünstig
	über 10	50	sehr schlecht
40 bis 50	5	15	gut
—	10	35	gerade noch entsprechend
—	10	60	schlecht
50 bis 60	10	20	gut
—	10	35	noch entsprechend
—	10	60	schlecht

e) Spezifisches Gewicht der Spülung

Im allgemeinen sollte der hydrostatische Druck einer Flüssigkeitssäule vom spezifischen Gewicht 1,07 genügen (8% Salzwasserlösung), um dem Gebirgsdruck standzuhalten. Öl- und Gashorizonte, ja auch Wasserhorizonte weisen allerdings sehr häufig erheblich höhere Drücke auf. Aus Sicherheitsgründen soll das spezifische Gewicht der Bohrspülung so gewählt werden, daß der hydrostatische Druck um etwa 8 bis 10% höher ist als der zu erwartende des betreffenden Hochdruck-Horizontes.

Das spezifische Gewicht einer Ton-Wasserspülung kann wohl durch Ton- oder Bentonitzusatz erhöht werden.

Die Grenze liegt aber bei etwa 1,4 spezifischem Gewicht. Höhere Werte erfordern vor allem infolge der hohen Viskosität zu hohe Pumpdrücke, sind daher unwirtschaftlich und darüber hinaus gefährlich. Lockere Schichtenkomplexe können dadurch aufgebrochen werden und große Spülungsverluste die weitere Folge sein.

Es ist daher vorteilhafter, der Ton-Wasserspülung fein gemahlenes und nicht quellendes Schwermaterial zuzusetzen, um ihr spezifisches Gewicht zu erhöhen.

Als solches wird heute gewählt:

a) Baryt oder Schwerspat, welches vorwiegend Verwendung findet, und

b) Hämatit und Ponderosit.

Das spezifische Gewicht variiert bei Baryt von 4,0 bis 4,3, bei Hämatit und Ponderosit bis 5,2.

Auch Bleisulfite mit einem spezifischen Gewicht von 7,0 wurden als Zusatzmaterial verwendet. Sie sind allerdings teuer.

Über die Zusammensetzung des für Tiefbohrzwecke verwendbaren Baryts sowie dessen Aufbereitung wird im Kapitel „Spülungsprogramme" (S. 106) noch Näheres erläutert werden.

f) Abgabe des Bohrkleins und der Gase ober Tage

Bohrspülungen guter Fluidität und nicht zu hoher Gelstärke werden den Bohrschmant ober Tage besser und vollständiger abscheiden als hochviskose Spülungen. Die Trennung erfolgt auf Schüttelsieben und eigenen Klärbecken, die dem Saugbecken vorgeschaltet werden. In diesen Becken muß die Durchflußgeschwindigkeit weitgehend herabgesetzt werden, um das Absinken des Bohrschmantes zu ermöglichen.

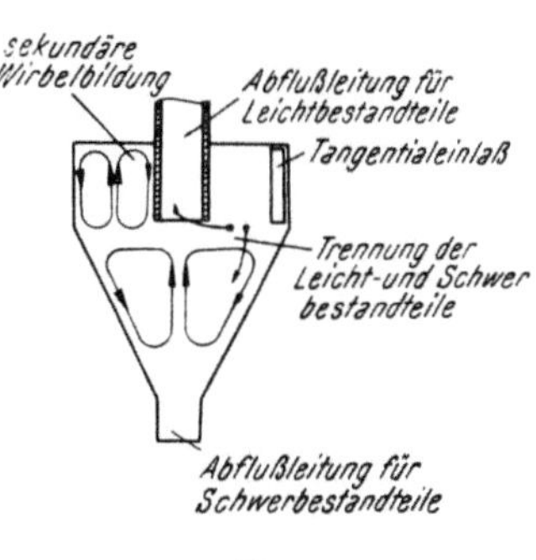

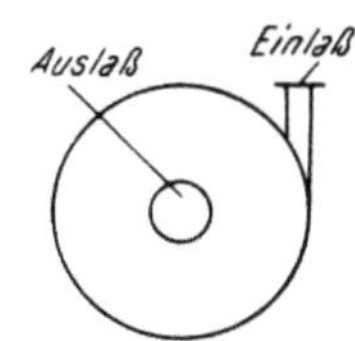

Abb. 54. Schematische Darstellung des Flüssigkeitszyklons (nach W. E. Bergmann, C. J. Engle, S. J. Marwil und M. R. Tek, World Oil, April 1956)

Eine neue Einrichtung zur raschen Ausscheidung des Bohrschmantes ist der sogenannte Zyklon.

Während das Schüttelsieb als Vibrationssieb zur Abscheidung schwerer unerwünschter Bestandteile aus der Spülung dient, arbeitet der Zyklon nach dem Zentrifugenprinzip.

Flüssigkeitszyklone (s. Abb. 54) trennen schwere Festteile von Flüssigkeiten nach dem gleichen Prinzip wie die Zentrifuge.

Die tangential unter Druck eingepumpte Spülung verursacht eine hohe Zentrifugalbeschleunigung. Die schweren Partikel werden dabei nach außen gegen die Wand geschleudert und fallen nach unten als schwerer Schlamm. Flüssige und leichte Partikel folgen dem zentralen Wirbel aufwärts.

Die durch diesen Flüssigkeitszyklon hervorgerufene Kraft beträgt etwa das 2000fache der Schwerkraft.

Man kann auch Zyklone in Serie schalten, wobei der eine z. B. Sand und der andere Baryt aus der Spülung entfernen kann.

Folgende Feststellungen konnten bei Verwendung der Zyklone beim Abteufen von Bohrlöchern bis 2700 m Teufe in USA gemacht werden:

1. Die Bohrzeit konnte um 3 bis 4 Tage verkürzt werden. Die früher erforderliche Zahl der Meißelwechsel konnte wesentlich herabgesetzt werden.
2. Die Lebensdauer der Pumpenteile wurde um 300 bis 400% erhöht.

Die Kosten eines Zyklons sind relativ klein. Eine Einheit mit einem Durchsatz von 1,6 m^3/Min. kostet etwa $ 5000,—.

Die Abgabe von Gasen ist nicht immer ein einfaches Problem. In vielen Fällen hat sich ein Zerstäuben der Spülung bewährt, das ein Freiwerden der Gasbläschen aus der Spülung begünstigt. Manchmal genügt auch ein Umpumpen der Spülung in den Becken, vorausgesetzt, daß der Gasinhalt noch nicht groß ist.

g) Verschlämmung von Öl oder Gas führenden Formationen

Die Wichtigkeit der Bildung eines dünnen, undurchlässigen Filterkuchens ist beim Durchteufen von Gas oder Öl führenden Schichten besonders hervorzuheben. Ein Eindringen des Filtrates in diese Formationen kann das spätere In-Produktion-Setzen sehr ungünstig beeinflussen.

Auch infolge zu hohen hydrostatischen Druckes der Spülungssäule kann ein durchlässiges Speichergestein aufgebrochen und von der Spülung verschlämmt werden.

Es empfiehlt sich hier der Gebrauch einer, allerdings teuren, Ölbasisspülung, auf die noch später eingegangen wird.

h) Einfluß auf die elektrische Bohrlochmessung

Vor Einbau einer Verrohrung wird die Bohrung mittels der bekannten SCHLUMBERGER-Verfahren vermessen bzw., wie dies oft auch in der Praxis bezeichnet wird, elektrisch gekernt. Die Messung ergibt einen Aufschluß über die Schichtenfolgen, deren Charakteristiken bezüglich Durchlässigkeit und Art der Porensättigung. Im Prinzip wird das Eigenpotential und der elektrische Widerstand der einzelnen Horizonte ermittelt.

Deswegen ist es notwendig, die elektrischen Eigenschaften der Spülung zu berücksichtigen, da die Widerstände der Spülung (Rm), des Filtrates (Rmf) und des Filterkuchens (Rmc) die Eigenpotential- und Widerstandskurve beeinflußen und somit bei der Interpretation berücksichtigt werden müssen.

Wesentlich ist hier vor allem:

α) Die Kenntnis von Rm, Rmc und Rmf und ihre Änderung mit steigenden Temperaturen (zunehmende Teufe).

β) Die Kenntnis des spezifischen Gewichtes der Spülung und ihrer Filtrationseigenschaften, woraus einerseits auf eventuelle Zuflüsse aus der Lagerstätte in die Bohrung, andererseits auf die Invasion des Filtrates in die Bohrung geschlossen werden kann.

Im allgemeinen werden Spülungen mit einem spezifischen Widerstand zwischen 2 Ohm · m und 10 Ohm · m bei 20° C für durchschnittliche Bedingungen als gut angesehen.

Geringere Widerstände (z. B. Kalkrotspülung) ermöglichen auch noch die erfolgreiche Anwendung der normalen Meßmethoden, bei zu hohen Widerständen allerdings (z. B. Ölbasisspülung) ist die Anwendung eines besonderen Meßverfahrens, des „Induction Log" erforderlich.

4. Kontrollgeräte zur Bestimmung der wichtigsten Charakteristiken von Bohrspülungen

Die vorwiegend verwendeten Bohrspülungen sind keine reinen Flüssigkeiten, die den NEWTONschen Gesetzen folgen, sondern können als plastische Medien angesprochen werden, die, wie allgemein angenommen wird, dem BINGHAMschen Gesetz im laminaren Bereich folgen.

Über dieses Gesetz soll noch später Näheres erläutert werden.

Beim Durchteufen der verschiedenen Horizonte erfahren die rheologischen Eigenschaften einer Bohrspülung die unterschiedlichsten Veränderungen.

Um die Art dieser Veränderungen bzw. den Erfolg von chemischen Zusätzen, welche die ungünstigen Charakteristiken wieder beheben sollen, festzustellen, sind spezielle Meßgeräte bzw. Meßapparaturen in Verwendung.

Von den rheologischen Eigenschaften jeder Bohrspülung hängen die bei der Bohrarbeit maßgebenden Faktoren, und zwar das Pumpvolumen und der Druckverlust, wesentlich ab.

Bei der später folgenden Berechnung der Druckverluste im Bohrstrang und Ringraum zwischen diesem und der Bohrlochwand wird auf den Einfluß der rheologischen Eigenschaften näher eingegangen werden.

Der Begriff „Viskosität der Bohrspülung" gibt oft Anlaß zu gewissen Mißverständnissen.

Jedes der zur Messung dieser Viskosität verwendeten Geräte bzw. Apparate hat eine bestimmte Charakteristik. Die Messung erfolgt, je nach der Art des Gerätes, unterschiedlich und ergibt daher auch verschiedene Viskositätswerte für ein und dieselbe Spülung.

Man nennt daher die so gemessene Viskosität die „scheinbare" (Apparent viscosity), da sie gerade nur einer ganz bestimmten Fließbewegung entspricht, bei der die Messung in dem betreffenden Gerät durchgeführt wurde.

Diese „scheinbare Viskosität" dient lediglich dazu, die relativen Änderungen in der Charakteristik der Spülung festzustellen.

Sie kann in den folgenden Geräten, die noch näher besprochen werden, gemessen werden und zwar: Im STORMER-Viskosimeter, im MARSH-Trichter und im FANN-Viskosimeter.

Die Meßergebnisse dieses letztgenannten Spezialgerätes (G-Modell 34) widerspiegeln die Fließeigenschaften der Spülung viel genauer als das STORMER-Gerät und der MARSH-Trichter. Das FANN-Viskosimeter gestattet die Einstellung verschiedener Drehgeschwindigkeiten (Multiple speed instrument), die Meßwerte hängen nicht von einer einzigen Fließrate der Spülung ab.

Die so gemessenen Werte ergeben, außer der scheinbaren Viskosität, auch einen Wert für die sogenannte „plastische Viskosität" und die „Fließgrenze".

Als plastische Viskosität wird jener Fließwiderstand der Spülung bezeichnet der sich infolge der Reibung zwischen den einzelnen Feststoffteilchen untereinander und der Viskosität der kontinuierlichen Phase (z. B. Wasser, in dem die Teilchen suspendiert sind) ergibt.

Sie hängt vor allem vom Feststoffanteil der Spülung, ferner von der Größe und Form der suspendierten Teilchen ab.

Als Fließgrenze wird jener Fließwiderstand bezeichnet, der von den Kräften abhängt, die zwischen den einzelnen Feststoffteilchen wirksam sind (Feststoff normal elektrisch negativ, die primäre Phase, z. B. Wasser elektrisch positiv), die einer Änderung ihrer Lage entgegenwirken.

Durch chemische Zusätze kann die Fließgrenze beeinflußt werden.

a) Beschreibung und Funktion der Geräte zur Bestimmung der Viskosität

Kapillar- und Sink-Viskosimeter sind zur Bestimmung der Viskosität wenig geeignet.

α) **Das Stormer-Viskosimeter** ist am gebräuchlichsten, obwohl auch dieser Apparat keine völlig einwandfreien Werte ergibt (s. Abb. 55). Ein allseits abgeschlossener Metallzylinder (*4*) mit einem Außendurchmesser von **1 1/4** Zoll = **31,75** mm, einer Länge von **1 3/8** Zoll = **34,925** mm (auf oberer Abschlußfläche vier Bohrungen à d = **4,762** mm) ist in einer Drehspindel (*3*) vertikal hängend befestigt und wird in einem mit der zu untersuchenden Spülung gefüllten Behälter (*5*) gedreht. Der zylindrische Spülungsbehälter (*5*) hat einen Innendurchmesser von **1 7/8** Zoll = = **47,625** mm und eine Höhe von **2 1/2** Zoll = **63,5** mm. Die hier erforderliche Umfangskraft wird durch ein Gewicht (*12*) erzeugt, welches an einem Faden (*11*) hängt, dessen anderes Ende an einer kleinen Trommel (*8*) aufgespult ist. Von dieser Trommel erfolgt die Übertragung des Drehmomentes mittels einer Welle und Kegelradübersetzung zur vertikalen Spindel (*3*), die den geschlossenen Zylinder trägt.

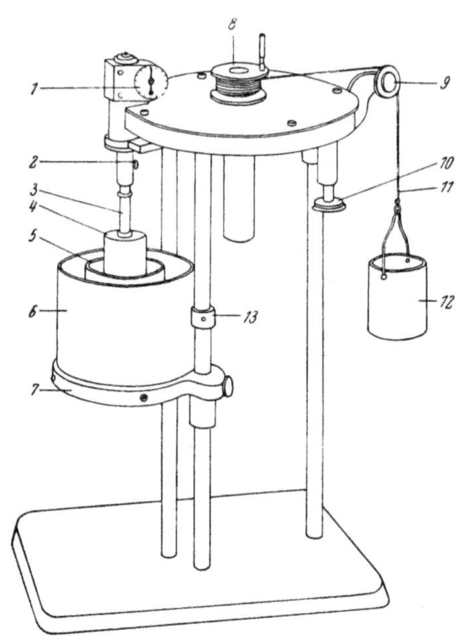

Abb. 55. Stormer-Viskosimeter. *1* Drehzahl-Anzeiger, *2* Feststellschraube, *3* Drehspindel, *4* Rotationszylinder, *5* Spülungsbehälter, *6* Wasserbad, *7* Haltevorrichtung, *8* Schnurtrommel, *9* Rolle, *10* Arretiervorrichtung, *11* Schnur, *12* Gewicht, *13* Begrenzungsring

Zur Kontrolle der Drehzahl der Drehspindel und des an ihr hängenden Metallzylinders ist die Apparatur mit einem Drehzahl-Anzeiger ausgestattet (*1*).

Der Spülungsbehälter (*5*) wird mit der zu untersuchenden Spülung so weit gefüllt, daß der Metallzylinder bis zu seiner Oberkante vollständig von ihr bedeckt ist.

Das am Faden aufzuhängende Gewicht muß so groß sein, daß eine Drehzahl von **600** U/Min. (bzw. **100** U/**10** Sek.) erzielt wird.

Diese Messungen müssen mehrere Male wiederholt werden, um einen guten Durchschnittswert zu ermitteln. Vom Gewicht, das für **600** U/Min. erforderlich ist, wird jenes Gewicht abgezogen, das notwenig ist, um die Spindel in Luft gerade zum Drehen zu bringen. Es können dies **3** bis **5** g sein. Aus der Differenz dieser beiden Gewichte ergibt sich aus einem Eichdiagramm (s. Abb. 56) die Viskosität in Centi-Poise. Die Kalibrierung erfolgt am besten mit einer Standardflüssigkeit von bekannter Viskosität (Glycerin-Wassermischung).

β) **Der Marsh-Trichter.** Bei der Bohrung wird mit diesem einfachen Instrument die Durchflußzeit gemessen und ergibt Werte, die auf die Viskosität schließen lassen (s. Abb. 57).

Nach A.P.I. sind die folgenden Maße für diesen Trichter vorgeschrieben:

Trichter-Innendurchmesser oben	6 Zoll =	152,4 mm
Trichterlänge	12 Zoll =	304,8 mm
Länge des Kapillarröhrchens	2 Zoll =	50,8 mm
Innendurchmesser desselben	3/16 Zoll =	4,768 mm
Maschenweite des Siebes	1/16 Zoll =	1,587 mm

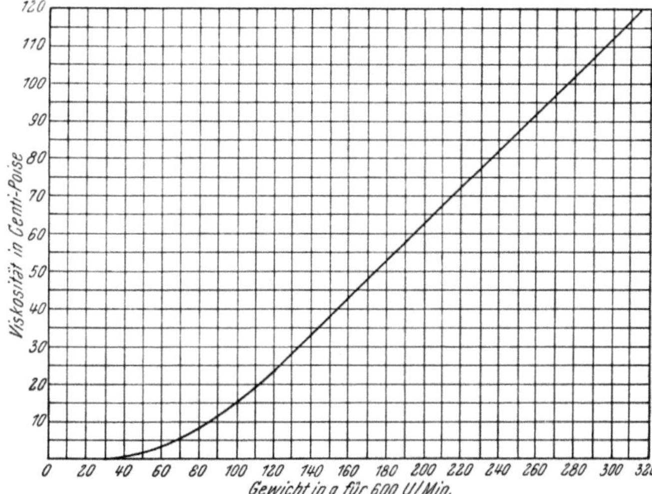

Abb. 56. Eichkurve zum STORMER-Viskosimeter zur Bestimmung der Viskosität von Bohrspülungen

Abb. 57. Trichter-Viskosimeter (MARSH-Trichter)

Hier wird der Vergleich zwischen der Ausflußzeit von 1 l Wasser und jener der Spülung angestellt. 1 l Wasser fließt bei diesem Trichter bei einer Temperatur von 21° C in 26 Sek. (± 0,05) aus. Die Spülung benötigt hiezu je nach Viskosität 30 bis 100 Sek. Das Gefäß wird durch das Sieb mit 1,5 l Spülung gefüllt, wobei der Ausfluß mit einem Finger abgeschlossen wird.

Ein graduiertes Gefäß dient zu der Aufnahme der ausfließenden Spülung. Um den Einfluß einer Gelbildung auszuschalten, soll die Spülung im Trichter noch heftig bewegt werden und die Ausflußzeit von einem Liter mit einer Stoppuhr gemessen werden.

Diese Messungen ergeben lediglich Anhaltspunkte über Änderungen der Viskosität, die Tragfähigkeit der Spülung und über den erforderlichen Pumpendruck.

Abb. 58 *a*. FANN-Viskosimeter. *1* Bodenplatte, *2* Feststellschraube, *3* Flüssigkeitsbehälter, *4* Vertikale Säule, *5* Rotor

γ) **Das Fann-Viskosimeter** (s. Abb. 58 *a*, *b*, *c*). Dieses Gerät ergibt genauere Meßwerte und wird daher sowohl im Laboratorium als auch im Ölfeld immer mehr verwendet.

Das mit der zu untersuchenden Spülung gefüllte Gefäß (*3*) steht auf einer Bodenplatte (*1*), die entlang zweier vertikaler Säulen (*4*) gleitet und in beliebiger Höhe mit der Klemmschraube (*2*) fixiert werden kann.

Abb. 58 *b*. FANN-Viskosimeter

Abb. 58 *c*. FANN-Viskosimeter in Arbeitsstellung

Der Rotor (*5*) ist ein unten offener Hohlzylinder, der mittels eines Bajonettverschlusses an einem zweiten Zylinder angeschlossen ist. Letzterer ist über ein Getriebe für verschiedene Drehzahlen mit einem 115-Volt-Wechselstrommotor (50 Perioden) verbunden.

Der Rotor hat einen Außendurchmesser von 39,37 mm und einen Innendurchmesser von 36,83 mm.

Im Rotor ist ein massiver Zylinder feststehend eingebaut, der einen Außendurchmesser von 34,29 mm und eine Höhe von 38,13 mm hat.

Auf einer geeichten Skala, die sich im Kopfteil der Apparatur befindet, können die Werte abgelesen werden.

Der Getriebeschaltknopf, der die erwünschten Geschwindigkeitsstufen schalten läßt, wird bei laufendem Motor bedient. Die Drehzahlen werden auf die folgende Weise eingeschaltet:

U/Min.	Stellung des Getriebeschaltknopfes	Stellung des Motorschalters
600	unten	high (hoch)
300	unten	low (niedrig)
200	oben	high (hoch)
100	oben	low (niedrig)
6	mitte	high (hoch)
3	mitte	low (niedrig)

Bevor hier auf die Bestimmung der einzelnen Werte eingegangen wird, soll noch erwähnt werden, daß jeder einzelne Punkt der Viskositätsmessung von plastischen Flüssigkeiten z. B. im STORMER- oder FANN-Viskosimeter bei der

Lesung des Skalawertes (bzw. Gewichtes) bei 600 U/Min. die scheinbare Viskosität ergibt. Dieser Wert ist äquivalent der Viskosität einer echten, nicht plastischen Flüssigkeit.

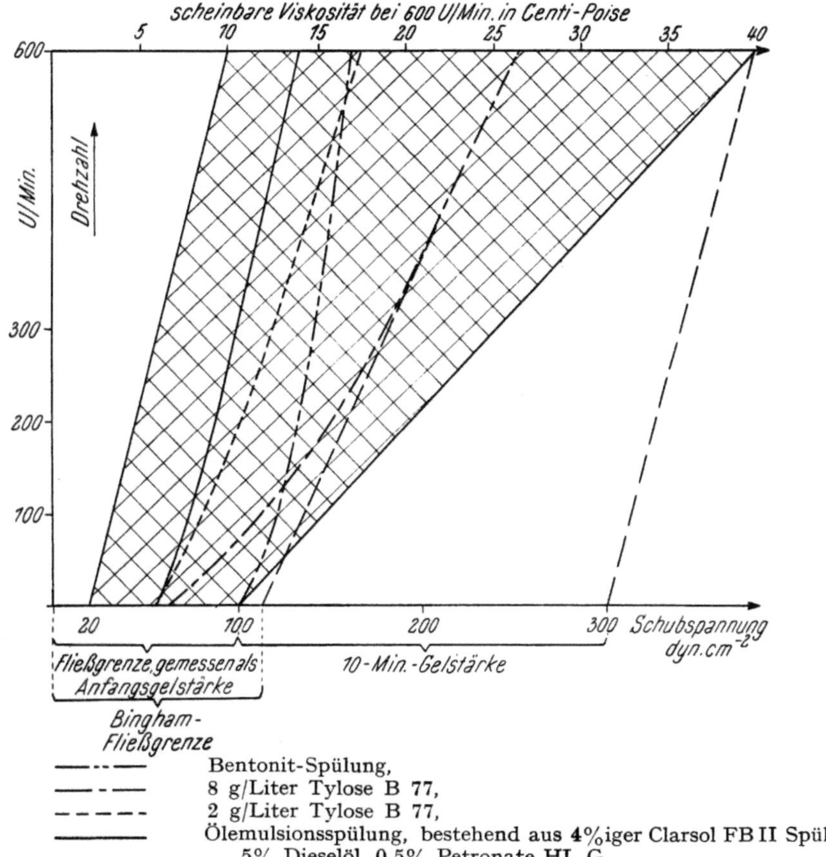

Abb. 59. Fließgrenzenbereich von Bohrspülungen (schraffierter Bereich)

Größe	Gefordertes Minimum	Mögliches Maximum
Scheinbare Viskosität	10 cP	40 cP
Plastische Viskosität	15 cP	27 cP
BINGHAMsche Fließgrenze	—	—
10 Sekunden Gelstärke	25 dyn cm^{-2}	110 dyn cm^{-2}
10 Minuten Gelstärke	100 dyn cm^{-2}	300 dyn cm^{-2}
Echte Fließgrenze	20 dyn cm^{-2}	100 dyn cm^{-2}
Zugesetzte Chemikalien	Tylose B 77	

Die Bestimmung der Viskositätswerte mit dem FANN-Viskosimeter erfolgt in der folgenden Weise:

1. Bestimmung der scheinbaren Viskosität. Die Spülung wird in das Gefäß nach vorherigem gutem Durchmischen eingeführt und entlang der Säulen soweit angehoben, daß der Rotor in die Spülung völlig eintaucht und dieser nun mit 600 U/Min. gedreht wird. Der sich dabei ergebende Skalawert geteilt durch 2 ergibt die scheinbare Viskosität in Centi-Poise.

2. Die plastische Viskosität in Centi-Poise resultiert aus der Differenz der bei 600 U/Min. gemachten Lesung minus der Lesung bei 300 U/Min.

3. Die echte Fließgrenze ergibt sich aus dem Wert auf der Skalateilung bei 3 U/Min., nachdem die Spülung vorher gründlich durchmischt wurde.

4. Für die Aufnahme der Fließkurven werden die Skalawerte bei 600, 300, 200, 100 und 6 U/Min. abgelesen.

In Abb. 59 ist der Fließgrenzenbereich von Bohrspülungen (schraffierte Fläche) dargestellt.

Auf der Abszisse ist die Schubspannung in dyn/cm^2, auf der Ordinate die Drehzahl/Min. im FANN-Viskosimeter aufgetragen.

Ferner ist auf der Abszisse die BINGHAMsche Fließgrenze, die Fließgrenze, welche der Anfangs- und der 10-Minuten-Gelstärke entspricht, zu ersehen.

Die im Fließgrenzenbereich eingezeichneten Kurven repräsentieren tatsächliche Fließkurven der bezeichneten Spülungstypen.

Endlich enthält die Tabelle die minimalen und maximalen Spülungsmeßwerte.

Die Lieferfirma weist besonders darauf hin, daß die Reinigung des Gerätes von besonderer Wichtigkeit ist, da Verschmutzungen die Ablesegenauigkeit sehr beeinflussen.

b) Messung der Gelstärke und Thixotropie

Sie erfolgt normalerweise mit dem STORMER-Viskosimeter (s. Abb. 55), und zwar für eine Ruhezeit der Spülung von 0 und 10 Minuten.

Der Vorgang der Bestimmung ist folgender:

Die Apparatur wird, wie bei Bestimmung der Viskosität, mit Spülung gefüllt, in die der an der Spindel (*3*) hängende Metallzylinder (*4*) eintaucht.

Um die Bildung einer thixotropen Struktur auszuschalten, wird der Zylinder (*4*) mittels der an der Trommel (*8*) angebrachten Kurbel heftig gedreht.

Unmittelbar darauf (nach abgebremster Drehbewegung) wird auf die am Faden (*1*) hängende Schale ein Gewicht aufgelegt und die Bremse gelüftet.

Falls damit keine Drehbewegung des Zylinders (*4*) hervorgerufen wird, muß neuerdings die Spülung durch Drehen an der Trommel bewegt werden.

Dieser Vorgang ist solange zu wiederholen, bis jenes Gewicht gefunden wird, bei dem eine Vierteldrehung des Metallzylinders (*4*) in der Spülung erreicht wird.

Das aufgelegte Gewicht in Gramm, vermindert um das Gewicht, das eine Drehung in der leeren Apparatur (in Luft) ermöglichte, ist das Maß für die Gelstärke 0 Min.

Unmittelbar nach dieser Feststellung wird ein Stillstand der Drehbewegung von 9,5 Min. eingeschaltet, der mit der Stoppuhr zu kontrollieren ist.

Etwa 30 Sek., bevor die Stillstandzeit von 10 Min. erreicht ist, wird wieder ein Gewicht auf die Schale aufgelegt, das der Gelstärke 10 Min. entsprechen dürfte.

Falls innerhalb von 3 Sek. kein Drehen der Spindel erfolgt, muß neuerdings die Trommel gebremst und zusätzliches Gewicht aufgelegt werden.

Dieser Vorgang muß solange wiederholt werden, bis eine Drehbewegung erfolgt, und zwar wenigstens eine volle Umdrehung des Zylinders (*4*).

Dieses Gewicht in Gramm, vermindert um das Gewicht, das die schon besprochene Drehung der Spindel im leeren Apparat erfordert, ist das Maß für die Gelstärke von 10 Min.

Die Differenz dieser beiden ist das Maß für die Thixotropie.

Die Bestimmung der Gelstärke und Thixotropie mit dem FANN-Viskosimeter erfolgt wie folgt:

Zunächst wird die Gelstärke bei 10 Sek. Stillstand bestimmt und zwar in der Weise, daß der Rotor mit 600 U/Min. gedreht wird, um die Spülung gut durchzumischen. Nach Einschaltung eines Stillstandes von 10 Sek. wird der Rotor mit 3 U/Min. gedreht. Die sich dabei ergebende Lesung multipliziert mit 4,8 (Umrechnungsfaktor vom amerikanischen Maßsystem auf dyn/cm^2) ergibt die 10-Sek.-Gelstärke in dyn/cm^2.

Die Bestimmung der 10-Min.-Gelstärke erfolgt in der gleichen Weise, wie oben beschrieben, nur daß hier die Stillstandzeit 10 Min. beträgt.

Die Skalalesung multipliziert mit 4,8 ergibt diese Gelstärke in dyn/cm^2.

Die Thixotropie ist die Differenz der 10-Min.- und 10-Sek.-Gelstärke.

c) Bestimmung des spezifischen Gewichtes

Das spezifische Gewicht kann mittels einer einfachen Federwaage oder einer speziell hierfür konstruierten Balkenwaage bestimmt werden. In Abb. 60 ist eine Spülungswaage der Firma Leutert zu sehen.

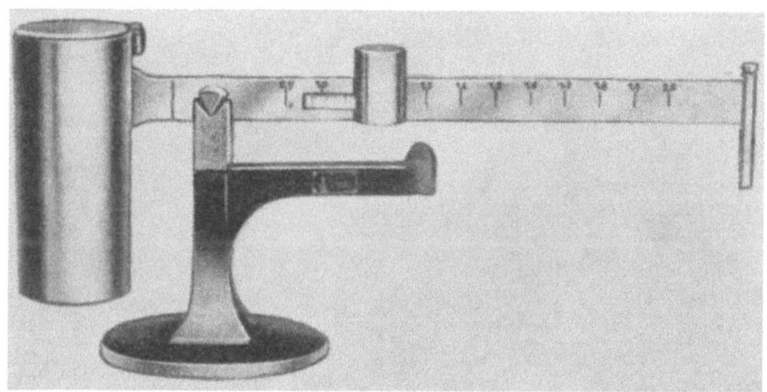

Abb. 60. Spülungswaage der Fa. Leutert

Schließlich kann diese Messung auch mit entsprechenden Hydrometern erfolgen.

d) Filterprobe

In einer eigenen Apparatur wird sowohl das Spülungswasser abgepreßt, als auch gleichzeitig die Dicke des sich bildenden Filterkuchens gemessen (s. Abb. 61). In das Gefäß, das unten ein feines Sieb mit darüberliegendem Filterpapier hat, und welches in den mit einem Ausfluß versehenen Bodenabfluß einzusetzen ist, wird die Spülung eingefüllt und sodann der obere Abschluß gedichtet aufgesetzt. Nun wird die Verbindung mit einer Druckflasche, z. B. mit einer Kohlensäureflasche hergestellt und die Spülung 30 Min. unter 7 Atm. Druck gesetzt.

Unterhalb des Bodenausflußrohres wird eine graduierte Mensur aufgestellt. Nach Ablauf der 30 Min. wird das Gefäß entleert und nach vorsichtigem Abspülen der am Filterkuchen noch befindlichen Spülung die Dicke desselben gemessen und das Volumen des abgepreßten Wassers in der Mensur abgelesen.

e) Wasserabgabe

Ein Konus von Standardmaßen wird auf ein genormtes Filterpapier nach André aufgesetzt. Es wird sodann die Zeit gestoppt, innerhalb welcher das Filterpapier durch die in den Konus gegossene Spülung vollkommen benetzt ist (s. Abb. 62).

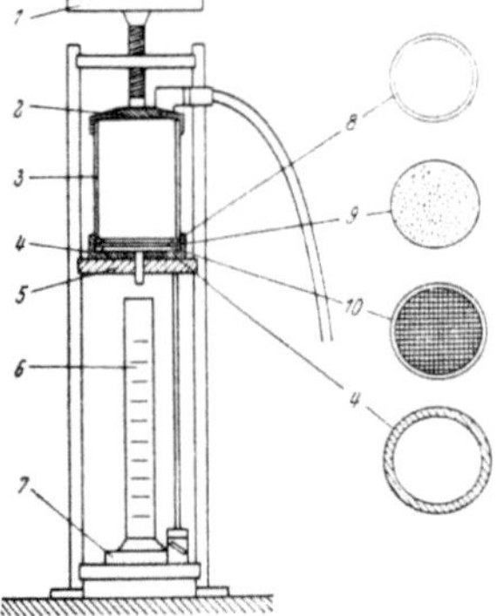

Abb. 61. Gerät zur Bestimmung von Preßwasser und Filterkuchendicke von Bohrspülungen (Filterpresse).
1 Handrad, *2* Abnehmbarer Deckel, *3* Zylinder, *4* Boden mit Abflußröhrchen, *5* Querbalken, *6* Meßglas, *7* Gestell, *8* Dichtungsring, *9* Filterpapier, *10* Sieb

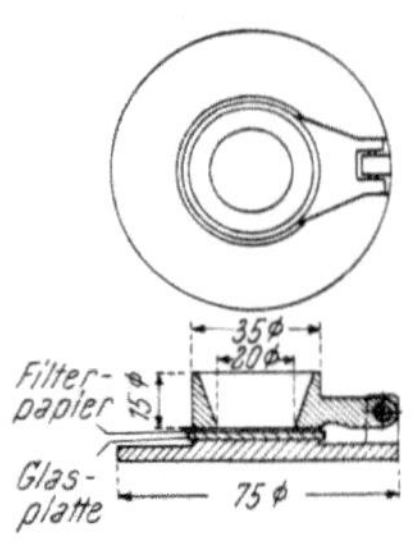

Abb. 62. Gerät zur Bestimmung der Wasserabgabe von Bohrspülungen (nach André)

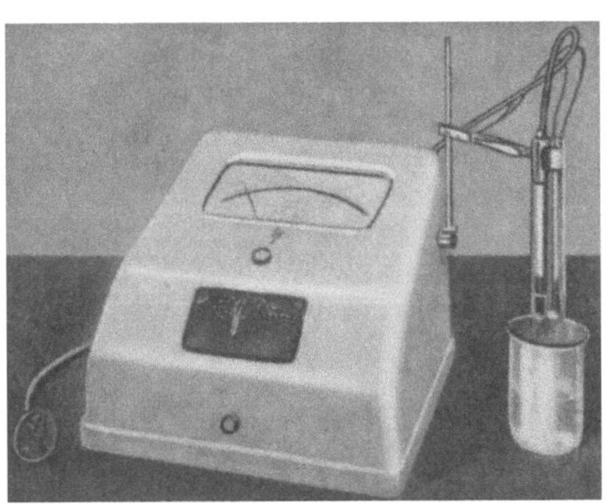

Abb. 63. Glaselektroden-PH-Meter der Fa. Ludwig Seibold

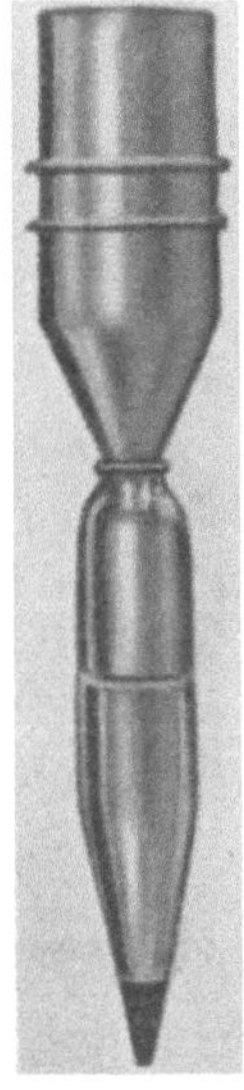

Abb. 64. Apparatur zur Sandkontrolle der Bohrspülung

f) PH-Wert

Zu dieser Bestimmung werden meist die Folien-Kalorimeter nach Lautenschläger benützt, die, in die Spülung getaucht, ihre Farbe verändern. Diese Farbe wird mit Standardfarben verglichen und hier der PH-Wert abgelesen. Eine andere Art der Messung ist die elektrische mit Spezialelektroden (s. Abb. 63).

g) Sandgehalt

Die Sandkontrolle wird wie folgt durchgeführt (s. Abb. 64): Ein Meßzylinder mit konischem Ende und einem Durchmesser von 2 1/2 Zoll = 63,5 mm hat oben ein feines Sieb. An das konische Ende wird ein kalibriertes Glasrohr angesetzt, in dem der Prozentgehalt an Sand usw. direkt abgelesen werden kann. Die Maschenweite des Siebes beträgt 200 Maschen à 0,074 mm Maschenweite. Das Sieb soll aus Bronze hergestellt sein, das Metallgefäß aus verchromtem Kupfer.

Vorgang bei der Sandkontrolle: Das kalibrierte Glasrohr wird bis zur ersten angebrachten Marke mit Spülung gefüllt. Dann wird Wasser bis zur höchsten, zweiten Marke zugesetzt und die beiden Flüssigkeiten intensiv gemischt. Das Metallgefäß wird nun mit seinem engen Ende auf das Glasrohr aufgesetzt und die gesamte Apparatur um 180° gedreht, so daß die Spülung durch das Sieb abfließen kann. Die Festteile, vor allem die Sandkörner, bleiben am Sieb hängen und dürfen nicht forciert hindurchgepreßt werden. Sodann wird das Metallgefäß wieder hochgestellt, der enge Ausfluß in die kalibrierte Eprouvette eingesetzt und das Sieb im Metallzylinder mit reinem Wasser gespült. Der Sand sammelt sich in der Eprouvette und kann hier in Prozenten abgelesen werden.

Eine gute Spülung soll nicht mehr als 1% Sand enthalten.

h) Filtrat-Analysen

Es handelt sich vor allem um die Feststellung der Alkalität bei hohen PH-Werten und des Chlorid- und Sulfatgehaltes.

α) *Bestimmung der Alkalität.* 1 cm³ Filtrat (es können auch mehr sein) wird mit 25 bis 50 cm³ destilliertem Wasser verdünnt und mit 2 bis 3 Tropfen Phenolphthalein als Indikator versetzt, bis es eine rosa Färbung erreicht. Durch tropfenweise Zufügung von 0,02 Schwefelsäure wird die Lösung solange behandelt, bis die rosa Färbung völlig verschwindet. Bei der Zugabe der Schwefelsäure muß die Lösung ständig gerührt werden. Der PH-Wert fällt dabei auf 8,3 (gemessen mit dem Glaselektroden-PH-Meter).

Die dabei verwendeten cm³ Schwefelsäure werden genau gemessen. Damit ergibt sich die „P"-Alkalität (Phenolphthalein-Alkalität) als Anzahl der cm³ Schwefelsäure pro cm³ des Filtrates (Alkalitätszahl = 40 P).

Zu dieser Probe, die bis zum Endpunkt „P" titriert wurde, werden 2 bis 3 Tropfen Methylorange als Indikator zugegeben. Durch tropfenweise Zugabe von 0,02 Schwefelsäure wird sich die Färbung von gelb auf rot-braun ändern.

Die „M"-Alkalität (Methylorange-Alkalität) ergibt sich nun aus der Anzahl der insgesamt verwendeten cm³ der 0,02 Schwefelsäure pro 1 cm³ Filtrat.

β) Zur *Ermittlung des Chloridgehaltes* wird 0,5 cm³ Filtrat mit 50 cm³ destilliertem Wasser verdünnt. Unter Zugabe einiger Tropfen von 10prozentiger Kaliumchromatlösung als Indikator wird mit n/10 Silbernitratlösung bis zum Umschlag auf rot-braun titriert. Die verbrauchten cm³ Silbernitratlösung multipliziert mit 1,168 ergeben den Gramm-Anteil NaCl pro 100 cm³ Filtrat.

γ) Zur *Sulfatbestimmung* werden 2 cm³ Filtrat mit 50 cm³ destilliertem Wasser verdünnt und mit $n/10$ Salzsäure gegen Phenolphthalein neutralisiert und nach Zugabe von 10 cm³ $n/10$ Bariumchlorid der Niederschlag etwa 30 Min. abgewartet. Sodann wird das überschüssige Bariumchlorid mit 10 cm³ $n/10$ Sodalösung zu Bariumcarbonat gefällt und der Überschuß an $n/10$ Sodalösung mit $n/10$ Salzsäure gegen Phenolphthalein bis zur schwachen rosa Färbung zurücktitriert.

Die Anzahl der verbrauchten cm³ von $n/10$ Salzsäure multipliziert mit 0,71 ergeben den Grammanteil des Natriumsulfates in 100 cm³ Filtrat.

B. Allgemeines über den Feststoffgehalt einer Ton-Wasserspülung

Von allen Spülungsarten ist diese Spülung heute noch am häufigsten in Verwendung. Ihre Eigenschaften sind von der Qualität des dabei verwendeten Tones und der Menge dieses Feststoffes pro Volumseinheit der Spülung abhängig. Im allgemeinen wurde festgestellt, daß ein möglichst geringer Feststoffgehalt den Bohrfortschritt günstig beeinflußt.

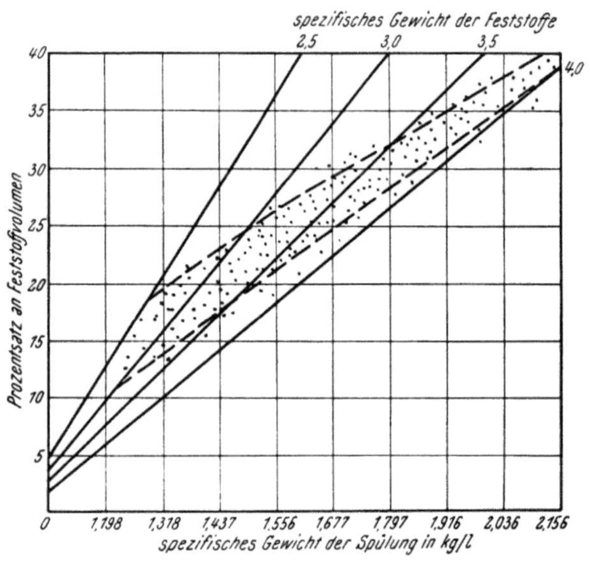

Abb. 65. Verhältnis von spezifischem Gewicht der Feststoffe, spezifischem Gewicht der Spülung und Prozentsatz an Feststoffvolumen (Punkte sind gemessene Werte) (nach G. R. Gray und W. C. Kellog, World Oil, August 1955)

Dieser Umstand wird vielfach nicht genügend beachtet. Besonders beim Durchteufen der Obertage-Schichten erhöht der anfallende Bohrschmant das spezifische Gewicht, was bei durchlässigen Schichten infolge der hohen Druckbelastung der Bohrlochwand oft zum Durchbruch derselben und zu Spülungsverlusten führt.

Hoher Feststoffgehalt erhöht die Gefahr einer ungünstigen Gelbildung und führt besonders bei steigender Temperatur zur Koagulation (Zusammenballung der Tonteilchen) derselben.

Obwohl über einen möglichst niedrigen Feststoffgehalt gesprochen wird, hat man diesbezüglich bis heute noch keine genauen Grenzen gezogen.

Bei der Routinebehandlung, z. B. Erhöhung des spezifischen Gewichtes mit Barytmehl, wird leider das spezifische Gewicht des Zusatzmittels, sein Volumen und das Verhältnis zum spezifischen Gewicht der Spülung wenig berücksichtigt.

Das Verhältnis ist aus der Abb. 65 zu ersehen.

Das spezifische Gewicht der Zusatzstoffe ist hier mit 2,5, 3,0, 3,5 und 4,0, das spezifische Gewicht der Spülung zwischen den Werten von 1,078 bis 2,156 gewählt.

Die Darstellung gilt für eine Frischwasser-Tonspülung an der Golfküste (USA).

Die obere und untere Grenze an Feststoffen ist durch strichlierte Linien gekennzeichnet.

Damit sei nicht gesagt, daß diese Grenzen für alle Formationen dieselben sein müssen. Sie werden aber nicht sehr wesentlich davon abweichen.

Das Wasserbindevermögen hängt vom Zerkleinerungsgrad, dem Hydratisiervermögen des betreffenden Feststoffes und eventuellen Verunreinigungen (Sandgehalt) ab.

Aus praktischen Erfahrungen der letzten Jahre kann bezüglich des Feststoffgehaltes die folgende Schlußfolgerung gezogen werden:

1. Je geringer die Viskosität und je geringer der Feststoffgehalt ist, um so gründlicher wird der Bohrschmant von der Bohrlochsohle gespült, um so besser ist der Bohrfortschritt im harten und mittelharten Gestein.

2. Je höher der Feststoffgehalt, um so höher muß der Pumpdruck werden und damit auch die Gefahr des Aufbrechens von lockeren Schichten. Wo eine Spülung mit höherem Feststoffgehalt verwendet werden muß, soll bei Beginn der Zirkulation langsam gespült werden.

3. Bei hohem Feststoffgehalt besteht bei zu raschem Einbau des Bohrstranges ebenfalls die Gefahr, daß lockere Formationen aufgebrochen werden.

Bei zu raschem Ausbau desselben kann Kolbwirkung auftreten und es können Gase aus einer durchbohrten Erdöl- oder Gasschichte in die Spülung eintreten und einen Ausbruch der Bohrung zur Folge haben.

4. Schließlich gibt eine Spülung mit hohem Feststoffgehalt eingedrungene Gase schwer ab.

Feststoffe einer Ton-Wasserspülung

1. Der Naturton

Der Naturton, der anfangs ausschließlich bei der Aufbereitung dieser Spülung verwendet wurde, ist ein feinklastisches Sediment mit vorwiegend aluminiumhaltigen Mineralien. Außer anderen Tonerdesilikaten können auch Montmorillonite im Naturton vertreten sein.

Tone zeichnen sich im allgemeinen durch ihre Plastizität und ihr Wasserbindevermögen aus. Allerdings besteht in dieser Hinsicht ein wesentlicher Unterschied zwischen dem sogenannten fetten und mageren Ton. Letzterer weist infolge seines Sandgehaltes sowohl eine geringe Plastizität als auch eine geringere Wasseraufnahme auf.

Spülungen, welche mit Naturton aufbereitet werden, sind vor allem wenig stabil und haben auch im allgemeinen eine sehr mittelmäßige Charakteristik.

Das spezifische Gewicht der gut pumpbaren Ton-Wasserspülung liegt etwa zwischen 1,05 und 1,4, die Ausflußzeit im Marsh-Trichter erreicht dabei 30 bis 100 Sek., das Preßwasservolumen beträgt 5 bis 30 cm³, wobei sich ein Filterkuchen von 1 bis 5 mm Dicke bildet. Der Sandgehalt variiert mindestens zwischen 2 und 3% und der PH-Wert zwischen 6 und 9.

Eine verhältnismäßig geringe Verunreinigung mit NaCl kann die Charakteristik der Spülung schon sehr ungünstig beeinflussen. Die Viskosität steigt unbeschränkt an, die Wasserabgabe und Filterkuchendicke erreichen sehr hohe Werte.

Bei hohen Temperaturen und Drücken, wie sie in großen Bohrlochteufen herrschen, erfolgt dabei ein weiterer Anstieg der Wasserabgabe und Filterkuchendicke.

Nachteilig ist ferner der Umstand, daß der Feststoffgehalt einer Naturton-Wasserspülung recht hoch ist; er liegt etwa zwischen 300 und 400 g/l. Das dadurch verhältnismäßig hohe spezifische Gewicht der Spülung kann in gut durchlässigen Schichten sehr leicht zu Verschlämmungen oder Spülungsverlusten führen.

Es ist wohl möglich, eine verunreinigte Naturton-Spülung durch verschiedene chemische Zusätze, wie Quebracho, Polyphosphate und Carboxymethylcellulose (CMC) zu verbessern, doch wird diese Verbesserung nicht in jedem Falle lange vorhalten.

Der an der Bohrlochwand gebildete Filterkuchen kann sehr dick werden, dabei aus verhältnismäßig grobem Korn mit Sandbeimengungen bestehen und bildet keine entsprechend dichtende Schutzhülle. Der Kuchen ist brüchig und wird sich bei jedem Ein- oder Ausbau der Bohrgarnitur zu dicken Pfropfen im Ringraum zusammenschieben.

Wie schon früher gesagt wurde, kann dies die Ursache des Festwerdens der Bohrgarnitur im Bohrloch sein.

Aus all diesen Gründen war man bestrebt, einen Feststoff ausfindig zu machen, der gute kolloidale Eigenschaften besitzt und der durch Verunreinigungen, hohe Temperaturen und hohen Druck weit weniger beeinflußt wird.

2. Bentonit für Bohrspülungen

Bentonit wurde als der geeignetste Feststoff für Bohrspülungen ermittelt.

Die Bentonite sind umgelagerte und hydrolysierte vulkanische Tuffe, die sowohl als Natrium- als auch als Calciumbentonite auftreten. Es sind gelblichweiße tonähnliche Gesteine, die bei Verwitterung in sehr feine Blättchen zerfallen und im Wasser ein hohes Quellvermögen aufweisen. Der hauptsächlichste Bestandteil ist der Montmorillonit. Die für die Bohrspülung verwendeten Kristallblättchen haben eine Dicke von 1,5 bis 100 Millimikron und eine unterschiedliche Länge.

Die chemische Zusammensetzung, allerdings für die Qualität nicht allein maßgebend, ist folgende:

Hauptbestandteile des	SiO_2 %	Al_2O_3 %	Fe_2O_3 %	MgO %	CaO %	Na_2O %
Natriumbentonit	50—69	15,0—87,0	0—4,5	1,0—3,1	0,23—2,4	0,20—2,27
Calciumbentonit	58—64	21,0—24,0	1,0—7,5	2,4—4,5	2,0 —2,7	0,00—2,60

Die Natriumbentonite quellen im Wasser bis auf ihr 20faches Volumen, wohingegen die Calciumbentonite, auch Smektite genannt, ein erheblich geringeres Quellvermögen aufweisen.

Bemerkenswert ist, daß die OH-Gruppen, die mit Aluminium gebunden sind, austauschfähig sind und durch Calcium, Natrium bzw. Kalium ersetzt werden können. Mit anderen Worten, das Vermögen des Kationenaustausches ist fast bei allen Bentoniten gleich groß.

Calciumbentonite können daher durch Aktivierung, das heißt Zusatz von Soda (bis 0,5%) oder Trinatriumphosphat, in Natriumbentonite umgewandelt werden.

Das Volumengewicht des Bentonits liegt bei rund 600 g/l.

Die Viskosität der Bentonitspülung ist eine Funktion der Bentonitkonzentration (s. Abb. 66).

Im allgemeinen haben Bentonitspülungen folgende Charakteristiken:

Spez. Gewicht kg/l	MARSH-Viskosität Sek.	Wasserabgabe cm^3	Filterkuchen mm	Sand %	PH-Wert
1,05—1,10	30—100	12—15	0,5—1,5	0,2—0,4	7—12

Die Gelstärke bzw. der Bewegungswiderstand für 0 Min. und 10 Min. ist im allgemeinen folgender:

Bentonitgehalt %	Gelstärke g	
	0 Min.	10 Min.
6	18	29
6,5	23	33
7,0	27	37
8,0	40	50

Der Feststoffgehalt ist hier viel geringer als bei Spülungen mit Naturton. Vielfach genügen 50 bis 75 g/l. Die Spülung besteht praktisch nur aus kolloidalen Elementen, sie kann mit Schwermaterial — Baryt — auf ein spezifisches Gewicht von 2,0 erhöht werden, ohne daß eine Sedimentation eintritt. Der Sandgehalt ist minimal, der Filterkuchen ist viel schmiegsamer und undurchlässiger als der bei Naturtonspülungen.

Bei Verunreinigung durch NaCl ist diese Spülung widerstandsfähiger.

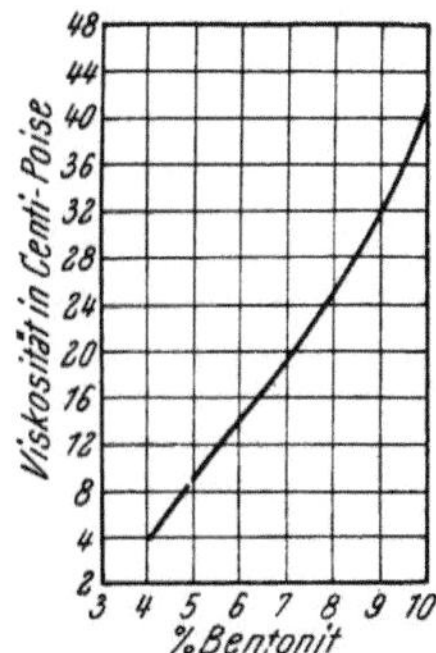

Abb. 66. Viskosität der Bentonitspülung als Funktion der Bentonitkonzentration (ungarischer Bentonit)

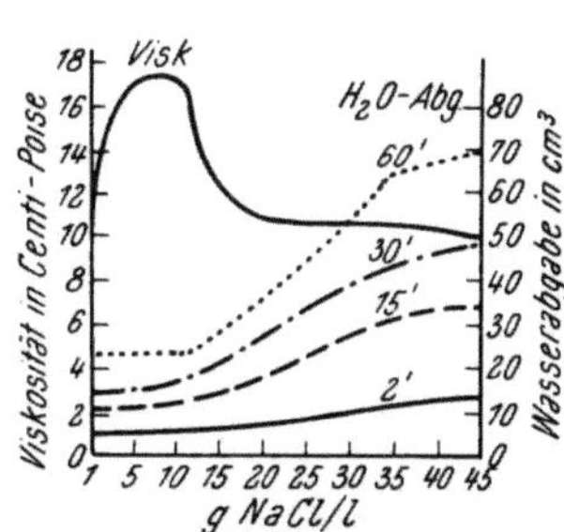

Abb. 67. Beeinflussung einer Bentonitspülung durch NaCl (Feststoff ein ungarischer Bentonit)

Salz beeinflußt die Viskosität der Spülung sehr unterschiedlich (s. Abb. 67). So nimmt z. B. bei einer Spülung mit ungarischem Bentonit und einem NaCl-Gehalt von 1 bis 3 g/l die Viskosität ab, bei 5 bis 10 g/l steigt sie anfangs stärker an, um aber bald wieder zu fallen. Bei 12 bis 50 g/l bleibt sie fast völlig unverändert.

Hoher Druck und Temperatur haben auf diese Spülung einen viel geringeren Einfluß.

Die Reaktion dieser Spülung bei Behandlung mit chemischen Zusätzen wie Quebracho, Polyphosphaten und vor allem mit CMC ist viel besser und dauerhafter als bei der normalen Ton-Wasserspülung.

Der geringere Feststoffgehalt und die niedrige Viskosität machen sich besonders bei weichen und mittelharten Gesteinsschichten durch einen erhöhten Bohrfortschritt sehr vorteilhaft bemerkbar.

Bezüglich der Qualität der Bentonite für Bohrspülungszwecke ist nach der A.P.I.-Norm die folgende Klassifizierung festgestellt worden: Eine Spülung mit 6% Bentonitgehalt wird bei einer Temperatur von etwa 20 bis 22° C bis 15 Min. lang aufbereitet und ihre Viskosität im STORMER-Viskosimeter ermittelt.

Ist die Viskosität mindestens 15 Centi-Poise, wird der Bentonit in die Klasse A gereiht und für Bohrspülungszwecke als sehr entsprechend angesehen; die weiteren Werte der Spülung werden untersucht.

Ist die Viskosität 10 bis 15 Centi-Poise, wird er als mittelmäßige Qualität in die Klasse B gereiht. Die weitere Untersuchung bezüglich seiner Verwendung hängt dann lediglich davon ab, ob die Preislage besonders günstig ist.

Bentonite, die bei obigem Prozentgehalt eine niedrigere Viskosität als 10 Centi-Poise aufweisen, werden als ungeeignet ausgeschieden.

Bezüglich des Feststoffgehaltes soll noch folgendes angeführt werden:

Für das Durchteufen der Obertage-Schichten bis zum Absetzen der Ankerkolonne (etwa 50 bis 300,0 m) kann die Spülung dicker sein, also einen höheren Feststoffgehalt haben, um die dabei anfallenden größeren Bohrschmantbrocken leichter auszutragen.

Allerdings muß darauf Bedacht genommen werden, daß der Pumpdruck nicht zu hoch wird, was zur Folge haben kann, daß lockere Schichten aufbrechen und große Spülungsverluste auftreten.

Es muß daher auf ein richtiges Maß des spezifischen Gewichtes und eine entsprechende Viskosität der Spülung geachtet werden.

Enthalten diese Schichten Tonbänke, so kann man vielfach durch einfachen Wasserzusatz die Spülung in gewünschten Grenzen halten.

Wo die Gefahr besteht, daß durch Wasser die Ton-Konzentration zu stark herabgesetzt wird, die Wasserabgabe zu groß wird, müssen chemische Zusätze verwendet werden, z. B. Quebracho mit Natronlauge oder CMC.

Bei der chemischen Behandlung muß darauf geachtet werden, daß die Thixotropie nicht zu niedrig wird. Spülung mit niedriger Thixotropie kann den Bohrschmant beim Einstellen der Zirkulation nicht in Schwebe halten.

C. Das Spülungsprogramm, allgemeine Erwägungen

Unter der Voraussetzung, daß eine Ton-Wasser-, bzw. eine Bentonit-Wasserspülung beim Abteufen der Bohrungen Verwendung finden soll, muß unter Berücksichtigung der Erfahrungen, welche in den ungefähr gleichen geologischen und petrographischen Verhältnissen gemacht wurden, folgendes festgestellt werden:

a) Welche Basisfeststoffe soll die Spülung erhalten?

b) Welche Zusatzstoffe werden während des Abteufens erforderlich sein?

Als Basisfeststoff kommt ein Naturton, der sich bei Bohrungen schon bewährte, ein Naturton mit Bentonitzusatz und schließlich auch reiner Bentonit in Frage.

Als Zusatzstoffe sind zu nennen: Schwermaterialien, vornehmlich Baryt, um vorhandene Hochdruckschichten sicher zu durchteufen, Dichtungsmaterialien, um Zonen, in denen Spülungsverluste auftreten, abzudämmen und schließlich chemische Zusatzstoffe, um den Charakter der Spülung in gewünschten Grenzen zu halten. Mit anderen Worten, um die Bohrung sicher und wirtschaftlich zu beenden und um eine möglichst gute Ausbeute zu gewährleisten.

Den lokalen Schichtenverhältnissen entsprechend müssen daher erwogen werden:

1) Welches spezifische Gewicht soll die Spülung in den diversen Teufenstrecken der abzuteufenden Bohrung haben?

2) Welche Maßnahmen sind zu treffen, falls Spülungsverluste auftreten?

3) Welche chemischen Zusätze sind für eine günstige Beeinflußung der rheologischen Eigenschaften der Spülung am geeignetsten und wirtschaftlichsten?

4) Schließlich ist es wichtig, zu wissen, welchen elektrischen Widerstand die chemisch behandelte Spülung, das Filtrat und der Filterkuchen haben, um das SCHLUMBERGER-Diagramm richtig interpretieren zu können.

1. Spezifisches Gewicht

Im Kapitel II/6/b wurde der Einfluß des hydrostatischen Druckes auf den Bohrfortschritt besprochen und die Schlußfolgerung gezogen, daß in zahlreichen, vor allem in wenig durchlässigen Gesteinsschichten, ein hoher hydrostatischer Druck den Bohrfortschritt vermindert.

Diese Erkenntnis hatte zur Folge, daß das Bestreben dahin geht, mit einer möglichst leichten Bohrspülung zu arbeiten. Spülungsgewichte von etwa 1,05 bis 1,0 kg/l werden daher heute vielfach verwendet; allerdings nur in jenen Teufenstrecken, in denen dies mit Rücksicht auf die lokalen Bohrloch- und Druckverhältnisse möglich ist.

Eine wichtige Funktion der Bohrspülung ist allerdings auch das In-Schrankenhalten aller druckhaften Wasser-, Öl- und Gashorizonte. Jedwedes Einfließen der in diesen Schichten gespeicherten flüssigen bzw. gasförmigen Medien in das Bohrloch muß während der Bohrarbeit verhindert werden bzw., falls dies eintreten sollte, durch entsprechende Zusätze zur Spülung sogleich behoben werden.

Das Gewicht der Flüssigkeitssäule muß so gewählt werden, daß es gerade diesen Druck in Schranken halten kann, ohne aber als Folge eines zu hohen Pumpdruckes die Bohrlochwandungen aufzubrechen. Oft handelt es sich hier um sehr geringe Differenzen. Hierüber Näheres im Abschnitt 2, Maßnahmen zur Behebung von Zirkulationsverlusten.

Ist der Druck der angebohrten Öl- oder Gasschichte größer als der hydrostatische Druck im Bohrloch, wird ein Ausbruch erfolgen. Die ständige Beobachtung des Flüssigkeitsspiegels im Saugbecken ist daher von Wichtigkeit. Steigt hier das Niveau, ein Zeichen, daß das austretende Flüssigkeitsvolumen größer ist als das eingepumpte, muß die Sicherheitseinrichtung, welche den Ringraum dichtet (der Preventer), am Bohrlochmund geschlossen, der Bohrlochausfluß durch entsprechende Düsen gedrosselt und Schwerspülung durch die Bohrgarnitur in das Bohrloch eingepumpt werden.

Wie schon früher gesagt wurde, müssen sehr oft Schichten durchteuft werden, welche einen höheren Druck aufweisen, als dies dem hydrostatischen Druck bei der betreffenden Teufe entsprechen würde. Als abnormale Drücke werden nach A.P.I. jene verstanden, welche eine Bohrspülung mit einem spezifischen Gewicht von 1,4 und darüber erfordern.

Es sind schon Druckhorizonte durchteuft worden, welche eine Bohrspülung mit einem spezifischen Gewicht von 2,7 beanspruchten.

Falls im Spülstrom nur verhältnismäßig kurze Zeit Gasblasen aufscheinen, ist dies wohl eine Warnung für das Bohrpersonal, bedeutet aber zunächst keine Gefahr. Wenn aber durch Gase ein Ausblasen erfolgt, ist das ein Beweis von Unachtsamkeit des Bohrpersonals. Die auf der Bohrlochsohle in die Spülung eintretenden Gasblasen expandieren mit dem Hochsteigen des Spülstromes zusehends und vermindern damit den hydrostatischen Druck. So wurde z. B. eine Spülung, welche mit spezifischem Gewicht von **1,67** in **3600** m Tiefe zirkuliert wurde, durch Gase auf **1,38** im spezifischen Gewicht reduziert, das heißt von einem Sohldruck von **601,2** Atü auf **496,8** Atü.

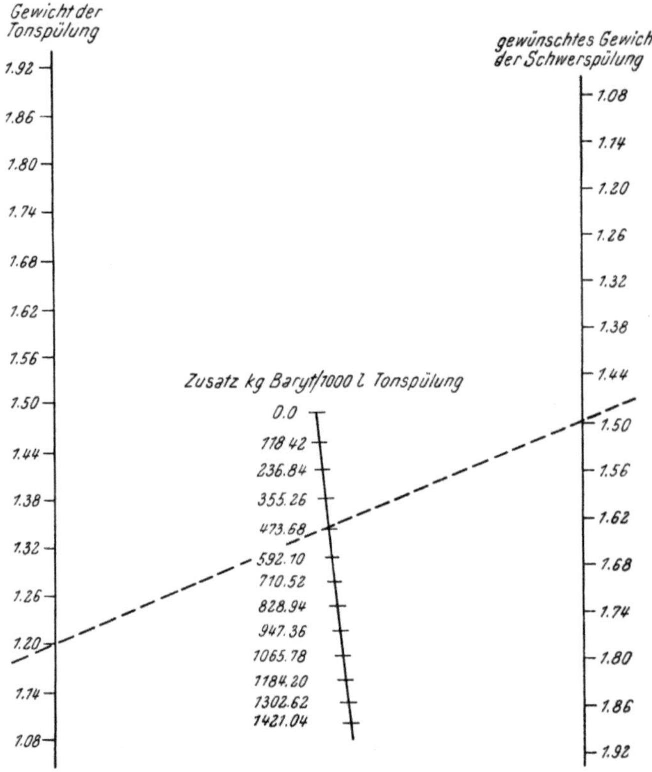

Abb. 68. Nomogramm zur Bestimmung des erforderlichen Barytzusatzes, um mit gegebener Tonspülung das erwünschte spezifische Gewicht zu erreichen

Als Beschwerungsmaterial wird heute in fast allen Erdölländern Baryt zugesetzt, der in der Spülung in Suspension bleibt und keinerlei Quellvermögen besitzt.

Baryt ($BaSO_4$) hat ein spezifisches Gewicht von 4,0 bis 4,3, die chemische Zusammensetzung des für Bohrspülungen verwendeten Baryts soll sich nach A.P.I. in folgenden Grenzen halten:

Minimaler Gehalt an $BaSO_4$	94 %,
maximaler Gehalt an Ton	1,0 %,
maximaler Gehalt an Karbonaten	0,1 %,
maximaler Gehalt an löslichen Feststoffen	0,01%.

Als Zusatz zur Bohrspülung ist Baryt fein gemahlen, und zwar soll der Rückstand am 4900 Maschensieb maximal 6% betragen. Baryt wird in Papiersäcken für Bohrzwecke geliefert.

Der Zusatz soll allmählich erfolgen, und zwar so, daß nach zwei bis drei Zirkulationsumläufen das gewünschte spezifische Gewicht erzielt ist. Über die Art der Aufbereitung wird in einem späteren Kapitel noch Näheres erläutert werden.

Eine Spülung, die mit Schwermaterial versetzt ist, darf nicht mit Wasser, sondern muß durch Chemikalien verdünnt werden. Ferner soll die Viskosität der Ton-Wasserspülung vor dem Zusatz des Schwermaterials auf etwa 40 Sek. im Marsh-Trichter reduziert werden.

Das Zusatzmaterial erhöht entsprechend dem spezifischen Volumen desselben auch das Volumen der Spülung.

Aus der in Abb. 68 dargestellten Fluchtlinientafel können die erforderlichen Barytzusätze für verschieden schwere Tonwasserspülungen graphisch ermittelt werden, um eine Spülung mit erforderlichem spezifischem Gewicht zu bekommen.

2. Maßnahmen zur Behebung von Spülungsverlusten

Beim normal verlaufenden Bohren tritt die mit dem Bohrschmant beladene Spülung ober Tage aus. Ist dies nicht der Fall, d. h. die im Ringraum zwischen dem Bohrstrang und der Bohrlochwand hochsteigende Spülung erreicht nicht mehr den Bohrlochmund, so wird die zirkulierte Spülung in einer der durchteuften Schichten verlorengehen.

Eine Kontrolle der austretenden Spülung ist damit ausgeschlossen, der Bohrschmant wird nicht ausgetragen. Der an den Bohrlochwänden gebildete Filterkuchen kann zu dick werden, ein Teil des Hangenden, dem eine entsprechende Flüssigkeitssäule nicht entgegensteht, kann nachfallen, der Bohrstrang kann durch diese Umstände im Bohrloch festwerden. Der Einbau der Futterrohre und deren Zementierung kann auf große Schwierigkeiten stoßen.

Diese Spülungsverluste können im allgemeinen auf die folgenden zwei Ursachen zurückgeführt werden:

1. Der durchteufte Schichtenkomplex weist von Haus aus Risse bzw. Öffnungen auf, in welche die Spülung eintreten und hier gespeichert werden kann.
2. Der hydrostatische Druck der Spülungssäule im Bohrloch ist zu hoch, bricht bzw. reißt gewisse Gesteinsschichten auf und ermöglicht auf diese Art ein Abfließen der zirkulierten Spülung.

Zu den Ursachen ad 1. wären die folgenden Formationstypen zu zählen:

a) Kavernöse und zerklüftete Gesteine (vornehmlich Kalk-Dolomitgesteine),

b) sehr grobkörnige und gut durchlässige Schichten (besonders untiefe Schotter, Kies und Sandschichten, sehr lockere Ölsande),

c) tektonisch gestörte Komplexe, Bruchzonen usw.

Die erste Bohrung in einer neu zu erschließenden Lagerstätte wird die Teufenlage und den Charakter der von Haus aus Spülung schluckenden Schichtenkomplexe feststellen. Aus der geologischen Korrelation können die Teufenlagen dieser Schichten bei den weiteren Bohrungen ungefähr ermittelt werden, so daß die entsprechenden Maßnahmen rechtzeitig getroffen werden können.

Wie solche Spülungsverluste behoben werden können, hängt wesentlich von den lokalen Bohrlochverhältnissen ab.

Sind von Haus aus Risse und Zerklüftungen vorhanden, wo also der hydrostatische Druck der Spülungssäule nicht der maßgebende Faktor ist, werden eigene

Arbeitsmethoden angewendet, bzw. besondere Dichtungsmaterialien der Bohrspülung zugesetzt.

Unter gewissen günstigen Verhältnissen kann die folgende Methode einen Erfolg ergeben:

Die Bohrung wird trotz der Spülungsverluste eine gewisse Teufenstrecke weiter abgeteuft, was in Fachkreisen als blindes Abteufen bezeichnet wird. Der Flüssigkeitsspiegel erreicht im Ringraum nur eine bestimmte Höhe oberhalb der schluckenden Schichte. Wenn nun die Geschwindigkeit des Spülstromes im Ringraum so gewählt wird, daß nur ein langsames Einströmen der Spülung in die Risse erfolgen kann, besteht die Möglichkeit, daß das mitgetragene Bohrklein dieselben nach einiger Zeit verdämmt.

In gewissen Distrikten von USA wurde mit Wasser blind gebohrt und eine Verdämmung der schluckenden Schichten in verhältnismäßig kurzer Zeit erzielt.

Auch Wartezeiten, in denen die Zirkulation völlig eingestellt wurde, haben unter gewissen Verhältnissen den Spülungsverlust in verschiedenen Erdölgebieten der USA behoben.

Wartezeiten von 8 bis 12 Std., während denen der Meißel in die nächste Verrohrung gezogen war, genügten in verschiedenen Fällen, um die Spülungsverluste zu beheben. Es wurde angenommen, daß dabei ein Druckausgleich erfolgt, die Risse bzw. Öffnungen sich schließen und falls beim Weiterbohren der hydrostatische Druck gegenüber dem Flüssigkeitsdruck in der Formation eine gewisse Grenze nicht überschreitet, die Bohrung ohne Spülungsverluste weiter abgeteuft werden kann.

In vielen Fällen ergaben diese Methoden allerdings kein Resultat. Es wurden die verschiedensten Verdämmungsmaterialien der Spülung zugesetzt. Und zwar waren dies: Holzfasern, Holzmehl, Baumwollhülsen, Korkflocken, Lederflocken, Walnußschalen, Kokskörner, Glimmerschuppen, Sande, Cellophan, Perlite und sonstige synthetische Faserstoffe.

G. C. Howard und P. P. Scott Jr.[1] haben in zahlreichen Untersuchungen faserige und schuppenförmige Dichtungsmaterialien in verschiedener Konzentration der Bohrspülung zugesetzt und dabei ermittelt, welche Rißweiten damit abgedämmt werden können. Sie fanden, daß mit einem Zusatz von etwa 40 kg faserigem oder schuppenförmigem Material pro 1000 l Spülung bei Rißweiten von 2,5 bis 3,0 mm eine Verdämmung zu erreichen ist.

Als maximale Konzentration empfehlen sie 56 kg/1000 l Spülung, mit welcher Rißweiten von 4,5 bis 5,0 mm verdämmt werden können.

Bei der Zirkulation dieser Spülung darf das Dichtungsmaterial ober Tage nicht ausgeschieden werden, sondern wird mitzirkuliert.

In anderen Fällen werden zum Abdichten solcher Schichten eigene flüssige Dichtungspfropfen eingepumpt. Ober Tage wird eine Spülung mit 40 bis 56 kg/m^3 Dichtungsmaterial aufbereitet und durch das Gestänge in die Verlustzone eingepumpt. Nach einer kurzen Wartezeit wird die Bohrarbeit mit möglichst geringem hydrostatischem Druck, also einer möglichst leichten Spülung fortgesetzt.

Das Einbringen dieser Dichtungspfropfen muß gegebenenfalls mehrere Male wiederholt werden.

Wo auch dieses Verfahren keinen Erfolg ergab, wird das Abdämmen mit Dieselöl-Bentonit oder mit einem Gelzement versucht.

Beim Dieselöl-Bentonit wurden etwa 800 kg Bentonit pro 1000 l Dieselöl aufbereitet. Diese Mischung wird im Kontakt mit dem Formationswasser und auch mit der Tonwasserspülung zu einem gut dichtenden Gel.

[1] An Analysis and Control of Lost Circulation. Transactions of the American Institute of Mining and Metallurgical Engineers, *192* (1951), 171.

Über Gelzemente und deren Vorteile beim Abdichten wird in einem späteren Kapitel Näheres erläutert werden.

Wo alle Versuche, den Spülungsverlust einzudämmen, scheitern, wird nach dem blinden Durchteufen der Verlustschichte der Einbau einer Verrohrung und deren Zementierung das einzige Mittel sein, um ein weiteres gefahrloses Abteufen der Bohrung zu gewährleisten.

Was nun das Aufbrechen der Formation infolge zu hohen hydrostatischen Druckes betrifft, kann folgendes gesagt werden:

Jede Schichte weist an und für sich gewisse Risse kleinster Weite auf. Die darin kapillar gebundene Flüssigkeit ist hier unter einem bestimmten Druck gespeichert. Übersteigt der hydrostatische Druck ein gewisses Maß, können diese ursprünglich sehr feinen Risse so erweitert werden, daß sich Spülungsverluste ergeben.

Der Flüssigkeitsdruck in einer normalen Formation entspricht dem Druck einer 8%igen Salz-Wassersäule, also ungefähr 0,107 Atm./m Teufe.

In vielen Feldern ist dieser Druck aber erheblich niedriger und erreicht z. B. in West Texas, Mid Continent und Canada in manchen Fällen bloß 0,055 Atm./m.

Bohrspülungen mit einem spezifischen Gewicht von 1,15 bis 1,25, wie sie noch vielfach verwendet werden, ergeben einen hydrostatischen Druck von 0,115 bis 0,125 Atm./m Teufe.

Wo nun infolge dieses Überdruckes Spülungsverluste auftreten, muß versucht werden, das Spülungsgewicht, so weit es die Sicherheit der Bohrung erlaubt, zu reduzieren.

Vor allem ist es wichtig, jeden zu plötzlichen Druckanstieg zu vermeiden. Der Einbau der Bohrgarnitur darf in gefährdeten Zonen nicht zu rasch erfolgen, ferner soll beim Beginn der Zirkulation zunächst langsam gespült und nur allmählich das Pumpvolumen auf das erwünschte Maß gesteigert werden.

Jedes Aufballen des Meißels und der Schwerstangen durch Bohrschmantbrocken muß vermieden werden, da sich sonst unterhalb der aufgeballten Teile Überdrucke einstellen, die leicht ein Aufbrechen der Formation zur Folge haben können.

In manchen Feldern hat die Verwendung einer möglichst leichten Tonspülung beim Durchteufen der Verlustschichten eine Verdämmung herbeigeführt, besonders dort, wo die Ringraumgeschwindigkeit verhältnismäßig gering war und der hochsteigende Bohrschmant allmählich eine Verdämmung erzielte. Nach Überwindung dieser Verluste konnte wieder mit normal schwerer Spülung, bei Vermeidung jedweder Druckstöße, die Bohrung niedergebracht werden.

Ansonsten können für schwierige Fälle dieselben Maßnahmen getroffen werden, wie sie für kavernöses und zerklüftetes Gestein empfohlen werden.

Die Firma Halliburton veröffentlichte in der Zeitschrift „World Oil" vom 1. August 1954 ein neues Verfahren zum Verdämmen schluckender Schichten mittels eines speziellen Gels, dessen Zusammensetzung nicht angegeben ist.

3. Rheologische Eigenschaften einer Spülung und deren Beeinflussung durch chemische Zusätze

a) Viskosität, Gelstärke, Thixotropie

Bei der Bohrspülung ist die Viskosität ein Maß für den Fließwiderstand. Im Felde wird sie, wie schon erwähnt, mit dem Marsh-Trichter gemessen.

Die Gelstärke kann von der Bohrmannschaft nur oberflächlich beurteilt werden, und zwar nach der Steifheit, welche die Spülung in den Becken aufweist.

Sowohl die Viskosität als auch die Gelstärke sollen bei einer Bohrspülung nicht zu hoch sein, und zwar aus folgenden Gründen:

α) Sand und Bohrschmant scheiden sich aus einer Spülung mit hoher Viskosität und Gelstärke schwer ab.

β) Das In-Fluß-Bringen einer solchen Spülung erfordert höhere Pumpdrücke.

γ) Die Kolbwirkung macht sich beim Ausbau der Bohrgarnitur stärker bemerkbar.

In größeren Teufen, wo höhere Temperaturen herrschen, sollte die Versteifungszeit kurz sein, um ein sicheres Austragen bzw. In-Schwebe-Halten des Bohrkleins zu gewährleisten. Im Gegensatz dazu sollte sie ober Tage wiederum erheblich länger sein, um ein gutes Abscheiden des Bohrkleins zu ermöglichen. Diese beiden extremen Forderungen können schwerlich erreicht werden. Aus diesem Grunde ist die Verwendung des in USA eingeführten Zyklonabscheiders sehr zu empfehlen.

Es gibt wohl keine ideale Regel für die geeignetste Viskosität. Empfohlen wurden die folgenden Grenzen:

Für Spülungen mit geringem Feststoffgehalt (maximal 10%)
30 bis 40 Sek. im Marsh-Trichter,
bei Spülungen mit hohem Feststoffgehalt über 10%
40 bis 50 Sek. im Marsh-Trichter.

Über die Kolbwirkung wäre noch folgendes auszuführen:

Die meisten Ausbrüche treten bei Bohrungen dann auf, wenn der Bohrstrang ausgebaut wird. Bei jedem Ausbau erfolgt eine Reduktion des hydrostatischen Druckes. Das vom Bohrstrang verdrängte Volumen muß beim Ausbau nachgefüllt werden. Bei jedem Stillstand des Bohrstranges (beim Abschrauben eines Gestängezuges) haftet die Spülung dank ihrer Gelstärke bzw. Thixotropie an den Bohrstrangwandungen und wird daher beim weiteren Ausbau zum Teil mitgehoben.

In Tab. 10 sind diese Druckverluste unter Angabe der Teufe, des Ringraumes zwischen Gestänge und Futterrohren bzw. Bohrlochwand ersichtlich. (Die angegebene Gelstärke ist ein selbstgewähltes Maß und daher nur als Verhältniszahl zu verstehen.)

Tabelle 10. *Kolbwirkung beim Ausbau des Bohrstranges, ausgedrückt als Druckverlust bei verschiedenem Ringraum und verschiedener Gelstärke einer Ton-Wasserspülung*

Fr = Ringraum-Durchflußquerschnitt	Teufe m	Gelstärke g	Druckverminderung kg/cm²
4 1/2 Zoll in 10 3/4-Zoll-Futterrohren Fr = 406 cm²	2135,0	36	19,25
	2135,0	12	8,75
	915,0	36	8,75
	915,0	12	4,34
3 1/2 Zoll in 7-Zoll-Futterrohren Fr = 150,0 cm²	2135,0	60	34,09
	2135,0	36	32,34
	2135,0	6	25,4
	915,0	60	14,8
	915,0	36	14,0
	915,0	6	11,2

Aus der Tabelle geht unter anderem hervor, daß mit der Reduktion des Ringraumes der Kolbeffekt stark ansteigt.

Die Kolbwirkung kann sowohl zu wilden Ausbrüchen als auch zum Nachfall der Bohrlochwand führen, besonders in Formationen, die gebrochen sind und ein steiles Einfallen haben.

b) Filtration und Presswasser

In durchlässigem Gestein wird die Spülung Wasser abgeben und in den Gesteinsporen auf eine gewisse Weite eindringen. Die Festteilchen werden an der Oberfläche der Bohrlochwand einen Filterkuchen bilden.

Ein zu dicker Filterkuchen an der Bohrlochwand bedeutet, wie schon wiederholt erwähnt wurde, eine Gefahr für den Bohrstrang. Zu hohe Wasserverluste erschweren die Interpretation der elektrischen Bohrlochvermessungen und können ferner zur Verschlämmung von produktiven Horizonten führen.

Je besser das Wasserbindevermögen des verwendeten Feststoffes (Ton oder Bentonit) ist, um so geringer wird auch die Filtration sein. Zusatz von Stärke oder Natrium-Carboxymethyl-Cellulose ist zur Verbesserung des Wasserbindevermögens zu empfehlen.

In undurchlässiges Gestein, z. B. in Tonbänke, wird kein Preßwasser eindringen.

Falls aber im Tonkomplex sehr dünne und gut durchlässige Sandlagen vorhanden sind, kann das hier eindringende Filtrat doch zu Quellungen der Tonbank führen.

Quellende Tonbänke lassen sich in geringerer Teufe verhältnismäßig rasch durchbohren. Folgen im Liegenden harte Schichten, die viel langsamer durchteuft werden können, kann sich ein Quellen der darüber liegenden Tonbänke unangenehm bemerkbar machen. Um beim Beginn einer Bohrung dem Meißel den erforderlichen Bohrdruck zu übermitteln, muß hierzu oft das gesamte Gewicht des Bohrstranges herangezogen werden, so daß ein Verbiegen desselben unvermeidbar ist. Der gebogene Strang wird in den Berührungspunkten an der Bohrlochwand scheuern und Aushöhlungen verursachen, die zum Nachfall des Hangenden führen können.

Hier empfiehlt es sich, die Viskosität der Spülung durch Zusatz von Bentonit zu erhöhen und sobald als möglich das nötige Schwerstangengewicht in den Bohrstrang einzubauen.

Beim Durchteufen plastischer Tonbänke kommt es häufig zu Aufballungen des Meißels, wodurch der Bohrfortschritt wesentlich vermindert wird.

Durch wiederholtes Anheben und rasches Absenken des Bohrstranges bei gleichzeitiger Drehbewegung und scharfem Spülen werden sich diese Aufballungen fast immer beseitigen lassen.

Der Filterkuchen wird durch Zusatz von Carboxymethylcellulose (CMC) reduziert.

Auch ein Zusatz von polymeren Phosphaten bringt Hilfe, allerdings nur bis zu einer maximalen Temperatur von etwa 80° C. Bei höherer Temperatur erfolgt eine Umwandlung in Orthophosphate, die unwirksam sind.

c) Geeignete chemische Zusätze für das Durchteufen von Schichten, welche die Spülung ungünstig beeinflussen

Die Charakteristik und Stabilität einer Ton-Wasserspülung ist am sichersten durch ihren PH-Wert festzustellen. Die meisten guten Spülungen sind alkalisch in den Grenzen von PH 8,0 bis 13,0. In Tab. 11 sind die PH-Werte verschieden behandelter Spülungen zu ersehen.

Tabelle 11

Spülungstype	PH-Wert
Geringer Feststoffgehalt an Ton, salzig	6,5 und mehr
Geringer Feststoffgehalt an Ton + Quebracho	9,0 und mehr
Phosphatbehandelte Tonspülung	7,5 bis 9,5
Mit kaustischer Soda und Quebracho behandelte Tonspülung	8,0 bis 10,0
Rote Kalkspülung mit kaustischer Soda und Quebracho behandelt	11,5 und mehr
Mit Kalk oder Calcium behandelte Tonspülung	12,5 und mehr

Was die Alkalität betrifft, darf nicht übersehen werden, daß der PH-Wert logarithmisch ist, daher eine Spülung mit z. B. PH 12 die zehnfache Alkalität von PH 11 besitzt.

In Tab. 12 sind die PH-Werte der gebräuchlichsten chemischen Zusätze angegeben, wobei je 6,0 kg Zusatzmittel in 100 l Wasser gelöst sind.

Tabelle 12

Name	PH-Wert
Bariumcarbonat $BaCO_3$	10,0
Natriumbicarbonat $NaHCO_3$	9,5
Calciumsulfat $CaSO_4 \cdot 1/2\ H_2O$ (Gips)	6,0
Natriumcarbonat Na_2CO_3 (soda ash)	11,0
Calciumhydroxyd $Ca(OH)_2$ (gelöschter Kalk)	12,5
Natriumhydroxyd NaOH (kaustische Soda)	14,0
Calciumlignosulfonat	7,7
Lignit, Huminsäure	5,0
Quebracho, Tanninsäure	6,0
Natriumpyrophosphat $Na_2H_2P_2O_7$	4,8
Natriumhexametaphosphat $(NaPO_3)_6$	6,8
Natriumtetraphosphat $Na_6P_4O_{13}$	7,5
Tetranatriumpyrophosphat $Na_4P_2O_7$	9,9
Carboxymethylcellulose (CMC Tylose B 77)	10,0

Es ist vorteilhaft, sich über diese PH-Werte im klaren zu sein, um bei einer Spülungsbehandlung das jeweils richtige Zusatzmaterial zu wählen. Jeder dieser Zusätze hat seine optimale Wirkung. So werden z. B. Natriumbikarbonat und Bariumkarbonat als spülungsreinigende Agenden, CMC zur Verbesserung der Wasserbindung und Quebracho sowie die diversen Phosphate zur Verdünnung einer Spülung herangezogen. Die Polyphosphate sind allerdings bei hohen Temperaturen nicht mehr wirksam und werden selten bei Spülungen mit PH-Werten über 10 verwendet.

Quebracho ist bei der Behandlung der Spülung, die durch Zement verunreinigt wurde, besonders wirksam.

Calciumlignosulfonat ist ein spezieller Zusatz bei Kalkspülungen.

Die Carboxymethylcellulose ist ein Cellulosederivat, das auf vielen Gebieten heute Verwendung findet. CMC ist nicht die Bezeichnung für eine genau definierte chemische Verbindung, sondern für eine Gruppe von Verbindungen. Das Ausgangsprodukt ist die Cellulose als Hauptbestandteil der holzigen Pflanzenteile. Sie wird, da von Haus aus im Wasser unlöslich, durch eine entsprechende chemische Behandlung in ein in Wasser lösliches Präparat verwandelt.

Das Anion dieses Alkalisalzes liegt innerhalb der kolloidalen Größenordnung, was für dieses Präparat von besonderer Bedeutung ist, so daß es die Fähigkeit hat, wässerigen Lösungen Viskosität zu verleihen und infolge der hohen negativen Ladung des Anions ein wirksames Schutzkolloid zu sein.

Die deutsche Firma Kalle & Co. (Wiesbaden) stellt drei verschiedene Präparate her, und zwar:

1. Tylose „BT" als extrem niedrig viskose,
2. Tylose „B 77", als niedrig viskose,
3. Tylose „VHR" als hochviskose CMC.

Alle Produkte sind ein lufttrockenes, grießförmiges Pulver, das in Säcken à 20 bzw. 25 kg Inhalt geliefert wird. Sie lassen sich im Wasser bei beliebiger Temperatur leicht lösen.

Die Tylose „BT" eignet sich besonders für sehr schwere Spülungen mit einem spezifischen Gewicht bis zu 2,5.

Für eine Spülung mit dem spezifischen Gewicht von etwa 2,0 wird die folgende Zusammensetzung empfohlen:

4 bis 8 Gewichtsanteile Bentonit,

4 bis 8 Gewichtsanteile Tylose „BT",

30 Gewichtsanteile Chlornatrium und schließlich Baryt in entsprechendem Anteil.

Bei besonders schweren Spülungen für extreme Fälle, wo auch höchste Resistenz gegen lösliche Salze gefordert wird, eignet sich z. B. die folgende Zusammensetzung:

1 bis 2 Gewichtsanteile Bentonit,
8 bis 10 Gewichtsanteile Tylose „BT",
30 Gewichtsanteile Chlornatrium und Baryt nach Bedarf.

Zum Durchteufen von mächtigen Tonbänken, wobei die Viskosität der Spülung sehr ansteigen kann, ist der Zusatz von Tylose „BT" oft das einzige Hilfsmittel. Es kann auch ohne weiteres mit den anderen Zusatzmitteln, wie Quebracho, Calciumlignosulfonat und Phosphaten kombiniert eingesetzt werden.

Bei Verwendung von „B 77" ist eine etwa 10%ige Tyloselösung zuzusetzen.

Für die Tylose „VHR" empfiehlt sich ein Zusatz einer 50prozentigen Lösung.

Das Aufbereiten kann in Mischtrichtern durch Umpumpen oder Anrühren von Hand erfolgen.

Schließlich kann das trockene Produkt auch direkt in die Spülrinne gestreut und im Becken durch Umpumpen völlig gelöst werden.

Besonders geeignet sind diese Zusätze bei feststoffarmen Spülungen. Hier übernimmt die CMC die Aufgabe des Bentonits bzw. des Tones. Es können daher die Viskosität, die Gelstärke und die Fließgrenze beliebig geregelt werden.

Beim Durchteufen von druckschwachen Öl- und Gasschichten, die durch eine normal schwere Spülung leicht verschlämmt werden, müssen möglichst leichte, das heißt feststoffarme Spülungen eingesetzt werden. Dabei ist der Zusatz von CMC äußerst vorteilhaft.

Ein weiterer Vorteil bei diesen Zusätzen ist der, daß die Spülungen Sand und Gase ober Tage leicht abgeben.

Auch die Firma Wolff & Co. in Walsrode stellt CMC-Produkte als Schutzkolloide für Bohrspülungen her. Sie kommen unter der Markenbezeichnung Antisol HS, H, M und N in den Handel.

Der Unterschied liegt hier nicht nur in der Viskosität, sondern auch im Verätherungsgrad.

Antisol HS wird für Salzlaugenspülungen, die Marke H zum Durchteufen von Salzstöcken und Anhydrit empfohlen. Antisol M wird für Ton-Wasserspülungen empfohlen, die keine wesentliche Viskositätserhöhung erfahren dürfen. Antisol N verbessert die Wasserbindung bei praktisch konstanter, zum Teil erniedrigter Viskosität.

Die Zusatzmengen halten sich in den gleichen Grenzen wie bei der Tylose.

Ein besonderer Vorteil ist der bei CMC-Zusatz sich ergebende dünne und gut dichtende Filterkuchen, der allerdings auch von der Qualität des verwendeten Tones bzw. Bentonites abhängt.

Über die Theorie der Wirkung von CMC in der Bohrspülung kann heute nur folgendes gesagt werden:

Es besteht vermutlich in erster Linie eine Dispergier- und Stabilisierungswirkung auf die Tonsuspension infolge Ablagerung an die Tonteilchen und Verhinderung der Bildung von Sekundärteilchen, die für die Wasserbindung und Filterkuchenbildung nachteilig wären.

4. Beeinflussung des elektrischen Widerstandes einer Ton- oder Bentonit-Wasserspülung durch die chemischen Zusätze

Durch den Zusatz einiger in der Praxis gebräuchlicher Chemikalien ergeben sich die folgenden Änderungen in den Widerstandswerten der Spülung, des Filterkuchens und des Filtrates:

Der elektrische Widerstand der Spülung wird im allgemeinen wie folgt beeinflußt:

Quebracho und Polyphosphate vermindern den elektrischen Widerstand nur unbedeutend, Calciumlignosulfonat etwas stärker, am stärksten wird er durch Zusatz von CMC, Natriumtannaten und Carbonaten erniedrigt.

Der Filterkuchen zeigt, mit Ausnahme bei einer Spülung, die mit Quebracho behandelt wurde, im allgemeinen eine starke Erhöhung des Widerstandes gegenüber der Spülung.

Die Absolutwerte des Widerstandes sinken mit der gesteigerten Zugabe an chemischen Zusätzen.

Beim Filtrat ist das Umgekehrte der Fall. Der Widerstand nimmt bei steigender Zusatzmenge stärker ab als bei der Spülung.

Eine Ausnahme bildet der Zusatz von Antisol.

Zu diesen Ergebnissen kam E. Vögl bei seinen Untersuchungen im Laboratorium der Rohöl A. G.

D. Häufig auftretende Verunreinigungen einer Ton-Wasserspülung und die mögliche Ausschaltung der dadurch verursachten ungünstigen Einflüsse

1. Ausbohren von Zement

Eine normale Ton-Wasserspülung verwandelt das im Zement enthaltene CaO in $Ca(OH)_2$, also gelöschten Kalk, wodurch die Gelstärke sehr ansteigt, der Ton ausflockt und sich eine große Wasserabgabe einstellt.

Hier kann nun wie folgt vorgegangen werden:

a) Der Zementpfropfen kann mit reinem Wasser ausgebohrt werden, wobei vorher die im Bohrloch vorhanden gewesene Spülung durch Wasser ersetzt wurde.

b) Ist eine Reserve an Spülung vorhanden, muß die Spülung, mit der der Zementpfropfen durchbohrt wurde, beim weiteren Abteufen durch eine frische Spülung ersetzt werden.

c) Schließlich kann die Spülung mit Natriumbicarbonat oder Natriumpyrophosphat bzw. auch nur mit Quebracho vorbehandelt werden.

Bei einer Spülung, die vorher mit nur wenig Quebracho oder Phosphaten behandelt wurde, eignet sich am besten das Natriumbicarbonat. Und zwar sollen etwa 0,4 bis 0,7 kg Natriumbicarbonat pro 1 dm^3 Zement verwendet werden. Dies unter der Voraussetzung, daß der Zement gut erhärtet ist. Bei noch weichem Zement müssen bis zu 1,5 kg pro 1 dm^3 Zement der Spülung zugesetzt werden. Nach erfolgreicher Behandlung sollte der PH-Wert der Spülung etwa 9,0 betragen. Sollte der Zusatz von Natriumbicarbonat eine zu weitgehende Verdünnung mit sich bringen, muß Bentonit zugesetzt werden.

2. Bohren in Anhydrit und Gips ($CaSO_4$ und $CaSO_4 \cdot 2\,H_2O$)

Beim Durchbohren von Anhydrit und Gips wird die Viskosität der Spülung außerordentlich hoch, ebenso wie die Gelstärke und Wasserabgabe. Ein Zusatz von Natriumcarbonat oder Quebracho ist in diesem Falle wirkungsvoll. Je nach dem Feststoffgehalt muß die erforderliche Zusatzmenge im Laboratorium ermittelt werden.

Bei Spülungen mit einem hohen Feststoffgehalt werden die folgenden Behandlungen vorgeschlagen:

1. 0,3 kg Quebracho/100 l Spülung oder etwas weniger CMC (Carboxymethylcellulose), falls der PH-Wert etwa 11,5 beträgt.

2. Bei einem PH-Wert 9,5 bis 10,5 und einer Spülung, die mit Quebracho vorbehandelt wurde, empfiehlt sich ein Zusatz von Bariumcarbonat.

3. Verunreinigung der Spülung durch Salz (NaCl)

Solange der Prozentsatz an Salz 1% nicht übersteigt, besteht keine Gefahr und die Behandlung der Spülung erfolgt in der gleichen Weise wie bei einer Süßwasserspülung. Ist der Salzgehalt höher, müssen besondere Maßnahmen getroffen werden.

Beim Durchteufen von Salzwasserschichten, Salztonbänken und Salzstöcken wird eine mit Süßwasser aufbereitete Tonspülung in ihrer Charakteristik ungünstig beeinflußt. Zunächst wird die Viskosität und Gelstärke stark ansteigen, um nach einiger Zeit, je nach der NaCl-Konzentration, weit unter das normale Maß zu fallen. Diese Änderung kann sich erst nach Tagen einstellen. Tone zeigen im salzhaltigen Wasser ein sehr geringes Wasserbindevermögen. Die Feststoffe flocken daher aus, die Wasserabgabe steigt rapid an. Die Behandlung einer so verunreinigten Spülung hat in den seltensten Fällen einen dauerhaften Erfolg. Zugabe großer Mengen von Quebracho, 2 bis 4 kg/m³, kann eine vorübergehende Besserung herbeiführen.

Falls der Zufluß von durchteuften Salzwasserschichten diese Verunreinigung verursacht, kann eine rasche Erhöhung des spezifischen Gewichtes der Spülung diesem Übelstand abhelfen.

Dort, wo massive Salzstöcke zu durchbohren sind, muß die Süßwasserspülung durch eine Salzwasser- oder eine andere salzbeständige Spülung ersetzt werden, um Auskesselungen und Nachfall des Hangenden zu vermeiden.

4. Einfluß hoher Temperatur

Hohe Temperatur hat bei normaler Ton-Wasserspülung die Erhöhung der Gelbildung, einen dicken Filterkuchen und hohe Wasserabgabe zur Folge.

Ein Zusatz von Polyphosphaten ist nur bei Temperaturen von etwa 80° C von Vorteil. Bei höheren Temperaturen bis etwa 160° C bewährt sich ein Zusatz von Quebracho und Lignin (ein Holzstoff, der neben Cellulose bis zu 30% im Holz enthalten ist; Herstellung durch Behandlung des Holzes mit Säuren).

Kaustische Soda, NaOH und Kalk reagieren bei stark alkalischer Spülung im Kontakt mit Ton und Sand ungünstig. Die Spülung verfestigt sich bei hoher Temperatur und verstopft die Poren.

Bei hoher Temperatur bewährt sich ein niedriger Feststoffgehalt und mittlerer Prozentsatz an organischen Dispersionsagenden, wie z. B. Quebracho.

Im Wilcox-Gebiet (USA) wurden die folgenden Spülungstemperaturen auf der Bohrlochsohle gemessen:

3000 m	rund 104° C
4500 m	rund 170° C

Dabei muß bedacht werden, daß die Temperatur der Lagerstätte noch um etwa 5 bis 10° C höher war.

Bei Versuchen im Laboratorium soll eine Temperatur eingestellt werden, die höher ist als die bei der Bohrung erwartete.

E. Besondere Spülungen mit Wasserbasis

1. Die Salzwasserspülungen

Es handelt sich dabei um eine Wasserspülung mit hoher NaCl-Konzentration, in der Ton bzw. Bentonit in möglichst kolloidaler Verteilung enthalten ist, wodurch auch eine entsprechende Filterkuchenbildung und Thixotropie erzielt wird.

Mit dieser Spülung werden Salzwasser-Salzton-Schichten und Salzstöcke, ferner auch Tonschichten, die bei einer Süßwasserspülung zu Quellungen und Nachfall neigen, ohne Schwierigkeiten durchteuft.

Außerdem zeichnet sich diese Spülung durch ihre Unempfindlichkeit beim Durchteufen von Gips und Anhydrit aus.

Vorteilhaft ist ferner ihre geringe Empfindlichkeit gegen hohe Bohrlochtemperaturen und nicht zuletzt ihr niedriger Gefrierpunkt, der sie besonders für kaltes Klima empfiehlt.

Nicht geeignet ist sie zum Durchteufen von Schichten mit einem hohen Gehalt an Magnesium und Calciumsalzen.

Was ihre Aufbereitung betrifft, gibt es dreierlei Wege, und zwar:

a) Aufbereitung einer Ton- bzw. Bentonitspülung mit Süßwasser, versetzt mit einer entsprechenden Menge von CMC und anschließender Sättigung mit Steinsalz. Es ist dies die sogenannte Bentonit-CMC-Salzspülung.

b) Aufbereitung von CMC mit gesättigter Salzlauge.

c) Aufbereitung der Spülung mit salzfestem Ton.

Nach Berichten von Spülungsfachleuten sollen sich die beiden erstgenannten Spülungen sehr gut bewährt haben. Entsprechend der Zusammensetzung weichen naturgemäß die Grundeigenschaften in mancher Hinsicht voneinander ab und machen die Spülung für den einen oder anderen Fall besonders geeignet. Es ist schwierig, ein ganz bestimmtes Rezept anzugeben, da die lokalen Verhältnisse oft sehr verschieden sein können.

Für die Bentonit-CMC-Salzspülung sollen sich unter anderen die Erzeugnisse der Firma Kalle & Co., und zwar Tylose BT und Tylose B 77, besonders bewährt haben. Tylose BT ist extrem niedrig viskos, wohingegen Tylose B 77 als niedrig viskos bezeichnet werden kann.

ad a) Zur Aufbereitung dieser Salzspülung wird das folgende Verfahren empfohlen:

In einem entsprechenden Becken werden 8 bis 12 Gewichtsprozente Bentonit mit Süßwasser aufbereitet und zum vollständigen Quellen gebracht. (Wenn erforderlich, kann dabei die Viskosität durch Zusatz von Quebracho reduziert werden.)

In einem zweiten Becken wird eine 10 bis 15%ige CMC-Lösung mit Süßwasser aufbereitet. Die beiden gleichgroßen Schlämmvolumen werden sodann im Verhältnis 1 : 1 vermischt und mit Steinsalz gesättigt.

ad b) Bei der zweiten Type handelt es sich um eine Lösung von 2 bis 4% CMC, und zwar der hochviskosen Tylose VHR, in gesättigter Salzlösung. Der Anteil an CMC richtet sich nach der erforderlichen Viskosität. Es wird empfohlen, die Tylose zunächst in Süßwasser zu lösen und erst dann das Salz zuzusetzen.

Zur Aufbesserung beider Spülungstypen kann die Tylose auch trocken zugesetzt werden. Diese Zugabe kann die Wasserabgabe bis auf Null herabsetzen.

Wegen des Bentonitgehaltes der erstgenannten Spülung können die erforderlichen Filtrationswerte leichter beherrscht werden als bei der Tylose-Salz-Spülung.

Durch Zugabe von Attapulgit, einem speziellen salzfesten Ton nadelförmiger Struktur, kann ferner auch eine erwünschte Thixotropie erzielt werden.

Es ist ratsam, beim ersten Ansetzen der Spülung mit der Zugabe von CMC nicht zu sparsam zu sein, da bei einer notwendig werdenden Nachbehandlung die Kosten zur Erzielung einer stabilen Salzspülung stark ansteigen können.

Das Fließvermögen der Tylose-Spülungen hängt sowohl von der zugesetzten Menge an CMC als auch der anderen Feststoffe wie Ton, Bentonit und Baryt ab. In dieser Hinsicht sowie bezüglich der Gelwerte ist die Bentonit-CMC-Salzspülung der Tylose-Salz-Spülung überlegen. Sie hat daher auch ein besseres Tragvermögen für den Bohrschmant und Baryt.

CMC setzt die Oberflächenspannung wässeriger Medien nur sehr wenig herab, so daß diese Spülungen nicht schäumen. Ferner ist hervorzuheben, daß CMC nicht korrosiv ist. Es wird allerdings empfohlen, vor Lagerung des Gestänges, das in dieser Spülung gearbeitet hat, dieses mit Süßwasser abzuspülen. Ebenso sollen die Spülpumpen mit Süßwasser gereinigt werden.

Salzgesättigte Tylosespülungen zeigten eine sehr gute Stabilität und sollen gegen Salz, Anhydrit und Gips so gut wie unempfindlich sein. Auch beim Durchteufen von Zement, ferner im Kontakt mit CO_2, H_2S und anderen Kohlenwasserstoffen bleibt diese Spülung stabil.

Die sehr geringe Wasserabgabe dieser Spülungen ist beim Durchteufen von quellenden und zum Nachfall neigenden Tonbänken sehr vorteilhaft. Tone und Bentonite quellen im Kontakt mit Salzwasser fast gar nicht. Sollten aber dennoch Quellungen oder Nachfall vorkommen, kann durch Zusatz von Beschwerungsmitteln, wie z. B. Baryt, der notwendige Gegendruck leicht erzielt werden.

Das spezifische Gewicht dieser Spülungen, falls sie mit Salz gesättigt sind, wird nicht unter 1,2 liegen. Sie können aber gegebenenfalls bis auf ein spezifisches Gewicht von 2,4 gebracht werden.

Weiters sollen sich diese Spülungen auch bei hohen Temperaturen gut bewähren. Die Viskosität nimmt mit steigender Temperatur nur wenig ab.

Diese Spülungstypen sind wohl teurer als eine reine Süßwasser-Ton- bzw. Bentonitspülung, sie sind aber viel stabiler und in vielen Fällen bieten sie die einzige Möglichkeit, eine Bohrung sicher auf die gewünschte Teufe fertigzustellen und zu verrohren.

Das dabei verwendete Schutzkolloid CMC hat schließlich auch die günstige Eigenschaft, die Bildung von groben Salzkristallen und eine Verkrustung des Bohrstranges zu verhindern. Zur Sättigung dieser Spülungen wird entweder trockenes Steinsalz oder eine entsprechende Salzwassersole verwendet. Die Salzzugabe beträgt etwa 360 kg/1000 l Wasser.

ad c) In USA werden Attapulgite und Sepiolite, es sind dies salzfeste Tone, zur Aufbereitung von Salzwasserspülungen verwendet.

Bei allen Salzwasserspülungen ist der Zufluß von Süßwasser unbedingt zu vermeiden. Beim Ausbau der Bohrgarnitur darf daher das Gestänge nicht mit Süßwasser gespült werden, sondern ist für das Abstreifen der Spülung vom Gestänge ein entsprechender Gummiabstreifer zu verwenden.

Für niedrige Temperaturen ist die Salzwasserspülung wegen ihres niedrigen Gefrierpunktes besonders geeignet. Bei den besprochenen Spülungen mit Salzsättigung liegt der Gefrierpunkt bei etwa —20° C. Wird ein Teil des Steinsalz-Zusatzes durch Magnesiumchlorid oder Calciumchlorid ersetzt, liegt der Gefrierpunkt erst bei —50° C.

Die Umstellung von Süßwasser- auf Salzwasserspülung ist in einem unverrohrten Bohrloch mit gewissen Gefahren verbunden.

Der Süßwasser-Filterkuchen kann durch die Salzwasser-Tonspülung zum Zerfall kommen. Es ist daher zu empfehlen, die Umstellung womöglich im verrohrten Bohrloch durchzuführen.

Eine reine Salzlaugenspülung verfügt nicht über genügend Tragfähigkeit, der Bohrschmant wird beim Einstellen der Zirkulation zu Boden sinken. Falls sie verwendet werden sollte, muß das Bohrloch vor dem Ausbau des Meißels genügend lange gespült werden.

2. Die Kalkrotspülung

Es handelt sich hier um eine normale Ton-Wasserspülung, der Kalk in löslichen Verbindungen, z. B. als Gips, Anhydrit, gelöschter Kalk oder Zement in fester und gemahlener Form zugesetzt wird. Dadurch werden die in den Umlauf gelangenden Natrium Tone oder Bentonite in Calcium-Tone bzw. Calcium-Bentonite umgewandelt. Falls calciumsulfathaltige Horizonte oder Zement durchteuft werden, gelangen die Calcium-Tone in größerer Menge in die Spülung. Hier kann auf einen Kalkzusatz zum Teil bzw. völlig verzichtet werden.

Die Kalkrotspülung wird für die folgenden Verhältnisse empfohlen:

a) Für Bohrungen, bei denen größere Schichtenmächtigkeiten von Anhydrit und Gips, bzw. dort, wo größere Strecken Zement zu durchteufen sind.

b) In Gesteinsschichten, die zum Nachfall neigen, in quellenden Tonbänken, tonreichen Erdölsanden und in allen Schichten, die eine Verdickung der Spülung verursachen.

c) Zufolge ihrer niedrigen Fließgrenze empfiehlt sich diese Spülung für Gasbohrungen und überhaupt dort, wo rasche Gasabgabe ober Tage erwünscht ist.

Die Kalkrotspülung eignet sich hingegen nicht zum Durchteufen größerer Salzhorizonte. Bisher war sie bei Bohrlochtemperaturen von über 100° nicht anzuwenden, da sie bei diesen Temperaturen zur Verfestigung neigte.

Nach letzten praktischen Erfahrungen kann der Zusatz von Calciumlignosulfonat diese Spülung auch für höhere Temperaturen geeignet machen.

Das Prinzip dieser Spülung beruht auf der teilweisen Umwandlung der Natrium-Tone in Calcium-Tone in Gegenwart von NaOH, wobei von der Dispergierung der Calcium-Tone durch alkalische Quebracho-Lösungen Gebrauch gemacht wird.

Das Vorhandensein löslicher Calcium-Verbindungen (Gips, Anhydrit, gelöschter Kalk, Zement) macht die Spülung gegen weitere Aufnahme von Calcium aus dem durchteuften Gestein unempfindlich und verhindert eine Viskositätserhöhung bei Tonaufnahme.

Durch Quebracho werden sowohl die Gelstärke als auch die Fließgrenze herabgesetzt, so daß eine höhere Konzentration an kolloidalem Ton und damit eine bessere Wasserbindung erzielt wird.

Der Natronlaugenzusatz begünstigt die Löslichkeit des Quebracho und vermindert auch die Konzentration an Calcium-Ionen.

Obwohl bei richtiger Anwendung gute Wasserbindewerte erreicht werden können, wird sich in vielen Fällen der Zusatz größerer Mengen an CMC nicht umgehen lassen.

Die Menge der dabei verwendeten Chemikalien muß zunächst im Laboratorium ermittelt werden. Als Richtlinien können die folgenden Angaben gelten:

Quebracho	0,3 bis 1,0%,
Ätznatron	0,2 bis 1,0%,
gebrannter oder gelöschter Kalk	0,0 bis 2,0%.

Beim Übergang einer normalen Spülung in eine Kalkrotspülung erfolgt eine starke Viskositätserhöhung, die gefährlich werden kann. Um dieser Gefahr zu begegnen, soll der Feststoffgehalt der Tonspülung auf ein Minimum gesenkt werden, so daß das spezifische Gewicht maximal 1,2 beträgt. Ferner sollen Chemikalien in der folgenden Reihenfolge zugesetzt werden:

1. Quebracho,
2. Natronlauge,
3. gebrannter oder gelöschter Kalk,
4. CMC (Carboxymethylcellulose).

Der günstigste Moment für diese Umwandlung ist das Aufbohren eines Zementpfropfens, da dabei die Spülung mit Calcium-Ionen angereichert wird, wobei die Spülung vor Beginn der Bohrarbeit mit Quebracho und Ätznatron zu behandeln ist.

Die Kontrolle des genügenden Kalkzusatzes erfolgt in einfachster Weise dadurch, daß in einem Eimer der Kalkspülung Kalk zugegeben wird und dabei keinerlei Viskositätserhöhung erfolgen darf.

Tritt eine solche ein, so muß der Kalkgehalt weiter erhöht werden.

Viskositätserhöhungen, die nicht auf Kalkmangel zurückzuführen sind, lassen sich durch einen Zusatz von Quebracho regeln.

Um die volle Wirksamkeit des Quebrachos zu gewährleisten, sollte das Filtrat der Spülung rot gefärbt sein, während der Filterkuchen selbst diese Färbung nicht aufweisen darf.

Der Name Kalkrotspülung ist auf die rote Färbung derselben infolge des Quebrachozusatzes zurückzuführen.

Außer den üblichen Spülungscharakteristiken soll bei Kalkrotspülung noch zusätzlich der Härtegrad bestimmt werden.

Zu dieser Bestimmung wird 1 ml Filtrat in einer graduierten Schüttelflasche mit destilliertem Wasser bis zur Marke 40 ml gefüllt und mit einer Seifenlösung nach Bourton und Boudet aus der Härtebürette unter Schütteln titriert, bis ein Schaum entsteht, der 5 Min. lang beständig ist. Die an der Härtebürette abgelesene Zahl, mit 40 multipliziert, gibt die Gesamthärte in deutschen Graden an. Ergibt sich an der Bürette ein Verbrauch an Seifenlösung über 20° d und mehr, so wird der Versuch mit 1 : 10 verdünntem Filtrat wiederholt und die Verdünnung bei der Angabe des Ergebnisses berücksichtigt.

Um den Gehalt der Spülung an Härtebildnern zu erfassen, wird mit 1 ml Spülung das gleiche, oben beschriebene Verfahren durchgeführt.

Unfallverhütung bei Verwendung von Natronlauge. Beim Arbeiten mit Natronlauge müssen Schutzbrillen und Handschuhe verwendet werden. Sind Hautteile mit trockenem Ätznatron in Berührung gekommen, genügt sofortiges Abspülen mit Wasser. Fühlt sich die Haut nach Abspülen noch seifig an, ist mit Essigwasser nachzuspülen. Spritzer ins Auge sind sofort mit reichlich Wasser auszuspülen und mit dreiprozentiger Borsäurelösung zu behandeln (Arzt rufen).

3. Die Kohlespülung

In der UdSSR sollen sich Spülungen vielfach bewährt haben, welche auf Wasserbasis Braunkohlenstaub, der mit Natronlauge behandelt wird, als Feststoff enthalten. Die Braunkohle muß allerdings einen hohen Humingehalt aufweisen.

Darüber hinaus wird in homogenen harten Schichten beim Turbinenbohren vielfach klares Wasser verwendet. Nach Angaben soll damit sowohl ein höherer Bohrfortschritt als auch eine längere Lebensdauer der Bohrturbine und Spülpumpe erzielt worden sein.

F. Schlußfolgerung bezüglich Verwendung von chemischen Zusätzen

Die Wahl der angeführten Zusätze wird in jedem Felde verschieden sein und muß jeweils praktisch ermittelt werden. Wichtig ist, daß schon bei Beginn der Bohrung, nachdem die günstigsten Zusatzmittel festgestellt wurden, ein Spülungsprogramm aufgestellt wird. Ein zu krasser Wechsel der Spülung während des Abteufens kann viele Nachteile mit sich bringen, wie Lösung des Filterkuchens, größere Wasserabgabe, tieferes Eindringen des Filtrates in die Schichte usw.

G. Aufbereitung einer Ton-Wasserspülung

In der Praxis unterscheiden wir lediglich den Ton mit möglichst gut quellenden Eigenschaften und den Bentonit, der diese Eigenschaften im besonderen Maße aufweist.

Früher wurde der in großen Brocken gewonnene Ton in eigenen Mischtrommeln mit Wasser angerührt. Heute wird das feingemahlene Tonmehl in Säcken bis zu etwa 50 kg in den Handel gebracht.

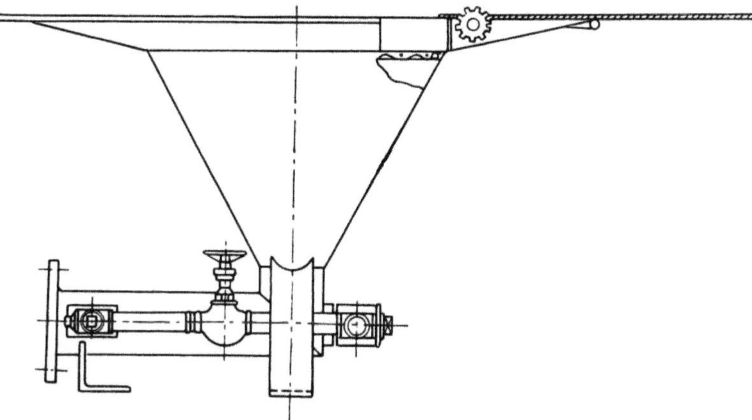

Abb. 69. Mischtrichter zum Aufbereiten von Bohrspülungen nach Fa. Mannesmann-Trauzl

In einem eigenen Mischtrichter (s. Abb. 69) wird der Ton mit Wasser angemischt, welches von einer Pumpe in das Kniestück des Trichters durch eine Düse eingepumpt wird. Das Ton-Wassergemisch fließt in einen Behälter, von wo es in vorgesehene Becken gepumpt wird. Es empfiehlt sich, diese frisch aufbereitete Spülung noch längere Zeit (etwa 24 Stunden) in diesen Becken zu zirkulieren, um die Tonpartikeln gut zum Quellen zu bringen und dadurch ihr Ausfallen bzw. Absetzen zu verhindern.

Zu dieser Tonspülung kann nun nach Bedarf Bentonit, ebenfalls in Mehlform, zugesetzt werden. Ein deutsches Spezialerzeugnis der Firma Süd-Chemie (München) ist Thixoton, ein amerikanisches der Firma Baroid Aqua-Gel. In letzter Zeit hat sich in Deutschland ein algerischer Bentonit, unter dem Namen Clarsol, sehr gut bewährt, der von der Firma DECECA-Chemie G. m. b. H., Hannover, vertrieben wird.

Die französische Firma Société Française des Glycerins liefert ebenfalls unter den Markennamen Bentonil C Z, Bentonil C und Bentonil D T Bentonitprodukte für Bohrspülungen. Die Charakteristiken derselben sind in den Abb. 70 *a*, *b* und *c* zu ersehen.

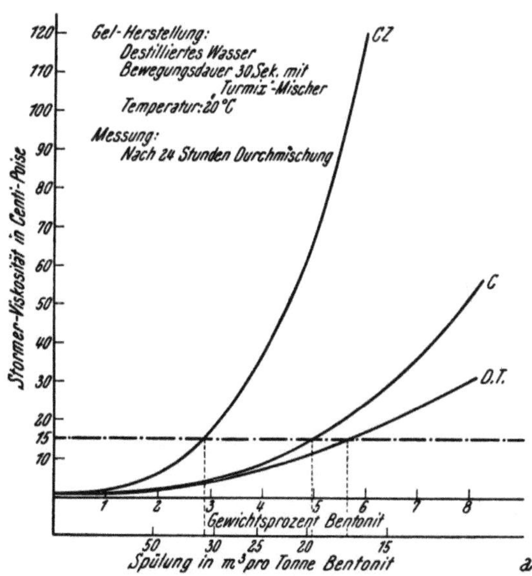

Abb. 70 *a*. Charakteristik von Bohrspülungen mit den Bentonitprodukten der Fa. Société Française des Glycerins

Wieviel Bentonit zugesetzt werden soll, muß vorher im Laboratorium festgestellt werden, da ja nicht jede Sorte die gleiche Charakteristik aufweisen wird.

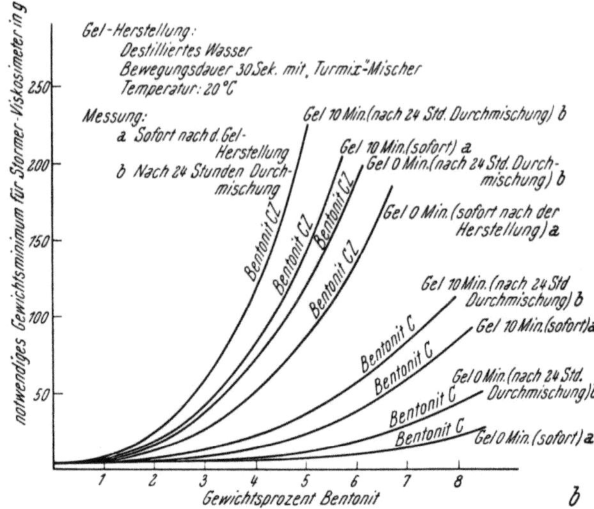

Abb. 70 *b*. Charakteristik von Bohrspülungen mit den Bentonitprodukten der Fa. Société Française des Glycerins

Soll das spezifische Gewicht erhöht werden, erfolgt der Zusatz von Baryt in der gleichen Apparatur wie das Anmischen von Ton bzw. Bentonit. Hier wird durch den Mischtrichter statt Wasser die entsprechende Tonspülung zirkuliert, der dann Barytmehl zugesetzt wird.

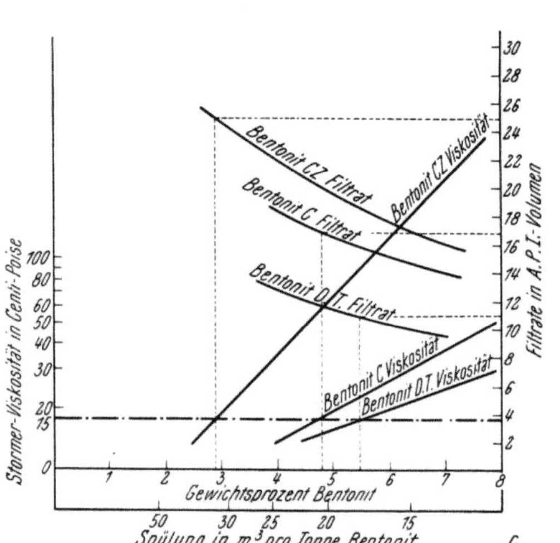

Abb. 70 *c*. Charakteristiken der Bohrspülungen mit den Bentonitprodukten der Fa. Société Française des Glycerins

Diese Aufbereitung kann individuell bei den einzelnen Bohrungen durchgeführt werden, was bei Schurfbohrungen fast immer der Fall sein wird, oder aber es werden in einem größeren Bohrfeld eigene Aufbereitungsanlagen mit den erforderlichen Pumpen und Mischtrichtern errichtet, die durch Rohrleitungen mit den einzelnen Bohrungen verbunden sind.

Bei individuellen Anlagen wird meist eine eigene Spülpumpe neben zwei Erdbecken oder entsprechenden Reservoiren aufgestellt. Diese Becken sollen sowohl die erforderliche Menge neuer Reservespülung enthalten als auch zur Aufnahme unbrauchbar gewordener Spülung dienen, die eventuell hier regeneriert werden kann.

Zum Durchmischen der Spülung in den Becken sind eigene, schwenkbare Düsenrohre vorzusehen.

Eine Ton-Bentonit- und Barytreserve wird in Säcken trocken gelagert. Eine Spülpumpe mit angeschlossenem Mischtrichter besorgt die Aufbereitung frischer Spülung. Die Anlage ist so zu placieren, daß sowohl die Zufuhr von Material als auch das Aufbereiten möglichst zeit- und geldsparend abgewickelt werden kann.

Das Reservespülbecken soll einen natürlichen Ablauf der frischen Spülung zum Saugbecken der Bohranlage ermöglichen.

Eine Druckleitung führt andererseits vom Saugbecken der Bohranlage zum Becken, das die unbrauchbar gewordene Spülung aufzunehmen hat, die von einer Pumpe der Bohranlage verpumpt wird.

In einem großen Bohrfeld wird oft eine zentrale Aufbereitungsanlage errichtet. Hier werden mehrere Becken mit Holz- oder Betonwänden ausgestattet, in denen sowohl neue Tonspülung, ferner Barytspülung und schließlich zu regenerierende Spülung Platz finden.

Ein Leitungsnetz verbindet alle Becken mit den Pumpen, so daß alle Manipulationen durchgeführt werden können.

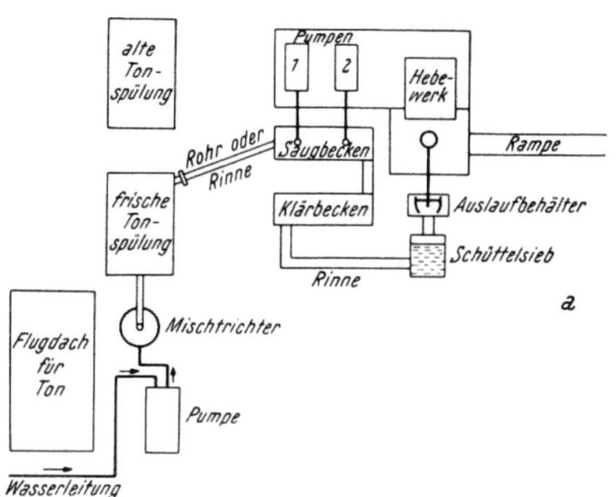

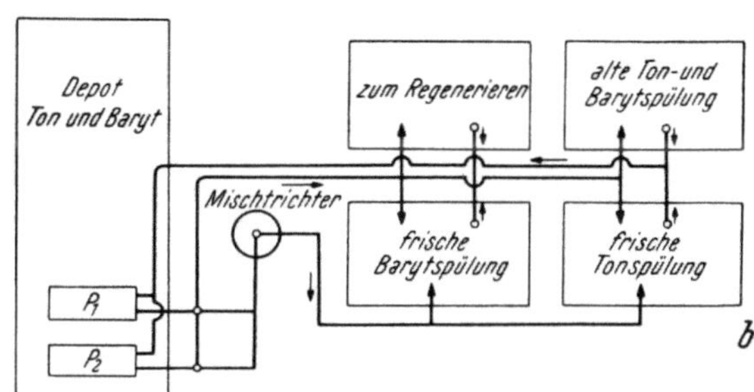

Abb. 71. Schematische Darstellung einer Aufbereitungsanlage für Bohrspülungen. *a* für eine Bohrung, *b* für mehrere Bohrungen

Zu den einzelnen Bohrungen werden eigene Rohrleitungen gelegt, und zwar eine Frischspülleitung und eine Schmutzspülleitung. Bei diesem Leitungsbau ist zu erwägen, wie diese Leitungen im Ölfeld, auch später in der Förderperiode, ausgenützt werden können, z. B. als Ölablaufleitungen usw. Eine Leitung, meist die Frischspülleitung, wird in Hochdruckfeldern als Sicherheitsleitung auch in der Förderperiode belassen.

Unbrauchbar kann eine Bohrspülung werden, wenn sie mit Chemikalien derart gesättigt wurde, daß eine günstige Reaktion nicht mehr zu erwarten ist. Sie muß sehr stark mit Wasser verdünnt werden, wodurch die Salze usw. ausgelaugt werden, aber der noch brauchbare Ton und Bentonit für neue Spülungen Verwendung finden kann.

Wichtig ist vor allem die Rückgewinnung des teuren Barytzusatzes. Dies kann auf verschiedene Art erfolgen. Entweder wird der Spülung im Becken soviel Wasser zugesetzt, daß das Barytmehl durch Schwerkraft ausfällt, sich am Boden sammelt und nach dem Abpumpen der darüber verbleibenden Flüssigkeit wieder für eine neue Barytspülung verwendet werden kann.

Oder aber erfolgt das Ausscheiden in eigenen Schüttelrutschen, wobei ebenfalls die Spülung zunächst sehr zu verdünnen ist. Die günstigsten Ergebnisse zeigen die schon besprochenen Zyklone.

In den Abb. 71 *a* und *b* sind Aufbereitungsanlagen schematisch dargestellt.

H. Richtlinien für die Charakteristiken einer Ton-Wasserspülung[1]

In Tab. 13 sind die hauptsächlichsten Werte angeführt.

Tabelle 13. *Anforderungen an Ton-Süßwasser-Spülungen*

Die Werte dieser Richtlinien begrenzen die wichtigsten Eigenschaften von Ton-Süßwasser-Spülungen für normale Fälle. Die Werte der Fließeigenschaften beziehen sich auf die Temperatur der auslaufenden Spülung.

Abweichende Anforderungen, die aus bohrtechnischen Gründen oder zum Schutz der Lagerstätte notwendig werden, sollen nur in begründeten Fällen zugelassen werden.

	a mindeste	b mittlere	c höhere
Wasserverlust (abgepreßtes Wasser)	< 20 cm³	< 10 cm³	< 5 cm³
Filterkuchendicke	< 4 mm	< 2 mm	< 1 mm
Wasserabgabezeit	> 300 Sek.	> 1000 Sek.	> 2000 Sek.
Spez. Gewicht	1,10—1,40	1,10—1,40	1,10—1,40
PH-Wert	7,5 —9,5	7,5 —9,5	7,5 —9,5
Sandgehalt	< 20 g/l	< 20 g/l	< 10 g/l
Auslaufzeit	35—70 Sek.	35—70 Sek.	35—70 Sek.
Scheinbare Viskosität bei dem Geschwindigkeitsgefälle $D = 500 \cdot \text{Sek.}^{-1}$ [2]	< 40 Centi-Poise	< 40 Centi-Poise	< 40 Centi-Poise
Anfangs-Gelstärke[3]	20—100 dyn. cm^{-2} 12,5—62,5 g STORMER	20—100 dyn. cm^{-2} 12,5—62,5 g STORMER	20—100 dyn $\cdot \text{cm}^{-2}$ 12,5—62,5 g STORMER
10-Min.-Gelstärke[3]	100—300 dyn. cm^{-2} 62,5—187,5 g STORMER	100—300 dyn. cm^{-2} 62,5—187,5 g STORMER	100—300 dyn. cm^{-2} 62,5—187,5 g STORMER

[1] Nach Mitteilung des Arbeitsausschusses „Spülung" im Wirtschaftsverband Erdölgewinnung, Hannover.

[2] Das Geschwindigkeitsgefälle $D = 500 \cdot \text{Sek.}^{-1}$ entspricht beim STORMER- und FANN-Viskosimeter einer Drehzahl von etwa 300 U/Min.

[3] 1 g STORMER entspricht einer Schubspannung von 1,6 dyn $\cdot$ cm^{-2}.

J. Besondere Bohrspülungen

1. Die Öl-Emulsionsspülung mit Wasserbasis

Nach vielfachen Versuchen mit dieser Spülung in USA konnten die folgenden Vorteile festgestellt werden:

a) Das Drehmoment bei der Bohrarbeit wird um 20 bis 50% gegenüber einer normalen Ton-Wasserspülung reduziert, der Pumpdruck wird vermindert, da bei dieser Spülung ein Aufballen des Meißels, der Schwerstangen und Gestänge nicht eintritt. Nachfall tritt viel seltener auf, das Bohrloch zeigt auch in weichen Gesteinsschichten keine wesentlichen Erweiterungen durch Aufweichen und Ausscheuern der Bohrlochwand durch das rotierende Gestänge.

b) Die Betriebsdauer der Rollenmeißel wird verlängert, weil die Rollenverlagerungen besser geschmiert werden.

c) Der Bohrfortschritt ist größer, vor allem weil der Rollenmeißel nicht so häufig gewechselt werden muß.

Diese Vorteile werden auf die bessere Schmierfähigkeit und die geringere Benetzung von Tonschichten zurückgeführt.

Im übrigen zeigt diese Spülung die gleichen Eigenschaften wie eine Ton-Wasserspülung und wird bezüglich Viskosität, Gelstärke, spezifischem Gewicht und Wasserabgabe in der gleichen Weise behandelt.

Aufbereitung einer Öl-Emulsionsspülung

Es handelt sich hier um eine Emulsion, bei der das Wasser die primäre Phase ist, in der Öltropfen in feinster Verteilung schweben. Bei intensivem Mischen von Wasser und Öl kann sich wohl eine Emulsion bilden, die aber nicht stabil sein wird. Um die erwünschte Stabilität zu erzielen, müssen derselben bestimmte Zusätze beigegeben werden, die verhindern, daß sich die Öltropfen wieder vereinigen. Diese Zusätze bilden förmlich eine sehr dünne Filmhaut um jeden einzelnen Tropfen.

Es gibt eine sehr große Anzahl von diesen Emulgatoren (Emulsifying agents).

Die Funktion derselben besteht vor allem darin, daß die Grenzflächenspannung zwischen Öl und Wasser sehr stark reduziert wird und dadurch das Öl, in sehr kleine Tropfen geteilt, sich im Wasser verteilen kann.

Die Grundlage einer Öl-Emulsionsspülung mit Wasserbasis ist eine einwandfreie Ton-Wasser oder Bentonit-Wasserspülung. Diese Spülung kann vorher mit Phosphaten oder Quebracho behandelt worden sein. Auch eine gute Kalkrotspülung kann durch Ölzusatz in eine Öl-Emulsionsspülung gewandelt werden.

Als Zusatzöl wird vorwiegend ein Dieselöl genommen und zwar mit einem spezifischen Gewicht von 0,887 bis 0,845 und einem Flammpunkt über 88° C. Wichtig ist, daß das Öl Gummiteile nicht angreift.

Der Zusatz an Öl variiert nach praktischen Erfahrungen in USA etwa zwischen 5 und 20% im Volumen.

Ein höherer Zusatz an Dieselöl erhöht wohl die Schmiereigenschaften, damit auch die Lebensdauer des Meißels, erhöht aber wiederum den elektrischen Widerstand der Spülung, was sich bei den SCHLUMBERGER-Messungen ungünstig auswirkt.

Darüber hinaus erhöhen sich auch die Spülungskosten.

Um die Emulsion stabil zu machen, werden die folgenden Emulgatoren zugesetzt.

a) Seifen in Puder- oder in flüssiger Form,
b) Petroleum-Sulfonate (oft auch als Seifen bezeichnet),
c) Lignosulfonate,
d) CMC,
e) Quebracho.

Am häufigsten finden die Petroleum-Sulfonate Verwendung und hier vor allem das Petronate HL-G, ein von der Gulf Oil Corp. patentiertes, spezielles Sulfonat, mit dem die Oberflächenspannung des Filtrats wesentlich herabgesetzt werden kann.

Weiterhin wirkt dieses Mittel einer Korrosion dadurch entgegen, daß es sich an der metallischen Grenzfläche ansetzt und dabei die das Metall angreifenden Flüssigkeiten absorbiert.

Der Zusatz beträgt dabei etwa 0,5 bis 1,0 Volumprozente der fertigen Öl-Emulsionsspülung.

Zur weiteren Herabsetzung der Wasserabgabe wird auch CMC zugesetzt. Die Höhe dieser Zugabe richtet sich nach der erwünschten Charakteristik der verwendeten Spülung und muß im Laboratorium ermittelt werden.

Der Ölzusatz erfolgt bei der Bohrung während mindestens einer, womöglich aber während zwei Zirkulationsperioden (Umlauf der Spülung im Bohrloch).

Während der Bohrarbeit muß laufend sowohl Dieselöl als auch Emulgator zugesetzt werden, um die ursprünglich gewählte Zusammensetzung der Öl-Emulsionsspülung aufrechtzuerhalten.

Diese Spülung wird durch die Zusammensetzung der durchteuften Schichten ebenso beeinflußt, wie eine normale Spülung auf Wasserbasis und wird daher auch mit den gleichen chemischen Zusätzen zu behandeln sein wie diese, um die Charakteristik günstig zu beeinflussen.

Dieselöl wird auch deshalb dem Rohöl als Zusatz vorgezogen, weil die Fluoreszenz desselben eine andere ist als bei letzterem, was für die Untersuchung der Bohrschmantbrocken auf Rohölgehalt besonders wichtig ist.

Praktische Versuche ergaben, daß die Reduzierung des spezifischen Gewichtes dieser Spülung von etwa 1,26 auf 1,07 einen 2,5fach höheren Bohrfortschritt ergab. Naturgemäß kann dies nur dort angewendet werden, wo die Druckverhältnisse der zu durchteufenden Schichten es mit genügender Sicherheit gestatten.

Die Erfolge, welche man mit dieser Spülung erzielte und zwar in Louisiana (USA), sind in Tab. 14 ersichtlich.

Tabelle **14**. *Spülungskosten bei verschiedenen Bohrungen* (nach A. GIBBON, World Oil, Februar **1952**)

Bohrung Nr.	Bohrtage	Meißelzahl	Spülungskosten
1	48	70	$ 4246.— Emulsionsspülung
2	47	78	$ 3988.— Emulsionsspülung
Mittel aus 5 Bohrungen	73	91	$ 5327.— Ton-Wasserspülung
Alle obigen Bohrungen wurden im gleichen Felde abgeteuft			
1	75	89	$ 4386.— Emulsionsspülung
Mittel aus 4 Bohrungen	82	94	$ 5784.— Ton-Wasserspülung

Diese Bohrungen wurden ebenfalls im gleichen Felde abgeteuft.

2. Ölspülungen[1]

Gegen Ende des Jahres 1930, zu welcher Zeit man über die allgemeine Charakteristik der Bohrspülung schon genügend Erfahrungen hatte, begann das Suchen nach einem Spülungsmedium, welches zum Durchteufen von Ölsanden besser geeignet ist als die bisher bekannte Ton-Wasserspülung. Bei lockeren Ölsanden machte man mit der Ton-Wasserspülung häufig schlechte Erfahrungen.

Das Einbringen der Bohrungen in Förderung war oft, infolge der mitunter sehr weitgehenden Verschlämmung von gut durchlässigen Sandschichten, schwierig.

Diese Erkenntnisse brachten es mit sich, daß zunächst Rohöl als Spülungsmedium verwendet wurde.

Es erwies sich allerdings bald, daß Rohöl für diese Zwecke nicht gut geeignet ist, und zwar aus den folgenden Gründen:

a) Rohöl weist keine Gelstärke auf, kann nicht mit Schwermaterial versetzt werden, das eigene spezifische Gewicht ist begrenzt.

b) Auch die Viskosität ist begrenzt, wenn auch in den diversen Erdölländern verschieden viskoses Öl gefördert wird.

c) Die Filtration ist außerordentlich groß, die Bildung eines Filterkuchens an der Bohrlochwand ist nicht möglich.

d) Rohöl enthält leicht verdampfbare Kohlenwasserstoffe mit niedrigem Flammpunkt und ist dadurch feuergefährlich.

Aus diesen Gründen wurde nach einer anderen Ölspülung gesucht, die z. B. als Type „A" wie folgt zusammengesetzt ist:

1. Dieselöl	80 bis 83%
2. kalt geblasener Asphalt mit	9,18 bis 12,18%
3. Salz (NaCl)	0,11%
4. Wasser und Salz	0,9 %
5. Ätznatron (NaOH)	0,08%
6. Wasser und NaOH	0,26%
7. Natriumsilikat (Na_2SiO_3)	2,7 %
8. Tall-Öl	3,77%

Das hier verwendete Dieselöl soll einen Flammpunkt von etwa 93° C haben. Der Asphalt muß zunächst verflüssigt werden, bevor er dem Dieselöl zugefügt wird.

Tall-Öl ist eine Fettsäurekomponente, die als flüssiges Produkt bei der Papierfabrikation anfällt.

Eine zweite Type „B" enthält außer dem Dieselöl und dem kaltgeblasenen Asphalt Calciumcarbonate, Calciumoxyde, Lösungswasser und Naphthensäure in bestimmter Proportion.

Eine richtig aufbereitete Ölspülung hat alle erforderlichen Eigenschaften einer guten Bohrspülung, ferner eine sehr weitgehende Änderungsmöglichkeit der Viskosität und Gelstärke.

Das spezifische Gewicht der reinen Ölspülung ist etwa 0,9. Durch Zusatz von Schwermaterial können beliebige spezifische Gewichte bis 2,7 erreicht werden.

Die Kontrolle dieser Spülung erfolgt in der gleichen Weise wie bei der normalen Ton-Wasserspülung, ausgenommen den PH-Wert, der hier nicht aufscheint.

---

[1] Näheres siehe Rogers, W. F.: Composition and Properties of Well Drilling Fluids, 1. Ed. Houston/Texas: Gulf Publishing Co. 1948.

Besonders wichtig ist die Kontrolle auf freies Wasser nach ASTM-D 95—40, das in dieser Spülung nicht vertreten sein darf.

Die Spülungsbehälter müssen daher vor Regen und jedem Wasserzufluß geschützt werden, da schon geringe Wassermengen die Spülung sehr ungünstig beeinflussen, sie stark eindicken.

Beim Bohren durch Anhydrit, Gips und Zement bleibt diese Spülung unbeeinflußt.

Wichtig ist die gute Abscheidung des Bohrschmantes ober Tage, der sonst ein Eindicken der Spülung verursachen würde.

Obwohl hier die Viskosität leicht ansteigt, hat dies kein merkliches Ansteigen des Pumpdruckes zur Folge.

Beim Wechsel von Ton-Wasserspülung auf Ölspülung muß mit besonderer Sorgfalt vorgegangen werden. Die Ton-Wasserspülung wird von der Ölspülung durch eine reine Wassersäule getrennt und der verwässerte Teil der Ölspülung ausgeschieden.

Der große Vorteil dieser Spülung liegt auch darin, daß die fündige Bohrung sehr leicht und ohne jedwede Verschlämmung in Förderung kommt.

Eine Ölspülung ist verhältnismäßig teuer, hat aber bei guter Wartung eine sehr lange Lebensdauer und verlängert ebenfalls die Betriebsdauer der Rollenmeißel.

3. Emulsionsspülung auf Ölbasis[1]

Zum Unterschied von der normalen Emulsionsspülung handelt es sich hier um eine Emulsion, bei der das Öl die primäre Phase ist.

Sie ist seit 1950 in verschiedenen Ölfeldern der USA in Verwendung und zeigt ähnliche Eigenschaften wie die Ölspülung. Als besonderer Vorteil wird ihre Billigkeit hervorgehoben.

Diese Spülung enthält ein Dieselöl oder auch Rohöl mit 20 bis 70% Frischwasser. Auch hier werden Agenden zugefügt, die die Emulsionsbildung erleichtern und stabilisieren, wie es bei der normalen Emulsionsspülung der Fall ist.

Das spezifische Gewicht der reinen Ölbasis-Emulsionsspülung ist etwa 0,9, kann aber durch Schwermaterial — Baryt — auf 1,75 gebracht werden. Die Viskosität erhöht sich durch Zusatz von Wasser und wird erniedrigt durch Zusatz von Öl.

Auch hier erfolgt keinerlei Benetzung der Bohrlochwand.

Da die Gelstärke sehr gering ist, muß das Bohrloch vor dem Ausbau der Bohrgarnitur gründlich gespült werden, um allen Bohrschmant zu Tage zu fördern.

Diese Emulsion wird in der amerikanischen Literatur als „Invert Emulsion" bezeichnet.

Sie eignet sich sehr gut für wasserempfindliche Formationen, wie auch zum Durchbohren von Anhydrit, Gips und Zement.

4. Weitere Spezial-Spülungen

Hier wäre zunächst Natriumsilikat — Wasserglas — anzuführen, das sich zum Durchteufen von nachfallenden und quellenden Schichten hervorragend eignet, aber verhältnismäßig teuer ist. Ferner verschiedene gummiartige Stoffe wie Irish Moos, Karaya, Chatti und Stärke. Ein besonderes Material, dessen nähere Zusammensetzung nicht bekannt ist, kommt unter dem Namen „Impermex" in USA in den Handel.

---

[1] Nach LUMMUS, J. L. und B. V. RANDALL: World Oil, November 1956.

K. Druckluft und Druckgase als spülende Medien

1. Allgemeines

In den letzten Jahren wurden in den diversen Erdöl- und Erdgasgebieten der USA zahlreiche Bohrungen mit diesen Medien abgeteuft.

Es wurde dabei festgestellt, daß sich Luft bzw. Gas unter bestimmten Voraussetzungen als spülende Medien sehr vorteilhaft erweisen. Der Bohrfortschritt konnte vielfach ganz erheblich gesteigert und daher die Bohrzeit wesentlich verkürzt werden. Die dabei verwendeten Rollenmeißel hatten eine längere Betriebsdauer, konnten somit längere Strecken durchteufen, bevor sie gewechselt werden mußten.

Schließlich konnten Bohrungen, bei denen in sehr porösen oder kavernösen Teufenstrecken und bei Verwendung von flüssiger Spülung sehr große Spülungsverluste auftraten, mit Luft oder Gas ohne Schwierigkeiten durchbohrt werden.

Obwohl bis heute über die Wirtschaftlichkeit dieser Spülungsart die Meinungen noch sehr auseinander gehen, ergaben die bisherigen Versuche einige Hinweise, unter welchen Voraussetzungen Luft- oder Gasspülung sich bewährt bzw. nicht bewährt hat.

Zu empfehlen ist dieses Verfahren unter den nachstehenden Voraussetzungen:

a) In hartem Gestein, wo die Meißelkosten den Bohrmeterpreis in hohem Maße beeinflussen.

b) In wasserarmen Gebieten, wo die Wasserbeschaffung sich teuer stellt.

c) In kavernösen und sehr porösen Gesteinsschichten, bei denen mit flüssiger Spülung hohe Spülungsverluste auftreten.

d) In sehr kaltem Klima, wenn Vorkehrungen getroffen werden müssen, um das Einfrieren der Spülung ober Tage zu verhindern.

e) In lockeren Öl- oder Gasschichten niedrigen Druckes, in denen Gefahr einer Verschlämmung besteht.

f) In Gesteinsschichten, die bei hohem hydrostatischem Druck den Bohrfortschritt ungünstig beeinflussen.

Nicht empfohlen wird Luft bzw. Gas unter den folgenden Verhältnissen:

a) In weichem Gestein, wo die Meißelkosten pro Meter Bohrlochteufe gegeringer sind.

b) In mächtigen, übereinanderliegenden produktiven Öl- oder Gashorizonten mit hohen Drücken und guter Sättigung.

c) In sehr wasserreichen Gesteinsschichten.

d) In Lagerstätten; wo unerwartet hohe Gasdrücke angetroffen werden können.

2. Volumetrischer Bedarf an Luft bzw. Gas

Es ist die Aufgabe des Luft- bzw. Gasstromes, den Bohrschmant von der Bohrlochsohle zu Tage zu fördern. Die Hebekraft ist direkt proportional dem spezifischen Gewicht der Luft bzw. des Gases und dem Quadrat der Geschwindigkeit.

Für Gas- und Luftleitungen ist in USA die WEYMOUTH-Formel, auf empirischer Basis entwickelt, allgemein gebräuchlich.

$$P_a^2 - P_e^2 = \frac{Q^2 \cdot \gamma_g \cdot L}{86\,400^2 \cdot D^5} \cdot C;$$

$$Q = \frac{86\,400}{\sqrt{C}} \cdot \sqrt{\frac{(P_a^2 - P_e^2) \cdot D^5}{L \cdot \gamma_g}}.$$

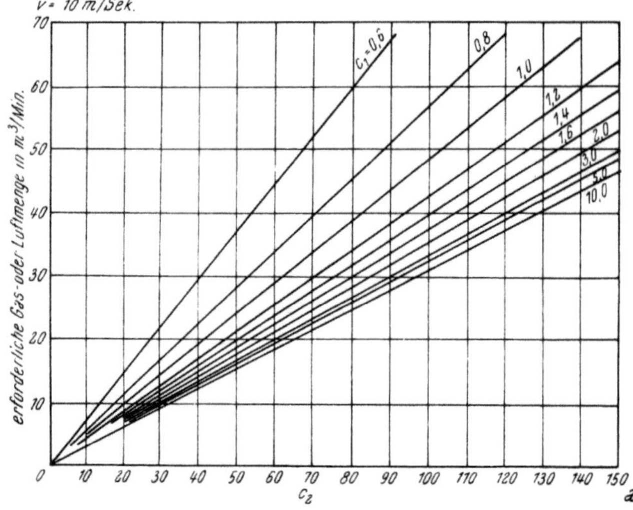

Abb. 72 *a*. Nomogramm zur Bestimmung der erforderlichen Luft- oder Gasmenge zur Hebung des Bohrschmantes. C_2 aus Tab. 16 (nach PH. L. MCLAUGHLIN, World Oil, Februar 1955)

Es bedeuten:

P_a = Druck am Anfang der Leitung in Atü,
P_e = Druck am Ende der Leitung in Atü,
Q = m³ Luft oder Gas/24 Stunden,
γ_g = spez. Gewicht von Luft oder Gas in kg/dm³,
L = Länge der Leitung in m,
D = Rohr-Innendurchmesser in m,
C = Reibungsfaktor, abhängig vom Leitungsdurchmesser.

Für die vertikal nach oben gerichtete Strömung im Ringraum ist diese Gleichung entsprechend geändert und lautet hier:

$$Q = 443{,}7 \cdot \frac{C_2}{C_1} \cdot \sqrt{1 + \sqrt{1 + C_1^4}}\,; \qquad \text{bei} \qquad v = 10 \text{ m/sek.}$$

Es bedeuten:

Q = m³ Luft oder Gas/Tag (24 Stunden),
C_2 = Faktor abhängig von: Bohrlochdurchmesser, Gestängedurchmesser, spez. Gewicht von Luft oder Gas,
C_1 = Faktor abhängig von der Geschwindigkeit v im Ringraum m/Sek., Bohrloch und Gestängedurchmesser und Teufe in m.

C_1 und C_2 sind in Tab. 15 und 16 angegeben. Q kann je nach Größe von C_1 und C_2 den Diagrammen (Abb. 72 *a* und *b*) entnommen werden. Für die Geschwindigkeit im Ringraum v_r werden nach bisherigen Erfahrungen 15,0 m/Sek.

gewählt. Es sollen allerdings auch Geschwindigkeiten von 10,0 m/Sek. unter gewissen Voraussetzungen genügen.

Beispiel:	Bohrlochdurchmesser sei	11 Zoll = 280 mm,
	Gestängedurchmesser	5 1/2 Zoll,
	Teufe	1200,0 m,
	v_r	15,0 m/Sek.

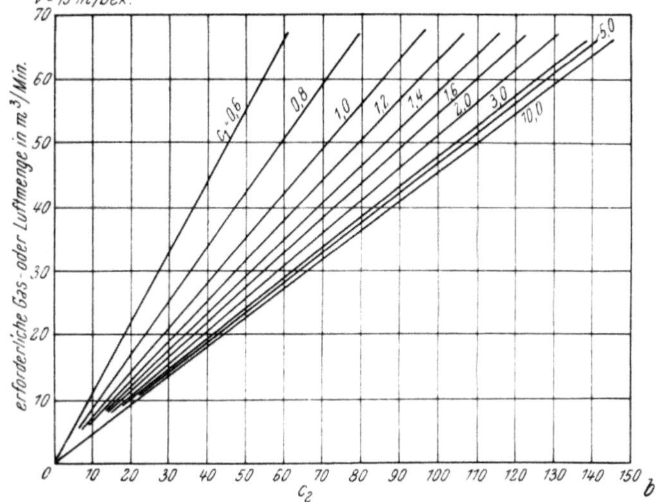

Abb. 72 *b*. Nomogramm zur Bestimmung der erforderlichen Luft- oder Gasmenge zur Hebung des Bohrschmantes. C_2 aus Tab. 15 (nach PH. L. MCLAUGHLIN, World Oil, Februar 1955)

Nach Tab. 15 und 16 ist $C_1 = 2{,}2$ und $C_2 = 91{,}0$ (Luft). Nach dem Diagramm Abb. 72 *a* und *b* resultiert für Q/Min. = 45,0 m³. Wird statt Luft Erdgas mit einem spezifischen Gewicht von 0,8 angenommen und die restlichen Angaben bleiben unverändert wie oben, so ist $Q = 50{,}5$ m³/Min.

Es muß allerdings hervorgehoben werden, daß die nach der eben besprochenen Gleichung sich ergebenden Luft- bzw. Gasmengen nicht für alle Verhältnisse anzuwenden sind. In Tab. 17 sind einige Angaben aus der Praxis ersichtlich gemacht, die je nach den lokalen Schichtenverhältnissen ziemlich große Unterschiede aufweisen.

Je nach dem Feuchtigkeitsgrad gewisser Teufenstrecken werden sowohl das Volumen als auch der erforderliche Druck beeinflußt.

In vielen Fällen wurde beim Anbohren wasserreicher Schichten von der Luftspülung wieder zur Ton-Wasser- oder Ölspülung übergegangen. Sehr gut soll sich allerdings dieses Spülungsverfahren in Öl- und Gashorizonten niedrigen Druckes bewährt haben.

Der Bohrstrang ist im Prinzip der gleiche wie beim Bohren mit flüssiger Spülung. Vorwiegend wurden Rollenmeißel eingebaut, und zwar mit kurzen Zähnen, die eine geringe Spantiefe ergeben. Dadurch wurden verhältnismäßig kleine Bohrschmantteilchen von der Sohle gelöst, die vom Luftstrom gut ausgetragen werden können. Ferner wurde beobachtet, daß sich oft bei einem geringeren Bohrdruck, als er bei flüssiger Spülung verwendet wurde, ein sehr guter Bohrfortschritt erreichen läßt, was der Betriebsdauer der Rollenverlagerung zugute kommt. Der Schwerstangenstrang kann daher auch leichter, das heißt kürzer gewählt werden.

Tabelle 15 (nach PH. L. MCLAUGHLIN, World Oil, Februar 1955)

Bohrloch-Durchmesser Zoll	Gestänge-Durchmesser Zoll	v = 15 m/Sek. C_1 für verschiedene Bohrlochteufen							C_2 für versch. spezifische Gewichte		
									Luft	Methan	
		300 m	600 m	1200 m	1800 m	2400 m	3000 m	3600 m	1,0	0,8	0,6
	6 5/8	5,8	4,1	2,9	2,4	2,0	1,83	1,67	181	202	234
15	5 1/2	6,3	4,5	3,2	2,6	2,2	2,0	1,82	195	218	251
	4 1/2	6,8	4,8	3,4	2,8	2,4	2,1	1,95	205	229	264
	6 5/8	4,4	3,1	2,2	1,81	1,57	1,41	1,28	106	119	137
12 1/4	5 1/2	5,0	3,6	2,5	2,0	1,78	1,59	1,45	120	134	155
	4 1/2	5,5	3,9	2,8	2,2	1,95	1,74	1,59	130	145	168
	6 5/8	3,8	2,7	1,88	1,54	1,33	1,19	1,09	77	86	100
11	5 1/2	4,4	3,1	2,2	1,79	1,55	1,39	1,26	91	101	117
	4 1/2	4,9	3,5	2,4	2,0	1,73	1,55	1,41	101	113	130
	5 1/2	3,8	2,7	1,88	1,54	1,33	1,19	1,09	67	75	87
9 7/8	5	4,0	2,9	2,0	1,65	1,43	1,28	1,17	73	81	94
	4 1/2	4,3	3,1	2,2	1,76	1,53	1,37	1,25	77	86	100
	5	3,5	2,5	1,77	1,45	1,25	1,12	1,02	56	63	72
9	4 1/2	3,8	2,7	1,92	1,56	1,35	1,21	1,11	61	68	78
	3 1/2	4,4	3,1	2,2	1,79	1,55	1,39	1,27	69	77	89
	5	3,4	2,4	1,70	1,39	1,20	1,07	0,98	52	58	67
8 3/4	4 1/2	3,7	2,6	1,84	1,51	1,30	1,17	1,06	56	63	73
	3 1/2	4,3	3,0	2,1	1,73	1,50	1,34	1,23	64	72	83
7 7/8	4 1/2	3,1	2,2	1,58	1,29	1,12	1,00	0,91	42	47	54
	3 1/2	3,8	2,7	1,88	1,54	1,33	1,19	1,09	50	56	64
7 3/8	3 1/2	3,5	2,4	1,73	1,41	1,22	1,09	1,00	42	47	54
6 3/4	3 1/2	3,1	2,2	1,54	1,25	1,09	0,97	0,89	33	37	43
6 1/4	3 1/2	2,8	1,9	1,38	1,12	0,97	0,87	0,79	27	30	35
	2 7/8	3,2	2,2	1,58	1,29	1,12	1,00	0,91	31	34	40
4 3/4	2 7/8	2,1	1,5	1,06	0,87	0,75	0,67	0,61	14	16	18
	2 3/8	2,5	1,8	1,25	1,02	0,88	0,79	0,72	17	19	22

$Q = 665{,}5 \cdot \frac{C_2}{C_1} \sqrt{1 + \sqrt{1 + C_1^4}}$ für v = 15 m/Sek.

Tabelle 16 (nach PH. L. MCLAUGHLIN, World Oil, Februar 1955)

Bohrloch-Durchmesser Zoll	Gestänge-Durchmesser Zoll	v = 10 m/Sek. C_1 für verschiedene Bohrlochteufen							C_2 für versch. spezifische Gewichte		
									Luft	Methan	
		300 m	600 m	1200 m	1800 m	2400 m	3000 m	3600 m	1,0	0,8	0,6
	6 5/8	8,7	6,1	4,3	3,6	3,0	2,7	2,5	181	202	234
15	5 1/2	9,5	6,7	4,7	3,9	3,3	3,0	2,7	195	218	251
	4 1/2	10,3	7,2	5,1	4,2	3,6	3,2	2,9	205	229	264
	6 5/8	6,7	4,7	3,3	2,7	2,4	2,1	1,92	106	119	137
12 1/4	5 1/2	7,5	5,3	3,8	3,0	2,7	2,4	2,2	120	134	155
	4 1/2	8,3	5,8	4,1	3,3	2,9	2,6	2,4	130	145	168
	6 5/8	5,6	4,0	2,8	2,3	2,0	1,79	1,64	77	86	100
11	5 1/2	6,6	4,7	3,3	2,7	2,3	2,1	1,89	91	101	117
	4 1/2	7,3	5,2	3,7	3,0	2,6	2,3	2,1	101	113	130
	5 1/2	5,6	4,0	2,8	2,3	2,0	1,79	1,64	67	75	87
9 7/8	5	6,0	4,3	3,0	2,5	2,1	1,92	1,76	73	81	94
	4 1/2	6,5	4,6	3,2	2,6	2,3	2,1	1,88	77	86	100
	5	5,3	3,8	2,7	2,2	1,88	1,68	1,53	56	63	72
9	4 1/2	5,7	4,1	2,9	2,3	2,0	1,82	1,67	61	68	78
	3 1/2	6,6	4,7	3,3	2,7	2,3	2,1	1,91	69	77	89
	5	5,1	3,6	2,6	2,1	1,80	1,61	1,47	52	58	67
8 3/4	4 1/2	5,5	3,9	2,8	2,3	1,95	1,76	1,59	56	63	73
	3 1/2	6,4	4,5	3,2	2,6	2,6	2,0	1,85	64	72	83
7 7/8	4 1/2	4,7	3,3	2,4	1,93	1,67	1,50	1,36	42	47	54
	3 1/2	5,6	4,0	2,8	2,3	2,0	1,79	1,64	50	56	64
7 3/8	3 1/2	5,2	3,7	2,6	2,1	1,83	1,64	1,50	42	47	54
6 3/4	3 1/2	4,6	3,3	2,3	1,88	1,64	1,46	1,34	33	37	43
6 1/4	3 1/2	4,1	2,9	2,1	1,68	1,46	1,31	1,19	27	30	35
	2 7/8	4,7	3,3	2,4	1,94	1,68	1,50	1,37	31	34	40
4 3/4	2 7/8	3,2	2,3	1,59	1,31	1,13	1,00	0,92	14	16	18
	2 3/8	3,8	2,7	1,88	1,53	1,32	1,19	1,08	17	19	22

$$Q = 443{,}7 \cdot \frac{C_2}{C_1} \sqrt{1 + \sqrt{1 + C_1^4}}$$

für $v = 10$ m/Sek.

Q = Gas- oder Luftvolumen in m³/Tag.
C_2 = Funktion von Bohrlochgröße, Gestängegröße und spezifisches Gewicht des Gases (Luft = 1,0).
C_1 = Funktion von Ringraumgeschwindigkeit, Rohrgröße, Bohrlochgröße und Bohrlochteufe.

Tabelle 17. *Übersicht der tatsächlich verwendeten Luft- bzw. Gasvolumen und Drücke unter verschiedenen Verhältnissen*

Lokalität	Teufe und End-Durchmesser	Luft bzw. Gas		Bemerkungen
		m^3/Min.	Druck Atü	
Nord-Texas	450,0—2850,0 m Bohrlochdurchmesser 7 7/8 Zoll	Erd-Gase 12,0—18,0 m^3	7—14,0	dünne, wenig feuchte Schichten
West-Texas	2100,0 m Bohrlochdurchmesser 6 1/4 und 7 7/8 Zoll	Luft 17,0 m^3	8,8	wenig feuchte Schichten
Colorado	900,0—1200,0 m Bohrlochdurchmesser 7 7/8 Zoll	Luft 40,5 m^3	18,6	verhältnismäßig trockene Formationen *Kompressor-Kapazität als zu reichlich angesehen*
New Mexico	1300,0 m Bohrlochdurchmesser 8 3/4 Zoll	Luft 46,0—68,0 m^3	4,6—7,0	teilweise sehr feuchte Formationen
Pennsylvanien	1620,0—1800,0 m Bohrlochdurchmesser 7 und 6 1/4 Zoll	Luft 50,0 m^3	14,0	teilweise feucht
Delaware-Basin	4100,0 m Bohrlochdurchmesser 8 5/8 Zoll	Luft 68,0 m^3	21,0	teilweise feuchte Teufenstrecken, die Schwierigkeiten ergaben

Der aus den Meißeldüsen austretende Luft- bzw. Gasstrom ergibt infolge der hier erfolgenden Expansion eine gute Kühlung des Rollenmeißels und fegt den Bohrschmant viel besser von der Sohle, als dieses mit flüssiger Spülung der Fall ist. Dieses Reinigen der Sohle vom Bohrschmant ist mit ein Grund für die beobachtete längere Betriebsdauer der Verlagerungen des Rollenmeißels.

Bei manchen Gesellschaften wurden dem Gas- oder Luftstrom geringe Mengen von Öl zugegeben, wodurch zusätzlich eine sehr vorteilhafte Schmierung der Rollenverlagerungen erzielt wurde.

Die Drehzahlen halten sich etwa in den Grenzen von 60 bis 100 U/Min.

Die Kerngewinnung, bei der vorwiegend Diamant-Bohrkronen Verwendung fanden, wird allgemein als außerordentlich gut bezeichnet.

Obwohl der Bohrstrang infolge des viel geringeren Auftriebes gut gespannt gehalten werden kann, wird bei diesen Spülungsmedien in manchen Fällen ein starkes Abweichen von der Lotrechten gemeldet.

3. Bohrlochabschluß ober Tage

Um den mit Bohrschmant beladenen Luft- bzw. Gasstrom, der als Staubwolke anfällt, nicht direkt unterhalb des Drehtisches austreten zu lassen, ist ein eigener Bohrlochabschluß vorgesehen, wie er aus der Abb. **73** *a* zu ersehen ist. In der Legende sind die einzelnen Teile näher bezeichnet. Allerdings ist zu bemerken, daß auch hier noch keine Einheitlichkeit besteht und verschiedene Wege gegangen werden.

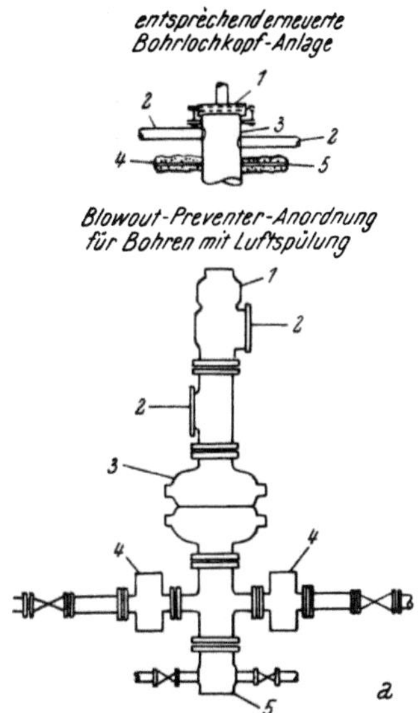

Abb. **73** *a*. Bohrlochabschluß beim Bohren mit Luftspülung (nach R. D. LEMMONS und K. J. BARR, World Oil, Januar 1955)
Oben: *1* Gummidichtung, *2* 7-Zoll-Ausström-Leitung, *3* 23-Zoll-Futterrohr, *4* Zement, *5* Stahlplatte
Unten: *1* 12-Zoll-Bohrkopf, *2* Luft-Austritt, *3* Zweifacher Blow out preventer, *4* Durchflußmesser, *5* Futterrohrkopf

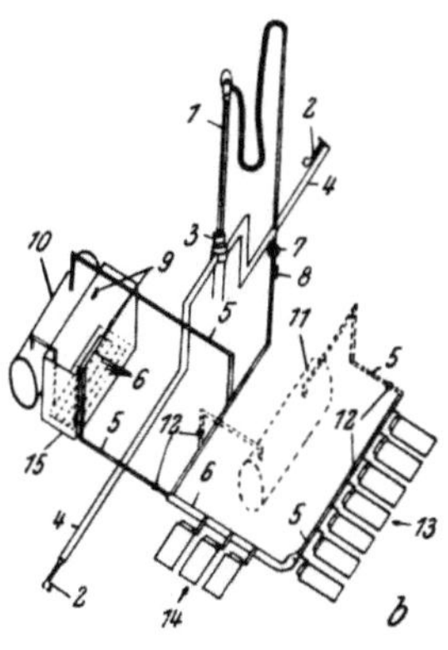

Abb. **73** *b*. Leitungs- und Kompressorenanordnung bei Luftspülung (nach R. D. LEMMONS und K. J. BARR, World Oil, Januar 1955).
1 4 1/2-Zoll-Mitnehmerstange, *2* Berieselung, *3* Bohrkopf, *4* 7-Zoll-Ausström-Leitung, *5* 4-Zoll-Leitung, *6* 7-Zoll-Leitung, *7* Flanschen mit Anschluß für Hg-Meßgerät, *8* Thermometer, *9* Ablaßventile für kondensiertes Wasser, *10* Endgültige Stellung des Kompressions-Tanks, *11* Ursprüngliche Stellung des Kompressions-Tanks, *12* Ventil, *13* Kompressoren (je 9 m³/Min.), *14* Kompressoren (je 17 m³/Min.), *15* Spülungstank zur Überschwemmung

Die Mitnehmerstange führt durch einen eigenen Bohrkopf, der sowohl den Ringraum zwischen ihr und dem Bohrloch dichtet, als auch die Drehbewegung bei der Bohrarbeit mitmacht.

Eine Anordnung der dabei notwendigen Leitungen und Kompressoren ist in Abb. **73** *b* dargestellt.

Wichtig ist die Kühlung der von den Kompressoren gelieferten Luft bzw. des Gases auf eine Temperatur von etwa 45 bis 50° C, da hohe Temperaturen sowohl den Spülschlauch, als auch die verschiedenen Dichtungen im Leitungssystem angreifen würden.

Die Kompressoren wurden bisher mit eigenen Antriebsmotoren — vorwiegend Dieselmotoren — neben der Bohrung aufgestellt. Eine Anregung geht dahin, die Kompressoren vom Verbundtrieb der Bohranlage, von dem auch die Pumpen normaler Weise angetrieben werden, direkt anzutreiben.

Tabelle 18. *Angaben über die praktischen Erfahrungen, welche mit Ton-Wasser- und Luftspülungen unter gleichen Lagerstättenbedingungen in verschiedenen Öl-Distrikten der USA gemacht wurden* (nach H. J. MAGNER, World Oil, Januar 1955)

	Spülungsmedium: Ton-Wasserspülung							Spülungsmedium: Luft							
Distrikt	Bohrungs-Nr., bzw. Bezeichnung der durchteuften Schichte	Bohrmeißel Durchmesser Zoll	Anzahl der Bohrmeißel	Total durchteufte m	m pro Meißel	Total Stunden Bohrarbeit	Bohrfortschritt m/Std.	Bohrungs-Nr., bzw. Bezeichnung der durchteuften Schichte	Bohrmeißel Durchmesser Zoll	Anzahl der Bohrmeißel	Total durchteufte m	m pro Meißel	Total Stunden Bohrarbeit	Bohrfortschritt m/Std.	Unterschied des Bohrfortschrittes in %
Pennsylvanien Clinton County	Nr. *A*	8 3/4	26	1660,0	63,84	358,5	4,67	Nr. *D*	8 3/4	33	1960,0	59,37	230	7,52	+ 84,0
	Nr. *B*		32	1680,0	52,50	320,25	5,24	Nr. *E*		28	1950,0	69,64	177,5	10,98	+109,5
	Nr. *C*		39	1600,0	41,03	347,5	4,32	Nr. *F*		19	1620,0	85,26	160,0	9,50	+119,0
	Durchschnitt		32	1646,0	52,45	342,08	4,73			26,6	1843,33	71,42	189,16	9,66	+104,2
New Mexico	San Andres	12 1/4 bis etwa 820 m dann 8 3/4 Zoll	2	107,0	53,50	27,25	3,92	San Andres	12 1/4 und 8 3/4	4,96	186,3	37,6	101,25	1,63	− 58,5
	Glorieta		0,15	9,2	61,33	2,50	3,68	Glorieta		0,05	7,33	146,7	2,00	3,66	± 0,0
	Yeso		9,00	378,0	42,00	122,75	3,08	Yeso		1,68	401,00	239,0	113,25	3,54	+ 14,9
	Drinkard		0,5	165,0	330,00	50,75	3,26	Drinkard		1,25	152,50	122,0	38,50	3,96	+ 21,5
	Abo		1,7	76,2	44,8	29,00	2,63	Abo		2,00	110,00	55,0	48,50	2,27	− 13,8
	Pennsylvanien		30,0	350,0	11,66	448,25	0,78	Pennsylvanien		15,95	560,00	352,0	384,75	1,45	+ 76,0

	Durchschnitt		7,21	181,0	90,5	114,00	2,89			4,32	235,00	158,5	114,7	2,76	− 4,73
	Ohne San Andres						2,68	Ohne San Andres						2,97	+ 7,1
New Mexico	Distrikt D.K. Abo	7 7/8	12	430,0[1]	35,8	231,5	1,86	Distrikt D.K.Abo	7 7/8	2	424,0	212,0	56,25	7,5	+304,0
	S-Kaggs-Field		11	560,0[1]	51,0	151,0	3,71	S-Kaggs-Field		7	497,0	70,8	100,0	4,97	+ 33,9
	Townsend Field		10	328[1]	32,8	84,50	3,88	Townsend Field		3	326,0	108,6	65,5	4,98	+ 28,3
	Durchschnitt		11	439,33	39,86	155,66	3,15			4	415,66	130,48	73,9	5,81	+ 84,5

[1] Bezieht sich nur auf Teufenstrecken der Bohrungen zwischen rund 1200 und 1800 m.

4. Einbau der Futterrohre bei Bohrungen, die mit Druckgas bzw. Druckluft abgeteuft werden

Falls die untiefen Schichten wasserreich sind, wird für das Standrohr mit Ton-Wasserspülung vorgebohrt und die Futterrohre in das mit Spülung gefüllte Bohrloch eingebaut und normal zementiert.

Es kam allerdings auch vor, daß gerade in diesen Schichten große Spülungsverluste auftraten (Californien) und man schon hier Luft als spülendes Medium einsetzte.

Sobald in diesem Falle die entsprechende Teufe erreicht war, wurde das Bohrloch mit flüssiger Spülung gefüllt, die Futterrohre eingebaut und zementiert. In anderen Fällen konnten die Futterrohre auch in das mit Luft gefüllte Bohrloch eingebaut und zementiert werden.

Bei Schichten niedrigen Druckes wurde das ganze Bohrloch mit Luft abgebohrt, dann mit einer Ton-Wasser- oder Ölspülung angefüllt und die SCHLUMBERGER-Messung durchgeführt.

Die Futterrohre wurden mit Zentriereinrichtungen eingebaut und zementiert; nach dem Erhärten des Zementes und Ausbohren der Zementpfropfen wurde die auszubeutende Öl- bzw. Gasschichte mit Schußperforation geöffnet.

In der verhältnismäßig kurzen Zeit, in der die Spülung im Bohrloch verblieb, war kein nachteiliges Verschlämmen zu beobachten.

Bei einer anderen Bohrgesellschaft wurde mit Luftspülung bis zum Beginn der Ölschichte gebohrt, sodann eine dünne Ton-Wasserspülung in das Bohrloch gepumpt, mit SCHLUMBERGER Eigenpotential und Widerstand der durchteuften Schichten aufgenommen und die Futterrohre eingebaut und zementiert. Nach der Erhärtezeit und Ausbohren der Zementpfropfen wurde die Ölschichte wieder mit Luft durchbohrt und ohne flüssige Spülung die Förderrohre eingebaut.

Schließlich wurden Bohrungen lediglich mit Luft abgeteuft und vor dem Einbau der Futterrohre die einzelnen Schichtenlagen mittels eines auf der Radioaktivität der Gesteine basierenden Meßverfahrens bestimmt.

5. Umgekehrte Zirkulation

Falls feuchte Gesteinsbänke angetroffen werden, hat sich die umgekehrte Zirkulation zum Trocknen des Bohrloches sehr gut bewährt. Auch beim normalen Bohren erwies sich diese insofern als vorteilhaft, als mit verhältnismäßig geringen Drücken eine hohe Steiggeschwindigkeit erreicht wird und auch größere Bohrschmantteile gut ausgetragen werden können.

Gewisse Fangarbeiten nach kleinen, ins Bohrloch gefallenen Eisenstücken können mit dieser Zirkulation besser durchgeführt werden. Bei stark zerklüfteten Formationen ist allerdings das umgekehrte Spülen nicht zu empfehlen, da in diesem Falle der staubfreie Luft- bzw. Gasstrom in die Klüfte gedrückt wird und Zirkulationsverluste auftreten.

Bei der direkten Zirkulation ist es vor allem der Bohrschmantstaub, der nach einer verhältnismäßig kurzen Zeit Klüfte verlegt.

Einige Ergebnisse der Bohrarbeit mit Luft- bzw. Gasspülung sind in Tab. 18 angeführt.

6. Vor- und Nachteile bei Verwendung gasförmiger Spülungsmedien

Als besondere Vorteile dieses Verfahrens wären anzuführen:

a) Ein höherer Bohrfortschritt bei trockenen bzw. nur wenig feuchten Gesteinsschichten,

b) eine größere Meterleistung/Meißelmarsch,

c) längere Betriebsdauer des Meißels, vor allem seiner Verlagerung,

d) produktive Zonen werden nicht verschlämmt; auch sehr schwache Gasschichten sind gut feststellbar,

e) die Kerngewinnung ist sehr gut,

f) der erforderliche Bohrdruck zur Erzielung eines guten Bohrfortschrittes ist geringer als mit flüssiger Spülung,

g) für die Zementierung der Futterrohre ist weniger Zement erforderlich, weil der Bohrlochdurchmesser genauer gehalten wird und keine Auskolkungen vorkommen.

Als Nachteile sind anzuführen:

a) Die Volumskontrolle der aus dem Bohrloch kommenden Luft bzw. des Gases ist schwierig.

b) In wasserführenden Gesteinsschichten kann der feuchte Bohrschmant die Außenwand des Bohrstranges und die Bohrlochwandungen leicht verkleben.

c) Beim Anbohren von Gashorizonten mit Luftspülung besteht die Gefahr, daß sich ein explosives, leicht entzündbares Gasgemisch bildet. Allerdings wird die Beobachtung gemacht, daß eine Explosion auf der Sohle, hervorgerufen durch Funkenbildung beim Schlagen des Meißels auf hartes Gestein, keinerlei gefährliche Wirkung hat.

In Californien wurden in den letzten Jahren Versuche unternommen, Stickstoff als Spülmedium zu verwenden. Über die Vor- oder Nachteile ist bisher nichts bekannt geworden.

L. Belüftete Ton-Wasserspülung[1]

Wie schon im Kapitel II „Bohrdruck" (S. 29) ausgeführt wurde, erhöht sich der Bohrfortschritt in wenig durchlässigen Gesteinsschichten, wenn der hydrostatische Druck auf der Bohrlochsohle geringer ist.

Bei Verwendung von Luft oder Gas als Spülungsmedium sollte sich daher auch der günstigste Bohrfortschritt einstellen, falls keine wasserführenden Schichten dabei hinderlich sind.

Wie Versuche in einigen USA-Ölfeldern bewiesen, konnte auch mit einer Ton-Wasserspülung, die entsprechend von Luft durchsetzt war, der Bohrfortschritt in vielen Fällen gesteigert werden.

Die von Luft durchsetzte Spülung hat gegenüber reiner Luft- oder Gasspülung nach den bisherigen Erfahrungen in USA die folgenden Vorteile:

1. Niederdruck-Wasserzonen können gut durchteuft werden.
2. Größere Sicherheit, da beim Anbohren von Schichten hohen Druckes ein verhältnismäßig schneller Gewichtsaufbau durch Entlüftung und Zirkulation mit schwerer Spülung leicht durchführbar ist.
3. Der Bohrloch-Abschluß ober Tage ist bei dieser Spülungsart einfacher als bei Luft oder Gasspülung.

---

[1] Nach Bobo, R. A., R. S. Hoch und G. S. Ormsby: Gas and Oil Journal, 24. Januar 1955.

4. Die Bohrlochabweichung war bei den bisherigen Bohrungen kleiner als bei Verwendung von Luft oder Gas.

5. Die anfallenden Bohrschmantteile sind größer und leichter ober Tage auszuscheiden. (Wichtig für die Bohrschmant-Analyse.)

6. Das Bohrloch wird im unverrohrten Teil besser stehen.

Beim Test „Odom C", in Texas, wurde die Luft direkt in das Steigrohr im Turm injiziert. Das Verhältnis von Luft zu Spülung variierte von 20 bis 27 m^3 Luft/m^3 Ton-Wasserspülung. Die Spülung bestand aus Süßwasser, Bentonit, Quebracho, kaustischer Soda und „Antigyp" mit folgenden Werten:

Spezifisches Gewicht 1,10 bis 1,15,
Anfangsgelstärke 0 g,
10 Min.-Gelstärke 0 g,
PH-Wert etwa 8 bis 9.

Der Bohrlochdurchmesser war 7 7/8 Zoll, es wurden normale Rollenmeißel verwendet.

Der Test wurde bei 2377 m Teufe unterbrochen, da am Gestänge, den Tool joints und den Schwerstangen starke Korrosion auftrat. Ein Schutz gegen die Korrosion wurde vorher nicht getroffen, da diese nur in kleinem Ausmaß erwartet wurde. Der Test zeigte also, daß unter bestimmten Bedingungen, schon nach wenigen Stunden bei der Luftinjektion, starke Korrosion auftreten kann.

Beim Test „Odom D" wurde bis zu einer Teufe von 2877 m abwechselnd mit Spülung und Luft-Spülmischung gebohrt. Von 250 bis 900 m war der erhöhte Bohrfortschritt auf Grund der Luftinjektion in die Spülung augenscheinlich. Die Steigerung betrug 15 bis 75%, und zwar bei einer Spülung, die 6,6 m^3 Luft/m^3 Spülung enthielt.

Die Möglichkeit, bei Luftinjektion das mittlere Spülungsgewicht zu reduzieren, nimmt mit steigender Teufe ab. Im 11-Zoll-Bohrloch konnte in der Teufenstrecke von 900 bis 1500 m eine Erhöhung des Bohrfortschrittes nicht mehr festgestellt werden.

Durch eine Erhöhung des Luft : Ton-Wasser-Verhältnisses (es wurde eine der zwei Pumpen stillgelegt) und bei gleichzeitiger Verwendung kleinerer Meißeldüsen wurde der Bohrfortschritt wieder um 20% gesteigert.

Die mittlere Meterleistung in der Teufenstrecke von 1850 bis 2295 m war um etwa 44% größer als mit normaler Ton-Wasserspülung.

Nach dem Absetzen von 8 5/8-Zoll-Futterrohren bei 2295 m wurde mit 7 7/8-Zoll-Rollenmeißeln weitergebohrt. In den nun folgenden Teufenstrecken war die Steigerung des Bohrfortschrittes 35 bis 120% und die Erhöhung der Betriebsdauer der Rollenmeißeln 50 bis 120%. Pro 1 m^3 Ton-Wasserspülung wurden 25 m^3 Luft in den Spülungskreislauf injiziert.

Die Korrosion war bei diesem Test minimal, da kaustische Soda und Natriumbichromat regelmäßig zugegeben wurden.

Mit der belüfteten Spülung, die ein spezifisches Gewicht von 0,8 bis 0,9 aufwies, wurden in druckschwachen Schichtenkomplexen sehr gute Bohrfortschritte erreicht.

Es war daher naheliegend, daß nach Mitteln gesucht wurde, um eine noch weitere Herabsetzung des spezifischen Gewichtes zu erreichen.

Dies kann durch Zusatz von Schaummitteln erfolgen, welche eine weitere Belüftung möglich machen.

Den Farbwerken Höchst A.G. gelang die Entwicklung eines solchen Schaummittels. Es ist das Phenylsulfonat (66%), welches mit CMC kombiniert der Spülung zugesetzt werden kann.

Die Zusatzmenge ist relativ gering und beträgt etwa 20 bis 40 g/m^3 Spülung.

M. Schlußfolgerung, betreffend Wahl und Kontrolle der Bohrspülungen

Eine richtige Wahl und Behandlung der verschiedenen Bohrspülungen liegt heute in den Händen von besonders hiefür ausgebildeten Fachleuten. Diesen Ingenieuren steht außer einem permanenten, entsprechend eingerichteten Laboratorium auch ein mobiles Labor zur Verfügung, das auf einem kleinen Lkw. aufgebaut ist. Der Ingenieur bereist mit diesem mobilen Laboratorium die Ölfelder, macht an Ort und Stelle die Untersuchungen und verschreibt die notwendigen Zusätze.

Bei jeder einzelnen Bohrung muß wenigstens eine Waage zum Messen des spezifischen Gewichtes und ein Marsh-Trichter vorhanden sein. Bei Schurfbohrungen sollten auch Apparaturen zur Bestimmung des Filterkuchens und der Wasserabgabe vorgesehen sein.

X. Der Kreislauf der Bohrspülung

Die Spülpumpe besorgt bei der Bohrarbeit den Kreislauf der Spülung vom Spülbecken durch den Bohrstrang zur Sohle und von dieser im Ringraum, zwischen der Bohrlochwand und Gestängeaußenwand, zu Tage.

Auf diesem Wege, der auch diverse Richtungsänderungen aufweist, sind die Durchflußquerschnitte sehr unterschiedlich, der Flüssigkeitsstrom erfährt teilweise Einschnürungen (Gestängeverbinder, Bohrung der Schwerstangen und Meißeldüsen), die von Querschnittserweiterungen gefolgt sind. Es werden daher sowohl die Fließgeschwindigkeiten als auch die Fließwiderstände in den einzelnen Teilstrecken des Bohrstranges und Ringraumes verschieden sein und in Summe den Fließwiderstand maßgebend beeinflussen.

Außer diesen Querschnittsveränderungen hängt der Fließwiderstand auch noch von der Zähigkeit, den thixotropen Eigenschaften der Spülflüssigkeit und der Rauhigkeit der Wandungen in den durchflossenen Teilstrecken ab.

A. Grundlegendes der Strömungslehre

Bevor auf die nähere Bestimmung der hier interessierenden Widerstände eingegangen wird, sollen die Grundgesetze der Strömungslehre in aller Kürze Erwähnung finden[1].

Die Eulersche Gleichung für eindimensionale Strömungsvorgänge: Bei einer Flüssigkeitsbewegung, bei der in jedem Punkt des von der Flüssigkeit erfüllten Raumes der Flüssigkeitszustand, wie Geschwindigkeit, Druck, Dichte usw. im Verlaufe der Zeit immer gleich bleibt, ist auch das Stromlinienbild zeitlich konstant. Man nennt eine solche Strömung stationär.

Wegen der Konstanz der Materie muß für jeden Querschnitt einer Stromröhre die sekundlich durchfließende Flüssigkeitsmenge konstant sein. Dies wird durch die „Eulersche bzw. Kontinuitätsgleichung" $\varrho \cdot F \cdot v =$ konstant ausgedrückt (ϱ = Dichte der Flüssigkeit, F = Querschnitt der Stromröhre, v = Geschwindigkeit).

---

[1] Näheres siehe Prandtl, L.: Führer durch die Strömungslehre, 3. Aufl. Braunschweig: Vieweg. 1949. — Eck, B.: Technische Strömungslehre, 5. Aufl. Berlin-Göttingen-Heidelberg: Springer-Verlag. 1957, Neudruck 1958. — Eck, B.: Einführung in die technische Strömungslehre, Band I. Berlin: Springer-Verlag. 1935.

Bei nicht kompressiblen Flüssigkeiten gilt:

$$F_1 \cdot v_1 = F_2 \cdot v_2.$$

1. Dynamische Beziehung reibungsloser Flüssigkeiten

Nach dem Grundgesetz der Mechanik muß für jedes Flüssigkeitsteilchen das Produkt aus Masse mal Beschleunigung gleich sein der Summe aller auf das Flüssigkeitsteilchen wirkenden Kräfte. Es sind dies die Schwerkraft plus Druckkraft.

Für die Bewegung reibungsloser Flüssigkeiten, die den Zusammenhang von Geschwindigkeit, Lage und Druck derjenigen Flüssigkeitsteilchen angibt, die auf ein und derselben Stromlinie liegen, gilt die BERNOULLIsche Gleichung. Längs der durchströmten Leitung oder entlang jedes einzelnen Stromfadens gilt für jeden Leitungsquerschnitt:

$$h + \frac{p}{\gamma} + \frac{v^2}{2g} = \text{Konstant.}$$

g = Erdbeschleunigung, Längeneinheit/Sek.^{2},

h = Höhenunterschied zwischen Eintritt und Austritt der Flüssigkeit,

p = Druck beim Eintritt, Gewichtseinheit/Fläche,

γ = spezifisches Gewicht des fließenden Mediums.

v = Fließgeschwindigkeit, Längeneinheit/Sek.

2. Einfluß der Reibung bei durchströmten Körpern

Zähflüssige Medien leisten einer Formveränderung Widerstand. Im Kapitel IX (S. 86) wurde der Begriff „Viskosität" prinzipiell erläutert. Bei näherer Betrachtung zeigte es sich, daß die Flüssigkeit an den dort besprochenen Platten haftet.

Da mit wachsender Geschwindigkeit v auch das Geschwindigkeitsgefälle v/y zunimmt, kann man auch sagen, daß die bewegende Kraft proportional mit dem Geschwindigkeitsgefälle wächst.

Die dabei pro cm^2 Plattenfläche übertragene Kraft wird, wie in der Festigkeitslehre, als Schubspannung τ bezeichnet.

Und es gilt nach NEWTON $\tau = \eta = dv/dy$; wobei hier die Zähigkeit η eingeführt wird.

Die gleiche Erscheinung tritt beim Fluß eines Mediums in Rohren auf. Auch hier haftet dasselbe an den Rohrwandungen, so daß sich in der Rohrmitte das Maximum der Fließgeschwindigkeit einstellt.

Bevor auf die Einflüsse der Rohrwandreibung näher eingegangen wird, soll zunächst das Ähnlichkeitsgesetz besprochen werden.

3. Das Ähnlichkeitsgesetz, die Reynoldssche Zahl

Viele Strömungsversuche können nicht immer unter den gleichen Bedingungen durchgeführt werden, wie sie in der Praxis angewendet werden, sondern in Modellen im verkleinerten Maßstab. Häufig müssen auch andere Fließmedien verwendet werden. Hier ergab sich daher die Frage, unter welchen Bedingungen die Strömungsbilder zweier umströmter, geometrisch ähnlicher Körper ebenfalls geometrisch ähnlich sind. Es handelt sich also darum, eine dimensionslose Zahl zu finden, die den Strömungsvorgang charakterisiert.

Bei jeder Strömung in Rohren sind die charakteristischen Größen die Geschwindigkeit v, der Innendurchmesser des Rohres d, die Dichte der Flüssigkeit ϱ und deren Viskosität η.

Das Verhältnis η/ϱ die sogenannte kinematische Viskosität ν, die, wie schon im Kapitel IX (S. 87) erläutert, sich mit $cm^2 \cdot Sek.^{-1}$ bzw. $m^2 \cdot Sek.^{-1}$ ergibt.

Um aus den obigen Größen eine dimensionslose Zahl zu erhalten, kann deren Zusammenhang nur folgender sein:

$$R_e = \frac{v \cdot d \cdot \varrho}{\eta}\,; \qquad \text{bzw.} \qquad \text{da } \varrho = \frac{\eta}{\gamma} \text{ ist } R_e = \frac{v \cdot d \cdot \eta}{\eta \cdot \nu} = \frac{v \cdot d}{\nu}.$$

R_e ist die von Osborn Reynolds gefundene Ähnlichkeitsbeziehung, die als „Reynoldssche Zahl" bei Flüssigkeitsströmungen bezeichnet wird.

4. Laminare und turbulente Strömung in kreisrunden Rohren

Im allgemeinen wird angenommen, daß bis zu einer Reynoldsschen Zahl von 2320 die Strömung laminar ist. Nach einer Übergangsperiode wird sie turbulent.

Das Geschwindigkeitsprofil dieser beiden Strömungstypen ist in Abb. 74 *a* dargestellt.

Eine turbulente Strömung wird dann auftreten, wenn die Fließgeschwindigkeit ein gewisses Maß überschreitet. Die Änderung der Strömungsform hängt auch von der Temperatur und der Zähigkeit der betreffenden Flüssigkeit ab.

Bei der turbulenten Strömung ist, im Gegensatz zur laminaren, die Geschwindigkeit über den Querschnitt nahezu gleichmäßig verteilt. Der Unterschied zwischen der maximalen und der mittleren Geschwindigkeit ist jedenfalls bei turbulenter Strömung viel geringer als bei der laminaren.

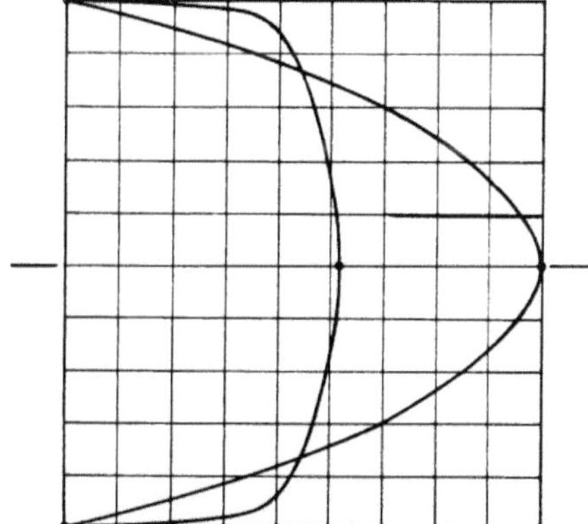

Abb. 74 *a*. Verteilung der axial gerichteten Geschwindigkeitskomponenten bei laminarer und turbulenter Bewegung

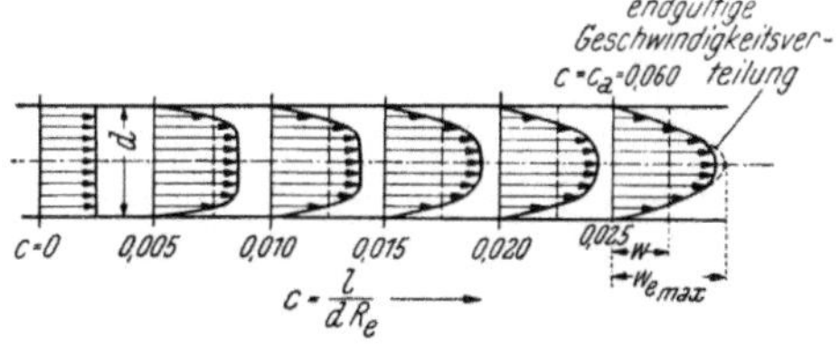

Abb. 74 *b*. Entwicklung der Geschwindigkeitsverteilung im Anlauf vom gleichmäßigen Profil bis zum endgültigen (nach Messungen von Nikuradse)

In unmittelbarer Nähe der Rohrwand, wo sich auch eine laminare Grenzschicht parallel zur Rohrwand bildet, fällt die Geschwindigkeit ab.

Der maßgebende Strömungswiderstand kann beim turbulenten Fluß als Wirbelwiderstand bezeichnet werden. Neben der Hauptströmung in der Rohrachse treten hier Nebenströmungen auf, es sind Turbulenzwirbel, die aber nicht in die Grenzschicht, welche dabei die Rolle einer Schmierschicht übernimmt, eindringen.

5. Druckabfall in geraden, kreisrunden Rohren

Für die meisten Flüssigkeiten bleibt deren Zähigkeit in einem weiten Geschwindigkeitsbereich unbeeinflußt, unter der Voraussetzung, daß auch die Druck- und Temperaturverhältnisse unverändert bleiben. Wie wir noch sehen werden, ist dies bei den meisten Bohrspülungen nicht der Fall.

Es sollen zunächst die Verhältnisse bei Flüssigkeiten mit unveränderter Zähigkeit behandelt werden.

HAGEN und POISEUILLE haben bei ihren Untersuchungen unabhängig voneinander festgestellt, daß der Druckabfall bei laminarer Strömung der ersten Potenz, bei turbulenter Strömung der zweiten Potenz der Strömungsgeschwindigkeit proportional ist.

Die Geschwindigkeitsverteilung im Anlauf bis zur vollständigen Ausbildung der laminaren Strömung ist in Abb. 74 *b* (nach NIKURADSE) dargestellt.

Wenn die im Rohr befindliche Flüssigkeit durch einen Pumpdruck in Bewegung gesetzt wird, wobei der Rohrinnenquerschnitt einen absoluten gleichen Druck erfährt, so bildet sich infolge der Haftung an der Rohrwand zunächst eine dünne Haftschichte, deren Geschwindigkeit an der Rohrwand sehr rasch auf Null absinkt. Im weiteren Verlauf nimmt die Dicke der Randschichte zu, bis sich schließlich der parabolische Verlauf der Geschwindigkeitsverteilung ergibt.

Der Anlauf-Vorgang wird durch die Zähigkeit der Flüssigkeit beeinflußt. Je höher die Zähigkeit, um so mehr wird das Haften an der Rohrwand in verstärktem Maße auftreten und daher die definitive Geschwindigkeitsverteilung, mit v_{max} in der Rohrmitte, sich auch früher einstellen.

Für kreisförmige Rohrquerschnitte gilt für die Länge dieser Anlaufstrecke:

$$la = Ca \cdot R_e \cdot d.$$

la = Anlaufstrecke in m, R_e = REYNOLDSsche Zahl,
Ca = Konstante, d = Rohrinnendurchmesser in m.

Nach PRANDTL ist jene Länge als Anlaufstrecke zu betrachten, nach deren Durchfluß sich die vorherrschende Geschwindigkeit um 1% von der endgültigen unterscheidet.

Wie schon gesagt wurde, haftet die in einem Rohr strömende Flüssigkeit an den Rohrwandungen. Demgemäß werden dort die Geschwindigkeiten gleich Null sein und wird in der Rohrmitte die maximale Strömungsgeschwindigkeit auftreten (s. Abb. 75).

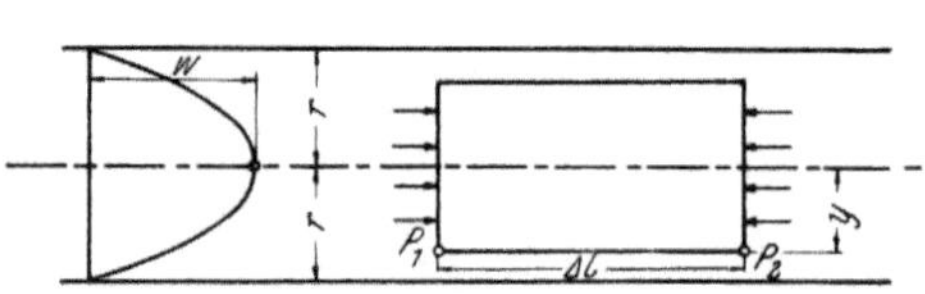

Abb. 75. Strömung in Rohren (Ableitung des HAGEN-POISEUILLEschen Gesetzes)

In gleichen Abständen von der Rohrmitte werden im Rohrquerschnitt auch die gleichen Geschwindigkeiten vorhanden sein. Die Druckdifferenz $p_1 - p_2 = \Delta p$, welche auf den Stirnflächen des betrachteten Flüssigkeitszylinders mit dem Radius y und der Länge Δl wirkt, ergibt einen Gesamtdruck von $\Delta p \cdot y^2 \cdot \pi$. Dieser Druck wird an den Mantelflächen die Schubspannung τ hervorrufen. Auf Grund der Gleichgewichtsbedingung muß daher die Beziehung herrschen:

$$\Delta p \cdot y^2 \cdot \pi = 2 \cdot y \cdot \pi \cdot \Delta l \cdot \tau; \qquad \tau = \eta \cdot \frac{dv}{dy} \text{ (nach NEWTON)} \tag{1}$$

eingesetzt:

$$\Delta p \cdot y^2 \cdot \pi = 2 \cdot y \cdot \pi \cdot \Delta l \cdot \eta \cdot \frac{dv}{dy};$$

$$\frac{\Delta p}{\Delta l} \cdot y = 2 \cdot \eta \cdot \frac{dv}{dy}; \qquad (2)$$

$$\frac{\Delta p}{\Delta l} \cdot y \cdot dy = 2 \cdot \eta \cdot dv; \qquad \text{integriert:}$$

$$v = \frac{\Delta p}{\Delta l} \cdot \frac{1}{4\eta} \cdot (r^2 - y^2);$$

$$v = 0 \text{ dann } y = r.$$

bei $y = 0$ ist v ein Maximum:

$$v_{\max} = \frac{\Delta p}{\Delta l} \cdot \frac{r^2}{4 \cdot \eta}. \qquad (3)$$

Das Volumen Q eines Rotationsparaboloids $= \frac{r^2 \cdot \pi \cdot v_{\max}}{2}$;

$$Q = \frac{r^2 \cdot \pi \cdot \frac{\Delta p}{\Delta l} \cdot \frac{r^2}{4\eta}}{2} = \frac{r^2 \cdot \pi \cdot \Delta p \cdot r^2}{2 \cdot \Delta l \cdot 4 \cdot \eta};$$

$$Q = \frac{\Delta p}{\Delta l} \cdot r^2 \cdot \pi \cdot \frac{r^2}{8\eta};$$

$$\frac{Q}{r^2 \cdot \pi} = v_{\text{mittel}} = \frac{\Delta p}{\Delta l} \cdot \frac{r^2}{8 \cdot \eta} = \frac{v_{\max}}{2}.$$

Die mittlere Geschwindigkeit ist gleich der halben maximalen Geschwindigkeit. Der Inhalt des Rotationsparaboloids ist gleich dem Inhalt eines Zylinders mit der gleichen Grundfläche, aber nur der halben Höhe des Paraboloids.

Das sekundliche Durchflußvolumen $Q = F \cdot v_{\text{mittel}}$, wobei $F = \pi \cdot r^2$; daher

$$Q = \pi \cdot r^2 \cdot \frac{\Delta p}{\Delta l} \cdot \frac{r^2}{8\eta} = \frac{\pi \cdot r^4 \cdot \Delta p}{8 \cdot \eta \cdot \Delta l}. \qquad (4)$$

Diese Gleichung wird allgemein als HAGEN-POISEUILLEsche bezeichnet.

6. Der Proportionalitäts- oder Reibungsfaktor beim Fluß durch Rohrleitungen

Falls die Strömungsgeschwindigkeit von Flüssigkeiten mit unveränderlicher Zähigkeit eine gewisse Grenze überschreitet, gilt das HAGEN-POISEUILLEsche Gesetz nicht mehr, der Druckabfall ist in diesem Falle größer. Angenähert ist er dem Quadrat des Durchflußvolumens proportional.

Die Strömung wird turbulent, die einzelnen Stromfäden machen eine wirbelnde Bewegung mit.

Diese Strömungsart tritt dann ein, wenn, wie schon gesagt wurde, die REYNOLDSsche Zahl den Wert von 2320 überschreitet.

HAGEN hat bei seinen Untersuchungen festgestellt, daß der Druckabfall bei der laminaren Strömung der ersten Potenz und nur bei der turbulenten der zweiten Potenz der Geschwindigkeit proportional ist. Die von ihm empirisch ermittelte Gleichung für turbulente Strömung wird nach seinen Angaben auch für laminare Strömungen entsprechen, allerdings mit der Hinzunahme eines Proportionalitätsfaktors, der von der REYNOLDSschen Zahl abhängig ist.

Es gilt daher für jede Strömungsform:

$$\Delta p = \lambda_0 \cdot \frac{L}{D_i} \cdot \frac{v^2}{2 \cdot g} \cdot \gamma; \tag{5}$$

Es bedeuten:

Δp = Druckverlust in kg/m² bzw. in mm Wassersäule,
λ_0 = Proportionalitätsfaktor, auch Reibungszahl genannt, für absolut glatte Rohre,
L = Länge der Rohre in m,
D_i = innerer Durchmesser der Rohre in m,
v = mittlere Geschwindigkeit in m/Sek.,
g = Erdbeschleunigung in m/Sek.²,
γ = spezifisches Gewicht der Flüssigkeit in kg/m³.

Für reines Wasser gilt bis zu einer REYNOLDSschen Zahl von **2320** für den Proportionalitätsfaktor $\lambda = 64/R_e$. Wird diese Zahl in Gl. (5) eingesetzt, ergibt sich:

$$\Delta p = \frac{64}{R_e} \cdot \frac{L}{D_i} \cdot \frac{v^2}{2g} \cdot \gamma \cdot \tag{6}$$

Und da $R_e = \frac{D_i \cdot v}{\gamma}$, ergibt sich weiter:

$$\Delta p = \frac{64 \cdot \gamma}{D_i \cdot v} \cdot \frac{v^2}{2g} \cdot \frac{L}{D_i} \cdot \gamma;$$

$$\Delta p = 32 \cdot \frac{L}{D_i^2} \cdot \gamma \cdot v \cdot \frac{\gamma}{g} . \tag{7}$$

Damit ist erwiesen, daß die Gleichung für den Druckabfall bei laminarer Strömung die Geschwindigkeit „v“ in der ersten Potenz enthält.

Eine Reihe von Autoren hat auf Grund von Untersuchungen Formeln zur Bestimmung des Widerstandsfaktors aufgestellt. Allerdings wurden die Versuche nur mit Wasser und Luft in unterschiedlichen Rohrdurchmessern durchgeführt. Dementsprechend ergeben diese Formeln nicht die gleichen Werte für λ.

Eine dieser Formeln, von BLASIUS, die für Wasser und Luft, und zwar bis zu einer REYNOLDSschen Zahl von 100 000, gute Werte liefert, ist folgende:

$$\lambda_0 = 0{,}3164 \cdot R^{-0{,}25}$$

Eine andere, von NIKURADSE, ebenfalls für Wasser und Luft und für den Bereich der REYNOLDSschen Zahl von 100 000 bis 2,5 Millionen, lautet:

$$\lambda_0 = 0{,}0032 + 0{,}221 \cdot R_e^{-0{,}237}.$$

Diese Proportionalitätsfaktoren entsprechen nur für Rohre mit absolut glatter Rohrinnenwand.

7. Beeinflussung des Proportionalitätsfaktors durch Rohrrauhigkeit

Eine Rauhigkeit der Rohre fördert die Wirbelung und erhöht den Strömungswiderstand.

Es ist dabei nicht der absolute Betrag der Höhe der Erhöhungen im Rohr der maßgebende Faktor, sondern das Rauhigkeitsverhältnis, das ausgedrückt wird durch K/D_i, wobei K die gemittelte Höhe der Erhebungen, D_i den Innendurchmesser des Rohres bedeutet.

Daher sind nach HOPF[1] prinzipiell zu unterscheiden:

a) scharfkantige, körnige oder kurzwellige, und

b) langwellige Rauhigkeiten, mit verhältnismäßig glatter Oberfläche.

Bei Verwendung einer guten, homogenen Bohrspülung, die den Bohrstrang innen und außen mit einem Spülungsfilm und die Bohrlochwand mit einem Filterkuchen überzieht, kann eine scharfkantige Rauhigkeit nur in den seltensten Fällen auftreten. Man kann daher fast durchwegs mit einer langwelligen Rauhigkeit rechnen.

In diesem Falle wird nach HOPF $\lambda = \xi \cdot \lambda_0$, wobei λ_0, wie schon gesagt wurde, dem Widerstandsfaktor für glatte Rohre entspricht. ξ variiert für Wasser im allgemeinen zwischen 1,03 und 1,5.

Für Rohrwandungen, welche mit einer gut aufbereiteten, homogenen Spülung benetzt werden, wird der Wert für ξ vermutlich noch geringer sein.

B. Widerstand beim Kreislauf der Bohrspülung

1. Allgemeines

Bei den meisten Bohrspülungen ergibt die Untersuchung der Fließeigenschaften ein anderes Bild als bei reinen NEWTONschen Flüssigkeiten (s. Abb. 76 *a*).

Wird auch hier das sekundliche Durchflußvolumen auf der Ordinate, der Druck bzw. die Schubspannung auf der Abszisse aufgetragen, beginnt die Kurve nicht im Koordinatenursprung, sondern erst bei einer bestimmten Schubspannung, die erforderlich ist, um die Spülung in Bewegung zu setzen.

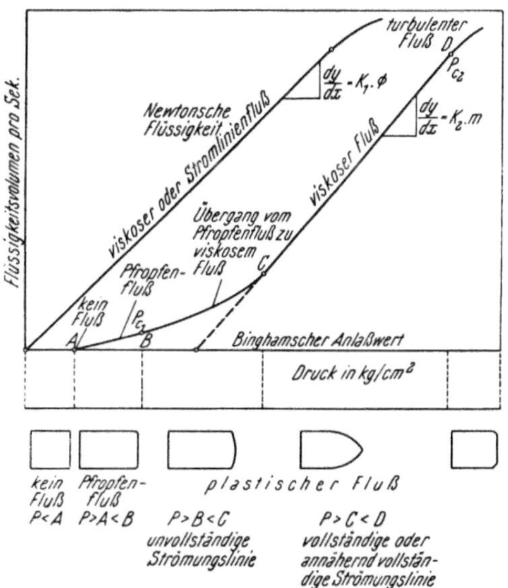

Abb. 76 *a*. Vergleich der Fließkurven von NEWTONschen und plastischen Flüssigkeiten

Beim Beginn der Fließbewegung resultiert zunächst eine allmählich ansteigende Kurve. Mit steigendem Druck pro Flächeneinheit erhöht sich das Fließvermögen in zunehmendem Maße. Damit erfolgt auch eine zunehmende Fluidität, und zwar ist diese höher als nur proportional zum Druckanstieg. Dementsprechend fällt auch die Viskosität.

Bei einem bestimmten Verhältnis des sekundlichen Durchflußvolumens zum Druck wird die Kurve geradlinig, um ab Punkt *D* einen turbulenten Verlauf zu nehmen.

Verlängert man diese geneigte Gerade und bringt sie zum Schnitt mit der Abszisse, so entspricht der Abschnitt auf der Abszisse vom Koordinatenursprung bis zum Schnittpunkt *X* der sogenannten BINGHAMschen Fließgrenze.

[1] HOPF, L.: Die Messung der hydraulischen Rauhigkeit. Zeitschrift für angewandte Mathematik und Mechanik *3* (1923), 329.

Der aufgezeigte Kurvenlauf ist charakteristisch für plastische Flüssigkeiten. Zahlreiche Autoren haben sich mit der Untersuchung dieses Fließvorganges beschäftigt, vor allem BINGHAM und seine Mitarbeiter, deren Arbeiten von EVANS, REID, MARSH, FARNHAM, KERR, AMBROSE und LOOMIS fortgesetzt wurden.

Aus Abb. 76 *a* ist folgendes zu ersehen:

Von A beginnend setzt sich das Medium wie ein kompakter Kolben in Bewegung, wobei in der Teilstrecke $A - B$ die Schubspannung und das Fließvermögen proportional bleiben.

In der Teilstrecke $B - C$ hört diese Proportionalität auf, hier erfolgt der allmähliche Übergang vom Kolbenfluß zum laminaren plastischen Fluß, wobei wieder Schubspannung und das Fließvolumen proportional sind.

Vom Punkte D beginnt der Übergang zur turbulenten Strömung.

Um nun die diversen Viskositätsbegriffe zu definieren, muß folgendes in Betracht gezogen werden:

Das Verhältnis von Q/Sek. und Druck ist in den Kurvenpunkten C und D keinesfalls das gleiche, sondern im Größenwert verschieden. Bei NEWTONschen Flüssigkeiten hingegen ist dieses Verhältnis absolut gleichbleibend bzw. konstant.

Die für C und D getrennt gemessenen Werte ergeben hier eine scheinbare Viskosität (Apparent viscosity) bzw. eine scheinbare Fluidität (Apparent fluidity).

Im laminaren Bereich der Kurve, der durch die Gerade $X - D$ dargestellt ist, ergibt sich das BINGHAMsche Verhältnis, bei dem das Geschwindigkeitsgefälle der Schubspannung minus einem bestimmten Schubspannungswert τ proportional bleibt. (Der Begriff Steifheit, wie er mitunter in der Literatur verwendet wird, „Rigidity" $= n$, wird als Verhältnis dP/dQ, also auch als Viskositätsbegriff, verstanden. Der reziproke Wert $1/n$ wird als Beweglichkeit m bezeichnet.)

Die BINGHAMsche Fließkurve ist somit durch zwei Werte ausgedrückt und zwar

1. durch die BINGHAMsche Fließgrenze Abschnitt $O - X$ und
2. die Steifheit der Spülung $= n$ bzw. ihre plastische Viskosität.

Der Abschnitt vom Koordinatenursprung bis Punkt A, bei dem die Fließbewegung beginnt, wird nach CARDWELL als die wahre bzw. echte Scher- bzw. Schubfestigkeit der Spülung bezeichnet.

Der Druck bzw. die Schubspannung beträgt in Punkt A $3/4\ \tau_t$, wobei τ_t jene Schubspannung repräsentiert, welche zur Überwindung der Einheit der Schubfestigkeit τ (dyn/cm^2), in einem gegebenen Rohrinnendurchmesser und gegebener Länge erforderlich ist.

Die Schubfestigkeit pro Flächeneinheit ergibt sich bei einem Pumpversuch bei einer gegebenen Rohrdimension aus der schon besprochenen Gleichung:

$$\Delta p \cdot y^2 \cdot \pi = 2 \cdot y \cdot \pi \cdot \Delta l \cdot \tau.$$

Ersetzt man Δp mit τ_t, y mit r und Δl mit L, so ergibt sich:

$$\tau_t \cdot r^2 \cdot \pi = 2 \cdot r \cdot \pi \cdot L \cdot \tau \text{ und } \tau = \frac{\tau_t \cdot r}{2L}.$$

In der Abb. 76 *b* nach EVANS ist die scheinbare Viskosität bei unterschiedlichem Durchflußvolumen/Sek. einer Spülung, und die konstante Viskosität einer NEWTONschen Flüssigkeit bei laminarem Fluß graphisch dargestellt.

Man ersieht daraus, daß bei Spülungen die Kurve erst bei einer erhöhten Fließrate einen horizontalen, d. h. einen konstanten Verlauf hat.

Bei NEWTONschen Flüssigkeiten ergab sich das Durchfließvolumen

mit $Q/\text{Sek.} = \frac{\pi \cdot r^4 \cdot \Delta p}{8 \cdot \eta \cdot \Delta l}$;

bei BINGHAMschen Flüssigkeiten hingegen ist

$$Q/\text{Sek.} = \frac{\pi \cdot r^4}{8 \cdot \eta' \cdot L} \left(P - \frac{4}{3} \tau_t\right).$$

Hier bedeutet η' die plastische Viskosität, P den Pumpdruck und τ_t die Scherfestigkeit der Spülung.

Es ist dies die Gleichung einer Geraden, welche die Abszisse im Punkt **4/3** τ_t schneidet.

Der erforderliche Druck ergibt sich demnach mit

$$P = \frac{Q \cdot \eta' \cdot L}{\pi \cdot r^4} + \frac{4}{3} \tau_t.$$

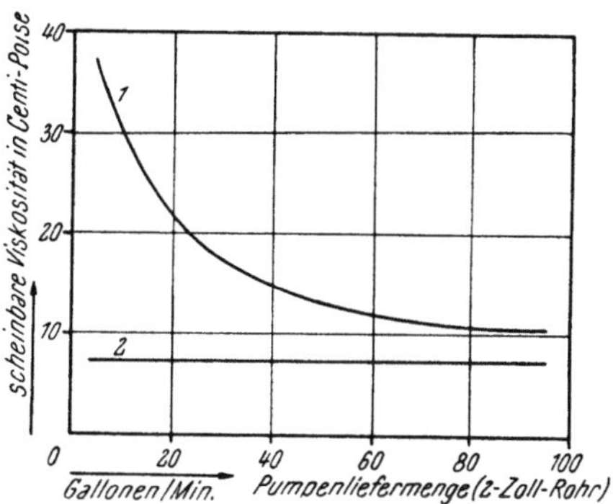

Abb. 76 *b*. Einfluß verschiedener Pumpvolumen auf die Viskosität von NEWTONschen und plastischen Flüssigkeiten
1 Plastische Flüssigkeiten, *2* NEWTONsche Flüssigkeiten

Zu bemerken ist schließlich, daß sich für verschiedene $Q/\text{Sek.}$ auch sehr unterschiedliche Werte für die scheinbare Viskosität ergeben, die besonders im turbulenten Bereich gegenüber dem laminaren Bereich sehr klein sind.

Beim Kreislauf der Bohrspülung in einem Bohrloch setzt sich der erforderliche Pumpdruck aus zwei Teildrücken zusammen und zwar:

a) Dem Druck, der notwendig ist, um die Fließgrenze, d.h. die Schubfestigkeit zu überwinden, und

b) dem Druck, der zur Erreichung einer turbulenten Strömung in den Rohren bzw. im Ringraum erforderlich ist.

Es sei ferner daran erinnert, was schon im Kapitel IX C gesagt wurde, daß nach Einbau des Bohrstranges (nach erfolgtem Meißelwechsel) die Spülpumpe anfangs nicht mit voller Kapazität arbeiten soll, um schädliche Druckstöße gegen die unverrohrte und ungleich druckfeste Bohrlochwand zu vermeiden. Es wird daher ohne weiteres möglich sein, mit der für die Bohrarbeit erforderlichen PS-Leistung (injizierte) der Pumpe, bei kleinerem Volumen die größere Schubspannung der thixotrop gewordenen Spülung zu überwinden.

Abgesehen davon erfolgt schon beim Einbau des Bohrstranges eine teilweise Zerstörung der thixotropen Struktur.

Zur mathematischen Erfassung dieser Druckverluste wurden verschiedene Gleichungen aufgestellt (nach FANNING, DARCY usw.), von der Voraussetzung ausgehend, daß die Viskosität, die Geschwindigkeit und eine Größe, welche den durchflossenen Querschnitt repräsentiert, gegeben sind.

Während der Bohrarbeit rotiert der Bohrstrang im Bohrloch und vibriert (schwingt) dabei, so daß dadurch nicht nur die Strömungsgeschwindigkeit, sondern auch die Viskosität und Fließgrenzen beeinflußt werden.

Das Bohrloch selbst hat keine glatten Zylinderwandungen, sondern wird vielfach einen unterschiedlichen Durchmesser aufweisen, was ebenfalls die Geschwindigkeitsverhältnisse beeinflußt.

Die Pulsationen der Kolbenpumpe haben Flüssigkeitsstöße im Bohrstrange zur Folge.

Nicht zuletzt wird der Feststoffgehalt, berücksichtigend den Bohrschmantanteil, in seltensten Fällen von der Bohrlochsohle bis zu Tage der gleiche sein.

Alle diese Faktoren werden die REYNOLDSsche Zahl maßgebend beeinflussen und damit auch den Proportionalitätsfaktor.

Es scheint daher für die Praxis von geringem Wert, genaue Gleichungen betreffend Druckverluste aufzustellen, sie können nur als allgemeine Richtlinien angesehen werden, da die Verhältnisse bei jeder Bohrung unterschiedlich sein werden.

Zur Ermittlung der Druckverluste muß zunächst der Proportionalitätsfaktor oder Widerstandsfaktor berechnet werden, der wiederum von der REYNOLDSschen Zahl abhängig ist.

Bei letzterer spielt die Viskosität eine maßgebende Rolle.

Es werden gerade bei diesem Faktor von den diversen Autoren, die sich mit dem Problem beschäftigen, verschiedene Viskositätswerte in Rechnung gestellt, so daß dadurch die Endergebnisse recht unterschiedlich sind.

So nehmen z. B. CALDWELL und BABBITT[1] an, daß man die Viskosität des dispergierenden Mediums, bei einer Ton-Wasserspülung also jene des Wassers, bei der gegebenen Temperatur zur Ermittlung der REYNOLDSschen Zahl bzw. des Widerstandsfaktors in Rechnung stellen kann.

In der Broschüre der Firma Hughes Tool Co. wird der Druckverlust mit einer Viskosität von 3 Centi-Poise berechnet. Andere Autoren führen wieder die differentielle bzw. plastische Viskosität in einem bestimmten Anteil in ihrer Berechnung ein.

Es ist sehr schwierig, auf Grund der unterschiedlichen Viskositätsbestimmungen, die den verschiedenen Berechnungsmethoden zugrunde lagen, Vergleiche anzustellen. Es ist weiters fraglich, ob man die Viskositätswerte, wie sie tatsächlich in der Bohrung während der Bohrarbeit vorhanden sind, genau erfassen kann. Die schon erwähnte Agitation der Spülung durch den verschieden rasch rotierenden und schwingenden Bohrstrang, der unterschiedliche Anteil an Feststoffen in der Spülung in den einzelnen Teufenstufen, die Pulsation der Spülpumpen und nicht zuletzt die ungleichen Querschnitte und Geschwindigkeitsverhältnisse, beeinflussen die Viskosität bzw. thixotropen Eigenschaften und damit auch den Druckverlust.

Im Journal of Petroleum Technology, November 1954, veröffentlichte I. HAVENAAR der Shell-Gruppe (Laboratorium Amsterdam) die Ergebnisse seiner diesbezüglichen Laboratoriums-Untersuchungen.

Nach diesen Untersuchungen konnte für den hauptsächlich in Frage kommenden turbulenten Fluß (Gestänge und Meißeldüse) folgendes festgestellt werden:

a) Die turbulente Viskosität η_t ist unabhängig vom Durchflußvolumen,

b) der Durchmesser beeinflußt nur unbedeutend das Verhältnis der turbulenten Viskosität zu jener des Wassers als dispergierendem Medium, η_t/η_w,

c) der Quotient η_t/η_w ist von der Temperatur fast unabhängig,

d) beim turbulenten Fluß ist das Verhältnis der differentiellen Viskosität zur turbulenten nicht konstant, ergibt daher keine befriedigenden Werte zur Bestimmung des Druckverlustes.

[1] CALDWELL, D. H. und H. E. BABBITT: Flow of Muds, Sludges and Suspension in Circular Pipe. Industrial and Engineering Chemistry *33* (2), (1941), 249.

Zur Bestimmung der turbulenten Viskosität wird nach den Versuchen von HAVENAAR die folgende Gleichung empfohlen, die der Realität am nächsten kommt und als Durchschnitt für Ton-Wasser- und Bentonit-Baryt-Spülungen ermittelt wurde:

$$\frac{\eta_t}{\eta_w} = 46{,}5\,\varphi;$$

$$\eta_t = \eta_w \cdot 46{,}5 \cdot \varphi;$$

η_t = turbulente Viskosität in Poise,

η_w = Viskosität des Wassers in Poise,

φ = Volumanteil der dispergierten Phase des Tones bzw. Bentonites.

Die tatsächlich gefundenen Werte ergaben gegenüber dem Durchschnitt allerdings auch eine Streuung, die mit maximal 30% festgestellt wurde.

Beispiel: Die mittlere Temperatur der Bohrspülung in einem Bohrloch sei 40° C.

Das Wasser der Bentonit-Wasserspülung hat bei dieser Temperatur ein spezifisches Gewicht $\gamma_w = 0{,}992$ und $\eta_w = 0{,}00665$ Poise. Der Bentonit ein $\gamma_B = 2{,}6$.

Welche turbulente Viskosität hat diese Spülung, wenn sie 20 Volumprozente Bentonit aufweist?

$\eta_t = \eta_w \cdot 46{,}5 \cdot 0{,}20.$

$\eta_t = 0{,}00665 \cdot 46{,}5 \cdot 0{,}20 = 0{,}06$ Poise.

Die höchsten Druckverluste treten im Bohrgestänge und in den Meißeldüsen auf.

Bei der Untersuchung des obengenannten Druckverlustes zeigte es sich, daß dieser lediglich von der Dichte der Spülung und der Formgebung der Düsenbohrung abhängt.

In Anlehnung an die Feststellungen von I. HAVENAAR, ferner auf Grund der Angaben der Firma Hughes Tool Co., wurden die in den Abb. 77 *a* bis *i* dargestellten Druckverlust-Diagramme für die verschiedenen Bohrloch- und Bohrstrangverhältnisse errechnet.

Es wurden dabei die entsprechenden Werte (η_t, R_e und λ) in die übliche Gleichung für Druckverluste in Rohren mit:

$$\varDelta p = \lambda \cdot \frac{v^2}{2\,g} \cdot \frac{L}{D_i} \cdot \gamma,$$

sinngemäß eingebaut.

Eine Ausnahme bildet die Berechnung des Druckverlustes im Bohrmeißel bzw. in den Bohrmeißeldüsen, die nach der von Hughes aufgestellten Gleichung ermittelt wurde, welche folgendermaßen lautet:

$$h_m = \frac{Q^2 \cdot \gamma}{70\,000{,}0 \cdot F_d{}^2 \cdot C^2};$$

es bedeuten:

h_m = Druckverlust in m Wassersäule,

Q = Spülvolumen in m³/Sek.,

γ = spezifisches Gewicht der Spülung in kg/l.

F_d = gesamte Düsen-Durchflußfläche in m²,

C = Düsenfaktor (0,9 — 0,99).

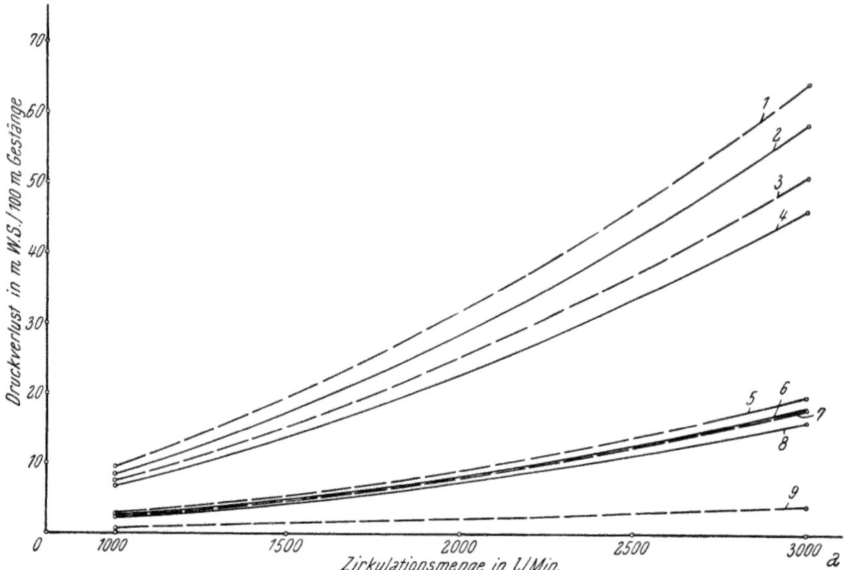

Abb. 77 *a*. Druckverluste von Bohrspülungen mit einem spezifischen Gewicht von 1,15 und einer Viskosität von 6 Centi-Poise in Bohrgestängen von 4 1/2 Zoll bis 6 5/8 Zoll bei verschiedenen Zirkulationsmengen.

1 4 1/2-Zoll-Gestänge *F.H.*, 32,44 kg/m
2 4 1/2-Zoll-Gestänge *I.F.*, 26,95 kg/m
3 4 1/2-Zoll-Gestänge *F.H.*, 27,10 kg/m
4 4 1/2-Zoll-Gestänge *I.F.*, 23,69 kg/m
5 5 1/2-Zoll-Gestänge *F.H.*, 40,42 kg/m
6 5 1/2-Zoll-Gestänge *I.F.*, 32,47 kg/m
7 5 1/2-Zoll-Gestänge *F.H.*, 36,59 kg/m
8 5 1/2-Zoll-Gestänge *I.F.*, 26,95 kg/m
9 6 5/8-Zoll-Gestänge *F.H.*, 42,10 kg/m

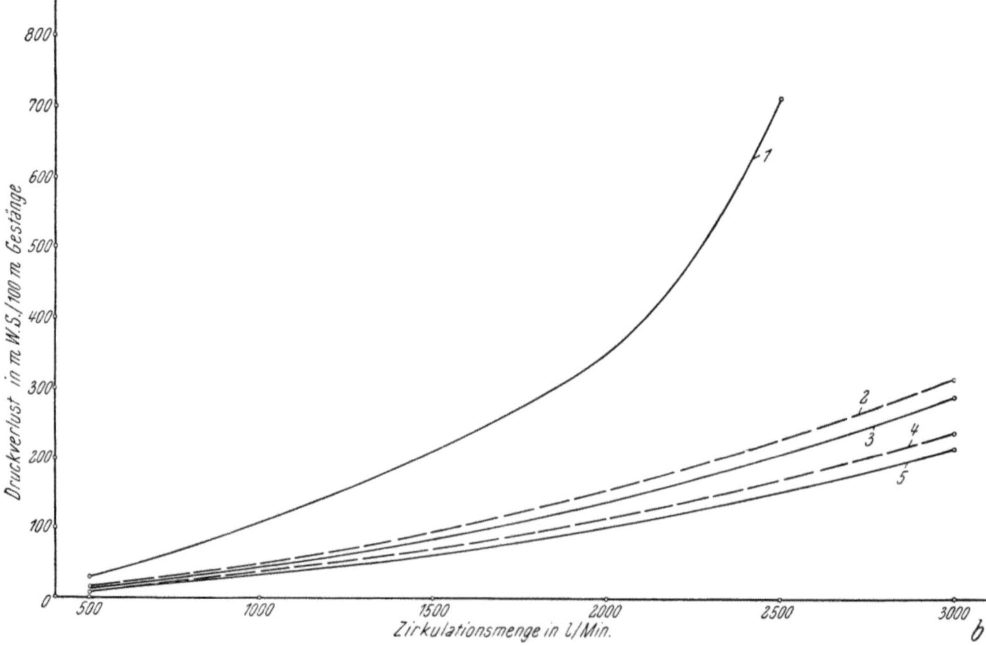

Abb. 77 *b*. Druckverluste von Bohrspülungen mit einem spezifischen Gewicht von 1,15 und einer Viskosität von 6 Centi-Poise in Bohrgestängen von 2 7/8 Zoll bis 3 1/2 Zoll bei verschiedenen Zirkulationsmengen.

1 2 7/8-Zoll-Gestänge *I.F.*, 16,55 kg/m
2 3 1/2-Zoll-Gestänge *F.H.*, 24,48 kg/m
3 3 1/2-Zoll-Gestänge *I.F.*, 24,44 kg/m
4 3 1/2-Zoll-Gestänge *F.H.*, 21,07 kg/m
5 3 1/2-Zoll-Gestänge *I.F.*, 20,98 kg/m

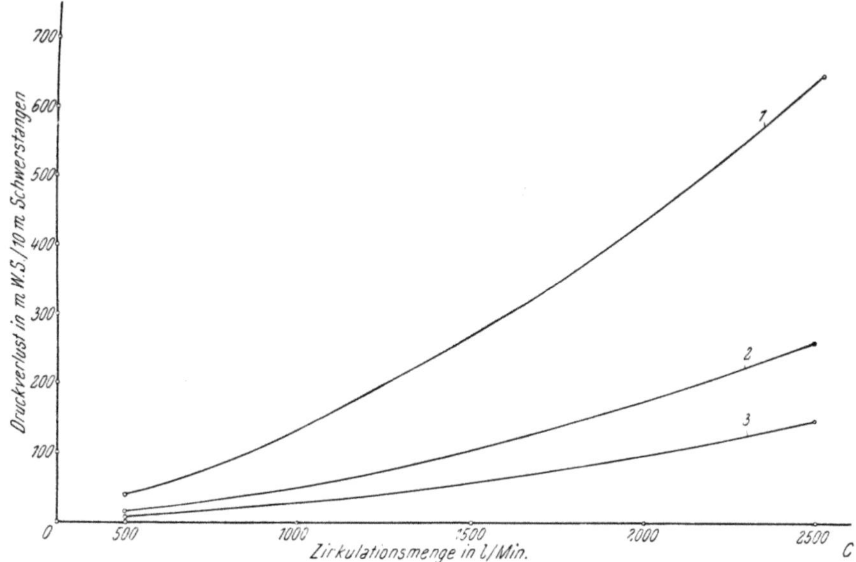

Abb. 77 *c*. Druckverluste von Bohrspülungen mit einem spezifischen Gewicht von 1,15 und einer Viskosität von 6 Centi-Poise in den Schwerstangen bei verschiedenen Zirkulationsmengen. *1* Schwerstangen-Innendurchmesser 1 1/4 Zoll *2* Schwerstangen-Innendurchmesser 1 1/2 Zoll *3* Schwerstangen-Innendurchmesser 1 3/4 Zoll

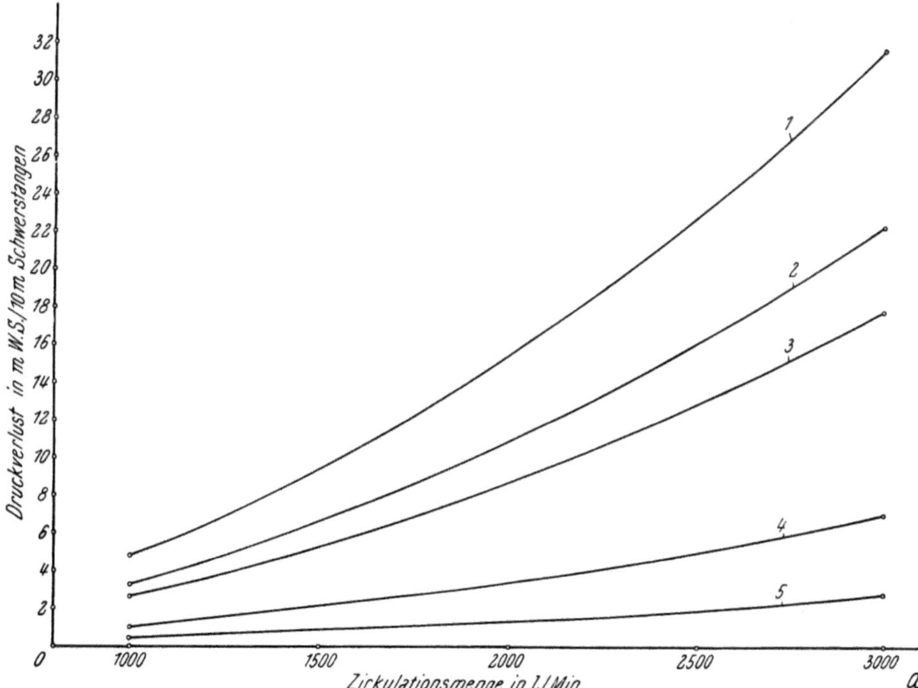

Abb. 77 *d*. Druckverlust von Bohrspülungen mit einem spezifischen Gewicht von 1,15 und einer Viskosität von 6 Centi-Poise in Schwerstangen von 2 1/4 Zoll bis 4 1/2 Zoll Innendurchmesser bei verschiedenen Zirkulationsmengen.
1 Schwerstangen-Innendurchmesser 2 1/4 Zoll *3* Schwerstangen-Innendurchmesser 2 7/8 Zoll
2 Schwerstangen-Innendurchmesser 2 3/4 Zoll *4* Schwerstangen-Innendurchmesser 3 1/2 Zoll
5 Schwerstangen-Innendurchmesser 4 1/2 Zoll

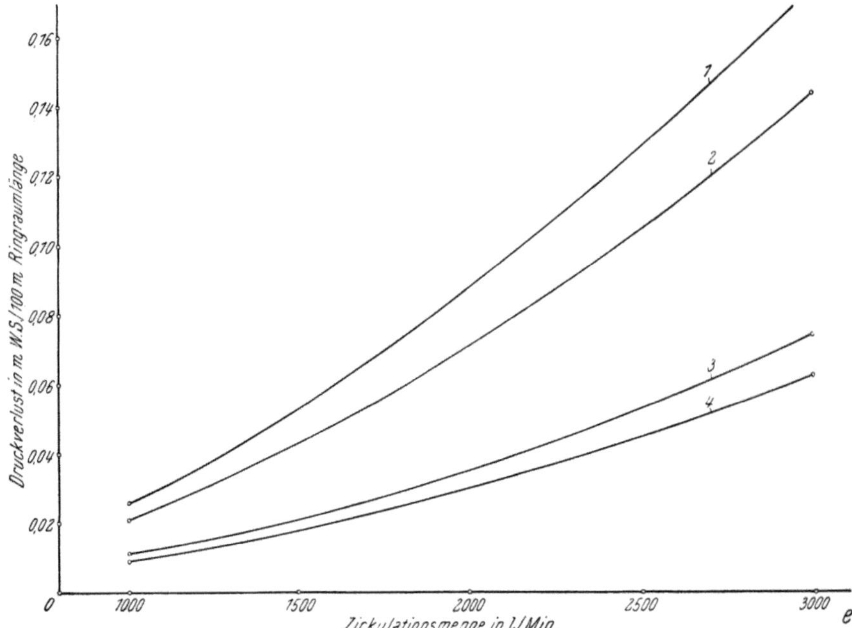

Abb. 77 *e*. Druckverluste von Bohrspülungen mit einem spezifischen Gewicht von 1,15 und einer Viskosität von 6 Centi-Poise im Ringraum bei verschiedenen Zirkulationsmengen.

1 Bohrloch-Durchmesser 440 mm, Gestänge-Außendurchmesser 6 5/8 Zoll
2 Bohrloch-Durchmesser 440 mm, Gestänge-Außendurchmesser 5 1/2 Zoll
3 Bohrloch-Durchmesser 510 mm, Gestänge-Außendurchmesser 6 5/8 Zoll
4 Bohrloch-Durchmesser 510 mm, Gestänge-Außendurchmesser 5 1/2 Zoll

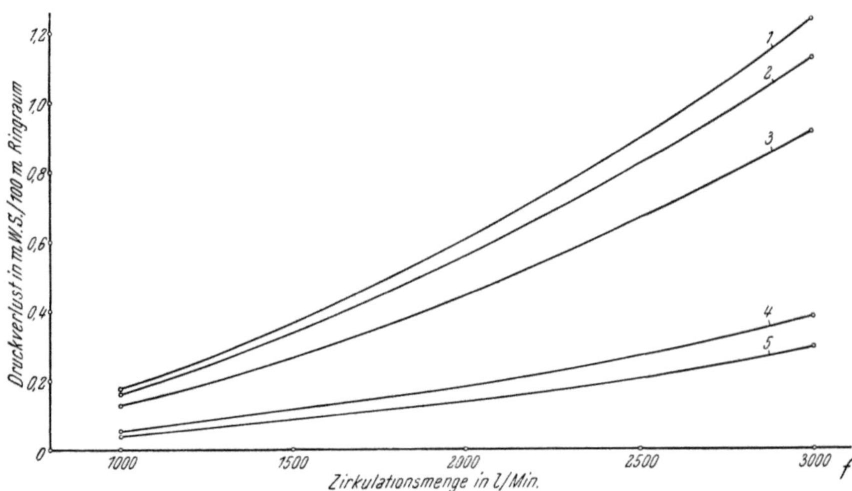

Abb. 77 *f*. Druckverluste von Bohrspülungen mit einem spezifischen Gewicht von 1,15 und einer Viskosität von 6 Centi-Poise im Ringraum bei verschiedenen Zirkulationsmengen.

1 Bohrloch-Durchmesser 310 mm, Gestänge-Außendurchmesser 5 1/2 Zoll
2 Bohrloch-Durchmesser 280 mm, Gestänge-Außendurchmesser 4 1/2 Zoll
3 Bohrloch-Durchmesser 310 mm, Gestänge-Außendurchmesser 4 1/2 Zoll
4 Bohrloch-Durchmesser 390 mm, Gestänge-Außendurchmesser 6 5/8 Zoll
5 Bohrloch-Durchmesser 390 mm, Gestänge-Außendurchmesser 5 1/2 Zoll

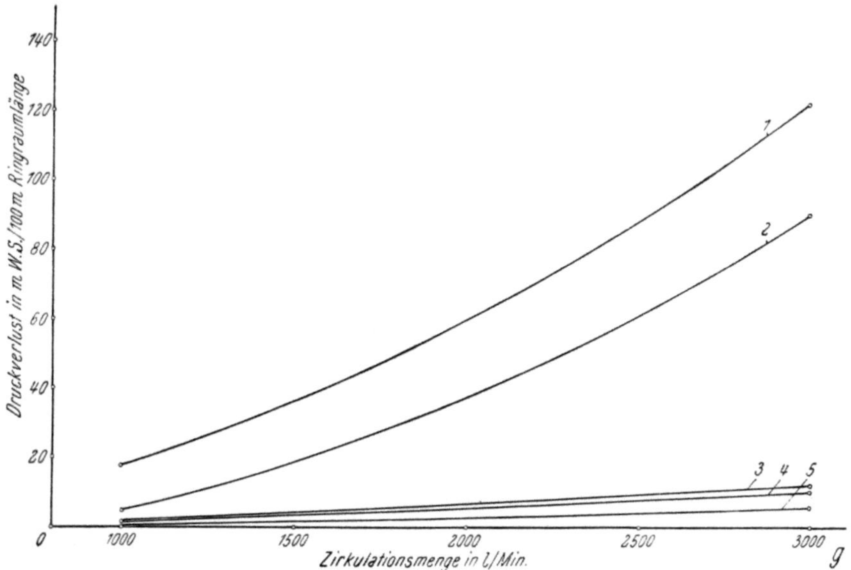

Abb. 77 *g*. Druckverluste von Bohrspülungen mit einem spezifischen Gewicht von 1,15 und einer Viskosität von 6 Centi-Poise im Ringraum bei verschiedenen Zirkulationsmengen.

1 Bohrloch-Durchmesser 143 mm, Gestänge-Außendurchmesser 3 1/2 Zoll
2 Bohrloch-Durchmesser 143 mm, Gestänge-Außendurchmesser 2 7/8 Zoll
3 Bohrloch-Durchmesser 193 mm, Gestänge-Außendurchmesser 3 1/2 Zoll
4 Bohrloch-Durchmesser 216 mm, Gestänge-Außendurchmesser 4 1/2 Zoll
5 Bohrloch-Durchmesser 216 mm, Gestänge-Außendurchmesser 3 1/2 Zoll

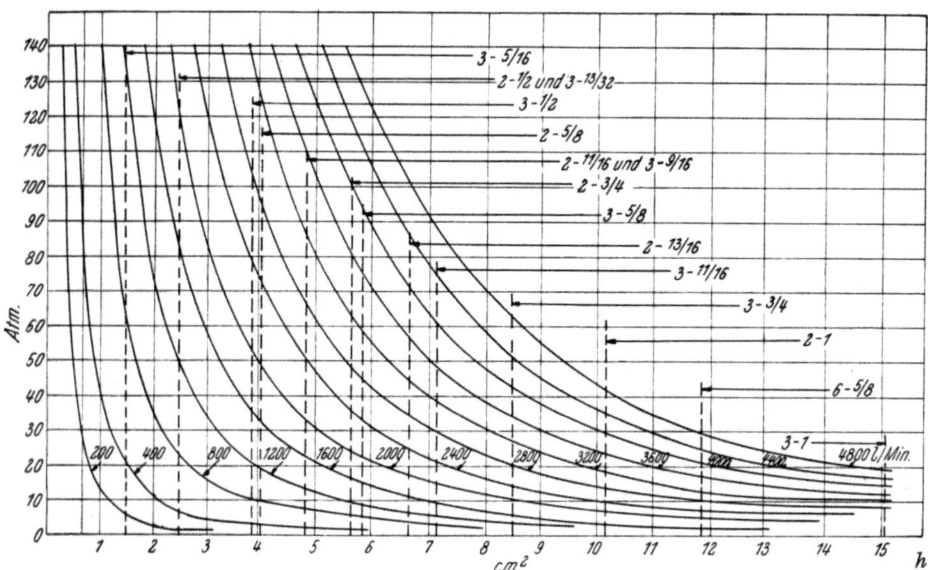

Abb. 77 *h*. Nomogramm zur Ermittlung des Druckverlustes von Bohrspülungen mit einem spezifischen Gewicht von 1,15 und einer Viskosität von 3 Centi-Poise im Meißel bei verschiedenen Zirkulationsmengen und Düsengrößen nach Fa. Hughes Tool Co.

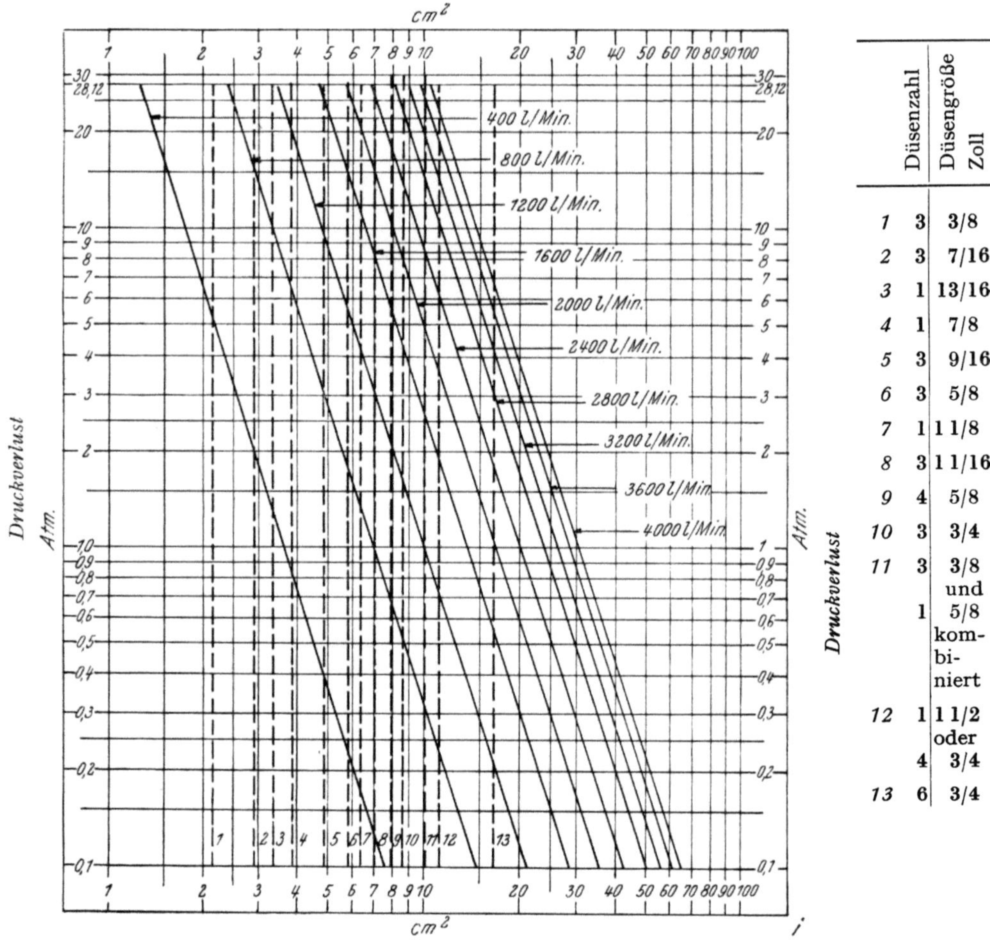

	Düsenzahl	Düsengröße Zoll
1	3	3/8
2	3	7/16
3	1	13/16
4	1	7/8
5	3	9/16
6	3	5/8
7	1	1 1/8
8	3	1 1/16
9	4	5/8
10	3	3/4
11	3	3/8 und
	1	5/8 kombiniert
12	1	1 1/2 oder
	4	3/4
13	6	3/4

Abb. 77 *i*. Nomogramm zur Ermittlung des Druckverlustes von Bohrspülungen mit einem spezifischen Gewicht von 1,15 und einer Viskosität von 3 Centi-Poise im Meißel bei verschiedenen Zirkulationsmengen und Düsengrößen nach Fa. Hughes Tool Co.

2. Prinzip des Rechnungsvorganges zur Ermittlung des Druckverlustes

In der Grundgleichung

$$\Delta p = \lambda \cdot \frac{v^2}{2g} \cdot \frac{L}{D_i} \cdot \gamma$$

muß zunächst der Widerstandsfaktor λ bestimmt werden, der, wie schon gesagt wurde, von der REYNOLDSschen Zahl abhängt. (Wird in der Gleichung das spezifische Gewicht γ in kg/l angegeben, resultiert $\Delta p = h$ in m Wassersäule.)

Die REYNOLDSsche Zahl, die mit $R_e = \frac{v \cdot D_i}{\nu}$ gegeben ist, setzt voraus, daß die Geschwindigkeit v, der Rohrinnendurchmesser D_i und die kinematische Zähigkeit ν des zirkulierenden Mediums, in unserem Falle der Bohrspülung, bekannt sind.

Die Fließgeschwindigkeit ist der Quotient aus dem sekundlichen Durchflußvolumen Q in m^3 und der durchflossenen Querschnittsfläche F in m^2, $v = Q/F$.

Der gewählte Gestänge- bzw. Schwerstangen-Durchmesser D_i ist bekannt, ebenso das sekundliche Durchflußvolumen Q.

Für den Kreisringquerschnitt im Ringraum, zwischen der Bohrlochwand und Außendurchmesser des Bohrstranges, wird an Stelle eines Durchmessers der sogenannte hydraulische Radius herangezogen.

Er ergibt sich aus der durchflossenen Querschnittsfläche, gebrochen durch den benetzten Umfang.

$$r' = \pi/4\,(D_b^2 - D_a^2) : \pi \cdot (D_b + D_a) = \frac{(D_b - D_a)}{4}.$$

Es bedeuten:

D_b = Bohrlochdurchmesser in m,

D_a = Bohrstrang-Außendurchmesser in m.

Damit resultiert für $R_e' = \frac{v \cdot r'}{\nu}$.

Die kinematische Zähigkeit ν kann aus der turbulenten, die in Centi-Poise gemessen wird, im technischen Maßsystem wie folgt errechnet werden:

Eine Bohrspülung mit der turbulenten Zähigkeit von z. B. 6 Centi-Poise = 0,06 Poise hat im technischen Maßsystem die Zähigkeit von

$$0{,}06 : 98{,}1 = 611{,}6 \cdot 10^{-6}\ \text{kg} \cdot \text{Sek./m}^2.$$
$$(98{,}1\ \text{Poise} = 1\ \text{kg} \cdot \text{Sek./m}^2.)$$

Die kinematische Zähigkeit $\nu = \eta_t/\varrho$.

$$\varrho = \text{Dichte der Spülung} = \frac{\text{spezifisches Gewicht in kg/m}^3}{\text{Erdbeschleunigung m/Sek.}^2}.$$

Mit einem $\gamma = 1150{,}0\ \text{kg/m}^3$, $g = 9{,}81\ \text{m/Sek.}^2$ ist

$$\varrho = \frac{1150{,}0}{9{,}81} = \underline{117{,}2\ \text{kg} \cdot \text{Sek.}^2/\text{m}^4}.$$

Und

$$\nu = \frac{\eta_t}{\varrho} = \frac{611{,}6 \cdot 10^{-6}}{117{,}2} = \underline{5{,}2 \cdot 10^{-6}\ \text{m}^2/\text{Sek}}.$$

Das zirkulierte Spülvolumen sei 1,8 m^3/Minute, der Rohrinnendurchmesser = 0,12 m.

Bei der obigen Spülungscharakteristik errechnet sich die REYNOLDSsche Zahl wie folgt:

$$R_e = \frac{v \cdot D_i}{\nu};$$

Die Fließgeschwindigkeit

$$v = \frac{1,8}{60} : \frac{\pi}{4} \cdot 0,12^2 = 2,65 \text{ m/Sek.}$$

$$D_i = 0,12 \text{ m}$$

$$\nu = 5,2 \cdot 10^{-6} \text{ (wie oben errechnet).}$$

$$R_e = \frac{v \cdot D_i}{\nu} = \frac{2,65 \cdot 0,12}{5,2 \cdot 10^{-6}} - = 61\,154,0 \text{ (turbulenter Fluß).}$$

Nach Blasius wäre der Widerstandsfaktor

$$\lambda_0 = \frac{0,3164}{\sqrt[4]{R_e}} = \frac{0,3164}{\sqrt[4]{61\,154,0}} = \underline{0,02.}$$

Die heute am häufigsten verwendeten Bohrgestänge haben innen verdickte Enden und sind untereinander mit „Tool joints" verbunden. Der Durchflußquerschnitt wird dadurch, wenn auch nicht scharfkantig, so immerhin verengt, was einen zusätzlichen Druckverlust mit sich bringen muß.

Nach bisher bekannten Erfahrungen erhöht sich damit der Widerstandsfaktor λ_0, mit einem Multiplikator Φ, der bei Gestängen der Längengruppe 2 (Länge = 8,8 m) und „Full hole tool joints" in der Größenordnung von etwa 1,1 liegt.

Der endgültige Wert des Widerstandsfaktors bei obiger Annahme ergibt sich somit für das Gestänge mit Full hole tool joints mit:

$$\lambda_{g1} = \lambda_{0/g} \cdot \Phi_1 = 0,02 \cdot 1,1 = 0,022 \quad \text{(Faktor } \xi \text{ hier vernachlässigt).}$$

Zur Bestimmung des λ_0 für den Ringraum muß ein Bohrlochdurchmesser D_b und der Außendurchmesser D_a des Bohrstranges angenommen werden. D_b sei z. B. 0,3 m, $D_a = 0,14$ m.

Die einzelnen Werte zur Ermittlung der Reynoldsschen Zahl, vorausgesetzt das gleiche Spülungsvolumen und die gleiche Charakteristik desselben wie oben, sind die folgenden:

$$v = \frac{Q}{F} = 0,03 : \frac{3,14}{4} (0,3^2 - 0,14^2) = \underline{0,545 \text{ m/Sek.}}$$

Der hydraulische Radius $r' = \frac{0,3 - 0,14}{4} = \underline{0,04 \text{ m.}}$

$$R_e' = \frac{v \cdot r'}{\nu} = \frac{0,545 \cdot 0,04}{5,2 \cdot 10^{-6}} = 4086,0 \text{ (turbulenter Fluß).}$$

$$\lambda_0 = \frac{0,3164}{\sqrt[4]{4086,0}} = \underline{0,04.}$$

Im Ringraum ist infolge der vorstehenden Tool joints das Φ ebenfalls rund 1,1 und darüber hinaus, berücksichtigend die Rauhigkeit der Bohrlochwand, ein weiterer Multiplikator $\xi = 1,35$ einzusetzen.

Daher $\lambda_r = \lambda_{0/r} \cdot \Phi \cdot \xi = 0,04 \cdot 1,1 \cdot 1,35 = \underline{0,06.}$

Beim Übergang des Spülstromes aus der weiteren Gestängebohrung in die engere der Schwerstangen ergibt sich infolge des Druckstaues ein Druckverlust, der allerdings nicht sehr bedeutend ist.

Hier gilt die Gleichung:

$$h_{k/s} = \frac{\varrho}{2} \cdot v^2 \left(\frac{1}{\alpha} - 1\right)^2;$$

$h_{k/s}$ = Druckverlust durch Kontraktion in m Wassersäule,
ϱ = Dichte der Spülung γ/g,
v = Geschwindigkeit in der Schwerstangenbohrung in m/Sek.,
α = Kontraktionszahl bei scharfen Kanten = 0,6.

Schließlich erfolgt ein bedeutender Druckverlust beim Eintritt in die Meißeldüsen, Durchfluß durch dieselben und Drehung des Spülstrahles um rund 180° auf der Bohrlochsohle.

Nach empirischen Versuchen ist hier der Druckverlust wie folgt:

$$h_m = \frac{Q^2 \cdot \gamma}{70\,000{,}0 \cdot F^2 \cdot C^2};$$

es bedeuten:

Q = m³/Min.,
γ = spezifisches Gewicht kg/l,
F = totale Durchflußfläche der Meißeldüsen in m²,
C = Düsenfaktor 0,95.

Im folgenden Beispiel soll der Rechnungsvorgang zur Ermittlung des Druckverlustes in m Wassersäule eines gegebenen Bohrstranges gezeigt werden.

Der gesamte Druckverlust H in m Wassersäule setzt sich aus den folgenden Teil-Druckverlusten zusammen:

1. h_a = Verlust zwischen der Spülpumpe und der ersten an die Mitnehmerstange anschließenden Bohrstange.
2. h_g = Verlust beim Fluß durch das Bohrgestänge.
3. $h_{k/s}$ = Druckverlust beim Übergang vom Bohrgestänge in die scharfkantig anschließende und engere Schwerstangen-Bohrung.
4. h_s = Druckverlust beim Fluß durch die Schwerstangen-Bohrung.
5. h_m = Druckverlust beim Übergang von der Schwerstangen-Bohrung in die Spüldüsen des Meißels, Durchfluß durch die letzteren und Strahldrehung auf der Bohrlochsohle.
6. h_{rs} = Druckverlust im Ringraum zwischen der Bohrlochwand und den Schwerstangen.
7. h_{rg} = Druckverlust im Ringraum zwischen der Bohrlochwand und dem Bohrgestänge.

Der Rechnungsvorgang soll an Hand eines Beispiels erläutert werden, wobei die folgenden Annahmen gemacht werden:

Bohrloch-Durchmesser D_b	=	0,310 m
Bohrgestänge 5 1/2 Zoll, Full hole mit dem Außendurchmesser D_{ag}	=	0,140 m
und Innendurchmesser D_{ig}	=	0,120 m
Länge des Bohrgestänges L_g	=	1400,000 m
Schwerstangen 5 1/2 Zoll mit Außendurchmesser D_{as}	=	0,178 m
und Durchmesser der Bohrung D_{is}	=	0,090 m
Länge der Schwerstangen L_s	=	100,000 m
Zweiblatt-Meißel, Durchmesser 0,310 m, mit zwei Düsen, à 11/16 Zoll D_d	=	0,0176 m
Ton-Wasserspülung mit einem spezifischen Gewicht	=	1150,0 kg/m³
und einer turbulenten Zähigkeit η_t von		6,0 Centi-Poise.
Spülvolumen		1,8 m³/Min.

ad 1. Der erstgenannte Druckverlust h_a hängt sowohl von den Durchfluß-Querschnitten als auch von dem Durchfluß-Volumen ab.

Im allgemeinen sind vier Standard-Maße bezüglich Länge und Durchfluß-Querschnitt in dieser Strecke üblich, die in Tab. 19 ersichtlich sind.

Tabelle 19. *Maße der von der Spülung ober Tage durchströmten Teilstrecken und die sich dabei ergebenden Druckverluste* (nach J. CASSIDY JR., World Oil, Juni 1955)

Durchflußteile	*A*		*B*		*C*		*D*	
	Innen-Durch-messer Zoll	Länge m	Innen-Durch-messer Zoll	Länge m	Innen-Durch-messer Zoll	Länge m	Innen-Durch-messer Zoll	Länge m
Standrohr zum Spülschlauch	3	13,0	2 1/2	13,0	4	20,07	4	20,07
Spülschlauch	2	20,07	2 1/2	24,7	3	24,7	3	24,7
Spülkopf Krümmer + Spülrohr	2	1,8	2 1/2	2,25	2 1/2	2,25	3	2,7
Mitnehmerstange (Bohrung)	2 1/4	18,0	3 1/4	18,0	3 1/4	18,0	4	18,0

Die Druckverluste stellen sich für die oben angeführten Leitungsverbindungen für eine Spülung mit 0,06 Poise rund wie folgt:

Durchflußvolumen	Druckverluste in m Wassersäule für $\eta_t = 0{,}06$ Poise (abgerundet)			
	A	*B*	*C*	*D*
500	13,0	5,0	—	—
1000	45,0	19,0	10,0	7,0
1500	120,0	52,0	20,0	14,0
2000	160,0	65,0	35,0	25,0
2500	240,0	86,0	55,0	38,0
3000	—	122,0	74,0	53,0
3500	—	170,0	100,0	75,0

ad 2. Druckverlust im Gestänge.

$$\nu = \frac{\eta_t}{\varrho}\,; \qquad \eta_t = 0{,}06 \text{ Poise}, \qquad \varrho = \frac{1150{,}0}{9{,}81} = 117{,}5 \text{ kg} \cdot \text{Sek.}^2 \cdot \text{m}^{-4};$$

η_t im technischen Maßsystem $= 0{,}06 : 98{,}1 = \underline{611{,}6 \cdot 10^{-6} \text{ kg} \cdot \text{Sek.} \cdot \text{m}^{-2}};$

$$\nu = \frac{611{,}6 \cdot 10^{-6}}{117{,}5} = \underline{5{,}2 \cdot 10^{-6}} \text{ m}^2 \cdot \text{Sek.}^{-1}$$

$$v_g = \frac{1{,}8}{60} : \frac{\pi}{4} \cdot 0{,}12^2 = 2{,}65 \text{ m} \cdot \text{Sek.}^{-1}$$

$$R_e = \frac{v_g \cdot D_{ig}}{\nu} = \frac{2{,}65 \cdot 0{,}12}{5{,}2 \cdot 10^{-6}} = \underline{61\,154{,}0.}$$

Nach BLASIUS ist $\lambda_0 = \frac{0{,}3164}{\sqrt[4]{R_e}} = \frac{0{,}3164}{\sqrt[4]{61\,154}} = \underline{0{,}02.}$

Berücksichtigend die Einschnürungen bei Full hole-Verbindern ist nach Untersuchungen ein Multiplikator von $\Phi = 1{,}1$ in Rechnung zu stellen.

$$\lambda_g = \lambda_0 \cdot \Phi; \qquad \lambda_g = 0{,}02 \cdot 1{,}1 = \underline{0{,}022,}$$

$$h_g = \lambda_g \cdot \frac{v_g^2}{2\,g} \cdot \frac{L_g}{D_{ig}} \cdot \gamma = 0{,}022 \cdot \frac{2{,}65^2}{19{,}6} \cdot \frac{1400{,}0}{0{,}12} \cdot 1{,}15 = \underline{105{,}8\text{ m.}}$$

ad 3. Druckverlust $h_{k/s}$ beim Übergang vom Gestänge in die engere Bohrung der Schwerstange. Hier gilt bei scharfkantigem Übergang die schon besprochene Gleichung:

$$h_{k/s} = \Delta p = \frac{\varrho}{2} \cdot v_s^2 \cdot \left(\frac{1}{\alpha} - 1\right)^2;$$

Δp = kg/m² = mm Wassersäule,

ϱ = Dichte in kg · Sek.²/m⁴ = 117,5 · (1150/9,81).

v_s = Geschwindigkeit in der Schwerstangen-Bohrung in m/Sek.,

α = Kontraktionszahl = 0,6.

$$v_s = \frac{Q}{F}; \qquad Q = 0{,}03\text{ m}^3/\text{Sek.};$$

$$F = \frac{3{,}14}{4} \cdot 0{,}09^2 = 0{,}006\,36\text{ m}^2,$$

$$v_s = \frac{0{,}03}{0{,}006\,36} = \underline{4{,}72\text{ m/Sek.}}$$

$$\Delta p = \frac{117{,}5}{2} \cdot 4{,}72^2 \cdot \left(\frac{1}{0{,}6} - 1\right)^2,$$

$$\Delta p = 573{,}3\text{ kg/m}^2 \cong \underline{0{,}57\text{ m}}\text{ Wassersäule}$$

$$\underline{h_{k/s} \cong 0{,}6\text{ m.}}$$

ad 4. Druckverlust h_s beim Durchfluß durch die Schwerstangen-Bohrung. Nach dem gleichen Rechnungsvorgang wie für h_g ergibt sich zunächst v_s, wie ad 3. schon ermittelt, mit 4,72 m/Sek.⁻¹ und

$$R_e = \frac{v_s \cdot D_{is}}{\nu} = \frac{4{,}72 \cdot 0{,}09}{5{,}2 \cdot 10^{-6}} = \underline{81\,692{,}0.}$$

Nach BLASIUS ist $\lambda_0 = \frac{0{,}3164}{\sqrt[4]{81\,692}} = \underline{0{,}019}$

$\lambda_0 = \lambda_s$ da absolut glatte Innenbohrung D_{is}.

$$h_s = \lambda_0 \cdot \frac{v_s^2}{2\,g} \cdot \frac{L_s}{D_{is}} \cdot \gamma = 0{,}019 \cdot \frac{4{,}72^2}{19{,}6} \cdot \frac{100}{0{,}09} \cdot 1{,}15 = \underline{27{,}6\text{ m.}}$$

ad 5. Druckverlust im Meißel h_m.

$$h_m = \frac{Q^2 \cdot \gamma}{70\,000 \cdot F_d^2 \cdot C^2};$$

Q = Spülvolumen in m^3/Sek.,
γ = spezifisches Gewicht in kg/l,
F_d = gesamte Düsen-Durchflußfläche in m^2
C = Düsenfaktor = 0,95.

$$h_m = \frac{1{,}8^2 \cdot 1{,}15}{70\,000{,}0 \cdot (4{,}86 \cdot 10^{-4})^2 \cdot 0{,}95^2} = \underline{257{,}0 \text{ m.}}$$

ad 6. Druckverluste im Ringraum: Bohrloch-Schwerstange. Die Fließgeschwindigkeit $v_{rs} = Q/F$;

$$Q = \text{unverändert} = 0{,}03 \text{ m}^3/\text{Sek.}$$

$$F = \frac{\pi}{4}(D_b^2 - D_{as}^2) = \frac{3{,}14}{4}(0{,}31^2 - 0{,}178^2) = 0{,}05 \text{ m}^2,$$

$$v_s = \frac{0{,}03}{0{,}05} = \underline{0{,}6 \text{ m/Sek.}}$$

Die REYNOLDSsche Zahl ergibt sich hier mit dem hydraulischen Radius

$$r_s' = \frac{D_b - D_{as}}{4} = \frac{0{,}31 - 0{,}178}{4} = 0{,}033 \text{ m.}$$

$$R_{e/s}' = \frac{v_s \cdot r_s'}{\nu} = \frac{0{,}6 \cdot 0{,}033}{5{,}2 \cdot 10^{-6}} = 3808{,}0 \text{ (turbulent).}$$

$$\lambda_{0/rs} = \frac{0{,}3164}{\sqrt[4]{3808}} = \underline{0{,}04.}$$

Berücksichtigend die Bohrlochwand-Rauhigkeit muß der Rauhigkeitsfaktor $\xi = 1{,}35$ als Multiplikator in Rechnung gestellt werden.

$\lambda_{rs} = 0{,}04 \cdot 1{,}35 = \underline{0{,}0532.}$

$$h_{rs} = \lambda_{rs} \cdot \frac{v_s^2}{2g} \cdot \frac{L_s}{4 \cdot r'} \cdot \gamma = 0{,}0532 \cdot \frac{0{,}6^2}{19{,}6} \cdot \frac{100}{4 \cdot 0{,}033} \cdot 1{,}15 = \underline{0{,}85 \text{ m.}}$$

Als ideeller Ringraum-Durchmesser wird in der Formel für den Druckverlust im Ringraum, in Übereinstimmung mit den praktisch ermittelten Versuchswerten der Firma Hughes Tool Co., der vierfache hydraulische Radius eingesetzt.

ad 7. Druckverlust im Ringraum Bohrloch-Gestänge. Die Fließgeschwindigkeit $v_{rg} = Q/F$; Q = unverändert

$$F = \frac{\pi}{4}(D_b^2 - D_{ag}^2) = \frac{3{,}14}{4}(0{,}31^2 - 0{,}14^2) = 0{,}06 \text{ m}^2,$$

$$v_{rg} = \frac{0{,}03}{0{,}06} = \underline{0{,}5 \text{ m/Sek.}}$$

Der hydraulische Radius

$$r_g' = \frac{D_b - D_a}{4} = \frac{0{,}31 - 0{,}14}{4} = 0{,}0425 \text{ m.}$$

$$R_{ag}' = \frac{v_{rg} \cdot r_g'}{\nu} = \frac{0{,}5 \cdot 0{,}0425}{5{,}2 \cdot 10^{-6}} = 4086{,}0 \text{ (turbulent)}.$$

$$\lambda_{0/rg} = \frac{0{,}3164}{\sqrt[4]{4086}} = 0{,}0395 \simeq \underline{0{,}04.}$$

Berücksichtigend die vorstehenden Tool joints wird der Multiplikator $\Phi = 1{,}1$ und für die Bohrloch-Wandrauhigkeit der Multiplikator $\xi = 1{,}35$ zusätzlich eingeführt.

$$\lambda_{rg} = \lambda_{0/rg} \cdot \Phi \cdot \xi = 0{,}04 \cdot 1{,}1 \cdot 1{,}35 = 0{,}0594 \simeq \underline{0{,}06.}$$

$$h_{rg} = \lambda_{rg} \cdot \frac{v_{rg}^2}{2\,g} \cdot \frac{L_g}{4 \cdot r'} \cdot \gamma; = 0{,}06 \cdot \frac{0{,}5^2}{19{,}6} \cdot \frac{1400{,}0}{4 \cdot 0{,}0425} \cdot 1{,}15 = \underline{7{,}25\,\text{m.}}$$

Der gesamte Druckverlust ist folgender:

$h_a \simeq 60{,}00$ m Wassersäule (Anordnung B nach Tab. 19)
$h_g = 105{,}80$ m Wassersäule
$h_{ks} = 0{,}60$ m Wassersäule
$h_s = 27{,}60$ m Wassersäule
$h_m = 257{,}00$ m Wassersäule
$h_{rs} = 0{,}85$ m Wassersäule
$h_{rg} = 7{,}25$ m Wassersäule

$H = 459{,}10$ m Wassersäule bzw. 45,91 Atü.

Der Leistungsbedarf in PS (injizierte Leistung) bei einem Wirkungsgrad η der Pumpe von 0,8 ist der nachstehende:

$$N = \frac{1800{,}0 \cdot 1{,}15 \cdot 459{,}0}{60 \cdot 75 \cdot 0{,}8} \simeq \underline{264{,}0\,\text{PS.}}$$

C. Austragen des Bohrschmantes von der Bohrlochsohle

1. Allgemeines

Dieses Problem wurde in zahlreichen Laboratorien und zum Teil auch bei Tiefbohrungen untersucht.

Für den Bohrtechniker ist es von Interesse, daß der Spülstrom im Ringraum das Bohrklein möglichst restlos zu Tage fördert. Den Geologen, der das Bohrklein untersucht, interessiert vor allem die Teufe, in dem das jeweils ober Tage ausgetragene Bohrklein erbohrt wurde.

Bei den in jedem Bohrloch sehr unterschiedlichen Verhältnissen sind die folgenden Faktoren maßgebend:

a) Die Charakteristik der Bohrspülung, ihr spezifisches Gewicht, die Gelwerte und Thixotropie.

b) Die Charakteristik des Bohrkleins, und zwar sowohl das spezifische Gewicht als auch die Gestalt bzw. Form.

c) Die Durchflußquerschnitte im Ringraum.

d) Die Strömungsgeschwindigkeiten in den Ringraumquerschnitten.

e) Die Drehzahl und die dabei auftretenden Schwingungen des Bohrstranges.

Eine genaue Erfassung der obengenannten Faktoren ist äußerst schwierig, ja vielfach unmöglich.

Schon die Charakteristik der Spülung und des Bohrkleins wird in ein und derselben Bohrung in verschiedenen Teufen unterschiedlich sein.

Die Bohrlochwandungen werden kleinere und größere Auskesselungen aufweisen. Dadurch wird die vorwiegend turbulente Strömung in den erweiterten Bohrlochteilen oft laminar sein.

Die Drehzahl und die seitlichen Schwingungen des Stranges beeinflussen sowohl den Gelwert der Spülung als auch die Austraggeschwindigkeit.

Je nach Form der Angriffsfläche des Bohrkleins (Plättchen oder mehr kubische Formen) werden sich unterschiedliche Hebegeschwindigkeiten ergeben.

Bei Stillstand der Zirkulation wird das Bohrklein, entsprechend den Fließwerten der Spülung, entweder in Schwebe bleiben oder sinken. Dabei wird es sich mit seiner größten Fläche waagrecht stellen.

In der turbulenten Strömung muß wieder mit dem Gegenteil gerechnet werden.

Infolge des Geschwindigkeitsgefälles in jedem Querschnitt werden am Bohrklein Drehmomente wirksam werden, die ein seitliches Verdrängen desselben gegen den Bohrstrang und die Bohrlochwand zur Folge haben.

In den Auskesselungen der Bohrlochwand wird sich ein Teil des seitlich verdrängten Bohrschmantes ansammeln, der durch stärkere Strömungsimpulse (Bohrstrangschwingungen) wieder zum Teil in die Aufwärtsströmung gelangen wird.

Die einzelnen Bohrteilchen werden außerdem sowohl an die Wandungen des Bohrstranges als auch gegeneinander stoßen und sich so im Austragen behindern.

Aus all dem Gesagten geht hervor, daß eine mathematische Erfassung dieses Problemes nicht möglich ist und daher nur ganz allgemeine Richtlinien gegeben werden können.

2. Theoretische Grundlagen

Das Gewicht eines in einem flüssigen Medium sinkenden Körpers

$$G' = V \cdot (\gamma_k - \gamma_f).$$

Der Körper wird bei freiem Fall in der Flüssigkeit zunächst beschleunigt. Die Endgeschwindigkeit wird dann erreicht werden, wenn der Widerstand ebenso groß ist wie das Gewicht des Körpers in der Flüssigkeit.

Dieser Widerstand ergibt sich mit:

$$W = c \cdot F \cdot \frac{\gamma_f}{2g} \cdot v^2.$$

Es bedeuten:

G' = Gewicht des Körpers in der Flüssigkeit in kg,
V = Volumen desselben in m^3,
γ_k = spezifisches Gewicht des Körpers in kg/m^3,
γ_f = spezifisches Gewicht der Flüssigkeit in kg/m^3,
W = Widerstand, bezogen auf die Schattenfläche des Körpers in kg,
c = Widerstandsbeiwert (dimensionslos),
g = Erdbeschleunigung in $m/Sek.^2$,
v = Strömungsgeschwindigkeit der Flüssigkeit in m/Sek.

Wenn der Körper in der Flüssigkeit schweben soll, muß sein Gewicht (minus Auftrieb) gleich sein dem Widerstand.

$$G' = W; \qquad V \cdot (\gamma_k - \gamma_f) = c \cdot F \cdot \frac{\gamma_f}{2g} \cdot v^2.$$

Die Geschwindigkeit der Flüssigkeit muß in diesem Falle die folgende sein:

$$v = \sqrt{\frac{V}{F} \cdot \frac{\gamma_k - \gamma_f}{\gamma_f} \cdot \frac{2 \cdot g}{c}}.$$

Soll der Körper hochgetragen werden, muß die Geschwindigkeit der Strömung größer sein als die hier ermittelte. Angenommen sie sei v_{sp}, so ergibt sich die Austragsgeschwindigkeit des Bohrkleins mit:

$$v_k = v_{sp} - v; \qquad \text{bzw.} \qquad v_k = v_{sp} - \sqrt{\frac{V}{F} \cdot \frac{\gamma_k - \gamma_f}{\gamma_f} \frac{2 \cdot g}{c}}.$$

Die Austragszeit aus einer gegebenen Teufe T ergibt sich mit

$$t = \frac{T}{v_k}.$$

Der maßgebende Faktor ist hier vor allem der Beiwert c. Bei Körpern mit abgerundeten Kanten, wie sie beim Bohrklein angenommen werden können, ist er von der REYNOLDSschen Zahl abhängig

$$c = f(R_e).$$

Die Form der Bohrschmantteile ist im allgemeinen flach bis ellipsoidisch. Nach praktischen Ermittlungen (GÜNTHER SCHMITZ, Canadian Oil and Gas Industries, Juli 1955) ergibt sich für die vorwiegend vorkommenden Bohrkleinteile (flach, unregelmäßig) der Beiwert im Durchschnitt mit

$$c = \frac{2{,}4 \cdot R_e + 1460}{R_e + 210}.$$

In Tab. 20 sind diese Beiwerte für verschiedene REYNOLDSsche Zahlen ersichtlich.

Tabelle 20. *Die Widerstandsbeiwerte für verschiedene Reynoldssche Zahlen, wie sie im Ringraum vorwiegend vorhanden sind*

R_e	200	400	600	800	1000	2000	3000
c	4,73	3,97	3,58	3,35	3,19	2,84	2,70
R_e	4000	5000	6000	7000	8000	9000	10 000
c	2,61	2,58	2,55	2,53	2,52	2,51	2,5

Beispiel: Angenommen: Das Volumen des Bohrkleins $V = 0{,}5$ cm^3, $F = 0{,}13$ cm^2, $\gamma_k = 2{,}6$, $\gamma_f = 1{,}2$, $R_e = 4000{,}0$, daher c = 2,61.

$$v = \sqrt{\frac{0{,}5}{0{,}13} \cdot \frac{2{,}6 - 1{,}2}{1{,}2} \cdot \frac{196}{2{,}6}} = 18{,}5 \text{ cm/Sek.} \doteq \underline{0{,}2 \text{ m/Sek.}}$$

Ist die Spülstromgeschwindigkeit im Ringraum z. B. 0,5 m/Sek. (wie dies im Beispiel für den Druckabfall angenommen ist) und die Teufe des Bohrloches $T = 1000{,}0$ m, so werden etwa 80% des Bohrschmantes in der folgenden Zeit ausgetragen:

$$v_k = v_{sp} - v, \qquad v_k = 0{,}5 - 0{,}2 = \underline{0{,}3 \text{ m/Sek.}}$$

$$t = T : v_k; \qquad t = 1000{,}0 : 0{,}3 = 3333{,}3 \text{ Sek.} = \underline{55{,}5 \text{ Min.}}$$

Es ist dies, wie schon gesagt wurde, eine absolut überschlägige Anleitung, die nicht für alle Verhältnisse gelten kann.

Vor allem werden die schon erwähnten Strangschwingungen die Austragsgeschwindigkeit beeinflussen. Je höher die Drehzahl, um so kürzer wird die Austragszeit werden.

Bei jeder Bohrung können diese Geschwindigkeiten mit gefärbten keramischen Brocken überprüft werden, die ungefähr dieselbe Form haben wie der durchschnittlich anfallende Bohrschmant.

XI. Gerader und gekrümmter Bohrlochverlauf

A. Allgemeines

Beim Bohren mit Rotary-Bohranlagen ist ein lotrechter Bohrlochverlauf äußerst schwer zu erreichen, ohne daß dadurch die Bohrkosten eine kaum tragbare Verteuerung erfahren.

Innerhalb welcher Grenzen das Abweichen des Bohrloches von der Lotrechten bleiben soll, ist bis heute, auch in den USA, nicht einheitlich geklärt.

So sind z. B. in Texas seitens der Bergbehörde nur im östlichen Teil maximale Abweichungen von 3°, in den anderen Teilen dieses weiten Erdölgebietes keine einheitlichen Begrenzungen festgelegt. Die Bergbehörden von Oklahoma schreiben lediglich vor, daß die Abweichung nicht allzu plötzlich variieren darf. New Mexico beschränkt die Abweichung auf maximal 5° pro 150 m Teufe und, falls dieses Maß überschritten wird, entscheidet eine bergbehördliche Kommission, ob das Bohrloch begradigt werden muß oder nicht.

Ähnlich wie in Ost-Texas schreiben die Behörden in Louisiana eine zulässige Abweichung von 3° vor. In Arkansas wiederum wird die maximal zulässige Abweichung von der Entfernung der Bohrstelle von der nächstgelegenen Konzessionsgrenze abhängig gemacht. Bei einer Entfernung des Anschlagepunktes ober Tage von 45,0 m ist das erlaubte Maximum 3°, bei weniger als 150,0 m aber mehr als 45,0 m 4° und schließlich bei mehr als 150,0 m 5°.

Man hat bei den diversen Bohrunternehmern festgestellt, daß bei Bohrungen über 1500 m Teufe das genaue Einhalten eines maximalen Abweichens zwischen 3° und 5° die Bohrkosten oft sehr erhöht.

Noch vor dem zweiten Weltkrieg wurde gegenüber heute ein verhältnismäßig geringer Bohrdruck angewendet. So z. B. in West-Texas bei einem 8 3/4-Zoll-Rollenmeißel im Kalkstein und Dolomit etwa 6800 kg, bei einem 6 3/4-Zoll-Meißel etwa 5400,0 kg.

Die nicht geringe Erhöhung der Löhne und Gerätekosten in den letzten Jahren, bei nur minimal erhöhtem Unternehmerpreis/Fuß, brachte es mit sich, daß man alles daransetzte, den Bohrfortschritt zu steigern und dies durch die Erhöhung des Bohrdruckes auch erreichte. Allerdings ergab sich dabei auch eine recht bedeutende Steigerung der Abweichung des Bohrloches von der Lotrechten. Man kam zu der Erkenntnis, daß nicht allein die Meißelform und die Hartmetallbesetzung für einen rationellen Bohrfortschritt bestimmend ist, sondern daß auch der Wahl eines entsprechenden Bohrstranges eine ausschlaggebende Bedeutung zukommt. Man erkannte außerdem, daß ausschließlich die Schwerstangen dazu bestimmt sein müssen, jenen Bohrdruck zu ergeben, der einen angemessenen Bohrfortschritt ermöglicht und daß das Bohrgestänge keinerlei Druckbeanspruchung erfahren soll.

Ferner wurde die Beobachtung gemacht, daß bei hohem Bohrdruck die Meißeldrehzahl entsprechend herabgesetzt werden muß, um eine wirtschaftlich vertretbare Lebensdauer der Rollenmeißel-Verlagerung zu erreichen.

Niedrige Drehzahlen begünstigen allerdings wieder ein stärkeres Abweichen des Bohrloches von der Lotrechten.

Bei den diversen Beratungen über alle diese Probleme wurden die verschiedensten Vorschläge bezüglich des Bohrlochverlaufes gemacht, unter anderem auch die Begriffe definiert, was unter einem relativ geraden und relativ vertikalen Bohrloch zu verstehen wäre. Die folgenden Definitionen haben sich, allerdings nicht überall, durchgesetzt:

Als „relativ gerade" wird ein Bohrloch bezeichnet, wenn die Bohrlochachse in jeder Teufenstrecke von 100 Fuß = 30,5 m nur 6 Min. von der vorhergehenden Richtung abweicht und diese Abweichung in der horizontalen Projektion in bezug auf die Nord-Südrichtung maximal 2° beträgt. Eine Angabe der Abweichung wie z. B. 1° auf 1000 Fuß = 305,0 m wäre unzulänglich, da damit nicht gesagt ist, ob die Abweichung die vorgeschriebenen 6 Min. pro 100 Fuß nicht an irgend einem Teufenpunkt weit überschreitet.

Mit dem Ausdruck „relativ gerade" soll ausgedrückt werden, daß der Bohrlochverlauf mehr oder weniger geradlinig ist, wenn er auch nicht lotrecht verläuft.

Mit „relativ lotrecht" kann andererseits ein Bohrlochverlauf bezeichnet werden, wenn jeder Teufenpunkt nicht mehr als 2° von der Lotrechten abweicht.

Als nachteilige Folgen eines krummen Bohrloches wurden früher angesehen:

1. Höhere Beanspruchung der Bohrgestänge bei der Bohrarbeit,
2. größere Abnützung der Gestänge infolge Scheuerns an der Bohrlochwand,
3. höherer Leistungsbedarf der Antriebsmaschine,
4. Schwierigkeiten bei Fangarbeiten,
5. Scheuern der Pumpgestänge und Förderseile in den Steigrohren in der Förderperiode der Bohrung.

Vor Einführung der Kontrollgeräte zur Bestimmung der Bohrlochabweichung war eine Korrelation der Bohrungen in einem Ölfelde bezüglich Teufe der Leit-, Öl- und Gashorizonte äußerst schwierig. Man war dabei lediglich auf die Angaben des Bohrmeisters angewiesen, der die jeweilige Teufe ohne Berücksichtigung der Bohrlochabweichung angeben konnte.

Die Projektion des Anschlagpunktes ober Tage auf die Lagerstätte, wobei dieser nach einem vorher bestimmten Abbauplan festgesetzt wurde, war ja keinesfalls mit jenem Punkt identisch, in welchem die Lagerstätte tatsächlich angetroffen wurde.

Deswegen konnte auch eine geregelte Drainierung der Lagerstätte nicht überwacht werden.

B. Der Pendeleffekt

Die Ursachen des Abweichens von der Lotrechten wurden erst nach vielen Beobachtungen näher erkannt.

Dies ist vor allem dem Amerikaner Lubinski zu verdanken, der das Verbiegen im Durchmesser verschiedener Bohrstränge, bei verschiedenen Bohrdrücken, mathematisch auswertete. Über seine Arbeit wurde schon in einem früheren Kapitel gesprochen.

In den Abb. 78 *a* bis *k* sind die hauptsächlich vorkommenden Ursachen der Abweichungen von der Lotrechten zu ersehen.

Sie sollen der Reihe nach besprochen werden (s. Abb. 78 *a*, *b*, *c*).

In einem nicht lotrechten Bohrloch liegt der Schwerstangenstrang in einer gewissen Entfernung vom Meißel an der unteren Bohrlochwand. Dieser Punkt kann als Aufhängepunkt eines Pendels angesehen werden, das infolge der

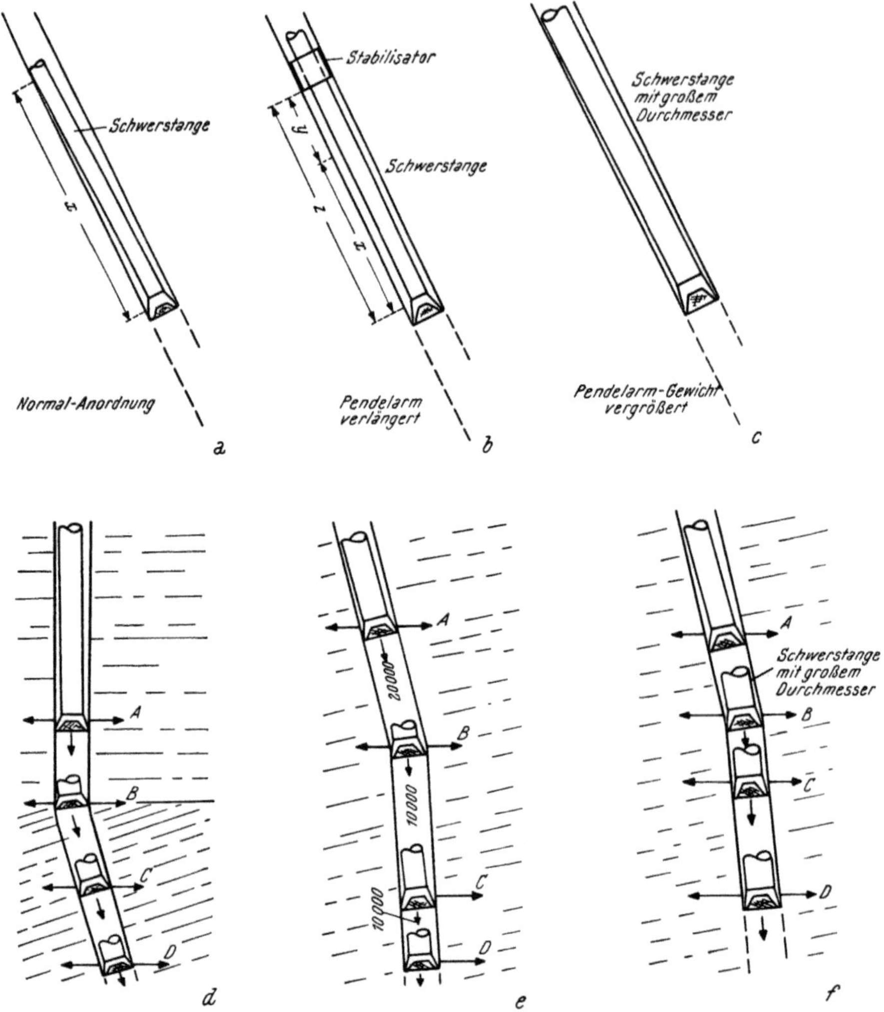

Abb. 78 *a* bis *f*. Beeinflussung der Bohrlochabweichung (Pendeleffekt) (nach R. J. Bromell, World Oil, Dezember 1954)

Schwerkraft die Tendenz haben wird, in die Lotrechte zu schwingen. Diese Kraft, die eine Begradigung des Bohrloches anstrebt, kann durch die folgenden Maßnahmen vergrößert werden:

a) Durch Verlängerung des Pendelarmes oder

b) durch Erhöhung des Pendelgewichtes.

Je größer der Abweichungswinkel der Bohrlochachse von der Lotrechten ist, um so mehr müßte das natürliche Bestreben des Bohrstranges sein, in die Lotrechte zurückzukehren.

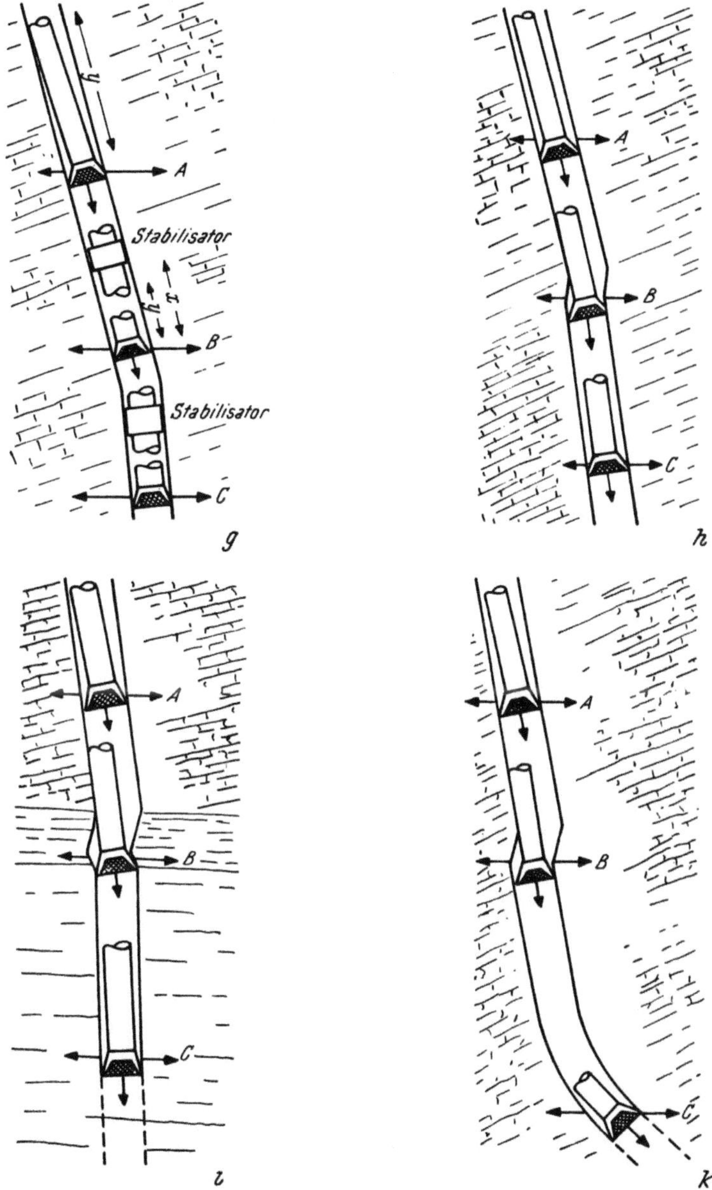

Abb. 78 *g* bis *k*. Beeinflussung der Bohrlochabweichung (Pendeleffekt) (nach R. J. Bromell, World Oil, Dezember 1954)

Die Kräfte, welche die Lotabweichung beeinflussen, sind folgende:

1. Der Bohrdruck, der auf den Meißel wirkt.
2. Der Bohrwiderstand des jeweils durchteuften Gesteines.

3. Die Schwerkraft, welche das Bestreben hat, den Bohrstrang wieder in die lotrechte Lage zu bringen.

Besteht ein Gleichgewicht der obigen Kräfte, wie z. B. in Punkt *A* der Abb. 78 *d*, wird kein Wechsel im Bohrlochverlauf erfolgen, falls nicht neue Momente auftreten, die dieses Gleichgewicht stören, wie dies z. B. in Punkt *B* der Fall ist. Hier trifft der Meißel eine nach links einfallende härtere Schichte. Er wird sich gegen das Schichteinfallen stellen, da der im weichen Gestein arbeitende Teil des Meißels dort rascher vorwärts kommt als in der härteren Partie. Das härtere Gestein übt somit hier einen Druck aus, der den Meißel gegen das Einfallen richtet; das Gleichgewicht ist durch die geänderte Gesteinshärte gestört. Das Abweichen von der ursprünglichen Richtung wird solange dauern, wie die Störung des Gleichgewichtes bestehen bleibt.

Wird nun der Bohrdruck vermindert und damit die Pendelwirkung erhöht, wird sich auch das Bohrloch begradigen, wie dies in Abb. 78 *e* zu ersehen ist. Beim Punkt *C* sind die Kräfte wieder ins Gleichgewicht gebracht und der Bohrlochverlauf bleibt unverändert.

Auch wenn das Gewicht des Pendels erhöht wird, erfolgt eine Begradigung des Bohrloches (s. Abb. 78 *f*). Hier wurde ein Schwerstangenstrang eingesetzt, der einen größeren Durchmesser und damit auch ein höheres Gewicht hat. Der Kontaktwinkel wurde durch die Maßnahme ebenfalls verkleinert, was sich günstig auswirken muß, so daß im Punkt *C* die Kräfte wieder ins Gleichgewicht kommen, ohne daß der Bohrdruck kleiner geworden ist.

Der gleiche Effekt kann durch die Verwendung von Bohrstrangführungen, sogenannten Stabilisern, erfolgen, die eine konzentrische Führung der Schwerstangen im Bohrloch ermöglichen. Über diese Führung wird noch später Näheres erläutert werden (s. Abb. 78 *g*).

Krumme Bohrlöcher, bei denen die Abweichung einen mehr oder weniger gleichmäßigen Verlauf nimmt, werden heute von Fachkreisen auch für die Förderperiode nicht als besonders nachteilig beurteilt.

Gefährlich sind aber die sogenannten Schlüssellöcher — Dog legs. Es sind dies kurze, knieförmige, plötzliche Abweichungen im Bohrlochverlauf (s. Abb. 78 *h*).

Vor dem Punkt *B* wurde der Bohrdruck plötzlich vermindert, wodurch zunächst die Abweichung verringert wurde.

Die Schwerstangen liegen hier bald völlig an der Bohrlochwand, ein Pendeleffekt kann nicht wirksam werden. Erst im Punkte *C* ist dies wieder möglich und es erfolgt auch ein allmählicher Abbau der Abweichung.

In Abb. 78 *j* ist eine ähnliche Schlüssellochbildung dargestellt, die ebenfalls auf zu plötzliche Bohrdruckänderung zurückzuführen ist.

In Abb. 78 *k* wird nach der kurzen Begradigung in einer bezüglich Bohrfestigkeit gleichbleibenden Schicht mit großem Einfallen weiter gebohrt, und zwar mit zu rasch erhöhtem Bohrdruck, so daß die Abweichung wieder rasch zunimmt. Der hohe Bohrdruck wirkt hier dem Pendeleffekt entgegen.

Aus den gegebenen Erklärungen geht hervor, daß eine Begradigung am besten durch großkalibrige Schwerstangen oder Stabiliser durchzuführen ist, und daß die Änderung des Bohrdruckes niemals plötzlich, sondern immer nur allmählich zu erfolgen hat.

1. Ein Beispiel für die Wirkung des Pendeleffektes

In Abb. 78 *l* wurden die Bohrungen *A* und *B* als erste Bohrungen in einem USA-Ölfelde nebeneinander abgeteuft. Bohrung *A* lag höher auf der Struktur als Bohrung *B*.

Eine gewisse Abweichung von der Lotrechten wurde in Bohrung *A* bei 4700,0 Fuß, in *B* bei 4900,0 Fuß gemessen. Die maximale Abweichung war bei den Bohrungen 2 1/2° bzw. 3° und zwar in *A* bei 4970,0 Fuß, in *B* bei 5200,0 Fuß Teufe.

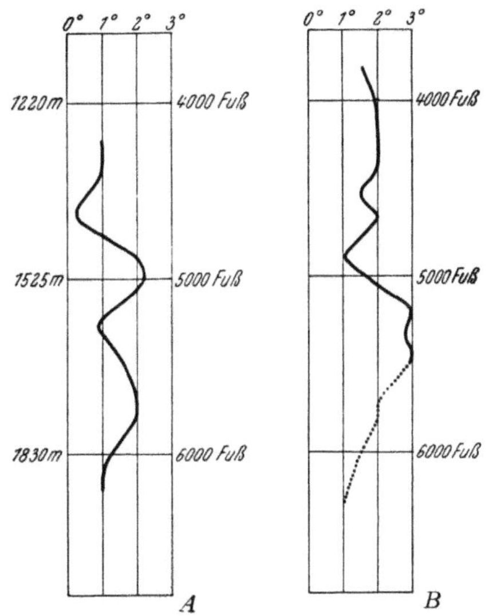

Abb. 78 *l*. Wirkung des Pendeleffektes bei zwei nebeneinander abgeteuften Bohrungen (nach R. J. Bromell, World Oil, Dezember 1954)

Bohrung *A* wurde mit reduziertem Bohrdruck bis 5200,0 Fuß abgeteuft, wobei die Abweichung auf 2° rückläufig war, und erst von dieser Teufe an wurde mit erhöhtem, aber gleichbleibendem Bohrdruck weiter gebohrt. Die Abweichung ging allmählich auf 1° zurück.

Ganz ähnlich ist der Verlauf des Bohrloches *B*, bei dem die Abweichung schon ab etwa 5500,0 Fuß bei gleichbleibendem Druck allmählich auf 1° zurückgeht.

Obwohl ab 5200,0 Fuß bei *A* bzw. 5800,0 Fuß bei *B* der Bohrdruck von rund 2380,0 kg auf rund 9000,0 kg erhöht wurde und sich der Bohrfortschritt von 0,78 m auf 4,3 m/Std. gesteigert hat, erfolgte dennoch die Begradigung des Bohrloches, was auf eine gute Pendelwirkung schließen läßt.

2. Verwertung der Abweichungs-Tendenzen benachbarter Bohrungen

Unter Verwertung der bei den obigen Bohrungen gemachten Erfahrungen, welche im Durchschnitt 60 Bohrtage mit 720 effektiven Bohrstunden benötigten und dabei 62 Meißelwechsel notwendig machten, konnten die folgenden Bohrungen in diesem Ölfeld in 42 Bohrtagen, mit insgesamt 535 effektiven Bohrstunden und bloß 40 Meißelwechseln abgeteuft werden.

Nach Wood und Lubinski ist eine Bohrung mit dem Durchmesser von 8 3/4 Zoll und Schwerstangen von 8 Zoll ökonomischer zu erbohren, als eine Bohrung von 7 7/8 Zoll mit 6 Zoll Schwerstangen, wobei letztere Kombination bei den ersten zwei besprochenen Bohrungen Verwendung fand.

Soll die Abweichung von der Lotrechten 3° nicht überschreiten, könnten im 7 7/8-Zoll-Bohrloch mit den 6-Zoll-Schwerstangen höchstens 6800,0 kg als Bohrdruck eingesetzt werden, wohingegen bei einem 8-Zoll-Schwerstangenstrang im 8 3/4-Zoll-Bohrloch 15 400,0 kg Bohrdruck verwendet werden könnten, um dasselbe Maximum an Abweichung von 3° nicht zu überschreiten.

Die auf Bohrungen *A* und *B* folgenden Bohrungen wurden daher auch mit einem Meißeldurchmesser von 8 3/4 Zoll mit 8-Zoll-Schwerstangen und einem Bohrdruck von 15 800,0 kg abgeteuft. Die maximale Abweichung betrug nur 2 3/4°, ohne jedwede Schlüssellöcher.

Dieser Erfolg war auch dem Umstand zu verdanken, daß bei den weiteren Bohrungen in den korrespondierenden Teufenpunkten der Bohrungen *A* und *B*, bei welchen die Gefahr einer größeren Abweichung bestand (gegeben aus der Korrelation mit der erstgenannten), Führungsmeißel am Schwerstangenstrang angebracht wurden — Reamers —, die den Pendelarm verlängerten und dadurch den Pendeleffekt besser zur Geltung kommen ließen.

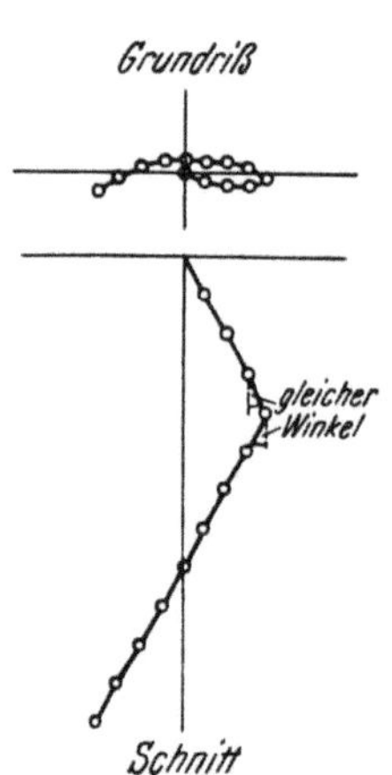

Abb. 79. Bildung von Schlüssellöchern (Dog legs)

Die Verwendung der hier angeführten großkalibrigen Schwerstangen kann allerdings nicht für alle Verhältnisse empfohlen werden. Sie können nur dort eingesetzt werden, wo keinerlei Nachfall zu befürchten ist und die Spülung immer im besten Zustand gehalten werden kann. Ist das nicht der Fall, besteht die Gefahr, daß die Schwerstangen im Bohrloch fest werden. Ein Überwaschen derselben würde in dem sehr engen Ringraum auf Schwierigkeiten stoßen.

An Stelle von Führungsmeißeln, die im Schwerstangenstrang eingeschaltet werden, sind heute vielfach ganz spezielle Führungen im Gebrauch, in denen sich der Schwerstangenstrang frei drehen kann.

Gefährliche Schlüssellöcher (Dog legs) können allerdings auch durch plötzliche Änderungen des Azimuts im Bohrlochverlauf hervorgerufen werden (s. Abb. 79). Dies ist besonders beim Setzen von Richtkeilen zu berücksichtigen, die eine zwangsweise Ablenkung des Bohrloches erbringen sollen. Hierüber Näheres in einem späteren Kapitel (S. 204).

3. Schwerstangen-Führungen, Stabiliser[1]

In West-Texas wurde das starke Abweichen des Bohrloches von der Lotrechten durch den Einsatz von speziellen Kautschuk-Führungen ganz wesentlich vermindert. Nach vielen vorhergehenden Versuchen mit Nachschneide-Meißeln, und zwar teils Zweibacken-, teils Rollenmeißeln, die in einer gewissen Höhe im Schwerstangenstrang eingebaut wurden, ist man zu dieser neuen Methode der Kautschuk-Führungen übergegangen.

Die heute verwendeten Kautschuk-Führungen haben folgende Vorteile:

a) Sie besitzen die entsprechende Scheuerfestigkeit und damit eine wirtschaftlich tragbare Lebensdauer.

Bei den in West-Texas verwendeten Führungen wurde erst nach 600 effektiven Bohrstunden eine Abscheuerung von 1,5 bis 2,4 mm beobachtet.

b) Der Durchmesser der Führungen wird ebenso groß gewählt wie der Durchmesser des Bohrmeißels.

c) Der an einer Stahlhülse aufvulkanisierte Kautschuk kann leicht überwaschen und überbohrt werden.

d) Die Reibungsverluste der Führung an dem hiefür eingebauten Übergangsstück zwischen zwei Schwerstangen sind gering.

e) Die im Bohrloch freistehenden Führungen, innerhalb deren sich der Schwerstangenstrang dreht, erweitern das Bohrloch in lockeren Schichten nicht, wie dies bei dem mitdrehenden Führungsmeißel der Fall war.

[1] Nach Bachmann, W. S.: World Oil, Oktober 1953.

f) Die verhältnismäßig einfache und kompakte Konstruktion ist besser als die früher angesetzten Nachschneideführungen, deren Teile sich lösen und brechen können, bzw. Fangarbeiten zur Folge haben.

In Abb. 80 ist eine solche Führung — Stabiliser — zu sehen. Auf einer aus mittelhartem Stahl hergestellten Hülse ist ein gerippter Kautschukmantel aufvulkanisiert. Die Rippenzahl beträgt 6 bis 12. Der Spülstrom wird durch diese Rippen nur geringfügig beeinflußt, jedenfalls sind die Druckverluste nicht größer als innerhalb einer 4 1/2-Zoll-Bohrstange.

Soll der Bohrstrang aus irgendeinem Grund überwaschen und überbohrt werden (Festwerden des Meißels auf Sohle), ist ein eigener Sperring vorgesehen, mittels welchem die Führung am Strang festgehalten wird und der Kautschukteil leicht ausgebohrt werden kann.

Die Distanz zwischen dem Meißel und der Führung hängt sowohl vom Verhältnis der Durchmesser des Bohrloches und der gewählten Schwerstange als auch vom erforderlichen Bohrdruck ab (s. Tab. 21).

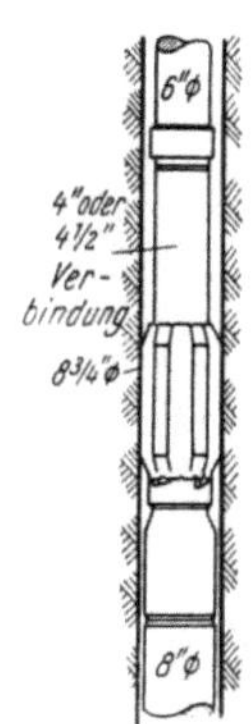

Abb. 80. Schwerstangen-Führung (Stabiliser)

Tabelle 21. *Empfohlene Distanz zwischen dem Bohrmeißel und der Schwerstangenführung bei verschiedenem Bohrloch- und Schwerstangendurchmesser und unterschiedlichem Bohrdruck*

Bohrloch-durchmesser Zoll	Schwer-stangen-durchmesser Zoll	Distanz zwischen Meißel und Stabiliser in m beim Bohrdruck in kg			
		4500,0	13 500,0	18 000,0	22 500,0
8 3/4	8	12,6	12,3	—	12,0
8 3/4	7	16,0	14,7	—	14,1
8 3/4	6 1/4	16,4	15,2	—	13,5
7 7/8	7	13,2	—	12,3	—
7 7/8	6	14,7	—	12,6	—
6 3/4	6	12,0	—	11,5	—
6 3/4	5 1/4	12,9	—	11,4	—

Bei einigen Bohrungen in USA wurden solche Führungen nach jeder dritten Schwerstange eingebaut.

4. Maßnahmen, die die Erzielung eines relativ geraden Bohrlochverlaufes erleichtern

a) Genaue Zentrierung des Flaschenzuges über der Mitte des Rotarytisches und Bohrlochmundes.

b) Lotrechter Einbau des ersten Standrohres.

c) Wahl der entsprechenden Meißelform und rechtzeitiges Wechseln des stumpf gewordenen Meißels.

d) Wahl des dem jeweiligen Bohrdruck entsprechenden Schwerstangenstranges, bzw. richtiger Einbau der Zentriereinrichtung am Schwerstangenstrang.

e) Anpassung des jeweiligen Bohrdruckes an die Bohrfestigkeit des zu durchteufenden Gesteins unter Berücksichtigung der dabei möglichen Drehzahl.

f) Nur allmähliche Änderung des Bohrdruckes.

g) Kontrolle der Bohrspülung und der Spülgeschwindigkeit im Ringraum, um Auskolkungen weicher Gesteinspartien zu verhindern.

h) Verwendung von Kernapparaten, die im Durchmesser dem Meißeldurchmesser möglichst nahe kommen. (Zu kleine Kernbohrkronen bohren oft ein exzentrisch zur Bohrlochsohle liegendes Bohrloch und begünstigen eine Stufenbildung.)

XII. Meßgeräte zur Bestimmung der Bohrlochabweichung

Geschichtlicher Überblick

Zunächst wurde angestrebt, die von der Bohrlochsohle gewonnenen Bohrkerne bezüglich des Streichens und Einfallens der Schichten zu orientieren.

Hier war einer der ersten Altmeister Kind, der versuchte, beim schlagenden Bohren das Azimut des Einfallens der mittels Kernapparat gewonnenen Kerne zu bestimmen. Ein Lot, welches im Turm in der Nähe des auszubauenden Gestänges aufgehängt war, wurde als Orientierungslinie derart verwendet, daß das im Ausbau befindliche Gestänge nach dieser Linie stets in ein und derselben Richtung gehalten wurde.

Diese Methode hatte allerdings zahlreiche Fehlerquellen und war umständlich.

Der Amerikaner Vivian verwendete als einer der ersten eine Magnetnadel, ohne aber praktisch verwendbare Resultate zu erzielen. Dr. Wolff konstruierte einen Apparat mit einem Kompaß und einer besonderen Orientierungsvorrichtung, die ebenfalls keinen rechten Anklang fand.

In England wurde eine Apparatur entwickelt, bei der eine Lotspitze über einen elektrischen Widerstand gleiten konnte. Mittels eines isolierten Kabels konnte der elektrische Widerstand ober Tage gemessen und auf diese Art die Abweichung der Lotspitze von der Lotrechten ermittelt werden. Aber auch diese Einrichtung hat sich nicht bewährt.

Es folgten die Versuche von Gothan und Otto mit ähnlichen Einrichtungen und schließlich die Versuche mit glasätzenden Flüssigkeiten.

Eine besondere Intensivierung in der Konstruktion guter Meßgeräte brachte die Einführung des Gefrierverfahrens beim Schachtabteufen.

Hier ist unter anderen Erlinghausen zu nennen, der ein kardanisch gelagertes Pendel verwendete, an dessen Ende ein Schreibstift angebracht war. Eine Kugelkalotte wurde durch ein Gewicht, das durch einen Magneten freigegeben wurde, gegen den Schreibstift gedrückt und markierte so die jeweilige Lage des Pendels.

Gebhardt und Poetsch verbesserten den Apparat Erlinghausens. Die Pendelspitze pikierte an einem vorbeigeführten Papierstreifen die betreffenden Punkte. Die Bestimmung des Azimuts wurde primitiv durchgeführt, indem das im Ausbau befindliche Gestänge nicht verdreht, bzw. bei jeder kleinen Verdrehung in die ursprüngliche Lage zurückgeführt wurde. Dieses Verfahren war zeitraubend und ergab dennoch keine einwandfreien Resultate.

1. Die Säureflasche

Bei Tiefbohrungen wurde lange Jahre lediglich mit der sogenannten Säureflasche (Acid bottle) die Lotabweichung bestimmt.

Bei den ersten Messungen war man schon bei Teufen von etwa 1000 m über die recht großen Abweichungen von der Lotrechten überrascht und man mußte sich dabei sagen, daß diese Abweichungen sicher nicht in ein und derselben Ebene bleiben, weshalb auch die Bestimmung des Azimuts der Abweichung für den Bohrlochverlauf sehr wichtig ist.

In Abb. 81 ist eine Einrichtung zur Messung der Lotabweichung mit einer ätzenden Flüssigkeit schematisch dargestellt. Das Glasröhrchen wurde mit einer Flußsäurelösung gefüllt. Der in der Abbildung ersichtliche Apparat, in dem dieses Röhrchen eingebettet ist, wurde vor Wechsel des Meißels bzw. vor dem Ausbau des Gestänges in das hohle und mit Spülung gefüllte Bohrgestänge frei fallend eingelassen. Nach einer gewissen Ruhezeit, innerhalb welcher der Bohrstrang nicht bewegt wurde, um eine möglichst ungestörte Ätzlinie am Glas zu erzielen, wurde die Bohrgarnitur ausgebaut.

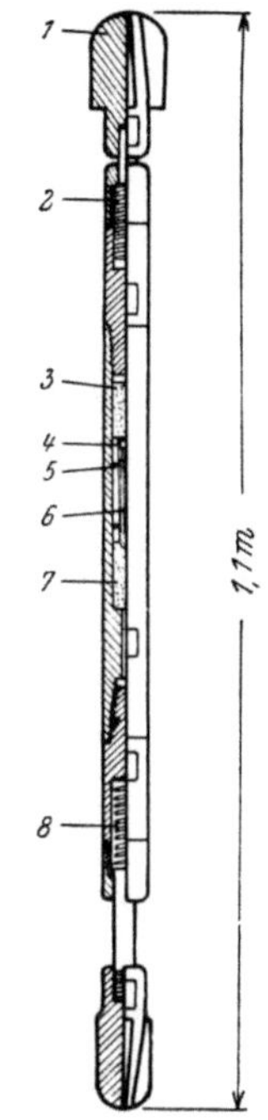

Abb. 81. Säureflaschen-Neigungsmesser (Acid bottle). *1* Führung, *2* Feder, *3* Schwammgummi, *4* Kork, *5* Gummiring, *6* Säureflasche, *7* Schwammgummi, *8* Feder

Das Gläschen wies natürlich mehrere Ätzlinien auf, aber die markanteste war jene, in der das Gefäß längere Zeit in derselben Stellung verblieb. Die Verbindungslinie des höchsten und tiefsten Ätzpunktes ergab mit der Lotrechten den Abweichungswinkel.

Die als Ätzmittel verwendete Flußsäure wurde mit Wasser auf etwa 50% verdünnt. Die Ruhezeit am Meißel betrug 10 bis 15 Minuten.

2. Gerät mit mechanischer Markierung

Die Firma Eastman Oil Well Surveys Co. entwickelte ein Gerät mit mechanischer Markierung der Lotabweichung, das in der Abb. 82 dargestellt ist.

Die eigentliche Meßapparatur ist in einem etwa 25 cm langen, zweiteiligen Hohlzylinder eingebaut, der einen Außendurchmesser von rund 22,0 mm hat.

Der obere Teil enthält ein kardanisch aufgehängtes Lot mit Schreibstift und einen verschiebbaren Kolben mit konkaver Oberfläche.

Im unteren Teil befindet sich ein spezielles Uhrwerk, das die Aufgabe hat, im gegebenen Zeitpunkt den Kolben gegen den Schreibstift anzuheben und zusätzlich denselben nach einer gewissen Zeit um 180° zu drehen und neuerdings für eine Kontrollmessung anzuheben.

Auf die konkave Oberfläche des Kolbens wird eine kreisrunde Papier-Meßscheibe aufgelegt, auf der konzentrische Kreise aufgezeichnet sind, wovon jeder einer bestimmten Lotabweichung entspricht.

Wird der Kolben durch das Uhrwerk angehoben, markiert der Schreibstift des Lotes einen Punkt auf der Meßscheibe und zeigt damit die vorhandene Lotabweichung an.

Das Gerät wird vor dem Einbau in das Bohrgestänge in eine eigene Schutzhülse eingesetzt, die ihrerseits am unteren Ende mit einem Stoßdämpfer, am oberen Ende mit Zentrierfedern ausgestattet ist.

Vor dem Ausbau des Bohrmeißels bzw. nach dem Abschrauben der Mitnehmerstange wird das Gerät mit der Schutzhülse frei fallend in das Gestänge eingelassen und setzt sich oberhalb des Meißels mit dem Stoßdämpfer auf.

Die Uhr, welche entsprechend der Fallzeit und einer Beruhigungszeit für das Lot von etwa 1 Min. eingestellt wurde, hebt nach dieser Zeit den Kolben mit der Meßscheibe gegen den Schreibstift, der die Lotabweichung markiert. Nach dieser Markierung erfolgt automatisch eine Kontrollmarkierung, indem zunächst der Kolben wieder nach unten bewegt, um 180° gedreht und neuerdings angehoben wird.

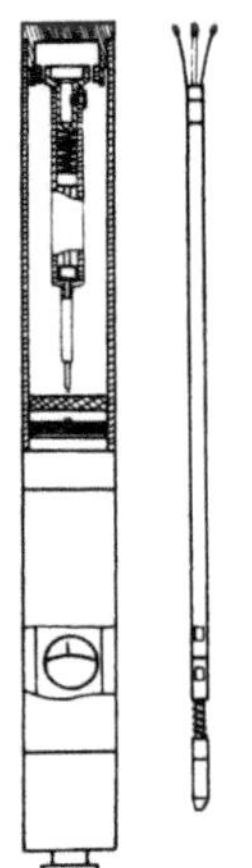

Abb. 82. Neigungsmeßgerät der Fa. Eastman Oil Well Surveys Co.

Der Ausbau erfolgt mit dem Bohrgestänge.

Wird eine Messung durchgeführt, ohne daß der Meißel auszubauen ist, wird das Gerät an einem Stahldraht von etwa 3 mm in den Bohrstrang eingebaut und nach erfolgter Markierung wieder ausgebaut. Der Draht ist auf einer kleinen Winde mit Teufenanzeiger aufgespult.

Während dieser Zeit ist allerdings die Bohrarbeit unterbrochen.

Eine ähnliche Apparatur wurde von der Technical Oil Tool Corp., Ltd., kurz „TOTCO" genannt, als Eigenkonstruktion entwickelt, die auf dem gleichen Prinzip beruhte.

Mit diesen Geräten wird lediglich die Abweichung von der Lotrechten gemessen.

Die Kenntnis der Lotabweichung allein genügt allerdings nicht, um den Bohrlochverlauf zu rekonstruieren, ohne daß auch das Azimut der Abweichung bekannt ist. Es müssen daher in gewissen Teufenabständen beide Werte gemessen werden; besonders in jenen Fällen, wo eine ganz bestimmte Richtung des Bohrlochverlaufes gewünscht wird, die eventuell zwangsweise mit speziellen Ablenkeinrichtungen erreicht werden muß.

Für diese Zwecke stehen heute die folgenden Gerätetypen zur Verfügung:

α) Photometrische Geräte, bei denen die Meßwerte, das ist die Lotabweichung und ihr Azimut, optisch festgehalten werden.

β) Geräte mit mechanischer Markierung.

γ) Geräte, die mit einem Induktionskompaß und einem Lot mit stromdurchflossener Drahtspule arbeiten.

3. Photometrische Geräte

a) Gerät der Bataafschen Petroleum Maatschappij

Eines der ersten Geräte wurde von der Bataafschen Petroleum Maatschappij (Shell-Gruppe) in Den Haag entwickelt (s. Abb. 83). Es arbeitete nach dem

Prinzip eines schwimmenden Kompasses, der in einem nichtmagnetischen Gehäuse eingebaut war und in das unverrohrte Bohrloch an einem Stahldraht von etwa 3 mm eingelassen wurde. Im Gehäuse, das unten mit einer Bodenplatte abgeschlossen war, befand sich eine Flüssigkeit, auf der ein mit zwei Magnetlamellen ausgestatteter Hohlkörper schwamm.

In der unteren Abschlußplatte war zentrisch ein Stift eingesetzt, der dem Schwimmer als Führung diente. Wie aus der Abbildung ersichtlich, hatte der Schwimmer auf seinem turmähnlichen Aufsatz eine Kalotte, auf der ein lichtempfindliches Papier, mit einer Glasscheibe abgedeckt, eingelegt wurde.

Am Rande der Magnetkalotte war ein kurzer Stift in der Nordpolrichtung des Magneten eingesetzt, mit dem auch die aufgelegte lichtempfindliche Papierscheibe pikiert wurde, so daß sie bezüglich der Richtung orientiert war.

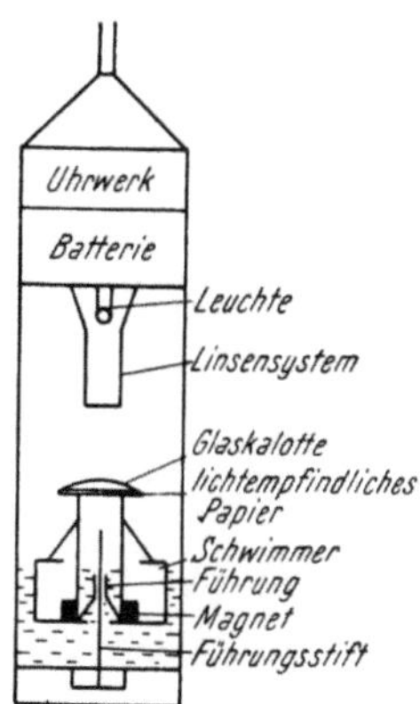

Abb. 83. Neigungsmeßgerät der Fa. Bataafsche Petroleum Maatschappij

Über dem Schwimmer befand sich zentriert ein Linsensystem mit darüber eingesetzter Leuchte. Eine Trockenbatterie und ein Uhrwerk waren im obersten Teil der Apparatur eingesetzt. Bei lotrechter Lage des Gerätes war die Verbindungslinie zwischen Leuchte, Linsenmitte und Schwimmer-Kalotten-Mitte lotrecht. Bei schiefer Stellung des Gerätes hingegen traf der in der Verbindungslinie zwischen der Leuchte und der Linsenmitte liegende Lichtstrahl nicht mehr die Kalottenmitte, sondern markierte einen Punkt, der je nach der Größe des Neigungswinkels des Bohrloches seitlich lag.

Vor Einbau des Gerätes wurde das Uhrwerk so eingestellt, daß es, berücksichtigend die Einbau- und eine Beruhigungszeit von etwa 1 Min., den Kontakt der Batterie zur Leuchte schloß und der Lichtstrahl einen Punkt auf dem lichtempfindlichen Papier markierte. Nach dem Ausbau und der Entwicklung bzw. Fixierung der Papierscheibe konnte aus der Entfernung des Punktes von der Mitte die Größe der Abweichung und auch das Azimut mit Bezug auf das pikierte magnetische Nord bestimmt werden.

Bei den heute in Verwendung stehenden Apparaten ist die auf der Magnetnadel aufgesetzte Kalotte mit konzentrischen Kreisen versehen, von denen ein jeder einer bestimmten Lotabweichung entspricht. Über der Kalotte ist das Lot, mit einem Fadenkreuz ausgestattet, aufgehängt und die jeweilige Lage der beiden wird mit einer Photokamera aufgenommen.

Eine Anzahl amerikanischer und europäischer Firmen hat, praktisch nach dem gleichen Prinzip, ihre Konstruktionen entwickelt und läßt diese Messungen vielfach nur durch ihr eigenes Personal durchführen. Manche Firmen vermieten die Geräte, lernen das Personal des Bestellers an, ohne zu gestatten, daß die durch Patente geschützten Geräte im Detail besichtigt werden.

Maßgebende Firmen auf diesem Gebiet der Photometrie sind in USA Eastman Oil Well Surveys Co., Sperry Sun Well Surveying Corp. u. a., in Deutschland die Firma Leutert.

Im nachstehenden sollen einige amerikanische und deutsche Apparaturen im Prinzip beschrieben werden.

b) Geräte nach Alexander Anderson

Alle Bestandteile des sogenannten „Single shot photo record"-Gerätes (s. Abb. 84*a*), das lediglich eine Messung durchführt, sind aus nichtmagnetischem Material hergestellt. Die Messung erfolgt auch hier im unverrohrten Bohrloch, falls die Bestimmung des Azimuts der Lotabweichung gefordert wird.

Das große Gerät hat einen Durchmesser von rund 82,5 mm und eine Länge von 1530 mm. Je nach den Bohrlochverhältnissen wird das Gerät mit einer oder zwei Schwerstangen an einem Drahtseil in das Bohrloch eingebaut.

Das Lot besteht aus einem dünnen, metallischen, aber nicht magnetischen Ring mit einem Fadenkreuz. Am Kompaß ist eine Kreisscheibe aufge-

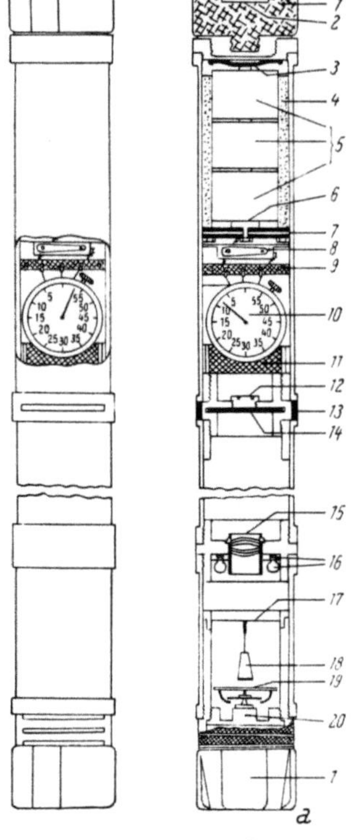

Abb. 84 *a*. Neigungsmeßgerät nach ALEXANDER ANDERSON.
1 Gummidämpfer, *2* Ausbaunut, *3* Kontaktfeder, *4* Isolationszylinder, *5* Elektrische Batterie, *6* Stahlkontakt, *7* Bakelitisolation, *8* Auslöser, *9* Bakelitschaltscheibe, *10* Kontaktuhr, *11* Gummi-Uhrauflage, *12* Abschlußschraube, *13* Dichtungsring, *14* Aufnahmescheibe, *15* Linse, *16* Lampenring mit Lampen, *17* Fadenkreuz, *18* Lot, *19* Kompaßscheibe, *20* Kompaßsteg

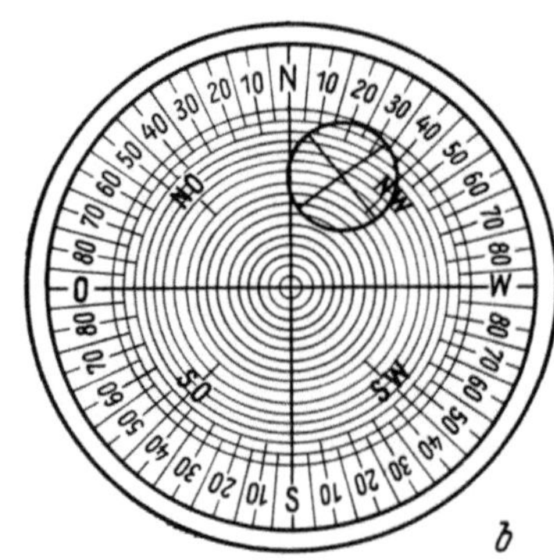

Abb. 84 *b*. Aufnahme einer Neigungsmessung mit dem Gerät nach ALEXANDER ANDERSON

setzt mit einer Gradteilung und Angabe der Nord-Süd- und Ost-West-Richtung, korrespondierend mit der Magnetnadel. Außerdem hat die Kalotte konzentrische Kreise eingraviert, die den Lotabweichungen entsprechen.

Vom Uhrwerk bzw. der Kontaktplatte führen elektrische Leitungen zu den beiden Leuchten, die neben dem Linsensystem eingebaut sind. Der Abschlußring überdeckt einen Schlitz, in welchem die Photoplatte aus einer eigenen, gegen das Tageslicht geschützten Kassette eingeschoben wird.

Das Uhrwerk wird je nach der Einbauteufe und einer Beruhigungszeit von etwa 1 Min. eingestellt und das Gerät mit dem Drahtseil in das unverrohrte Bohrloch eingelassen.

Am Teufenpunkt, wo die Messung erfolgen soll, wird die Beruhigungszeit, nach einer ober Tage gleichgestellten Uhr, abgewartet. Die Uhr schließt nun den Kontakt zu den Leuchten und es erfolgt die photographische Aufnahme der momentanen Stellung des Lotes, projiziert auf die Kalotte.

Nach dem Ausbau wird die photographische Platte in eine Kassette zum Entwickeln eingeschoben und weiter in das Fixierbad gebracht. Nach diesem Vorgang, der sehr rasch durchgeführt werden kann, werden die Lotabweichung und das dazugehörige Azimut abgelesen.

Das Ergebnis der Aufnahme ist in Abb. 84 *b* zu sehen. An Stelle einer photographischen Platte, mit der lediglich eine einzige Aufnahme gemacht werden kann, sind Apparate verfügbar, die mit einem eigenen Filmschaltwerk ausgestattet sind und auf einem 35 mm breiten Normalfilm in verschiedenen Zeitabständen bzw. verschiedenen Teufen bis 24 Aufnahmen durchführen können.

Auch diese Apparate werden sowohl in USA als auch in Deutschland von den schon genannten Firmen hergestellt.

c) Das Fiedlersche Meßgerät

In einem druckfesten Rohr (*1*) ist das Innengehäuse (*2*) mit der Meßapparatur eingesetzt (Abb. 85 *a*). Der obere Teil derselben (*A*) enthält eine Kassette (*3*) mit lichtempfindlichen Scheiben, ein durchsichtiges Diaphragma mit eingravierter Gradeinteilung (konzentrische Kreise) (*4*), eine dünne Magnetnadel (*5*) und eine aus durchsichtigem Material hergestellte Dosenlibelle mit der Luftblase (*6*) sowie der Flüssigkeitslinse (*7*).

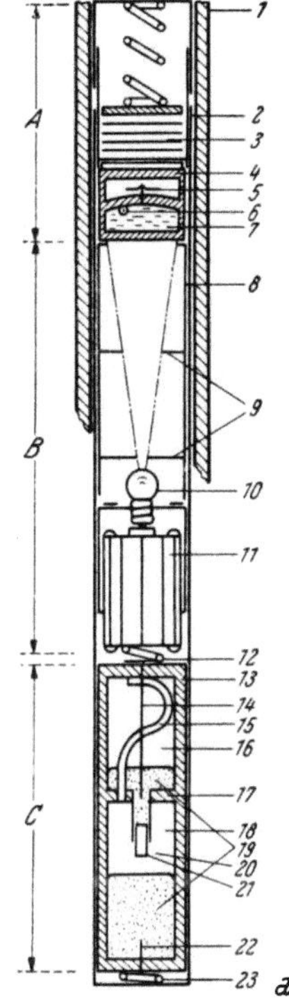

Abb. 85 *a*. Meßgerät zur Bestimmung der Lotabweichung und deren Azimute (nach K. Fiedler). *1* Außenrohr, *2* Innengehäuse, *3* Kassette, *4* Diaphragma mit Gradeinteilung, *5* Magnetnadel, *6* Dosenlibelle mit Luftblase, *7* Flüssigkeitslinse, *8* Blendenrohr, *9* Lochblenden, *10* Glühlämpchen, *11* Batterie, *12* Kontaktfeder, *13* Gehäuse, *14* Kontaktstift, *15* Röhrchen, *16* Hg-Kammer, *17* Zwischenboden, *18* Hg-Kammer, *19* Quecksilber, *20* Platinkontakt, *21* Ausflußdüse, *22* Kontaktstift, *23* Kontaktfeder

Der Mittelteil (*B*) enthält ein Blendenrohr (*8*), die Lochblenden (*9*), das Glühlämpchen (*10*) und die Batterie (*11*).

Im unteren Teil (*C*) befindet sich die nach dem Prinzip der Sanduhr gebaute Schalteinrichtung. Diese besteht aus einem abgeschlossenen Gehäuse (*13*), das durch einen Zwischenboden (*17*) in zwei Kammern (*16, 18*) geteilt wird. Diese Kammern stehen einerseits mittels der Düse (*21*), welche den Platinkontakt (*20*) trägt und durch welche Quecksilber (*19*) in aufrechter Stellung von oben nach unten fließen kann, andererseits durch das Röhrchen (*15*), mittels welchem Quecksilber beim Kippen in die obere Kammer zurückgeführt werden kann, in Verbindung.

Das Ein- und Ausschalten des Lichtstromes erfolgt über das Innengehäuse (*2*), die Kontaktfedern (*12* und *23*), sowie die Kontaktstifte (*14, 20* und *22*).

Die je nach der Teufe des Meßpunktes erforderliche Zeit wird mittels des Niveaus des in der unteren Kammer verbleibenden Quecksilbers an einer Zeiteinteilung eingestellt.

Beim Aufleuchten des Glühlämpchens wird das von diesem ausgehende Lichtbündel in dem Blendenrohr kegelförmig begrenzt, sodann in der Flüssigkeitslinse der Dosenlibelle parallel gerichtet und projiziert die in seinem Wege befindliche Luftblase der Dosenlibelle, den Umriß der Magnetnadel und die Gradeinteilung des Diaphragmas auf die lichtempfindliche Scheibe, auf welcher diese Schattenbilder photographisch festgehalten werden.

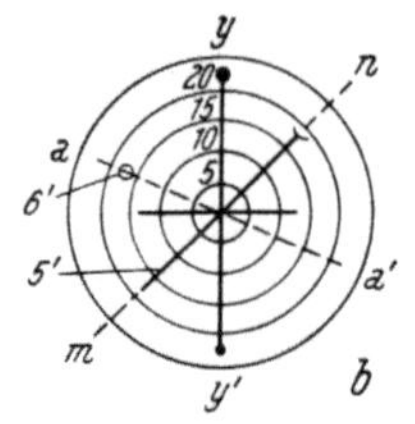

Abb. 85 *b*. Meßbild nach dem FIEDLERschen Meßgerät. *6'* Luftblase, *m n* Richtung der Magnetnadel, *y y'* Fadenkreuzrichtung *a a'* Richtung der Lotabweichung

Abb. 85 *b* zeigt das erhaltene Meßbild. Der Umriß der Luftblase (*6'*) ergibt nach der Lage des Mittelpunktes und der konzentrischen Kreise einerseits die Lotabweichung, andererseits in der Richtung (*a* — *a'*) die Richtung der Lotabweichung. Der Winkel zwischen dieser Richtung und der Richtung der Magnetnadel (*m* — *n*) ist das Azimut der Lotabweichung.

Um die lokale Deklination zu berücksichtigen, wird die entwickelte und fixierte Meßscheibe in ein Ablesegerät (ähnlich wie bei TOTCO) eingelegt und mit einer Glasplatte mit Windrose (Gradeinteilung) abgedeckt. Dabei wird der Schattenriß der Magnetnadel auf die Grade der Deklination eingestellt und auf diese Weise das Azimut der Bohrlochneigung abgelesen.

Die Fadenkreuzrichtung (*y* — *y'*) dient als Bezugsrichtung, wenn das Gerät mit einer am Gehäuse angebrachten Zusatzeinrichtung für gerichtetes Bohren oder für die Gewinnung orientierbarer Bohrkerne versehen wird.

Die Arbeitsweise des Gerätes ist folgende:

Nachdem die der erforderlichen Zeit entsprechende Quecksilbermenge in die obere Meßkammer übergeführt und die Kassette mit den lichtempfindlichen Scheiben in einem Wechselsack in den Apparat eingeführt worden ist, wird dieser in das druckfeste Rohr eingeschlossen. Das Gerät ist nun in waagrechter Lage für unbegrenzte Zeit aufnahmebereit.

Sodann wird das Gerät mit einer entsprechenden Zentriereinrichtung in das unverrohrte Bohrloch oder aber auch innerhalb des Bohrgestänges zum Meßpunkt eingelassen, wobei in letzterem Falle eine Meßstrecke aus nichtmagnetischem Material vorhanden sein muß. Am Meßpunkt stellt sich die Luftblase der Dosenlibelle der Bohrlochneigung entsprechend und die Magnetnadel in den magnetischen Meridian ein. Sie werden sodann mit der Einteilung des Diaphragmas zusammen wie beschrieben abgebildet.

Nach dem Ausbau wird die Meßscheibe im Wechselsack dem Apparat entnommen, in einer Tageslicht-Entwicklungsdose entwickelt, fixiert (sehr handliche Einrichtung) und nach dem Trocknen ausgewertet.

Nach demselben Meßprinzip arbeitet auch ein Reihenbildgerät, welches der fortlaufenden Vermessung unverrohrter Bohrlöcher dient, von Obertage an einem elektrischen Kabel eingelassen und gesteuert wird und eine große Anzahl Meßbilder auf einem Filmstreifen aufzunehmen gestattet.

4. Neue Geräte zur Messung der Lotabweichung und des Azimuts mit mechanischer Markierung

a) Gerät der Technical Oil Tool Corp. Ltd.

Das bekannteste Gerät baut die amerikanische Firma Technical Oil Tool Corp. Ltd., das als TOTCO-Gerät in weiten Kreisen bekannt ist. In der Abb. 86 ist eine Prinzipskizze dieses Gerätes dargestellt (TOTCO Directional double recorder).

Die Firma baut verschiedene Konstruktionstypen, je nachdem, ob die Messung im unverrohrten Bohrloch oder im Bohrgestänge erfolgen soll.

Die erstgenannte Type besteht aus einer Aluminiumhülse mit einem Außendurchmesser von 3 1/2 Zoll = 89,0 mm und einer Länge von rund 2750,0 mm, in welcher die gesamte Meßapparatur eingebaut ist. Um ein rasches Absenken des Apparates in dem mit Spülung gefüllten Bohrloch zu ermöglichen, wird die Aluminiumhülse an ein oder zwei Tubingstücke mit einem Durchmesser von 2 1/2 Zoll angeschlossen, deren oberes Ende mittels einer Seilflasche mit dem Einbauseil verbunden ist. Die Einbaugeschwindigkeit beträgt rund 150,0 m/Min.

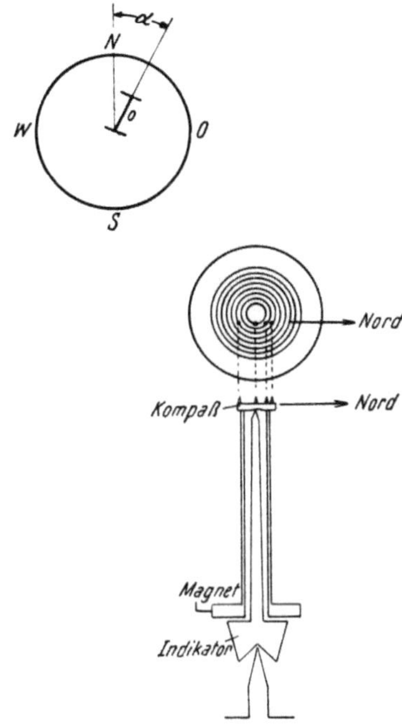

Abb. 86. Schematische Darstellung des Neigungsmeßgerätes der Fa. Technical Oil Tool Corp. Ltd. (TOTCO)

Das untere Ende der Hülse ist mit einem Stoßdämpfer ausgestattet. Um ein Verdrehen des Gerätes beim Einbau infolge des Seildralles zu verhindern und gleichzeitig auch eine zentrale Führung im Bohrloch zu sichern, sind eigene Zentriereinrichtungen am Gerät vorgesehen.

Mit Ausnahme des Magneten sind alle Bestandteile des Meßgerätes aus nicht-magnetischem Material hergestellt.

In der Bodenplatte ist zentrisch die Tragspitze für das Lot eingesetzt, welches nach oben in eine Tragspindel ausläuft, auf deren Spitze zentriert die Kompaß-Einrichtung aufgesetzt ist.

Letztere besteht, wie aus Abb. 86 ersichtlich ist, aus einem starken Magneten, der Kompaßplatte und einer die beiden Teile verbindenden Hülse.

Die Kompaßscheibe ist mit vier Pikierstiften ausgestattet, wovon die zwei unmittelbar nebeneinander liegenden mit dem Nordpol, die eine diametral gegenüberliegende mit dem Südpol des Magneten übereinstimmt.

In der Mitte der Kompaßscheibe ist die vierte Spitze eingesetzt. Oberhalb des Kompasses befindet sich die eigentliche Markierungseinrichtung, die mittels eines Uhrwerkes in der Aluminiumhülse bewegt werden kann.

Auf die Basisfläche der Markiereinrichtung wird eine Papierscheibe eingelegt, die konzentrische Kreise hat, und deren jeder einer bestimmten Lotabweichung entspricht.

Das Uhrwerk wird vor dem Einbau entsprechend der Einbauzeit und einer Beruhigungszeit von etwa 1 Min. eingestellt.

Am zu messenden Teufenpunkt angekommen, wird nach der Beruhigungszeit die Markier-Einrichtung mit der Papierscheibe durch den vom Uhrwerk gesteuerten Mechanismus (Patent, nicht beschriebene Konstruktion) gegen die Kompaßscheibe bewegt; auf diese Art erfolgt die Pikierung der vier Spitzen auf die Scheibe.

Dieses Pikieren wiederholt sich zur Kontrolle noch ein zweites Mal. Stimmen nach Ausbau die beiden Pikierungen nicht genau überein, war die Beruhigungszeit zu kurz bemessen oder war der Apparat nicht ganz in Ordnung.

Nach dem Ausbau wird die pikierte Papierscheibe dem Meßgerät entnommen, in eine eigene Ableseapparatur mit einem Linsensystem (s. Abb. 87) eingelegt und die Lotabweichung mit dazugehörigem Azimut abgelesen.

Die äußersten Punkte geben die Nord-Süd-Richtung, der mittlere die Größe der Lotabweichung an.

Die magnetische Deklination muß allerdings je nach Ortslage berücksichtigt werden.

Die Firma stellt für die Auswertung und rasche Ermittlung des Azimuts entsprechende Instruktionen und Hilfseinrichtungen zur Verfügung.

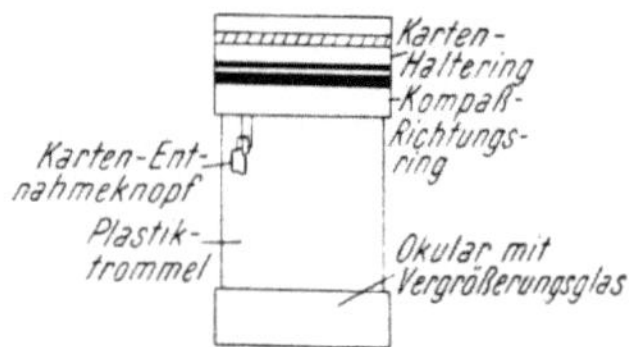

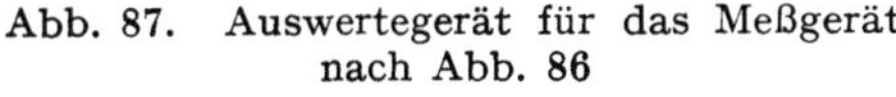
Abb. 87. Auswertegerät für das Meßgerät nach Abb. 86

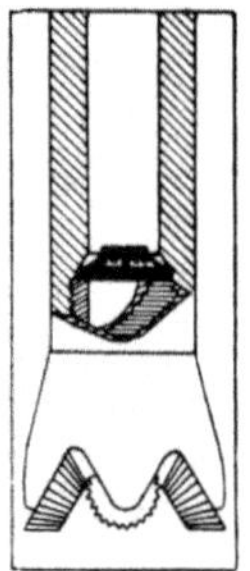

Abb. 88. Kautschuk-Einsatz am Meißel zwecks korrekter Zentrierung des TOTCO-Neigungsmessers

Für den Einbau in das Bohrgestänge ist die Voraussetzung, daß die am Meißel anschließende Schwerstange aus nicht magnetischem Stahl gefertigt ist.

Je nach Gestänge-Nenndurchmesser baut die Firma Apparate mit Außendurchmessern von 1 5/16 Zoll = 33,4 mm, 1 5/8 Zoll = 41,3 mm und 1 7/8 Zoll = 47,6 mm.

Diese Apparate werden ebenfalls mit einer eigenen Zentriereinrichtung in das Gestänge frei fallend eingebaut.

Um am Meißel eine möglichst korrekte Zentrierung zu erreichen, wird hier ein eigener, aus Kautschuk gefertigter Aufsatz eingefügt, der den Durchfluß der Spülung nicht behindert (s. Abb. 88).

Der Ausbau der Apparatur erfolgt mit einer einfachen Fangkrone, die an eine kleinkalibrige Schwerstange mit einem Drahtseil in das Gestänge eingebaut wird.

Die Firma berichtet, daß die Genauigkeit der Messungen bis zu rund 1/8° beträgt und von je 100 durchgeführten Messungen nur 2% wiederholt werden mußten.

b) Gerät der Firma Gräfe

Zum Unterschied vom vorher besprochenen Neigungs-Meßgerät arbeitet dieses auf hydraulischer Basis (s. Abb. 89). Die Markierung erfolgt durch das Anheben eines Schwimmers in einem Hohlzylinder, dem durch eine beliebig gewählte Düsenöffnung Flüssigkeit zufließt. Der Apparat, der ursprünglich von

Ing. Raub entwickelt wurde, zeigte anfangs lediglich die Lotabweichung an und wurde erst später auch zur Bestimmung des Azimuts umgebaut bzw. vervollständigt.

Auch hier sind daher die einzelnen Bestandteile aus nicht magnetischem Material hergestellt.

Das äußere Mantelrohr hat eine Länge von 2560,0 mm, einen Außendurchmesser von 60 mm und besteht aus drei Teilstücken, die aneinandergeschraubt sind. Das obere Rohrende ist mit einer Seilflasche verschraubt, in der ein Stahldraht von etwa 3 mm Durchmesser befestigt ist.

Das untere Ende trägt eine Schutzmuffe mit einem Ablaßhahn für die Flüssigkeit.

Wie aus Abb. 89 ersichtlich, sitzt im unteren Teil des Mantelrohres ein Schwimmkörper auf einer Spiralfeder.

Auf eine bestimmte Distanz darüber ist ein zweiter Schwimmkörper eingesetzt, der auf einer Rast im Mantelrohr hängt, sich somit nur nach aufwärts bewegen kann.

In diesem Schwimmkörper, der im Ringraum zwischen dem Mantelrohr und Schwimmer den Durchfluß einer Flüssigkeit zuläßt, ist innen ein Pendel frei beweglich aufgehängt.

Im unteren Teil des Schwimmers ist die als Kolben nach aufwärts bewegbare Markierungseinrichtung mit einer Kompaßnadel eingebaut.

Die Tragspitze der Nadel ist im Zentrum des Kompaßaufsatzes fixiert, der ebenfalls wie ein kurzer Kolben in der Markiereinrichtung nach aufwärts bewegt werden kann.

Die Kompaßnadel trägt am Nordpol zwei, am Südpol eine Pikierspitze.

Unmittelbar über der Magnetnadel ist ein Papierblättchen auf einer Paraffinunterlage eingelegt, auf dem korrespondierend mit dem Kompaß die vier Richtungen N, S, O, W und eine Gradteilung aufgezeichnet sind.

An der oberen Abschlußfläche der Markiereinrichtung, also der Pendelspitze zugekehrt, ist ein weiteres kreisrundes Papierblättchen aufgelegt, das konzentrische Kreise aufweist, deren jeder einer bestimmten Lotabweichung entspricht.

Über diesem beweglichen Schwimmkörper befindet sich ein gleicher, aber im Mantelrohr feststehender Schwimmer, der ebenfalls an seiner Außenwand den Durchfluß einer Flüssigkeit zuläßt.

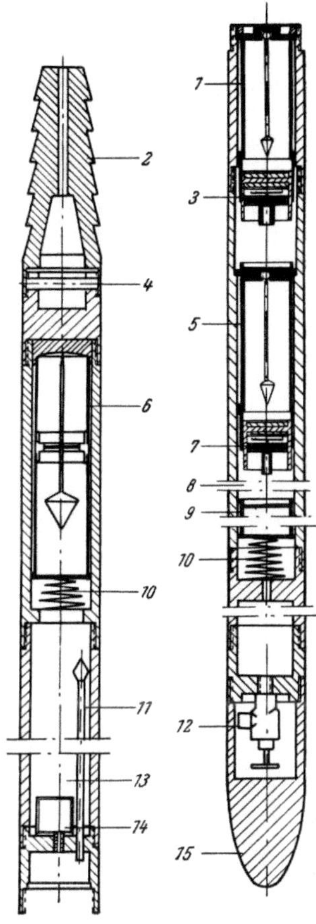

Abb. 89. Neigungsmeßgerät nach Fa. Gräfe.
1 Feststehendes Pendelgehäuse, *2* Seilflasche, *3* Kompaßaufsatz, *4* Stift für Einbaudraht, *5* Bewegliches Pendelgehäuse, *6* Zusatz-Schreibpendelgerät, *7* Kompaßaufsatz, *8* Schwimmergehäuse, *9* Schwimmer, *10* Pufferfeder, *11* Entlüftungsrohr, *12* Ablaßhahn, *13* Treibflüssigkeitsraum, *14* Düse mit Filter, *15* Schutzmuffe

Eine Abschlußplatte mit einer Düsenöffnung ist über dem Schwimmer eingesetzt. Die beiden Räume unterhalb und oberhalb der Platte sind mit einem Luftablaßröhrchen verbunden.

Unmittelbar unterhalb der Seilflasche ist ein Zusatzpendel im Mantelrohr eingebaut, dessen obere Spitze, als Schreibstift ausgestattet, die jeweilige Neigung auf ein Papierblättchen aufzeichnet.

Der Raum innerhalb der Düse ist mit einem Transformatorenöl gefüllt. Der Düsendurchmesser muß so gewählt werden, daß das Anheben des untersten Schwimmers bzw. die Markierung am erwünschten Teufenpunkt erfolgt. Zum Einbau wird eine eigene kleine Seiltrommel mit einem Teufenanzeiger (nach Halliburton) verwendet (s. Abb. 90).

Die Flüssigkeit fließt während des Einbaues durch die Düse, sammelt sich im untersten Teil des Mantelrohres, hebt dann allmählich den ersten Schwimmer gegen den Kompaßaufsatz, so daß hier die Pikierung der Kompaßspitze auf der Papierscheibe erfolgt. Beim weiteren Anheben pikiert die Pendelspitze das zweite Papierblättchen. Beide Blättchen sind gegeneinander orientiert eingebaut. Bei weiterem Anstieg der Flüssigkeit bewegt sich der untere Schwimmkörper weiter nach aufwärts und es erfolgt beim zweiten genau dieselbe Pikierung. Es werden daher bei einem Arbeitsgang in zwei verschiedenen Teufen die Messungen durchgeführt.

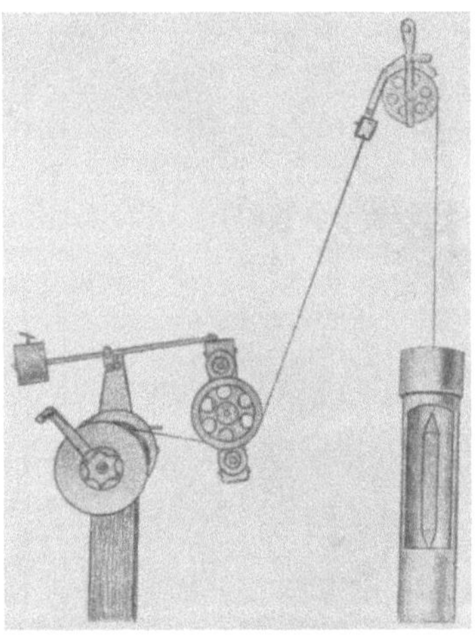

Abb. 90. Seiltrommel mit Teufenanzeiger nach Halliburton Oil Well Cementing Co.

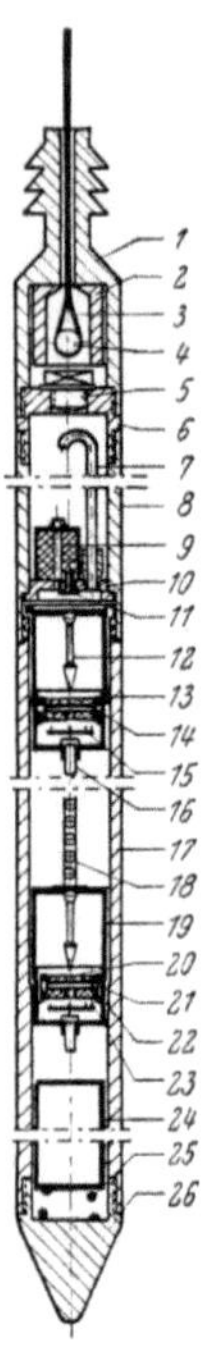

Abb. 91. Neigungsmeßgerät nach Fa. Leutert.
1 Seilflasche, *2* Seilwirbel, *3* Drahtseil, *4* Bolzen für Seilwirbel, *5* Verschlußschraube, *6* Füllstück, *7* Entlüftungsrohr, *8* Mantelrohr, oben, *9* Sieb, *10* Düsenscheibe, *11* Düse, *12* Pendel für 15° oder 7,5°, *13* Pendelgehäuse, fest, *14* Kompaßgehäuse, *15* Kompaßscheibe, *16* Kompaßlagerung, *17* Mantelrohr, unten, *18* Haube, *19* Pendelgehäuse, beweglich, *20* Diagrammscheibe für Lotabweichung, *21* Diagrammscheibenpolster, *22* Diagrammscheibenträger, *23* Diagrammscheibe für Azimutabweichung, *24* Schwimmer, *25* Pufferfeder, *26* Schlußstück

Nach Ausbau des Gerätes können aus den Markierungen sowohl die Lotabweichung als auch ihr Azimut bestimmt werden.

Nach gleichem Prinzip arbeitet das Gerät nach Firma Leutert (s. **Abb.** 91).

c) Neigungsmeßgerät nach Passler

Das Prinzip dieses Gerätes beruht darauf, daß durch ein als Röhrchen ausgebildetes Pendel kleine, verschieden gefärbte Metallkügelchen auf eine gummierte Kompaßkalotte fallen und hier haftenbleiben.

Die einzelnen Teile sind aus Abb. 92 zu ersehen.

Im nichtmagnetischen Gehäuse mit einem Außendurchmesser von 125 mm und einer Länge von 1200 mm ist im obersten Teil ein Uhrwerk eingebaut, welches mittels einer Achse eine am Rande gelochte Scheibe langsam dreht. Unmittelbar unter derselben ist eine zweite Scheibe im Gehäuse fix eingebaut, die eine einzige Bohrung in der gleichen Entfernung von der Mitte besitzt, wie die obere Scheibe ihre Lochreihe angeordnet hat.

Es werden somit bei der langsamen Drehbewegung die Bohrungen der beiden Scheiben in bestimmten Zeiten korrespondieren.

Unterhalb der festen Scheibe ist ein mit dem Gehäuse fest verbundener Trichter angeordnet, dessen Röhrchen in die Öffnung eines zweiten, mit einem Pendel verbundenen Trichters mündet.

Das Pendel, ebenfalls als Röhrchen ausgebildet, ist in einem Kugelgelenk beweglich und wird sich daher, der Neigung des Bohrloches entsprechend, immer lotrecht stellen.

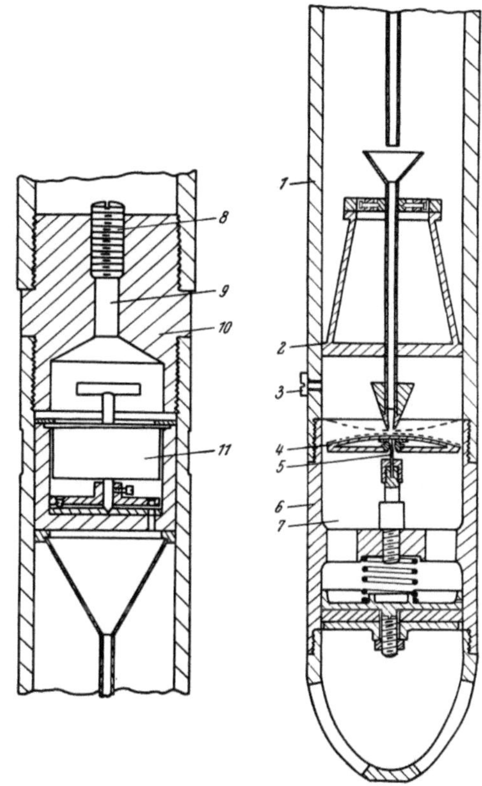

Abb. 92. Neigungsmeßgerät nach PASSLER. *1* Mittelstück, *2* Pendelrohrgestell, *3* Verschlußschraube, *4* Bussole, *5* Nadel, *6* Abschlußstück, *7* Flüssigkeit, *8* Schraube, *9* Lüftungsöffnung, *10* Verschlußkappe, *11* Uhrwerk

Das untere Ende des Röhrchenpendels ist bis knapp über eine gummierte Kompaßkalotte geführt, die mit einer Windrose und konzentrischen Kreisen ausgestattet ist.

Die Kompaßkalotte wird von einer spitzen Tragspindel getragen, die in der Abschlußplatte des Gehäuses eingebaut wird.

Zur rascheren Beruhigung der Kompaßkalotte ist der untere Teil des Gehäuses mit einer Flüssigkeit gefüllt, die aber die Klebmasse nicht angreifen darf.

In die Bohrungen der Drehscheibe wird nun eine Anzahl von verschieden gefärbten Metallkügelchen eingesetzt, je nachdem, in wie vielen Teufenpunkten zu messen ist.

Den Teufen und der Einbau- und Beruhigungszeit entsprechend wird das Uhrwerk eingestellt, und zwar so, daß das erste Kügelchen am zu messenden ersten Teufenpunkt durch die Bohrung der festen Scheibe hindurchfallen kann und schließlich durch das Röhrchenpendel auf die Kompaßkalotte fällt und hier kleben bleibt.

Es können somit die Messungen in mehreren Teufenpunkten vorgenommen werden.

Auch dieses Gerät wird mittels eines Drahtes, der auf einer kleinen Winde mit Teufenanzeiger aufgespult ist, und einer Zentriereinrichtung in das unverrohrte Bohrloch eingelassen.

Da die Reihung der verschieden gefärbten Kügelchen und die Teufe bekannt sind, kann nach dem Ausbau des Gerätes auf die Lotabweichung und das Azimut in den gemessenen Teufenpunkten geschlossen werden.

5. Neigungsmeßgerät mit Induktionskompaß

Dieses Gerät (s. Abb. 93) wurde von der französischen Firma Schlumberger entwickelt, steht aber heute kaum mehr in Verwendung.

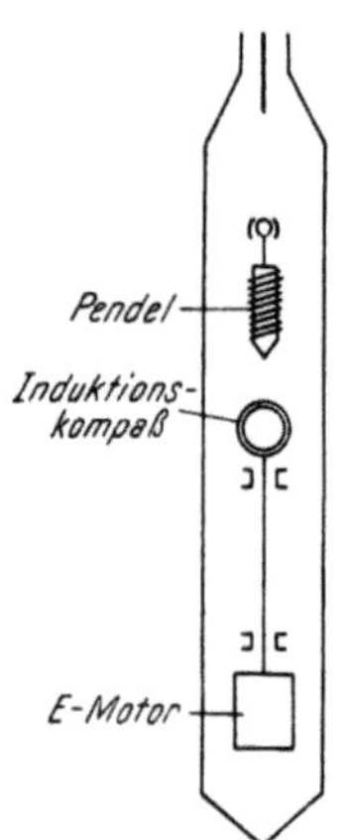

Abb. 93. Meßgerät zur Bestimmung der Bohrlochabweichung mit Induktionskompaß nach Fa. Schlumberger

In einem nichtmagnetischen Gehäuse war ein Induktionskompaß eingebaut, der von einem kleinen Elektromotor gedreht wurde. Über dem Kompaß war ein Lot angeordnet, dessen Eisenkern mit einer Drahtspule umwickelt war. Das Gerät wurde an einem mehradrigen isolierten Kabel in das unverrohrte Bohrloch eingebaut.

Der von ober Tage mit elektrischem Strom gespeiste Elektromotor drehte den Induktionskompaß, wobei die magnetische Nord-Süd-Richtung von der Drahtschleife geschnitten wurde. Es ergab sich damit eine elektromotorische Kraft, die ober Tage auf einem Potentiometer registriert wurde.

Das über dem Induktionskompaß hängende Lot (Eisenkern) mit stromdurchflossener Drehspule beeinflußte auch die elektromotorische Kraft im Kompaß.

Je nach der Neigung des Bohrloches ergab sich am Potentiometer ober Tage sowohl die Lotabweichung als auch ihr Azimut.

6. Durchführung und Auswertung der Messungen

In welchen Teufenstufen einer Bohrung die Lotabweichung und das dazugehörige Azimut gemessen werden sollen, hängt von verschiedenen Faktoren ab.

Bei Schurfbohrungen im unbekannten Gebiet müssen diese Messungen viel häufiger vorgenommen werden als bei Förderbohrungen, um über die absolute Teufe der einzelnen geologischen Formationen (Leithorizonte, Öl- und Gasschichten) ein möglichst klares Bild zu erhalten.

In schon erschlossenen Lagerstätten können diese Messungen seltener, das heißt in größeren Teufenstrecken, durchgeführt werden.

Hier handelt es sich vor allem darum, daß die Bohrung die Lagerstätte innerhalb eines ihr zugewiesenen Drainierungspolygons erbohrt.

In den wenig konsolidierten, untiefen Schichten ist der Verlauf des Bohrloches in vielen Fällen anfangs noch sehr ungleichförmig.

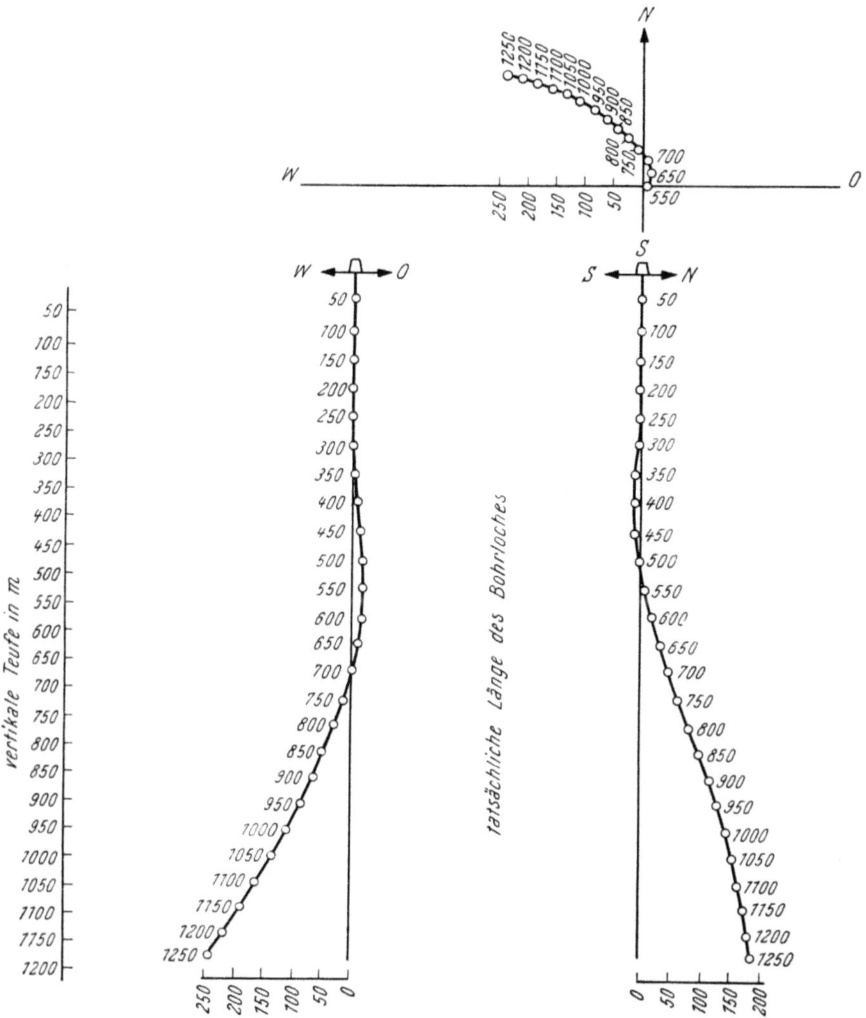

Abb. 94. Ergebnisse einer Bohrlochvermessung, dargestellt im Grundriß und in zwei Schnitten

In den tieferen, konsolidierten Lagen hingegen verändert sich das Azimut der Lotabweichung im allgemeinen nur wenig. Diskordanz verschieden harter Schichten, plötzliche Änderungen des Bohrdruckes können allerdings auch hier die Richtung des Bohrlochverlaufes maßgebend beeinflussen.

Auch bei Förderbohrungen wird daher vor dem Einbau der Ankerkolonne (150,0 bis 500,0 m Teufe) eine möglichst genaue Messung des Bohrlochverlaufes empfohlen, um diese Rohre, die eine Art Führung bedeuten, auch lotrecht abzusetzen.

Im späteren Verlauf der Bohrung wird die Lotabweichung und ihr Azimut in größeren Abständen von etwa 100 bis 150,0 m bestimmt. Diese Messungen im unverrohrten Bohrloch werden am besten, das heißt am wirtschaftlichsten dann vorgenommen werden, wenn innerhalb der oben angeführten Teufenstrecken auch ein Meißelwechsel unbedingt erfolgen muß. Jedenfalls soll ein Ausbau des Bohrstranges, der lediglich zum Zwecke der Vermessung des Bohrlochverlaufes erfolgt, möglichst vermieden werden.

Hingegen ist zu empfehlen, die Lotabweichung allein mittels eines in das Gestänge einzubauenden Lotmeßgerätes vor jedem Meißelwechsel durchzuführen.

Muß allerdings das Bohrloch einen ganz bestimmten, erzwungenen Verlauf nehmen, über den im nächsten Kapitel (S. 191) gesprochen wird, werden sich diese Messungen sehr häufig wiederholen müssen.

Aus den drei Werten, und zwar: Lotabweichungswinkel, Azimut und Teufe, resultiert der Bohrlochverlauf.

Diese Meßwerte können nun in drei Vergleichsebenen aufgezeichnet werden, und zwar: Ein Aufriß in der Nord-Süd-Richtung, ein zweiter in der Ost-West-Richtung und ein Grundriß unter Angabe der Nord-Süd-Ost-West-Richtungen (s. Abb. 94).

Sind die Teufenpunkte, in denen lediglich das Lotabweichen bestimmt wurde, zahlreicher als jene, in denen sowohl die Lotabweichung als auch das Azimut gemessen wurde, wird empfohlen, die Azimutwerte zu interpolieren, das heißt für die Meßpunkte, die nur das Lotabweichen bestimmt haben, das arithmetische Mittel der Azimutwerte der beiden benachbarten gemessenen Punkte einzusetzen.

Aus dem Grundriß ergibt sich sowohl die horizontale Projektion des Bohrlochverlaufes als auch die Entfernung der Bohrlochsohle vom Obertage-Anschlagpunkt.

Aus dem Aufriß resultiert der Teufenverlust bzw. die tatsächliche Teufe der Bohrung.

Es bedeuten:

α = Winkel der Lotabweichung der gemessenen Teufenpunkte, Bogengrade,

L_a = Entfernung der vermessenen Teufenpunkte vom Anschlagpunkt ober Tage im Grundriß in m,

L_b = im Bohrloch gemessene Entfernung der vermessenen Teufenpunkte vom Anschlagpunkt im Aufriß in m,

L_t = Absolute Teufe der vermessenen Teufenpunkte in m.

Danach resultiert $L_a = L_b \cdot \sin \alpha$ und $L_t = L_b \cdot \cos \alpha$.

Dementsprechend ergeben sich die horizontalen Entfernungen von je 100 m entfernten Meßpunkten bzw. der Teufenverlust für die verschiedenen Lotabweichungen, wie in Tab. 22 ersichtlich.

Tabelle 22. *Die horizontale Entfernung des Meßpunktes vom Anschlagepunkt und der Teufenverlust für 100 m Teufe bei verschiedenen Abweichungswinkeln von der Lotrechten*

Winkel α in Bogengraden	Horizontale Entfernung von der Lotrechten m	Teufenverlust gegenüber der Lotrechten m
1	1,75	0,02
2	3,49	0,06
3	5,23	0,14
4	6,98	0,24
5	8,72	0,38
6	10,45	0,55
7	12,19	0,75
8	13,92	0,97
10	17,36	1,52
12	20,79	2,19
14	24,19	2,97
16	27,56	3,87
18	30,90	4,89
20	34,20	6,03
22	37,46	7,28
24	40,67	8,65
26	43,84	10,12
28	46,95	11,71
30	50,00	13,40

XIII. Gerichtetes Bohren

A. Allgemeines

Bei jeder drehenden Bohrmethode wird, wie schon gesagt wurde, das Bohrloch von der Lotrechten abweichen. Die Faktoren, welche diesen Bohrlochverlauf beeinflussen, wurden schon in einem früheren Kapitel (S. 168) besprochen.

Es treten nun sehr häufig Fälle auf, bei denen dem Bohrloch eine ganz bestimmte Richtung gegeben werden muß, die ohne spezielle Einrichtungen nicht zu erreichen ist.

Die Beweggründe können dabei verschiedener Natur sein, und zwar:

1. Um die Ausbeute der Lagerstätte rationell und wirtschaftlich zu gestalten,

2. um die Bohrung so sparsam als möglich abzuteufen und

3. um wilde Eruptionen angebohrter Öl- oder Gashorizonte von gerichteten Nachbarbohrungen aus einzudämmen.

ad 1. Je nach dem Charakter der Lagerstätte wird diese durch eine gewisse Anzahl von Bohrungen erschlossen, wobei einer jeden Bohrung eine bestimmte Drainierungsfläche zugewiesen wird.

Besteht die Gefahr, daß eine Bohrung die vorher bestimmte Drainierungsfläche überschreiten wird, muß sie zwangsweise in diese abgelenkt werden.

Die Lagerstätte kann sich aber auch teilweise unter verbauten oder sehr schwer zugänglichen Flächen erstrecken, so daß ihre rationelle Ausbeute von ober Tage ohne zwangsweise gerichtete Bohrungen nicht durchführbar wäre.

Viele Öllagerstätten haben im selben Schichtenkomplex eine Randwasserzone im Tief bzw. eine Gaskappenzone im Hoch der Struktur.

Trifft nun eine Bohrung einen dieser beiden Komplexe, muß sie noch nicht als zwecklos aufgegeben werden. In vielen Fällen wird es möglich sein, das alte Bohrloch auf eine gewisse Höhe abzudichten und durch einen zwangsweise gerichteten Bohrlochverlauf doch die Öllagerstätte zu erreichen.

Schließlich wird es vorkommen, daß nach der völligen Ausbeute eines Öl- oder Gashorizontes ein anderer, noch ausbeutbarer Horizont mit einem gerichteten Bohrloch erreicht werden kann.

ad 2. Lagerstätten, die teilweise von einem Salzdom überdeckt sind oder tektonische Störungen aufweisen, die ihr Durchteufen sehr erschweren bzw. die Bohrarbeit sehr verteuern, können diese Hindernisse durch einen gerichteten Bohrlochverlauf umgehen.

Die Aufstellung der Bohranlagen kann in manchen Fällen sehr kostspielig werden. So z. B. kann die Erschließung von Lagerstätten, die im Meer nahe der Küste liegen, für die Bohranlage und Zufahrtstraße sehr teuere Pilotenbaue erforderlich machen.

Es ist daher naheliegend, daß man von solch einer Plattform mehrere Bohrungen in verschiedener Richtung, gemäß dem Drainierungsplan, abteufen wird, um die Kosten auf eine größere Anzahl von Bohrungen zu verteilen.

Auch in Moor- und Sumpfgebieten wird der Ausbau der Zufahrtstraßen zu einzelnen Bohrungen sehr teuer sein. Man wird daher auch in einem solchen Falle von einem günstig gewählten Platz mit einer einzigen Zufahrtstraße mehrere Bohrungen in verschiedener Richtung abteufen müssen.

Schließlich kann der Fall eintreten, daß bei einer schon tiefen Bohrung bei der Bohrarbeit das Gestänge bricht und trotz wiederholter Fangarbeit nicht gezogen werden kann.

Ein Ablenken des Bohrloches oberhalb des in ihm verbliebenen Bohrstrangteiles kann dennoch die erwünschte Lagerstätte erreichen lassen.

Um die Drainierungsfläche innerhalb einer Öllagerstätte zu vergrößern, werden in den letzten Jahren ebenfalls gerichtete Bohrungen abgeteuft. In mehreren Höhenlagen der ausbeutbaren Schichte werden solche nach allen Richtungen mit einer speziellen Einrichtung erbohrt.

ad 3. Beim Anbohren von Öl- und Gashorizonten hohen Druckes kann es vorkommen, daß wilde Eruptionen erfolgen. Mit gerichteten Nachbarbohrungen können diese Schichten verschlämmt und die wilde Eruption eingedämmt werden.

B. Ablenkgeräte

Zum erzwungenen Ablenken des Bohrloches werden die folgenden Konstruktionen verwendet:

1. Der Ablenkkeil oder Whipstock, der in zwei verschiedenen Bauarten verfügbar ist, je nachdem ob das Ablenken im unverrohrten oder verrohrten Bohrloch zu erfolgen hat.

2. Das Kniegelenkstück oder Knuckle joint, das lediglich zum Ablenken im unverrohrten Bohrloch dient.

In Abb. 95 ist ein Ablenkkeil, in Abb. 96 ein Kniegelenkstück zu sehen.

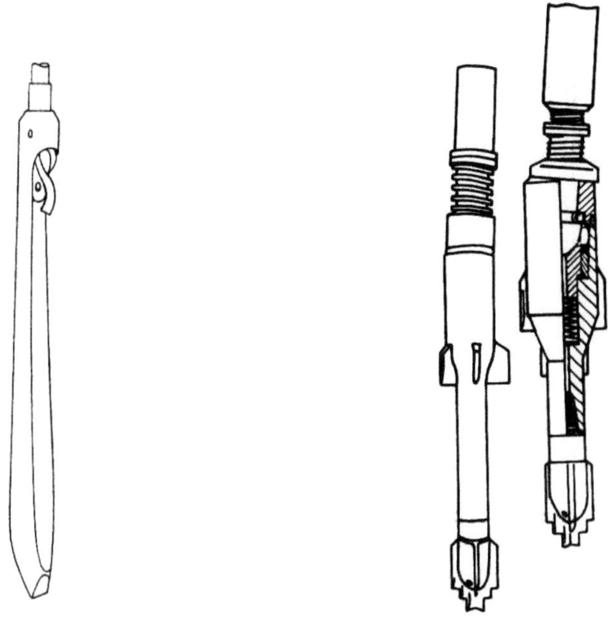

Abb. 95. Ausbaubarer Ablenkkeil (Whipstock)

Abb. 96. Kniegelenkstück (Knuckle joint)

1. Der Ablenkkeil

Der Ablenkkeil hat eine Länge von rund 3 bis 3,7 m, je nach seinem Durchmesser, der etwa 25 bis 50 mm kleiner ist als jener des Bohrloches.

Er ist aus Schwerstangenmaterial hergestellt. Die schräge Ablenkfläche ergibt sich aus der Schnittfläche zweier mit 2 1/2° bis 4 1/2° gegeneinander geneigter Zylinder.

Das untere Ende läuft in eine geschärfte Schneide aus, mit der der Ablenkkeil in die Bohrlochsohle gedrückt wird. Das obere Ende ist als Hülse ausgebildet, durch welche die mit einem Pilotmeißel verbundene Bohrstange geführt ist. Die Meißelschulter hat einen größeren Durchmesser als der Innendurchmesser der Hülse, so daß der Keil beim Einbau und auch beim Ausbau des Ablenkkeiles auf der Meißelschulter hängt.

Die Hülse ist mit dem Meißelhals durch zwei diametral angeordnete Scherbolzen verbunden, so daß beim Einbau des Ablenkkeiles dieser mit dem Gestänge in ein und derselben Richtung verbleibt.

Die Zusammensetzung der Whipstockgarnitur, wie sie z. B. von der Firma Eastman früher empfohlen wurde, aber auch noch heute Verwendung findet, ist aus Tab. 23 ersichtlich.

Tabelle 23. *Angaben über den Einbau eines Ablenkkeiles nach Eastman Oil Well Surveys Co.*

Ablenkkeil-Durchmesser Zoll	5 1/2	6 1/4	7 1/2	8 1/2	10 1/2	13 1/2
Hülsen-Innendurchmesser Zoll	3 7/8	4 3/4	4 3/4	6 3/4	6 3/4	7 7/8
Neigungswinkel	2° 30′	3° 00′	3° 26′	3° 20′	3° 30′	4° 30′
Ablenkkeil-Länge m	2,6	2,81	3,28	3,47	3,65	3,67
Durchmesser des Meißels in Zoll für weiches Gestein	4 3/8	5 5/8	5 5/8	7 5/8	7 5/8	8 5/8
Durchmesser des Meißels in Zoll für hartes Gestein	4 3/4	5 5/8	6 1/4	7 5/8	8 5/8	10 5/8
Durchmesser des Gestänges in Zoll, das am Meißel anschließt	2 7/8	3 1/2	3 1/2	4 1/2	4 1/2	4 1/2

Beim Aufsetzen des Ablenkkeiles in der gewünschten Richtung auf die Bohrlochsohle werden die Abscherbolzen in der Hülse durch Nachlassen des Bohrstranges und die damit verbundene Druckbelastung abgeschert, wobei gleichzeitig das geschärfte Ablenkkeilende in die Sohle gedrückt wird und ein Verdrehen desselben bei der nun folgenden Bohrarbeit verhindert.

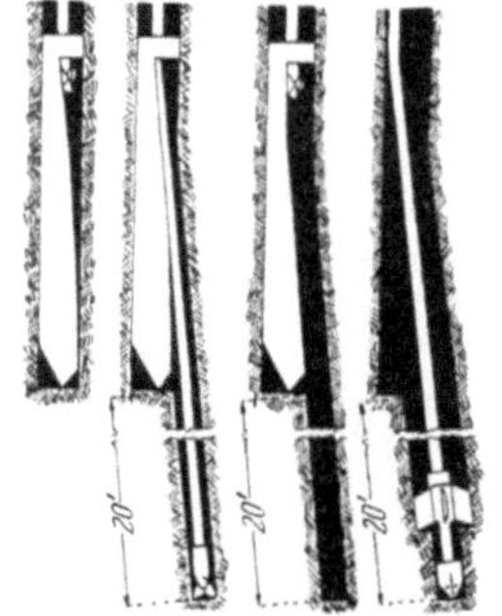

Abb. 97. Bohrvorgang mit ausbaubarem Ablenkkeil und kleinkalibrigem Pilotmeißel

Mit einer geringen Drehzahl von etwa 50 bis 100 U/Min. und kleinem Spülvolumen wird nun eine Teufenstrecke von rund 6,0 m entlang des Keiles abgebohrt.

Wie schon aus Tab. 23 hervorgeht, ist unmittelbar am Pilotmeißel eine Bohrstange angeschlossen, die im Durchmesser schwächer ist als das darüber befindliche Gestänge.

Es sind somit zwischen Meißel und Gestänge keine Schwerstangen eingebaut, da diese infolge ihrer Steifheit ein Ablenken behindern würden.

In manchen Fällen wird direkt oberhalb der kleinkalibrigen Bohrstange eine kurze Schwerstange vorgesehen, um durch ihr Gewicht ein leichteres Anschmiegen der ersten Bohrstange an den Ablenkkeil zu erzielen.

Nach dem Ausbohren einer Teufenstrecke von etwa 3,0 bis 6,0 m wird der Bohrstrang mit dem Ablenkkeil ausgebaut und ein Nachschneidemeißel, mit einem Pilotmeißel kombiniert, eingebaut (s. Abb. 97).

Auch hier wird noch keine Schwerstange in den Bohrstrang eingebaut, aber die beim Pilotmeißel ursprünglich verwendete, im Durchmesser schwächere Bohrstange ausgeschaltet.

Wenn diese Bohrgarnitur das vorgebohrte Pilot-Bohrloch auf den normalen Bohrlochdurchmesser nachgeschnitten und eine weitere Strecke von etwa 3,0 m vorgebohrt hat, wird nach Ausbau derselben ein Normalmeißel mit einer oder zwei Schwerstangen eingebaut und das abgelenkte Bohrloch weiter vertieft.

Nach einer Kontrollmessung, aus der hervorgeht, ob die Ablenkung in der gewünschten Richtung gelungen ist, wird die Bohrung mit dem normalen Bohrstrang, das heißt mit einem dem Bohrdruck entsprechenden Schwerstangenstrang, weiter gebohrt.

Allerdings wird es vorkommen, daß ein einmaliger Einbau des Richtkeiles nicht genügt, um der Bohrung den gewünschten Verlauf zu geben. In solchen Fällen wird sich ein öfterer Einbau des Ablenkkeiles in verschiedenen Teufen als notwendig erweisen.

Die Richtung eines Bohrloches kann auch nicht beliebig geändert werden. Bei einer großen Lotabweichung des Bohrloches, z. B. in der Nord-Richtung, kann eine Ablenkung auf die Süd-Richtung nicht auf einmal erfolgen.

In solchen Fällen wird man in Teufenstufen von etwa 20 m den Ablenkkeil in entsprechenden Richtungen absetzen müssen, damit das Bohrloch allmählich den gewünschten Bohrlochverlauf nimmt. Welche Richtungsänderungen möglich sind, soll später besprochen werden.

Es sei noch bemerkt, daß der Pilotmeißel bei dieser Konstruktion die Form eines Spiralmeißels hat, wie dies auch aus Abb. 95 hervorgeht.

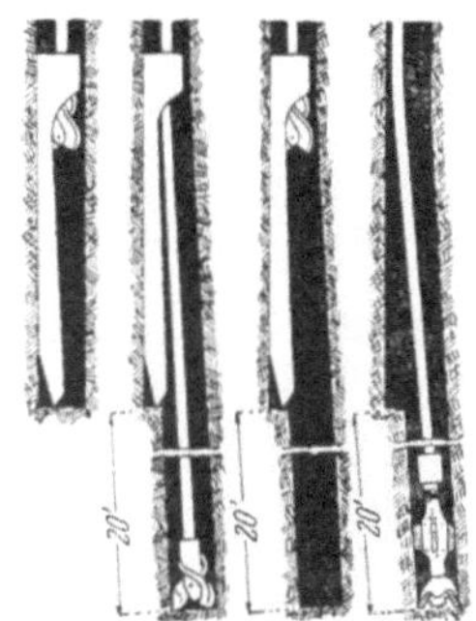

Abb. 98. Bohrvorgänge mit ausbaubarem Ablenkkeil und großkalibrigem Pilotmeißel

Der Arbeitsvorgang, der erforderlich ist, um den Ablenkkeil in der gewollten Richtung auf der Bohrlochsohle abzusetzen, wird noch näher erläutert werden.

In den letzten Jahren hat die auf diesem Gebiet maßgebende amerikanische Firma Eastman Oil Well Surveys Co. einen Ablenkkeil entwickelt, bei dem ein Pilotmeißel eingebaut wird, der im Durchmesser nur wenig kleiner ist als der normale Bohrlochdurchmesser.

Als Pilotmeißel wird im weichen Gestein ein Spiralmeißel, in harten Schichten ein Rollenmeißel oder ein Diamantbohrer verwendet. Diese Konstruktion soll sich bei einem Bohrlochdurchmesser, der größer ist als 8 Zoll = 245 mm, am besten bewährt haben. An Stelle der Kombination von Pilot-Nachschneidemeißel wird zur Erweiterung ein Nachräumemeißel direkt über dem speziellen Pilotmeißel eingebaut (s. Abb. 98). Mit dieser Einrichtung kann mit dem nachfolgenden Normalmeißel die Richtung des Pilot-Bohrloches sicherer eingehalten werden.

Die Firma Eastman hat darüber hinaus auch Konstruktionen entwickelt, bei welchen die Orientierung des Ablenkkeiles und die Kontrolle der Richtung gegenüber den älteren, aber noch heute angewendeten Methoden wesentlich vereinfacht werden. Auch über diese soll noch später berichtet werden (s. S. 199).

2. Das Kniegelenk oder „Knuckle joint“

Das Prinzip der Konstruktion ist aus Abb. 96 zu ersehen. Der untere Meißelschaft mit einem Pilot- und darüberliegenden Nachschneidemeißel wird mittels einer Spiralfeder in den anschließenden geneigten Schulterstücken in einer Gelenkkapsel in schiefer Richtung gehalten. Das Gelenk kann beliebig eingestellt werden und ist so konstruiert, daß der Spülstrom zum Pilotmeißel gelangt.

Die Zusammensetzung dieser Ablenkgarnitur ist aus Tab. 24 zu ersehen.

Tabelle 24. *Kniegelenkgarnitur nach Firma Lane-Wells Co.*

Durchmesser des Kniegelenkes in Zoll bzw. mm	8 Zoll = (203,2 mm)	8 Zoll = (203,2 mm)	6 1/8 Zoll = (155,6 mm)	6 1/8 Zoll = (155,6 mm)
Länge desselben in m	3,05	3,05	2,29	2,29
Anschlußgestänge-Nenndurchmesser in Zoll	4 1/2	4 1/2	3 1/2	3 1/2
Bohrlochdurchmesser in Zoll bzw. mm	12 1/4 und mehr = = 311,15 mm und mehr		7 5/8 bis 12 1/4 Zoll = = 193,67 bis 311,15 mm	
Pilotmeißeldurchmesser in Zoll bzw. mm	5 1/4 Zoll = 133,35 mm		4 1/4 Zoll = 107,95 mm	
Nachschneidemeißel-Durchmesser in Zoll	8 Zoll = 203 mm		6 1/8 Zoll = 155,6 mm	
Neigungswinkel	4° bis 5°		4° bis 5°	

C. Der orientierte Einbau des Ablenkkeiles bzw. Ablenkknies

Die Orientierung des Ablenkkeiles (Kniegelenkes) vor dem Absetzen auf der Bohrlochsohle in die gewünschte Richtung kann auf zweierlei Weise erfolgen und zwar:

1. Durch die Orientierung ober Tage am Bohrgestänge, das mit dem Ablenkkeil starr verbunden ist.

2. Durch die Orientierung des Keiles nach erfolgtem Einbau desselben zur Bohrlochsohle mittels eines durch den Bohrstrang eingebauten Meßgerätes.

Dieses letztere Verfahren wurde erst vor wenigen Jahren von der amerikanischen Firma Eastman eingeführt.

Es ist zeitsparender, erfordert allerdings sowohl eine besondere Konstruktion des Ablenkkeiles und der Verbindung mit dem Gestänge, als auch ein entsprechendes Meßgerät zur Bestimmung des Azimuts, das durch den Bohrstrang eingelassen werden muß.

1. Orientierung am Bohrgestänge ober Tage

Auch hier sind zweierlei Verfahren in Gebrauch.

a) Beim ersten, älteren wird Verfahren zunächst das Azimut einer Bezugsrichtung mit einem Kompaß festgestellt. Es ist dies die Verbindungslinie des über der Bohrlochmitte hängenden Bohrstranges mit einem im Terrain gelegenen, möglichst entfernten Fixpunkt.

Der Ablenkkeil mit dem angeschlossenen ersten Gestänge wird im Turm über die Bohrlochmitte hochgezogen und so orientiert, daß der Keil in die erwünschte Richtung zu stehen kommt.

Eine spezielle Gestängeklemme wird unterhalb des Gestänge-Elevators am Gestänge festgeklemmt und in der als Konsole ausgebildeten Hülse ein Theodolit eingesetzt (s. Abb. 99).

Es erfolgt die Visur auf den oben beschriebenen Fixpunkt im Terrain und die Ablesung der Richtung am Horizontalkreis des Theodoliten, die in einem Protokoll vermerkt wird.

Abb. 99. Einrichtung zum orientierten Einbau des Ablenkkeiles mit zwei Theodoliten.
1 Theodolit für das obere Gestängeende, *2* Theodolit für das untere Gestängeende, *3* Schellenkonsole

Der Horizontalkreis wird nach erfolgter Ablesung in der Visierrichtung festgeklemmt. Es ist die Bezugsrichtung, in der auch der Ablenkkeil auf der Sohle abgesetzt werden soll.

Das Fernrohr des Theodoliten wird sodann aus seiner Gabel abgehoben.

Die erste Bohrstange bzw. ein Gestängehalbzug mit Schelle und geklemmtem Horizontalkreis wird nun mit dem Ablenkkeil in das Bohrloch eingelassen und unterhalb der Schelle mit Keilen im Drehtisch abgefangen.

Der nächste Gestängezug wird angeschraubt und sodann mit dem schon eingebauten angehoben (Keile gelöst).

Es folgen weitere Richtungsbestimmungen, da sich das Gestänge beim Einbau verdreht und damit der Ablenkkeil seine Richtung ändern wird.

Bei frei hängendem Gestängestrang wird in die Gabel des unteren Schellenarmes ein zweites Fernrohr eingelegt, die Visur nach dem Fixpunkt vorgenommen, die Richtung am Horizontalkreis abgelesen und im Protokoll vermerkt. Gleichzeitig wird am oberen Gestängeende unterhalb des Gestängeelevators eine gleiche Schelle mit einem zweiten Theodoliten festgesetzt und nach Anpeilung des Fixpunktes der Horizontalkreis abgelesen und geklemmt. Auch diese Lesung wird im Protokoll verzeichnet.

Vor dem Einlassen dieses zweiten Gestängezuges in das Bohrloch wird die untere Schelle mit dem Theodoliten vom Gestänge gelöst und bei der oberen das Fernrohr aus der Gabel abgehoben.

Nach dem Einlassen und Abfangen dieses Gestängezuges in den Keilen des Drehtisches wird bei der Hochfahrt des Flaschenzuges die unten frei gewordene Apparatur, das heißt Schelle mit Konsolhülse und Theodolitunterbau, am Flaschenzugshaken entsprechend befestigt und nach oben gefahren.

Diese Arbeitsgänge wiederholen sich beim Ansetzen jedes Gestängezuges.

Alle Ablesungen des oberen und unteren Theodoliten werden laufend im Protokoll verzeichnet. Es ergibt sich naturgemäß eine Differenz zwischen der jeweiligen und der erwünschten Richtung des Ablenkkeiles.

Ist der Einbau bis unmittelbar oberhalb der Bohrlochsohle erfolgt, wird nach dem Protokoll die erforderliche Richtungsänderung errechnet. Mittels Zangen wird sodann der Bohrstrang, bei gleichzeitiger Auf- und Abwärtsbewegung desselben, in die gewollte Richtung gedreht.

Unter Beobachtung des Gewichtsindikators wird der Ablenkkeil auf die Sohle gesetzt, bei weiterem Nachlassen des Bohrstranges die Scherbolzen zwischen Keil und Meißel abgeschert und die Bohrarbeit begonnen.

Für dieses Verfahren sind erforderlich:

α) Zwei Theodoliten mit abnehmbarem Fernrohr,

β) zwei Spezialschellen, entsprechend dem verwendeten Gestänge mit Konsole, als Aufsatz des Theodoliten,

γ) ein Kompaß zur Bestimmung des Azimuts der Bezugsrichtung.

b) Beim zweiten Verfahren, das einfacher und schneller ist, sind vor allem Rechenfehler ausgeschlossen. Ferner ist dieses Verfahren bei schlechter Sicht (Nebel) vorzuziehen, da dabei das Anpeilen eines entfernten Fixpunktes entfällt.

Zunächst muß auch hier das Azimut einer Bezugsrichtung bestimmt werden. Zu empfehlen ist die Verbindungslinie zwischen Bohrlochmitte und einem Eckfuß des Bohrturmes.

Auf Grund dieses Azimuts wird die erwünschte Ablenkrichtung $A - A$ (s. Abb. **100** *a*) ermittelt, in einer gewissen Entfernung vom Bohrloch auf der Arbeitsbühne markiert und der Ablenkkeil in diese Richtung gedreht.

Bei diesem Verfahren handelt es sich darum, die tatsächliche Lage der Mittellinie der Ablenk läche am Keil auf jeden angesetzten Gestängezug zu projizieren.

Der Bohrstrang wird sich beim Einbau in das Bohrloch verdrehen. Infolge des laufenden Projizierens der Keilablenkfläche von einem Gestängezug auf den nächstfolgenden ist sein Azimut immer bekannt.

Dieses Projizieren erfolgt mittels eines Peilstabes und eines Fernrohres mit Spezialfadenkreuz (s. Abb. **100** *b*). Das Fernrohr ist in einem am Ende gegabelten Tragarm so gelagert, daß es nur in einer lotrechten Ebene gedreht werden kann.

Für den Ansatz dieser Projiziergeräte an das Gestänge sind besondere, in ihrer Konstruktion gleiche Rohrschellen vorgesehen.

Diese Schellen, von denen die eine am unteren, die andere am oberen Gestängeende befestigt wird, sind mit einem Drehgestell mit horizontaler Steckhülse ausgestattet, in die sowohl der Peilstab als auch der Tragarm des Fernrohres eingesetzt werden kann.

Das Drehgestell kann mittels einer Schraube festgeklemmt werden. Wird nun der Peilstab im Drehgestell der Schelle am unteren Gestängeende in die Ablenkrichtung gebracht, das Fernrohr mit dem Drehgestell der Schelle am oberen so eingestellt, daß sein Fadenkreuz die Mittellinie des Peilstabes in seiner ganzen Länge bestreicht, so ist die Ablenkrichtung auch auf das obere Gestängeende projiziert.

Das Drehgestell des Fernrohres wird festgeklemmt und der Tragarm mit dem Fernrohr aus der Drehgestellhülse gezogen.

Beim Einbau des Gestänges wird die Schelle vom unteren Gestängeende gelöst und das obere Gestängeende mit der Schelle in den Drehtischkeilen abgefangen. In die Hülse dieser Schelle wird nun der Peilstab eingesetzt, wohingegen die andere Schelle mit dem Fernrohr an das obere Ende des nächsten Gestängezuges angesetzt und wieder die Projektion der Richtung nach oben durchgeführt wird.

Ist die Richtung $A - A$ für das Projizierverfahren ungünstig, kann der erste Peilstab in eine andere, günstigere eingestellt werden, die allerdings ebenfalls auf der Arbeitsbühne genau markiert werden muß und in die der Bohrstrang nach vollständigem Einbau, vor dem Absetzen des Keiles, gedreht werden muß.

Für dieses Orientierungsverfahren sind erforderlich:

a) Ein Fernrohr mit Fadenkreuz und Traggabel,

b) ein Peilstab,

c) zwei Spezialschellen mit Drehgestell,

d) ein **Kompaß** zur Bestimmung des Azimuts der Bezugsrichtung.

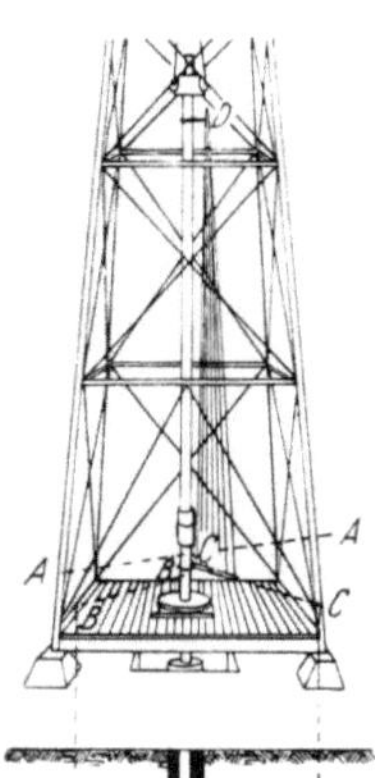

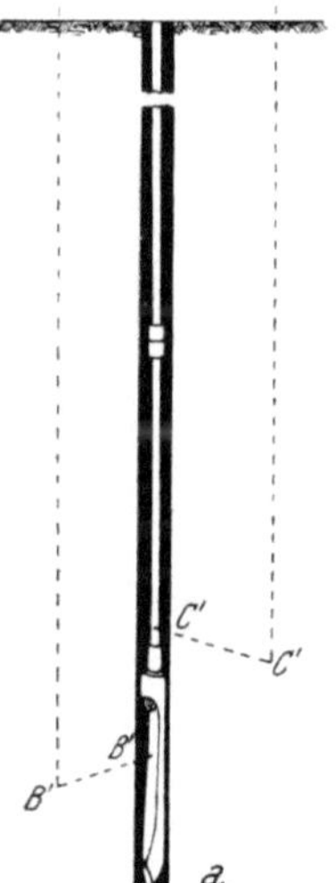

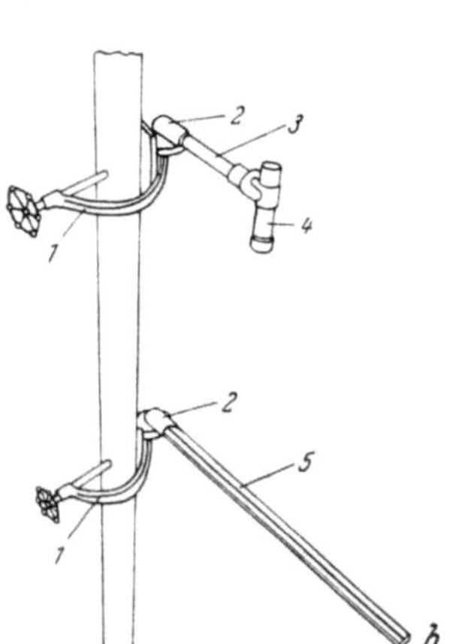

Abb. 100. Einrichtung zum orientierten Einbau des Ablenkkeiles nach Fa. Eastman Oil Well Surveys Co. *a* Richtvorgang beim Einbau eines orientierten Ablenkkeiles, *A-A* Nord-Süd-Richtung, *B-B* Erwünschte Richtung des neuen Bohrloches, *C-C* Bezugsrichtung mit Rücksicht auf *B-B*, *B'-B'* Richtung des Ablenkkeiles, die mit *B-B* übereinstimmen muß, *C'-C'* Bezugsrichtung, die mit *C-C* übereinstimmen muß. *b* Detail des Orientierungsgerätes, *1* Schellen, *2* Schellenhülsen, *3* Tragarm für Teleskop, *4* Teleskop, *5* Peilstab

2. Orientierung unter Tage nach Firma Eastman

Das Bohrloch ist am Teufenpunkt, an welchem der Ablenkkeil eingebaut werden soll, bezüglich Lotabweichung und dessen Azimut vermessen, bzw. sind diese Werte photographiert worden. Die Orientierung des Whipstockes an diesem Teufenpunkt beruht nun auf dem folgenden Prinzip:

Der mit Scherbolzen in der Hülse des Ablenkkeiles fixierte Pilotmeißel ist durch ein Übergangsstück mit dem Gestänge verbunden. Im Übergangsstück sind zwei diametral gegenüberliegende starke Magneten eingebaut, und zwar in der Richtung der schrägen Fläche des Ablenkkeiles (s. Abb. 101 *a* und *b*).

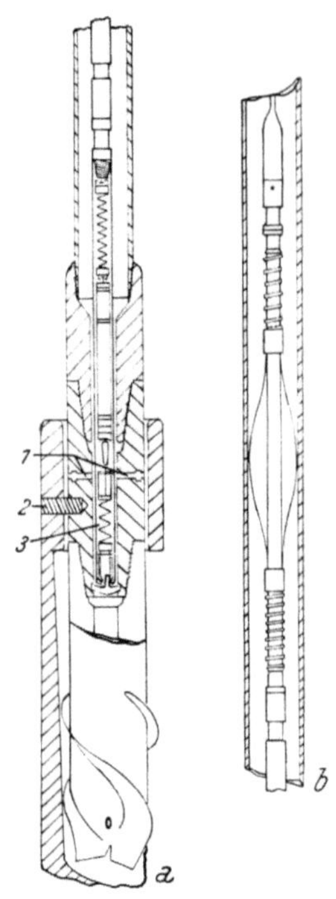

Abb. 101 *a* und *b*. Ablenkkeil mit Unterlage-Orientiereinrichtung nach Fa. Eastman Oil Well Surveys Co.
1 Magnete, *2* Scherbolzen, *3* Meßgerät

Sobald der Ablenkkeil mit dem Bohrstrang oberhalb der Bohrlochsohle eingebaut ist, wird durch das Gestänge ein eigenes Meßgerät an einem Stahldraht bis zur zentralen Meißelbohrung eingebaut. Das Meßgerät ist mit einer Zentriereinrichtung und einem Stoßdämpfer am unteren Ende ausgestattet.

Im Inneren ist eine Kompaßscheibe mit Gradeinteilung und darüber ein Pendel eingebaut.

Die Kompaßscheibe orientiert sich entsprechend dem Nord- bzw. Südpol der im Übergangsstück eingebauten Magneten, wohingegen das Lot die gleiche Abweichung zeigt wie das vorher in das offene Bohrloch eingelassene Meßgerät.

Eine mit Uhrwerk gesteuerte Batterie besorgt die Belichtung und damit die photographische Aufnahme der Kompaßkalotte und des Pendels.

Nach Ausbau des Meßgerätes am Stahldraht, Entwicklung und Fixierung kann durch Korrelierung der beiden Aufnahmen (Verbindungslinie — Zentrum dei Kalotte — Lotpunkt) die jetzige Richtung des Ablenkkeiles ermittelt werden.

Auf Grund dieser Aufnahme wird der Bohrstrang mittels Zangen in die gewünschte Richtung gedreht, wobei er auch zur Entspannung einer eventuellen Verdrillung des Bohrgestänges auf- und abwärts bewegt wird. Sodann wird der Ablenkkeil wie bei den vorher besprochenen Verfahren auf die Bohrlochsohle abgesetzt und nach Abscherung der Scherbolzen die Bohrarbeit begonnen.

3. Ablenken in sehr hartem Gestein

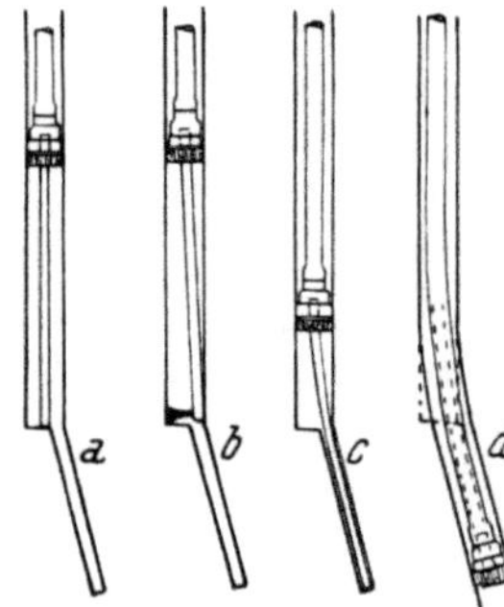

Abb. 102. Schematische Darstellung des Ablenkens in sehr hartem Gestein bei Verwendung von Diamantkronen nach Fa. Eastman Oil Well Surveys Co.

Anstelle eines Pilotmeißels wird in diesem Falle ein Diamantbohrer mit dem Ablenkkeil eingebaut und nach Orientierung desselben mittels eines der anfangs beschriebenen Verfahren abgesetzt.

Nach dem Vorbohren des Pilot-Bohrloches wird der Bohrstrang mit dem Ablenkkeil ausgebaut. Das Erweitern des Pilotloches auf den normalen Bohrlochdurchmesser bzw. das weitere Abteufen erfolgt mit einem speziell konstruierten Diamantbohrer. Er hat in der Mitte der unteren Schneidefläche eine Bohrung, aus der ein flexibles Stahlrohr etwa 2 m herausragt, das lediglich auf einer Seite am unteren Ende eine Spülöffnung hat (s. Abb. 102).

Sobald der Spülstrom zirkuliert, wird der seitlich austretende Spülstrahl das Führungsrohr in die entgegengesetzte Richtung verbiegen. Durch Drehen des

Bohrstranges ober Tage und gleichzeitige ständige Fühlungnahme mit der Bohrlochsohle wird das Führungsrohr in das Pilotloch gelangen und den Nachschneidebohrer auch in dieser Richtung führen. Beim Nachschneiden wird das auf der Sohle aufstehende Führungsrohr durch den Meißel in das Gestänge geschoben und die Bohrarbeit in der gleichen Richtung fortgesetzt.

4. Kontrolle des weiteren Bohrlochverlaufes nach Firma Eastman

Die Firma Eastman hat in den letzten Jahren Apparate entwickelt, mit denen diese Messungen auch ohne Ausbau des Gestänges durchgeführt werden können und welche Zeitverluste für diese Kontrollmessungen wesentlich verkürzen. Es werden dabei zweierlei Konstruktionen empfohlen, je nachdem, ob der Bohrstrang mit einer am Meißel anschließenden, nichtmagnetischen Schwerstange ausgestattet werden kann oder nicht.

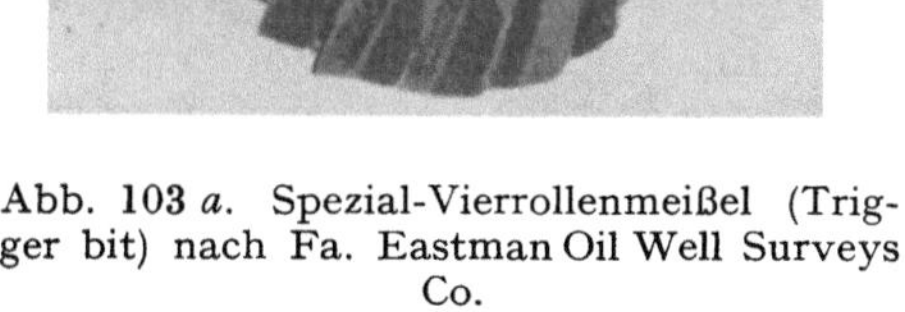

Abb. 103 *a*. Spezial-Vierrollenmeißel (Trigger bit) nach Fa. Eastman Oil Well Surveys Co.

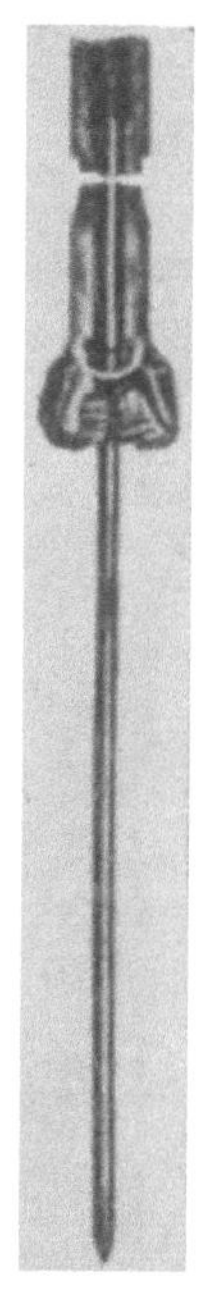

Abb. 103 *b*. Spezial-Rollenmeißel (Trigger bit) mit Neigungsmeßgerät nach Fa. Eastman Oil Well Surveys Co.

In einem Falle ist die Voraussetzung, daß die erste, am Meißel angeschlossene Schwerstange aus nichtmagnetischem Material hergestellt ist.

Im anderen Falle muß ein besonders ausgebildeter Bohrmeißel verwendet werden.

Bei Vorhandensein einer nichtmagnetischen Schwerstange kann ein photometrisches Meßgerät zur Bestimmung der Lotabweichung und des Azimuts durch den Bohrstrang bis zum Meißel eingebaut werden.

Die Kompaßkalotte mit darüber befindlichem Pendel wird photographiert und nach dem Ausbau des Gerätes die Lotabweichung und ihr Azimut abgelesen. Das Material der nichtmagnetischen Schwerstange wird nach Eastman als „K-monel" bezeichnet.

Sind nichtmagnetische Schwerstangen vorhanden, wird ein Spezial-Rollenmeißel verwendet, der sogenannte „Trigger bit" (s. Abb. 103 *a* und *b*).

Er hat auf seiner Basis in der Mitte eine Bohrung, die während der Bohrarbeit durch einen gelenkig gelagerten Zahn abgedeckt wird, so daß kein Kernmaterial in die Bohrung eintreten kann. Wird der Meißel von der Bohrlochsohle angehoben, schwenkt der Zahn nach abwärts und gibt die Bohrung frei.

Soll eine Kontrollmessung vorgenommen werden, wird der Bohrstrang etwa 3 m von der Sohle angehoben und das Meßgerät am Stahldraht durch das Gestänge so weit eingebaut, daß sein oberes Ende in einer Rast des Meißels aufsitzt. Der größte Teil des Apparates, vor allem die Kompaßkalotte, befindet sich im unverrohrten Bohrlochteil und wird daher von Meißel und Schwerstange nicht beeinflußt.

Es erfolgt wieder die gleiche photographische Aufnahme und nach Ausbau die Auswertung der Messung.

Auf diese Weise wird sehr viel kostbare Zeit gespart, da kein Gestängeausbau erfolgen muß. Bei Bohrungen auf große Teufen spielt diese Zeitersparnis eine sehr wesentliche Rolle.

5. Planung bei Bohrungen mit erzwungenem Abweichen

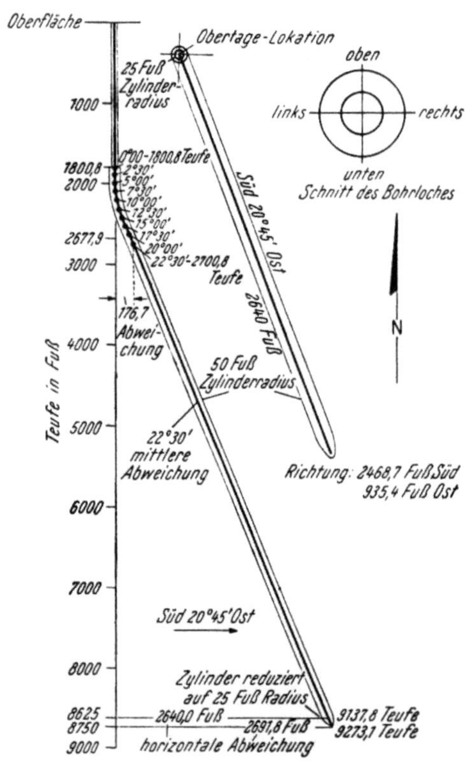

Abb. 104. Ablenken eines Bohrloches, wobei ein gewünschter Zylinderradius nicht überschritten wird

Bei Bohrungen, welche einen ganz bestimmten Verlauf nehmen sollen, muß vor deren Beginn ein Arbeitsplan ausgearbeitet werden, um den gewünschten Erfolg zu sichern.

Zunächst muß festgelegt werden, in welcher Entfernung und Richtung vom gegebenen Anschlagpunkt ober Tage die Lagerstätte erbohrt werden soll. Diese Frage muß von der betriebsgeologischen Abteilung beantwortet werden, die sich für jede Lagerstätte einen bestimmten Abbau- bzw. Drainierungsplan zurechtgelegt hat.

Die Ortslage der Punkte, an denen die einzelnen Bohrungen die Lagerstätte unter Tage anbohren sollen, muß eine möglichst gleichmäßige Ausbeute der gesamten Lagerstätte gewährleisten.

Es muß dabei allerdings eine gewisse Toleranz zugestanden werden, da eine allzu genaue Festlegung dieser Punkte wiederholte Ablenkoperationen erfordert und sich dadurch auch die Kosten der Bohrung sehr verteuern würden.

Gebräuchlich ist die Angabe eines gewissen Bereiches in der Form eines Zylinders, innerhalb welchem das Bohrloch verbleiben und die Lagerstätte angebohrt werden soll. Der Durchmesser dieses Kreiszylinders beträgt maximal 15,0, sehr häufig wird er mit nur 7,5 m gewählt (s. Abb. 104).

Es muß damit gerechnet werden, daß schon bei Teufen von etwa 2000 m der Zeitverlust beim Einbau des Ablenkkeiles etwa einen Tag beträgt. Denn das gerichtete Bohren mit dem Ablenkwerkzeug, wobei nur etwa 6 m vorgebohrt werden, bedeutet inklusive seinem gerichteten Einbau einen Verlust an normaler Bohrzeit, innerhalb der ein Vielfaches dieses Bohrfortschrittes von 6,0 m zu erreichen wäre.

Es stellt sich nun die Frage, welcher Teufenpunkt zum Ablenken zu wählen ist.

Früher wurde zunächst der Ablenkungswinkel ermittelt, der notwendig war, um die gewünschte Position in der Lagerstätte zu erreichen. Die Ansichten hierüber gingen oft sehr auseinander. Ablenkungswinkel von 5 bis 10° wurden vorwiegend gewünscht. Schon eine Ablenkung um 15° galt früher als ein gewagtes Unternehmen.

Die Erfahrung der letzten Jahre hat aber gezeigt, daß größere Ablenkwinkel vorzuziehen sind. So werden in Louisiana Ablenkungen von 12° bis 20° als sehr günstig bezeichnet. Man hat beobachtet, daß bei größeren Ablenkwinkeln die Richtung viel besser eingehalten wird und ein zu häufiges Einbauen von Ablenkgeräten sich vermeiden läßt. Die erzielte Abweichung kann durch Verwendungen von entsprechenden Bohrsträngen gut eingehalten werden, womit auch eine Verbilligung der ganzen Ablenkoperation verbunden ist.

Bei dieser Gelegenheit sei noch erwähnt, daß in USA Bohrungen bis zu 65° Lotabweichung mit Erfolg abgeteuft wurden.

Weiterhin muß festgestellt werden, welche Gesteinsformation als Ansatzpunkt der Ablenkung am günstigsten ist.

Aus vielen praktischen Erfahrungen hat sich ergeben, daß dabei Schichtenkomplexe zu vermeiden sind, in denen harte und weiche Gesteinsschichten in kurzen Intervallen wechseln, da hier ein allmählich verlaufendes Ablenken schwierig zu erzielen ist. Dasselbe gilt sowohl für stark gefaltete Zonen als auch für Zonen, die ein großes Einfallen aufweisen, welches der erwünschten Ablenkrichtung gerade entgegengesetzt wirken würde. Wenn keine oder alle der obigen Faktoren bekannt sind, soll jener Punkt gewählt werden, der bei einer Nachbarbohrung schon eine Abweichung in der entsprechenden Richtung aufwies. Es hat sich als vorteilhaft erwiesen, die schon in der gewünschten Richtung laufende Bohrstrecke zu verrohren.

Durch diese Maßnahme wird vor allem die Gefahr der Entstehung von Schlüssellöchern weitestgehend beseitigt.

Nach einem Gestängebruch kann es vorkommen, daß der im Bohrloch verbliebene Gestängeteil nicht mehr gezogen werden kann, die Bohrung aber schon eine größere Teufe erreicht hat, ja vielleicht schon zum Großteil verrohrt ist, so daß ein seitliches Vorbeibohren am Fisch billiger als eine Neubohrung ist.

Auch hier muß der Ansatzpunkt für das Ablenkwerkzeug wohl überlegt werden.

Es ist üblich, über dem Kopf des im Bohrloch verbliebenen Gestänges eine gewisse Höhe des Bohrloches zu zementieren, etwa 20 bis 30 m.

Das Ablenkgerät soll im offenen Bohrloch dort angesetzt werden, wo der Bohrlochdurchmesser vom Meißeldurchmesser am wenigsten abweicht.

Früher wurden jene Teufenpunkte gewählt, an denen weiche Schichten, vorwiegend weiche Tonbänke, vorhanden waren, da man sich hier ein leichteres Abweichen vom alten Bohrloch versprach.

Messungen des Bohrlochdurchmessers (Caliper-Gerät) zeigten jedoch, daß gerade in den weichen Gesteinsschichten der Durchmesser oft stark erweitert ist und dadurch das Absetzen von Richtwerkzeugen sehr ungenau wird.

Man fand hingegen, daß der Bohrlochdurchmesser in härteren, sandigen Tonbänken und auch in verfestigten Sandschichten bei weitem nicht so erweitert und daher in diesen Gesteinsschichten ein genaues Absetzen des Ablenkwerkzeuges sicherer gewährleistet ist. Solche Teufenpunkte sind demnach für den Beginn der Ablenkung vorzuziehen.

Vor dem Absetzen des Ablenkkeiles (oder Kniegelenkes) muß der Zementpfropfen bezüglich seiner Härte mit einem Meißel überprüft werden. Je nach der Zementqualität, der Teufe und der von ihr abhängigen Temperatur muß eine gewisse Erhärtungszeit abgewartet werden, die sehr unterschiedlich sein kann. Es können dies 24, aber auch bis zu 72 Stunden sein. Es ist klar, daß man jene Zementmischung wählen soll, die innerhalb kürzester Zeit genügend hart wird.

Welches Ablenkwerkzeug zu verwenden ist, richtet sich nach der Charakteristik des Bohrloches bzw. der zu durchteufenden Gesteinsformation. In verhältnismäßig hartem und nicht quellendem Gestein wird man einen Ablenkkeil wählen, in lockeren und mehr zum Quellen neigenden Schichten das Kniegelenk, bei dem die Gefahr des Festwerdens geringer ist.

6. Mögliche Richtungsänderung mit dem Ablenkkeil

Plötzliche und zu starke Richtungsänderungen (s. Abb. 105) führen zur Bildung gefährlicher Schlüssellöcher. Je größer die Abweichung des Bohrloches ist, um so geringer kann auch die Richtungsänderung beim einmaligen Ablenken sein. Bei größeren Lotabweichungen kann daher eine größere Richtungsänderung nur so erfolgen, daß in mehreren Teufenstufen mit verhältnismäßig geringer Richtungsänderung der erwünschte Bohrlochverlauf mit Ablenkkeilen erzielt wird.

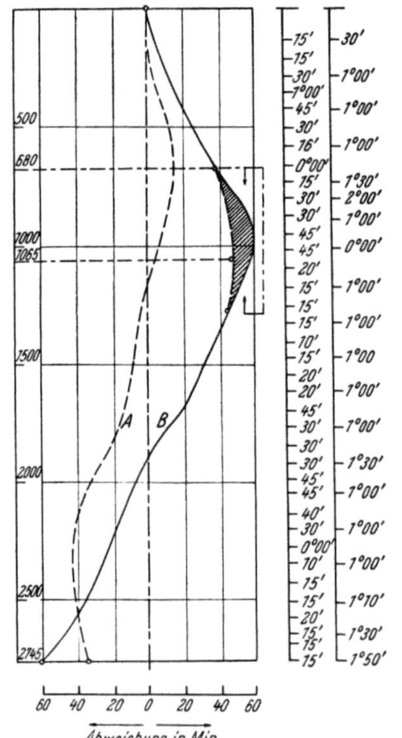

Abb. 105. Bildung von Schlüssellöchern (Dog legs) bei zu starken Richtungsänderungen. *A* Normales Bohrloch, *B* Zu stark abgelenktes Bohrloch mit Schlüssellochbildung

Soll ein Bohrloch, in dem ein unerwünschtes Lotabweichen und ein unerwünschtes Azimut gemessen wurde, beim weiteren Abteufen begradigt bzw. in eine andere Richtung gezwungen werden, muß vorher ermittelt werden, in welcher Richtung, berücksichtigend den letzten Lotabweichungswinkel, der Ablenkungskeil einzubauen ist, um eine allmähliche Richtungsänderung bzw. Begradigung zu erzielen.

Zur Lösung dieser Aufgabe wurde das Nomogramm nach Abb. 106 entwickelt.

Auf der Abszisse $0 - A$ ist die Lotabweichung auf dem äußersten Kreisbogen aufgetragen. Die Kurven $0 - 2°$, $0 - 3°$, $0 - 4°$ entsprechen dem jeweiligen Neigungswinkel des einzubauenden Ablenkkeiles. Die auf der Abszisse aufgetragenen Lotabweichungen,

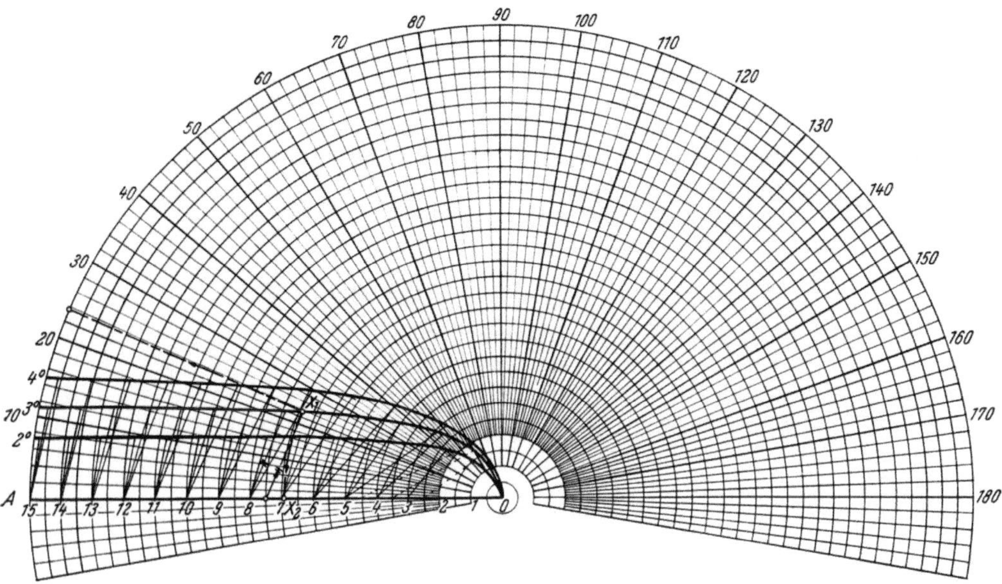

Abb. 106. Nomogramm zur Ermittlung der maximalen Richtungsänderung des Ablenkkeiles unter Berücksichtigung von letzter Lotabweichung und Neigungswinkel des Ablenkkeiles

welche für eine Neigung des Ablenkkeiles von 0° gelten, sind gradweise auf die drei Kurven (0 — 2°, 0 — 3° und 0 — 4°) projiziert.

Die Verwendung des Nomogrammes sei an folgendem Beispiel erläutert:

Angenommen, die zuletzt gemessene Bohrlochabweichung betrage 7°30′, mit dem Azimut Süd 40° West. Der Ablenkkeil habe einen Neigungswinkel von 3°.

Vom Abszissenpunkt 7°30′ wird diese Lotabweichung auf der Kurve 0 — 3° zwischen den auf ihr projizierten Strahlen von 7° und 8° interpoliert und damit der Punkt X_1 festgelegt.

Zieht man vom Nullpunkt 0 durch den Punkt X_1 eine Gerade und bringt sie zum Schnitt mit dem äußersten Kreisbogen, so ergibt sich auf dessen Teilung die maximal mögliche Azimutänderung, um die der Ablenkkeil bei der gegebenen Lotabweichung von 7°30′ und 3° Eigenneigung versetzt werden kann. Im gegebenen Beispiel sind es 23°30′.

Je nach Wunsch wird der Ablenkkeil daher entweder mit dem Azimut Süd 63°30′ West (Süd 40° West + 23°30′) oder Süd 16°30′ West (Süd 40° West — 23°30′) einzubauen sein.

Wird ferner vom Ursprung 0 als Mittelpunkt ein Kreisbogen mit dem Radius 0 — X_1 mit der Abszisse 0 — A zum Schnitt gebracht (Punkt X_2), wird die mit dem Ablenkkeil erreichte neue Lotabweichung mit 7° abgelesen.

7. Plattform-Bohrungen

Sollen von einer begrenzten Plattform mehrere Bohrungen in verschiedenen Richtungen abgeteuft werden, ist ebenfalls eine genaue Planung vor Beginn der Bohrarbeit festzulegen.

Die Anschlagspunkte ober Tage werden auf einem Kreisumfang liegen, der je nach der Teufe, in welcher die Ablenkung erfolgen soll, einen bestimmten Durchmesser haben wird. Beginnt die Ablenkung schon in einer geringen Teufe von 100 bis 300 m, soll nach bisherigen Erfahrungen die Entfernung der Anschlagpunkte mindestens 1,2 m sein. Wird das Ablenken tiefer begonnen, muß diese Distanz entsprechend größer gewählt werden, um der Gefahr zu begegnen, daß die Bohrungen untereinander kollidieren.

Jene Bohrungen, welche die größere Ablenkung erfahren sollen, müssen gegenüber den weniger abweichenden in größerer Teufe abgelenkt werden.

8. Verrohrung der abgelenkten Bohrungen

Es besteht diesbezüglich kein prinzipieller Unterschied gegenüber normalen Bohrungen. Die Biegebeanspruchungen der Futterrohre sind bei allmählich größer werdender Ablenkung verhältnismäßig gering, allerdings tritt während der Bohrarbeit ein stärkeres Scheuern der Gestänge an den Futterrohrwandungen auf. Daher werden an den gekrümmten Stellen Futterrohre der nächst stärkeren Wandstärke gewählt, als sie hier, berücksichtigend den Außendruck, erforderlich wären.

Bei sehr tiefen abzulenkenden Bohrungen oder falls sich beim Ablenken Schwierigkeiten ergeben sollten (das Bohrloch will nicht die gewählte Richtung halten), kann der Einbau einer zusätzlichen Protektions- bzw. Führungskolonne erforderlich werden. Die Futterrohre sind unbedingt mit entsprechenden Zentriereinrichtungen auszustatten, um einen möglichst gleich großen konzentrischen Ringraum für die nachfolgende Zementierung zu erhalten.

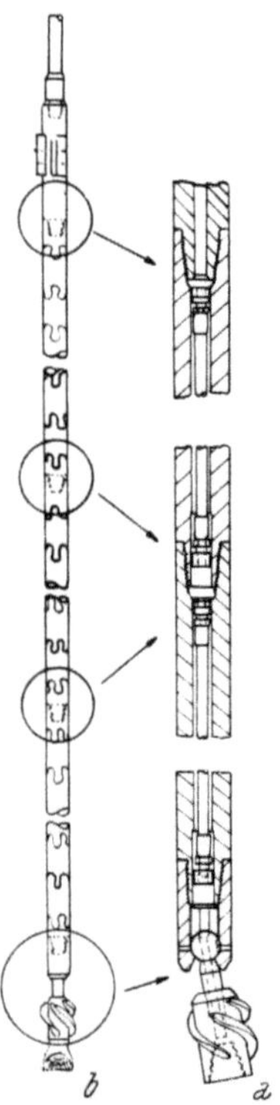

Abb. 107 *a* und *b*. Gelenkig ausgebildeter Schwerstangenstrang mit Spiralmeißel nach Fa. Oilwell Drain Hole Drilling Co.

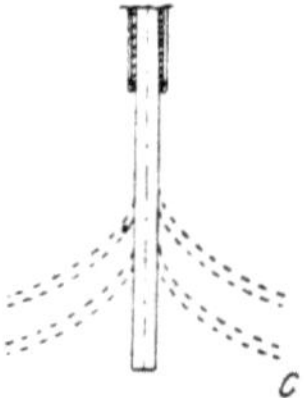

Abb. 107 *c*. Im unverrohrten Bohrloch abgelenkte Drainierungsbohrlöcher

9. Erzwungenes Ablenken zur Verbesserung der Drainierung von Erdöllagerstätten

Die amerikanische Firma Oilwell Drain Hole Drilling Co. entwickelte in den letzten Jahren eine Ablenkkonstruktion, die es ermöglicht, vom normal abgeteuften Bohrloch in der Öllagerstätte mehrere seitlich gerichtete Bohrlöcher abzuteufen und zu verrohren.

In das schon in die Lagerstätte abgeteufte Bohrloch wird ein besonderer Richtkeil abgesetzt und mit einem gelenkig ausgebildeten Schwerstangenstrang mit einem Spiralmeißel seitlich gebohrt (s. Abb. 107 *a*, *b* und *c*).

Je nach dem Bohrlochdurchmesser ergeben sich für den Ablenkkeil, die flexiblen Schwerstangen und den Spiral-Pilotmeißel die folgenden Maße:

Bohrloch-durchmesser Zoll	Ablenkkeil-durchmesser Zoll	Schwerstangen-durchmesser Zoll	Spiralmeißel-durchmesser Zoll
7 1/2	4 1/2	3 1/4	3 3/4 bis 3 7/8
6 5/8 bis 7	5 1/2	4 1/4	4 3/4 bis 4 7/8
8 5/8 bis 12 1/4	7	4 1/4	6 1/4

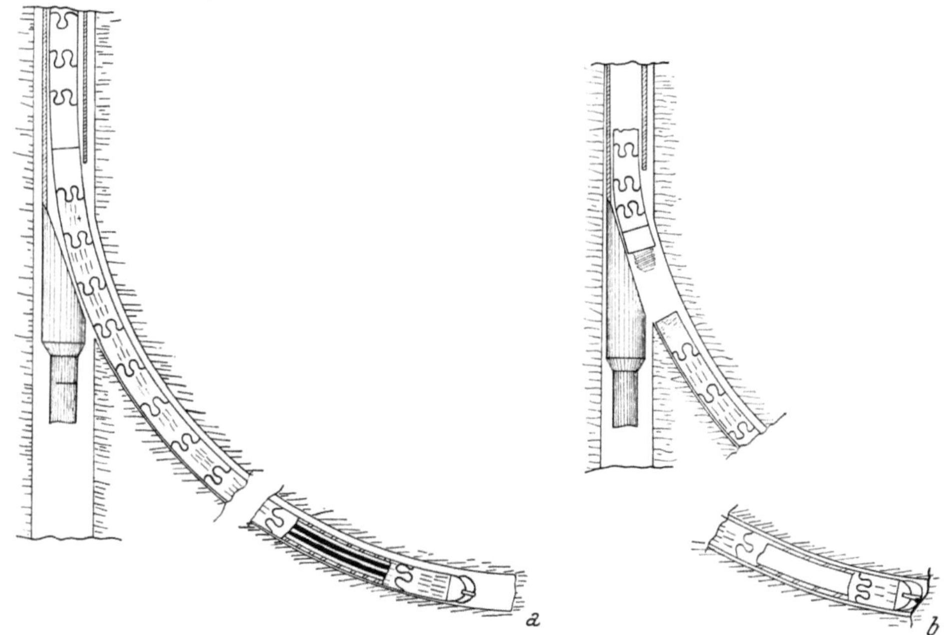

Abb. 108 *a* und *b*. Verrohren stark abgelenkter Bohrlöcher nach Fa. Oilwell Drain Hole Drilling Co.

Vor dem ersten Absetzen des Ablenkkeiles ist dieser mit dem Gestänge mit Scherbolzen verbunden. Die Neigung des Keiles beträgt 14°. Nach dem Abteufen eines Bohrloches bis zu einer Länge von etwa 50,0 m, mit einer Lotabweichung von rund 50°, wird durch Hochziehen des Bohrstranges der Ablenkkeil angehoben und in die nächste Richtung abgesetzt.

Die Verrohrung der einzelnen Bohrlöcher erfolgt mit perforierten, flexiblen Rohren. Sind die seitlichen Bohrungen verrohrt, wird die perforierte Rohrkolonne in das normale Bohrloch eingebaut (s. Abb. 108 *a* und *b*).

Nach Meldungen aus USA soll durch diese Methode die Ausbeute in vielen Fällen eine erhebliche Steigerung erfahren haben.

10. Ablenken im verrohrten Bohrloch

Diese Ablenkarbeit kann sich in folgenden Fällen als erforderlich erweisen:

a) Bei einer schon in Förderung gewesenen Bohrung kann die Futterrohrkolonne oberhalb der auszubeutenden Öl- oder Gasschichte eingedrückt werden, so daß eine weitere Ausbeute nicht mehr möglich ist.

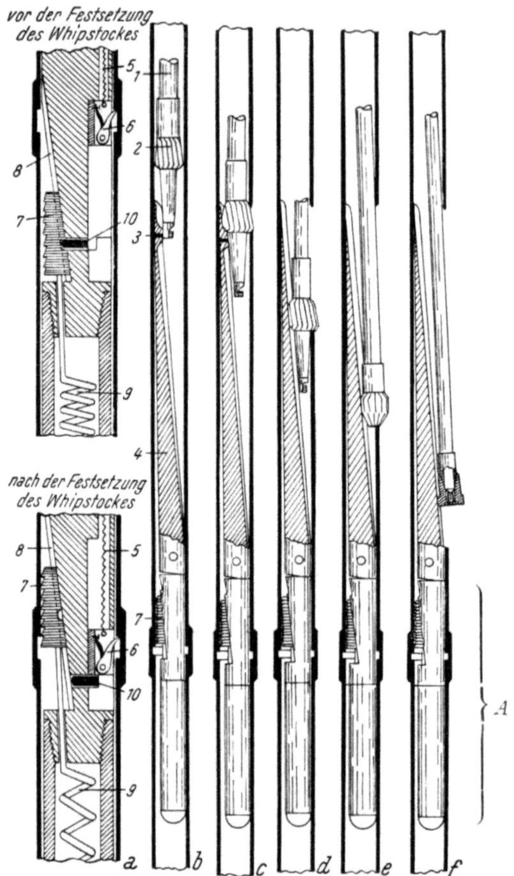

Abb. 109. Ablenkkeil (Whipstock) zum Durchfräsen von Futterrohren nach Fa. Kinzbach Tool Co. Inc. *a* Detail der Klemmvorrichtung, *b* Lage nach Festsetzen des Keiles, *c* Nach Abscherung des Scherbolzens Beginn der Fräsarbeit, *d* Fortsetzung der Fräsarbeit, *e* Fortsetzung der Fräsarbeit mit Troncon-Fräser, *f* Beginn der Bohrarbeit im Gestein mit Meißel; *1* Bohrgestänge, *2* Fräser, *3* Scherbolzen, *4* Ablenkkeil, *5* Feder, *6* Sperrklinke, *7* Sperrkeil, *8* Sperrkeilführung, *9* Druckfeder, *10* Sperrbolzen, *A* Klemmstück

b) Es kann ferner der Fall eintreten, daß in einer noch im Abteufen befindlichen Bohrung, die schon zum Großteil verrohrt ist, infolge plötzlich auftretenden hohen Gebirgsdruckes die letzten Futterrohre so gedrückt werden, daß ein weiteres Abteufen nicht mehr möglich ist.

c) Schließlich kann es unter Umständen vorkommen, daß sich bei einer bis oberhalb der Ölschichte verrohrten Bohrung eine Fangarbeit ergibt, bei der ein Teil des Fisches innerhalb der Verrohrung verbleibt und nicht mehr ausgebaut werden kann.

In den Fällen b) und c) wird es fast immer wirtschaftlich sein, die Bohrung nicht aufzugeben, sondern einen Ablenkkeil oberhalb der gedrückten Stelle bzw. oberhalb des Fischkopfes abzusetzen, mit speziellen Fräsern die eingebauten Futterrohre zu durchbohren, das Bohrloch auf die gewünschte Teufe fertigzustellen und zu verrohren. Im Falle a) muß entschieden werden, ob die noch zu erwartende Ausbeute diese Ablenkarbeit lohnt.

Vor Einbau des Ablenkkeiles, der in diesem Falle im Bohrloch verbleibt und daher etwas anders konstruiert ist als der früher besprochene, wird das Bohrloch auf eine Höhe von etwa 15 bis 20 m oberhalb der gedrückten Stelle mit einer Zementschlämme verfüllt.

Nach dem Erhärten des Zementes wird der Keil in der erwünschten Richtung in der gleichen Weise eingebaut, wie dies im früheren Kapitel (S. 196) beschrieben wurde.

Verschiedene Keilkonstruktionen sind für diese Zwecke verfügbar.

Es sollen hier zwei Typen näher besprochen werden. Der Ablenkkeil der amerikanischen Firma Kinzbach Tool Co. Inc. ist in den Abb. 109 *a* bis *f* dargestellt. Er besteht, wie ersichtlich, aus dem Ablenk-Keilstück (*4*), welches gelenkig mit dem Klemmstück (*A*) verbunden ist. Der Kopf des Keilstückes ist mit einem Scherbolzen (*3*) mit dem Zapfen des Fräsers (*2*) verbunden.

Beim Anheben des mit dem Ablenkkeil verbundenen Gestänges wird durch die Sperrklinke (*6*) das Klemmstück *A* gegen die Rohrwand gedrückt, wodurch auch der Keil (*7*) hier zum Eingriff kommt. Durch allmähliches Nachlassen des Gestänges und die damit verbundene Abwärtsbewegung der Keilgleitfläche wird der Sperrbolzen (*10*) nach innen gepreßt und die Druckfeder (*9*) drückt zusätzlich am Keil (*7*) nach aufwärts, womit die Verankerungsoperation beendet ist.

Durch weiteres Nachlassen des Bohrgestänges wird der Scherbolzen (*3*) abgeschert und der Fräser beginnt mit dem Durchbohren der Futterrohre.

Der Fräser, welcher mit dem Ablenkkeil eingebaut wurde, kann infolge seines unten vorspringenden Ansatzes nicht die ganze Länge der Keilebene fräsen, sondern muß nach einer seinen Maßen entsprechenden Strecke ausgebaut und durch einen anderen Fräser (s. Abb. 109 *e*) ersetzt werden, mit welchem der restliche Teil der Futterrohre durchbohrt wird.

Sobald das sogenannte Fenster in den Futterrohren völlig durchbrochen ist, kann die Bohrarbeit mit einem Meißel fortgesetzt werden. Es wird sich oft empfehlen, als ersten Meißel einen Zublinmeißel zu verwenden, der die verformten und scharfen Futterrohrkanten ausglättet. Der zweite Meißel wird auch hier ohne jedwede Schwerstange eingebaut, um das Ablenken in den ersten Bohrmetern zu erleichtern.

Die Fräser sind sogenannte Troncon-Fräser, wie sie in Abb. 109 *d* und *e* dargestellt sind. Ihre Schneiden sind entweder mit Hartmetall gepanzert oder es sind direkt Hartmetallmesser in schwalbenschwanzförmigen Nuten des Fräserkopfes eingesetzt.

Bei Futterrohren größeren Durchmessers wird der erste Durchbruch mit einem Fräser kleineren Kalibers durchgeführt und mit einem zweiten, ja eventuell mit einem dritten, entsprechend im Durchmesser größeren Fräser der erwünschte Durchmesser im Fenster erreicht.

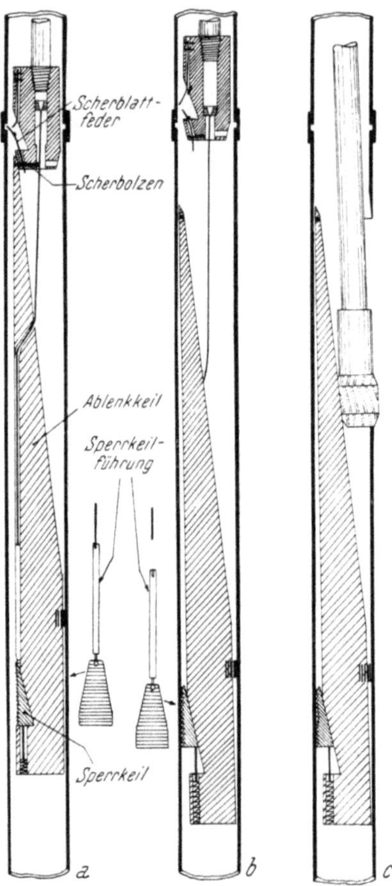

Abb. 110. Ablenkkeil (Whipstock) zum Durchfräsen von Futterrohren nach Fa. LeBus Rotary Tool Works Inc. *a* Lage des Ablenkkeiles vor seinem Absetzen. Die Scherblattfeder hat in die Futterrohrmuffe eingegriffen und beginnt mit der Abscherung des Scherbolzens. *b* Lage des Ablenkkeiles nach seinem Absetzen. Der Sperrkeil wurde mit dem Seil in seine höchste Lage gezogen und das Seil wurde aus der Sperrkeilführung gerissen. Die Einbaueinrichtung wird sodann ausgebaut. *c* Einfräsen des Fensters in das Futterrohr

Bei diesem Ablenkungsbohren ist ein guter Bohrfortschritt bei den ersten Bohrmetern erwünscht, um zu verhindern, daß die gekrümmte Bohrstange, in dem anfangs verhältnismäßig scharfkantigen Fenster, nicht eingeschnitten wird und bricht, was bei sehr langsamem Bohrfortschritt und zu langem Rotieren an einer Stelle leicht eintreten könnte.

Es wird daher empfohlen, die Ablenkung bzw. die Durchbrechung der Futterrohre in jenem Schichtenteil zu wählen, der bei der Bohrarbeit einen verhältnismäßig günstigen Bohrfortschritt erzielen ließ.

Eine weitere Konstruktion ist der Ablenkkeil der amerikanischen Firma LeBus Rotary Tool Works Inc. (s. Abb. 110 *a*, *b* und *c*). Bei dieser Konstruktion erfolgt die Fixierung des Keiles mittels eines Stahldrahtes, der den in einer eigenen Führung gehaltenen Sperrkeil hochzieht und in der Futterrohrwand verkeilt.

Die Verbindung zwischen dem Gestänge und dem Kopf des Ablenkkeiles erfolgt hier mittels eines eigenen Übergangsstückes mit Scherbolzen, wie dies in Abb. 110 *a* ersichtlich ist.

Eine starke Blattfeder, die ebenfalls im Übergangsstück eingebaut ist, greift beim Anheben des Gestänges in den freien Muffenteil ein und schert dabei den genannten Bolzen ab. Gleichzeitig erfolgt schon das erwähnte Hochziehen des Sperrkeiles und die Fixierung in den Futterrohren.

Nach erfolgter Fixierung wird das Gestänge ausgebaut und der Fräser zum Durchbrechen der Futterrohre entlang des Keiles eingebaut.

XIV. Futterrohre für Tiefbohrungen

A. Allgemeines

Während der Bohrarbeit ist der hydrostatische Druck der im Bohrloch befindlichen Spülung mit dem Gebirgsdruck im Gleichgewicht. Die Spülung hat darüber hinaus noch die Aufgabe, das Einströmen von flüssigen und gasförmigen Medien, die in den porösen Gesteinshorizonten gespeichert sind, zu verhüten.

Um einen Öl- oder Gashorizont auszubeuten, muß der hydrostatische Druck so weit herabgesetzt werden, daß ein Zufluß zum Bohrloch möglich wird.

Die Reduzierung des hydrostatischen Druckes würde fast in allen Fällen (ausgenommen sehr standfeste Schichten) zum Einfallen der Bohrlochwandungen führen, sie müssen daher für die viele Jahre dauernde Förderperiode mit Futterrohren gestützt werden.

Oberhalb des tiefsten, zunächst zur Ausbeute kommenden Horizontes sind, durch undurchlässige Horizonte getrennt, noch weitere poröse Schichten gelagert, die entweder Öl, Gas oder Wasser gespeichert haben.

Die einzelnen Horizonte müssen sowohl untereinander als auch gegenüber dem zur Ausbeute kommenden Horizont isoliert werden.

Auch für diese Isolierung ist der Einbau von Futterrohren erforderlich, wobei der Ringraum zwischen der Bohrlochwand und der Futterrohraußenwand mit einem undurchlässigen Material (vorwiegend mit Zement) hinterfüllt wird.

1. Futterrohr-Standard

Fast in allen Erdölländern werden heute Futterrohre für Tiefbohrungen nach dem A.P.I.-Standard verwendet (s. Tab. 25 a bis q). Eine Ausnahme davon macht die UdSSR, die einen eigenen Standard aufgestellt hat.

Tabelle 25 a. *A.P.I.-Futterrohre*

Rohrgröße (D)	Zoll/mm	4 1/2						114,3		
		kurze Muffen						lange Muffen		
Nenngewicht je Fuß Gütestufe	lbs./ft A.P.I.	9,50 $F-25$	9,50 $H-40$	9,50 $J-55$	11,60 $J-55$	11,60 $N-80$	13,50 $N-80$	11,60 $J-55$	11,60 $N-80$	13,50 $N-80$
Gewicht/m mit Muffe	kg/m	14,21			17,07		19,55	17,17		19,64
Innendurchmesser d	mm	103,89			101,60		99,57	101,60		99,57
Innendorn	mm	100,71			98,42		96,39	98,42		96,39
Wanddicke t	mm	5,21			6,35		7,37	6,35		7,37
D/t		21,951			18,000		15,517	18,000		15,517
t/D		0,0456			0,0556		0,0644	0,0556		0,0644
Querschnittsfläche	cm²	17,85			21,54		24,75	21,54		24,75
kritischer Querschnitt Aj	cm²	11,46			15,16		18,40	15,16		18,40
kritischer Innendruck S.F. = 1	kg/cm²	142	225	310	377	548	635	377	548	635
kritischer Außendruck bei S.F. = 1,0 und γ-Spülung = 1,0	kg/cm²	133	179	233	319	417	517	319	417	517
Einbauteufe bei S.F. = 1,125 und γ-Spülung = 1,153	m	1030	1380	1800	2460	3220	3990	2460	3220	3990
Abstreiffestigkeit S.F. = 1	t	32,2	43,5	58,1	72,1	83,9	98,4	85,7	99,8	117,0
Einbauteufe S.F. = 1	m	2285	3082	4106	4179	4862	4898	4965	5782	5825
S.F. = 1,8	m	1270	1710	2280	2320	2700	2720	2760	3200	3240
Inhalt/m	l/m	8,48			8,11		7,79	8,11		7,79
Verdrängung/m offen	l	1,81			2,17		2,49	2,19		2,50
Verdrängung/m geschlossen	l	10,28						10,29		

Tabelle 25 b. *A.P.I.-Futterrohre*

Rohrgröße (D)	Zoll/mm	5 1/2								139,7				
		kurze Muffen								lange Muffen				
Nenngewicht je Fuß Gütestufe	lbs./ft A.P.I.	13,00 $F-25$	14,00 $H-40$	14,00 $J-55$	15,50 $J-55$	17,00 $J-55$	17,00 $N-80$	20,00 $N-80$	23,00 $N-80$	15,50 $J-55$	17,00 $J-55$	17,00 $N-80$	20,00 $N-80$	23,00 $N-80$
Gewicht/m mit Muffe	kg/m	19,35	20,79		23,20	25,43		29,75	33,74	23,28	25,51		29.81	33,78
Innendurchmesser d	mm	128,00	127,30		125,73	124,26		121,36	118,62	125,73	124,26		121,36	118,62
Innendorn	mm	125,00	124,13		122,56	121,08		118,19	115,44	122,56	121,08		118,19	115,44
Wanddicke t	mm	5,80	6,20		6,98	7,72		9,17	10,54	6,98	7,72		9,17	10,54
D/t		29,123	22,541		20,000	18,092		15,235	13,253	20,000	18,042		15,235	13,253
t/D		0,0415	0,0444		0,0500	0,0553		0,0656	0,0755	0,0500	0,0553		0,0656	0,0755
Querschnittsfläche	cm²	24,36	25,99		29,12	32,02		37,60	42,77	29,12	32,02		37,60	42,77
kritischer Querschnitt Aj	cm²	16,54	18,15		21,25	24,20		29,80	35,00	21,25	24,20		24,80	35,00
kritischer Innendruck S.F. = 1	kg/cm²	127	219	300	338	374	544	646	742	338	374	544	646	742
kritischer Außendruck bei S.F. = 1,0 und γ-Spülung = 1,0	kg/cm²	117	172	223	271	316	414	533	626	271	316	414	533	626
Einbauteufe bei S.F. = 1,125 und γ-Spülung = 1,153	m	900	1330	1720	2090	2440	3190	4110	4830	2090	2440	3190	4110	4830
Abstreiffestigkeit S.F. = 1	t	43,0	63,0	84,4	95,7	106,1	123,8	147,9	170,1	112,0	124,7	145,1	173,3	199,6
Einbauteufe S.F. = 1	m	2240	3027	4051	4148	4144	4895	4968	4968	4859	4932	5736	5822	5831
S.F. = 1,8		1240	1685	2245	2300	2330	2720	2760	2760	2700	2740	3180	3240	3245
Inhalt/m	l/m	13,00	12,73		12,41	12,13		11,57	11,05	12,41	12,13		11,57	11,05
Verdrängung/m offen	l	—	2,65		2,95	3,24		3,79	4,30	2,96	3,25		3,80	4,30
Verdrängung/m geschlossen	l	15,36								15,37				

Tabelle **25** c. *A.P.I.-Futterrohre*

Rohrgröße (D)	Zoll/mm	6						152,40			
		kurze Muffen						lange Muffen			
Nenngewicht je Fuß Gütestufe	lbs./ft A.P.I.	15,00 *F*−25	18,00 *H*−40	18,00 *J*−55	18,00 *N*−80	20,00 *N*−80	23,00 *N*−80	18,00 *J*−55	18,00 N−80	20,00 *N*−80	23,00 *N*−80
Gewicht/m mit Muffe	kg/m	22,30	26,65			29,69	34,32	26,77		29,79	34,42
Innendurchmesser d	mm	140,20	137,77			135,94	133,10	137,77		135,94	133,10
Innendorn	mm	137,05	134,60			132,77	129,92	134,60		132,77	129,92
Wanddicke t	mm	6,05	7,32			8,23	9,65	7,32		8,23	9,65
D/t		25,210	20,833			18,519	15,789	20,833		18,519	15,789
t/D		0,0397	0,0480			0,0540	0,0633	0,0480		0,0540	0,0633
Querschnittsfläche	cm²	27,81	33,34			37,27	43,29	33,34		37,27	43,29
kritischer Querschnitt Aj	cm²	19,22	24,80			28,72	34,74	24,80		28,72	34,74
kritischer Innendruck S.F. = 1	kg/cm²	122	236	325	472	531	624	325	472	531	624
kritischer Außendruck bei S.F. = 1,0 und γ-Spülung = 1,0	kg/cm²	108	195	254	333	400	505	254	333	400	505
Einbauteufe bei S.F. = 1,125 und γ-Spülung = 1,153	m	830	1500	1960	2570	3090	3890	1960	2570	3090	3890
Abstreiffestigkeit S.F. = 1	t	48,9	81,2	108,4	126,1	142,4	168,3	126,1	146,5	166,0	196,0
Einbauteufe S.F. = 1	m	2200	3020	4048	4706	4785	4916	4706	5468	5578	5724
S.F. = 1,8	m	1220	1685	2245	2620	2660	2730	2620	3040	3100	3180
Inhalt/m	l/m	15,42	14,91			14,51	13,91	14,91		14,51	13,91
Verdrängung/m offen	l		3,39			3,78	4,37	3,41		3,79	4,38
Verdrängung/m geschlossen	l	18,29						18,30			

Tabelle 25 d. *A.P.I.-Futterrohre*

Rohrgröße (D)	Zoll/mm	6 5/8							168,28				
		kurze Muffen							lange Muffen				
Nenngewicht je Fuß	lbs./ft	17,00	20,00	20,00	24,00	24,00	28,00	32,00	20,00	24,00	24,00	28,00	32,00
Gütestufe	A.P.I.	$F-25$	$H-40$	$J-55$	$J-55$	$N-80$	$N-80$	$N-80$	$J-55$	$J-55$	$N-80$	$N-80$	$N-80$
Gewicht/m mit Muffe	kg/m	25,25	29,82		35,81		41,76	46,95	30,02	35,98		41,91	47,09
Innendurchmesser d	mm	155,80	153,64		150,39		147,09	144,14	153,64	150,39		147,09	144,14
Innendorn	mm	152,65	150,47		147,22		143,92	140,97	150,47	147,22		143,92	140,97
Wanddicke t	mm	6,20	7,32		8,94		10 59	12,06	7,32	8,94		10,59	12,06
D/t		27,041	23,003		18,821		15 887	13,947	23,003	18,821		15,887	13,947
t/D		0,0370	0,0435		0,0531		0,0629	0,0717	0,0435	0,0531		0,0629	0,0717
Querschnittsfläche	cm²	31,68	36,99		44,75		52,47	59,21	36,99	44,75		52,47	59,21
kritischer Querschnitt Aj	cm²	22,22	27,55		35,30		43,00	49,75	27,55	35,30		43,00	49,75
kritischer Innendruck S.F. = 1	kg/cm²	114	214	294	359	523	619	706	294	359	523	619	706
kritischer Außendruck bei S.F. = 1,0 und γ-Spülung = 1,0	kg/cm²	96	166	215	299	390	500	597	215	299	390	500	597
Einbauteufe bei S.F. = 1,125 und γ-Spülung = 1,153	m	740	1280	1660	2310	3010	3860	4600	1660	2310	3010	3860	4600
Abstreiffestigkeit S.F. = 1	t	54,9	88,5	117,5	145,1	169,2	200,9	229,5	135,6	167,8	195,0	231,8	264,0
Einbauteufe S.F. = 1	m	2169	2972	3947	4063	4737	4822	4919	4557	4700	5462	5563	5544
S.F. = 1,8	m	1205	1650	2185	2260	2625	2705	2700	2480	2610	3035	3085	3080
Inhalt/m	l/m	19,08	18,54		17,76		16,99	16,32	18,54	17,76		16,99	16,32
Verdrängung/m offen	l		3,80		4,56		5,32	5,98	3,82	4,58		5,34	6,00
Verdrängung/m geschlossen	l	22,32							22,34				

Tabelle 25 e. *A.P.I.*-

Rohrgröße (D)	Zoll/mm	7						177,80	
		kurze Muffen							
Nenngewicht je Fuß	lbs./ft	17,00	17,00	20,00	20,00	23,00	23,00	26,00	26,00
Gütestufe	A.P.I.	*F*—25	*H*—40	*H*—40	*J*—55	*J*—55	*N*—80	*J*—55	*N*—80
Gewicht/m mit Muffe	kg/m	25,60		29,78		34,27		38,72	
Innendurchmesser d	mm	166,06		163,98		161,70		159,41	
Innendorn	mm	162,89		160,81		158,52		156,24	
Wanddicke t	mm	5,87		6,91		8,05		9,20	
D/t		30,303		25,735		22,082		19,337	
t/D		0,0330		0,0389		0,0453		0,0517	
Querschnittsfläche	cm²	31,69		37,09		42,94		48,70	
kritischer Querschnitt Aj	cm²	21,65		27,04		32,97		38,65	
kritischer Innendruck S.F. = 1	kg/cm²	101	162	191	263	307	446	350	509
kritischer Außendruck bei S.F. = 1,0 und γ-Spülung = 1,0	kg/cm²	77	96	135	176	231	302	285	374
Einbauteufe bei S.F. = 1,125 und γ-Spülung = 1,153	m	590	740	1040	1360	1780	2330	2190	2880
Abstreiffestigkeit S.F. = 1	t	53,5	72,6	86,6	115,2	136,1	158,8	156,5	182,3
Einbauteufe S.F. = 1	m	2120	2868	2911	3871	3975	4639	3045	4711
S.F. = 1,8	m	1178	1595	1620	2155	2210	2580	2245	2620
Inhalt/m	l/m	21,66		21,12		20,53		19,96	
Verdrängung/m offen	l	3,26		3,79		4,36		4,93	
Verdrängung/m geschlossen	l	24,88							

Futterrohre

7						177,80					
kurze Muffen				lange Muffen							
29,00	32,00	35,00	38,00	23,00	23,00	26,00	26,00	29,00	32,00	35,00	38,00
$N-80$	$N-80$	$N-80$	$N-80$	$J-55$	$N-80$	$J-55$	$N-80$	$N-80$	$N-80$	$N-80$	$N-80$
43,20	47,52	51,77	55,67	34,45		38,89		43,34	47,64	51,88	55,78
157,07	154,79	152,50	150,37	161,70		159,41		157,07	154,79	152,50	150,37
153,90	151,61	149,33	147,19	158,52		156,24		153,90	151,61	149,33	147,19
10,36	11,51	12,65	13,72	8,05		9,20		10,36	11,51	12,65	13,72
17,157	15,443	14,056	12,963	22,082		17,337		17,157	15,443	14,056	12,963
0,0583	0,0647	0,0711	0,0771	0,0453		0,0517		0,0583	0,0647	0,0711	0,0771
54,51	60,11	65,63	70,70	42,94		48,70		54,51	60,11	65,63	70,70
44,56	50,05	55,55	60,60	32,97		38,65		44,56	50,05	55,55	60,60
574	637	700	759	307	446	350	509	574	637	700	759
448	520	592	638	231	302	285	374	448	520	592	638
3460	4010	4560	4920	1780	2330	2190	2880	3460	4010	4560	4920
205,9	229,1	251,3	272,2	156,0	181,4	179,2	208,7	235,9	262,2	288,0	312,1
4773	4810	9825	4813	4560	5300	4630	5392	5465	5505	5529	5520
2655	2675	2680	2675	2535	2945	2575	3000	3040	3060	3075	3070
19,38	18,82	18,26	17,76	20,53		19,96		19,38	18,82	18,26	17,76
5,50	6,05	6,59	7,09	4,39		4,95		5,52	6,07	6,61	7,10
24,88				24,89							

Tabelle 25 f. *A.P.I.-Futterrohre*

Rohrgröße (D)	Zoll/mm	7 5/8 193,68											
		kurze Muffen							lange Muffen				
Nenngewicht je Fuß	lbs./ft	20,00	24,00	26,40	26,40	29,70	33,70	39,00	26,40	26,40	29,70	33,70	39,00
Gütestufe	A.P.I.	*F*−25	*H*−40	*J*−55	*N*−80	*N*−80	*N*−80	*N*−80	*J*−55	*N*−80	*N*−80	*N*−80	*N*−80
Gewicht/m mit Muffe	kg/m	29,57	36,10	39,17		44,24	50,09	57,41	39,45		44,51	50,35	57,64
Innendurchmesser d	mm	181,00	178,44	177,01		174,62	171,83	168,28	177,01		174,62	171,83	168,28
Innendorn	mm	177,99	175,26	173,84		171,45	168,66	165,10	173,84		171,45	168,66	165,10
Wanddicke t	mm	6,45	7,62	8,33		9,52	10,92	12,70	8,33		9,52	10,92	12,70
D/t		30,500	25,417	23,247		20,333	17,733	15,250	23,247		20,333	17,733	15,250
t/D		0,0328	0,0393	0,0430		0,0492	0,0564	0,0656	0,0430		0,0492	0,0564	0,0656
Querschnittsfläche	cm²	37,35	44,54	48,51		55,10	62,71	72,21	48,51		55,10	62,71	72,21
kritischer Querschnitt Aj	cm²	26,47	33,63	37,60		44,19	51,80	61,30	37,60		44,19	51,80	61,30
kritischer Innendruck S.F. = 1	kg/cm²	101	193	291	423	484	555	645	291	423	484	555	645
kritischer Außendruck bei S.F. = 1,0 und γ-Spülung = 1,0	kg/cm²	77	138	212	276	345	427	529	212	276	345	427	529
Einbauteufe bei S.F. = 1,125 und γ-Spülung = 1,153	m	590	1060	1630	2130	2660	3290	4080	1630	2130	2660	3290	4080
Abstreiffestigkeit S.F. = 1	t	62,6	103,0	151,0	175,5	202,3	232,7	270,3	171,5	199,1	229,1	263,5	306,6
S.F. = 1	m	2103	2883	3844	4468	4578	4639	4657	4365	5069	5182	5255	5282
Einbauteufe S.F. = 1,8	m	1168	1602	2136	2482	2543	2577	2587	2425	2816	2879	2920	2935
Inhalt/m	l/m	25,79	25,00	24,61		23,95	23,19	22,24	24,61		23,95	23,19	22,24
Verdrängung/m offen	l		4,60	4,99		5,63	6,38	7,31	5,02		5,67	6,41	7,34
Verdrängung/m geschlossen	l				29,58						29,61		

Tabelle 25 g. *A.P.I.-Futterrohre*

Rohrgröße (D)	Zoll/mm	8 5/8			219,08			
		kurze Muffen						
Nenngewicht je Fuß	lbs./ft	24,00	24,00	28,00	32,00	32,00	36,00	36,00
Gütestufe	A.P.I.	$F-25$	$J-55$	$H-40$	$H-40$	$J-55$	$J-55$	$N-80$
Gewicht/m mit Muffe	kg/m	36,83		41,86	47,83		53,74	
Innendurchmesser *d*	mm	205,66		203,63	201,19		198,76	
Innendorn	mm	202,49		200,46	198,02		195,58	
Wanddicke *t*	mm	6,71		7,22	8,94		10,16	
D/t		32,670		28,372	24,503		21,562	
t/D		0,0306		0,0352	0,0408		0,0464	
Querschnittsfläche	cm²	44,74		51,27	59,02		66,68	
kritischer Querschnitt Aj	cm²	32,39		38,92	46,67		54,32	
kritischer Innendruck S.F. = 1	kg/cm²	94	207	174	201	276	314	456
kritischer Außendruck bei S.F. = 1,0 und γ-Spülung = 1,0	kg/cm²	75	101	111	148	193	240	314
Einbauteufe bei S.F. = 1,125 und γ-Spülung = 1,153	m	580	780	860	1140	1490	1850	2420
Abstreiffestigkeit S.F. = 1	t	74,5	130,6	114,3	133,8	178,3	203,2	236,8
Einbauteufe S.F. = 1	m	2042	3658	2743	2810	3743	3792	4420
S.F. = 1,8	m	1134	2032	1523	1561	2080	2107	2456
Inhalt/m	l/m	33,22		32,57	31,79		31,02	
Verdrängung/m offen	l	4,69		5,33	6,09		6,84	
Verdrängung/m geschlossen		37,87						

Tabelle 25 g (Fortsetzung). *A.P.I.-Futterrohre*

8 5/8			219,08					
			lange Muffen					
40,00	44,00	49,00	32,00	36,00	36,00	40,00	44,00	49,00
$N-80$	$N-80$	$N-80$	$J-55$	$J-55$	$N-80$	$N-80$	$N-80$	$N-80$
59,80	65,79	72,52	48,34	54,20		60,24	66,20	72,89
196,22	193,68	190,78	201,19	198,76		196,22	193,68	190,78
193,04	190,50	187,60	198,02	195,58		193,04	190,50	187,60
11,43	12,70	14,15	8,94	10,16		11,43	12,70	14,15
19,167	17,250	15,485	24,503	21,562		17,167	17,250	15,485
0,0522	0,0580	0,0646	0,0408	0,0464		0,0522	0,0580	0,0646
74,56	82,34	91,08	59,02	66,68		74,56	82,34	91,08
62,21	69,99	78,73	46.67	54,32		62,21	69,99	78,73
513	571	636	276	314	456	513	571	636
379	444	518	193	240	314	379	444	518
2920	3420	4000	1490	1850	2420	2920	3420	4000
267,2	296,6	330,7	198,2	226,3	263,5	297,1	330,7	366,3
4487	4529	4535	4164	4225	4919	4993	5051	5051
2493	2516	2520	2313	2347	2733	2774	2806	2806
30,24	29,46	28,58	31,79	31,02		30,24	29,46	28,58
7,62	8,38	9,24	6,16	6,90		7,67	8,43	9,28
					37,91			

Tabelle **25** h. *A.P.I.-Futterrohre*

Rohrgröße (*D*)	Zoll/mm			9 5/8		244,48	
				kurze Muffen			
Nenngewicht je Fuß	lbs./ft	**29,30**	**32,30**	**36,00**	**36,00**	40,00	40,00
Gütestufe	A.P.I.	*F*–25	*H*–40	*H*–40	*J*–55	*J*–55	*N*–80
Gewicht/m mit Muffe	kg/m	43,60	47,99	53,59		59,54	
Innendurchmesser *d*	mm	230,20	228,62	226,59		224,41	
Innendorn	mm	226,34	224,66	222,62		220,44	
Wanddicke *t*	mm	7,14	7,92	8,94		10,03	
D/t		34,253	30,849	27,344		24,367	
t/D		0,0292	0,0324	0,0366		0,0410	
Querschnittsfläche	cm²	53,24	58,89	66,16		73,90	
kritischer Querschnitt *Aj*	cm²	39,41	95,10	52,36		60,10	
kritischer Innendruck S.F. = 1	kg/cm²	90	160	180	247	278	404
kritischer Außendruck bei S.F. = 1,0 und γ-Spülung = 1,0	kg/cm²	61	93	120	156	195	248
Einbauteufe bei S.F. = 1,125 und γ-Spülung = 1,153	m	470	720	930	1200	1500	1910
Abstreiffestigkeit S.F. = 1	t	83,9	126,6	144,2	191,4	217,4	251,7
Einbauteufe S.F. = 1	m	1932	2633	2691	3572	3633	4231
S.F. = 1,8	m	1073	1463	1495	1985	2018	2351
Inhalt/m	l/m	41,62	41,05	40,32		39,55	
Verdrängung/m offen	l		6,11	6,82		7,58	
Verdrängung/m geschlossen	l			47,12			

Tabelle 25 h (Fortsetzung). *A.P.I.-Futterrohre*

9 5/8			244,48					
			lange Muffen					
43,50	47,00	53,50	36,00	40,00	40,00	43,50	47,00	53,50
N−80	*N*−80	*N*−80	*J*−55	*J*−55	*N*−80	*N*−80	*N*−80	*N*−80
65,03	70,08	79,87	54,26	60,18		65,64	70,64	80,39
222,38	220,50	216,79	226,59	224,41		222,38	220,50	216,79
218,41	216,53	212,82	222,62	220,44		218,41	216,53	212,82
11,05	11,99	13,84	8,94	10,03		11,05	11,99	13,84
22,126	20,392	17,661	27,344	24,367		22,126	20,392	17,661
0,0452	0,0490	0,0566	0,0366	0,0410		0,0452	0,0490	0,0566
81,03	87,56	100,30	66,16	73,90		81,03	87,56	100,30
67,23	73,77	86,50	52,36	60,10		67,23	73,77	86,50
445	483	557	247	278	404	445	483	557
301	344	430	156	195	248	301	344	430
2320	2650	3320	1200	1500	1910	2320	2650	3320
278,5	302,1	349,3	209,6	236,3	274,9	303,9	329,8	381,5
4301	4319	4386	3911	3968	4618	4694	4715	4791
2389	2400	2437	2173	2204	2566	2608	2619	2662
38,84	38,18	36,91	40,32	39,55		38,84	38,18	36,91
8,28	8,92	10,17	6,91	7,66		8,36	9,00	10,24

47,20

Tabelle 25 j *A.P.I.-Futterrohre*

Rohrgröße (D)	Zoll/mm	10 3/4 273,05							
		kurze Muffen							
Nenngewicht je Fuß	lbs./ft	32,75	32,75	40,50	40,50	45,50	51,00	51,00	55,50
Gütestufe	A.P.I.	$F-25$	$H-40$	$H-40$	$J-55$	$J-55$	$J-55$	$N-80$	$N-80$
Gewicht/m mit Muffe	kg/m	46,43		59,83		67,62	75,35		82,22
Innendurchmesser d	mm	258,88		255,27		252,73	250,19		247,90
Innendorn	mm	254,91		251,30		248,76	246,22		243,94
Wanddicke t	mm	7,09		8,89		10,16	11,43		12,57
D/t		38,530		30,714		26,875	23,889		21,717
t/D		0,0260		0,0326		0,0372	0,0419		0,0460
Querschnittsfläche	cm²	59,21		73,78		83,91	93,94		102,89
kritischer Querschnitt Aj	cm²	43,79		58,36		68,49	78,52		87,46
kritischer Innendruck S.F. = 1	kg/cm²	80	128	160	220	252	283	412	453
kritischer Außendruck bei S.F. = 1,0 und γ-Spülung = 1,0	kg/cm²	46	50	94	122	162	202	264	311
Einbauteufe bei S.F. = 1,125 und γ-Spülung = 1,153	m	350	380	720	940	1250	1560	2040	2400
Abstreiffestigkeit S.F. = 1	t	88,9	120,2	153,3	204,1	235,0	265,4	308,4	340,2
Einbauteufe S.F. = 1	m	1823	2466	2545	3386	3469	3696	4063	4118
S.F. = 1,8	m	1013	1370	1414	1881	1927	2053	2257	2288
Inhalt/m	l/m	52,63		51,18		50,16	49,16		48,26
Verdrängung/m offen	l	6,19		7,62		8,61	9,60		10,47
Verdrängung/m geschlossen	l	58,78							

Tabelle 25 k. *A.P.I.-Futterrohre*

Rohrgröße (D)	Zoll/mm	11 3/4 298,45					
		kurze Muffen					
Nenngewicht je Fuß	lbs./ft	38,00	42,00	47,00	54,00	60,00	60,00
Gütestufe	A.P.I.	$F-25$	$H-40$	$J-55$	$J-55$	$J-55$	$N-80$
Gewicht/m mit Muffe	kg/m	56,55	62,62	69,86	80,09	89,20	
Innendurchmesser d	mm	283,21	281,53	279,40	276,35	273,61	
Innendorn	mm	279,25	277,56	275,43	272,38	269,65	
Wanddicke t	mm	7,62	8,46	9,52	11,05	12,42	
D/t		39,167	35,285	31,333	27,011	24,029	
t/D		0,0255	0,0283	0,0319	0,0370	0,0416	
Querschnittsfläche	cm²	69,62	77,06	86,46	99,76	111,61	
kritischer Querschnitt Aj	cm²	52,76	60,19	69,59	82,90	94,74	
kritischer Innendruck S.F. = 1	kg/cm²	79	139	216	250	282	410
kritischer Außendruck bei S.F. = 1,0 und γ-Spülung = 1,0	kg/cm²	44	66	115	160	200	261
Einbauteufe bei S.F. = 1,125 und γ-Spülung = 1,153	m	340	510	890	1230	1540	2010
Abstreiffestigkeit S.F. = 1	t	100,7	152,4	230,0	269,0	303,0	352,9
Einbauteufe S.F. = 1	m	1780	2438	3289	3347	3392	3953
S.F. = 1,8	m	991	1353	1826	1859	1887	2195
Inhalt/m	l/m	63,04	62,25	61,31	59,98	58,79	
Verdrängung/m offen	l	—	7,98	8,90	10,20	11,36	
Verdrängung/m geschlossen	l	70,20					

Tabelle 25 l. *A.P.I.-Futterrohre*

Rohrgröße (*D*)	Zoll/mm	13 3/8 339,72					
		kurze Muffen					
Nenngewicht je Fuß	lbs./ft	48,00	48,00	54,50	61,00	68,00	72,00
Gütestufe	A.P.I.	*F*—25	*H*—40	*J*—55	*J*—55	*J*—55	*N*—80
Gewicht/m mit Muffe	kg/m	70,90		80,78	90,59	100,30	106,87
Innendurchmesser *d*	mm	322,96		320,42	317,88	315,34	313,61
Innendorn	mm	318,99		316,45	313,91	311,37	309,64
Wanddicke *t*	mm	8,38		9,65	10,92	12,19	13,06
D/t		40,530		35,197	31,105	27,865	26,021
t/D		0,0247		0,0284	0,0321	0,0359	0,0384
Querschnittsfläche	cm^2	87,25		100,09	112,82	125,45	133,98
kritischer Querschnitt *Aj*	cm^2	68,03		80,88	93,61	106,24	114,77
kritischer Innendruck S.F. = 1	kg/cm^2	76	122	192	217	243	378
kritischer Außendruck bei S.F. = 1,0 und γ-Spülung = 1,0	kg/cm^2	39	52	80	117	150	202
Einbauteufe bei S.F. = 1,125 und γ-Spülung = 1,153	m	300	400	620	900	1160	1560
Abstreiffestigkeit S.F. = 1	t	117,9	159,7	247,2	278,1	315,2	393,7
Einbauteufe S.F. = 1	m	1652	2243	3048	3063	3115	3676
S.F. = 1,8	m	917	1241	1695	1701	1731	2042
Inhalt/m	l/m	81,91		80,63	79,36	78,10	77,24
Verdrängung/m offen	l	9,03		10,29	11,54	12,77	13,61
Verdrängung/m geschlossen	l	90,90					

Tabelle 25 m. *A.P.I.-Futterrohre*

Rohrgröße (D)	Zoll/mm	16	406,40		
		kurze Muffen			
Nenngewicht je Fuß	lbs./ft	55,00	65,00	75,00	84,00
Gütestufe	A.P.I.	$F-25$	$H-40$	$J-55$	$J-55$
Gewicht/m mit Muffe	kg/m	81,50	96,30	111,06	124,53
Innendurchmesser d	mm	390,52	387,35	384,18	381,25
Innendorn	mm	385,74	382,59	379,41	376,49
Wanddicke t	mm	7,94	9,52	11,11	12,57
D/t		51,282	42,667	36,613	32,323
t/D		0,0195	0,0234	0,0273	0,0309
Querschnittsfläche	cm²	99,36	118,76	138,00	155,56
kritischer Querschnitt Aj	cm²	76,36	95,75	114,99	132,56
kritischer Innendruck S.F. = 1	kg/cm²	60	115	185	209
kritischer Außendruck bei S.F. = 1,0 und γ-Spülung = 1,0	kg/cm²	20	45	71	104
Einbauteufe bei S.F. = 1,125 und γ-Spülung = 1,153	m	150	350	550	800
Abstreiffestigkeit S.F. = 1	t	117,0	191,9	300,3	341,6
Einbauteufe S.F. = 1	m	1427	1984	2691	2731
S.F. = 1,8	m	796	1103	1494	1518
Inhalt/m	l/m	119,77	117,83	115,91	114,15
Verdrängung/m offen	l	—	12,26	14,14	15,86
Verdrängung/m geschlossen	l	130,06			

Tabelle 25 n. *A.P.I.-Futterrohre*

Rohrgröße (D)	Zoll/mm	20 508,00	
		kurze Muffen	
Nenngewicht je Fuß	lbs./ft	94,00	94,00
Gütestufe	A.P.I.	$F-25$	$H-40$
Gewicht/m mit Muffe	kg/m	**139,68**	
Innendurchmesser d	mm	**485,75**	
Innendorn	mm	**480,99**	
Wanddicke t	mm	**11,12**	
D/t		**45,662**	
t/D		**0,0219**	
Querschnittsfläche	cm²	**173,66**	
kritischer Querschnitt Aj	cm²	**144,88**	
kritischer Innendruck S.F. = 1	kg/cm²	**68**	**108**
kritischer Außendruck bei S.F. = 1,0 und γ-Spülung = 1,0	kg/cm²	**28**	**37**
Einbauteufe bei S.F. = 1,125 und γ-Spülung = 1,153	m	220	280
Abstreiffestigkeit S.F. = 1	t	**162,8**	**220,9**
Einbauteufe S.F. = 1	m	**1164**	**1579**
S.F. = 1,8	m	**646**	**878**
Inhalt/m	l/m	**185,31**	
Verdrängung/m offen	l	**17,79**	
Verdrängung/m geschlossen	l	**203,10**	

Tabelle 25 o. *A.P.I.-Futterrohre, Extreme line casing*

Rohrgröße (D)	Zoll/mm	8 5/8 219,08									
Nenngewicht je Fuß	lbs./ft	32,00	36,00	36,00	36,00	40,00	40,00	44,00	44,00	49,00	49,00
Gütestufe	A.P.I.	$J-55$	$J-55$	$N-80$	$P-110$	$N-80$	$P-110$	$N-80$	$P-110$	$N-80$	$P-110$
Gewicht/m mit Muffe	kg/m	47,62		53,57		59,53		65,48		72,92	
Innendurchmesser d	mm	201,19		198,76		196,22		193,68		190,78	
Innendorn	mm	195,58		195,58		193,04		190,50		187,60	
Wanddicke t	mm	8,94		10,16		11,43		12,70		14,15	
D/t		24,503		21,562		19,167		17,250		15,485	
t/D		0,0408		0,0464		0,0522		0,0580		0,0646	
Querschnittsfläche	cm²	59,03		66,68		74,56		82,34		91,08	
kritischer Querschnitt normal	cm²	59,03		59,19		63,91		68,50		68,50	
kritischer Querschnitt wahlweise	cm²	59,03		59,19		60,23		60,23		60,23	
Muffen-Gewinde Innendurchmesser	mm	196,22		196,22		194,64		192,15		189,26	
Muffen-Gewinde Außendurchmesser normal		231,65		231,65		231,65		231,65		231,65	
Muffen-Gewinde Außendurchmesser wahlweise		229,36		229,36		229,36		229,36		229,36	
kritischer Innendruck S.F. = 1	cm²	276	314	456	627	513	706	571	785	336	874
kritischer Außendruck bei S.F. = 1,0 und γ-Spülung = 1,0	kg/cm²	192	241	314	362	379	522	444	643	518	750
Einbauteufe bei S.F. = 1,125 und γ-Spülung = 1,153	m	1480	1860	2420	2790	2920	4030	3420	4960	3990	5780
Abstreiffestigkeit normal	t	355,2	355,6	381,9	477,6	413,2	516,6	443,2	553,8	443,2	553,8
Abstreiffestigkeit S.F. = 1 wahlweise	t	355,2	255,6	381,9	477,6	389,6	487,2	389,6	487,2	389,6	487,2
Einbauteufe S.F. = 1 normal	m	7461	6638	7132	8915	6946	8663	6764	8460	6073	7592
Einbauteufe S.F. = 1 wahlweise	m	7461	6638	7132	8915	6545	4181	5947	7434	5344	6676
Einbauteufe normal	m	4145	3688	3962	4953	3859	4813	3758	4700	3374	4218
Einbauteufe S.F. = 1,8 wahlweise	m	4145	3688	3962	4953	3636	4545	3304	3130	2969	3709

Tabelle 25 p. *A.P.I.-Futterrohre, Extreme line casing*

Rohrgröße (D)		Zoll/mm	7 5/8 244,48							
Nenngewicht je Fuß		lbs./ft	40,00	40,00	43,50	43,50	47,00	47,00	53,50	53,50
Gütestufe		A.P.I.	$J-55$	$N-80$	$N-80$	$P-110$	$N-80$	$P-110$	$N-80$	$P-110$
Gewicht/m mit Muffe		kg/m	59,22		64,74		69,64		79,62	
Innendurchmesser d		mm	224,41		222,38		220,50		216,79	
Wanddicke t		mm	10,03		11,05		11,99		13,84	
D/t			24,367		22,126		20,392		17,661	
t/D			0,0410		0,0452		0,0490		0,0566	
Querschnittsfläche		cm²	73,90		81,03		87,56		100,30	
kritischer Querschnitt	normal	cm²	65,95		65,95		69,80		79,96	
	wahlweise	cm²	65,95		65,95		69,80		71,81	
Muffen-Gewinde	Innendurchmesser	mm	220,09		220,09		218,97		215,27	
	Außendurchmesser normal	mm	256,54		256,54		256,54		256,54	
	Außendurchmesser wahlweise	mm	254,51		254,51		254,51		254,51	
kritischer Innendruck S.F. = 1		kg/cm²	278	404	445	612	483	664	558	766
kritischer Außendruck bei S.F. = 1,0 und γ-Spülung = 1,0		kg/cm²	195	248	301	335	345	430	429	621
Einbauteufe bei S.F. = 1,125 und γ-Spülung = 1,153		m	1500	1910	2320	2580	2660	3320	3310	4790
Abstreiffestigkeit	normal	t	396,9	426,4	426,4	583,4	451,3	564,3	517,1	646,4
	S.F. = 1 wahlweise	t	396,9	426,4	426,4	583,4	451,3	564,3	464,5	580,6
	normal	m	6665	7166	6590	8235	6458	8071	6496	8120
	S.F. = 1 wahlweise	m	6665	7166	6590	8235	6458	8071	5832	7292
Einbauteufe	normal	m	3703	3981	3661	4575	3588	4484	3609	5411
	S.F. = 1,8 wahlweise	m	3703	3981	3661	4575	3588	4484	3240	4051

Tabelle 25 q. *Futterrohr- und Muffengewinde* (s. Abb. 115 a, S. 235)

Futterrohrdaten			Gewinde-Abmessungen				Muffen-Abmessungen								
			Länge								Aussparung				
Rohrgröße D	Nenngewicht je Fuß	Art der Muffen	Gesamtlänge: Rohrende bis Gewinde-Endpunkt L_4	Vollkommenes Gewinde L_2	Rohrende bis Handanzugsebene L_1	Flankendurchmesser in der Handanzugsebene E_1	Außendurchmesser W	Länge N_L	Gewicht (errechnet)	Breite der Tragfläche R	Tiefe q	Durchmesser Q	Muffenstirn bis Handanzugsebene M	Handanzug A	Rohrende bis Muffenmitte Kraftverschraubung J
Zoll	lbs./ft		mm				mm		kg	mm				Gänge	mm
4 1/2	alle	kurze	50,80	43,56	23,39	111,846	127,00	127,00	2,74	3,969	12,7	116,681	17,882	3	12,700
	alle	lange	76,20	68,96	48,79	111,846	127,00	177,80	4,11				17,882	3	12,700
5	11,50	kurze	63,50	56,26	36,09	124,846	141,30	165,10	4,62	4,763	12,7	129,381	17,882	3	19,050
	alle	kurze	69,85	62,61	42,44	124,846	141,30	165,10	4,62				17,882	3	12,700
	anderen	lange	85,73	78,49	58,32	124,546	141,30	196,85	5,70				17,882	3	12,700
5 1/2	13,00	kurze	66,68	59,44	39,27	137,246	153,67	171,45	5,19	3,175	12,7	142,081	17,882	3	19,050
	alle	kurze	73,03	65,79	45,62	137,246	153,67	171,45	5,19				17,882	3	12,700
	anderen	lange	88,90	81,66	61,49	137,246	153,67	203,20	6,36				17,882	3	12,700
6	alle	kurze	76,20	68,96	48,79	149,946	168,28	177,80	6,59	4,763	12,7	154,781	17,882	3	12,700
	alle	lange	95,25	88,01	67,84	149,946	168,28	215,90	8,30				17,882	3	12,700
6 5/8	alle	kurze	79,38	72,14	51,97	165,821	187,71	184,15	9,06	6,350	12,7	170,656	17,882	3	12,700
	alle	lange	98,43	91,19	71,02	165,821	187,71	222,52	11,26				17,882	3	12,700

7	17,00	kurze	60,33	53,09	32,92	175,346	194,46	184,15	8,32	4,763	12,7	180,181	17,882	3	31,750
	alle	kurze	79,38	72,14	51,97	175,346	194,46	184,15	8,32				17,882	3	12,700
	anderen	lange	101,60	94,36	74,19	175,346	194,46	228,60	10,74				17,882	3	12,700
7 5/8	20,00	kurze	73,03	65,79	53,92	191,115	215,90	190,50	12,22	6,350	12,7	196,056	18,009	3,5	22,225
	alle	kurze	82,55	75,31	53,44	191,115	215,90	190,50	12,22				18,009	3,5	12,700
	anderen	lange	104,78	97,54	75,67	191,115	215,90	234,95	15,53				18,009	3,5	12,700
8 5/8	24,00	kurze	76,20	68,96	47,09	216,515	244,48	196,85	16,14	7,144	12,7	221,456	18,009	3,5	22,225
	alle	kurze	85,73	78,49	56,62	216,515	244,48	196,85	16,14				18,009	3,5	12,700
	anderen	lange	114,30	107,06	85,19	216,515	244,48	254,00	21,54				18,009	3,5	12,700
9 5/8	29,30	kurze	82,55	75,31	53,44	241,915	269,88	196,85	17,92	7,144	12,7	246,856	18,009	3,5	15,875
	alle	kurze	85,73	78,49	56,62	241,915	269,88	196,85	17,92				18,009	3,5	12,700
	anderen	lange	120,65	113,41	91,54	241,915	269,88	266,70	25,30				18,009	3,5	12,700
10 3/4	32,75	kurze	69,85	62,61	40,74	270,490	298,45	203,20	20,65	7,144	12,7	275,431	18,009	3,5	31,750
	alle	kurze	88,90	81,66	59,79	270,490	298,45	203,20	20,65				18,009	3,5	12,700
	anderen	lange	120,65	113,41	91,54	270,490	298,45	266,70	28,13				18,009	3,5	12,700
11 3/4	38,00	kurze	82,55	75,31	53,44	295,890	323,85	203,20	22,50	7,144	12,7	300,831	18,009	3,5	19,050
	alle	kurze	88,90	81,66	59,79	295,890	323,85	203,20	22,50				18,009	3,5	12,700
	anderen	lange	120,65	113,41	91,54	295,890	323,85	266,70	30,66				18,009	3,5	12,700
13 3/8	alle	kurze	88,90	81,66	59,79	337,165	365,13	203,20	25,51	7,938	12,7	342,106	18,009	3,5	12,700
	alle	lange	120,65	113,41	91,54	337,165	365,13	266,70	34,76				18,009	3,5	12,700
16	alle	kurze	101,60	94,36	72,49	403,840	431,80	228,60	35,83	7,938	12,7	408,781	18,009	3,5	12,700
20	94,00	kurze	101,60	94,36	72,49	502,440	533,40	228,60	44,57	7,938	12,7	510,381	18,009	3,5	12,700

Gangzahl für alle Größen 8 je Zoll.
Kegel für alle Größen 0,0625 je Zoll = 1 : 16.

Bezüglich der chemischen Zusammensetzung des Rohrstahles ist vor allem der maximale Gehalt an Phosphor und Schwefel hervorzuheben.

In Tab. 26 ist dieser Gehalt für die verschiedenen Stahlsorten gegeben.

Tabelle 26. *Maximaler Phosphor- und Schwefelgehalt der Werkstoffe für Futterrohre*

Stahlsorte	Maximaler Gehalt an	
	Phosphor %	Schwefel %
Bessemer-Stahl	0,11	0,065
Siemens-Martin-Stahl[1]	0,045	0,06
Elektrostahl	0,04	0,06

[1] Bei Siemens-Martin-Stahl Klasse II bei patentgeschweißten Rohren ist der Phosphorgehalt 0,08%.

2. Rohr-Qualitäten

Je nach der Herstellungsart der Futterrohre werden die folgenden Qualitäten unterschieden:

a) Qualität „*L*", patentgeschweißte Rohre, und zwar Stahlrohre aus Bessemer-, Siemens-Martin- und Elektrostahl Gütegrad *F*
Eisenrohre aus Siemens-Martin-Eisen und Schweißeisen Gütegrad *F*

b) Qualität „*S*", nahtlos gezogene Rohre aus den obigen Stahlsorten in den Gütegraden *F*, *H*, *J*, *N*

c) Qualität „*E*", elektrisch geschweißte Rohre aus den obigen Stahlsorten in den Gütegraden *F*, *H*, *J*, *N*

d) Eisenrohre, elektrisch geschweißt aus Siemens-Martin-Eisen mit Gütegrad *F*

3. Rohr-Gütegrade

Als Futterrohre für Tiefbohrungen werden nach A.P.I. die folgenden Gütegrade vorgesehen: *F* — 25, *H* — 40, *J* — 55, *N* — 80.

Die den einzelnen Buchstaben beigesetzten Zahlen geben die Mindeststreckgrenze (Yield strength) in 1000 Pfund/Zoll² an. (Unter Mindeststreckgrenze wird jene Spannung verstanden, durch die eine Dehnung um 0,50% der Meßlänge des Probestabes erfolgt.)

In Tab. 27 sind die physikalischen Eigenschaften der Standard-Futterrohre ersichtlich.

Tabelle 27. *Festigkeit der Futterrohre für Tiefbohrungen nach A.P.I.*

	Gütegrad nach A.P.I.			
	F—25	*H*—40	*J*—55	*N*—80
Mindeststreckgrenze				
lbs./Zoll²	25 000,0	40 000,0	55 000,0	80 000,0
kg/mm²	17,6	28,1	38,7	56,2
Mindest-Zugfestigkeit				
lbs./Zoll²	40 000,0	60 000,0	75 000,0	100 000,0
kg/mm²	28,1	42,0	52,7	70,3
Mindestdehnung				
2 Zoll Meßlänge, Streifenprobe in %	40,0	27,0	20,0	16,0
für vollen Rohrquerschnitt	45,0	32,0	25,0	18,0

4. Längengruppen

Die Futterrohre für Tiefbohrungen werden in drei Längengruppen hergestellt, und zwar:

Längengruppe I.	in Längen von	4,88 bis 7,62 m,
Längengruppe II.	in Längen von	7,62 bis 10,36 m,
Längengruppe III.	in Längen von	10,36 und mehr.

5. Rohrverbindungen

Die Verbindung der einzelnen Rohre kann im Prinzip in der folgenden Weise erfolgen:

a) Durch eigene Muffen, welche die beiden mit Zapfengewinde ausgestatteten Rohre miteinander verbinden. Im Lieferwerk wird diese Muffe schon an ein Zapfenende des Futterrohres aufgeschraubt und so dem Konsumenten geliefert (s. Abb. 111 *a*). Nach dem A.P.I.-Standard kann diese Verbindung mit kurzen oder langen Muffen erfolgen, wobei auch die Rohrenden ein entsprechend langes Zapfengewinde geschnitten haben. Außer dieser Standardverbindung werden auf Wunsch auch spezielle Muffenverbindungen hergestellt, wie z. B. solche, bei denen Muffen- und Rohraußendurchmesser gleich sind (s. Abb. 111 *b*) oder aber solche, bei denen die Rohrenden außen schwach angestaucht sind (s. Abb. 111 *c*).

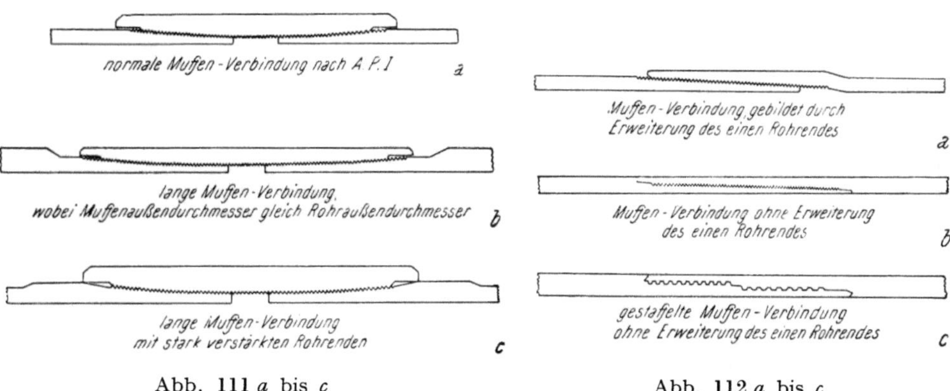

Abb. 111 *a* bis *c*

Abb. 112 *a* bis *c*

b) Die Verbindung kann ferner in der Weise erfolgen, daß das eine Rohrende als Muffengewinde, das andere als Zapfengewinde ausgebildet ist. Sie hat den Vorteil gegenüber der ad a) besprochenen Verbindung, daß im Futterrohrstrang nur die Hälfte an Gewindeverbindungen vorhanden ist.

Den jeweiligen Wünschen entsprechend, wurde diese Rohrverbindung in unterschiedlichen Ausführungen geliefert, wie sie in Abb. 112 *a*, *b* und *c* dargestellt sind.

In den letzten Jahren haben amerikanische Rohrfirmen den immer höher werdenden Anforderungen entsprechend die sogenannten „Extreme line casing“

entwickelt, die nun auch von europäischen Firmen bezogen werden können (s. Abb. 113).

Das Muffen- und Zapfengewinde ist im innen- und außenverstärkten Rohrende geschnitten. Die Gewindeform selbst ist, abweichend vom A.P.I.-Normalgewinde, trapezförmig.

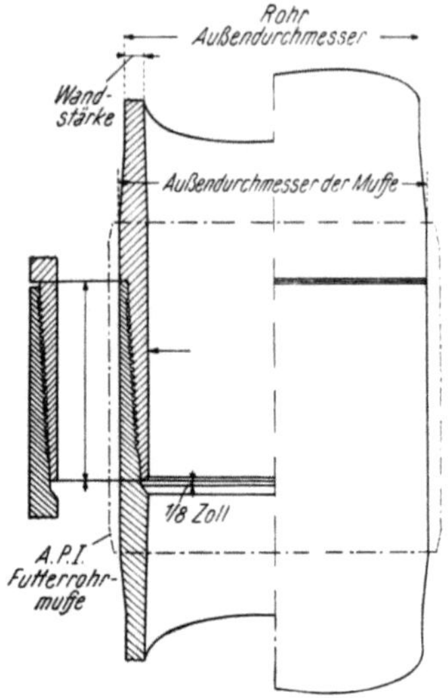

Abb. 113. Futterrohrverbindung der Extreme line casing

c) Gewindelose Rohre können auch aneinander geschweißt werden (s. Abb. 114α, β und γ), wobei die folgenden drei Varianten in Betracht kommen:

α) In das auf einem Ende aufgeweitete Rohr wird das folgende, nicht erweiterte Rohrende eingeführt und die Muffe an das Rohr geschweißt,

β) über die stumpf aneinander stoßenden Rohrenden wird eine gewindelose Muffe gezogen, deren Enden mit den Rohren verschweißt werden,

γ) die abgeschrägten Rohrenden werden stumpf aneinander verschweißt.

Von allen hier genannten Rohrverbindungstypen finden Futterrohre mit eigener Muffe die weitaus größte Verwendung.

In Deutschland, Österreich, Rumänien und Polen wurden in früheren Jahren vorwiegend aufgemuffte Futterrohre eingebaut (teils nach DIN 4932, teils nach anderem Standard). Diese Verbindung hatte den Vorteil, daß der Außendurchmesser der Verbindungsstellen (Muffenteil des Rohres) kleiner war als jener bei Verwendungen von eigenen Muffen.

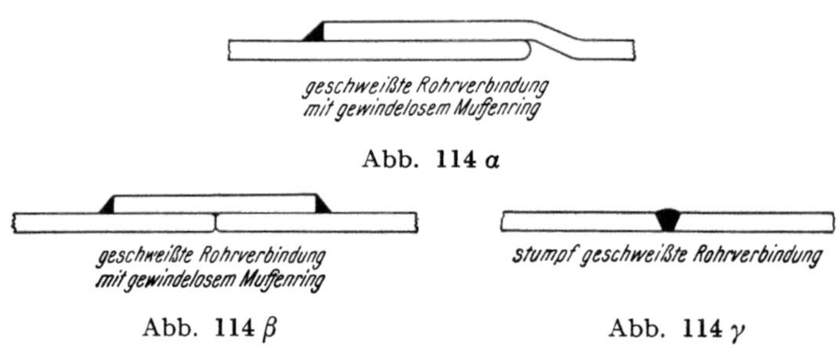

Abb. 114 α

Abb. 114 β Abb. 114 γ

Allerdings waren die damaligen Konstruktionen für hohe Zugbeanspruchungen nicht geeignet.

Für besonders schwierige Verhältnisse, hohe Zugbeanspruchung, bzw. hohe Abstreiffestigkeit und hohe Dichtigkeit der Gewindeverbindungen werden die schon genannten „Extreme line casing" in USA eingebaut, über die noch Näheres ausgeführt werden soll.

In Bohrlöchern, die infolge Nachfall oder quellender Schichten einen möglichst kleinen Rohraußendurchmesser erfordern, werden entweder außen und innen glatte Rohrverbindungen oder stumpf geschweißte Rohre, allerdings nur für relativ kurze Teufenstrecken, eingebaut.

6. Gewinde bei Futterrohren

Nach den A.P.I.-Vorschriften sind die Gewinde nach dem BRIGGSschen Standard geschnitten (s. Tab. 25 q und Abb. 115 *a*, *b*). Das Profil des Gewindeganges ist ein gleichseitiges Dreieck mit abgerundeten Spitzen. Die Konizität beträgt 1 : 16.

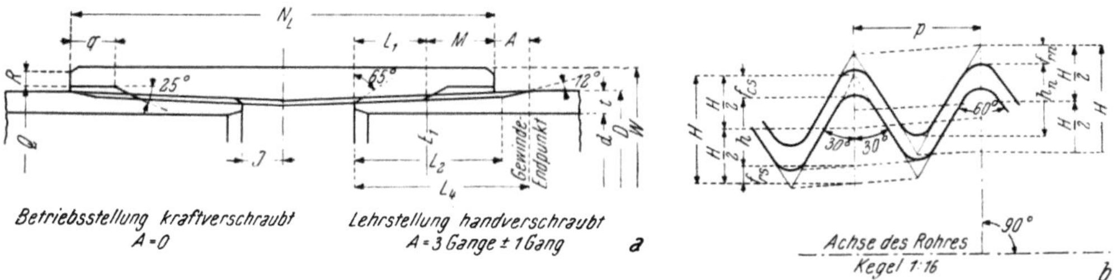

Abb. 115 *a*. Verschraubung des Futterrohrverbinders (Betriebsstellung und Leerstellung)

Abb. 115 *b*. Futterrohrgewinde

Die Höhe des Dreieckes steht lotrecht zur Rohrachse, wohingegen die Dreieckspitzen parallel zum Konus verlaufen. Die Gangzahl beträgt durchwegs 8/Zoll. (Früher war für Durchmesser kleiner als 7 Zoll die Gangzahl 10/Zoll.)

In Abb. 115 *b* bedeutet H die Höhe des Gewinde-Dreieckes, p den horizontalen Abstand zweier Dreieckspitzen. Bei 8 Gang/Zoll ist $p = 3{,}175$ mm und $H = 0{,}866 \cdot p = 2{,}75$ mm.

Bei den „Extreme line casing" (aufgemufften Spezialrohren) sind flache Trapezgewinde (Acmé) geschnitten. Die Gangzahl und Konizität ist in Tab. 28 ersichtlich.

Tabelle 28. *Gangzahl und Konizität der aufgemufften Spezialrohre* (*Extreme line casing*)

Futterrohr-Durchmesser	Gangzahl/Zoll	Konizität
5 bis 7 5/8 Zoll	6	1 : 8
8 5/8 bis 9 5/8 Zoll	5	1 : 9,6

Gegenüber den Rohren mit eigener Muffe nach A.P.I. ist der besondere Vorteil dieser Verbindungstype, daß der Gewindezapfen tiefer in die Muffe eingeführt werden kann, sich daher bei der Verschraubung eine bessere Führung ergibt und infolge der geringeren Gangzahl weniger Drehungen zum Festschrauben erforderlich sind. Die Gefahr, daß die Gewinde beim Einsetzen des Zapfens beschädigt werden, ist bei dieser Konstruktion ebenfalls geringer.

Darüber hinaus wird auch eine viel bessere Dichtigkeit der Verbindungsstellen erzielt.

B. Beanspruchung der Futterrohre

Die Futterrohre sind in Tiefbohrungen den folgenden Beanspruchungen ausgesetzt:

1. Der Beanspruchung auf Außendruck. Wenn das Bohrloch völlig oder auch nur zum Teil entleert ist, haben die Rohre den entsprechenden hydrostatischen Druck bzw. den Gebirgsdruck aufzunehmen. Dieser Fall wird vor allem in der langen Förderperiode auftreten.

2. Kombinierter Beanspruchung auf Außendruck und axialen Zug.

3. Einer Beanspruchung auf Abstreifen der obersten Gewindeverbindung, welche die höchste axiale Last aufzunehmen hat.

4. Der Zugbeanspruchung des schwächsten und höchst belasteten metallischen Rohrquerschnittes.

5. Der Beanspruchung auf Innendruck, z. B. bei normalen, besonders aber bei Druckzementationen, wobei hoher Innendruck auftreten kann.

6. Der Biegebeanspruchung in krummen Bohrlöchern, bzw. Verbiegen infolge einseitigen Gebirgsdruckes.

7. Scheuerungen an der Innenwand der Rohre durch den drehenden Bohrstrang.

8. Der Beanspruchung auf Knickung bei sogenannten „verlorenen Rohrkolonnen" (Liner).

9. Der Korrosion durch chemische Einwirkung von Lagerstättenwasser.

1. Beanspruchung auf Außendruck

Für einen einwandfrei kreisförmigen Querschnitt und einen Werkstoff mit absolut gleicher Festigkeit ist der kritische Außendruck eines Rohres mathematisch zu errechnen.

Bei den Futterrohren ist aber keine der genannten Bedingungen gegeben, da Abweichungen im Außendurchmesser, der Wandstärke und Festigkeit bei ein und derselben Nenngröße und Stahlgüte unvermeidlich sind. So wurde bei zahlreichen Kontrollmessungen festgestellt, daß die Abweichung im Außendurchmesser bis zu 1,7 mm, jene der Wandstärke bis zu 1 mm und der Dehnung bis etwa 3% beträgt. Ferner wurden Unterschiede der Festigkeit bis zu 8 kg/mm^2 festgestellt.

Es mußten daher unzählige praktische Versuche durchgeführt werden, um eine Näherungsformel aufzustellen, die, berücksichtigend die oben angeführten Variationen, mit genügender Sicherheit den kritischen Außendruck eines Futterrohres ermitteln läßt.

Einer der ersten war Prof. R. I. Stewart, der Versuche bei überlappt geschweißten Rohren mit der Festigkeit von 34 bis 42 kg/mm^2 anstellte und eine Formel entwickelte.

Etwas später entwickelte Prof. H. A. Thomas, basierend auf zahlreichen Versuchen mit nahtlosen Stahlrohren, eine andere ähnliche Formel.

Es bedeuten:

P_{ka} = kritischer Außendruck in kg/cm^2,

D = Außendurchmesser in cm,

t = Wandstärke in cm.

Für nahtlose und geschweißte Rohre gilt, wenn $t/D > 0{,}027$ ist:

$P_{ka} = 8.800{,}0 \cdot t/D - 16{,}10;$

für nahtlose Rohre, wenn $t/D < 0{,}027$ ist:

$P_{ka} = 4{,}0 \cdot 10^6 \cdot (t/D)^3;$

für geschweißte Rohre, wenn $t/D < 0{,}027$ ist:

$P_{ka} = 3{,}53 \cdot 10^6 \cdot (t/D)^3.$

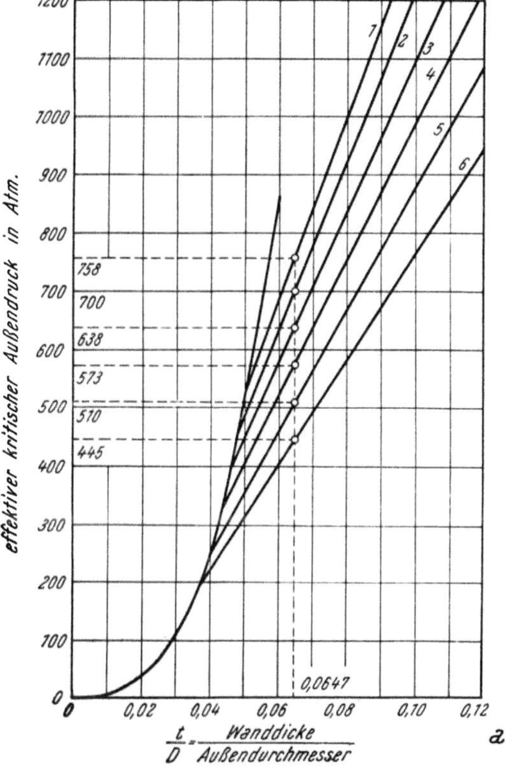

Abb. 116 *a*. Kritischer Außendruck für Rohre aus Werkstoff verschiedener Streckgrenzen nach Fa. Mannesmann-Rohrbau, Düsseldorf.

1 6000 kg/cm² Mindeststreckgrenze
2 5500 kg/cm² Mindeststreckgrenze
3 5000 kg/cm² Mindeststreckgrenze
4 4500 kg/cm² Mindeststreckgrenze
5 4000 kg/cm² Mindeststreckgrenze
6 3500 kg/cm² Mindeststreckgrenze

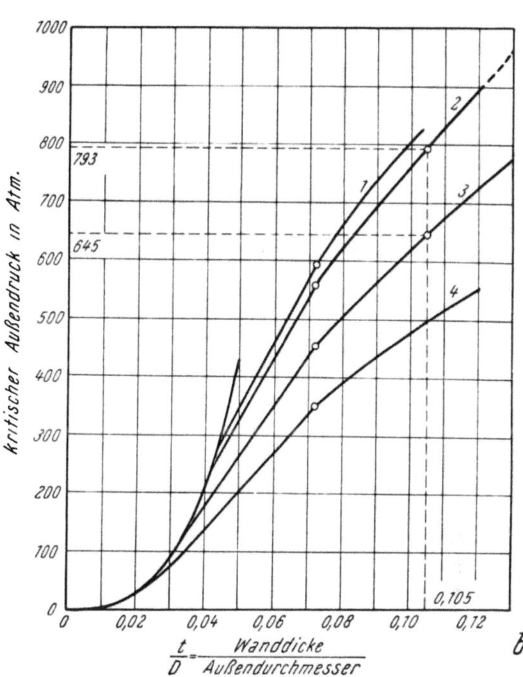

Abb. 116 *b*. Kritischer Außendruck für A.P.I.-Futter- und Gestängerohre nach Fa. Mannesmann-Rohrbau, Düsseldorf.

1 A.P.I.-*N* 80
2 A.P.I.-Grad *E*
3 A.P.I.-*I* 55 (und Grad *D*)
4 A.P.I.-*H* 40

Die Mannesmann-Röhrenwerke (jetzt Fa. Mannesmann-Rohrbau) haben bei zahlreichen Untersuchungen folgendes festgestellt:

Wenn die Wandstärke des Rohres im Vergleich zu seinem Außendurchmesser als verhältnismäßig dünn anzusprechen ist, so beeinflußt eine nur geringe Abweichung von der Kreisform die Festigkeit auf Außendruck nur minimal. Die Verformung liegt hier noch im elastischen Bereich.

Bei großer Wandstärke hingegen muß auch eine geringe Verformung schon als im plastischen Bereich liegend angesehen werden.

Auf Grund zahlreicher Versuche wurden Formeln aufgestellt, die im elastischen und plastischen Bereich unterschiedlich sind.

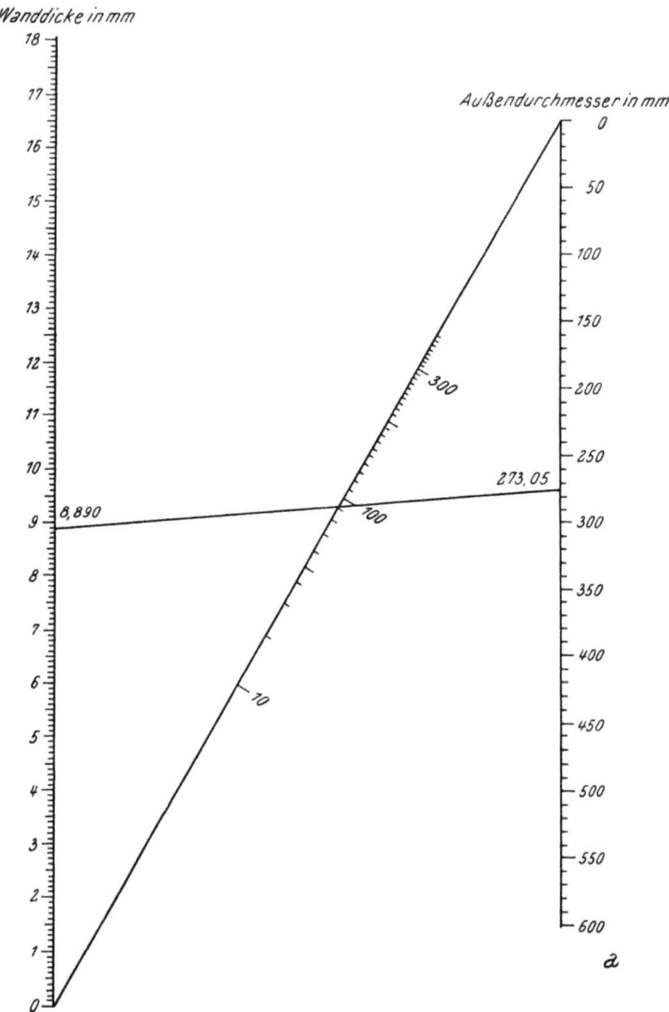

Abb. 117 *a*. Nomogramm zur Bestimmung des kritischen Außendruckes von Futterrohren mit Gütegrad $H-40$ nach Fa. Mannesmann-Rohrbau, Düsseldorf.
Beispiel: A.P.I.-Futterrohre 10 3/4 Zoll, 273,05 mm Außendurchmesser, 8,89 mm Wanddicke. Kritischer Außendruck 93 kg/cm² bei S.F. = 1,0

Für den elastischen Bereich gilt für den kritischen Außendruck:

$$P_{ka} = 2 \cdot E \cdot (t/D)^3;$$

für den plastischen Bereich:

$$P_{ka} = \sigma_s \cdot (2{,}63 \cdot t/D - 0{,}043).$$

Es bedeutet zusätzlich: E = Elastizitätsmodul $2 \cdot 10^6$ kg/cm²,
σ_s = Streckgrenze des Werkstoffes in kg/cm².

In dem Diagramm Abb. 116 *a* und *b* ist der kritische Außendruck, auf obigen Gleichungen basierend, abzulesen, wobei Werkstoffe mit einer Streckgrenze von 3500,0 bis 6000,0 kg/cm² angenommen sind.

Die Kurve für jeden Werkstoff besteht teils aus einer Parabel, die für den elastischen Bereich gilt, und teils aus einer Geraden für das plastische Gebiet.

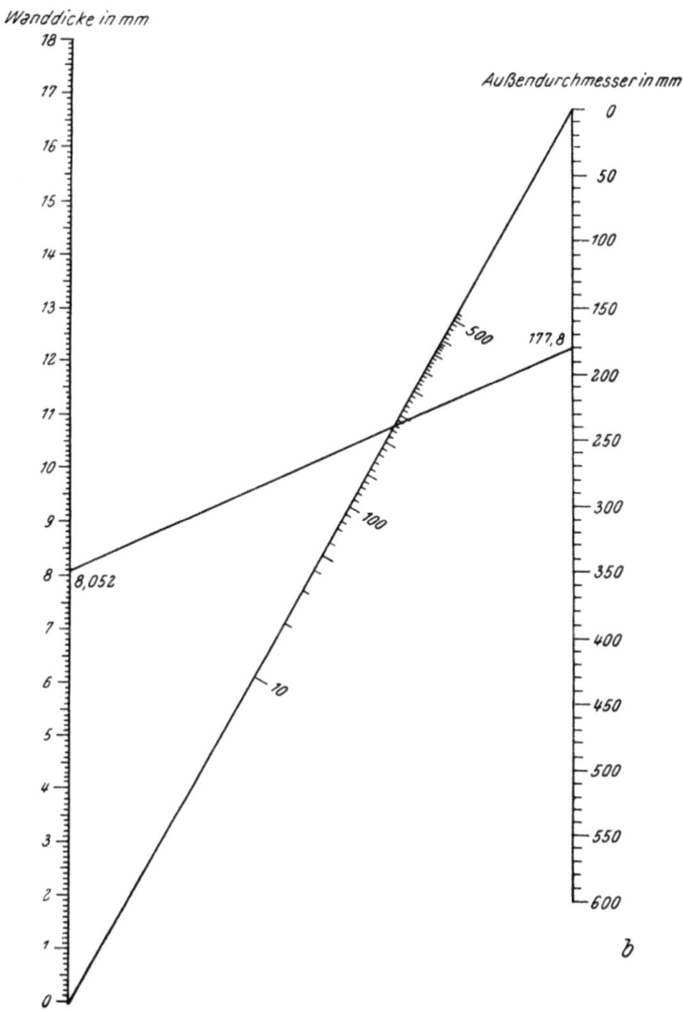

Abb. 117 *b*. Nomogramm zur Bestimmung des kritischen Außendruckes von Futterrohren mit Gütegrad *J*—55 nach Fa. Mannesmann-Rohrbau, Düsseldorf.
Beispiel: A.P.I.-Futterrohre 7 Zoll, 177,8 mm Außendurchmesser, 8,052 mm Wanddicke. Kritischer Außendruck 231 kg/cm² bei S.F. = 1,0

Nach A.P.I. gelten die im A.P.I.-Bulletin 5 C 2 veröffentlichten Formeln, die im metrischen Maßsystem wie folgt lauten:

Für die Gütegrade H — 40, I — 55 und N — 80 gilt im elastischen Bereich:

$$P_{ka} = 0{,}75 \left[\frac{4{,}4 \cdot 10^6}{D/t \cdot (D/t - 1)^2} \right],$$

für den plastischen Bereich für D/t-Werte von 14 und mehr:

$$P_{ka} = 0{,}75\left[y_p \cdot \left(\frac{2{,}503}{D/t} - 0{,}046\right)\right]$$

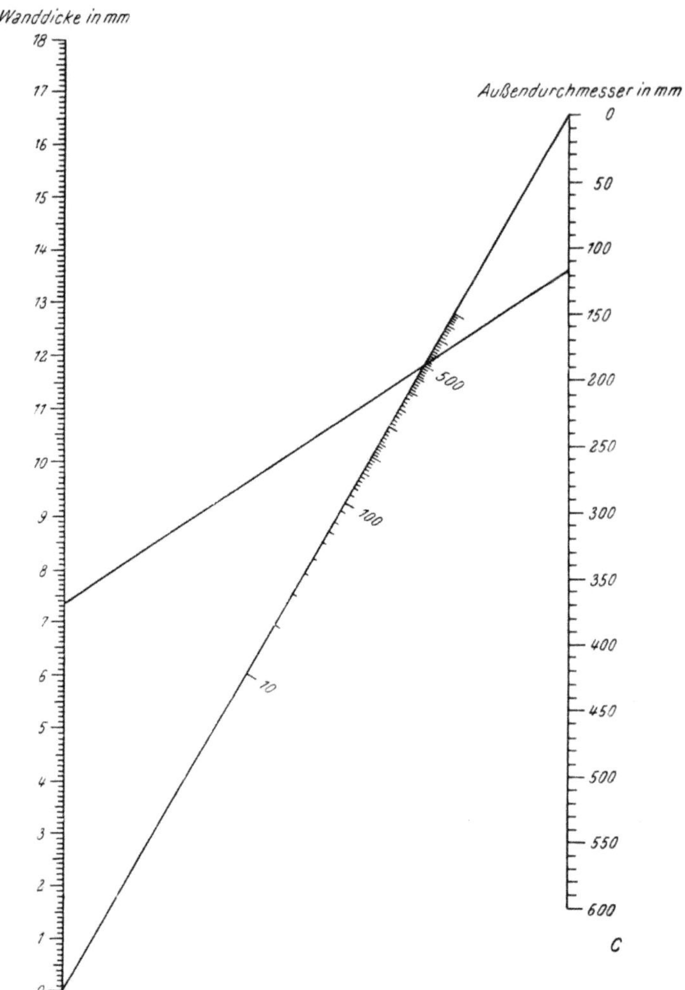

Abb. 117 *c*. Nomogramm zur **Bestimmung** des kritischen Außendruckes von Futterrohren mit Gütegrad $N-80$ nach Fa. Mannesmann-Rohrbau, Düsseldorf.
Beispiel: A.P.I.-Futterrohre 4 1/2 Zoll, 114,3 mm Außendurchmesser, 7,366 mm Wanddicke. Kritischer Außendruck 517 kg/cm² bei S.F. = 1,0

und, wenn $D/t < 14$, dann

$$P_{ka} = 0{,}75\left[y_p \cdot \frac{(D/t - 1)}{(D/t)^2}\right];$$

y_p = mittlere Streckgrenze für $H - 40 = 3515{,}0\ \mathrm{kg/cm^2}$,
$I - 55 = 4570{,}0\ \mathrm{kg/cm^2}$,
$N - 80 = 5976{,}0\ \mathrm{kg/cm^2}$.

Für den Gütegrad $F - 25$ gilt:
wenn $t/D < 0{,}023$, ist $P_{ka} = 0{,}75\ [353\,000\,(t/D)^3]$ und
wenn $t/D > 0{,}023$, ist $P_{ka} = 0{,}75\ [6100\,(t/D) - 100]$.

In Abb. 117 *a*, *b* und *c* sind Fluchtlinientafeln dargestellt, welche die Ermittlung des kritischen Außendruckes wesentlich vereinfachen.

Die A.P.I.-Werte sind um 25% kleiner als die veröffentlichten Mittelwerte, um vor allem der Streuung in den Festigkeitseigenschaften und der Abweichung im Außendurchmesser und in der Wandstärke Rechnung zu tragen.

Zusätzlich wird bei der Planung von Verrohrungsprogrammen mit einem Sicherheitsfaktor von 1,125 bis 1,25 gerechnet. Bei einigen Bohrungen in USA wurde auch schon mit einem Sicherheitsfaktor = 1,0 verrohrt.

Die Einbautiefe bezüglich Außendruck ergibt sich mit

$$T = \frac{P_{ka} \cdot 10}{\gamma_s \cdot Sf};$$

T = Teufe in m,
γ_s = spezifisches Gewicht der Spülung,
Sf = Sicherheitsfaktor.

2. Außendruck, beeinflußt durch axiale Belastung

Der Futterrohrstrang wird im Bohrloch kombinierten Beanspruchungen ausgesetzt sein, und zwar in erster Linie dem Außendruck und axialen Zug, seltener dem Außendruck und axialen Druck. Ferner kann Innendruck mit axialem Zug oder Druck auftreten.

Es ergeben sich damit zweiachsige Spannungen, die bei der Planung eines Verrohrungsprogrammes unbedingt berücksichtigt werden müssen.

Da die radiale Spannung im Verhältnis zur Tangential- oder Umfangsspannung und Axialspannung sehr gering ist, kann sie vernachlässigt werden.

Nach der Hypothese der Gestaltungsenergie ist die Vergleichsspannung σ_v wie folgt ausgedrückt:

$$\sigma_v = 0{,}71 \sqrt{(\sigma_t - \sigma_z)^2 + \sigma_z^2 + \sigma_t^2}$$

bzw.

$$\sigma_v^2 = \sigma_t^2 + \sigma_z^2 - \sigma_t \cdot \sigma_z.$$

Setzt man für einen bestimmten Stahlgütegrad für $\sigma_v = 100$, so erhält man die Gleichung:

$$\sigma_t^2 + \sigma_z^2 - \sigma_t \cdot \sigma_z = 10\,000,$$

wobei σ_t dem tangentialen und σ_z dem axialen Spannungsanteil entspricht.

Es ist die Gleichung einer Ellipse, die in Abb. 118 dargestellt ist. Das Achsenkreuz teilt sie in vier Teilstücke, die, wie aus Abb. 118 hervorgeht, den vier verschiedenen biaxialen Spannungen entsprechen (Außendruck + Zug, Außendruck + Druck in den unteren Abschnitten, Innendruck + Zug, Innendruck + Druck in den oberen Abschnitten).

Auf der X-Achse ist das prozentuelle Verhältnis der Zug-, bzw. Druckspannung gegenüber der mittleren Streckgrenze eines gegebenen Stahlgütegrades aufgetragen. Auf der Ordinate das prozentuelle Verhältnis gegenüber der nominellen Festigkeit eines gegebenen Rohrstranges in Abhängigkeit der jeweiligen biaxialen Beanspruchung.

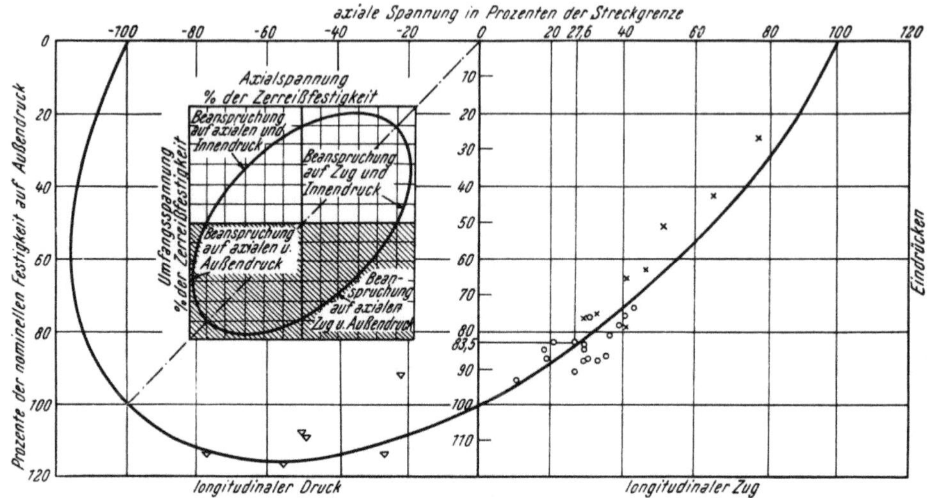

Abb. 118. Ellipse der zweiaxialen Streckgrenze (nach J. L. Holmquist und A. Nadai, A.P.I. Drilling and Production Practice, 1939)

Die Gebrauchsanweisung dieses Diagrammes soll im folgenden Beispiel erläutert werden.

An einem Bohrstrang von 8 5/8 Zoll ist an die Rohrtype *J* — **55**, à **47,83** kg/m, metallischer Querschnitt 59 cm², mittlere Streckgrenze **4569,5** kg/cm², ein weiterer Rohrstrang mit einem Gesamtgewicht von 80 000,0 kg angeschlossen. Es stellt sich die Frage, auf welche Teufe die oben genannten Rohre, berücksichtigend den kritischen Außendruck und die an ihnen hängende Zuglast, eingebaut werden können.

Rechnungsvorgang: Die Zugspannung im tiefsten metallischen Querschnitt der Rohre *J* — 55, à 47,83 kg/m ergibt sich aus:

$$\sigma_z = \frac{G}{F_1} = \frac{80\,000}{59} = 1260 \text{ kg/cm}^2.$$

Diese Zugspannung ist gegenüber der gegebenen mittleren Streckgrenze in Prozenten gleich

$$\frac{1260{,}0 \cdot 100}{4569{,}5} = 27{,}6\%.$$

Im Diagramm ist auf der Zugspannungsseite der X-Achse der Punkt 27,6 zu interpolieren.

Die zugehörige Ordinate wird mit der Ellipse zum Schnitt gebracht und die durch diesen Schnittpunkt gezogene Parallele zur X-Achse gibt auf der Ordinate die Prozente der normalen Festigkeit auf Außendruck an. In diesem Sinne resultieren für 27,6% auf der X-Achse rund 83,5% auf der Ordinate.

Nach Tab. 25 g ist der kritische Außendruck für 8 5/8-Zoll-Rohre à 47,83 kg/m in der Gütestufe *J* — 55 mit 193,0 kg/cm² angegeben.

Berücksichtigend die zusätzliche Zugspannung ergibt sich ein kritischer Außendruck von 193,0 · 0,83 = 161,1 kg/cm².

Wenn außerdem eine Bohrspülung mit einem spezifischen Gewicht von 1,2 kg/l und ein Sicherheitsfaktor von 1,12 zu berücksichtigen ist, resultiert als maximaler zulässiger Außendruck $= \frac{161{,}1}{1{,}2 \cdot 1{,}12} = 119{,}2$ kg/cm², bzw. eine Einbauteufe von rund <u>1200,0 m.</u>

In den Nomogrammen Abb. 119 *a* bis *f* kann die effektive Festigkeit auf Außendruck, berücksichtigend die jeweilige Zugbelastung, für die gebräuchlichsten Futterrohr-Nenngrößen, bei Sicherheitsfaktor = 1, direkt abgelesen werden. Die Verwendung dieser Nomogramme wird später an Hand eines Beispieles erläutert werden.

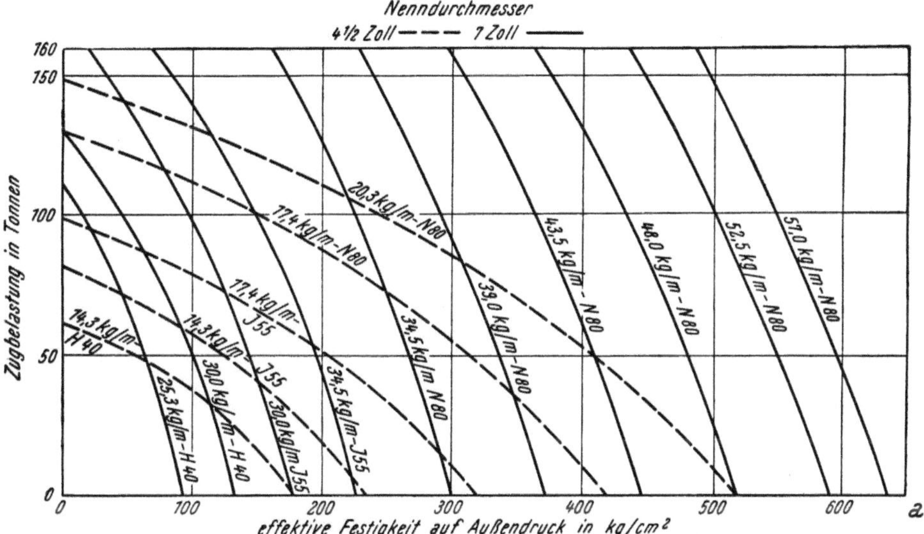

Abb. 119 *a*. Einfluß der axialen Belastung auf zulässigen Außendruck von Futterrohren mit 4 1/2 und 7 Zoll Durchmesser

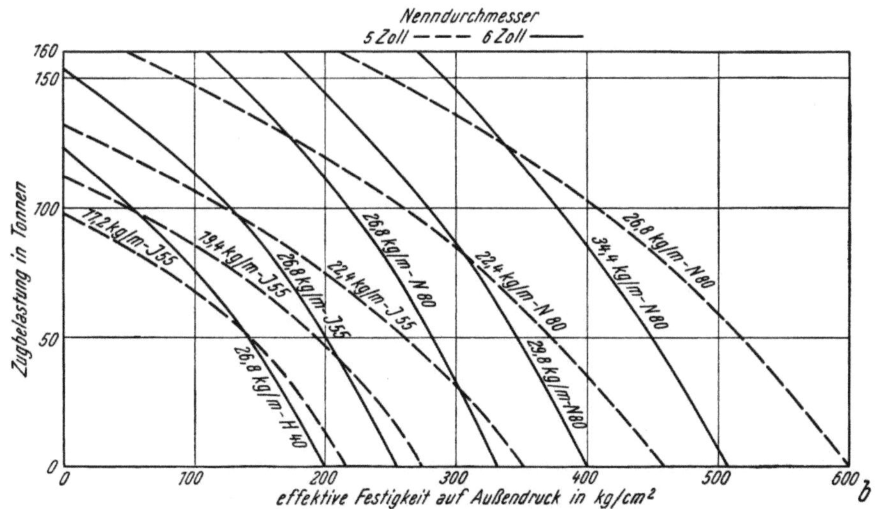

Abb. 119 *b*. Einfluß der axialen Belastung auf zulässigen Außendruck von Futterrohren mit 5 und 6 Zoll Durchmesser

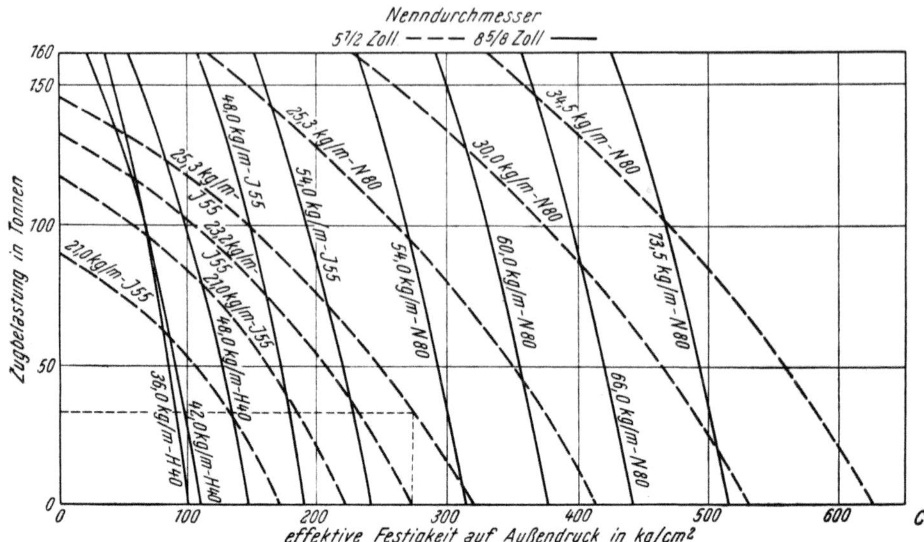

Abb. 119 *c*. Einfluß der axialen Belastung auf zulässigen Außendruck von Futterrohren mit 5 1/2 und 8 5/8 Zoll Durchmesser

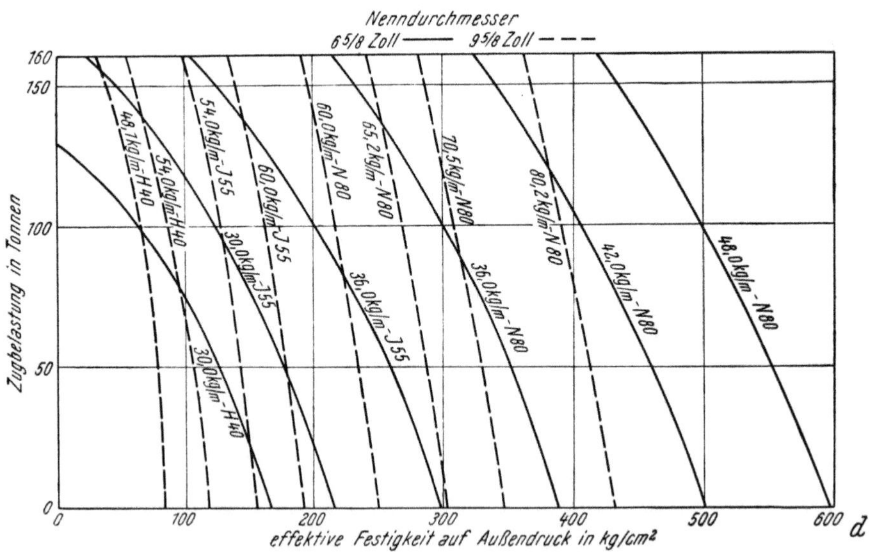

Abb. 119 *d*. Einfluß der axialen Belastung auf zulässigen Außendruck von Futterrohren mit 6 5/8 und 9 5/8 Zoll Durchmesser

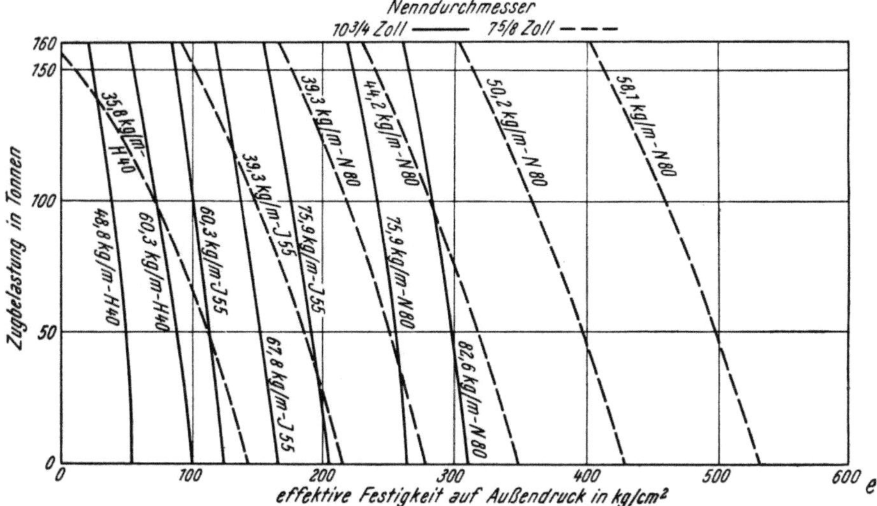

Abb. 119 *e*. Einfluß der axialen Belastung auf zulässigen Außendruck von Futterrohren mit 10 3/4 und 7 5/8 Zoll Durchmesser

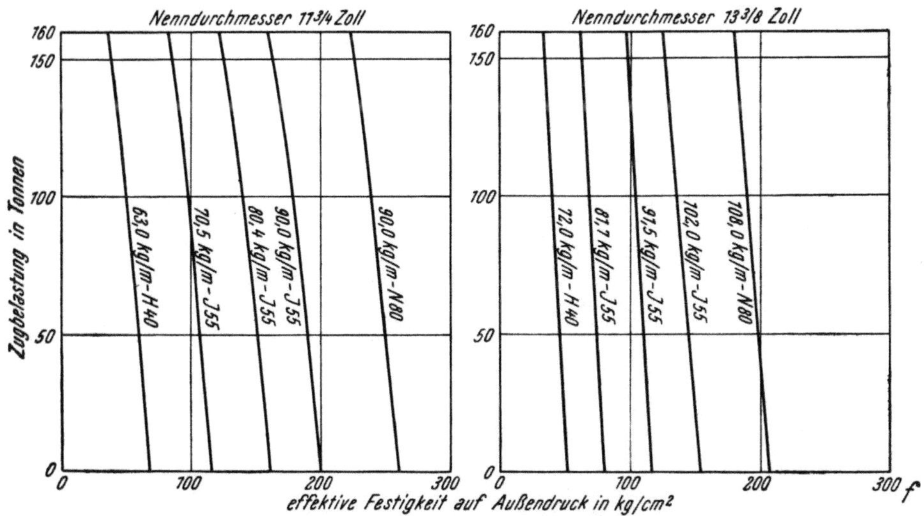

Abb. 119 *f*. Einfluß der axialen Belastung auf zulässigen Außendruck von Futterrohren mit 11 3/4 und 13 3/8 Zoll Durchmesser

Außendruck und axialer Druck werden höchst selten auftreten, weil der Bohrstrang normalerweise wenig über der Bohrlochsohle zu hängen kommt und hier zementiert ist.

Ein maximaler Innendruck kann, wie schon gesagt wurde, in den obersten Rohren auftreten. Weil aber diese Rohre ohnehin mit Rücksicht auf die Abstreiffestigkeit entsprechend stark gewählt werden müssen, werden sie fast immer auch bezüglich Innendruck dem erforderlichen Sicherheitsgrad von 1,1 entsprechen.

3. Die Abstreiffestigkeit bzw. Gewindezugfestigkeit

Die Abstreiffestigkeit der Verbindergewinde muß so berechnet sein, daß außer dem Eigengewicht des Rohrstranges noch zusätzliche Beanspruchungen mit genügender Sicherheit aufgenommen werden können.

Nicht in jedem Bohrloch wird der Einbau der Rohre auf die erwünschte Teufe ohne gewisse Schwierigkeiten vor sich gehen.

Leicht einfallende Schichtenkomplexe, dicke Filterkuchen, die von den an der Bohrlochwand scheuernden Muffen wie Lawinenbretter zusammengeschoben werden und nicht zuletzt allzu plötzliche Abweichungen des Bohrlochverlaufes können den Einbau sehr erschweren.

In solchen Fällen wird man immer versuchen, durch Manövrierung des Bohrstranges (Auf- und Abwärtsbewegung, verbunden mit Drehung) diese Gefahrenstellen zu passieren. Dadurch ergeben sich zusätzliche Reibungswiderstände, welche die Beanspruchung der Verbindungen stark erhöhen können.

Ebenso werden bei zu raschem Einbau und plötzlichem Abbremsen (vor dem Absetzen in den Abfangkeilen) hohe Bremskräfte auftreten, welche die Beanspruchungen sehr ansteigen lassen.

Die Bremskraft ergibt sich aus der Gleichung:

$$P_B = \frac{G \cdot v^2}{2\, g \cdot s};$$

Es bedeuten:

P_B = Bremskraft in kg,
G = Gewicht des Bohrstranges in kg,
v = Geschwindigkeit beim Einbau des Bohrstranges in m/Sek.,
g = Erdbeschleunigung in 9,81 m/Sek.^{2},
s = Bremsweg in m.

Bei einem Bohrstrang mit $G = 100$ t ergeben sich bei einer Geschwindigkeit von 1 bis 5,0 m/Sek. und einem Bremsweg von 1 bis 5 m die in Tab. 29 ersichtlichen Bremskräfte in kg.

Tabelle 29. *Bremskräfte, welche bei 100 t Rohrlast, verschiedenen Bremswegen und Einbaugeschwindigkeiten auftreten*

Bremsweg m	Geschwindigkeit m/Sek.				
	1	2	3	4	5
1	5 100	20 400	45 900	81 600	127 500
2	2 550	10 200	22 950	40 800	63 750
3	1 700	6 800	15 300	27 200	42 500
4	1 275	5 100	11 475	20 400	31 875
5	1 020	4 080	9 180	16 320	25 500
	Bremskraft in kg				

Die Beanspruchung auf Zug bzw. auf Abstreifen der Verbindungen wird daher noch zusätzlich zum Eigengewicht durch diese Bremskräfte erhöht. Es wird empfohlen, große Einbaugeschwindigkeiten und kurze Bremswege zu vermeiden.

Eine Formel für die Abstreiffestigkeit wurden zunächst von Prof. THOMAS auf Grund vieler Versuche aufgestellt.

Ebenso haben die Mannesmann-Röhrenwerke unter Auswertung zahlreicher Versuchsergebnisse eine diesbezügliche Formel aufgestellt (s. Abb. 120).

Es bedeuten:

P_{ak} = kritische Abstreiffestigkeit in kg,

a = Länge des im Eingriff befindlichen Gewindes in cm,

b = Wandstärke des Rohres in der Mitte der im Eingriff befindlichen Gewindelänge in cm,

d = Durchmesser von $b/2$ bis $b/2$ in cm,

α = Winkel der tragenden Gewindefläche mit der Rohrachse,

ϱ = Gewinde-Reibungswinkel für Stahlrohre = 18^0,

σ_s = Streckgrenze des Stahl-Gütegrades in kg/cm^2.

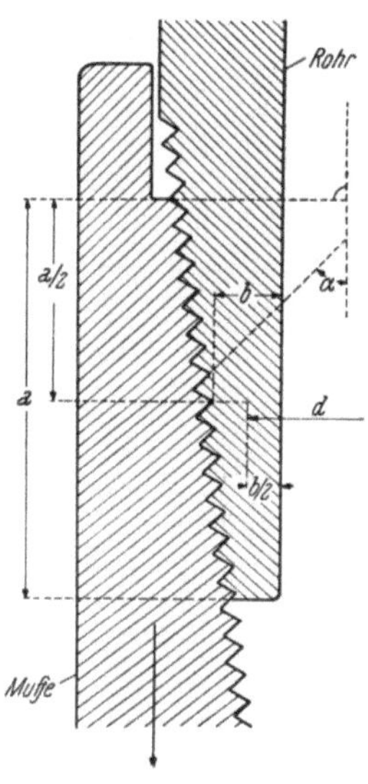

Abb. 120

Die Formel der Mannesmann-Röhrenwerke für Abstreifen lautet:

$$P_a = \frac{6{,}66 \cdot \pi \cdot a \cdot b \cdot d \cdot s}{4{,}33 \cdot (d + b) \cdot \operatorname{cotg}(\alpha + \varrho) + 2{,}66\, a}.$$

Sie gilt nur für Rohre mit eigenen Muffen, und zwar nur dann, wenn die Wandstärke der Muffe größer ist als jene des Rohres, was für die nach A.P.I. genormten Rohre zutrifft.

A.P.I. veröffentlichte im schon erwähnten Bulletin 5 C 2 Formeln, die das Ergebnis unzähliger Zerreißversuche sind. Wie schon aus der Zusammensetzung der Mannesmann-Formel hervorgeht, hängt die Abstreiffestigkeit von Durchmesser, Wandstärke, Gewindelänge und dem Flankenwinkel ab.

Wird allein das in Eingriff stehende Gewinde verlängert, ergibt sich schon eine höhere Abstreiffestigkeit.

Nach A.P.I. werden daher Futterrohre für Tiefbohrungen mit Kurz- und Langgewinde hergestellt, die mit kurzen oder Normalmuffen, bzw. mit langen Muffen verbunden werden.

Dementsprechend gilt nach A.P.I. für kurze Muffen:

$$P_a = 0{,}8\left[C \cdot (85{,}65 - Da) \cdot \left(\frac{1}{t - 0{,}18} + 9{,}64\right) \cdot F\right]$$

und für lange Muffen:

$$P_a = 0{,}8\left[C \cdot (64{,}9 - Da) \cdot \left(\frac{1}{t - 0{,}18} + 9{,}64\right) \cdot F\right].$$

F = der kritische metallische Querschnitt = $0{,}7854 \quad (Da - 0{,}362)^2 - Di^2$,

Da = Außendurchmesser des Rohres in cm,

Di = Innendurchmesser des Rohres in cm,

C = Materialkonstante für kg/cm^2.

Sie ergibt sich für kurze und lange Muffen und die vier Gütegrade wie folgt:

Gütegrad	C für kg/cm²	
	kurze Muffe	lange Muffe
$F-25$	3,835	—
$H-40$	5,100	—
$J-55$	6,790	11,190
$N-80$	7,900	13,010

Ein Rohrstrang mit langen Muffen hat in derselben Güteklasse eine um 20% bis 25% höhere Abstreiffestigkeit.

Die Abstreiffestigkeiten der nach A.P.I. genormten Rohre sind in Tab. 25 a bis n angegeben.

Im allgemeinen wird bezüglich Abstreiffestigkeit mit einem Sicherheitsfaktor von 1,6 bis 2,0 gerechnet. Dieser Sicherheitsfaktor berücksichtigt auch Spannungsstöße, die beim Abbremsen der Last unvermeidlich sind. Hingegen wird der Auftrieb nicht berücksichtigt. In Sonderfällen wurde allerdings auch mit einem Sicherheitsfaktor von 1,4 verrohrt.

4. Zugfestigkeit des schwächsten metallischen Rohrquerschnittes

Das oberste Rohr eines Rohrstranges wird auch die höchste Zugbelastung erfahren. Die Zerreißfestigkeit im Rohr wird immer höher sein als die Abstreiffestigkeit im höchsten Gewinde.

Das Verhältnis der Abstreiffestigkeit zur Zugfestigkeit im glatten Rohr kann man als Nutzungsgrad bezeichnen.

Die Abstreiffestigkeit ist je nach Durchmesser etwa 60% bis 75% der Zugfestigkeit.

5. Beanspruchung auf Innendruck

Bei normalen Zementierungen, besonders aber bei Druckzementierungen kann der Innendruck im Rohrstrang hoch werden. Auch bei Anbohren von Hochdruckschichten, die mit einer Schwerspülung durchteuft werden müssen, können hohe Innendrücke auftreten.

Schließlich können sich in der Eruptionsperiode hohe Innendrücke im obersten Teil des zuletzt eingebauten Rohrstranges einstellen, weil der Ringraum zwischen diesem und der nächst weiteren Verrohrung oft nur einen geringen Druck aufweist.

Es ergeben sich damit im Bohrstrang drei verschiedene Spannungen, und zwar eine Tangential- oder Umfangsspannung, eine Axialspannung und eine Radialspannung. Sie sind ausgedrückt durch die folgenden Gleichungen:

Tangential- oder Umfangsspannung $\sigma_t = \frac{P \cdot D}{2 \cdot t}$ kg/cm²,

Axialspannung $\sigma_z = \frac{P \cdot D}{4 \cdot t}$ kg/cm²,

Radialspannung $\sigma_r = P$ kg/cm².

Die Tangentialspannung ist die weitaus maßgebende und bestimmt den kritischen Innendruck. Darunter ist jener Druck zu verstehen, bei dem der Werkstoff des Rohres gerade nur bis zur Streckgrenze beansprucht wird. Für ihn gilt die Formel nach BARLOW:

$$P_{ki} = \frac{2 \cdot t \cdot \sigma_s}{D}.$$

Es bedeutet zusätzlich:

P_{ki} = kritischer Innendruck in kg/cm²,

σ_s = Streckgrenze des Stahlgütegrades in kg/cm².

Die in Tab. 25 a bis n angegebenen Innendrücke sind Mindestdrücke, die mit Rücksicht auf die schon genannte Streuung in Außendurchmesser, Wandstärke und Festigkeit um 12,5% kleiner sind als die Berechnung nach obiger Formel.

Als Mindeststreckgrenzen sind nach A.P.I. angenommen:

$$\text{Für } F - 25 = 1758{,}0 \text{ kg/cm}^2,$$
$$H - 40 = 2812{,}0 \text{ kg/cm}^2,$$
$$J - 55 = 3867{,}0 \text{ kg/cm}^2,$$
$$N - 80 = 5625{,}0 \text{ kg/cm}^2.$$

Der sogenannte Werksprobedruck ist für die Planung der Verrohrung ohne Bedeutung und dient lediglich zur Kontrolle bei der Übernahme der Rohre im Werk.

Der Standard-Werksprobedruck wurde nach A.P.I. für Rohrnenngrößen einschließlich 9 5/8 Zoll mit 80% der Mindeststreckgrenze, jedoch nicht über 210,9 kg/cm² festgelegt. Für größere Rohre ist er mit 60% der Mindeststreckgrenze, bzw. mit maximal 196,8 kg/cm² limitiert worden.

Allerdings sind besondere Vereinbarungen zwischen den Konsumenten und dem Lieferwerk möglich.

Bezüglich Innendruck wird im allgemeinen ein Sicherheitsfaktor 1,1 als voll entsprechend angenommen.

6. Verbiegen der Rohre im Bohrloch

Allzu plötzliche Richtungs- und Lotabweichungen (Dog legs) müssen vor dem Einbau des Bohrstranges so weit als möglich begradigt werden, da sonst die Gefahr besteht, daß mit den Futterrohren die erwünschte Teufe überhaupt nicht erreicht wird. Bei forciertem Einbau eines Rohrstranges durch diese Stellen kann ein Verbiegen erfolgen.

Ebenso kann einseitiger Gebirgsdruck in tektonischen Störungen oder in lockeren Ölsanden zunächst ein Verbiegen und in weiterer Folge ein Eindrücken des Rohrstranges verursachen.

Solche gefährlichen Teufenstrecken müssen daher mit Rohren größerer Wandstärke verrohrt und im Ringraum zementiert werden, bzw. muß bei der Ausbeute von lockeren Ölhorizonten, die mit speziellen Filterrohren verkleidet werden, eine Sandförderung verhindert werden, um eine weitere Lockerung des Sandkomplexes soweit als möglich auszuschließen.

7. Scheuerung an der Innenwand der Rohre durch den drehenden Bohrstrang

Wie schon im Kapitel VII ausgeführt wurde (S. 78), scheuern die Tool joints sowohl an der Bohrloch- als auch an der Futterrohrwand. Um dem zu begegnen, werden am Bohrstrang eigene Protektor-Ringe aus scheuerfestem Kautschuk aufgezogen, und zwar je nach Bohrlochverlauf (Lotabweichung) in Abständen von einer oder zwei Bohrstangen-Längen. Ihr Durchmesser ist rund um 20 mm größer als jener der Tool joints.

8. Beanspruchung der Rohre auf Knickung

Futterrohre, welche den auszubeutenden Ölhorizont stützen sollen, werden in vielen Fällen nicht bis zu Tage geführt, sondern als sogenannte verlorene Kolonne (Liner) eingebaut. Ihre Lage ist dabei so bemessen, daß sie von der Bohrlochsohle bis etwa 15 bis 20 m in die nächst höhere Rohrkolonne hineinragen.

Abb. 121. Liner hanger nach Fa. Texas Iron Works Inc.

Ihr Einbau erfolgt mittels des Bohrgestänges, an das sie mit einer leicht lösbaren Spezialverbindung angeschlossen sind.

Noch vor etwa 20 Jahren wurden diese Rohre direkt auf der Bohrlochsohle abgesetzt und waren daher je nach ihrem Schlankheitsgrad und ihrer Länge auf Knickung beansprucht (Schlankheitsgrad $\lambda = L/i$; wobei L = Länge in cm, $i = \sqrt{I/F}$, der Trägheitshalbmesser in cm, I = axiales Trägheitsmoment cm^4, F = metallische Querschnittsfläche in cm^2). Näheres s. DUBBEL[1].

Es kam nicht selten vor, daß die durch das Eigengewicht hervorgerufene Spannung ein Knicken der Rohre zur Folge hatte.

Um dieser Gefahr zu begegnen, werden verlorene Rohrkolonnen in den nächsthöheren Futterrohren frei aufgehängt. Abb. 121 zeigt eine Hängerkonstruktion. Es werden verschiedene Hängerkonstruktionen (Liner hanger) hergestellt, darunter auch solche, welche den Ringraum zwischen den Futterrohren und der verlorenen Rohrkolonne völlig abdichten. Durch das Eigengewicht der hängenden Rohre wird eine spezielle Metall- oder Kautschukpackung im Ringraum gepreßt und so die Abdichtung erreicht.

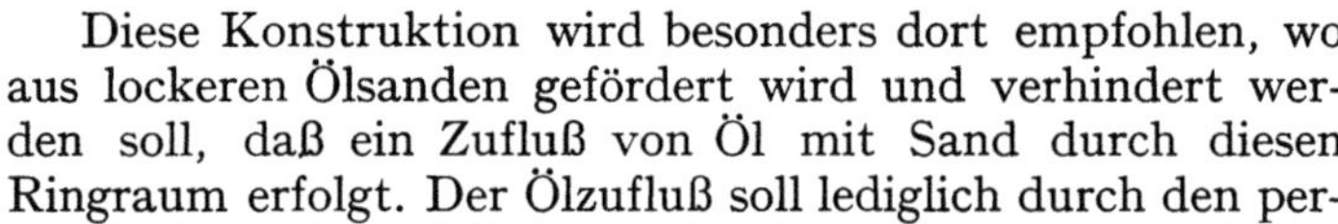

Diese Konstruktion wird besonders dort empfohlen, wo aus lockeren Ölsanden gefördert wird und verhindert werden soll, daß ein Zufluß von Öl mit Sand durch diesen Ringraum erfolgt. Der Ölzufluß soll lediglich durch den perforierten Rohrteil bzw. ein besonderes Filter, das im Rohr eingesetzt wird und einen Sandzufluß verhindern soll, erfolgen.

9. Korrosion bei Futterrohren in Tiefbohrungen und deren Verhütung

Die Verluste infolge von Korrosion von Futterrohren bei Öl- und Gasbohrungen werden in den USA auf einige Millionen Dollar pro Jahr geschätzt.

Der von den Lieferfirmen angebrachte äußere Anstrich bietet keinerlei Schutz gegen Korrosion, ebensowenig ein Auftragen von Schutzhüllen, was außerdem sehr kostspielig wäre.

[1] DUBBELS Taschenbuch für den Maschinenbau, Band I, 11. Aufl. Berlin-Göttingen-Heidelberg: Springer-Verlag. 1953.

Die Ursachen der Korrosion und ihre möglichst wirtschaftliche Verhütung sind daher seit Jahren ein spezielles Forschungsgebiet der einschlägigen Industrie.

Die Korrosion kann als ein elektrochemischer Prozeß angesehen werden, durch den die Außenwand der Futterrohre angegriffen wird, und zwar durch einen elektrischen Stromfluß, der durch eine Potentialdifferenz zwischen einzelnen Teufenstrecken der Verrohrung hervorgerufen wird.

In bestimmten Teufen sind diese Rohre abwechselnd elektropositiv und elektronegativ polarisiert. Da nun der Fluß von der Anode zur Kathode verläuft, werden Partikelchen minimalen Ausmaßes durch die elektrochemische Wirkung von der Außenwand der Rohre gelöst.

Wird nun von einer Stromquelle aus ein Stromfluß in die Futterrohre geführt, so daß alle vorher positiv elektrischen Partien ausgeschaltet bzw. diese Partien durchwegs elektronegativ polarisiert werden, kann nach bisherigen Erfahrungen eine Korrosion weitestgehend verhütet werden.

Eine Potentialdifferenz kann bei Bohrungen in den folgenden Fällen aufscheinen:

1. Durch Kontakt der Futterrohre mit zwei übereinanderliegenden, unterschiedlichen Schichtenkomplexen,

2. durch Kontakt der Futterrohre mit einer Schichte des durchteuften Gesteins und einem Filterkuchen an einem darüber gelegenen Teufenpunkt des Bohrloches,

3. durch Kontakt zwischen der Verrohrung und den Obertage-Leitungen,

4. durch Kontakt zwischen verschiedenen Metallen.

Im elektropositiven Teil erfolgt eine Oxydation, Eisenionen werden gelöst und in die Formation (Gesteinsschichte) im gelösten Zustand eingebracht, wodurch auch die Korrosion hervorgerufen wird.

Im elektronegativen Teil der Rohre erfolgt eine Reduktion, es bilden sich Wasserstoffatome im Zwischenraum — Futterrohraußenwand und Bohrlochwand —, wodurch eine Widerstandsschichte geschaffen ist, die einen Rückfluß in die Rohre verhindert.

Es handelt sich nun darum, alle positiv elektrischen Teile in den Rohren auszuschalten, was mittels des sogenannten Kathodenschutzes erreicht werden kann.

Er besteht im Prinzip darin, daß von einer Obertage-Stromquelle ein ständiger Stromfluß in der ganzen Länge der Rohre nach abwärts erfolgt, die Rohre daher lediglich elektronegativ polarisiert werden. Über die Art dieser Stromquellen soll noch näher gesprochen werden.

Eine Methode, Korrosionen festzustellen, die schon 1948 veröffentlicht wurde, ist folgende:

Ein Paar voneinander gut isolierte Kontakte, als Schleifmesser ausgebildet, werden an einem zweiadrigen, isolierten Kabel in die Futterrohre eingelassen und das Potential ober Tage gemessen. Die Apparatur ist unter der Bezeichnung „Casing potential profile survey“ in USA bekannt.

Die Kontakte sind etwa 7,5 m voneinander entfernt angeordnet und, wie schon gesagt wurde, als Messer ausgebildet, die einen guten Kontakt mit der Innenrohrwand ergeben. Die Potentialdifferenz in Microvolts wird ober Tage an einem Potentiometer oder Galvanometer abgelesen.

Die Messung erfolgt von der Sohle nach aufwärts.

In Abb. 122 *a* ist das Resultat einer solchen Messung graphisch dargestellt. Die Polarität ist auf Sohle normal negativ. Die Lesungen auf der negativen Seite der Nullinie des Diagrammes zeigen in den Rohren einen Stromfluß nach abwärts, die positiven einen solchen nach aufwärts.

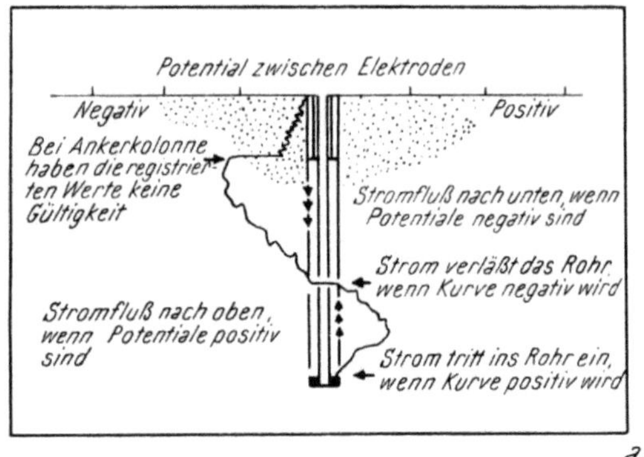

Abb. 122 *a*. Casing-Potential-Profil (nach J. P. Barrett und E. D. Gould, World Oil, März 1956)

Abb. 122 *b*. Obertage-Potentialmessungen, die den für den Kathodenschutz erforderlichen Strom zeigen (nach J. P. Barrett und E. D. Gould, World Oil, März 1956)

Im negativen Ausschlag erfolgt ein Fluß von den Rohren nach außen, der Teil ist somit positiv elektrisch polarisiert (Anode). Im positiven Ausschlag sind die Rohre negativ polarisiert (Kathode), der Fluß ist zu den Rohren gerichtet.

Diese Methode kann nun auch dazu verwendet werden, um festzustellen, welcher Strom erforderlich ist, um die Rohre auf ihrer ganzen Länge negativ zu polarisieren.

Nachdem die ursprüngliche Situation nach Isolierung der Obertage-Leitungen gemessen wurde, wird ein entsprechender Strom den Futterrohren in allmählich ansteigendem Maß zugeleitet, bis die positiv elektrischen Teilstrecken völlig eliminiert sind.

In Abb. 122 *b* ist ein diesbezügliches Diagramm einer Messung zu sehen. Der Punkt, der einen plötzlichen Knick im Verlauf der Messung ergibt, mit 0,85 Ampere und —0,84 Volt, entspricht der Stromstärke und Spannung, die eine völlige Umpolarisierung, d. h. Ausschaltung aller positiv elektrischen Teilstrecken in den Futterrohren ergibt.

In Abb. 122 *c* ist der Verlauf der Polarisation vor und nach der kathodischen Protektion zu ersehen.

Als Stromquellen für die Umpolarisierung kommen in Frage:

1. Gleichstromgeneratoren,

2. sogenannte Opfer-Elektroden und zwar hauptsächlich Magnesium-Elektroden.

Letztere werden vor allem dort Verwendung finden, wo elektrischer Strom nicht billig verfügbar ist.

Die erstgenannten, bekannt auch unter der Bezeichnung ,,Kathodenschutz mit Fremdstromverfahren", haben den Vorteil, daß man eine beliebige elektromotorische Kraft aufprägen kann, wobei eine entsprechende Stromregelung vorausgesetzt ist. Die Stromzufuhr muß allerdings unbedingt ohne Unterbrechung verfügbar sein, da beim Aufhören des Kathodenschutzes eine verstärkte Korrosion auftritt.

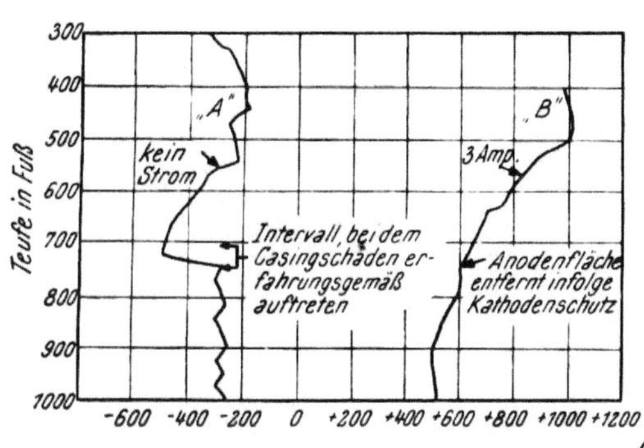

Abb. 122 *c*. Casing-Potential-Profil vor und nach Anwendung des Kathodenschutzes (nach J. P. Barrett und E. D. Gould, World Oil, März 1956)

Abb. 122 *d*. Magnesium-Schutzelektroden (nach A. Brady, World Oil, Januar 1957)

Die Magnesium-Schutzelektroden werden in einer Entfernung von etwa 30,0 m von der betreffenden Bohrung in vertikalen Handbohrlöchern versenkt und zu mehreren in Abständen von etwa 4,5 m mit einem isolierten Kupferkabel verbunden, das an die zu schützenden Futterrohre der Bohrung angeschlossen wird (s. Abb. 122 *d*).

Diese Magnesium-Schutzelektroden werden heute in verschiedenen Formen geliefert. Die hauptsächlichste Verwendung findet in USA die zylindrische Form von etwa 12 cm Durchmesser und etwa 2,0 m Länge.

Die reine Magnesium-Anode wird in letzter Zeit durch eine solche mit etwa 30% höherem Potential ersetzt, so daß für denselben Zweck weniger Opferanoden erforderlich sind.

Bei einer Ölgesellschaft an der Golf-Küste in USA wurden Schutzanoden bei 62 Sonden eingebaut. Fünf dieser Sonden lagen direkt in einer Salzwasser-Bucht. Die Kontrollmessungen erwiesen, daß die Sonden bis zu ihrer Teufe von rund 1800,0 m gegen Korrosion geschützt waren. Der Strombedarf variierte zwischen 0,5 und 6,2 Ampere.

Die Kosten dieser Installation beliefen sich auf $ 215,— bis $ 510,—, wobei der Schutz für eine Dauer von zehn Jahren gesichert war.

Ähnlich waren die Erfolge in Oklahoma, wo 132 Sonden mit dem gleichen Kathodenschutz ausgestattet wurden.

Für Bohrungen mit einer Teufe von 1500 bis 1950 m wurden rund 6 bis 9 Schutzelektroden eingebaut.

Jedenfalls kann nach den bisherigen Untersuchungen folgendes gesagt werden.

1. Ein großer Prozentsatz der Korrosion an Futterrohren ist auf einen elektrochemischen Prozeß zurückzuführen.

2. Die meisten und heftigsten Korrosionen sind dort aufgetreten, wo der positiv-elektrische Ausschlag am stärksten war.

3. Ein genügender, negativ-elektrischer Stromfluß hat sich als erfolgreich erwiesen.

4. Eine nachteilige Wirkung der Stromzufuhr konnte nirgends beobachtet werden.

Faktoren, die noch nicht mit aller Sicherheit feststehen, sind:

1. Das Minimum an Stromzufuhr,

2. die wirtschaftlichste Art der Stromzufuhr in Feldern, die nicht über elektrischen Strom verfügen,

3. Apparate, die eine einwandfreie Feststellung der zu schützenden Teile ermitteln lassen.

4. Die tatsächliche Wirtschaftlichkeit des Kathodenschutzes[1].

C. Verrohrungsprogramme

Allgemeines

Jedes Erdölgebiet, jedes Ölfeld, ja jede Gesellschaft hat in dieser Hinsicht nach eigenen Erfahrungen das ihr zusagende wirtschaftliche Verrohrungsprogramm entwickelt.

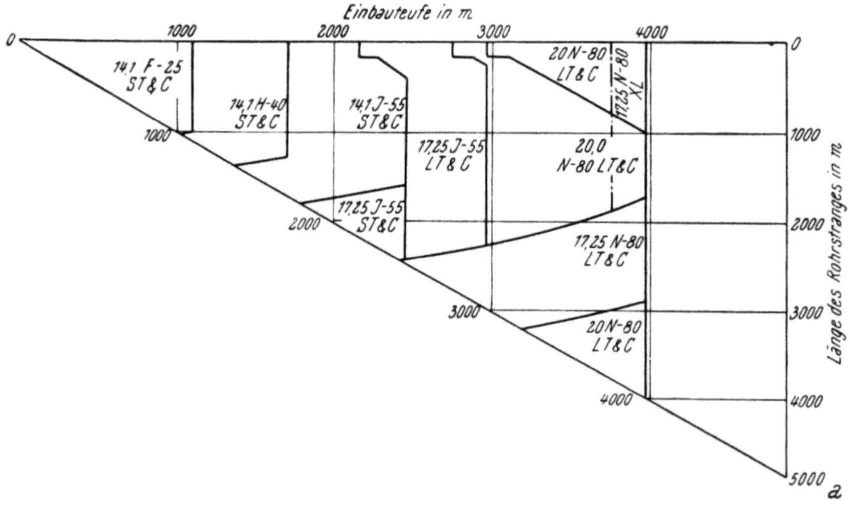

Abb. 123 *a*. Verrohrungsdiagramm für 4 1/2-Zoll-Futterrohre nach Fa. Spang-Chalfant. Abstreif-Sicherheitsfaktor = 1,8, Abstreif-Sicherheitsfaktor bei 20 *N* – 80 *LT&C* = 1,6; *ST&C* Kurze Muffen, *LT&C* Lange Muffen, *XL* Extreme line regular

---

[1] World Oil, März 1956, Januar 1957.

Die maßgebenden Gesichtspunkte sind folgende:

a) Die letzte Rohrkolonne muß der letzten und auch längsten Produktionsperiode, nämlich der Förderung mittels Tiefpumpe, solcherart entsprechen, daß das zu erwartende Ölvolumen rationell gefördert werden kann.

b) Die Wandstärke der Verrohrung muß so bemessen sein, daß ein Zusammendrücken der Rohre nicht eintritt. Nachfall und Bruchzonen sind dabei zu berücksichtigen.

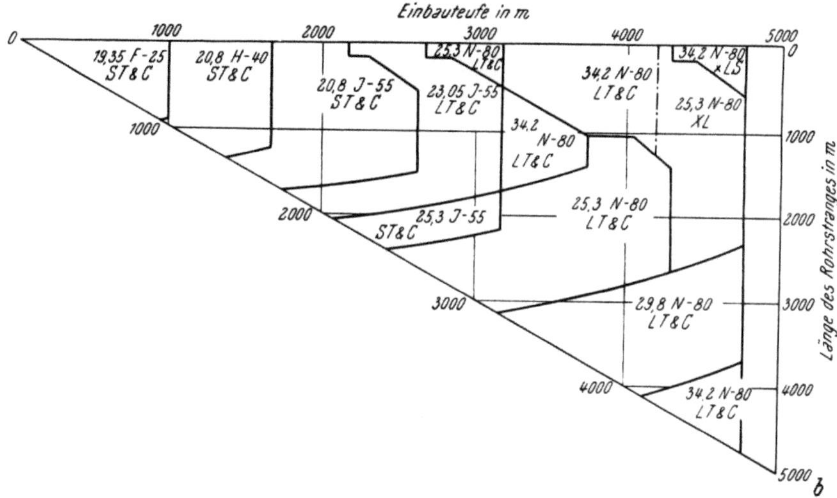

Abb. 123 *b*. Verrohrungsdiagramm für 5 1/2-Zoll-Futterrohre nach Fa. Spang-Chalfant. Abstreif-Sicherheitsfaktor = 1,8, Abstreif-Sicherheitsfaktor bei **34,2** *N*—**80** *LT&C* = **1,6**; *ST&C* Kurze Muffen, *LT&C* Lange Muffen, *XL* Extreme line regular, *XLS* Extreme line special

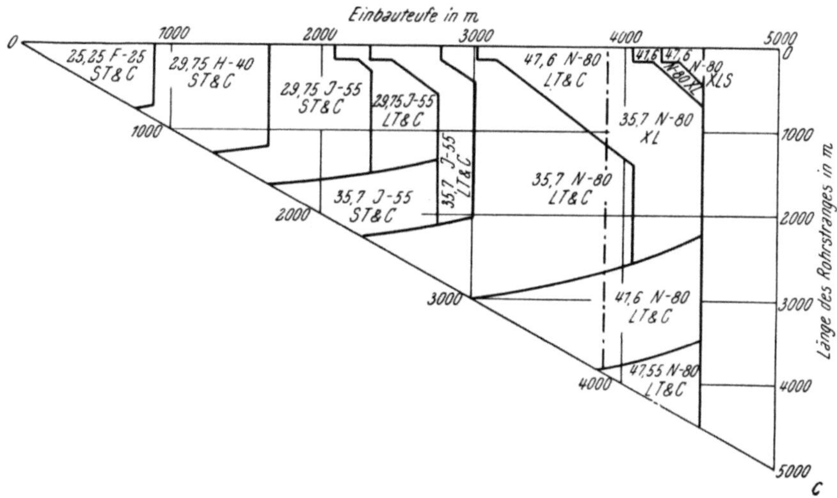

Abb. **123** *c*. Verrohrungsdiagramm für **6** 5/8-Zoll-Futterrohre nach Fa. Spang-Chalfant. Abstreif-Sicherheitsfaktor = 1,8, Abstreif-Sicherheitsfaktor bei **47,55** *N*—**80** *LT&C* = **1,6**; *ST&C* Kurze Muffen, *LT&C* Lange Muffen, *XL* Extreme line regular, *XLS* Extreme line special

c) Sie soll ferner so gewählt sein, daß zwischen der Bohrlochwand und der Rohraußenwand genügend lichter Raum für die Zementhinterfüllung vorhanden ist.

d) Die Verrohrungskosten sollen, alle obigen Momente berücksichtigend, so niedrig als möglich sein.

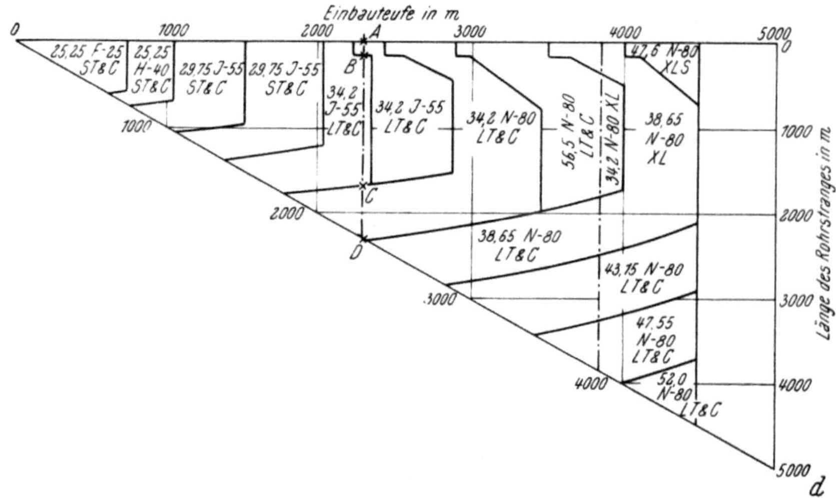

Abb. 123 *d*. Verrohrungsdiagramm für 7-Zoll-Futterrohre nach Fa. Spang-Chalfant. Abstreif-Sicherheitsfaktor = 1,8, Abstreif-Sicherheitsfaktor bei **56,5** *N*—**80** *LT&C* = **1,6**; *ST&C* Kurze Muffen, *LT&C* Lange Muffen, *XL* Extreme line regular, *XLS* Extreme line special

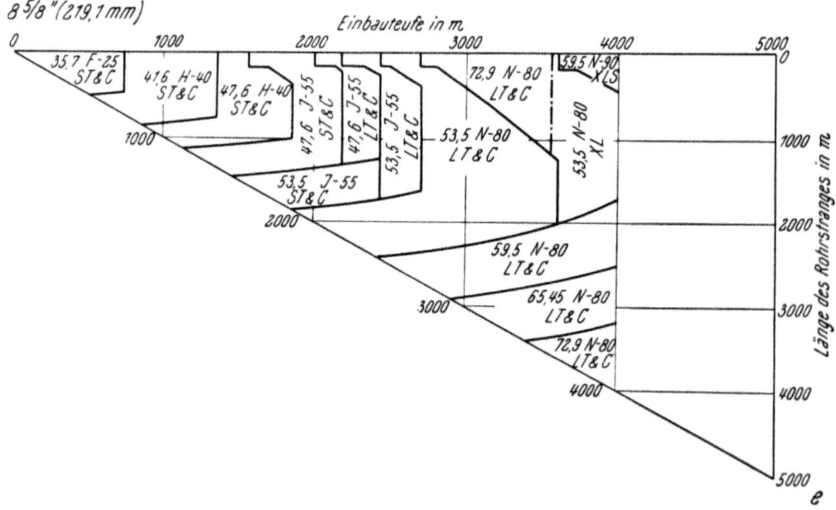

Abb. 123 *e*. Verrohrungsdiagramm für 8 5/8-Zoll-Futterrohre nach Fa. Spang-Chalfant. Abstreif-Sicherheitsfaktor = 1,8, Abstreif-Sicherheitsfaktor bei **72,9** *N*—**80** *LT&C* = **1,6**; *ST&C* Kurze Muffen, *LT&C* Lange Muffen, *XL* Extreme line regular, *XLS* Extreme line special

Als Behelf für die Aufstellung von Verrohrungsprogrammen sind von den Röhrenwerken eigene Nomogramme ausgearbeitet worden, um für verschiedene Teufen und unterschiedliche Rohr-Nenngrößen die Zusammensetzung des Bohrstranges direkt ablesen zu können (s. Abb. 123 *a* bis *h*). Die Handhabung derselben ist aus den Legenden zu ersehen.

Die Gesichtspunkte zur Ermittlung der Einbauteufen von kombinierten Futterrohren (gleiche Nenngröße, aber unterschiedliche Wandstärke) sollen im nachstehenden näher erläutert werden.

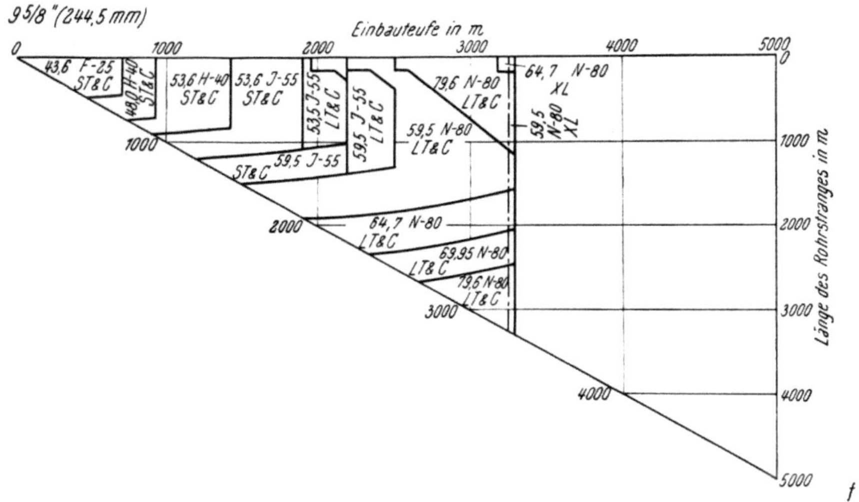

Abb. 123 *f*. Verrohrungsdiagramm für 9 5/8-Zoll-Futterrohre nach Fa. Spang-Chalfant. Abstreif-Sicherheitsfaktor = 1,8, Abstreif-Sicherheitsfaktor bei 79,5 $N-80$ *LT&C* = 1,6; *ST&C* Kurze Muffen, *LT&C* Lange Muffen, *XL* Extreme line regular

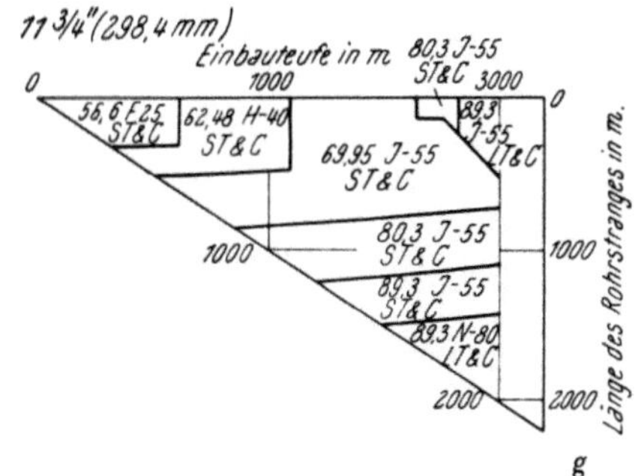

Abb. 123 *g*. Verrohrungsdiagramm für 11 3/4-Zoll-Futterrohre nach Fa. Spang-Chalfant. Abstreif-Sicherheitsfaktor = 1,8, *ST&C* Kurze Muffen, *LT&C* Lange Muffen

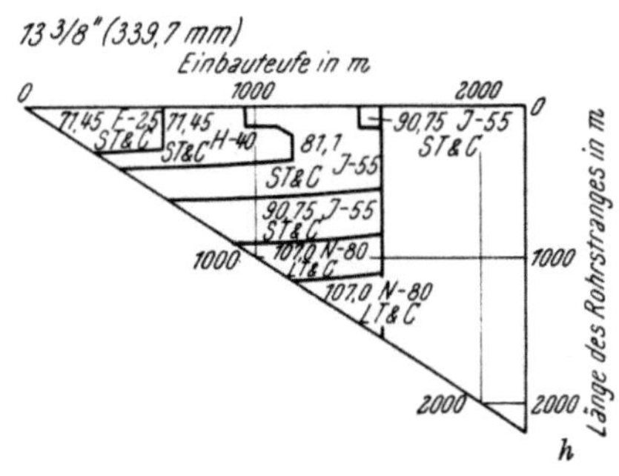

Abb. 123 *h*. Verrohrungsdiagramm für 13 3/8-Zoll-Futterrohre nach Fa. Spang-Chalfant. Abstreif-Sicherheitsfaktor = 1,8, *ST&C* Kurze Muffen, *LT&C* Lange Muffen

1. Ermittlung der Einbauteufe eines kombinierten Futterrohrstranges

In Tab. 25 a bis n sind unter anderen Angaben für jede Nenngröße (Außendurchmesser), jede Wandstärke, Gütegrad des Werkstoffes, sowie mit Rücksicht darauf, ob die Verbindung mit kurzen oder langen Muffen erfolgt, der mindeste kritische Außendruck und die mindeste Abstreiffestigkeit enthalten. Dabei ist sowohl der Sicherheitsfaktor als auch das spezifische Gewicht der Bohrlochflüssigkeit mit 1,0 angenommen.

Wie schon besprochen wurde, wird normalerweise der Sicherheitsgrad auf Außendruck mit 1,125, jener auf Abstreifen mit 1,4 bis 2,0 gewählt.

Das spezifische Gewicht der Bohrlochflüssigkeit ist laufend gemessen worden, daher bekannt.

Soll eine bestimmte Rohr-Nenngröße auf eine gegebene Teufe verrohrt werden, muß die mögliche Einbauteufe verschiedener Rohrwandstärken, berücksichtigend den zulässigen Sicherheitsfaktor auf Außendruck, und das spezifische Gewicht der Spülung ermittelt werden. Nach dem Grundsatz, die Verrohrungskosten so niedrig als möglich zu gestalten, dabei aber auch die erwünschte Sicherheit zu haben, werden die Einbauteufen, zunächst unter Berücksichtigung des zulässigen Außendruckes, beginnend mit der schwächsten Wandstärke, ermittelt.

Es ergeben sich für jede der verfügbaren Wandstärken verschiedene Teufenstrecken, wobei die schwächste im höchsten, die stärkste im tiefsten Teil der Bohrung aufscheinen wird.

Nach dieser Feststellung wird die axiale Zugbelastung berechnet, welche der tiefste Querschnitt jeder einzelnen Wandstärke erfährt, an dem das Gewicht der nächststärkeren Rohre hängt.

Die axiale Belastung wird zur Folge haben, daß die Einbauteufe der tragenden Rohre vielfach eine Reduktion erfahren muß, das heißt, daß die durch axialen Zug belastete Rohrwandstärke einen geringeren Außendruck mit der geforderten Sicherheit aufnehmen kann. Die Differenz zwischen der Teufenstrecke, welche als mögliche Einbauteufe ohne axiale Last ermittelt wurde, und der neu errechneten muß durch Rohre mit einer dickeren Wandstärke ersetzt werden.

Das Ergebnis dieser Berechnung ist ein Verrohrungsprogramm, das lediglich den Außendruck bei axialer Belastung, aber noch nicht die Abstreiffestigkeit der höchsten, tragenden Gewindeverbindung jeder Rohrwanddicke berücksichtigt.

Es folgt nun die Ermittlung der Abstreiffestigkeit der Gewindeverbindungen.

Das Gewicht der einzelnen Rohrlängen verschiedener Wandstärke resultiert aus der obigen Berechnung auf Außendruck. In den oben angeführten Tabellen sind die Abstreiffestigkeiten für kurze und lange Muffen jeder Wandstärke gegeben, die auf den geforderten Sicherheitsgrad umgerechnet werden müssen.

Es muß nun untersucht werden, ob die höchste Gewindeverbindung jeder Wandstärke auch die geforderte Sicherheit bezüglich Abstreiffestigkeit besitzt.

Die Rechnung wird ergeben, daß in gewisse Teufenstrecken an Stelle von kurzen lange Muffen bzw. die früher genannten „Extreme line casings" eingesetzt werden müssen, oder aber stärkere Wandstärken vorzusehen sind, welche die erforderliche Abstreiffestigkeit aufweisen.

Das hier folgende Beispiel, das sich auf die Angaben der Tab. 25 g und der Nomogramme Abb. 119 *c* stützt, soll den prinzipiellen Rechnungsvorgang zeigen.

Gegeben ein Bohrloch mit 2200,0 m Teufe (Durchmesser = 310,0 mm), das mit einer 8 5/8-Zoll-Rohrkolonne verrohrt werden soll. Das spezifische Gewicht der Bohrspülung sei 1,16, der Sicherheitsfaktor auf Außendruck 1,12, jener auf Abstreifen 1,6.

Das spezifische Gewicht der Spülung, multipliziert mit dem gewählten Sicherheitsfaktor, ergibt den Divisor, der bei der Ermittlung der zulässigen Einbauteufe in Rechnung zu stellen ist.

Im angenommenen Falle ist dies $1{,}16 \cdot 1{,}12 = 1{,}3$.

Die Gesellschaft verfügt über die nachstehenden Rohrwandstärken der Nenngröße 8 5/8 Zoll:

a) *H*—40, Wandstärke $t = 7{,}22$ mm, Gewicht = 42,0 kg/m.

Nach Tab. 25 g ist der kritische Außendruck mit Sicherheitsfaktor 1,0 . . . . 111,0 kg/cm²
berücksichtigend den Divisor 1,3 . . . . 85,0 kg/cm²
Daher mögliche Einbauteufe . . . . 850,0 m

Die Abstreiffestigkeit mit Sicherheitsfaktor 1,0 ist bei kurzen Muffen . . . . 114 300,0 kg
mit Sicherheitsfaktor 1,6 . . . . 71 430,0 kg
(lange Muffen werden bei diesem Gütegrad nicht erzeugt).

b) *J*—55, $t = 8{,}94$ mm, Gewicht = 47,83 kg/m.

Nach gleicher Tabelle ist der kritische Außendruck mit Sicherheitsfaktor 1,0 . . . . 193,0 kg/cm²
berücksichtigend den Divisor 1,3 . . . . 148,0 kg/cm²
Daher mögliche Einbauteufe . . . . 1480,0 m

Die Abstreiffestigkeit mit Sicherheitsfaktor 1,6 ist bei kurzen Muffen . . . . 111 430,0 kg
bei langen Muffen . . . . 123 900,0 kg

c) *J*—55, $t = 10{,}16$ mm, Gewicht = 54,0 kg/m.

Nach gleicher Tabelle ist der kritische Außendruck mit Sicherheitsfaktor 1,0 . . . . 240,0 kg/cm²
berücksichtigend den Divisor 1,3 . . . . 184,6 kg/cm²
Daher mögliche Einbauteufe rund . . . . 1840,0 m

Die Abstreiffestigkeit mit Sicherheitsfaktor 1,6 ist bei kurzen Muffen . . . . 126 900,0 kg
bei langen Muffen . . . . 141 400,0 kg

d) *N*—80, $t = 11{,}43$ mm, Gewicht = 60,0 kg/m.

Der kritische Außendruck mit Sicherheitsfaktor 1,0 379,0 kg/cm²
berücksichtigend den Divisor 1,3 . . . . 291,0 kg/cm²
Daher mögliche Einbauteufe . . . . 2910,0 m

Die Abstreiffestigkeit mit Sicherheitsfaktor 1,6 ist bei kurzen Muffen . . . . 167 000,0 kg
bei langen Muffen . . . . 185 600,0 kg

Aus der obigen Aufstellung ergibt sich das folgende wirtschaftlichste Verrohrungsprogramm, das lediglich auf der Beanspruchung auf Außendruck basiert:

$H-40$, à 42,00 kg/m,	von ober Tage bis	850,0 m,	Gewicht =	35 700,0 kg
$J-55$, à 47,83 kg/m,	von 1480,0 bis 850,0 m =	630,0 m,	Gewicht =	30 130,0 kg
$J-55$, à 54,0 kg/m,	von 1840,0 bis 1480,0 m =	360,0 m,	Gewicht =	19 440,0 kg
$N-80$, à 60,0 kg/m,	von 2200,0 bis 1840,0 m =	360,0 m,	Gewicht =	21 600,0 kg
Total		2200,0 m,	Gewicht =	106 870,0 kg

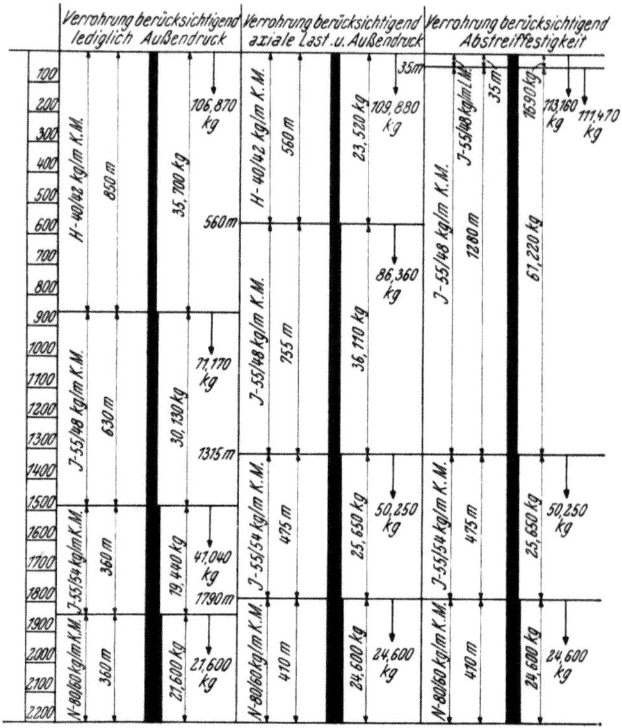

Abb. 124. Verrohrungsplan mit 8 5/8-Zoll-Futterrohren, Teufe 2200 m, spezifisches Gewicht der Spülung 1,16, Außendruck-Sicherheitsfaktor = 1,12, Abstreif-Sicherheitsfaktor = 1,6

In Abb. 124 ist das Ergebnis graphisch dargestellt.

Beeinflussung der möglichen Einbauteufe durch axialen Zug. Bei dieser Berechnung bilden die vorher ermittelten Einbauteufen die Grundlage. Es muß hier untersucht werden, ob diese Teufen, berücksichtigend den jeweiligen axialen Zug, eingehalten werden können bzw. ob einzelne Teilstrecken der vorgesehenen Gütegrade teilweise durch die nächststärkeren Rohre ersetzt werden müssen.

Die Ermittlung geht hier den umgekehrten Weg von unten nach oben.

a) $N-80$, à 60,0 kg/m. Diese Rohre erfahren im untersten metallischen Querschnitt keinerlei Zugbelastung, die ermittelte Einbauteufe mit 2200,0 m ist daher zulässig.

β) *J*—55, à 54,0 kg/m, bisher vorgesehene Teufe . . . . 1840,0 m

Die axiale Last entspricht dem Gewicht der anschließenden Rohre *N*—80, das sind 360,0 m à 60,0 kg . . . . 21 600,0 kg
Nach Abb. 119 *c* ist die zulässige Einbauteufe bei dieser axialen Last und Sicherheitsfaktor 1,0 . . . . 2350,0 m
berücksichtigend den Divisor 1,3 ist sie . . . . 1800,0 m

Es ergibt sich somit eine Differenz von . . . . 40,0 m

Der geringe Unterschied kann wohl toleriert werden, da sich somit der Divisor lediglich auf 1,27 reduziert.

Bei schwierigen Verhältnissen müssen allerdings diese 40,0 m durch die nächststärkeren Rohre, und zwar durch *N*—80 ersetzt werden.

Im Diagramm Abb 119 *c* entspricht im Kurvenabschnitt für diese Rohre und für obige Belastung ein Lastzuwachs von 1000 kg einer Reduktion der Einbauteufe um rund 3,5 m. Es müssen daher 40,0 + 40,0/3,5 m = rund 50,0 m durch *N*—80-Rohre ersetzt werden.

Damit erhöht sich die Länge der *N*—80 um 50,0 m von 360,0 m auf 410,0 m

und die Einbauteufe der *J*—55 à 54,0 kg/m verringert sich um 50,0 m von 1840,0 m auf . . . . 1790,0 m

Kontrolle: Der tiefste Querschnitt der *J*—55 à 54,0 kg/m hat zu tragen: *N*—80 410,0 m à 60,0 kg . . . . 24 600,0 kg

Bei dieser Last ist die mögliche Einbauteufe (laut Abb. 119 *c*) mit Sicherheitsfaktor 1,0 m = ... 2 328,0 m
mit Divisor 1,3 . . . . 1790,0 m

γ) *J*—55, à 47,83 kg/m, bisher vorgesehene Teufe . . . . . . 1480,0 m

Die axiale Last ist bei diesen Rohren die folgende:

N—80, 410,0 m à 60,0 kg = ... 24 600,0 kg
J—55, (1790,0—1480,0) m à 54,0 kg = ... 16 740,0 kg

Total . . . . 41 340,0 kg

Nach Diagramm Abb. 119 *c* ergibt sich für Rohre *J*—55, à 47,83 kg/m und obige axiale Last mit Sicherheitsfaktor 1,0 eine maximale Einbauteufe von . . . . 1750,0 m
mit Divisor 1,3 . . . . 1350,0 m

Differenz gegenüber der bisher vorgesehenen Teufe . . . . 130,0 m

Nach gleichem Diagramm entspricht ein Lastzuwachs von je 1000,0 kg einer Reduzierung der Einbauteufe von rund 4,0 m.

Es müssen daher 130 m + 130/4 m = ... 165,0 m

durch die nächststärkeren Rohre ersetzt werden und zwar durch *J*—55, à 54,0 kg/m, so daß sie in der Teufenstrecke von 1790,0—(1480,0—165,0) m verrohrt werden. Ihre Gesamtlänge beträgt somit . . . . 475,0 m

Damit reduziert sich die maximale Einbauteufe der *J*—55, à 47,83 kg auf 1480,0—165,0 = ... 1315,0 m

Kontrolle: Die Rohre $J-55$, à 47,83 kg/m sind axial belastet mit

$N-80$, 410,0 m à 60,0 kg = ... 24 600,0 kg
$J-55$, 475,0 m à 54,0 kg = ... 25 650,0 kg

Total . . . . 50 250,0 kg

Bei dieser Belastung ist laut Diagramm die kritische Einbauteufe
mit Sicherheitsfaktor 1,0 . . . . 1710,0 m
mit Divisor 1,3 . . . . 1315,0 m

$H-40$, à 42,0 kg/m, bisher vorgesehene Teufe . . . . 850,0 m

Die axiale Last ist bei diesen Rohren die folgende:

$N-80+J-55$ à 54,0 kg/m . . . . 50 250,0 kg
$J-55$ (1315,0—850,0) m à 47,83 kg = ... 22 240,0 kg

Total . . . . 72 490,0 kg

Nach Diagramm Abb. 119 *c* ist die kritische Einbauteufe für diese Rohre bei obiger Last mit Sicherheitsfaktor 1,0 . . 800,0 m
mit Divisor 1,3 . . . . 615,0 m

Differenz gegenüber der bisher vorgesehenen Teufe . . . . 235,0 m

Nach gleichem Diagramm entspricht ein Lastzuwachs von je 1000,0 kg einer Reduzierung der Einbauteufe von rund 4,0 m.

Es müssen daher 235 + 235/4 m = ... 290,0 m
durch die nächststärkeren Rohre ersetzt werden und zwar durch $J-55$, à 47,83 kg/m, so daß sie in der Teufenstrecke von 1315,0—(850—290,0) m = 1315,0—560,0 m verrohrt werden, ihre Gesamtlänge beträgt somit . . . . 755,0 m

Die Länge der Rohre $H-40$ reduziert sich damit um 290,0 m (850,0 m — 290,0 m) und beträgt damit . . . . 560,0 m

Kontrolle: Die Rohre $H-40$, à 42,0 kg/m sind im tiefsten Querschnitt wie folgt belastet:

$N-80$, à 60,0 kg + $J-55$, à 54,0 kg = ... 50 250,0 kg
$J-55$, 755,0 m à 47,83 kg/m = ... 36 110,0 kg

Total . . . . 86 360,0 kg

Bei dieser Belastung ist die kritische Einbauteufe für diese Rohre
mit Sicherheitsfaktor 1,0 . . . . 730,0 m
mit Divisor 1,3 . . . . 560,0 m

Berücksichtigend die axiale Last und Außendruck ergibt sich das folgende Verrohrungsprogramm

$N-80$, à 60,0 kg/m,	von 2200,0 bis 1790,0 m	= 410,0 m,	Gewicht = 24 600,0 kg
$J-55$, à 54,0 kg/m,	von 1790,0 bis 1315,0 m	= 475,0 m,	Gewicht = 25 650,0 kg
$J-55$, à 47,83 kg/m,	von 1315,0 bis 560,0 m	= 755,0 m,	Gewicht = 36 110,0 kg
$H-40$, à 42,0 kg/m,	von 560,0 bis 0,0 m	= 560,0 m,	Gewicht = 23 520,0 kg
Total		2200,0 m,	Gewicht = 109 880,0 kg

Ermittlung der Verrohrung, berücksichtigend die Abstreiffestigkeit der Gewindeverbindungen

α) *N* — 80, à 60,0 kg/m.

Die oberste Rohrverbindung dieser Rohre erfährt eine axiale Belastung von . . . . 24 600,0 kg
Die Abstreiffestigkeit mit kurzen Muffen . . . . 167 000,0 kg
daher voll entsprechend mit höherer Sicherheit.

β) *J* — 55, à 54,0 kg/m.

Die axiale Last der höchsten Gewindeverbinder dieser Rohre ist 50 250,0 kg
die Abstreiffestigkeit mit kurzen Muffen und Sicherheitsfaktor 1,6 ist 126 900,0 kg
daher voll entsprechend mit hoher Sicherheit.

γ) *J* — 55, à 47,83 kg/m.

Die axiale Last der höchsten Gewindeverbindung dieser Rohre ist 86 362,0 kg
die Abstreiffestigkeit mit kurzen Muffen und Sicherheitsfaktor 1,6 111 430,0 kg
daher entsprechend.

δ) *H* — 40, à 42,0 kg.

Die axiale Last im höchsten Rohrquerschnitt ist . . . . . . 109 882,0 kg
die Abstreiffestigkeit mit kurzen Muffen . . . . 71 433,0 kg

Lange Muffen werden bei diesen Rohren nicht erzeugt. Die Differenz ist größer als das Gewicht der gesamten *H* — 40 Rohre, sie müssen daher völlig durch die nächststärkeren Rohre, und zwar *J* — 55, à 47,83 kg/m, ersetzt werden.

Die axiale Last im höchsten Querschnitt der Rohre *J*—55, à 47,83 kg/m ist folgende:

109 880,0—23 520,0 + 560,0 m · 47,83 kg = ... 113 147,0 kg

Die Abstreiffestigkeit dieser Rohre mit kurzen Muffen, mit Divisor 1,6 ist . . . . 111 430,0 kg

Differenz . . . . 1 717,0 kg

Um den geforderten Bedingungen voll zu entsprechen, muß ein Teil dieser Rohre *J*—55, Wandstärke $t = 8{,}94$ mm mit langen Muffen verrohrt werden, deren Gewicht sich auf 48,24 kg/m stellt.

Der Differenz im Gewicht von 1717,0 kg entsprechen 1717,0 kg : 48,34 kg/m = 35,5 m, rund 35,0 m dieser Rohre mit langen Muffen.

Kontrolle: Die Rohre *J*—55, $t = 8{,}94$ mm mit langen Muffen und einem Eigengewicht von 48,34 kg/m sind wie folgt axial belastet:

N—80, kurze Muffen	410,0 m à 60,00 kg	24 600,0 kg
J —55, kurze Muffen	475,0 m à 54,0 kg	25 650,0 kg
J —55, kurze Muffen	1280,0 m à 47,83 kg	61 220,0 kg
J —55, lange Muffen	35,0 m à 48,34 kg	1 690,0 kg
Total	2200,0 m	113 160,0 kg

Die Abstreiffestigkeit der Rohre *J*—55, $t = 8{,}94$ mm, mit langen Muffen und Sicherheitsfaktor 1,0 ist . . . . 198 200,0 kg
mit Sicherheitsfaktor 1,6 ist sie . . . . 123 000,0 kg

Demgemäß entspricht das obige Verrohrungsprogramm den gestellten Anforderungen. Der Sicherheitsfaktor auf Abstreifen ist damit 198 200,0 : 113 160,0 = 1,75 (s. Abb. 124).

2. Längung des frei hängenden Stranges durch Temperaturerhöhung

Je nach der Teufe des Bohrloches wird die Temperatur entsprechend der geothermischen Tiefenstufe höher sein als ober Tage. Jede Erhöhung derselben hat auch eine Verlängerung des Futterrohrstranges zur Folge, die nach der folgenden Gleichung errechnet werden kann:

$$\Delta l = \alpha L_1 (t_2 - t_1). \tag{1}$$

Es bedeuten:

Δl = Verlängerung in cm,

α = Ausdehnungskoeffizient Fluß-Stahl weich = 0,000 012 cm/cm/1° C,
Fluß-Stahl hart = 0,000 017 cm/cm/1° C,

L_1 = ursprüngliche Länge des Bohrstranges bei Temperatur t_1 in cm,

t_1 = ursprüngliche Temperatur in °C,

t_2 = Endtemperatur in °C.

3. Längung des Futterrohrstranges durch sein Eigengewicht

Jeder frei im Bohrloch hängende Bohrstrang erfährt infolge seines Eigengewichtes eine Verlängerung, die wie folgt zu ermitteln ist:

Es bedeuten:

dl = Länge eines Streckenelementes,

σ_z = axiale Spannung in kg/m²,

Δl = Verlängerung in m,

F = metallische Querschnittsfläche in m²,

l = Einheitslänge in m,

L = totale Länge der Futterrohre in m,

γ = spezifisches Gewicht in kg/m³,

E = Elastizitätsmodul $2 \cdot 10^{10}$ kg/m².

$$\Delta l = dl \cdot \frac{\sigma_z}{E}\,; \qquad \sigma_z = \frac{F \cdot l \cdot \gamma}{F}$$

$$\Delta l = \frac{l \cdot \gamma \cdot dl}{E}\,;$$

integriert

$$\Delta l = \gamma \cdot \int_0^L \frac{l \cdot dl}{E} = \frac{\gamma \cdot L^2}{2 \cdot E}\,; \tag{2}$$

$\gamma_e \simeq 7850{,}0\ \text{kg/m}^3$, γ_s der Spülung = 1200 kg/m³.

Berücksichtigend den Auftrieb ist $\gamma = (7850{,}0 - 1200) = 6650{,}0\ \text{kg/m}^3$. Die Verlängerung ist somit eine Funktion des spezifischen Gewichtes berücksichtigend den Auftrieb und die Länge des Bohrstranges. Rohre verschiedener Querschnittsfläche, aber mit durchwegs gleichem Außendurchmesser und bei gleichem spezifischem Gewicht $(\gamma_e - \gamma_s)$, werden daher, in der gleichen Teufe eingebaut, ungefähr dieselbe Verlängerung erfahren.

Jedenfalls wurde in der Praxis beobachtet, daß die Verlängerung des Bohrstranges fast dieselbe ist wie die von Futterrohren, vorausgesetzt gleiches Spülungsgewicht.

Die Fehler, die bei der Vermessung der Rohre bzw. Gestänge gemacht werden, sind größer als die durch den hier beschriebenen Rechnungsvorgang.

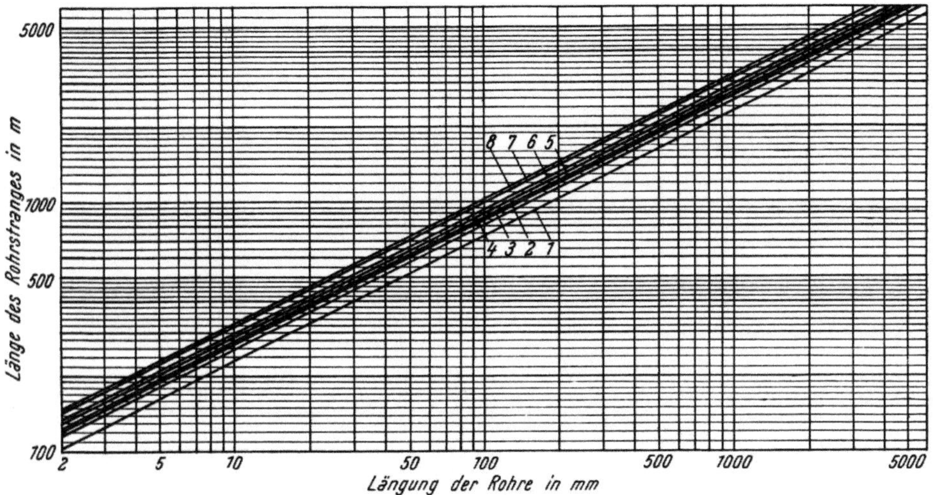

Abb. 125. Nomogramm zur Ermittlung der Dehnung aufgehängter Futterrohre, Tubings oder Bohrgestänge bei verschiedenen spezifischen Gewichten nach Fa. Spang-Chalfant. *1* Luft, *2* Spezifisches Gewicht 1,154, *3* Spezifisches Gewicht (Salzwasser) 1,44, *4* Spezifisches Gewicht 1,68,, *5* Spezifisches Gewicht 1,92, *6* Spezifisches Gewicht 1,16, *7* Spezifisches Gewicht 2,40, *8* Spezifisches Gewicht 2,64

In Abb. 125 sind die Verlängerungen in Luft und Spülung verschiedenen spezifischen Gewichtes bei gleichem Außendurchmesser des betreffenden Bohrstranges ersichtlich.

Beispiel: Ein Futterrohrstrang 6 5/8 Zoll in einer Spülung mit spezifischem Gewicht 1,2 erfährt durch sein Eigengewicht bei einer Teufe von 3000,0 m die folgende Verlängerung:

$$\Delta l = \frac{(7850 - 1200) \cdot 3000^2}{2 \cdot 2 \cdot 10^{10}} = \underline{1{,}496 \text{ m bzw. } 149{,}6 \text{ cm.}}$$

Die Verlängerung wird infolge der von ober Tage nach unten abnehmenden Zugspannung dementsprechende Werte haben.

Um nun die Verlängerung des Bohrstranges in einem vom unteren Ende höher gelegenen Teufenpunkt zu ermitteln, muß folgendes in Betracht gezogen werden:

Falls der Rohrstrang durchwegs dieselbe Querschnittsfläche besitzt, sind die axialen Zugspannungen am Aufhängepunkt ober Tage ein Maximum und nehmen bis zum tiefsten Endpunkt linear nach unten ab.

Die Verlängerung in einem gegebenen Teufenpunkt ist daher mit Rücksicht auf die nach unten abnehmende Zugspannung wie folgt:

Es bedeuten:

q = Gewicht des Stranges in Spülung in kg/m,
σ_z = axiale Zugspannung in kg/cm^2,
F = Querschnittsfläche in cm^2,
X = Teufenstrecke in m, in der die Verlängerung zu ermitteln ist,
E = Elastizitätsmodul $2 \cdot 10^6$ kg/cm^2.

$$\frac{dl}{dx} = \frac{\sigma_z}{E}; \qquad \sigma_z = \frac{(L - x) \cdot q}{F};$$

$$\frac{dl}{dx} = \frac{(L - x)\, q}{E \cdot F} = \frac{L \cdot q}{E \cdot F} - \frac{x \cdot q}{E \cdot F};$$

$$dl = \frac{L \cdot q}{E \cdot F} \cdot dx - \frac{x \cdot q}{E \cdot F} \cdot dx; \quad \text{integriert}$$

$$\Delta l = \frac{L \cdot q \cdot x}{E \cdot F} - \frac{x^2 \cdot q}{2\, E \cdot F} = \underline{\frac{q}{E \cdot F}\left(L \cdot x - \frac{x^2}{2}\right)}. \tag{3}$$

Beispiel: 6 5/8 Zoll Rohre à 35,98 kg/m, Querschnittsfläche = 44,75 cm^2, Verdrängung = 4,58 l/m, sind auf 3000,0 m eingebaut, spezifisches Gewicht der Spülung ist 1,2.

Gefragt ist die Verlängerung bei 2000,0 und 1000,0 m.

$L = 3000{,}0$ m, $x_1 = 3000{,}0$ m, $x_2 = 2000{,}0$ m, $x_3 = 1000{,}0$ m,
$q = 35{,}98 - (4{,}58 \cdot 1{,}2) = 30{,}5$ kg/m.

$$\Delta l_1 = \frac{30{,}5}{2 \cdot 10^6 \cdot 44{,}75}\left(3000{,}0 \cdot 3000{,}0 - \frac{3000^2}{2}\right) \cong \underline{1{,}53 \text{ m}},$$

$$\Delta l_2 = \frac{30{,}5}{2 \cdot 10^6 \cdot 44{,}75}\left(3000{,}0 \cdot 2000{,}0 - \frac{2000^2}{2}\right) \cong \underline{1{,}30 \text{ m}},$$

$$\Delta l_3 = \frac{30{,}5}{2 \cdot 10^6 \cdot 44{,}75}\left(3000{,}0 \cdot 1000{,}0 - \frac{1000^2}{2}\right) \cong \underline{0{,}85 \text{ m}}.$$

Es ist auch daraus zu ersehen, daß der Unterschied in der Berechnung gegenüber dem Ergebnis der Gl. (2) 0,034 m beträgt, ein Fehler, der bei der Messung der 3000,0 m Länge sicherlich toleriert werden kann.

D. Verhältnisse der Futterrohr-, Bohrloch-, Meißel- und Gestängedurchmesser zueinander

Aus Tab. 30 a bis d (S. 267 bis 272) sind diese Verhältnisse für die verschiedenen Rohr- und Bohrlochdurchmesser zu ersehen.

Tabelle 30 a. *Zwischenräume zwischen Futterrohr-Muffen-Durchmesser und Bohrlochwand*

Futterrohr-durchmesser	Muffen-durchmesser	Zwischenräume zwischen Rohrmuffe und Bohrlochwand (gleich Meißeldurchmesser) bei verschiedenem Meißeldurchmesser											
		5 1/2 Zoll	6 Zoll	6 5/8 Zoll	7 Zoll	7 3/4 Zoll	8 5/8 Zoll	9 5/8 Zoll	10 5/8 Zoll	11 3/4 Zoll	13 7/8 Zoll	16 Zoll	20 Zoll
Zoll	mm	Zwischenräume in mm											
4 1/2	127,000	12,700	25,400	41,275	50,800	—	—	—	—	—	—	—	—
5 1/2	153,670	—	—	14,605	24,130	—	—	—	—	—	—	—	—
6	168,275	—	—	—	9,525	28,575	—	—	—	—	—	—	—
6 5/8	187,706	—	—	—	—	9,144	—	—	—	—	—	—	—
7	194,462	—	—	—	—	2,388	—	—	—	—	—	—	—
8 5/8	244,475	—	—	—	—	—	—	—	28,575	53,975	—	—	—
9 5/8	269,875	—	—	—	—	—	—	—	3,175	28,575	59,538	—	—
10 3/4	298,450	—	—	—	—	—	—	—	—	4,750	30,962	107,950	209,550
11 3/4	323,850	—	—	—	—	—	—	—	—	—	9,525	82,550	184,150
16	431,80	—	—	—	—	—	—	—	—	—	—	41,275	142,875
20	533,40	—	—	—	—	—	—	—	—	—	—	—	76,200

Tabelle 30 b. *Zwischenraum Innendorn/Futterrohr und Meißeldurchmesser*

Futterrohrabmessungen			Standard — Meißel — Größe mm												
Rohrgröße *D* Zoll	Nenngewicht lbs./ft	Innendorn mm	5 1/2	6	6 1/2	7	7 3/4	8 1/2	9	9 5/8	10 5/8	11	12	13 3/4	15
			Zwischenräume in mm												
4 1/2	9,50	100,71	—	—	—	—	—	—	—	—	—	—	—	—	—
	11,60	98,43	—	—	—	—	—	—	—	—	—	—	—	—	—
	13,50	96,39	—	—	—	—	—	—	—	—	—	—	—	—	—
5 1/2	13,00	124,94	—	—	—	—	—	—	—	—	—	—	—	—	—
	14,00	124,13	—	—	—	—	—	—	—	—	—	—	—	—	—
	15,50	122,56	—	—	—	—	—	—	—	—	—	—	—	—	—
	17,00	121,08	—	—	—	—	—	—	—	—	—	—	—	—	—
	20,00	118,19	—	—	—	—	—	—	—	—	—	—	—	—	—
	23,00	115,44	—	—	—	—	—	—	—	—	—	—	—	—	—
6	15,00	137,14	—	—	—	—	—	—	—	—	—	—	—	—	—
	18,00	134,60	—	—	—	—	—	—	—	—	—	—	—	—	—
	20,00	132,77	—	—	—	—	—	—	—	—	—	—	—	—	—
	23,00	129,92	—	—	—	—	—	—	—	—	—	—	—	—	—
6 5/8	17,00	152,65	12,954	0,254	—	—	—	—	—	—	—	—	—	—	—
	20,00	150,47	10,770	—	—	—	—	—	—	—	—	—	—	—	—
	24,00	147,22	7,518	—	—	—	—	—	—	—	—	—	—	—	—
	28,00	143,92	4,216	—	—	—	—	—	—	—	—	—	—	—	—
	32,00	140,97	1,270	—	—	—	—	—	—	—	—	—	—	—	—
7	17,00	162,89	23,190	10,490	—	—	—	—	—	—	—	—	—	—	—
	20,00	160,81	21,107	8,407	—	—	—	—	—	—	—	—	—	—	—
	23,00	158,52	18,821	6,121	—	—	—	—	—	—	—	—	—	—	—
	26,00	156,24	16,535	3,835	—	—	—	—	—	—	—	—	—	—	—
	29,00	153,90	14,199	1,499	—	—	—	—	—	—	—	—	—	—	—
	32,00	151,61	11,913	—	—	—	—	—	—	—	—	—	—	—	—
	35,00	149,33	9,627	—	—	—	—	—	—	—	—	—	—	—	—
	38,00	147,19	7,493	—	—	—	—	—	—	—	—	—	—	—	—

8 5/8	24,00	202,49	—	—	37,389	24,689	5,639	—	—	—	—	—	—	—
	28,00	200,46	—	—	35,357	22,657	3,607	—	—	—	—	—	—	—
	32,00	198,02	—	—	32,918	20,218	1,168	—	—	—	—	—	—	—
	36,00	195,58	—	—	30,480	17,780	—	—	—	—	—	—	—	—
	40,00	193,04	—	—	27,940	15,240	—	—	—	—	—	—	—	—
	44,00	190,50	—	—	25,400	12,700	—	—	—	—	—	—	—	—
	49,00	187,60	—	—	22,504	9,804	—	—	—	—	—	—	—	—
9 5/8	29,30	226,23	—	—	—	—	—	10,338	—	—	—	—	—	—
	32,30	224,66	—	—	—	—	—	8,763	—	—	—	—	—	—
	36,00	222,62	—	—	—	—	—	6,731	—	—	—	—	—	—
	40,00	220,44	—	—	—	—	—	4,547	—	—	—	—	—	—
	43,50	218,41	—	—	—	—	—	2,515	—	—	—	—	—	—
	47,00	216,53	—	—	—	—	—	0,635	—	—	—	—	—	—
	53,50	212,82	—	—	—	—	—	—	—	—	—	—	—	—
10 3/4	32,75	254,91	—	—	—	—	—	39,014	26,314	10,439	—	—	—	—
	40,50	251,30	—	—	—	—	—	35,408	22,708	6,833	—	—	—	—
	45,50	248,76	—	—	—	—	—	32,868	20,168	4,293	—	—	—	—
	51,00	246,22	—	—	—	—	—	30,328	17,628	1,753	—	—	—	—
	55,50	243,94	—	—	—	—	—	28,042	15,342	—	—	—	—	—
11 3/4	38,00	279,24	—	—	—	—	—	63,348	50,648	34,773	9,373	—	—	—
	42,00	277,57	—	—	—	—	—	61,671	48,971	33,096	7,696	—	—	—
	47,00	275,43	—	—	—	—	—	59,538	46,838	30,963	5,563	—	—	—
	54,00	272,38	—	—	—	—	—	56,490	43,790	27,915	2,515	—	—	—
	60,00	269,64	—	—	—	—	—	53,746	41,046	25,171	—	—	—	—
13 3/8	48,00	318,99	—	—	—	—	—	103,099	90,399	74,524	49,124	35,599	14,199	—
	54,50	316,45	—	—	—	—	—	100,559	87,859	71,984	46,584	37,059	11,659	—
	61,00	313,91	—	—	—	—	—	98,019	85,319	69,444	44,044	34,519	9,119	—
	68,00	311,37	—	—	—	—	—	95,479	82,279	66,904	41,504	31,979	6,579	—
	72,00	309,65	—	—	—	—	—	93,751	81,051	65,176	39,776	30,251	4,851	—
16	55,00	385,76	—	—	—	—	—	169,850	157,150	141,275	115,875	106,350	80,950	36,500	4,750
	65,00	382,59	—	—	—	—	—	166,675	153,975	138,100	112,700	103,175	77,775	33,325	1,575
	75,00	379,41	—	—	—	—	—	163,500	150,800	134,925	109,525	100,000	74,600	30,150	—
	84,00	376,49	—	—	—	—	—	160,579	147,879	132,004	106,604	97,079	71,679	27,229	—

Tabelle 30 c. *Zwischenräume zwischen innerem und äußerem Futterrohrstrang*

Abmessungen der äußeren Futterrohre			Abmessungen der inneren Futterrohre																				
			4 1/2	5 1/2			6			6 5/8			7			8 5/8			9 5/8			11 3/4	13 3/8
			API-Muffe	Extreme Line Standard Verbindung	Extreme Line wahlweise	API-Muffe	Extreme Line Standard Verbindung	Extreme Line wahlweise	API-Muffe	Extreme Line Standard Verbindung	Extreme Line wahlweise	API-Muffe	Extreme Line Standard Verbindung	Extreme Line wahlweise	API-Muffe	Extreme Line Standard Verbindung	Extreme Line wahlweise	API-Muffe	Extreme Line Standard Verbindung	Extreme Line wahlweise	API-Muffe	API-Muffe	API-Muffe
Rohrgröße (*D*)	Nenngewicht je Fuß	Innendorn	*maximaler* Muffen-, bzw. Verbinder-Außendurchmesser (mm)[1]																				
			128,27	149,35	147,32	155,22	163,07	160,53	169,95	178,33	176,53	189,58	188,21	186,18	196,42	232,16	229,87	246,91	257,05	255,02	—	327,03	368,30
Zoll	lbs./ft	mm	Zwischenräume in mm																				
6	15,00	137,14	8,865	—	—	—	—	—	—	—	—	—	—	—	—	—	—	—	—	—	—	—	—
	18,00	134,60	6,325	—	—	—	—	—	—	—	—	—	—	—	—	—	—	—	—	—	—	—	—
	20,00	132,77	4,496	—	—	—	—	—	—	—	—	—	—	—	—	—	—	—	—	—	—	—	—
	23,00	129,92	1,651	—	—	—	—	—	—	—	—	—	—	—	—	—	—	—	—	—	—	—	—
6 5/8	17,00	152,65	24,384	—	—	—	—	—	—	—	—	—	—	—	—	—	—	—	—	—	—	—	—
	20,00	150,47	22,200	—	—	—	—	—	—	—	—	—	—	—	—	—	—	—	—	—	—	—	—
	24,00	147,22	18,948	—	—	—	—	—	—	—	—	—	—	—	—	—	—	—	—	—	—	—	—
	28,00	143,92	15,646	—	—	—	—	—	—	—	—	—	—	—	—	—	—	—	—	—	—	—	—
	32,00	140,97	12,700	—	—	—	—	—	—	—	—	—	—	—	—	—	—	—	—	—	—	—	—
7	17,00	162,89	—	13,538	15,570	7,671	—	—	—	—	—	—	—	—	—	—	—	—	—	—	—	—	—
	20,00	160,81	—	11,455	13,487	5,588	—	—	—	—	—	—	—	—	—	—	—	—	—	—	—	—	—
	23,00	158,52	—	9,169	11,201	3,302	—	—	—	—	—	—	—	—	—	—	—	—	—	—	—	—	—
	26,00	156,24	—	6,883	8,915	1,016	—	—	—	—	—	—	—	—	—	—	—	—	—	—	—	—	—
	29,00	153,90	—	4,547	6,579	—	—	—	—	—	—	—	—	—	—	—	—	—	—	—	—	—	—
	32,00	151,61	—	2,261	4,293	—	—	—	—	—	—	—	—	—	—	—	—	—	—	—	—	—	—
	35,00	149,33	—	—	2,007	—	—	—	—	—	—	—	—	—	—	—	—	—	—	—	—	—	—
	38,00	147,19	—	—	—	—	—	—	—	—	—	—	—	—	—	—	—	—	—	—	—	—	—

	24,00	202,49	—	—	—	—	39,421	41,961	32,537	24,181	25,959	12,903	—	—	—	—	—	—	—	—	—	—	—
	28,00	200,46	—	—	—	—	37,389	39,929	30,505	22,149	23,927	10,871	—	—	—	—	—	—	—	—	—	—	—
	32,00	198,02	—	—	—	—	34,950	37,490	28,067	19,710	21,488	8,433	—	—	—	—	—	—	—	—	—	—	—
8 5/8	36,00	195,58	—	—	—	—	32,512	35,052	25,629	17,272	19,050	5,994	—	—	—	—	—	—	—	—	—	—	—
	40,00	193,04	—	—	—	—	29,972	32,512	23,089	14,732	16,510	3,454	—	—	—	—	—	—	—	—	—	—	—
	44,00	190,50	—	—	—	—	27,432	29,972	20,549	12,192	13,970	0,914	—	—	—	—	—	—	—	—	—	—	—
	49,00	187,60	—	—	—	—	24,536	27,076	17,653	9,296	11,074	—	—	—	—	—	—	—	—	—	—	—	—
	29,30	226,23	—	—	—	—	63,170	65,710	56,286	47,930	49,708	36,652	38,024	40,056	29,820	—	—	—	—	—	—	—	—
	32,30	224,66	—	—	—	—	61,595	64,135	54,712	46,355	48,133	35,077	36,449	38,481	28,245	—	—	—	—	—	—	—	—
	36,00	222,62	—	—	—	—	59,563	62,103	52,680	44,323	46,101	33,045	34,417	36,449	26,213	—	—	—	—	—	—	—	—
9 5/8	40,00	220,44	—	—	—	—	57,379	59,919	50,495	42,139	43,917	30,861	32,233	34,265	24,029	—	—	—	—	—	—	—	—
	43,50	218,41	—	—	—	—	55,347	57,887	48,463	40,107	41,885	28,829	30,201	32,333	21,997	—	—	—	—	—	—	—	—
	47,00	216,53	—	—	—	—	53,467	56,007	46,584	38,227	40,005	26,949	28,321	30,353	20,117	—	—	—	—	—	—	—	—
	53,50	212,82	—	—	—	—	49,759	52,299	42,875	34,519	36,297	23,241	24,613	26,645	16,409	—	—	—	—	—	—	—	—
	32,75	254,91	—	—	—	—	—	—	—	—	—	—	—	—	—	22,758	25,044	8,001	—	—	—	—	—
	40,50	251,30	—	—	—	—	—	—	—	—	—	—	—	—	—	19,152	21,438	4,394	—	—	—	—	—
10 3/4	45,50	248,76	—	—	—	—	—	—	—	—	—	—	—	—	—	16,612	18,898	1,854	—	—	—	—	—
	51,00	246,22	—	—	—	—	—	—	—	—	—	—	—	—	—	14,072	16,358	—	—	—	—	—	—
	55,50	243,94	—	—	—	—	—	—	—	—	—	—	—	—	—	11,786	14,072	—	—	—	—	—	—
	38,00	279,24	—	—	—	—	—	—	—	—	—	—	—	—	—	22,200	24,232	6,680	—	—	—	—	—
	42,00	277,57	—	—	—	—	—	—	—	—	—	—	—	—	—	20,523	22,555	5,004	—	—	—	—	—
11 3/4	47,00	275,43	—	—	—	—	—	—	—	—	—	—	—	—	—	18,390	20,422	2,870	—	—	—	—	—
	54,00	272,38	—	—	—	—	—	—	—	—	—	—	—	—	—	15,342	17,374	—	—	—	—	—	—
	60,00	269,64	—	—	—	—	—	—	—	—	—	—	—	—	—	12,598	14,630	—	—	—	—	—	—
	48,00	318,99	—	—	—	—	—	—	—	—	—	—	—	—	—	61,951	63,983	46,431	—	—	—	—	—
	54,50	316,45	—	—	—	—	—	—	—	—	—	—	—	—	—	59,411	61,443	43,891	—	—	—	—	—
13 3/8	61,00	313,91	—	—	—	—	—	—	—	—	—	—	—	—	—	56 871	58,903	41,351	—	—	—	—	—
	68,00	311,37	—	—	—	—	—	—	—	—	—	—	—	—	—	54,331	56,363	38,811	—	—	—	—	—
	72,00	309.65	—	—	—	—	—	—	—	—	—	—	—	—	—	52,603	54 635	37,084	—	—	—	—	—
	55,00	385,76	—	—	—	—	—	—	—	—	—	—	—	—	—	—	—	—	—	—	—	58,725	17,500
16	65,00	382,59	—	—	—	—	—	—	—	—	—	—	—	—	—	—	—	—	—	—	—	55,550	14,275
	75,00	379,41	—	—	—	—	—	—	—	—	—	—	—	—	—	—	—	—	—	—	—	52,375	11,100
	84,00	376,49	—	—	—	—	—	—	—	—	—	—	—	—	—	—	—	—	—	—	—	49,454	8,179

[1] Nach Rohrbuch Spang-Chalfant.

Tabelle 30 d. *Zum Abteufen von Bohrlöchern verschiedenen Durchmessers verwendete Bohrgestänge*

Verwendete Bohrgestänge Außendurchmesser	Zoll	6 5/8	5 1/2	5[1]	4 /12
Bohrlochdurchmesser mm	minimal	250,825	228,600	—	193,675
	maximal	625,800	593,725	—	444,500

Verwendete Bohrgestänge Außendurchmesser	Zoll	4[1]	3 1/2	2 7/8 oder 2 1/2 Tubing	2 3/8 oder 2 Zoll Tubing
Bohrlochdurchmesser mm	minimal	—	142,875	120,650	95,250
	maximal	—	311,150	158,75	149,225

[1] Nicht im allgemeinen Gebrauch.

E. Verrohrungsprogramme aus USA, Deutschland und Österreich

Es bedeuten:

D_a = Rohraußendurchmesser in mm,
D_i = Rohrinnendurchmesser in mm,
D_m = Meißeldurchmesser in mm,
R_w = Ringraumweite in mm.

Es sei allerdings bemerkt, daß der Bohrloch-Durchmesser auch im harten Gestein um etwa 1/8 Zoll = 3,2 mm größer ist als der Meißeldurchmesser.

1. Louisiana,

Standrohr	20 Zoll, D_i = 485,75 mm	41,25/2,	R_w = 20,62 mm
Meißel	17 1/2 Zoll, D_m = 444,500 mm	184,15/2,	R_w = 92,07 mm
Ankerkolonne	10 1/4 Zoll, D_a = 260,35 mm		
	D_i = 244,35 mm	15,75/2,	R_w = 7,87 mm
Meißel	9 Zoll, D_m = 228,60 mm	50,80/2,	R_w = 25,40 mm
Futterrohre	7 Zoll, D_a = 177,80 mm		
	D_i = 163,98 mm		

2. Golfküste

Standrohr	20 Zoll, D_i = 485,75 mm	41,25/2,	R_w = 20,62 mm
Meißel	17 1/2 Zoll, D_m = 444,50 mm	104,78/2,	R_w = 52,39 mm
Ankerkolonne	13 3/8 Zoll, D_a = 339,72 mm		
	D_i = 320,42 mm	9,27/2,	R_w = 5,63 mm
Meißel	12 1/4 Zoll, D_m = 311,15 mm	66,68/2,	R_w = 33,34 mm
Futterrohre	9 5/8 Zoll, D_a = 244,47 mm		
	D_i = 220,497 mm	4,597/2,	R_w = 2,29 mm
Meißel	8 1/2 Zoll, D_m = 215,90 mm	38,1/2,	R_w = 19,05 mm
Futterrohre	7 Zoll, D_a = 177,80 mm		

3. West-Texas

Standrohr	18 Zoll, D_i	= 437,0 mm	
Meißel	15 3/4 Zoll, D_m	= 400,05 mm	36,95/2, R_w = 18,47 mm
Ankerkolonne	12 3/4 Zoll, D_a	= 323,85 mm	76,20/2, R_w = 38,10 mm
	D_i	= 303,85 mm	
Meißel	11 Zoll, D_m	= 279,40 mm	24,45/2, R_w = 12,22 mm
Futterrohre	8 5/8 Zoll, D_a	= 219,08 mm	60,32/2, R_w = 30,16 mm
	D_i	= 203,63 mm	
Meißel	7 7/8 Zoll, D_m	= 200,025 mm	3,605/2, R_w = 1,80 mm
Futterrohre	6 Zoll, D_a	= 152,40 mm	47,625/2, R_w = 23,81 mm

4. Paloma-Feld, Californien (1955 tiefste Bohrung 6444 m)

Standrohr	18 Zoll, D_i	= 437,0 mm	
Meißel	17 Zoll, D_m	= 431,8 mm	5,2/2, R_w = 2,6 mm
Ankerkolonne	13 3/8 Zoll, D_a	= 339,72 mm	92,08/2, R_w = 46,04 mm
	D_i	= 322,96 mm	
Meißel	12 1/4 Zoll, D_m	= 311,15 mm	11,81/2, R_w = 5,90 mm
Futterrohre	9 5/8 Zoll, D_a	= 244,48 mm	66,67/2, R_w = 33,33 mm
Meißel	8 3/8 Zoll, D_m	= 212,72 mm	31,76/2, R_w = 15,88 mm
Futterrohre	5 1/2 Zoll, D_a	= 139,70 mm	73,02/2, R_w = 36,51 mm

5. Deutschland

Förderbohrungen (Verrohrung ist je nach Gesellschaft unterschiedlich).

Beispiel:

Standrohr	13 3/8 Zoll, D_i	= 322,96 mm	
Meißel	12 1/4 Zoll, D_m	= 311,15 mm	11,81/2, R_w = 5,9 mm
Ankerkolonne	9 5/8 Zoll, D_a	= 244,475 mm	66,675/2, R_w = 33,337mm
	9 5/8 Zoll, D_i	= 230,200 mm	
Meißel	8 1/2 Zoll, D_m	= 215,900 mm	14,3/2, R_w = 7,15 mm
Futterrohre	7 Zoll, D_a	= 177,80 mm	38,1/2, R_w = 19,05 mm
	7 Zoll, D_i	= 163,98 mm	
Meißel	6 Zoll, D_m	= 152,40 mm	11,58/2, R_w = 5,79 mm
Liner	4 1/2 Zoll, D_a	= 114,3 mm	38,1/2, R_w = 10,05 mm

Für tiefe Aufschlüsse (Variante).

Standrohr	21 1/2 Zoll, D_i	= 546,10 mm	38,1/2, R_w = 19,05 mm
Meißel	20 Zoll, D_m	= 508,00 mm	
Ankerkolonne	16 Zoll, D_a	= 406,40 mm	91,6/2, R_w = 45,80 mm
	16 Zoll, D_i	= 387,35 mm	
Meißel	12 1/4 Zoll, D_m	= 311,15 mm	76,20/2, R_w = 38,10 mm
Futterrohre	9 5/8 Zoll, D_a	= 244,475 mm	66,675/2, R_w = 33,33 mm
	9 5/8 Zoll, D_i	= 226,590 mm	
Meißel	8 1/2 Zoll, D_m	= 215,900 mm	10,69/2, R_w = 5,34 mm
Futterrohre	7 Zoll, D_a	= 177,800 mm	38,1/2, R_w = 19,55 mm
	7 Zoll, D_i	= 163,98 mm	
Meißel	6 Zoll, D_m	= 152,40 mm	11,58/2, R_w = 5,79 mm
Liner	4 1/2 Zoll, D_a	= 114,30 mm	38,1/2, R_w = 19,05 mm

6. Österreich

a) *Schönkirchen-Prottes, Förderbohrung mit Turbine, Teufe = 1500,0 m.*

Standrohr		$D_i = 525{,}4$ mm	
Meißel		$D_m = 508{,}0$ mm	17,4/2, $R_w = 8{,}7$ mm
Ankerkolonne	14 Zoll,	$D_a = 377{,}0$ mm	131,0/2, $R_w = 65{,}5$ mm
		$D_i = 355{,}0$ mm	
Meißel		$D_m = 269{,}0$ mm	86,0/2, $R_w = 43{,}0$ mm
Futterrohre	6 5/8 Zoll,	$D_a = 168{,}3$ mm	100,7/2, $R_w = 50{,}35$ mm

b) *Schönkirchen-Prottes, schräge Förderbohrung mit Turbine, Teufe = 1500,0 m.*

Standrohr		$D_i = 525{,}4$ mm	
Meißel		$D_m = 508{,}0$ mm	17,4/2, $R_w = 8{,}7$ mm
Ankerkolonne	14 Zoll,	$D_a = 377{,}0$ mm	131,0/2, $R_w = 65{,}5$ mm
		$D_i = 355{,}0$ mm	
Meißel		$D_m = 251{,}0$ mm	104,0/2, $R_w = 52{,}0$ mm
Futterrohre	6 5/8 Zoll,	$D_a = 168{,}3$ mm	82,7/2, $R_w = 41{,}35$ mm

c) *Schönkirchen-Matzen, Förderbohrung, Rotary, Teufe = 1670,0 m.*

Standrohr	16 Zoll,	$D_i = 406{,}4$ mm	
Meißel		$D_m = 390{,}0$ mm	16,4/2, $R_w = 8{,}2$ mm
Ankerkolonne	10 3/4 +		116,95/2, $R_w = 58{,}47$ mm
	9 5/8 Zoll,	$D_{a1} = 273{,}05$ mm	
		$D_{a2} = 244{,}50$ mm	145,5/2, $R_w = 72{,}75$ mm
		$D_{i1} = 255{,}27$ mm	
		$D_{i2} = 228{,}62$ mm	
Meißel		$D_m = 216{,}00$ mm	12,62/2, $R_w = 6{,}31$ mm
Futterrohre	6 5/8 +		47,7/2, $R_w = 23{,}85$ mm
	6 Zoll,	$D_{a1} = 168{,}30$ mm	
		$D_{a2} = 137{,}77$ mm	78,23/2, $R_w = 39{,}11$ mm

d) *Mühlberg, Aufschlußbohrung, Rotary, Teufe = 2200,0 m.*

Standrohr	18 5/8 Zoll,	$D_i = 453{,}5$ mm	
Meißel		$D_m = 390{,}0$ mm	63,5/2, $R_w = 31{,}75$ mm
Ankerkolonne	10 3/4 Zoll,	$D_a = 273{,}05$ mm	116,95/2, $R_w = 58{,}47$ mm
		$D_i = 255{,}27$ mm	
Meißel		$D_m = 216{,}00$ mm	39,27/2, $R_w = 19{,}63$ mm
Futterrohre	6 5/8 +		
	6 Zoll,	$D_{a1} = 168{,}3$ mm	47,7/2, $R_w = 23{,}85$ mm
		$D_{a2} = 152{,}4$ mm	63,6/2, $R_w = 31{,}80$ mm

e) *Aderklaa-Kagran, Aufschlußbohrung, Rotary, Teufe = 2000,0 m.*

Standrohr	21 Zoll,	$D_i = 525{,}4$ mm	
Meißel		$D_m = 508{,}0$ mm	17,4/2, $R_w = 8{,}7$ mm
Ankerkolonne	14 Zoll,	$D_a = 355{,}6$ mm	152,4/2, $R_w = 76{,}2$ mm
		$D_i = 333{,}6$ mm	
Meißel		$D_m = 310{,}0$ mm	23,6/2, $R_w = 11.8$ mm
Zwischenrohrtour	10 3/4 +		36,95/2, $R_w = 18{,}47$ mm
	9 5/8 Zoll,	$D_{a1} = 273{,}05$ mm	
		$D_{a2} = 244{,}50$ mm	65,5/2, $R_w = 32{,}75$ mm
		$D_{i2} = 226{,}59$ mm	
Meißel		$D_m = 216{,}00$ mm	
Futterrohre	6 5/8 +		10,59/2, $R_w = 5{,}29$ mm
	6 Zoll,	$D_{a1} = 168{,}30$ mm	47,7/2, $R_w = 23{,}85$ mm
		$D_{a2} = 152{,}40$ mm	63,6/2, $R_w = 31{,}80$ mm

Aus den hier gegebenen Verrohrungsprogrammen ist zu ersehen, daß im allgemeinen in den untiefen, unkonsolidierten Schichten die Ringraumweite zwischen dem Bohrloch- und Futterrohrdurchmesser größer ist als in den tieferen und konsolidierten.

F. Behandlung der Futterrohre im Ölfeld

1. Schutz der Gewinde. Sowohl im Rohrlager als auch beim Transport, allen Verlade- und Entladearbeiten, sollen die Muffen- und Zapfengewinde mit aufgeschraubten Schutzringen aus Gußeisen oder Hartgummi geschützt sein.

Im Lager selbst sind die Rohre so zu stapeln, daß die Entladung bzw. Verladung auf das Transportfahrzeug ohne Beschädigung der Rohre und gefahrlos für das Bedienungspersonal durchgeführt werden kann.

2. Bei der Bohrung werden die Rohre auf dem Turmpodium in der Reihenfolge gestapelt, wie sie zum Einbau kommen.

Vor Beginn der Verrohrung sollen alle Rohrlängen gemessen und die Gewinde mit abgesetzten Schutzringen kontrolliert werden. Kleine Gewindefehler können mit einer Dreikantfeile behoben werden.

Nach erfolgter Kontrolle werden die Schutzringe wieder aufgeschraubt.

3. Beim Einholen der Rohre vom Turmpodium zur Arbeitsbühne mittels eines leichten Elevators, der am Spillseil hängt, wird eine Rohrschablone, bestehend aus zwei kreisförmigen Eisenplatten, die im Zentrum mit einem Stehbolzen verbunden sind, in das obere Ende eingeschoben, so daß sie beim Anheben durch das Rohr hindurchfällt. Diese Schablone hat die Masse des vorgeschriebenen Dornes.

4. Vor dem Einsetzen des Rohrzapfens in die Muffe des schon eingebauten Rohres wird die Schutzmuffe abgeschraubt. Das Gewinde wird sodann mit einer Hanfbürste und Petroleum gereinigt. Auf das völlig trockene Gewinde wird ein entsprechendes säurefreies Spezial-Schmierfett aufgetragen.

Nach vielen Feldversuchen wurde für Futterrohre ein Hochdruck-Gewindefett entwickelt, das die nachstehende Zusammensetzung hat:

a) Stearinsaures Aluminium-Grundfett 20,46%
   es setzt sich zusammen aus:
   stearinsaurem Aluminium . . . . . . 6,2% und
   Mineralöl 93,8%
b) Siliconfett 12,85%
c) Siliconöl 2,59%
d) Graphit 18,00%
e) Bleipuder 30,50%
f) Kupferpulver, schuppig 3,30%
g) Zinkstaub 12,30%

Das Schmierfett muß folgende Eigenschaften haben:

Es muß das Fressen der Gewinde beim richtigen Verschrauben ausschließen und muß wärmebeständig sein, das heißt bei Temperatur von rund 150° C weder zerfallen noch übermäßig flüssig werden und sich auch bei kalter Witterung gut auftragen lassen.

Ferner muß es eine genügende Abdichtung der Verbindung ergeben und auch wasserabweisend sein.

Allerdings wurde auch bei diesem Spezialfett beobachtet, daß bei normalen A.P.I.-Muffenverbindungen eine völlige Dichtigkeit selten erzielt wird. (Daher werden für solche Fälle „Extreme line casing“ empfohlen.)

5. Die Rohrelevatoren müssen einwandfreie Schultern und die Abfangkeile die genau passende Abmessung und saubere scharfe Zähne aufweisen, um jedes einseitige Eindrücken oder Einschneiden auszuschließen.

6. Während des Verschraubens darf die Muffe nur handwarm werden. Zu hoher Temperaturanstieg ist ein Beweis, daß das Gewinde nicht richtig kämmt.

7. Der Futterrohrstrang soll langsam eingelassen und ein zu plötzliches Abbremsen vermieden werden.

G. Bemerkung zu den Sicherheitsfaktoren bei Futterrohren

Nach Berichten aus USA wurden von den nachstehenden Gesellschaften bei der Planung von Verrohrungsprogrammen die folgenden Sicherheitsfaktoren berücksichtigt:

Name der Gesellschaft		Sicherheitsfaktor auf		
		Außendruck	Abstreiffestigkeit	Innendruck
Shell Oil Co.	früher	1,125	1,8	1,00
	heute	1,00	1,6	1,33
Stanolind Oil & Gas Co.		1,125	1,8	1,10
Phillips Petroleum Co.		1,125	1,75	nicht berechnet
Gulf Oil Corp.		1,17	1,75	1,75
Deep Rock Oil Corp.		1,00	1,60	1,33
Carter Oil Co.		1,125	1,60	1,00
Sunvay Oil Corp.		1,125	1,80	1,10

Im allgemeinen wird die Bezeichnung auf der von A.P.I. angegebenen Mindeststreckgrenze basiert.

Der Auftrieb wird bei der Berechnung der biaxialen Beanspruchung nicht berücksichtigt.

Was die Abstreiffestigkeit betrifft, wird bei der Planung angenommen, daß die Futterrohre in Luft hängen.

H. Der Futterrohr-Schuh

Das unterste Teilstück jeder Futterrohrkolonne bildet der Rohrschuh, ein besonders starkwandiges, kurzes Rohrstück (s. Abb. 126).

Die Maße dieses Stahlrohres nach A.P.I. sind aus Tab. 31 zu ersehen.

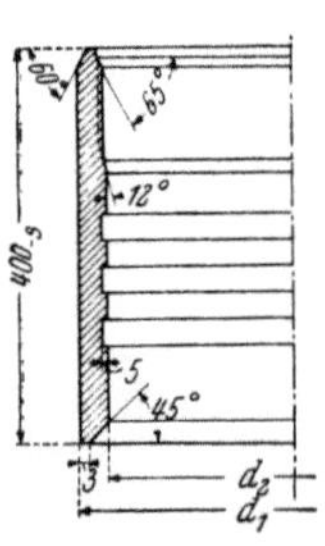

Abb. 126. Futterrohr-Schuh

Das obere Rohrende hat ein den anschließenden Futterrohren entsprechendes Muffengewinde, der restliche Rohrschuhteil ist, wie noch später besprochen wird, mit einer Zementschlämme vergossen, in welcher eine zentrale Öffnung frei gelassen ist, deren unteres, aus dem Stahlrohr vorstehendes Ende, die Form einer Halbkugel hat.

Dieser abgerundete Teil gewährleistet einen gut gleitenden Einbau des Rohrstranges auch in einem gekrümmten Bohrloch.

Über die verschiedenen Konstruktionstypen wird im folgenden Kapitel Näheres erläutert.

Tabelle 31. *Maße der Futterrohr-Schuhe nach A.P.I.*

Futterrohr-Nenndurchmesser		Rohrschuh			
Zoll	mm	Außendurchmesser mm	Innendurchmesser mm	Wandstärke mm	Gewicht kg
4 1/2	114,3	128,3	99,6	27,7	18,3
5	127,0	142,7	108,6	34,1	23,8
5 1/2	139,7	155,2	118,6	36,6	27,7
6	152,4	170,0	133,1	36,9	29,2
6 5/8	168,3	189,6	144,2	45,4	40,4
7	177,8	196,5	150,4	46,1	42,9
7 5/8	193,7	218,1	168,3	49,8	51,5
8 5/8	219,1	247,0	190,8	56,2	65,3
9 5/8	244,5	272,6	216,8	55,8	73,0
10 3/4	273,1	301,5	247,9	53,6	78,8
11 3/4	298,5	327,1	273,6	53,5	86,0
13 3/8	339,7	368,8	313,6	55,2	99,8
16	406,4	436,1	381,3	54,8	118,7
20	508,0	535,0	486,0	49,0	123,3

J. Futterrohr-Flanschen

Die in das Bohrloch eingebauten Futterrohre werden ober Tage in den Flanschen verkeilt und gleichzeitig der Ringraum zwischen den einzelnen Futterrohrkolonnen in diesen Flanschen gedichtet, so daß jede Kommunikation zwischen den einzelnen Futterrohren am Bohrlochkopf unterbunden ist.

Die verschiedensten Konstruktionen amerikanischer und europäischer Lieferfirmen stehen in den Erdöl- und Erdgasfeldern in Verwendung, deren Hauptmasse nach den Vorschriften von A.P.I. gebaut werden.

Die Flanschen werden aus vier verschiedenen Stahlgütegraden hergestellt, welche in Tab. 32 verzeichnet sind.

Tabelle 32. *Festigkeiten für Futterrohr-Flanschen in den vier Stahlgütegraden*

Gütestufe des Stahles	1	2	3	4
Mindeststreckgrenze kg/mm²	21,1	25,3	25,3	42,2
Mindestzugfestigkeit kg/mm²	42,2	49,2	49,2	63,3
Mindestdehnung 2 Zoll Streifen %	22	18	22	18
Mindest-Einschnürung %	35	24	30	30

Je nach dem verwendeten Werkstoff und der Konstruktionstype werden diese Flanschen für Betriebsdrücke von 50 bis 700 kg/cm² gebaut.

Die Hauptmaße, welche von A.P.I. zunächst versuchsweise festgesetzt wurden, sind aus Tab. 33 zu entnehmen.

Tabelle 33. *Ansatz-Flanschen mit Gewinde oder glatter Bohrung für A.P.I.-Futterrohre* (*versuchsweise*)

1. Rohr-Nenngrößen Zoll	4 1/2		5 und 5 1/2		6, 6 5/8 und 7		7 5/8 und 8 5/8		9 5/8 und 10 3/4		11 3/4 und 13 3/8		16	20
2. Betriebsdruck kg/cm²	50,0 140,0	67,5 210	50,0 140,0	67,5 210,0	50,0 140,0	67,5 210,0	50,0 140,0	67,5 210,0	50,0 140,0	67,5 210,0	50,0 140,0	67,5 210,0	50,0 67,5	50,0 67,5
3. Nenngröße Zoll	4		5		6		8		10		12		16	20
4. Durchmesser O mm	254,0 273,0	254,0 292,1	279,4 330,0	279,4 340,0	317,5 355,6	317,5 381,0	381,0 419,1	381,0 469,9	444,5 508,0	444,5 546,1	520,7 558,8	520,7 609,6	647,7 647,7	744,7 744,7
5. Bohrung W_c Zoll, mm	115,82		bei5 =128,52 bei5 1/2=142,24		6 = 154,94 6 5/8 = 170,69 7 = 180,34		7 5/8 = 196,09 8 5/8 = 221,44		9 5/8 = 247,65 10 3/4 = 276,35		11 3/4 = 301,75 13 3/8 = 344,08		411,226	512,8
6. Flanschdicke T mm	37,7 46,0	42,9 52,4	42,9 52,4	46,6 58,7	44,4 55,6	49,2 63,5	49,2 63,5	55,6 71,4	55,6 71,4	61,9 77,8	85,7 74,6	65,1 87,3	65,1 71,4	73,0 79,4
7. Lochkreis-Durchmesser mm	200,0 215,9	200,0 234,95	234,95 266,70	234,95 279,40	269,9 292,1	269,9 317,5	330,2 349,25	330,2 393,7	387,35 431,8	387,35 469,9	450,85 488,95	450,85 533,4	571,5 571,5	685,8 685,8
8. Höhe für kurzes Gewinde mm L_{cs}	61,9 61,9	61,9 77,8	85,1 85,1	85,1 87,3	92,1 92,1	92,1 93,7	98,4 98,4	98,4 109,5	101,6 101,6	101,6 115,9	101,6 101,6	101,6 125,4	109,5 109,5	109,5 111,1

9. Höhe für langes Gewinde mm L_{cl}	95,2	101,6	114,3	130,2	133,4	—	—	—
10. Höhe für glatte Bohrung mm L_s	55,6 58,7 61,9 77,8	58,7 61,9 68,3 87,3	60,3 65,1 74,6 93,7	69,8 76,2 84,1 109,5	74,6 81,0 93,7 115,9	81,0 87,3 100,0 125,4	90,5 101,6	104,8 111,1
11. Ringnut-Durchmesser mm P	149,225	180,975	211,14	269,87	323,85	381,00	469,9	584,2
12. Arbeitsleisten-Höhe mm E	7,94	7,94	7,94	7,94	7,94	7,94	7,94	9,52
13. Ringnut-Breite mm F	11,91	11,91	11,91	11,91	11,91	11,91	11,91	13,49
14. Zugehörige Dichtring-Nummer	*R* 37	*R* 41	*R* 45	*R* 49	*R* 53	*R* 57	*R* 65	*R* 73
15. Schrauben-Anzahl	8	8	12	12	16	16 16 20 20	20	24
16. Schrauben-Durchmesser Zoll	3/4 7/8 7/8 1 1/8	3/4 7/8 1 1 1/4	3/4 7/8 1 1 1/4	7/8 1 1 1/8 1 3/8	1 1 1/8 1 1/4 1 3/8	1 1/8 1 1/4 1 1/4 1 3/8	1 1/4 1 3/8	1 1/4 1 1/2

Die Dichtringe, welche zwischen je zwei Flanschen in die Dichtnuten eingelegt werden, sind in Tab. **34** angegeben.

Tabelle **34**. *Maße der erforderlichen Dichtringe für die in Tab. 33 angegebenen Flanschen*

Dichtring Nr.	Mittlerer Ring-durchmesser mm	Ring-breite mm *A*	Ring-Höhe mm		Flächen-breite mm der acht-eckigen Ringe *C*	Errechnetes Gewicht kg	
			oval *B*	acht-eckig *H*		oval	acht-eckig
R 37	149,225	11,11	17,46	15,88	7,75	0,616	0,60
R 41	180,975	11,11	17,46	15,88	7,75	0,747	0,728
R 45	211,138	11,11	17,46	15,88	7,75	0,872	0,849
R 49	269,875	11,11	17,46	15,88	7,75	1,114	1,085
R 53	323,85	11,11	17,46	15,88	7,75	1,337	1,302
R 57	381,00	11,11	17,46	15,88	7,75	1,573	1,532
R 65	469,9	11,11	17,46	15,88	7,75	1,940	1,889
R 73	584,2	12,70	19,05	17,46	8,66	2,985	2,916

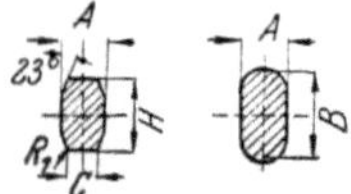

Das Material der Dichtringe ist ein weicher Flußstahl mit der Brinellhärte von 80 bis 100 kg/mm².

Im nachfolgenden soll der prinzipielle Aufbau dieser Flanschen an Hand einer Konstruktion der Firma Shaffer Tool Works, einer auf diesem Gebiete führenden amerikanischen Firma, besprochen werden.

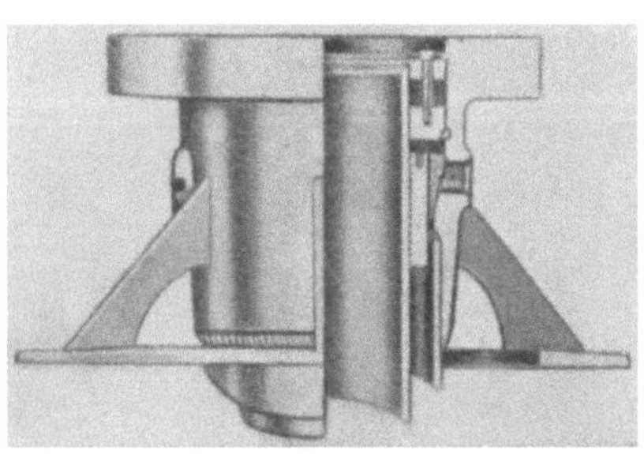

Abb. 127 *a*. Standrohr-Flansch mit Fußgestell nach Fa. Shaffer Tool Works

Abb. 127 *b*. Ansicht des Standrohr-Flansches nach Einbau der folgenden Futterrohre und Einbau der Ringraum-Dichtung nach Fa. Shaffer Tool Works

Nach dem Absetzen der Standrohrkolonne wird der ober Tage anstehende Rohrkopf mit dem Basisflansch ausgestattet (s. Abb. 127 *a*).

Der Flansch kann entweder auf das Zapfengewinde der Standrohre aufgeschraubt oder, wie in Abb. 127 *a* ersichtlich, aufgeschoben und am Rohr verschweißt werden.

Auf Wunsch wird er mit einem Fußgestell geliefert.

Die Bohrung des Flansches ist im oberen Teil zylindrisch, im unteren schwach konisch geformt und dient zur Aufnahme der Abfangkeile und der Ringraum-Dichtung.

Seitlich sind zwei diametral gegenüberliegende, zweizöllige Ausflußöffnungen mit Muffengewinde vorgesehen, in die je nach Bedarf zweizöllige Rohre mit Hochdruckschiebern oder bloß Abschlußpfropfen mit Manometer eingeschraubt werden, um den jeweiligen Ringraumdruck beobachten zu können. Für das weitere Abteufen innerhalb der Standrohre, falls zunächst kein Sicherheitsschieber erforderlich ist, wird auf diesem Basisflansch ein einfacher Flansch, mit einem seitlichen Spülungsabflußrohr von 6 bis 8 Zoll Durchmesser, mit Schrauben verbunden. Das Abflußrohr wird bis zum Schüttelsieb bzw. bis zum Spülbecken geführt.

Abb. 127 *c*. Ansicht des Standrohr-Flansches nach Einbau der folgenden Futterrohre nach Fa. Shaffer Tool Works

Abb. 127 *d*. Standrohr-Flansch nach Fa. Shaffer Tool Works

Sobald die nächste Futterrohrkolonne eingebaut und zementiert ist, werden die Abfangkeile in den konischen Ringraum des Basisflansches eingesetzt (s. Abb. 127 *b*). Das in den Keilen abzufangende Gewicht soll dabei dem Gewicht des freien, nicht zementierten Bohrstranges entsprechen.

Der über dem Flansch vorstehende Rohrteil wird etwa 1 cm unterhalb der oberen Flanschfläche mit dem Schneidbrenner geschnitten (s. Abb. 127 *c* und *d*), die Ringraumdichtung (s. Abb. 127 *b*) eingesetzt und mit Schrauben festgezogen. In Abb. 128 ist die eingesetzte Dichtung im Detail dargestellt.

Beim weiteren Abteufen innerhalb der zweiten Futterrohrkolonne setzt sich der Bohrlochabschluß aus einem Doppelflansch mit diametral gegenüberliegenden Ausflußöffnungen, einer Sicherheitseinrichtung gegen freie Ausbrüche (Gate) und dem Abflußstück zusammen, wie dies aus Abb. 129 ersichtlich ist.

Damit beim Einbau des Meißels die Ringraum-Dichtung der zuletzt eingebauten Rohre nicht beschädigt wird, ist am Fuß des Doppelflansches ein konischer Führungsring eingesetzt.

Der Zweck und die Funktion der Sicherheits-Einrichtung soll später noch näher besprochen werden.

Wird eine weitere Futterrohrkolonne eingebaut, ergibt sich die Anordnung nach Abb. 130 *a* und *b*.

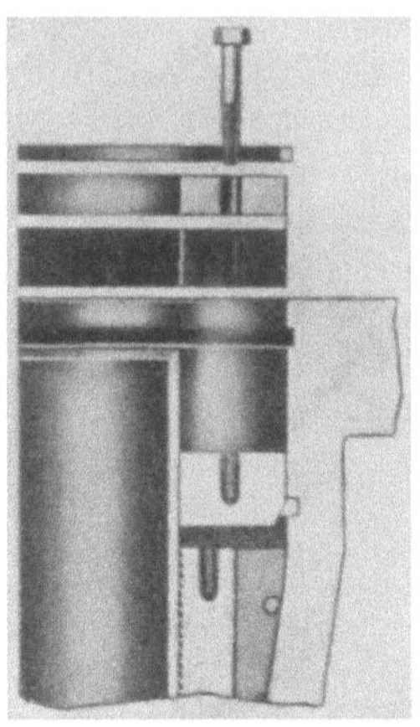

Abb. 128. Detail der Ringraumdichtung nach Fa. Shaffer Tool Works

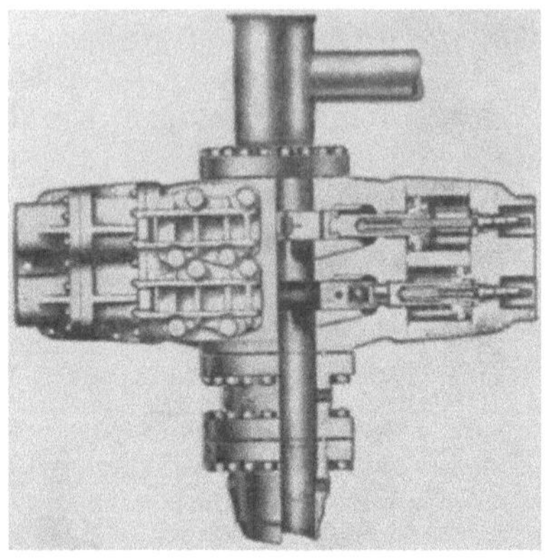

Abb. 129. Doppel-Sicherheitsschieber (Double gate) nach Fa. Shaffer Tool Works

Die Firma Shaffer Tool Works hat zusätzlich für Hochdruckbohrungen eine rotierende Stopfbüchsen-Konstruktion entwickelt, die in Abb. 131 dargestellt ist. Mit dieser Einrichtung kann auch unter Druck gebohrt werden.

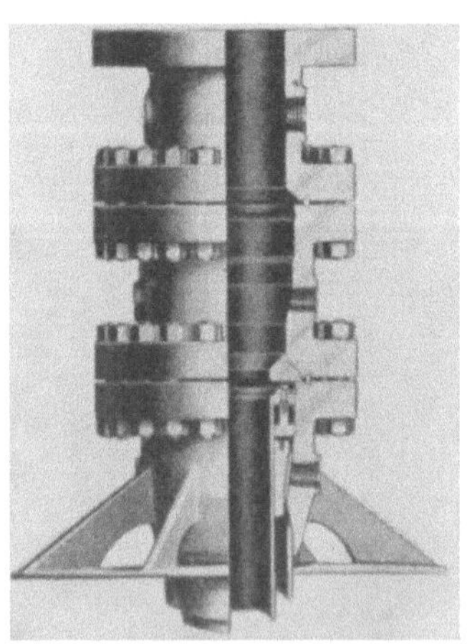

Abb. 130 *a*. Futterrohr-Flanschen nach Fa. Shaffer Tool Works

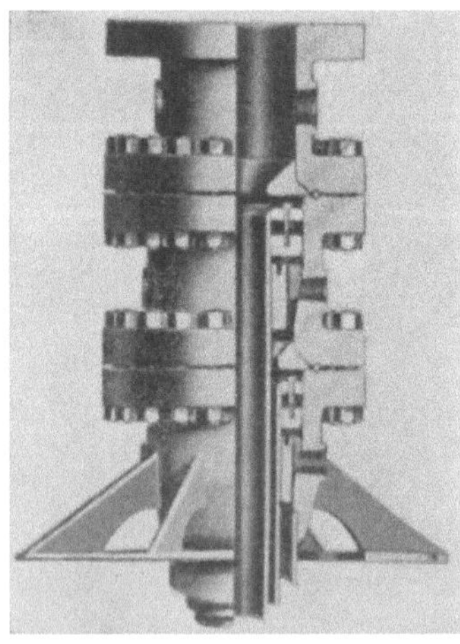

Abb. 130 *b*. Futterrohr-Flanschen mit Fußgestell nach Fa. Shaffer Tool Works

Im Gehäuse ist die innere Hülse zwischen Rollenlagern und entsprechenden Dichtungen eingebaut. Am unteren Ende der Innenhülse ist ein Kautschukmantel vorgesehen, der sowohl das runde Gestänge als auch die vierkantige Mitnehmerstange dicht umschließt.

Sobald die Mitnehmerstange während der Bohrarbeit, also bei ihrer Drehbewegung in die Stopfbüchsen-Konstruktion zu stehen kommt, nimmt auch die Innenhülse mit dem Kautschukmantel an dieser Drehbewegung teil.

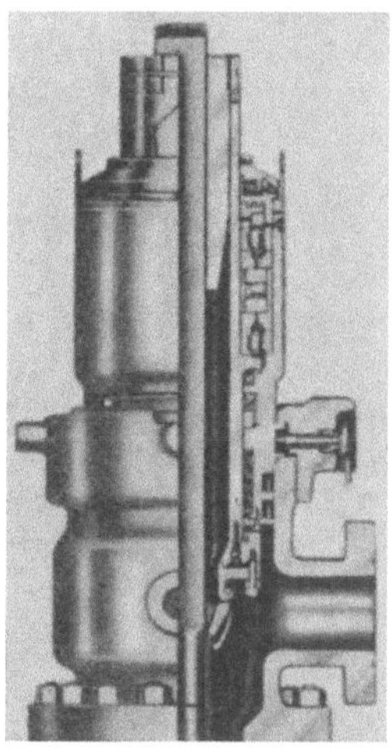

Abb. 131. Rotierende Stopfbüchsenkonstruktion, oberhalb der Sicherheitsschieber aufgesetzt, nach Fa. Shaffer Tool Works

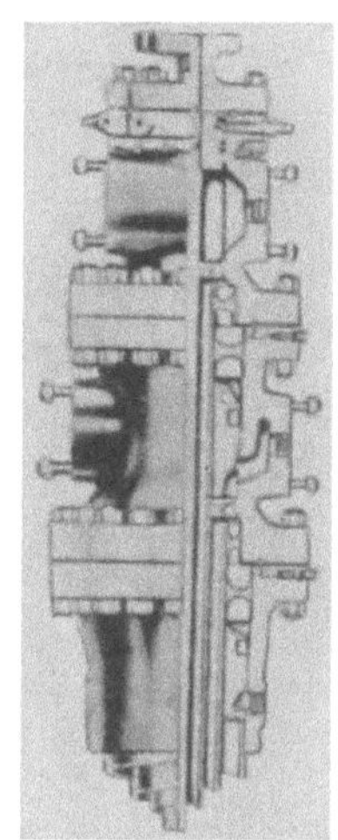

Abb. 132. Bohrlochabschluß mit eingebauten Futter- und Steigrohren nach Fa. National Supply Co.

In Abb. 132 ist ein Bohrlochabschluß mit eingebauten Futter- und Steigrohren nach Firma National Supply Co. dargestellt.

XV. Sicherheits-Einrichtungen am Bohrlochmund (Blow out preventer)

Allgemeines

Es sind Sicherheitsorgane, welche einen freien Ausbruch einer im Abteufen begriffenen Bohrung verhindern sollen.

Ein solcher Ausbruch kann sowohl bei eingebautem als auch bei ausgebautem Bohrstrang erfolgen.

Die Sicherheits-Einrichtung am Bohrlochmund muß daher so beschaffen sein, daß sie sowohl den Ringraum zwischen dem Bohrstrang und dem Bohrloch als auch das Bohrloch selbst völlig abschließen kann.

Was die Bauart betrifft, können die folgenden Konstruktionstypen unterschieden werden:

1. Die Sicherheits-Schieber, welche hydraulisch oder von Hand gesteuert werden und stets einsatzbereit einen integrierenden Bestandteil des Bohrlochabschlusses bilden. Führend sind die Konstruktionen der amerikanischen Firmen Shaffer Tool Works und Cameron Iron Works Inc.

2. Stopfbüchsen-Konstruktionen, welche lediglich hydraulisch gesteuert werden und stets einsatzbereit ebenfalls ein Bestandteil des Bohrlochabschlusses sind.

Führende amerikanische Firmen sind Hydril Co. und Regan Forge & Engineering Co.

3. Stopfbüchsen-Konstruktionen, welche von Hand bei Bedarf eingesetzt werden. Die führende amerikanische Firma ist Baash Ross Tool Co.

Die prinzipielle Bauart und Funktion sollen im nachfolgenden besprochen werden.

1. Sicherheits-Schieber

Die Sicherheits-Schieber werden als Einfach- und auch als Doppelschieber gebaut (Single gate, Double gate).

Die erste Type der Einfach-Sicherheitsschieber (Single gate) kann in zwei Ausführungen geliefert werden, und zwar entweder zum Abschluß des Ringraumes zwischen Gestänge und den zuletzt eingebauten Futterrohren oder aber zum vollständigen Abschluß des Bohrloches bei ausgebautem Bohrstrang. Bei der zweiten Type sind zwei übereinanderstehende Sicherheitsschieber angeordnet, wobei der obere den Ringraum, der untere den vollen Querschnitt abschließt.

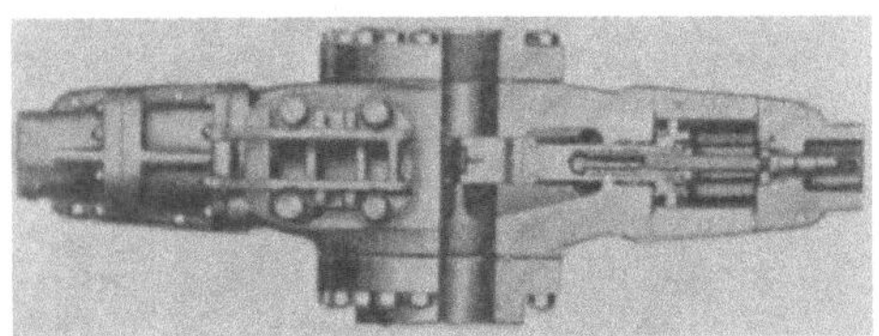

Abb. **133** *a* und *b*. Einfach-Sicherheitsschieber (Single gate) nach Fa. Shaffer Tool Works

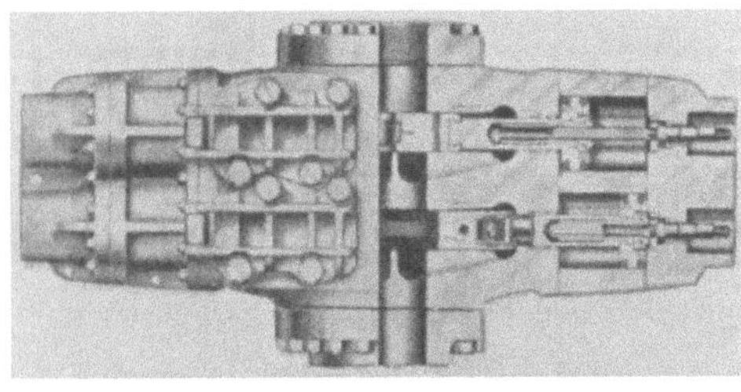

Abb. **134** *a*. Hydraulischer Doppelschieber (Double gate preventer) nach Fa. Shaffer Tool Works

Abb. **134** *b*. Doppel-Sicherheitsschieber (Double gate) nach Fa. Shaffer Tool Works

In Abb. **133** *a* und *b* ist der erstgenannte Typ, und zwar eine Konstruktion der Firma Shaffer Tool Works abgebildet.

Die Druckflüssigkeit, welche durch die Eintrittsöffnungen in die Zylinder eingepreßt wird, drückt die Kolben mit ihren Abschluß-Schiebern gegen das Gestänge und dichtet auf diese Art den Ringraum ab.

Die Einpreßflüssigkeiten, und zwar Wasser oder ein temperaturbeständiges Öl, werden in eigenen Druckbehältern mit pneumatischem oder elektrischem Antrieb bereitgehalten.

Der Doppelschieber (Double gate) ist in Abb. **134** *a* und *b* ersichtlich.

Sowohl der Einfach- als auch der Doppel-Sicherheitsschieber kann auch von Hand aus betätigt werden, falls das hydraulische Drucksystem versagen sollte.

Die hohlen Kolbenstangen der Schließbacken haben in ihrer Bohrung ein Muffengewinde, in welches die Zapfengewinde der Kolbenspindel eingeschraubt sind (s. Abb. **134** *a*).

Wird somit die Kolbenspindel im Uhrzeigersinne gedreht, schraubt sich ihr Gewinde im Muffengewinde der hohlen Kolbenstange ab und letztere wird mit der an ihr befestigten Schließbacke gegen das Gestänge gepreßt.

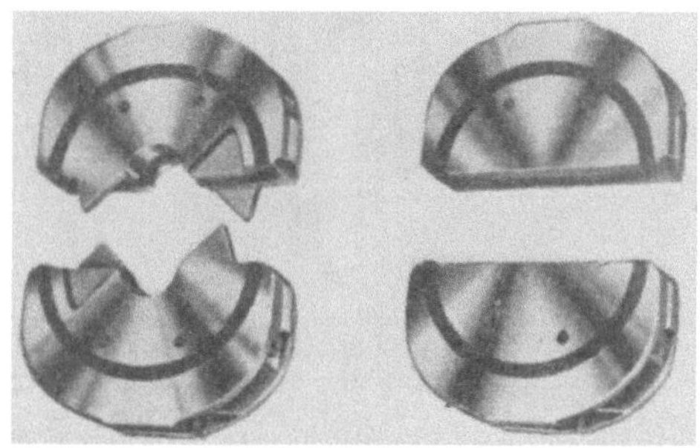

Abb. **135**. Details der Schließbacken des Doppel-Sicherheitsschiebers (Double gate preventer) der Fa. Shaffer Tool Works

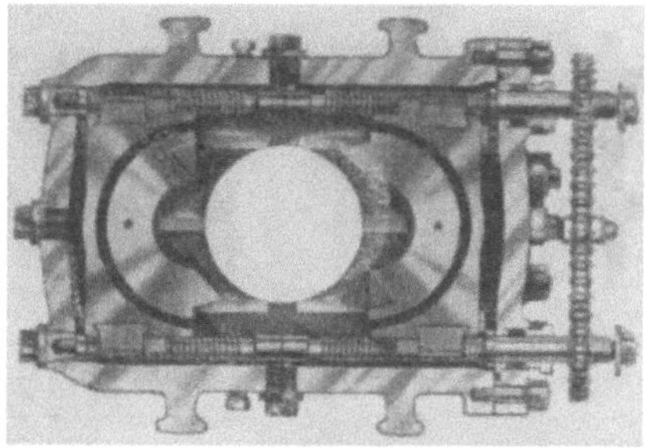

Abb. **136**. Sicherheitsschieber, von Hand aus zu betätigen (Mechanical cellar control gate) nach Fa. Shaffer Tool Works

Um diese Drehbewegung aus einer gewissen Sicherheitsdistanz durchführen zu können, ist jede Hohlspindel mit einem etwa 20,0 m langen Schaft verlängert und an dessen Ende mit einem Handrad ausgestattet.

Die Details der beiden Schließbacken sind aus Abb. **135** zu entnehmen.

Allerdings werden auch Konstruktionen verwendet, die lediglich von Hand aus betätigt werden (s. Abb. **136**).

Die Schließbacken sind mit eigenen Schraubenschäften verbunden, von denen der eine ebenfalls mit einem Verlängerungsschaft ausgestattet ist und die Drehbewegung auf den anderen mittels eines Kettentriebes überträgt.

Ganz ähnlich ist die Bauart von Sicherheitsschiebern der amerikanischen Firma Cameron Iron Works Inc.

2. Stopfbüchsen-Konstruktionen

Zu dieser Konstruktion gehört die Stopfbüchsen-Einrichtung der Firma Hydril Co. Aus Abb. **137** *a* bis *d* sind die einzelnen Details und die Funktion zu ersehen.

Der mit den Dichtungsringen gegen das Gehäuse abgedichtete Druckkolben wird beim Einlassen von Druckwasser oder Drucköl durch die Einlaßöffnung nach oben verschoben und preßt dabei die Kautschukgarnitur, je nach Bedarf mehr oder weniger stark, gegen die Außenwand des Bohrgestänges bzw. der vierkantigen Mitnehmerstange.

Gegebenenfalls wird, wie dies aus Abb. **137** *d* zu ersehen ist, die ganze Bohrlochöffnung verschlossen.

Die dichtende Kautschukgarnitur (s. Abb. 138) wird entweder aus einem scheuerfesten oder einem ölbeständigen Kautschuk hergestellt und ist an ihrer oberen und unteren Begrenzungsfläche auf rippenförmig gestalteten Flanschen aufvulkanisiert.

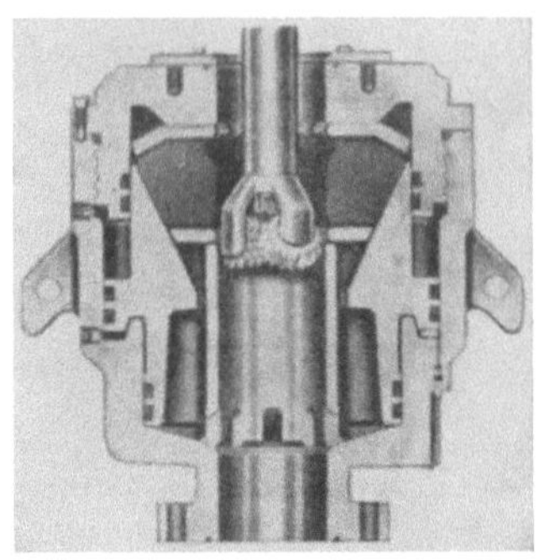

Abb. 137 *a*. Sicherheits-Einrichtung am Bohrlochmund. Hydril Type GK Preventer. Geöffnet zum Meißelausbau

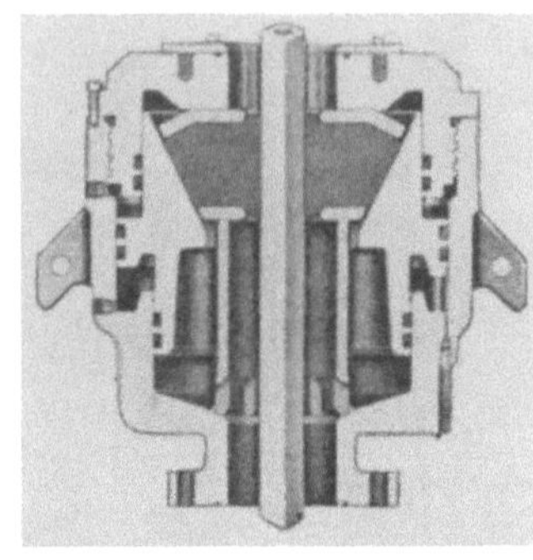

Abb. 137 *b*. Sicherheits-Einrichtung Hydril, geschlossen um die Mitnehmerstange

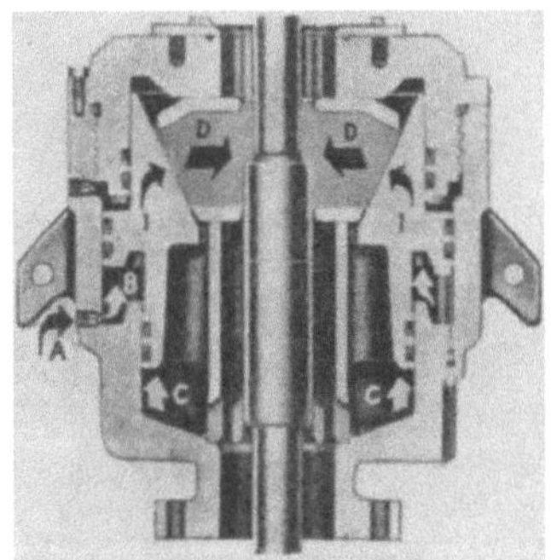

Abb. 137 *c*. Sicherheits-Einrichtung Hydril, geschlossen um das Bohrgestänge

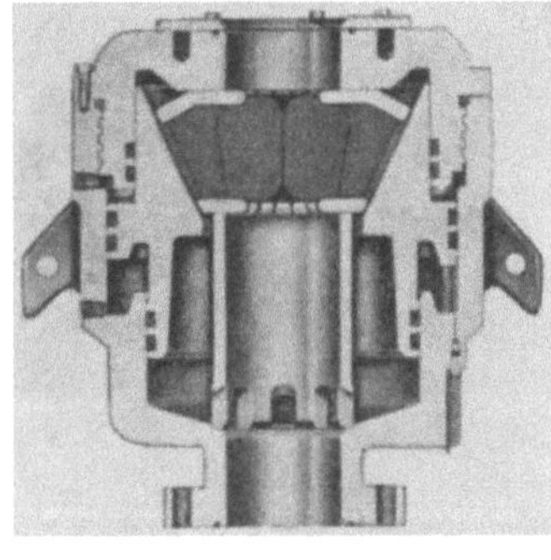

Abb. 137 *d*. Sicherheits-Einrichtung Hydril, den Bohrlochmund schließend

Die Steuerorgane (s. Abb. 139) bestehen aus einer Ventilanordnung, Verbindungsleitungen und dem Druckaggregat, in dem unter ständigem Druck Wasser oder Öl bereit gehalten wird.

Die Ventile, welche den Druck beliebig steuern lassen, sind an einer geeigneten Stelle bei der Bohrung in einem eigenen Rahmen eingebaut.

Ventil *A*, ein Spezial-Vierwege-Ventil, gibt den Eintritt der Druckflüssigkeit in das Stopfbüchsengehäuse frei.

Mit Ventil *B* kann die Höhe des Druckes beliebig geregelt werden.

Ventil *C* ist ein Rückschlagventil, das den eingestellten Druck unverändert hält, und Ventil *D* schließlich ist das Sperrventil, mit dem der Zufluß vom Druckaggregat völlig gesperrt werden kann.

Das Druckaggregat wird für Kapazitäten von rund 150 und 300 l bei einem Arbeitsdruck von 105 Atü gebaut.

Eine zweizylindrige Hochdruckpumpe mit Elektro- oder Benzinmotorantrieb versorgt das Druckaggregat mit der Druckflüssigkeit. Ein entsprechend großer Flüssigkeitsbehälter ist neben der Pumpe angeordnet.

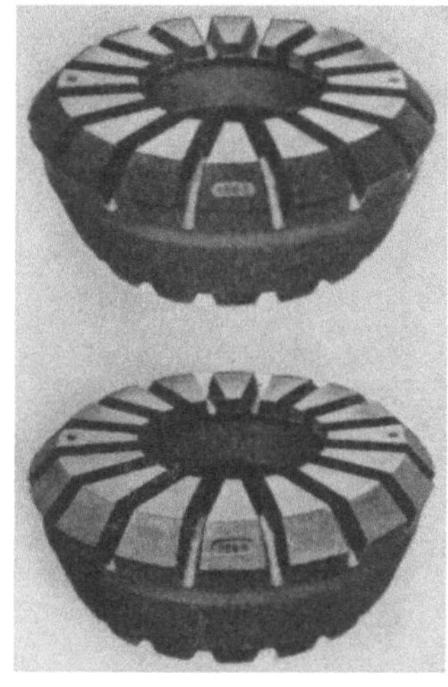

Abb. 138. Detail der Kautschukgarnitur der Bohrloch-Sicherheits-Einrichtung (Blow out preventer) der Fa. Hydril Co.

Abb. 139. Anordnung der Steuerorgane für den Bohrlochabschluß nach Fa. Hydril Co.
A Eintritt der Druckflüssigkeit in die Stopfbüchse, *B* Druckregulierung, *C* Rückschlagventil, *D* Sperrventil

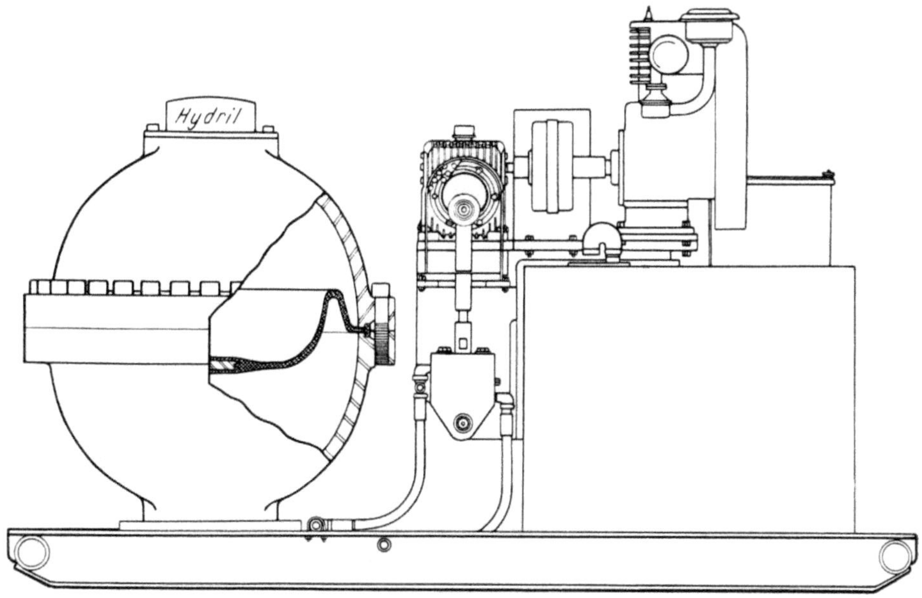

Abb. 140. Druckkammer nach Fa. Hydril Co.

Die Druckkammer (s. Abb. 140) ist in ihrer Mitte durch ein Diaphragma geteilt. Im oberen Raum wird Luft oder Stickstoff mit einem ständigen Druck von 52 Atm. gespeichert. Im unteren Teil befindet sich die Druckflüssigkeit, die mittels der Pumpe in diesen Teil der Druckkammer bis auf einen Druck von 105 Atü eingepreßt wird. Sobald dieser Druck erreicht ist, stellt sich die Pumpe automatisch ab, bzw. falls der Druck wieder abfällt, wird die Pumpe ebenso automatisch eingeschaltet.

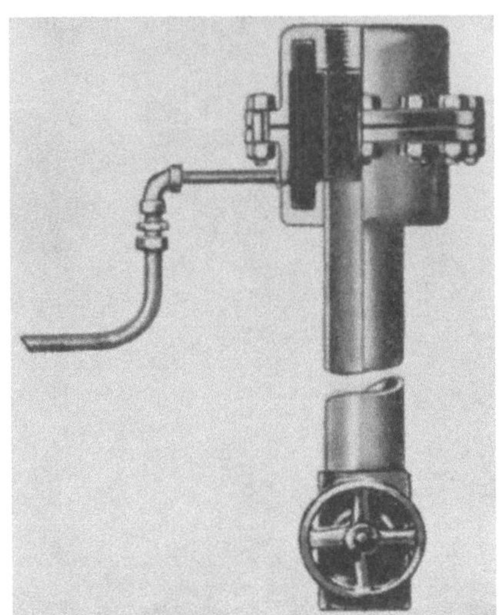

Abb. 141. Sicherheits-Abschluß am Bohrlochmund nach Fa. Regan Forge & Engineering Co.

Mit diesem Bohrlochabschluß ist es möglich, auch unter Druck zu bohren und das Gestänge ein- und auszubauen.

Um auch das Durchschleusen des Meißels unter Druck zu ermöglichen, muß zusätzlich ein Hochdruckschieber unterhalb dieser Stopfbüchsen-Konstruktion am Bohrlochmund vorgesehen werden.

Eine andere Konstruktion, die nach einem ähnlichen Prinzip arbeitet, ist in Abb. **141** dargestellt. Sie wird von der Firma Regan Forge & Engineering Co. gebaut.

Der Kautschukmantel kann bis zu einem Druck von 210 Atü beansprucht werden. Das Einpreßmedium kann Wasser, Spülung oder Druckgas sein, welches ebenfalls in einem Druckaggregat bereitgehalten wird. Bei dieser Konstruktion wird lediglich der Ringraum abgedichtet. Zur Sperrung des Bohrloches muß auch hier ein Hochdruck-Schieber unterhalb der Stopfbüchsen-Einrichtung eingebaut werden.

3. Konstruktion der Firma Baash Ross Tool Co.

Die Konstruktion der Firma Baash Ross Tool Co. ist in den Abb. 142 *a* bis *e* dargestellt.

Der oberste Futterrohr-Flansch ist mit der Dichtungshülse verbunden, in welche im Bedarfsfalle das Dichtungsstück von Hand eingesetzt und mit einer Überfallmutter in der Dichtungshülse festgepreßt wird.

Das Dichtungsstück ist zweiteilig, scharnierartig zu öffnen und zu schließen und hängt in der Bereitschaftsstellung seitlich im Bohrturm.

Bei dieser Konstruktion ist lediglich der Abschluß des Ringraumes möglich.

Ein eigener, unterhalb eingebauter Hochdruck-Schieber ist für den Abschluß des freien Bohrloches vorzusehen.

Im allgemeinen gilt in USA betreffend Einbau von Sicherheitsschiebern bzw. Ringraum-Dichtungen die folgende Norm:

Für Erdölbohrungen in bekannten Ölfeldern, in denen die Ausbeute lediglich mit Tiefpumpen erfolgt, wo daher nur geringere Lagerstättendrücke zu erwarten sind, wird auf den Einbau von Sicherheits-Abschlußorganen verzichtet.

Bei Bohrungen in Lagerstätten mit eruptivem Charakter, aber verhältnismäßig geringen Drücken werden Sicherheitsorgane eingebaut, die von Hand aus betätigt werden.

In Hochdruckgebieten hingegen werden ausschließlich hydraulisch gesteuerte Doppel-Sicherheitsschieber, oft auch zwei übereinander, eingebaut.

Das Schließen muß bei diesen Bohrungen in maximal 1 1/2 Min. durchführbar, die Steuerung muß übersichtlich angeordnet und leicht zu betätigen sein.

Bei jedem Schichtwechsel soll die einwandfreie Funktion überprüft und nach etwa sechs Monaten Betriebszeit sollte jeder Schieber in der Werkstätte einer genauen Kontrolle unterzogen werden.

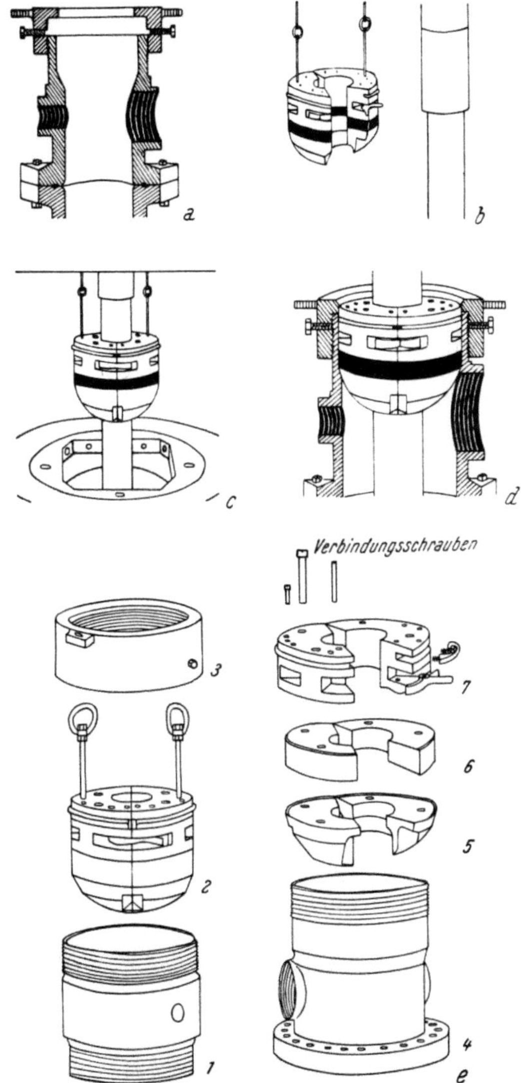

Abb. 142 *a* bis *d*. Einbau der Ringraumdichtung (Blow out preventer) für Rotary-Bohrgestänge nach Fa. Baash Ross Tool Co.

a Querschnitt der Dichtungshülse mit Flanschenverbindung, *b* Ansicht des Bohrgestänges und des nebenan hängenden Dichtungsstückes, *c* Lage des Dichtungsstückes am Bohrgestänge oberhalb des Rotary-Tisches, *d* Lage des Dichtungsstückes in der Dichtungshülse.

Abb. 142 *e*. Details der Ringraumdichtung für Rotary-Bohrgestänge nach Fa. Baash Ross Tool Co. *1* Dichtungsbrille, *2* Dichtungsstück, *3* Dichtungshülse mit Gewindeverbindung, *4* Dichtungshülse mit Flanschenverbindung, *5* Bodenteil des Dichtungsstückes, zweiteilig, *6* Kautschuk-Dichtungsstück, zweiteilig, *7* Abschlußstück mit Sperrklinke, zweiteilig

XVI. Zemente für Abdichtungsarbeiten bei Tiefbohrungen

A. Zweck der Abdichtungsarbeiten im allgemeinen

Bei jeder Bohrung ist der Bohrlochdurchmesser entsprechend größer als der Außendurchmesser der eingebauten Futterrohre, wie dies schon im vorhergehenden Kapitel (S. 211) besprochen wurde. Die Weite des vorhandenen Ringraumes hängt von der Standfestigkeit der durchteuften Schichten ab.

Jede Bohrung auf einer Erdöl-Erdgas-Lagerstätte durchdringt eine Reihe von sehr unterschiedlich porösen Gesteinsbänken, deren Poren in Öl- oder Gaslagerstätten in geringen Teufen fast immer mit Süßwasser, in den größeren Teufen vorwiegend mit Salzwasser, Rohöl oder Erdgas verschieden gesättigt sind. Diese Schichten können in mehreren Lagen übereinander angeordnet und durch Ton- bzw. undurchlässige Gesteinsbänke isoliert sein.

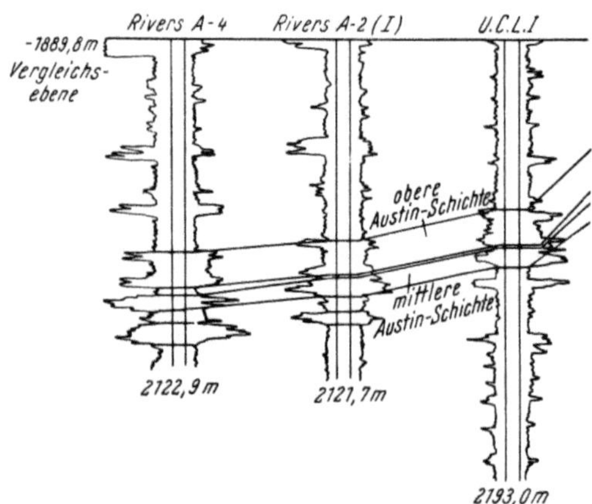

Abb. 143. Beispiel eines SCHLUMBERGER-Diagrammes

Während der Bohrarbeit ist eine Kommunikation der einzelnen, verschieden gesättigten Horizonte durch den hydrostatischen Druck des im Bohrloch befindlichen Spülungsmediums unterbunden.

Die genaue Ortslage bezüglich Teufe des Hangenden und Liegenden dieser Horizonte wird vor dem Einbau jeder Futterrohrkolonne mit dem bekannten SCHLUMBERGER-Verfahren ermittelt (s. Abb. **143**).

Die mit diesem Verfahren sich ergebenden Diagramme zeigen sowohl die Teufenpunkte beim Wechsel des Eigenpotentials, also indirekt die Porosität, als auch den elektrischen Widerstand der zugehörigen Teufen an.

Nach Beendigung der Bohrung, die schon mit den entsprechenden Futterrohren ausgestattet ist, und bei Beginn der Ausbeute würde infolge der dabei erfolgten Druckentlastung eine Kommunikation der einzelnen Horizonte im Ringraum erfolgen.

Um diese unerwünschte Kommunikation zu unterbinden, muß der Ringraum zwischen der Bohrlochwand und der Rohraußenwand mit einem dichtenden Material hinterfüllt werden. Das hauptsächlich verwendete Dichtungsmaterial ist Zement, der mit Wasser zu einer verpumpbaren Schlämme angerührt wird und nach einer gewissen Zeit zu einer Masse erhärtet, die eine genügende Undurchlässigkeit gewährleistet.

Bei dem für Bauzwecke geeigneten Zement wird in erster Linie auf die Festigkeit das Hauptgewicht gelegt, beim Zement, der in der Tiefbohrtechnik Verwendung findet, ist die sichere und dauerhafte Abdichtung der maßgebende Faktor.

Hoher hydrostatischer Druck und hohe Temperaturen (bis etwa 1000 Atü und über 100° C) auf der Bohrlochsohle beeinflussen die Zähigkeit der Zementschlämme. Sie muß daher so beschaffen sein, daß das erforderliche Volumen der Schlämme vor der Versteifung bis zum Bestimmungsort in der Bohrung ohne Schwierigkeit verpumpt werden kann.

Ferner muß berücksichtigt werden, daß bei einer Tiefbohrung Gesteine durchteuft werden, deren Mineralbestandteile auf das Abdichtungsmaterial von ungünstigem Einfluß sein können, wie z. B. Steinsalz, Anhydrit, Gips, Salztone usw. Auch die Elektrolyte, welche in den Sandporen gespeichert sind, wie Salzwasser verschiedenster Zusammensetzung, können so aggressiv sein, daß der erhärtete Zementbrei zerstört wird und das Wasser durch die sich allmählich bildenden Kanäle durchbricht.

An der Bohrlochwand bildet sich während des Abteufens mit einer Ton-Wasserspülung ein Filterkuchen, in sehr lockeren Gesteinspartien auch Auskolkungen, die mit verdickter Bohrspülung und Bohrschmantteilen erfüllt sind. Es müssen daher besondere Maßnahmen getroffen werden, um dennoch eine sichere Haftung des Zements am Gestein zu erreichen und dadurch auch eine sichere Abdichtung zu gewährleisten.

Schließlich können auch die verschiedenen Stoffe, die der Bohrspülung zugesetzt wurden, von aggressivem Einfluß sein.

Für Druckzementationen, bei denen in eine poröse Schicht unter hohem Druck eine Zementschlämme eingepreßt werden muß, werden die Eigenschaften der Zementschlämme andere sein als bei normaler Hinterfüllung der Futterrohre, das heißt bei der sogenannten primären Zementation.

Die diversen Zementwerke waren im Laufe der Jahre bestrebt, einen Zement herzustellen, der all diesen wechselvollen Anforderungen so weit als möglich gerecht wird.

Man kann allerdings noch nicht sagen, daß die heutigen Erzeugnisse in jeder Hinsicht voll entsprechen und es werden daher noch immer Untersuchungen in den Laboratorien weiter geführt, um je nach lokalen Verhältnissen die entsprechende Hinterfüllmasse zu ermitteln.

Zunächst bleibt ein spezieller Portlandzement das vorwiegend verwendete Material.

B. Zement für die Tiefbohrindustrie

Das Grundmaterial des Zementes ist Kalkmergel. Beim Brennen desselben entstehen neben gebranntem Kalk Verbindungen mit Kieselsäure, Tonerde und Eisenoxyd, die zementartigen Charakter haben, das heißt in Berührung mit Wasser nicht ablöschen bzw. zerfallen, sondern, nach der Mahlung und mit Wasser angerührt, wasserbeständige Verbindungen eingehen und dabei erhärten.

Die chemische Zusammensetzung der Zemente hält sich in folgenden Grenzen:

CaO	65 bis 67 %	
SiO_2	18,7 bis 22,0%	
Al_2O_3	5,8 bis 7,7%	
Fe_2O_3	1,9 bis 3,5%	
MgO	0,6 bis 1,6%	(nach A.P.I. maximal 5,0%)
SO_3	1,2 bis 2,0%	(nach A.P.I. maximal 2,5%)

Der Portlandzementklinker (gebrannter Kalkmergel) geht die folgenden nachweisbaren Verbindungen ein:

$3\,CaO \cdot SiO_2$ . . . . Tricalciumsilikat
$2\,CaO \cdot SiO_2$ . . . . Bicalciumsilikat,
$3\,CaO \cdot Al_2O_3$ . . . . Tricalciumaluminat
$4\,CaO \cdot Al_2O_3 \cdot Fe_2O_3$ . . . . . Tetracalciumaluminatferrit (Brownmillerit)

(Freier Kalk ist nur in geringen Mengen unschädlich, sonst erfolgt Treiben und Schnellbinden, freies Magnesia bringt bei zu hohem Gehalt ebenfalls ein Treiben mit sich, daher maximale Grenze mit 5% festgesetzt.)

1. Die physikalischen Eigenschaften des Zementes für Tiefbohrungen

Das spezifische Gewicht des Klinkers ist 2,95 bis 3,15 kg/l. Der gemahlene Zement wiegt lose infolge seines Luftgehaltes etwa 1,2 kg/l, eingerüttelt etwa 1,8 kg/l (dabei noch immer ein Luftgehalt von rund 40%).

Der Rückstand auf dem Sieb 0,09 nach DIN 1171 soll maximal 20% sein (lichte Maschenweite = 0,09 mm, Drahtdurchmesser 0,055 mm, Anzahl der Maschen $4900/cm^2$).

Sowohl zur Untersuchung der Mahlfeinheit als auch für die weiteren Untersuchungen der Zementschlämme muß von jeder Lieferung eine durchschnittliche Probe genommen werden. Nach A.P.I. soll daher ein Materialmuster von mindestens jedem 50. Sack entnommen werden. Auch beim Zement, der in Silos geliefert wird, muß die entnommene Probe einen Durchschnitt repräsentieren. Näheres enthalten die A.P.I.-Vorschriften RP 10 B, 3. Ausgabe vom April 1953.

Der Siebversuch erfolgt mit 100 g Zement, er dauert 25 Minuten und soll mit der gleichen Menge mindestens zweimal wiederholt werden. Die Differenz aller Versuche soll maximal 1% betragen.

Nach A.P.I. sind auch die Toleranzen bezüglich des Gewichtes angegeben.

So ist z. B. bei 1000 g eine Toleranz im Gewicht von $\pm$ 0,5 g,
bei 500 g eine Toleranz im Gewicht von $\pm$ 0,35 g,
bei 100 g eine Toleranz im Gewicht von $\pm$ 0,15 g

zugelassen.

2. Eigenschaften der Zementschlämme

Die Zementschlämmen müssen ebenfalls bezüglich ihrer Eigenschaften im Laboratorium untersucht werden.

Hiezu gehört die Untersuchung der Raumbeständigkeit, der Normensteife, des Erstarrungsbeginnes, des Erstarrungsendes, der Zähigkeit in verschiedenen Zeitabschnitten und der sogenannten Versteifungszeit.

a) Raumbeständigkeit

Der Zementbrei darf während der Erhärtung nicht an Raum zunehmen, da sonst Spannungen hervorgerufen werden, welche Risse zur Folge haben können.

Zur Untersuchung der Raumbeständigkeit werden 200 g der Durchschnittsprobe mit 23 bis 30 Gewichtsprozenten Wasser drei Minuten lang zu einem steifen Brei geknetet. Der Wasserzusatz war entsprechend, wenn sich der Brei auf einer Glasplatte langsam ausbreitet.

Der angerührte Brei wird in zwei gleich große Kuchen geteilt, je eine Hälfte auf einer leicht geölten Glasplatte aufgebracht und so lange gerüttelt, bis jeder Kuchen sich auf einen Durchmesser von etwa 8 bis 10 cm ausgebreitet hat.

Jedes Bearbeiten dieser Kuchen mit Spachtel oder Messer muß unterbleiben.

Ein Kuchen ist für den Kochversuch, der andere für den Kaltwasserversuch bestimmt.

α) Kochversuch. Der Kuchen wird in einen geschlossenen Kasten, der mit feuchter Luft erfüllt ist, gelegt, in dem man ihn erstarren läßt. Nach 24 Stunden, gerechnet vom Anrühren des Breies, wird er vorsichtig von der Glasplatte gelöst und mit der flachen Seite nach oben in ein Gefäß mit Wasser gelegt, das innerhalb von etwa 15 Min. zum Sieden gebracht wird. Das Wasser muß in dieser Zeit den Kuchen völlig bedecken. Nach zweistündigem Kochen bei guter Raumbeständigkeit darf der Kuchen keine Formveränderung aufweisen, das heißt er muß scharfkantig und nicht besonders verkrümmt sein.

Ist der Versuch nicht voll befriedigend ausgefallen, so muß er mit einem Zement wiederholt werden, der in einer etwa 5 cm dicken Schicht ausgebreitet wurde und bei einer Temperatur von 20° C und einer Luftfeuchtigkeit von mehr als 50% gelagert hat.

Dieser Versuch ist dann der maßgebende.

β) Kaltwasserversuch. Der zweite Kuchen wird ebenfalls in einem Behälter mit feuchter Luft abgedeckt und nach dem Erstarren gelöst, in ein Wasserbad mit einer Temperatur von etwa 20° C gelegt und während weiterer 27 Tage beobachtet. Zeigen sich Risse und Verkrümmungen, so deutet das auf ein Treiben hin, das einen Zerfall der erstarrten Zementmasse zur Folge haben kann. Der Zement ist daher nicht geeignet.

b) Normensteife

Die zum Anrühren der Zementschlämme verwendete Wassermenge ist von Einfluß auf den Verlauf des Erstarrens. Die Schlämme muß eine bestimmte Normensteife aufweisen. Der mit 23 bis 30 Gewichtsprozenten Wasser angerührte Zementbrei wird in einen kegelstumpfförmigen Hartgummiring eingefüllt und an der Oberfläche in diesem glatt gestrichen.

Der Hartgummiring hat nach DIN folgende Richtmaße:

Innendurchmesser auf Basis = etwa 75 mm,
Innendurchmesser oben = etwa 65 mm,
Höhe des Ringes = etwa 40 mm,
Wanddicke des Ringes = etwa 7 mm.

Die Untersuchung erfolgt nun mit der Vicatnadel (s. Abb. 144). Ihre Maße sind sowohl nach DIN als auch nach A.P.I. genormt (ASTM A 191). Die Maße nach DIN sind auf Abb. 144 zu ersehen. Die amerikanischen Maße weichen nur geringfügig von letzteren ab. Der gut gereinigte Tauchstab wird zunächst auf die Glasplatte aufgesetzt und der Skalazeiger auf den Nullpunkt der Skala eingestellt. Der mit der Schlämme gefüllte Hartgummiring wird mit seiner Mitte unter den hochgehobenen Tauchstab gestellt, dieser bis auf die Oberfläche der Probe gesenkt und dann frei gelassen. Bei richtiger Normensteife soll der

Tauchstab innerhalb von **30** Sek. soweit in die Schlämme eindringen, daß er etwa 5 bis 7 mm oberhalb der Glasplatte zu stehen kommt. Der Versuch kann mit verschiedenen Wasserzusätzen wiederholt werden.

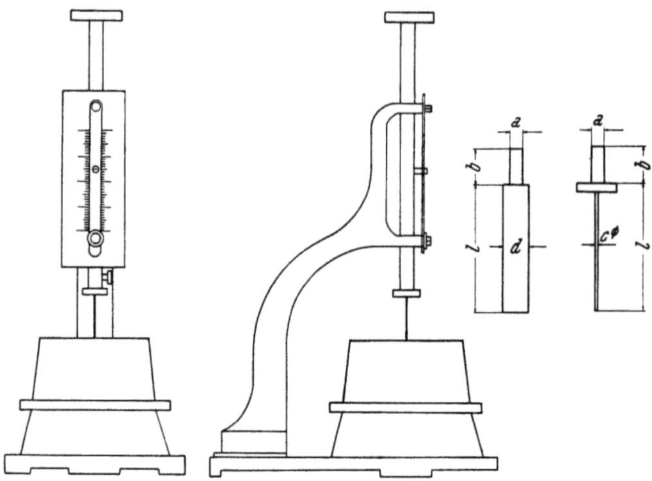

Abb. **144.** Vicatnadel-Apparat

Tauchstab und Nadel (Maße in mm)

Bezeichnung	Zeichen	Nennwert	Grenzwerte für die Herstellung obere	untere
Durchmesser des Tauchstabes	*d*	10	10,02	9,98
Länge des Tauchstabes	*l*	50[1]	—	—
Durchmesser des Einsteckstiftes	*a*	5	4,97	4,92
Länge des Einsteckstiftes	*b*	14[1]	—	—
Durchmesser der Nadel	*c*	1,13	1,14	1,11
Länge der Nadel	*l*	50[1]	—	—

[1] Nur Richtmaße.

c) Erstarrungsbeginn

Es ist wichtig, zu wissen, innerhalb welcher Zeit der Zement mit dem beigemischten Wasser zu binden beginnt. Der Erstarrungsbeginn ist von der Temperatur, dem Druck und dem Gewichtsanteil des zugegebenen Mischwassers abhängig. Die Proben sollen womöglich mit destilliertem, aber jedenfalls kohlensäurefreiem Wasser durchgeführt werden.

Auch diese Probe erfolgt mit der Vicatnadel.

Dabei wird am Tauchstab die Nadel eingesetzt und zunächst ebenfalls auf die Glasplatte aufgesetzt, um den Zeiger am Apparat auf den Nullpunkt einzustellen. Der mit der Schlämme gefüllte Hartgummiring wird mit seiner Mitte unter die Nadel gebracht und diese, sobald sie bis an die Oberfläche des Breies gesenkt wurde, freigelassen.

Als Beginn der Erstarrung ist die Zeitspanne maßgebend, die vom Anrühren der Schlämme bis zu jener Zeit verstreicht, innerhalb der die Nadel den Teufenpunkt von **3** bis **5** mm oberhalb der Glasplatte passiert.

d) Erstarrungsende

Die vorbesprochene Probe mit der Vicatnadel wird so lange fortgesetzt, bis diese nur noch höchstens 1 mm in den Brei weiter eindringt. Die Gesamtzeit vom Anrühren der Schlämme bis zu diesem Zeitpunkt ist die Erstarrungszeit.

Nach der A.P.I.-Vorschrift sollen allerdings diese Versuche bei verschiedenen Temperaturen, wie sie auch in Tiefbohrungen auf der Bohrlochsohle herrschen, vorgenommen werden.

Zu diesem Zwecke wird der Hartgummiring mit der Zementschlämme in ein Wasserbad gebracht, das mittels eines Thermostaten auf der gleichen Temperatur gehalten wird, wie sie tatsächlich auf der Bohrlochsohle ermittelt wurde. Die von A.P.I. für diese Untersuchungen vorgesehenen Temperaturstufen gehen von 80 bis 200° F mit Zwischenstufen von je 20° F, dies entspricht dem Bereich von rund 27 bis 93° C.

Nach A.P.I. kann bei diesen Untersuchungen angenommen werden, daß die Erstarrung dann beginnt, wenn die Nadel innerhalb von 30 Sek. so weit eingedrungen ist, daß ihre Spitze den Teufenpunkt 5 mm oberhalb der Glasplatte passiert.

Die Erstarrung kann als beendet betrachtet werden, wenn kein sichtbares Eindringen der Nadel in den Brei beobachtet werden kann.

Nach der A.P.I.-Vorschrift erfolgte die Erstarrung innerhalb des Zeitraumes, der vom Einsetzen der Probe in das Wasserbad bis zum letztgenannten Zeitpunkt verstrichen ist.

e) Versteifungszeit

Da im Tiefbohrwesen die Zementschlämme in verhältnismäßig großen Mengen auch in große Teufen verpumpt werden muß, ist es wichtig, festzustellen, innerhalb welcher Zeit sich die Schlämme so verdickt, daß sie nicht mehr verpumpbar wird. Solange die Schlämme die Zähigkeit von etwa 20 Poise nicht überschreitet, kann sie als verpumpbar angesehen werden.

Die Feststellung dieser Zeit, der sogenannten Versteifungszeit (Thickening time) erfolgt in eigenen Apparaten.

Nach A.P.I. sind drei Apparattypen für diese Untersuchung zugelassen, und zwar das Halliburton-Konsistometer, das Stanolind-Hochdruck-Konsistometer und schließlich das Konsistometer der Standard Oil of California.

Die Untersuchung im erstgenannten Apparat (s. Abb. 145) beruht auf folgendem Prinzip:

In zwei zylindrischen Behältern, die im Gehäuse (*20*) eingebaut sind, ist in deren Mitte je ein Rührwerk eingesetzt, dessen Achse mit dem Abschlußdeckel der Hohlzylinder fest verbunden ist. Die beiden Hohlzylinder sind mit der zu untersuchenden Schlämme so weit gefüllt, daß das Niveau das Rührwerk oben mit etwa 12 mm überdeckt. Die Achse des Rührwerkes ist mit einem kleinen Elektromotor mit Drehmomentanzeiger verbunden.

Solange die Schlämme leicht flüssig ist bzw. eine niedrige Zähigkeit hat, wird sie an der Drehbewegung des Zylinders bzw. des Rührwerkes nicht teilnehmen. Sobald aber eine Versteifung beginnt, wird die Schlämmasse mitdrehen.

Der Unterschied der Drehmomente in den verschiedenen Zeiten, welche über (*21*) an (*22*) übertragen werden, gibt ein Maß für die Zähigkeit bzw. die Versteifung der Schlämme an.

Beide Hohlzylinder sind in einem Wasserbad eingesetzt, dessen Temperatur in beliebiger Höhe variiert werden kann, so daß die Bestimmung der Versteifungszeiten entsprechend der Temperatur auf der Bohrlochsohle eingestellt werden kann.

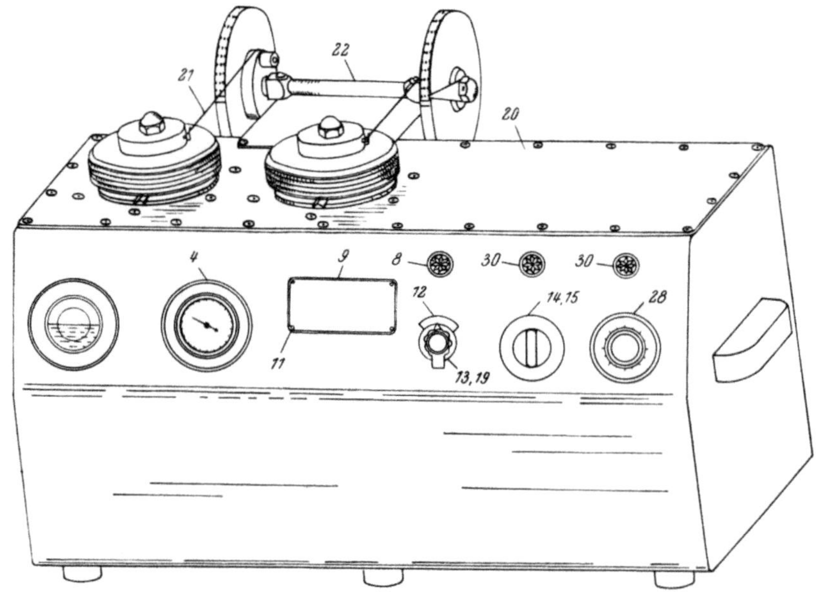

Abb. 145. Zement-Konsistometer der Fa. Halliburton Oil Well Cementing Co.

Die Ablesungen des Drehmomentes auf der Skala (*22*) sollen in der ersten Stunde alle 10 Min., in der weiteren Zeit alle 30 Min. und, sobald die Masse steif zu werden beginnt, wieder alle 10 Min. erfolgen.

Die Zeitspanne vom Beginn der Drehbewegung bis zum Erreichen einer Zähigkeit von 100 Poise ist die Versteifungszeit.

Falls die Versteifung zu rapid ansteigt, kann der Versuch schon bei 70 Poise unterbrochen werden und die Versteifung bis auf 100 Poise durch Extrapolation ermittelt werden.

Das Gerät ist vor der Untersuchung genau zu kalibrieren, die drehenden Teile entsprechend zu reinigen und zu schmieren.

Das Ergebnis wird in einem eigenen Formular vermerkt, in dem außer dem Datum die genaue Bezeichnung der Zementqualität, Name des Lieferwerkes, auch die Gewichtsprozente Wasser, das spezifische Gewicht und die Temperaturen, bei denen die Untersuchung erfolgte, eingetragen werden.

Beim Prüfgerät der Stanolind Oil & Gas Co. wird die Untersuchung in einem Hochdruck-Autoklaven durchgeführt, der für Drücke bis zu 1400 Atü und eine Temperatur von etwa 200° C gebaut ist.

Auch hier ist die Zementschlämme in einem Hohlzylinder eingebracht, der ebenfalls ein Rührwerk besitzt. Der Autoklav ist mit einem speziellen Mineralöl (Grad 95 NF) gefüllt, das mittels Thermostaten auf einer bestimmten Temperatur gehalten werden kann. Temperatursteigerungen von je 5° F können eingestellt werden.

Die Messung der Temperatur sowohl des Ölbades als auch der Zementschlämme ist in der Einrichtung sinnvoll vorgesehen.

Der Zylinder mit gefüllter Schlämme wird mit 50 U/Min. mit einem kleinen Elektromotor gedreht und das Drehmoment ebenfalls auf einer geeichten Skala angezeigt.

Genaue Anleitungen werden von der Firma mitgeliefert.

Bei der Untersuchung werden nun sowohl der Druck als auch die Temperatur variiert und die dazugehörigen Drehmomente registriert.

Für die verschiedenen Verwendungszwecke sind genaue Vorschriften gegeben worden, je nachdem in welcher Teufe und bei welchen Temperaturen die Schlämme verwendet werden soll.

Auch hier wird als Versteifungszeit jene Zeitdauer gerechnet, die verstreicht, bis die Schlämme eine Zähigkeit von 100 Poise aufweist. Die Ergebnisse werden in einem eigenen Rapport, ähnlich dem schon beim Halliburton-Gerät besprochenen, festgehalten.

Das Gerät der Standard Oil of California arbeitet nach demselben Prinzip wie jenes der Firma Halliburton. Die Drehzahl des Zylinders, bzw. des Rührwerkes ist anfangs etwa 65 U/Min. in der Zeitdauer von 15 Min., worauf sie auf 14,5 Umdrehungen umgeschaltet wird. Die Temperatur, je nach Gütegrad des Zementes, bzw. dessen Verwendungszweck, wird in den einzelnen Stufen immer um je 20° F/Min. erhöht. Die einzelnen Stufen sind: 80 bis 100°, 80 bis 120°, 80 bis 140°, 80 bis 160°, 80 bis 180°, 80 bis 200° F.

Das Maß der Versteifung ist die Umfangskraft, gemessen in Ounces (1 Ounce = 31,1 g). Die Versteifungszeit ist hier jene verstreichende Zeitspanne, die benötigt wird, bis die Umfangskraft den Wert von 40 Ounces erreicht hat.

Die Ergebnisse werden in einem Rapport zusammengefaßt.

f) Bestimmung des spezifischen Gewichtes der Zementschlämme

Sie erfolgt in derselben Weise wie bei der Bohrspülung, also entweder in einer entsprechenden Waage nach Halliburton oder mittels des Hydrometers.

g) Das Mischwasser für die Untersuchungen

Zum Anmischen der Proben soll, wie schon gesagt wurde, möglichst destilliertes, jedenfalls aber kohlensäurefreies Wasser verwendet und die Menge in einem graduierten Zylinder gemessen werden.

Die Temperatur des Wassers soll 80° F = 37° C betragen.

3. Zementqualitäten für Tiefbohrungen

Nach A.P.I. werden für die verschiedenen Verhältnisse die folgenden Zementgütegrade unterschieden:

Klasse A: Für Teufen bis 6000 Fuß = 1830,0 m, wenn keine besonderen Reaktionen erwartet werden.

Klasse B: Für dieselbe Teufe, wenn mäßige Sulfatreaktionen erwartet werden.

Klasse C: Für dieselbe Teufe wie oben, wenn rasche Verfestigung verlangt wird.

Klasse D: Für Teufen bis 12 000,0 Fuß = 3660,0 m, wenn mäßig hohe Temperatur und mäßiger Druck zu erwarten sind.

Klasse E: Für Teufen bis zu 14 000,0 Fuß = 4270,0 m, wenn hohe Temperatur und hoher Druck erwartet werden.

Klasse F: Für Teufen bis zu 16 000,0 Fuß = 4880,0 m, wenn sehr hohe Temperatur und sehr hoher Druck zu erwarten ist.

Die Klassen A, B und C werden auch unter Bezeichnung Type I geführt, die Klassen C, D und E als Type II.

4. Charakteristik von Zementschlämmen

In Tab. 35 und 36 sind die charakteristischen Daten von Zementschlämmen für Tiefbohrungen nach Dyckerhoff-Halliburton ersichtlich, die mit 40 Gewichtsprozenten Wasser angerührt sind.

Tabelle 35. *Charakteristik von Zementschlämmen unter verschiedenen Bedingungen*

	Teufe m	Temp. °C	Druck Atü	Viskosität in Poise nach Stunden									Versteifungszeit Stunden
				0,0	1,0	2,0	2,30	3,0	3,30	4,0	5,0	6,0	
Zementschlämme für Flachbohrungen Type I	600	33	108	6	6	6	—	6	—	6	16	30	6,50
	1200	39	181	6	6	6		6		12	25		5,25
	1800	45	271	6	6	6		6		28			4,18
Für außergewöhnlich schwere Bedingungen Type II	1800	45	271	7	7	7		7		7	7	13	6,22
	2400	52	361	7	7	7		7		9	39		5,05
	3000	62	524	7	7	7		10					3,44
	3600	78	716	7	7	7		20					3,25
	4200	97	941	7	7	10		46					3,02
Für Hochdruckzementierungen in Flachbohrungen mit Type I	600	37	295	6	6	6		6		10	26		5,38
	1200	47	394	6	6	6		13					3,42
	1800	58	471	6	6	12							2,57
Für Hochdruckzementierungen und sehr schwere Verhältnisse mit Type II	1800	58	471	8	8	8	8	12	32				3,55
	2400	71	549	8	8	8	8	14	37				3,43
	3000	86	661	8	8	8	14	27					3,15
	3600	101	830	8	8	12	25						2,52
	4209	117	985	8	14								1,20

Tabelle 36. *Festigkeiten von Zementschlämmen*

			Druckfestigkeit			Zugfestigkeit		
			nach Ablauf von Stunden					
Temperatur °C			24	48	72	24	48	72
			kg/cm²			kg/cm²		
Festigkeitsangaben nach Laboratoriumsuntersuchungen von Dyckerhoff-Halliburton-Zementen für Tiefbohrungen mit 40% Mischwasser	Für Flachbohrungen mit Type I	38	100	159	207	12,2	16,2	17,7
		49	116	171	269	14,3	17,0	20,2
		60	151	205	285	18,6	22,1	26,4
		71	199	296	370	19,1	24,9	26,9
	Für schwere Bedingungen mit Type II	60	109	225	285	14,0	21,1	23,4
		71	114	261	313	14,6	22,1	24,7
		82	116	276	349	15,0	22,5	25,5
		93	162	299	381	16,6	23,4	25,8

Das Verhalten des Dyckerhoff-Halliburton-Zementes, falls während der Verpumpung Stillstände eintreten, ist in Tab. 37 a und b angegeben.

Man ersieht aus den Angaben, die auf Laboratoriumsuntersuchungen basieren, daß unmittelbar nach dem Stillstand die Zähigkeit zunächst ansteigt, aber nach einer gewissen Zeit vor dem Erreichen der Versteifungszeit wieder abfällt.

Tab. 37 a gibt die Zähigkeitswerte bei Zementschlämmen mit 40 Gewichtsprozenten Wasser mit Zement der Type I für Flachbohrungen bei verschiedenen Temperaturen an, wobei nach einer Verpumpungszeit von 25 Min. ein Stillstand von 10 Min. eintrat, bevor die Verpumpung wieder aufgenommen werden konnte.

Die Werte repräsentieren die Zähigkeit der Schlämme in Poise in verschiedenen Zeitabschnitten nach Wiederaufnahme der Verpumpung.

Tabelle 37 a. *Zähigkeiten von Zementschlämmen mit Zement der Type I und 40 Gewichtsprozenten Wasser, die nach einer Verpumpungszeit von 25 Minuten, vor der weiteren Verpumpung 10 Minuten Stillstand hatten*

Temperatur	Stunden nach Wiederaufnahme der Verpumpung						
	0,0	0,2	0,25	0,35	0,4	0,45	1,0
	Zähigkeit in Poise						
50° C	10,0	12,0	12,0	17,0	14,0	13,0	13,0
60° C	10,0	13,0	13,0	17,0	13,0	13,0	13,0
70° C	10,0	13,0	13,0	19,0	13,0	13,0	13,0

Tabelle 37 b. *Die gleichen Angaben wie in Tab. 37 a für Zementschlämmen mit Zement Type II*

Temperatur	Stunden nach Wiederaufnahme der Verpumpung						
	0,0	0,2	0,25	0,35	0,4	1,0	1,3
	Zähigkeit in Poise						
90° C	10,0	9,0	9,0	20,0	8,0	8,0	11,0
110° C	10,0	9,0	9,0	29,0	11,0	11,0	33,0

5. Der Einfluß von NaCl im Anmischwasser

Der Einfluß von NaCl im Anmischwasser nach Untersuchungen, die im Hochdruckkonsistometer bei der Firma Dyckerhoff durchgeführt wurden, sind in Tab. 38 angegeben.

Tabelle 38. *Versteifungszeiten in verschiedenen Teufenstufen bei bestimmtem NaCl-Gehalt im Mischwasser*

Zementschlämme mit Zement der Type II und 40% Anmischwasser

Gramm NaCl je 100 cm³ Wasser	Teufen m							
	2400,0		3000,0		3600,0		4200,0	
	Poise							
	20,0[1]	100,0[2]	20,0	100,0	20,0	100,0	20,0	100,0
	Stunden							
0,0	3,58	4,56	3,2	3,47	3,00	3,22	2,47	2,58
5,0	2,47	3,14	2,12	2,25	2,34	2,49	2,00	2,16
10,0	2,50	3,14	2,20	2,36	2,34	2,49	2,00	2,16
15,0	3,07	3,43	3,16	3,27	3,21	3,37	1,30	1,55
20,0	4,55	5,33	4,36	4,56	5,15	5,59	1,32	1,49
25,0	5,25	6,11	7,00	7,20	3,11	3,29	1,30	1,50
30,0	4,15	7,10	3,55	4,44	0,55	2,24	2,05	2,23

[1] Zähigkeit der Schlämme, noch verpumpbar.

[2] Zähigkeit der Schlämme, versteift.

Die erhärtete Zementschlämme wird im Bohrloch fast immer gut durchfeuchtet und erfährt dadurch im Laufe der Zeit eine langsam ansteigende, allerdings verhältnismäßig geringe Volumszunahme. Die Abdichtung wird damit laufend verbessert.

Ein Zusatz von Kalksteinmehl wird dann angewendet, wenn die Absicht besteht, die Zementierung später auszubohren oder zu perforieren und zwecks besserer Öffnung der Zuflußkanäle zu säuern (Salzsäure, verdünnt mit antikorrosivem Zusatz). Durch Kalkzusätze werden die Versteifungszeit und Festigkeit herabgesetzt.

6. Einfluß der Bohrspülung

Beim Zementieren der Futterrohre wird es häufig vorkommen, daß beim Einpumpen der Zementschlämme in das mit einer Ton-Wasserspülung gefüllte Bohrloch eine teilweise Mischung der beiden erfolgt.

Je nach dem Gehalt an Ton-Wasserspülung in dieser Mischung wird die Versteifungszeit entsprechend verkürzt werden. Um dem zu begegnen, wird empfohlen, die Zementschlämme mit bestimmten chemischen Zusätzen zu mischen, und zwar entweder mit Phosphaten oder CMC, z. B. Tylose.

Untersuchungen bei den Dyckerhoff-Zementwerken in Wiesbaden zeigten die folgenden Ergebnisse:

Nr.	Schlämm-Mischung	Versteifungszeit Stunden	15 Poise erreicht Min.
1	Dyckerhoff-Halliburton-Zement rein	2,18	105
2	Obige Zementschlämme mit 15% Volumanteilen Ton-Wasserspülung	1,43	45
3	Obige Zementschlämme mit 30% Volumanteilen Ton-Wasserspülung	1,29	24
4	Obige Zementschlämme mit 15% Volumanteilen Ton-Wasserspülung und 0,1% Volumanteil Phosphat	2,01	46
5	Obige Zementschlämme mit 0,5% Volumanteilen Tylose VHR	4,36	160
6	Wie 4, aber mit 0,5% Volumanteilen Tylose B 77	4,40	194

Auch die Festigkeit einer Mischung von Zementschlämmen mit Ton-Wasserspülung wird stark herabgesetzt. Oft ist nach einem Tag noch keinerlei Verfestigung zu beobachten.

Man hat ferner festgestellt, daß auch die verschiedenen chemischen Zusätze, mit denen die Bohrspülung behandelt wurde, sowohl auf die Versteifungszeit als auch auf die Druckfestigkeit, gemessen nach 24 Stunden, einen sehr unterschiedlichen Einfluß haben können.

Diese Einflüsse hängen von der Güteklasse des verwendeten Zementes und dem prozentuellen Anteil des in der Bohrspülung vorhandenen chemischen Zusatzes ab.

Diesbezügliche Untersuchungen in USA, wobei in der Bohrspülung einmal das am häufigsten verwendete Quebracho, im zweiten Falle „Calgon" (Natriumhexametaphosphat) enthalten war, haben die in Abb. 146 *a* und *b* wiedergegebenen Beeinflussungen bezüglich der Versteifungszeit und Druckfestigkeit ergeben (nach Francis M. Anderson).

In diesen Diagrammen ist die Versteifungszeit jene Zeitspanne, innerhalb welcher die Schlämme vom Zeitpunkt des Anmischens bis zu einer Viskosität von 70 Poise ansteigt. (Normalerweise wird sie mit 100 Poise angenommen.)

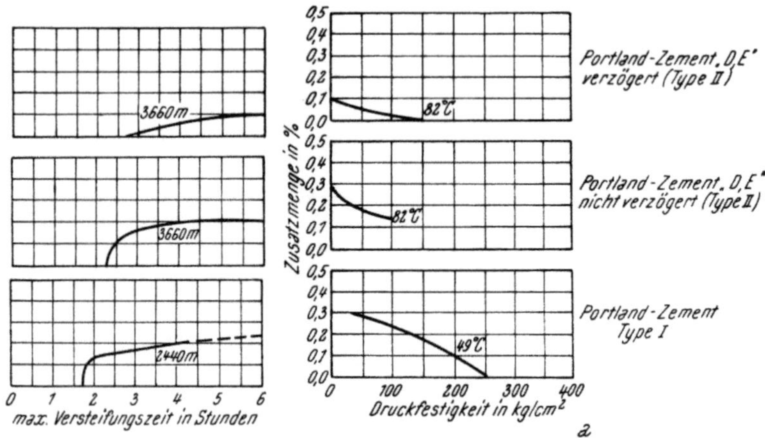

Abb. 146 *a*. Einfluß von Quebracho auf die maximale Versteifungszeit und die Druckfestigkeit eines Zementes (nach F. M. ANDERSON, Halliburton Oil Well Cementing Co.)

Da der Einfluß dieser chemischen Spülungszusätze sowohl von deren Charakteristik als auch von der Charakteristik des gewählten Zementes abhängig ist, wären vorherige Laboratoriumsuntersuchungen sehr zu empfehlen.

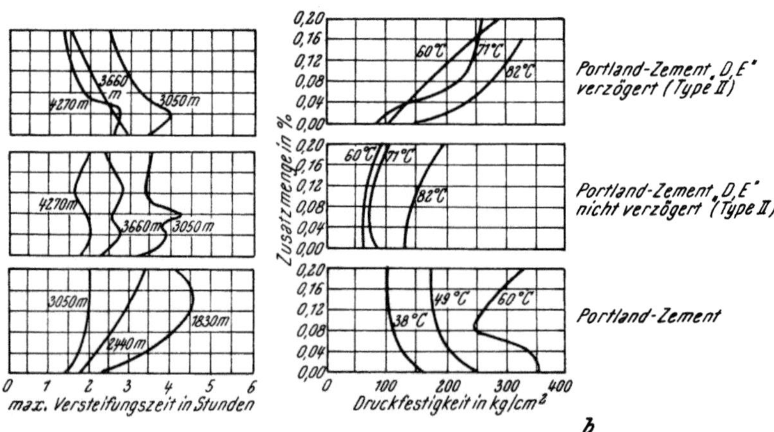

Abb. 146 *b*. Einfluß von Calgon auf die maximale Versteifungszeit und die Druckfestigkeit eines Zementes (nach F. M. ANDERSON, Halliburton Oil Well Cementing Co.)

Öl ist für die erhärtete Schlämme nicht aggressiv, beeinflußt aber die Viskosität der Schlämme und die Festigkeit ungünstig. Nach Untersuchungen wird bei etwa 10% Volumanteil von Öl die Versteifungszeit fast auf die Hälfte herabgesetzt, dabei aber die 15-Poise-Viskosität schon früher erreicht als bei einer reinen Zementschlämme.

7. Zusatzmaterialien für Portland-Zementschlämmen zur Beeinflussung der Abbindezeit

Die Abbindezeit der Portland-Zementschlämme kann durch gewisse Zusatzmaterialien beschleunigt oder verzögert werden.

a) Abbindebeschleuniger

Sie werden oft beim Zementieren der Ankerkolonne verwendet, um die Wartezeit für die Erhärtung der Zementschlämme so weit als möglich abzukürzen. Als beschleunigender Zusatz werden Calciumchlorid und Natriumchlorid den Schlämmen beigemischt.

Nach einer Faustregel wird die Festigkeit dieser Mischung bei einem Zusatz von zwei Gewichtsprozenten CaCl, gegenüber normaler reiner Zementschlämme innerhalb von 24 Stunden verdoppelt. Die Wirkung von Natriumchlorid ist geringer. Salzwasser kann die gleiche Wirkung haben, wenn die NaCl-Konzentration 40 000,0 bis 60 000,0 ppm beträgt.

b) Abbindeverzögerer

Am wirkungsvollsten sind Ligninverbindungen, ferner Natriumtannate und komplexe Phosphate, von denen das Calciumlignosulfonat hauptsächlich Verwendung findet. Die Menge der Zugabe ist von den Temperaturverhältnissen im Bohrloch abhängig und variiert etwa von 0,4 bis 1,5 Gewichtsprozenten des Portlandzementes. Die Beigabe kann entweder trocken dem Zement oder aber direkt der flüssigen Schlämme zugesetzt werden. Ligninverbindungen werden auch bei den sogenannten Gel- oder Bentonitzementen zugegeben, um die Viskosität zu reduzieren und das Verpumpen mit möglichst niedrigem Druck durchführen zu können.

8. Zusätze zum Abdichten saugender Gesteinsschichten

Die Zusätze können sich dann als vorteilhaft erweisen, wenn schon während der Bohrarbeit in den zu zementierenden Teufenstrecken Spülungsverluste beobachtet werden. Wird nun der Ringraum zwischen den Futterrohren und der Bohrlochwand auf die gewünschte Höhe zementiert, kann es in solchen Fällen vorkommen, daß ein großer Teil der Zementschlämme in diese Schichten eindringt und nicht auf die gewünschte Höhe steigt, um auch die darüber liegenden Wasser-, Öl- oder Gashorizonte abzudichten.

Auch für spezielle Druckzementierungen werden diese Zusatzmittel verwendet. Zum Beispiel können Teile eines anfangs ölfördernden Horizontes mit hoher Durchlässigkeit, nach einer gewissen Ausbeutezeit, einen großen Wasserzufluß ergeben, der abgedichtet werden muß. Besonders in sehr lockerem oder auch klüftigem Gestein kann ein dauerhaftes Abdichten ohne geeignete Zusätze nicht erreicht werden. Hiezu gehören vor allem Walnußschalen in entsprechender Körnung, Perlite (vulkanisches Material), Cellophanschuppen und Baumwoll-Samenhülsen.

Nach Angaben aus USA wird der Effekt bei Zugabe von gemahlenen Walnußschalen als besonders wirksam angegeben. Bei einer großen Zahl von Bohrungen konnte die Zementschlämme im Ringraum trotz Vorhandensein von schluckenden Gesteinsschichten um etwa 200 m höher gepumpt werden, als dies ohne diese Zusätze unter den gleichen Verhältnissen möglich gewesen ist.

Aus Tab. 39 geht die Wirkung verschiedener in USA gebräuchlicher Zusatzmaterialien hervor.

Tabelle 39. *Zusatzmaterial zu Zementschlämmen, um sehr poröse Schichten abzudämmen* (nach CH. A. EINARSEN, Petroleum Technology, August 1955)

Material	Form	Korngröße nach A.P.I.	Konzentration kg/100 l	Verdämmen Risse mit Durchmesser mm
Walnußschalen	gekörnt	50% 4 bis 10 M[1] 50% 10 bis 100 M	1,4 bis 3,4	bis 5,0
Walnußschalen	gekörnt	50% 10 bis 16 M 50% 30 bis 100 M	4,0	bis 3,0
Perlit	gekörnt	50% 4 bis 10 M 50% 10 bis 100 M	16,8	bis 2,5
Cellophan	Schuppen	Länge 18 mm	2,2	bis 2,5
Cellophan	Schuppen	Länge 12 mm	2,2	bis 1,3
Baumwollsamenhülsen	gekörnt	sehr fein	2,8	bis 1,5

[1] 4 bis 10 M = Maschenweite 4,76 bis 2,00 mm,
Siebdrahtdurchmesser 1,27 bis 0,76 mm.
10 bis 100 M = Maschenweite 2,00 bis 0,149 mm,
Siebdrahtdurchmesser 0,76 bis 0,102 mm.
10 bis 16 M = Maschenweite 2,00 bis 1,19 mm,
Siebdrahtdurchmesser 0,76 bis 0,54 mm.
30 bis 100 M = Maschenweite 0,59 bis 0,149 mm,
Siebdrahtdurchmesser 0,33 bis 0,102 mm.

C. Spezielle Zementschlämmen

1. Gel- oder Bentonitzement

Die Zugabe von Bentonit zum Portlandzement ist schon seit vielen Jahren bekannt und wurde auch schon früher bei Zementierungen von Futterrohren häufig verwendet.

Größere Bedeutung erlangte diese Mischung allerdings erst in den letzten Jahren, bedingt durch die immer größer werdenden Teufen der Bohrungen und die sich damit ergebenden höheren Anforderungen.

Bei allen für Tiefbohrungen geeigneten Zementklassen kann die Zugabe von Bentonit erfolgen.

Die Vorteile, die man durch diese Zugabe erreicht, sind vor allem die folgenden:

a) Geringeres spezifisches Gewicht der Schlämme.

b) Reduzierung des hydrostatischen Druckes.

c) Größeres Schlämmvolumen pro Sack Zement.

d) Geringere Abgabe von Filtrat-Wasser.

e) Reduzierte Zementierkosten.

f) Die Eindringungsteufe beim Perforieren der damit zementierten Futterrohre ist größer, der Durchschlag erfolgt ohne Rißbildung.

Bei der normalen Zementschlämme darf kein Wasser frei, das heißt ungebunden bleiben. Die Höhe des Wasserzusatzes ist daher hier beschränkt.

Durch die Zugabe von Bentonit ist es aber möglich, ein viel größeres Mischwasservolumen zu verwenden, da der Bentonit auch große Wassermengen zu binden vermag.

Bei den vielfachen Versuchen in amerikanischen Laboratorien wurde festgestellt, daß bei Zement-Bentonitmischungen die Art und Weise der Schlämmaufbereitung auf die Anfangszähigkeit von Einfluß ist.

Je besser und heftiger das Anrühren erfolgt, um so höher stellte sich die Anfangsviskosität der Schlämme.

Im normalen Ölfeldmischtrichter ergaben sich bei verschiedenen Wasser- und Bentonitzusätzen die in Tab. 40 angegebenen Viskositätswerte und Versteifungszeiten.

Tabelle 40. *Anfangsviskosität und Versteifungszeiten von reinen und mit Bentonit versetzten Portlandzementschlämmen*

Wasserzusatz 1/50 kg Zement	Feststoffe	Anfangs-viskosität Poise	Versteifungszeit
48,6	reiner Zement	13,0	2 Std. 22 Min.
45,0	reiner Zement	18,0	2 Std. 50 Min.
58,0	Zement + 2% Bentonit	13,0	2 Std. 51 Min.
78,5	Zement + 3% Bentonit	14,0	2 Std. 01 Min.
72,0	Zement + 4% Bentonit	12,0	1 Std. 58 Min.
102,0	Zement + 8% Bentonit	12,0	2 Std. 05 Min.

Die Angaben wurden mit dem Halliburton-Konsistometer ermittelt.

Es wurden ferner Untersuchungen angestellt, wie hoch dabei der maximale und minimale Wasserzusatz bei verschiedenen Anteilen an Bentonit sein kann.

Das maximale Wasservolumen ist dann gegeben, wenn sich beim Abbinden der Schlämme an deren Oberfläche kein freies Wasser abscheidet.

Es ist jenes Wasserzusatzvolumen, das normalerweise verwendet wird, um ein möglichst großes Schlämmvolumen, mit dem geringsten spezifischen Gewicht, zu erreichen.

Nach einer dreistündigen Absetzzeit sieht man an der Oberfläche lediglich einen dünnen Wasserschleier, wobei allerdings eine Verdunstung durch entsprechenden luftdichten Abschluß der Schlämme verhütet werden muß.

Als minimaler Wasserzusatz wird jener angenommen, der noch eine verpumpbare Schlämme, also eine Viskosität von maximal 20 Poise ergibt.

Beim minimalen Wasserzusatz ist naturgemäß die Versteifungszeit auch erheblich kürzer. Diese Schlämme wird dort empfohlen, wo z. B. in saugenden Schichten hohe Spülungsverluste auftreten, die abgedichtet werden müssen. Ferner können auch Futterrohrrisse mit dieser Schlämme gedichtet werden.

Der Durchschnitt von drei amerikanischen Zementqualitäten unter Beigabe von Bentonit von 0,0 bis 20 Gewichtsprozenten des Zementgewichtes ergab bei maximalem und minimalem Wasserzusatz die in Tab. 41 erhaltenen Werte.

Tabelle **41.** *Charakteristik von Zementschlämmen bei Verwendung von Portlandzement Type I mit verschiedenen Bentonitanteilen bei maximalem und minimalem Wasserzusatz unter Normalbedingungen* (nach D. K. SMITH, Petroleum Engineer, April 1951)

Bentonitzusatz in % des Zementgewichtes	Maximales Wasservolumen pro 100 kg Zement	Spezifisches Gewicht der Schlämme in kg/l	Schlämm-Volumen in Liter/50 kg Zement	Minimales Wasservolumen pro 100 kg Zement	Spezifisches Gewicht der Schlämme in kg/l	Schlämm-Volumen in Liter/50 kg Zement
0	49,56	1,83	41,1	35,0	2,00	33,7
2	56,57	1,75	45,8	45,4	1,89	39,4
4	69,4	1,68	51,6	53,5	1,80	43,8
6	79,3	1,62	57,00	59,0	1,76	47,2
8	87,5	1,58	61,3	65,8	1,70	50,9
10	100,0	1,54	68,0	76,5	1,64	56,2
12	115,0	1,50	77,2	87,5	1,59	62,2
14	124,5	1,46	82,0	90,0	1,57	68,3
16	137,0	1,43	87,6	100,0	1,55	69,4
18	146,0	1,40	94,3	104,0	1,53	72,0
20	164,0	1,38	102,0	108,5	1,52	74,5

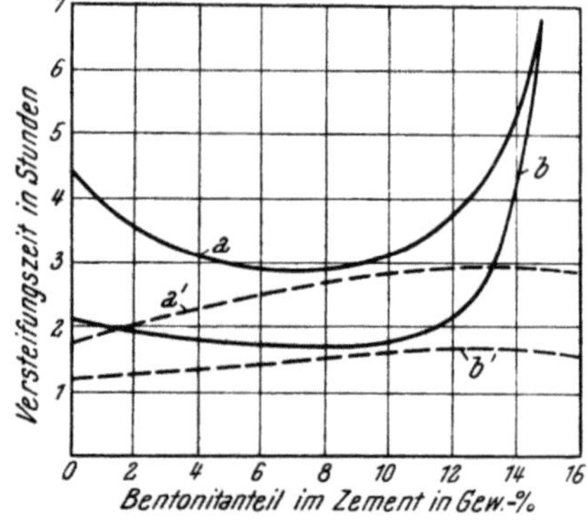

Abb. **147.** Versteifungszeit einer Zementschlämme mit Portlandzement Type I und verschiedenen Zusätzen von Bentonit für Teufen von 1200 bis 2400 m (nach D. K. SMITH, Petroleum Engineer, April 1951). *a* Maximaler Wasseranteil, 1200 m Teufe, *a'* Minimaler Wasseranteil, 1200 m Teufe, *b* Maximaler Wasseranteil, 2400 m Teufe, *b'* Minimaler Wasseranteil, 2400 m Teufe

Abb. **148.** Versteifungszeit einer Zementschlämme mit Portlandzement Type II und verschiedenen Zusätzen von Bentonit bei einer Temperatur von 97° C (nach D. K. SMITH, Petroleum Engineer, April 1951). *A, B, C, D* Zementqualität nach A.P.I.

Die Versteifungszeiten einer Zementschlämme bei Verwendung von Portlandzement der Type I mit verschiedenen Bentonitzusätzen in unterschiedlichen Teufen bei maximalem und minimalem Wasseranteil sind in Abb. **147** ersichtlich.

In Abb. 148 sind die Versteifungszeiten dargestellt, die sich bei Zementschlämmen mit Portlandzement der Klasse A bis D, verschiedenem Bentonitzusatz, maximalem Anmischwasservolumen und Bohrlochbedingungen bei Teufen von 4200 m ergeben.

Hohe Temperaturen verkürzen die Versteifungszeit auch bei Gel-Zementen. Um bei Tiefbohrungen eine entsprechende Verpumpungszeit zu gewährleisten, wird Calciumlignosulfonat der Schlämme in verschiedenen Prozentsätzen beigemischt.

Es ist jedenfalls zu empfehlen, diese Zusätze zunächst im Laboratorium gründlich zu überprüfen, da ihre Wirkung von der Zusammensetzung des Zementes und von jener des Bentonits abhängig ist. Nach Erfahrungen aus USA werden 0,5 bis 1,2 Gewichtsprozente Calciumlignosulfonat zugesetzt.

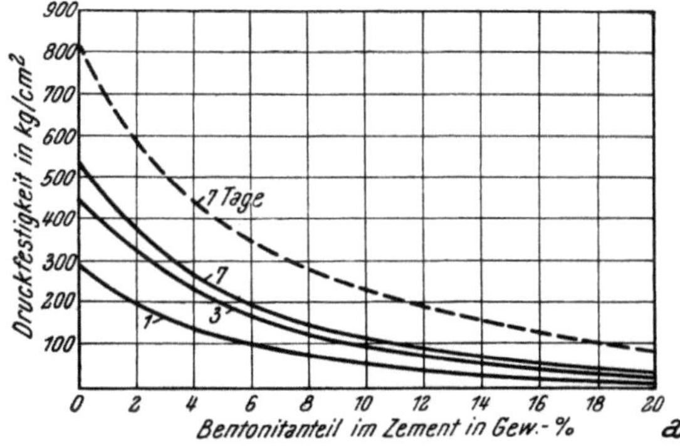

Abb. 149 *a*. Druckfestigkeit von Schlämmen mit Portlandzement Type I bei verschiedenen Bentonitzusätzen und einer Temperatur von 60° C (nach D. K. SMITH, Petroleum Engineer, April 1951).
— — — H_2O-Minimum, —— H_2O-Maximum

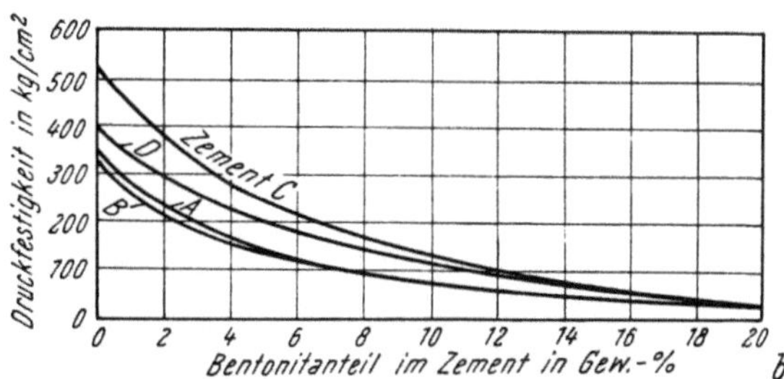

Abb. 149 *b*. Druckfestigkeit von Schlämmen mit Portlandzement Type II bei verschiedenen Bentonitzusätzen und einer Temperatur von 82° C nach einer Abbindezeit von 3 Tagen (nach D. K. SMITH, Petroleum Engineer, April 1951).

Die Druckfestigkeit der abgebundenen Masse bei Verwendung von Portlandzement der Type I und Type II mit verschiedenen Bentonitzusätzen ist in den Diagrammen Abb. 149 *a* und *b* wiedergegeben.

Von besonderer Wichtigkeit ist die Wasserabgabe bei Druckzementationen (Squeeze cementation). Druckzementationen werden dann durchgeführt, wenn die erste, die sogenannte primäre Zementierung mißglückt und eine zweite Zementierung erforderlich ist. Ferner können in Teilabschnitten eines in Ausbeute befindlichen Horizontes Wasser- oder Gaseinbrüche erfolgen, die durch Druckzementationen abgedichtet werden müssen. Es ist nun wichtig, die Zusammensetzung der Zementschlämme so zu wählen, daß ihre Wasserabgabe im Kontakt mit der porösen Gesteinsschichte nicht zu hoch wird und sich die Schlämme nicht zu rasch eindickt bzw. verfestigt.

Da das Volumen der notwendigen Zementschlämme im vorhinein schwer zu schätzen ist (abhängig von dem Durchlässigkeitsverhältnis), wird man von Haus aus ein größeres Volumen in das Bohrloch einpumpen. Sobald aber der Einpreßdruck den kritischen Wert erreicht, der je nach der Festigkeit des Hangenden etwa zwischen 0,15 und 0,5 Atü pro m Teufe beträgt, wird man trachten, mittels umgekehrter Zirkulation den Überfluß an Zementschlämme wieder hochzupumpen.

Ist aber die Schlämme zu rasch erhärtet, wird ein Rückpumpen nicht mehr möglich sein.

Für derartige Zementierungen werden daher Zementschlämmen mit etwa 45 % Wasserzusatz verwendet, ferner sowohl Bentonit als auch Caciumlignosulfonat dem Zement zugesetzt.

Aus Tab. 42 sind die Wasserabgaben bei verschiedener Zusammensetzung der Schlämme ersichtlich.

Tabelle **42.** *Wasserabgabe in cm³, Filterkuchendicke und Durchlässigkeit desselben bei verschiedenen Zementschlämmischungen* (nach B. E. MORGAN und G. K. DUMBAULD, World Oil, November 1954)

Portlandzement Güteklasse nach A.P.I.	Zusatz-Gewichtsprozente des Zementgemisches		Wasser/50 kg Zement	Wasserabgabe cm³ bei 22° C, 7 Ata nach Min.			Filterkuchen-Dicke in mm	Durchlässigkeit des Filterkuchens in M. Darcy
	Bentonit	Calcium-ligno-sulfonat		1	15	30		
A	0	0	20,27	132	560	800	76,2	24,8
B	0	0	23,43	94	410	600	60,96	14,4
B	12	0,6	45,06	12	65	96	30,48	0,24
B	25	1,2	72,09	7	38	58	15,75	0,08

Der Bentonitzusatz beträgt in USA normalerweise etwa drei Gewichtsprozente der verwendeten Zementmenge.

Versuchsweise werden aber auch Zusätze bis zu 16% erprobt, die nach Angaben eine entsprechende Festigkeit und beim Perforieren eine größere Eindringtiefe ergeben.

Die Kosten der mit Bentonit gemischten Schlämme sind an und für sich etwas höher, dafür ist aber auch das Volumen im Durchschnitt um 50% größer und damit sind auch die Gesamtkosten niedriger als mit reinem Portlandzement.

2. Dieselölzement

Eine Mischung von Portlandzement mit Dieselöl unter Beigabe eines oberflächenaktiven Agenden ergibt eine besonders gut dichtende Masse. Die offizielle Bezeichnung in USA für diese Mischung ist DOC. Statt Dieselöl können auch Kerosin und geeignete Rohöle verwendet werden. Da zunächst keinerlei Wasser in der Schlämme enthalten ist, spielt die Zementqualität nicht die maßgebende Rolle.

Die noch geheimgehaltenen Zusatzstoffe haben die Aufgabe, sowohl die Bildung einer stabilen Ölwasseremulsion zu begünstigen als auch den Feststoff, in diesem Falle den Zement, in Suspension zu halten.

Die Verfestigung, das heißt die Reaktion, beginnt erst dann, wenn die Schlämme mit dem in den Gesteinsporen vorhandenen Wasser in Kontakt kommt.

Die Zementkonzentration kann dabei doppelt so groß sein wie mit Mischwasser, so daß sich beim Abbinden eine viel höhere Dichte und eine höhere Druckfestigkeit ergibt.

Sobald die Mischung sich in die mit Wasser gefüllten Poren förmlich einsaugt, wobei das Wasser absorbiert wird, verdickt sich die Schlämme sehr schnell und ergibt eine sehr gute und dauerhafte Abdichtung.

Besonders Druckzementierungen, die früher mit Portlandzement ausgeführt wurden, erfordern mit dieser Mischung einen erheblich geringeren Druck.

Auch die Festigkeitsproben erwiesen sich als sehr befriedigend. Eine Mischung, bestehend aus 36 l Dieselöl und 100 kg Portlandzement, unter Beigabe des schon erwähnten geheimgehaltenen Zusatzmittels und einem Druck von 0,35 kg/cm², ergab die folgenden Festigkeiten:

	Temperatur 25,5° C	60° C
Nach 24 Stunden	296,1 kg/cm²	511,0 kg/cm²
nach 96 Stunden	478,1 kg/cm²	581,0 kg/cm²
nach 168 Stunden	689,5 kg/cm²	763,0 kg/cm²

(Nach CH. MCLAUGHLIN und W. F. HOWER, World Oil, Dezember 1955.)

3. Zemente mit Puzzolanerde

Puzzolanerde ist seit sehr langer Zeit dadurch bekannt geworden, daß sie, mit Kalk und Wasser angerührt, eine Masse ergibt, die ähnlich wie Zement erhärtet. Die Festigkeit dieser Mischung ist allerdings nach dem Erhärten nur gering.

In den letzten Jahren wurde in USA Puzzolanerde gemischt mit Portlandzement unter dem Markennamen „Pozmix" auch für Zementierungen von Futterrohren in Tiefbohrungen verwendet.

Nach Angaben sollen die Kosten einer Zementierung mit diesem Material billiger sein als mit reinem Portlandzement, ferner soll auch das Perforieren von Futterrohren, welche mit Pozmix hinterfüllt wurden, keinerlei Rißbildung in der erhärteten Masse ergeben.

Hervorgehoben wird auch ihre Unempfindlichkeit im Kontakt mit Sulfaten und Salzwasser.

Abbinde-Verzögerer und -Beschleuniger können wie bei jedem Zement auch hier zugesetzt werden.

Die Anfangsfestigkeit ist wohl gering, erreicht aber nach völligem Abbinden dieselben Werte wie Portlandzemente.

4. Neues Zementiermaterial mit Puzzolan

Eine neue, in den letzten Jahren in USA entwickelte Zementart ist aus Puzzolan und Kalk zusammengesetzt.

Man unterscheidet verschiedene Puzzolansorten, die je nach ihrer chemischen Zusammensetzung, ihrer Feinheit und anderen noch nicht erforschten Faktoren unterschiedliche Qualitäten haben.

Die Natur-Puzzolanerde ist ein siliziumhaltiges vulkanisches Material.

Die Flugasche als Verbrennungsprodukt von Braunkohle, welche nach einer besonderen Aufbereitung als feines graues Pulver anfällt, hat mit Kalk gemischt und mit Wasser angerührt bessere Charakteristiken als die Schlämme mit Natur-Puzzolan.

Die Zusammensetzung dieser aufbereiteten Flugasche ist folgende:

$SiO_2 = 43{,}25\%$	$MgO = 1{,}09\%$
$Al_2O_3 = 19{,}41\%$	$SO_3 = 1{,}75\%$
$Fe_2O_3 = 24{,}70\%$	$CaO = 6{,}85\%$
	Verluste 2,95%

Der Rückstand im Sieb von 200 Maschen (Sieböffnung = 0,074 mm) ist 1,8%.

Nach Untersuchungen im Laboratorium zeigt die erhärtete Schlämme von Kalk mit Puzzolan nach 24 Stunden nur Spuren von freiem Kalk, ein Beweis, daß ein Treiben bei der Abbindereaktion nicht zu befürchten ist.

Bei Oberflächentemperatur und atmosphärischem Druck ist die Abbindezeit sehr hoch, unter Lagerstättenbedingungen bei Teufen ab 1800 m ist sie hingegen voll entsprechend.

Eine Übersicht der Schlämmeigenschaften im Vergleich mit Portlandzementschlämmen mit verzögerndem Material ist aus Tab. 43 zu ersehen.

Tabelle 43. *Vergleich der Eigenschaften einer Puzzolan-Kalk- und einer Portlandzementschlämme mit Verzögerer*

	Puzzolan	Portlandzement
Gewicht pro Sack kg	33,5	42,5
Wasser l/Sack	17,0 bis 19,0	17,0 bis 20,5
Gewicht der Schlämme kg/l	1,57 bis 1,7	1,83 bis 1,94
Schlämmvolumen l pro Sack	31,7 bis 34,2	30,3 bis 33,0

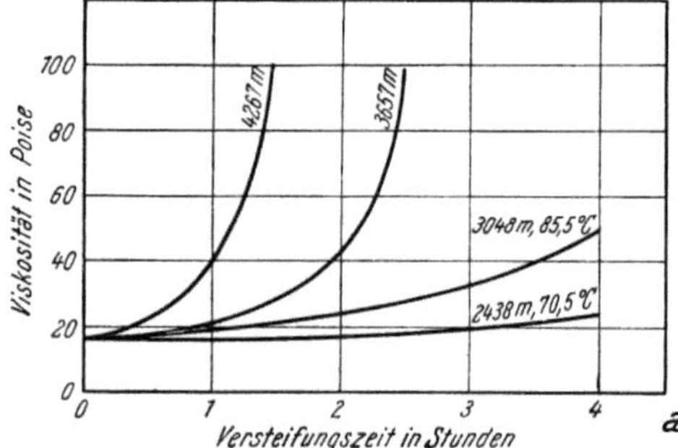

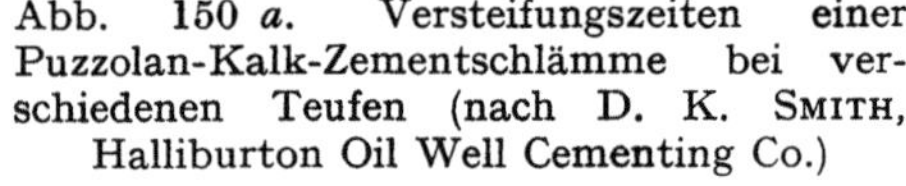
Abb. 150 *a*. Versteifungszeiten einer Puzzolan-Kalk-Zementschlämme bei verschiedenen Teufen (nach D. K. Smith, Halliburton Oil Well Cementing Co.)

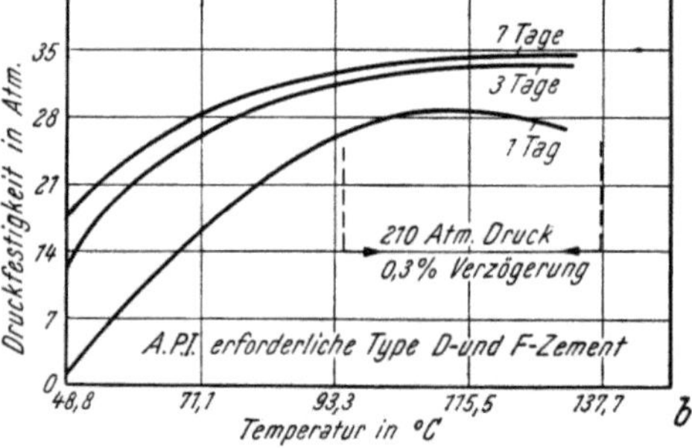

Abb. 150 *b*. Druckfestigkeit einer Puzzolan-Kalk-Zementschlämme bei verschiedenen Temperaturen und Erhärtungszeiten (nach D. K. Smith, Halliburton Oil Well Cementing Co.)

Die Versteifungszeiten sind im Diagramm Abb. 150 *a*, die Druckfestigkeiten im Diagramm Abb. 150 *b* zu ersehen.

Nach Angaben sind die Kosten dieser Mischung geringer als die von gleichwertigen Portlandzementen. Infolge des niedrigeren spezifischen Gewichtes werden zum Verpumpen niedrige Drücke benötigt. Die Schlämme weist keine hohe Thixotropie auf, so daß auch nach unvermeidlichen Stillständen der Verpumpungsdruck keinen Anstieg erfährt.

5. Zementschlämmen mit Öl-Wasseremulsion

Bei Druckzementationen ist die Wasserabgabe der Schlämme von besonderer Wichtigkeit, wie dies schon im früheren Kapitel (S. 307) hervorgehoben wurde. Nach Angaben aus USA hat eine Zementschlämme, die mit einer Öl-Wasseremulsion angerührt ist, sowohl für primäre als auch für Druckzementationen sehr gute Eigenschaften.

Als besonders günstig werden die geringe Wasserabgabe und das geringe spezifische Gewicht hervorgehoben.

Nach Untersuchungen im Laboratorium wurde festgestellt, daß bei heftigem Mischen von Öl und Wasser in Gegenwart eines die Emulsionsbildung begünstigenden Agenden eine stabile Emulsion entsteht, die mit Zement und einem geringen Prozentsatz an Bentonit (zwecks weiterer Verringerung der Wasserabgabe) sich für Zementierungen jeder Art sehr gut eignet.

Das Öl, welches dazu verwendet wird, soll eine Viskosität von weniger als 40 Centi-Poise bei 38° C aufweisen. Bevorzugt wird Kerosin.

Von den verschiedenen Agenden, welche die Bildung einer Emulsion begünstigen, wurde Calciumlignosulfonat gewählt, da es eine stabile Emulsion bildet und auch die Fluidität der Schlämme günstig beeinflußt.

Um die Gelstärke der Schlämme in gewünschten Grenzen zu halten, werden Anion-Agenden zugesetzt (basische Kunststoffe oder anorganische Substanzen, Hydroxylapatit usw.).

Die Ergebnisse verschiedener Mischungen bezüglich Wasserabgabe sind in Tab. 44 angegeben.

Tabelle 44. *Charakteristik von Zementschlämmen mit Ölemulsionen* (nach G. K. DUMBAULD, F. A. BROOKS JR., B. E. MORGAN und G. W. BINKLEY, Petroleum Technology, Mai 1956)

Zusammensetzung der Schlämme in cm³ für 100 g Zement		Spezifisches Gewicht kg/l	Wasserabgabe cm³ nach 30 Min.
Wasser	Kerosin		
80	20	1,48	81,0
80	30	1,43	66,0
80	40	1,39	49,0
90	20	1,45	107,0[1]
90	30	1,405	70,0[1]
90	45	1,36	58,0[1]

Hiezu ist folgendes zu bemerken: Die Schlämme wurde mit einem Zusatz von 2 Gewichtsprozenten Bentonit (vom Zementgewicht) und 0,8% Calciumlignosulfonat gemischt. Es wurden ferner zunächst 1/2 bis 2/3 des Ölvolumens mit Wasser, unter Beigabe von Bentonit und Calciumlignosulfonat aufbereitet und erst nach Beigabe des trockenen Zementmehles der Rest an Öl zugefügt.

Die mit 1 bezeichneten Werte sind durch Extrapolation bestimmt worden.

Die Zugabe des Bentonits erwies sich als vorteilhaft, da damit sowohl eine Stabilisierung der Emulsion als auch eine Herabsetzung der Filtrationsverluste erzielt wurde.

Man kann wohl auch ohne Bentonitzusatz eine entsprechende Schlämme herstellen, obwohl dieser die Filtration besser herabsetzt als ein höherer Gehalt an Öl, wie aus Tab. 45 zu ersehen ist.

Tabelle 45. *Wasserabgabe der Zementschlämme mit verschiedenem Bentonitzusatz* (nach G. K. DUMBAULD, F. A. BROOKS JR., B. E. MORGAN und G. W. BINKLEY, Petroleum Technology, Mai 1956)

Zusammensetzung der Schlämme $cm^3/100$ g Zement		Bentonitgehalt Gewichtsprozent des Zementes	Wasserabgabe cm^3 nach 30 Min.	Bemerkung
Wasser	Öl			
90	30	0,0	102,0	
90	30	2,0	49,0	hohe Gelstärke
90	30	4,0	41,0	
90	45	0,0	71,0	
90	45	2,0	43,0	

Auch der Prozentsatz an Calciumlignosulfonat beeinflußt die Wasserabgabe maßgebend, wie aus Abb. 151 hervorgeht.

Der Wasserverlust der Schlämme innerhalb von 30 Min. fällt von 60 cm^3 auf bloß 10 cm^3, wenn der Zusatz an Calciumlignosulfonat von 0,5 auf 5,0% gesteigert wird.

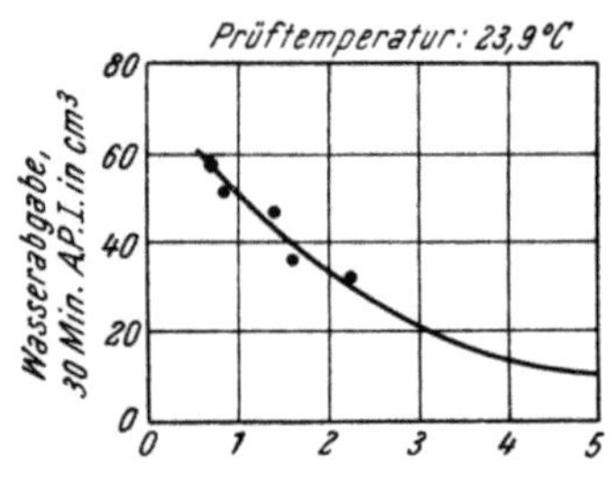

Abb. 151. Einfluß von Calciumlignosulfonat auf die Wasserabgabe von Zementschlämmen (nach G. K. DUMBAULD, F. A. BROOKS JR., B. E. MORGAN und G. W. BINKLEY, Petroleum Technology, Mai 1956)

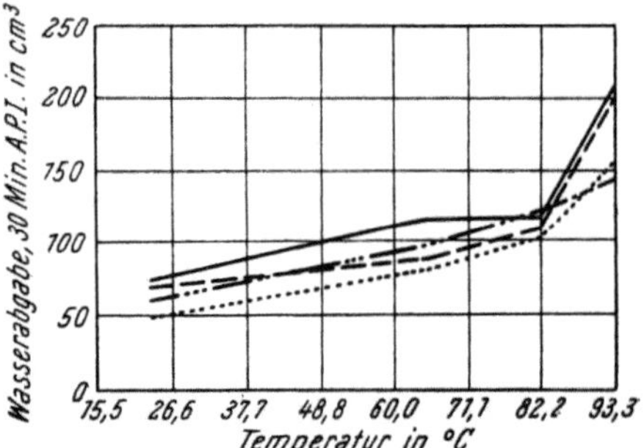

Abb. 152. Einfluß der Temperatur auf die Wasserabgabe von Zementschlämmen (nach G. K. DUMBAULD, F. A. BROOKS JR., B. E. MORGAN und G. W. BINKLEY, Petroleum Technology, Mai 1956)

Der Einfluß der Temperatur auf die Wasserabgabe ist erst bei einer Erhöhung über 84° C stärker ansteigend, wie aus Abb. 152 ersichtlich ist.

Die Variation der Wasserabgabe bei verschiedenem Zusatz von Calciumlignosulfonat und verschiedenen Temperaturen ist in Tab. 46 wiedergegeben.

Tabelle 46. *Einfluß der Temperatur auf Zementschlämmen, gemischt mit 80 Gewichtsprozenten Wasser und 30% Öl, wobei 2% Bentonit zu je 100 g Zement zugesetzt wurden* (nach G. K. DUMBAULD, F. A. BROOKS JR., B. E. MORGAN und G. W. BINKLEY, Petroleum Technology, Mai 1956)

Temperatur °C	Gewichtsprozent an Calciumlignosulfonat	Wasserabgabe in cm^3 nach 30 Min.
27	0,5	58,0
52	0,5	63,0
65,5	0,6	78,0
82,0	0,8	74,0
93,0	1,2	100,0
107,0	2,2	95,0
116,0	5,0	40,0

Von Wichtigkeit ist die gründliche Durchmischung aller Bestandteile, insbesondere die Bildung einer stabilen Emulsion.

Über die Versteifungszeiten verschiedener Mischungen gibt Tab. 47 Aufschluß.

Tabelle 47. *Versteifungszeit einer Ölemulsions-Zementschlämme für eine primäre Zementierung* (nach G. K. DUMBAULD, F. A. BROOKS JR., B. E. MORGAN und G. W. BINKLEY, Petroleum Technology, Mai 1956)

Trocken-Festteile pro 100 g Zement		Flüssigkeiten pro 100 g Zement		Druck und Temperatur		Versteifungszeiten in Stunden und Minuten
Bentonit	Calcium-ligno-sulfonat	Wasser	Öl	Atü	°C	
0,0	0,4	60,0	30,0	937,0	96,0	3,0
4,0	0,4	70,0	20,0	270,0	45,0	2,40
4,0	0,4	70,0	20,0	523,0	62,5	2,0
4,0	0,4	70,0	20,0	715,0	78,0	1,50
4,0	0,4	70,0	20,0	937,0	96,0	1,45
4,0	0,6	70,0	20,0	937,0	96,0	4,30
4,0	0,8	70,0	20,0	1112,0	120,0	2,20

Die Zugspannung bei primärer Zementierung wird im allgemeinen mit 7 kg/cm² als völlig entsprechend angenommen. Diesbezügliche Angaben sind aus Tab. 48 zu ersehen.

Tabelle 48. *Zugfestigkeit von unfiltrierten Emulsionszementschlämmen* (nach G. K. DUMBAULD, F. A. BROOKS JR., B. E. MORGAN und G. W. BINKLEY, Petroleum Technology, Mai 1956)

Zusammensetzung der Schlämme				Spez. Gewicht der Schlämme kg/l	Zugfestigkeit in kg/cm²			
Feststoffe zu 100 g Zement		Flüssigkeit cm³ zu 100 g Zement			Temp. 52° C, Druck 210 Atü nach		Temp. 82° C Druck 210 Ata nach	
Bentonit	Calcium-ligno-sulfonat	Wasser	Öl		1 Tag	7 Tagen	1 Tag	7 Tagen
2	0,4	60	20	1,56	11,4	18,8	—	—
4	0,4	70	20	1,52	7,5	15,4	—	—
2	0,8	70	20	1,52	—	—	15,4	17,7
2	0,4	70	30	1,46	3,74	12,0	—	—
2	0,8	70	30	1,46	—	—	11,6	15,6
2	0,5	80	20	1,48	7,0	12,6	—	—
2	0,8	80	20	1,48	—	—	8,7	14,0
2	0,5	80	30	1,43	5,2	9,45	—	—
2	0,8	80	30	1,43	—	—	7,7	8,7
2	0,5	80	45	1,38	4,9	10,8	—	—
2	0,8	90	45	1,38	—	—	6,3	8,05
2	0,5	90	20	1,45	5,6	12,2	—	—
2	0,8	90	20	1,45	—	—	9,45	13,3
2	0,5	90	30	1,42	4,2	9,1	—	—
2	0,8	90	30	1,42	—	—	7,0	8,75
2	0,5	90	45	1,36	4,5	7,7	—	—
2	0,8	90	45	1,36	—	—	6,3	7,3

Für den Feldgebrauch gibt Tab. 49 Angaben über das spezifische Gewicht und das Schlämmvolumen bei verschiedener Zusammensetzung der Zementschlämme. Der Zusatz an Calciumlignosulfonat, der je nach Wunsch beigemischt wird, beeinflußt diese Werte nicht.

Tabelle 49. *Volumen und spezifisches Gewicht verschieden zusammengesetzter Emulsions-Zementschlämmen* (nach G. K. DUMBAULD, F. A. BROOKS JR., B. E. MORGAN und G. W. BINKLEY, Petroleum Technology, Mai 1956)

Zusammensetzung des Flüssiganteiles Wasser : Öl	Liter Wasser pro 50 kg Zement	Liter Öl pro 50 kg Zement	Volumen der Schlämme pro 50 kg Zement l	Spezifisches Gewicht der Schlämme kg/l
70 : 20	35,18	10,0	60,0	1,522
80 : 20	40,0	10,0	66,2	1,482
80 : 30	40,0	14,8	72,1	1,422
90 : 20	45,4	10,0	70,0	1,45
90 : 30	45,4	14,8	75,5	1,40
90 : 45	45,4	22,3	82,0	1,355

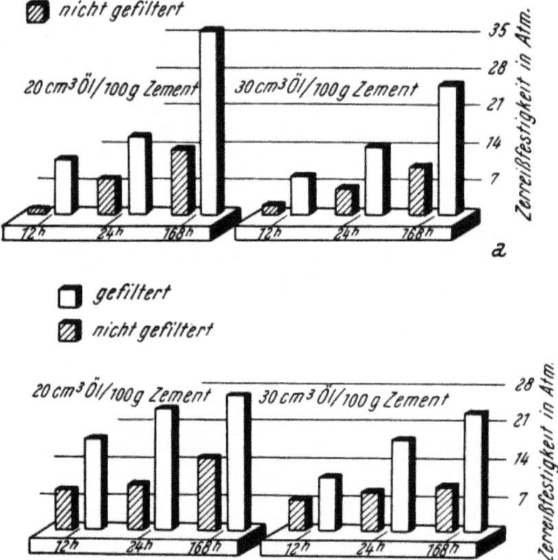

Abb. 153. Festigkeitsvergleich zwischen gefilterter und ungefilterter Emulsions-Zementschlämme (nach G. K. DUMBAULD, F. A. BROOKS JR., B. E. MORGAN und G. W. BINKLEY, Petroleum Technology, Mai 1956). *a* Bentonitzugabe 2%, Calciumlignosulfonat 0,5%, Wasser 80 cm³/100 g Zement, Untersuchungstemperatur 51,7° C, Untersuchungsdruck 210 Atm., *b* Bentonitzugabe 2%, Calciumlignosulfonat 0,8%, Wasser 80 cm³/100 g Zement, Untersuchungstemperatur 82,2° C, Untersuchungsdruck 210 Atm.

Bei der Druckzementation ergibt sich naturgemäß ein Unterschied zwischen der Festigkeit der unfiltrierten und filtrierten Schlämme.

In Abb. 153 *a* und *b* sind diese Werte einander gegenübergestellt und in der Legende erklärt.

Als Schlußfolgerung kann folgendes festgestellt werden:

Nach bisherigen Laboratoriumsuntersuchungen ist eine Schlämme, bestehend aus Portlandzement, Öl, Wasser, Bentonit und Calciumlignosulfonat, sowohl für primäre als auch für sekundäre Zementationen sehr geeignet. Die Wasserabgabe ist verhältnismäßig sehr gering und auch bei höheren Temperaturen nur langsam in zulässigen Grenzen ansteigend. Der Filterkuchen hat eine völlig entsprechende Festigkeit.

Nach bisherigen, allerdings noch wenigen Felderfahrungen hat sich diese Schlämme sehr gut bewährt.

6. Gipszement

Der Naturgips ($CaSO_4 \cdot 2\,H_2O$) hat die Eigenschaft, beim Erhitzen auf 100° C Wasser abzugeben und in das Halbhydrat $CaSO_4\ 1/2\ H_2O$ überzugehen. Wird das gebrannte Gipsmehl mit Wasser angerührt, erhärtet die Masse in sehr kurzer Zeit und ist daher für Zementierungen in Tiefbohrungen nicht geeignet.

Werden dem Gipsmehl aber spezielle Agenden in fein gemahlener Form beigemischt, ergibt sich, bei Aufbereitung mit Wasser, eine Schlämme, die für gewisse Zementierungen (geringes Schlämmvolumen) geeignet ist. Die Abbindezeit ist allerdings auch hier kurz, etwa 30 bis 60 Minuten. Dieses Gipszementmehl kommt in USA unter dem Markennamen „CAL-SEAL" in den Handel[1].

Bemerkenswert ist der Umstand, daß diese Schlämme auch bei Vorhandensein von Erdgasen gut abbindet, sich daher nach amerikanischen Angaben zum raschen Abdichten von ausbrechenden Bohrungen bewährt hat.

Ferner wird hervorgehoben, daß beim Abbinden eine gewisse Volumserweiterung erfolgt und damit auch die Abdichtung verbessert wird.

Das Standardprodukt kann allerdings nur bei Temperaturen von maximal 60° C verwendet werden. Bei höherer Temperatur fällt die Versteifungszeit stark ab. Ein Spezialprodukt erlaubt Bohrlochtemperaturen bis zu 76° C.

Im Kontakt mit Verunreinigungen, wie z. B. Portlandzement, wird die Versteifungszeit ebenfalls sehr stark verkürzt.

Das Material kommt, wie die anderen Zementsorten, in Säcken in den Handel. Die normale Schlämme wird mit 20 l Wasser/50 kg Gipszement aufbereitet.

Das Anmischwasser ist vorher auf den Gehalt von Bicarbonaten, löslichen Sulfiden und organischen Stoffen zu überprüfen, die auf die Versteifungszeit von Einfluß sind.

XVII. Einbau und Zementierung von Futterrohren

A. Allgemeines

Von der richtigen Planung und Durchführung der Verrohrung und Zementierung hängt der Erfolg einer jeden Förderbohrung ab.

Die hiezu nötigen Vorstudien haben sich auf die Klärung der folgenden Fragen zu erstrecken:

a) In welchen Teufenstrecken muß der Ringraum zwischen der Bohrloch- und Futterrohraußenwand zementiert werden?

b) Wie groß wird das erforderliche Zementschlämm-Volumen sein, welche Zementqualität ist hiefür zu wählen?

c) Welche Futterrohr-Wandstärken sind in den einzelnen Teufenstrecken einzubauen? Welcher Rohrschuh ist mit Rücksicht auf die Bohrlochverhältnisse vorzusehen?

d) Was für Maßnahmen müssen getroffen werden, um ein dichtendes Haften der Zementschlämme an den durchbohrten Gesteinsschichten zu erzielen?

e) Welche Zementiereinrichtung wird für die Verpumpung der benötigten Zementschlämme erforderlich sein?

---

[1] Nach Clason, C. E.: World Oil, August 1949.

1. Feststellung der zu zementierenden Teufenstrecken

Vor dem Einbau einer Futterrohrkolonne, ausgenommen den Einbau der nur wenige Meter messenden Standrohre, wird das Bohrloch nach dem bekannten SCHLUMBERGER-Verfahren elektrisch gekernt. Mit anderen Worten, es wird mittels dieses Verfahrens ein Profil aufgenommen, aus dem sowohl die Teufe und Mächtigkeit der durchteuften Schichtenpartien mit unterschiedlicher Porosität als auch der Charakter der die Poren erfüllenden Medien ersehen werden kann.

Über die diversen Abarten dieser Meßverfahren gibt es heute eine zahlreiche und ausführliche Literatur, sie sollen daher hier nicht näher besprochen werden.

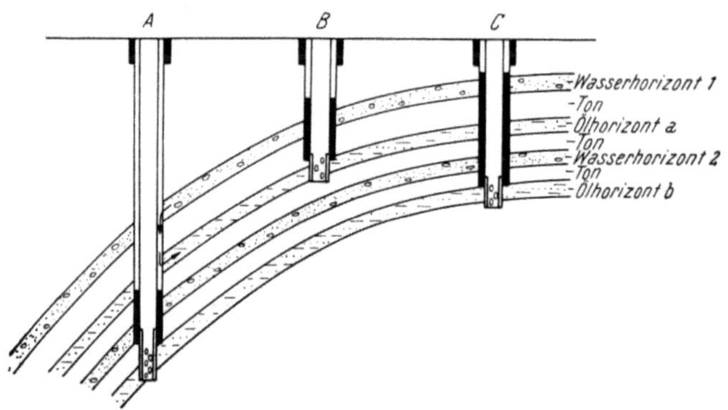

Abb. 154. Schematische Darstellung falscher und richtiger Zementierung von Förderbohrungen. Bohrung *A* unzulänglich zementiert, weil Wasserhorizont *1* entlang des Ringraumes mit Ölhorizont *a*, der in Bohrung *B* ausgebeutet wird, kommuniziert. Bohrung *C* ist richtig zementiert

Außer den SCHLUMBERGER-Aufnahmen geben der Bohrrapport und die Kern- und Bohrschmantanalysen der durchteuften Schichten zusätzliche Aufschlüsse. Vor allem werden jene Teufenstrecken bekannt sein, in denen Nachfall und sonstige Schwierigkeiten, wie z. B. Spülungsverluste, auftraten, ebenfalls Faktoren, die bei der Planung berücksichtigt werden müssen.

Basierend auf diesen Angaben erfolgt die Feststellung der Ringraumabschnitte, welche zementiert werden müssen.

Normalerweise wird die Zementschlämme den Ringraum von der Bohrlochsohle, bzw. dem unteren Ende der Futterrohre, bis zu jener Höhe auszufüllen haben, zu der eine Kommunikation der durchteuften Speicherschichten unterbunden werden soll.

Als Speicherschichten sind alle durchbohrten Wasser-, Öl- und Gashorizonte zu verstehen, die im Ringraum so abgedichtet werden müssen, daß sie sowohl untereinander im gleichen Bohrloch als auch mit den Speicherschichten der benachbarten Bohrungen keine Verbindung haben.

In Abb. 154 ist das Prinzip einer falschen und einer richtigen Zementierung schematisch dargestellt.

Zementierungen, bei welchen übereinanderliegende Ringraum-Teilstrecken in gewissen Abständen voneinander zementiert werden, sind sogenannte Stufen-Zementationen. Die Ursachen, warum derartige Zementierungen durchgeführt werden müssen, werden später erläutert werden.

Abgesehen von der Zementierung des Ringraumes zwecks Unterbindung der Kommunikation der Speicherschichten wird man auch Nachfallzonen mit einer Zementschlämme zu verfestigen trachten. Darüber hinaus ergeben sich auch Fälle, wo sogenannte „schluckende, poröse Horizonte" vorhanden sind, bei deren Durchteufung große Spülungsverluste auftraten und bei denen die Gefahr besteht, daß während der Ausbeute der benachbarten Öl- oder Gashorizonte die in diesen gespeicherten Medien in die schluckenden Schichten abfließen.

Aus allen diesen Überlegungen ergeben sich die Ringraumhöhe bzw. die Ringraumabschnitte, welche mit einer Zementschlämme hinterfüllt bzw. abgedichtet werden müssen.

2. Erforderliches Zementschlämm-Volumen, Kaliber-Meßgeräte

Die Ermittlung des Zementschlämm-Volumens hängt von den Querschnittsverhältnissen innerhalb der zu zementierenden Ringraumhöhen ab.

Der Bohrlochdurchmesser wird immer, und zwar in jedem Gestein, um ein gewisses Maß größer sein als der Meißeldurchmesser, der beim Bohren verwendet wurde.

Es wurde festgestellt, daß gewisse Schichtenpartien, teils durch die Bohrspülung, teils durch das Scheuern des Bohrstranges, bei der Bohrarbeit Auskolkungen erfahren, der Bohrlochdurchmesser daher an manchen Teufenstellen erheblich größer ist, als normal erwartet werden könnte.

Diese Feststellung wurde dadurch ermöglicht, daß man nach der Hinterfüllung des Ringraumes mit einem Zementschlämm-Volumen, welches dem Meißeldurchmesser plus einem gewissen Zusatzbetrag entsprach, das Niveau der erstarrten Schlämme gemessen hat. Bekanntlich wird während der Abbindereaktion des Zements Wärme frei und man kann daher mittels eines Thermometers, welches in die Futterrohre eingelassen wird, feststellen, wo sich die Oberkante der in den Ringraum gedrückten Zementschlämme befindet. Dabei konnte beobachtet werden, daß nicht die ursprünglich vorgesehene Ringraumhöhe erreicht wurde, was darauf schließen läßt, daß an manchen Stellen die Querschnittsfläche größer war, als angenommen wurde.

Es wurden nun besondere Kalibergeräte entwickelt, mit denen es möglich ist, den jeweiligen Bohrlochdurchmesser zu ermitteln.

Das Prinzip der von der Firma Schlumberger entwickelten Apparatur zeigt Abb. 155.

Die drei Blattfedern, die so gestaltet sind, daß sie sich beim Einbau in das Bohrloch stets an die Bohrlochwand anlegen, sind mit dem unteren Ende an einer Art Kolbenstange, mit dem oberen am Gehäusekopf des Gerätes befestigt. Je nach dem Bohrlochdurchmesser werden die Federn gedrückt bzw. gestreckt und bedingen damit eine Auf- oder Abwärtsbewegung des im Gehäuse gleitenden Kolbens. Der Kolben läuft in einen Weicheisenstab aus, der lose von zwei Drahtspulen umschlossen ist. Die untere Spule wird von einem Wechselstrom mit konstanter Frequenz durchflossen und ist durch isolierte Drähte mit der Stromquelle ober Tage verbunden.

Über dieser Induktionsspule ist die Aufnahmespule angeordnet. Die in dieser indizierte elektromotorische Kraft ist abhängig von der Stellung des in sie hineinragenden Weicheisenstabes, bzw. von der Verformung der Blattfedern, und ergibt indirekt den jeweiligen Bohrlochdurchmesser.

Die Anordnung dieser Spule ist so getroffen, daß die indizierte Spannung proportional mit dem Bohrlochdurchmesser variiert.

Über ein entsprechendes zweiadriges Kabel wird diese Spannung zum Aufnahmegerät ober Tage übertragen und nach Wandlung in Gleichstrom auf einem Film registriert.

Das sich ergebende Diagramm (s. Abb. 156) kann nach Wunsch im Maßstab 1 : 200, 1 : 500 und 1 : 1000 aufgezeichnet werden.

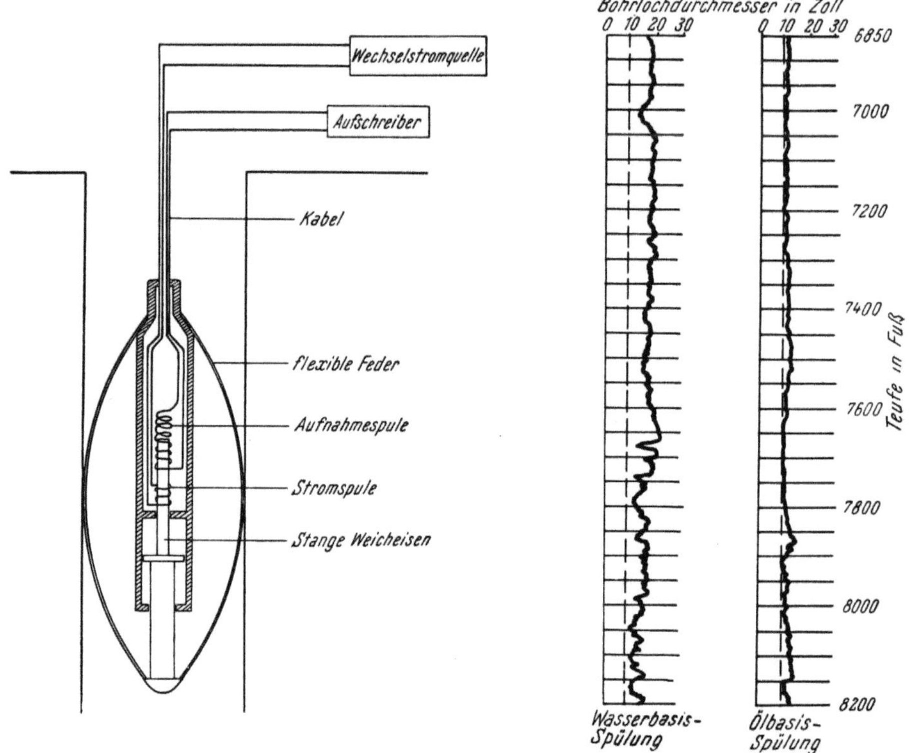

Abb. 155. Schematische Darstellung der elektrischen Messung des Bohrlochdurchmessers nach Fa. Schlumberger

Abb. 156. Registrierung des Bohrlochdurchmessers mittels elektrischer Kaliber-Meßgeräte

Die Auswertung erfolgt entweder durch Planimetrierung, oder aber es wird der durchschnittliche Bohrlochdurchmesser für je 5,0 m Teufe bestimmt und als Grundlage zur Bestimmung des Ringraumvolumens angenommen.

Die Obertage-Apparatur ist auf einem Lkw. aufgebaut, enthält die Kabelwinde mit dem mehradrigen isolierten Kabel, die Stromquelle, Gleichrichter und die photographische Registrierapparatur. Der Schlumberger-Caliper-Apparat hat eine Länge von rund 2,60 m und einen Durchmesser, exklusive der Bandfedern, von 90 mm.

Die Meßgeschwindigkeit, das heißt die Ausbaugeschwindigkeit, beträgt rund 2000,0 m/Stunde.

Eine andere Apparatur wurde von der amerikanischen Firma Halliburton Oil Well Cementing Co. entwickelt (s. Abb. 157).

Die vier unter Federspannung stehenden Arme gleiten an der Bohrlochwand, und ihre Bewegung wird über einen Rheostat und eine mit Öl gefüllte Kammer so übertragen, daß die Änderung des elektrischen Widerstandes proportional dem Bohrlochdurchmesser ist.

Die Apparatur ist mechanisch und elektrisch über ein Kabel mit dem Aufnahmegerät ober Tage verbunden. Das Gerät wird nicht verkauft, sondern auf Verlangen vom eigenen Personal der Firma bedient.

Nähere Einzelheiten werden nicht bekanntgegeben.

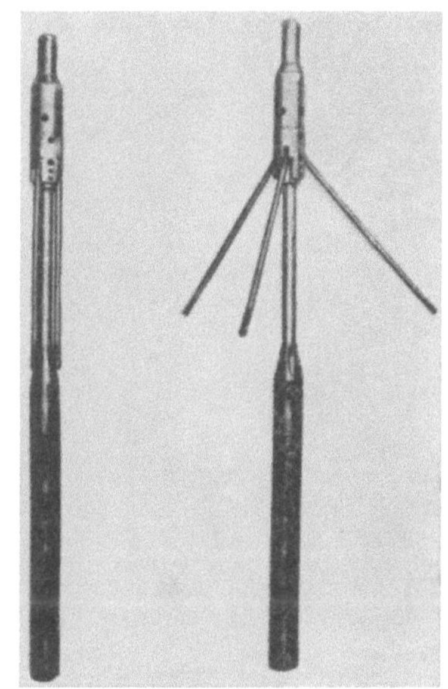

Abb. 157. Bohrloch-Kaliber-Gerät (Caliper) nach Fa. Halliburton Oil Well Cementing Co.

Bei den Messungen des jeweiligen Bohrlochdurchmessers wurde beobachtet, daß Auskolkungen, das heißt Erweiterungen des Bohrloches, vor allem in tonigen Schichtenpartien auftreten, was auch durch die SCHLUMBERGER-Messung (Eigenpotential- und Widerstandskurven) bestätigt wurde. In manchen Fällen wurde das Bohrloch bei Verwendung eines Meißels mit dem Durchmesser von 10 Zoll bis auf 20 Zoll erweitert. Manche Tonbänke werden vom Filtratwasser der Spülung stark aufgeweicht und es dauert vermutlich eine gewisse Zeit, bis sich in solchen Partien ein entsprechend schützender Filterkuchen bildet. Der Zeitfaktor spielt dabei eine maßgebende Rolle. Bei Ölspülungen sind solche Auskolkungen seltener, obwohl auch hier in gewissen Tonschichten ähnliche Auskolkungen beobachtet werden konnten.

Die erodierende Wirkung des Spülstromes ist im allgemeinen nicht bedeutend, wenn die Spülgeschwindigkeit ein gewisses Maß nicht übersteigt. Als maximale Geschwindigkeit wird etwa 1,2 m/Sek. angenommen.

Große Auskolkungen können in Salzstöcken konstatiert werden, falls die Spülung nicht rechtzeitig entsprechend mit Salz gesättigt wird.

In tiefen Bohrungen werden die seitlich schwingenden Bohrgestänge an der Bohrlochwand scheuern und in weichen Tonpartien Auskolkungen verursachen.

Mit Hilfe der Kaliber-Meßgeräte kann somit das erforderliche Volumen der Zementschlämme berechnet werden.

Die zu wählende Zementqualität wird vor allem von der auf der Bohrlochsohle herrschenden Temperatur abhängen. Über die verschiedenen, heute verfügbaren Zementqualitäten wurde schon im vorhergehenden Kapitel (S. 297) gesprochen. Das zur Verfügung stehende Zementieraggregat muß mit Sicherheit das notwendige Zementschlämm-Volumen auf seinen Bestimmungsort im Ringraum verpumpen können, ohne daß zu hoher Druck die Bohrlochwandungen aufbricht bzw. die Schlämme sich zu früh als nicht mehr verpumpbar versteift.

3. Einzubauende Rohrwandstärken, Zementierschuhe

Die Bestimmung der Wandstärken, welche in den einzelnen Teufenstrecken der Beanspruchung auf Außendruck und Abstreiffestigkeit mit genügender Sicherheit entsprechen, wurde im Kapitel „Futterrohre" (S. 236) behandelt. Es sei hier nur noch hervorgehoben, daß jene Teilstrecken, die schon während der Bohrarbeit zu Nachfall neigten, besser mit starkwandigeren Rohren verrohrt werden sollten, als dies dem normalen hydrostatischen Außendruck entsprechen würde.

Das unterste Teilstück einer jeden Futterrohrkolonne ist ein besonders gebauter *Rohrschuh*. Die Maße des Stahlmantels des Rohrschuhes wurden schon in Tab. **31** angegeben.

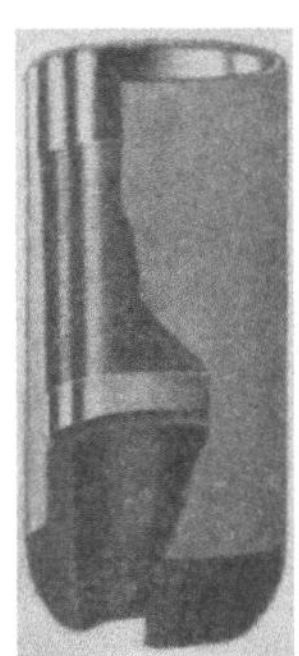

Abb. 158 *a*. Einfacher Rohrschuh mit Plastikfüllung nach Fa. Halliburton Oil Well Cementing Co.

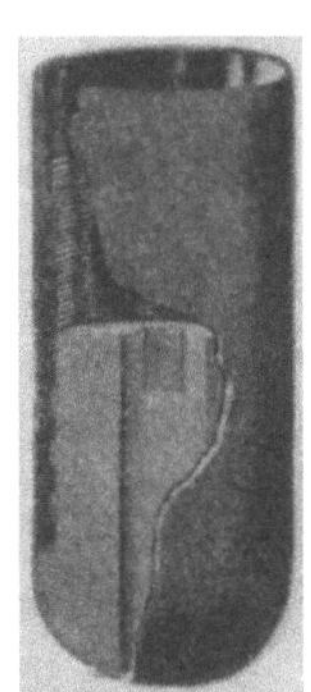

Abb. 158 *b*. Einfacher Rohrschuh mit Zementfüllung nach Fa. Halliburton Oil Well Cementing Co.

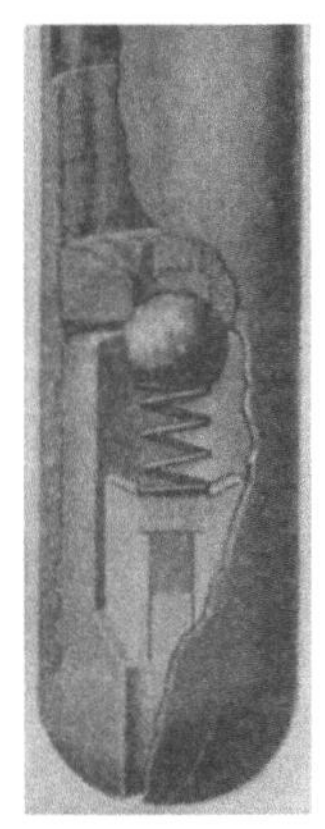

Abb. 158 *c*. Rohrschuh mit Schwimmventil nach Fa. Halliburton Oil Well Cementing Co.

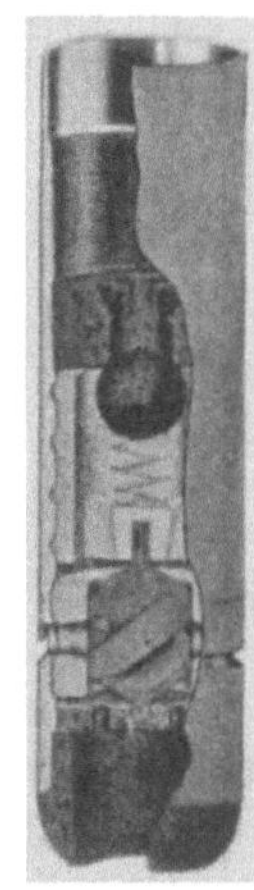

Abb. 158 *d*. Spezial-Rohrschuh mit Schwimmventil und seitlichen Ausflußöffnungen nach Fa. Halliburton Oil Well Cementing Co.

Angesichts der Tatsache, daß ein Rotarybohrloch nie lotrecht ist und keine absolut glatte zylindrische Bohrlochwand hat, würde sich ein offener Rohrschuh beim Einbau der Futterrohre sehr bald in die Bohrlochwand einschneiden.

Aus diesem Grunde ist der stählerne Mantel des Rohrschuhes mit Zement vergossen, und zwar so, daß der unten vorstehende Zementteil die Form einer Kugelkalotte hat.

Eine zentrale Bohrung, die in den meisten Fällen ein Rückschlagventil eingebaut hat, ist als Durchflußöffnung in diesem Zementzylinder vorgesehen. Ventil und das dazugehörige Ventilgehäuse sind aus einem leicht bohrbaren Material hergestellt (Bakelite).

Die verschiedensten Rohrschuhtypen stehen heute in Verwendung. In Abb. 158 *a* bis *d* sind die gebräuchlichsten dargestellt.

Die Abrundung des Rohrschuhendes gestattet daher einen gleitenden Einbau der Futterrohre auch in verhältnismäßig krummen Bohrlöchern.

Das Rückschlagventil, auch Schwimmventil genannt, welches einen Durchfluß nur nach abwärts, also aus den Rohren, erlaubt, bewirkt eine gewisse Entlastung der am Flaschenzug hängenden Rohrlast infolge des Auftriebes, der sich in dem mit Spülung erfüllten Bohrloch voll auswirkt. Ferner wird auch die Beanspruchung der Futterrohrverbindungen auf Abstreiffestigkeit dadurch wesentlich herabgesetzt.

Ein weiterer Grund, warum die meisten Rohrschuhe mit einem Rückschlagventil ausgestattet sind, ist folgender: Die Futterrohre und der Ringraum stellen zwei miteinander kommunizierende Rohre dar. Die Zementschlämme soll sich nach erfolgter Zementierung im Ringraum befinden, und zwar bei den normalen Zementierungen, ganz allgemein gesagt, vom Rohrschuh beginnend, bis zu einer bestimmten Höhe.

Nun hat die Zementschlämme ein höheres spezifisches Gewicht als die im Bohrloch befindliche Spülung. Die Schlämme wird durch die Rohre bzw. den Rohrschuh, förmlich als Flüssigkeitskolben, gefolgt von der Bohrspülung, in den Ringraum gedrückt. In diesem Moment befinden sich in den beiden kommunizierenden Schenkeln Flüssigkeiten mit verschiedenem spezifischem Gewicht. Um daher einen Ausgleich der beiden verschieden schweren Flüssigkeiten zu verhindern, ist das Rückschlagventil eingebaut, das ein Rückfließen der schweren Zementschlämme in die Futterrohre nicht zuläßt.

4. Maßnahmen, um eine gute Abdichtung des Ringraumes zwischen Futterrohren und der Bohrlochwand durch die Zementschlämme zu gewährleisten

Um einen absolut dichtenden Abschluß zwischen der durchbohrten Gesteinswand und der Rohraußenwand zu erzielen, muß Vorsorge getroffen werden, daß

a) die Futterrohre im Bohrloch möglichst konzentrisch zu stehen kommen, um eine allseitige Hinterfüllung mit der Zementschlämme zu ermöglichen, und

b) die Zementschlämme sich mit der durchteuften Gesteinswand innig verbinden kann, so daß eine sichere und dauerhafte Abdichtung gewährleistet ist.

Der Futterrohr-Zentrierkorb

Zur Erzielung einer möglichst konzentrischen Stellung der Rohre innerhalb des Bohrloches werden eigene Bohrrohr-Zentrierkörbe in gewissen Abständen an den Futterrohren angesetzt.

In Abb. 159 ist die Konstruktion dieser Zentriereinrichtung zu ersehen.

Die einzelnen Ringe sind zweiteilig und durch Splinte miteinander verbunden.

Der Bohrrohr-Zentrierkorb wird über eine Rohrmuffe angesetzt, so daß er durch seine beiden mittleren Ringe in seiner Bewegungsfreiheit begrenzt ist. Die Stahlfedern, die an den äußeren Ringen angesetzt sind, müssen aus einer entsprechenden Stahlqualität hergestellt und so dimensioniert sein, daß eine Zentrierung auch in einem schiefen Bohrloch gewährleistet ist.

Diese Führungen werden in Abständen von etwa 20 bis 40 m an jene Futterrohre angesetzt, die den zu zementierenden Ringraum verkleiden, aber nicht innerhalb von Öl- oder Gashorizonten liegen.

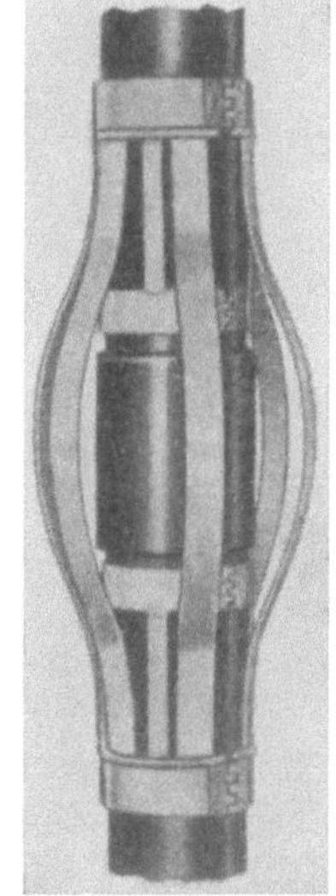

Abb. 159. Zentriereinrichtung für Futterrohre (Casing centraliser) nach Fa. Baker Oil Tools Inc.

Reinigung der Bohrlochwand vom angesetzten Spülungs-Filterkuchen

Um eine solide Verbindung der erstarrten Zementschlämme am Gestein und damit eine sichere Abdichtung des Ringraumes zu erreichen, werden ebenfalls besondere Vorkehrungen getroffen.

Bei untiefen Bohrungen genügt es oft, wenn das Bohrloch mit einem Vierbacken- oder Rollenmeißel nachgebohrt wird, wobei die Spülung mit komplexen Phosphaten oder CMC behandelt wird, so daß der an der Bohrlochwand gebildete Filterkuchen zum Großteil gelöst wird. Es werden dazu auch besondere Schabermeißel verwendet, sogenannte Wall scraper (s. Abb. 160).

Bei tiefen Bohrungen wird die Beseitigung des Filterkuchens erst dann vorgenommen, wenn die Futterrohre eingebaut sind.

An der Außenwand der Futterrohre werden bei ihrem Einbau eigene Stahlbürsten angebracht (s. Abb. 161 *a* und *b*).

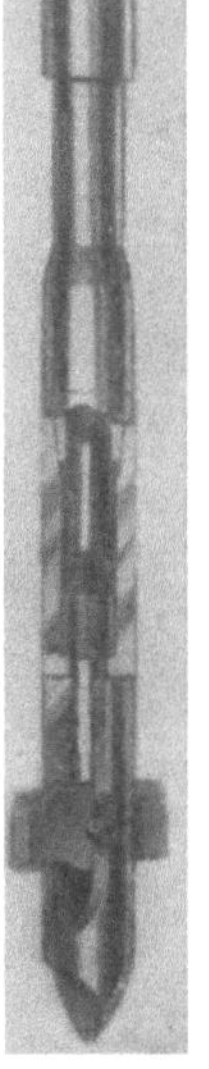

Abb. 160. Bohrlochschaber (Wall scraper) nach Fa. Baker Oil Tools Inc.

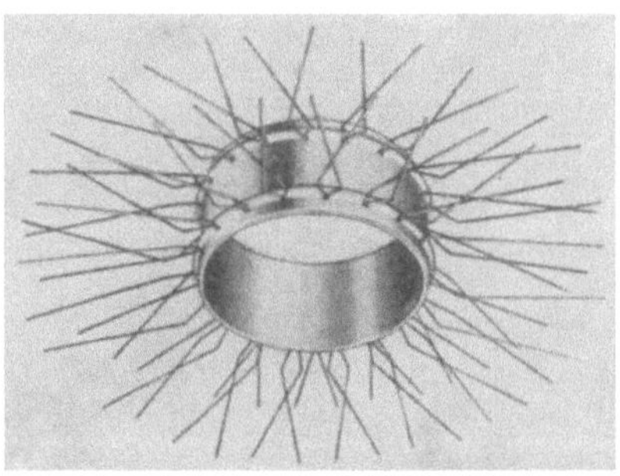

Abb. 161 *a*. Futterrohr-Stahlbürsten nach Fa. Baker Oil Tools Inc.

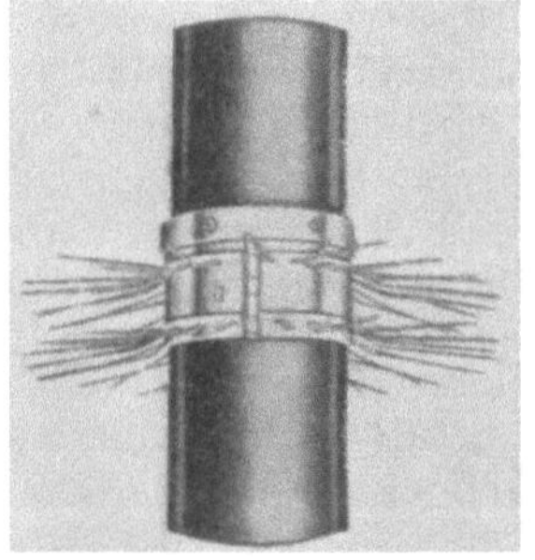

Abb. 161 *b*. Futterrohr-Stahlbürste, am Rohr angebaut

Die Bürsten werden mit ihren Ringen auf die Rohre lose aufgezogen und zwei kurze Anschlagstücke, etwa 60 bis 80 mm voneinander entfernt, zur Begrenzung des Gleitweges oberhalb und unterhalb desselben an die Rohre elektrisch angeschweißt. Nach beendetem Einbau der Rohre wird der gesamte Rohrstrang auf- und abwärts bewegt, dabei der Spülstrom durch die Rohre nach abwärts und im Ringraum nach aufwärts zirkuliert. Die Bürsten scheuern dabei den Filterkuchen von der Bohrlochwand ab.

Die Bürsten, das heißt die Bürstenringe, können auch an die Rohre mit elektrischer Punktschweißung geheftet werden, so daß nach erfolgtem Einbau der Rohre durch Drehen oder eine Auf- und Abwärtsbewegung derselben der Filterkuchen abgescheuert wird.

Die Bürsten werden innerhalb des zu zementierenden Rohrteiles in Entfernungen von etwa 2,0 bis 6,0 m voneinander angeordnet.

Das Heben und Senken des Stranges erfolgt auf etwa 10 m Höhe, das Drehen etwa mit 5 bis 10 U/Min.

Auch hier werden der Bohrspülung Phosphate, CMC, in manchen Fällen bei kalkhaltiger Spülung auch verdünnte Salzsäure zugesetzt.

B. Zementiereinrichtungen

Allgemeines

Bevor auf die Zusammensetzung der Zementiereinrichtung näher eingegangen wird, soll das Prinzip des Zementiervorganges zunächst erläutert werden.

Wie schon bei der Beschreibung der Funktionen des Rohrschuhes gesagt wurde, wird die Zementschlämme durch die Futterrohre eingepumpt und von der nachfolgenden Spülung in den Ringraum gedrückt.

Im Kapitel „Zemente für Tiefbohrungen" (S. 301) wurde darauf hingewiesen, daß die Festigkeit und Versteifungszeit einer Mischung Zementschlämme mit Tonwasserspülung den Anforderungen nicht entspricht. Die Festigkeit ist ungenügend, die Versteifungszeit wird wesentlich verkürzt, so daß ein größeres Zementschlämmvolumen nicht verpumpt werden kann.

Das Einpumpen der Schlämme in den Ringraum kommt nicht in Frage, da in diesem Falle die scharf scheuernde Schlämme Teile der Bohrlochwand mitreißen würde und vor allem eine Isolierung der beiden zirkulierenden Flüssigkeiten, Schlämme und Spülung, nicht gut durchführbar ist.

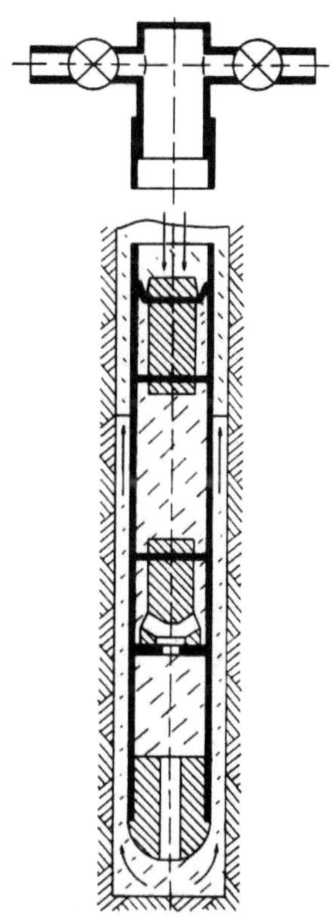

Abb. 162. Schematische Darstellung des Zementiervorganges

Um daher die beiden Flüssigkeiten voneinander getrennt einzupumpen, wird zunächst in das mit Spülung gefüllte Bohrloch ein speziell gebauter, isolierender Pfropfen eingesetzt, auf den die Zementschlämme gepumpt wird. Vor dem Einpumpen der Schlämme wird auf das obere Ende der eingebauten Rohre ein eigener Zementierkopf aufgesetzt. Sobald das entsprechende Ringraumvolumen der Schlämme eingebracht ist, wird nach Lüftung des Zementierkopfes ein zweiter Pfropfen in die Rohre eingeführt und nach Wiederansetzung des Zementierkopfes Spülung nachgepumpt.

Sobald der erste Pfropfen am Rohrschuh angelangt ist (s. Abb. 162), wird infolge des Pumpdruckes der aus Kautschuk bestehende Teil desselben so verformt, daß die Schlämme durch den Pfropfen und die Durchflußöffnung im Rohrschuh in den Ringraum strömen kann. Ist der zweite Pfropfen am ersten Pfropfen angelangt, ist das gesamte Zementschlämm-Volumen in den Ringraum gedrückt und das Rückschlagventil verhindert ein Rückströmen der schweren Schlämme.

Bei wenig tiefen Bohrungen kann der Rohrschuh auch ohne ein Rückschlagventil eingebaut werden. In diesem Falle muß innerhalb der Futterrohre der letzte sich einstellende Druck aufrechterhalten bleiben, bis die Schlämme im Ringraum erstarrt ist.

1. Aufbereitung von Zementschlämmen bei der Bohrung. Pumpentypen

Die notwendige Einrichtung besteht im Prinzip aus einer Wasserpumpe, einem Mischgerät (Mischtrichter = Hopper) und der Zementschlämmpumpe, welche die aufbereitete Schlämme in die Bohrung verpumpt.

Abb. 163 *a*. Zementier-Aggregat auf Schlittenkufen nach Fa. International Cementers Inc.

Bei Bohrungen mit Dampfantrieb werden Zementier-Aggregate mit Dampfpumpen, andernfalls Getriebepumpen mit Benzin- oder Dieselmotorenantrieb eingesetzt.

Die Pumpen und ihre Antriebsmotoren sind entweder auf einem Unterbau mit Schlittenkufen oder auf der Plattform eines Lkw. bzw. Lkw.-Anhängers aufgebaut (s. Abb. 163 *a* und *b*).

Abb. 163 *b*. Zementier-Aggregat auf Lkw. nach Fa. International Cementers Inc.

Die verschiedensten Pumpenkonstruktionen können für diese Einrichtung Verwendung finden, wenn sie den gestellten Arbeitsbedingungen (Liefermenge und Druck) entsprechen und ihr Aufbau mit den dazugehörigen Antriebsmotoren nicht zu sperrig wird, so daß ihr Transport bezüglich Lichtraum und Gewicht auf keinerlei Schwierigkeiten stößt.

Es gibt daher Aggregate mit doppeltwirkenden, liegenden Kolbenpumpen und mit vertikalen Duplex- und Triplex-Kolbenpumpen.

a) Die Mischwasserpumpe

Sie arbeitet mit Arbeitsdrücken von etwa 18 bis 25 Atü. Die Zementschlämmpumpe ist für höheren Druck gebaut, um auch für Hochdruckzementationen geeignet zu sein.

Eine Konstruktion der amerikanischen Firma Gardner-Denver mit der Normalgröße von 5 mal 8 Zoll (maximaler Kolbendurchmesser mal Hublänge in Zoll) ist in vier Geschwindigkeitsstufen schaltbar und kann darüber hinaus mit Einsatzzylindern von 4 1/2, 4 und 3 1/2 Zoll ausgestattet werden. Sie paßt sich allen Verhältnissen sehr gut an und wird daher sowohl als Mischwasser- als auch als Zementschlämmpumpe eingesetzt.

Nähere Angaben über Hubzahl, Liefermenge/Min., Druck und PS-Bedarf sind aus Tab. 50 zu ersehen.

Die Mischwasserpumpe ist mit ihrer Saugleitung entweder an eine Betriebswasserleitung oder einen Wasserbehälter angeschlossen. Um eventuelle Wasserzufluß-Unterbrechungen während der Zementierung zu überbrücken, haben diese

Einrichtungen einen Reservewasserbehälter auf dem gleichen Unterbau vorgesehen, wie dies in Abb. 163 *a* und *b* ersichtlich ist. Der Inhalt dieser Behälter variiert etwa zwischen 3 und 6 m^3.

Die Saugleitung hat einen Durchmesser von 3 bis 4 Zoll. Die Druckleitung, welche an den Düsenanschluß des Mischtrichters angeschlossen ist, wird ein- oder zweizöllig gewählt.

b) Der Mischtrichter

Der Mischtrichter zur Aufbereitung der Zementschlämme (s. Abb. 164) hat eine Höhe von rund 80 cm, der obere Durchmesser mißt etwa 75 cm und ist in ein besonders ausgebildetes Kniestück eingeschraubt. Der obere Trichterrand ist auf einen Durchmesser von etwa 120 cm flach aufgeweitet.

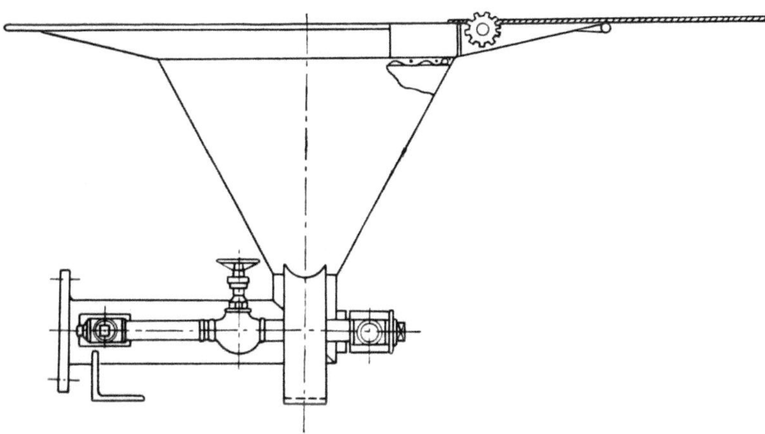

Abb. 164. Mischtrichter zum Aufbereiten von Zementschlämmen nach Fa. Mannesmann-Trauzl

Im oberen Teil des Trichters ist ein grobmaschiges Sieb aufgesetzt, durch welches etwa zusammengeballte Zementbrocken abgehalten werden.

Das Kniestück hat eine Muffenverbindung für die drei- bis vierzöllige Abflußleitung der Zementschlämme. Auf der Gegenseite ist eine Spezialdüse eingesetzt, so daß das hier eintretende Mischwasser mit hoher Geschwindigkeit austritt und sich mit dem im Trichter eingeführten Zement gut vermischt.

Die Druckwasserleitung hat ferner eine Verbindung mit der Abflußleitung — Bypass —, um gegebenenfalls die zu dickflüssige Schlämme zu verdünnen. Sie ist mit einem Hahn oder Schieber absperrbar.

Wird der Zement in Papiersäcken geliefert, so sind neben dem Trichterrand eigene, mit einer Schneidevorrichtung ausgestattete kleine Tische aufgestellt, mittels derer die über die Tischplatte geschobenen Säcke aufgeschlitzt werden.

Auch diese Mischtrichter werden in verschiedenen Größen gebaut. Der Standard-Mischer gestattet das Aufbereiten von rund 50 000,0 kg Zement/Stunde; der Halliburton-Doppel-Jet-Mischer bis zu 170 000,0 kg Zement/Stunde.

Der Standard-Mischer kann mit jeder beliebigen Pumpe bedient werden, die in der Lage ist, etwa 250 l/Min. mit 25 Atm. zu verpumpen. Der Doppel-Jet-Mischer benötigt allerdings eine Wassermenge von rund 1250 l/Min., um die 170 000,0 kg Zement/Stunde aufzubereiten.

Tabelle 50. *Gardner-Denver-Duplex-Kolbenpumpen, liegender Bauart, mit den Grundmaßen 5 × 8 Zoll, vier Geschwindigkeitsstufen und verschiedenen Einsatzzylindern*

1. Einsatzzylinder 5 Zoll

Geschwindigkeitsstufe	PS	Hub/Min.	l/Min.	Arbeitsdruck Atü
4	73	84	820	
	69	79	772	
	59	68	662	30,5 bis 60,9
	50	58	565	
	41	47	460	
3	73	52	510	
	69	49	480	
	59	43	420	48,3 bis 96,6
	50	36	350	
	41	30	290	
2	73	27	265	
	69	25,5	248	
	59	22	215	88,2 bis 176,4
	50	18,7	180	
	41	15,3	149	
1	73	13,2	128	
	69	12,4	122	
	59	10,7	104	175 bis 196,0
	50	9,1	89	
	41	7,4	74	

2. Einsatzzylinder 4 1/2 Zoll

Geschwindigkeitsstufe	PS	Hub/Min.	l/Min.	Arbeitsdruck Atü
4	73	84	660	
	69	79	620	
	59	68	538	36,6 bis 73,2
	50	58	456	
	41	47	370	
3	73	52	408	
	69	49	385	
	59	43	336	61,6 bis 132,2
	50	36	283	
	41	30	234	
2	73	27	212	
	69	25,5	200	
	59	22	173	112 bis 220,5
	50	18,7	147	
	41	15,3	122	
1	73	13,2	102	
	69	12,4	98	
	59	10,7	83	220,5 bis 245,0
	50	9,1	72	
	41	7,4	58,5	

3. Einsatzzylinder 4 Zoll

Geschwindigkeits-stufe	PS	Hub/Min.	l/Min.	Arbeitsdruck Atü
4	73 69 59 50 41	97 91 79 66 55	593 554 480 405 335	38,5 bis 77,0
3	73 69 59 50 41	57 54 46 39 32	346 328 288 238 196	66,6 bis 131,6
2	73 69 59 50 41	31 29 25 22 18	188 178 152 136 110	119 bis 238
1	73 69 59 50 41	15,2 14,2 12,3 10,4 8,5	94,5 87 75,7 63,5 51,8	245 bis 280

4. Einsatzzylinder 3 1/2 Zoll

Geschwindigkeits-stufe	PS	Hub/Min.	l/Min.	Arbeitsdruck Atü
4	73 69 59 50 41	97 91 79 66 55	500 468 405 340 283	46,2 bis 92,4
3	73 69 59 50 41	57 54 46 39 32	290 275 235 200 162	79,8 bis 159,5
2	73 69 59 50 41	31 29 25 22 18	157 147,5 138 113 90,5	167 bis 294
1	73 69 59 50 41	15,2 14,2 12,3 10,4 8,5	75,7 71,8 60,2 53 41,5	297,5 bis 350

c) Zement-Antransport

Der Zement kann in Säcken oder in eigenen transportablen Silos zur Bohrung transportiert werden.

Die Zementsäcke haben ein Gewicht von etwa 50,0 kg (in USA 42,5 kg) und werden bei der Bohrung in unmittelbarer Nähe des Mischtrichters gelagert, von wo sie über die schon beschriebenen Trichtertische durch Mannschaften in den Trichter geschüttet werden.

Das Mischwasser, welches von der Wasserpumpe durch die Düse gepreßt wird, bereitet die Schlämme auf, welche vom Trichter in ein eigenes, mit einem Sieb ausgestattetes Gefäß abfließt und von hier mit der Zementschlämmpumpe in das Bohrloch verpumpt wird.

Abb. 165. Zement-Silo auf Anhänger nach Fa. Halliburton Oil Well Cementing Co.

Beim Aufbereiten ist darauf zu achten, daß sich die Abflußleitung durch Zementklumpen nicht verlegt und das Mischwasser nicht im Trichter hochsteigt und so das Abwärtsgleiten des trockenen Zementes behindert.

Die Pumpe muß auch über genügend Druck verfügen, damit ein Verstopfen der Düse nicht eintritt. Zementklumpen, die bei nicht entsprechendem Sieb durchfallen, können leicht eine Verstopfung hervorrufen.

In den letzten Jahren werden zusehends mehr eigene Silos verwendet, in denen der Zement zur Bohrung transportiert wird und vom Silo direkt in den Mischtrichter gelangt (s. Abb. 165).

Sie haben unterschiedlichen Fassungsraum, der etwa zwischen 6500,0 und 13 000,0 kg Zement aufnehmen kann. Sie können sowohl auf einem stabilen Unterbau als auch auf einem Lkw. aufgebaut sein.

Die größeren Einheiten sind in Schoten mit etwa 5000,0 kg Inhalt geteilt. Jede Schote hat eigene Transportschnecken, mit denen der Zement in den Mischtrichter befördert wird.

Der Antrieb dieser Transportschnecken erfolgt mittels eines Benzinmotors, der auf der Siloplattform aufgestellt ist.

Für Zementierungen mit sehr großem Schlämmvolumen sind Einheiten mit einem Fassungsraum von rund 30 000,0 kg in Verwendung.

Die fahrbaren Silos sind auf einem zwei- bis dreiachsigen Lkw. aufgebockt und haben einen zweiachsigen Nachläufer.

Sie werden direkt beim Erzeuger gefüllt und zur betreffenden Bohrstelle gefahren.

Der Vorteil dieser Silos ist vor allem eine Ersparnis an Personal, geringer Zeitverlust und viel geringere Staubentwicklung bei der Zementaufbereitung. (Das Handhaben der Säcke, besonders in kalter Jahreszeit, stellt an das Bedienungspersonal sehr hohe Anforderungen.)

Um die Zementierarbeit weiter zu rationalisieren und vor allem die Gewähr zu haben, daß die Zementschlämme die richtige Zusammensetzung bzw. das erforderliche spezifische Gewicht laufend beibehält, sind in den letzten Jahren weitere Vervollkommnungen bei diesen Einrichtungen getroffen worden (s. Abb. 166).

Der aus dem Silo in den Trichter eingeführte Zement wird mittels einer Transportschraube in einer Röhre in ein eigenes Mischgefäß befördert, in welches auch das Mischwasser eingeleitet und in dem die Schlämme mittels eines Rührwerkes gut aufbereitet wird. Das Rohr mit der darin befindlichen Transportschnecke ist mit dem Mischgefäß so verbunden, daß der Zementfülltrichter um dieses in jede gewünschte Stellung gedreht werden kann.

Abb. 166. Einrichtung zur Aufbereitung einer Zementschlämme der Fa. International Cementers Inc.

Der Wasserzusatz kann beliebig dosiert werden, zu welchem Zweck eine eigene Regeleinrichtung vorgesehen ist. Diese Regeleinrichtung ist mit der Zement-Transportschnecke synchronisiert, so daß die erwünschte Proportion Zement : Wasser stets gleich eingestellt bleibt.

Die aus dem Mischgefäß austretende Schlämme fließt in einen eigenen Behälter ab, von dem sie mittels der Zementschlämmpumpe ins Bohrloch gepumpt wird.

Gebaut werden diese Einrichtungen von der International Cementers Inc. in Long Beach 5, California.

d) Zusammensetzung der normalen Zementschlämme

Die Zementschlämme wird vorwiegend mit 40 bis 50 Gewichtsprozenten Mischwasser aufbereitet. Es ergeben sich damit die folgenden Schlämmvolumen, bzw. folgendes spezifisches Gewicht der Schlämme.

100 kg Zement entsprechen	33,33 l
40 kg Mischwasser	40,00 l
140 kg sind daher	73,33 l Schlämme

mit einem spezifischen Gewicht von $140 : 73{,}33 \cong 1{,}90$ kg/l.

Bei 50% Mischwasserzugabe resultiert ein Schlämmvolumen von 83,33 l mit einem spezifischen Gewicht von 1,80 kg/l.

In Abb. 167 ist ein Nomogramm dargestellt, mit dem das jeweils erforderliche Zementschlämm-Volumen mit einem spezifischen Gewicht von 1,8 (50 Gewichtsprozent Mischwasser) für verschiedene Ringraumquerschnitte graphisch ermittelt werden kann.

Zum Beispiel: Zu zementieren wären 8 5/8 Zoll Futterrohre, in einem Bohrloch mit 300 mm Durchmesser auf 600 m Länge. Von der Ordinate *5* wird die Marke 8 5/8 mit der Marke 300 auf der Ordinate *2* verbunden und ergibt in ihrer Verlängerung auf Ordinate *1* den Inhalt im Ringraum pro 1 m Länge mit

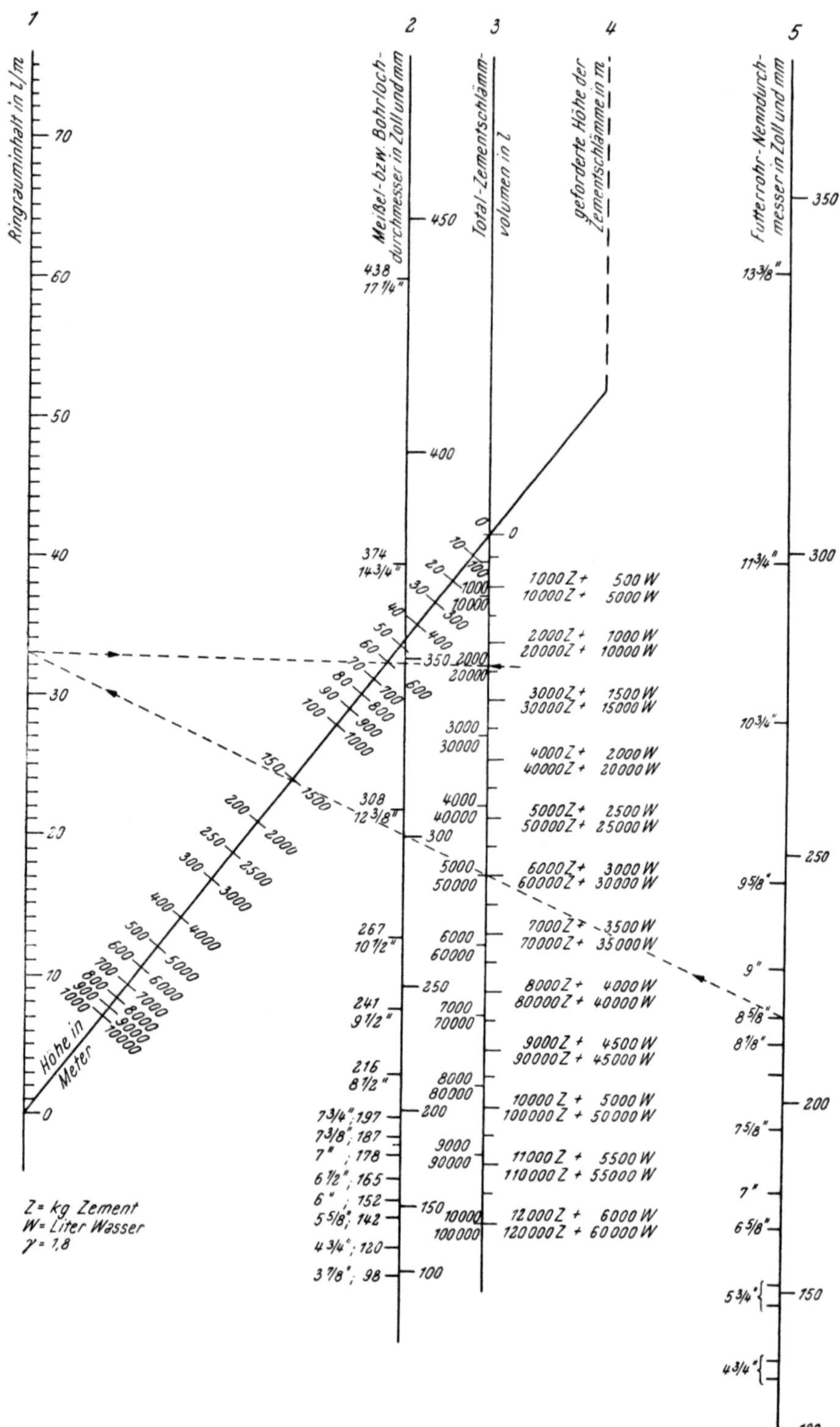

Abb. 167. Nomogramm zur Bestimmung des jeweils erforderlichen Zementschlämm-Volumens mit einem spezifischen Gewicht von 1,8 für verschiedene Ringraumquerschnitte

33 l. Verbindet man diesen Punkt mit der Marke 600 m auf der schiefen Geraden *4* und verlängert die Gerade bis zum Schnitt mit der Ordinate *3*, so ergibt sich hier das Zementschlämm-Volumen mit 20 000,0 l, das sich aus 24 000 kg Zement und 12 000 l Mischwasser zusammensetzt. Bei der Wahl des Bohrlochdurchmessers muß allerdings das mit Caliper ermittelte Volumen auf den dazugehörigen Durchmesser umgerechnet werden.

e) Zementschlämmpumpe

Die aus dem Mischtrichter abfließende Zementschlämme gelangt in einen eigenen Behälter, wo sie über ein Sieb geleitet wird, um eventuell gebildete Zementbrocken abzuhalten. Unterhalb des Siebes ist an das Gefäß die Saugleitung der Zementschlämmpumpe angeschlossen, welche die Schlämme über einen eigenen Zementierkopf in die Futterrohre verpumpt.

Um nun auf das vorher besprochene Beispiel zurückzukommen, bei dem 24 000,0 kg Zement mit 12 000,0 l Mischwasser zu einer Schlämme mit 1,8 spezifischem Gewicht aufbereitet werden sollen, ergeben sich die folgenden Liefervolumen für die Mischwasser und Zementschlämmpumpe/Min.

Falls der Zement in Säcken geliefert wird, können mit dem Halliburton-Standard-Mischtrichter rund 30 000,0 kg Zement pro Stunde aufbereitet werden, daher die in unserem Beispiel erforderlichen 24 000,0 kg in 48 Min. Das hiezu notwendige Mischwasservolumen ist 12 000,0 l, das heißt, daß die Mischwasserpumpe rund 12 000,0 : 48 = 250 l/Min. liefern muß, und zwar bei einem Druck von etwa 25 Atü.

Das Zementschlämm-Volumen beträgt 20 000,0 l, welches in der gleichen Zeit von der Schlämmpumpe bewältigt werden muß, die daher 20 000,0 : 48 = 417 l/Min. liefern muß.

Da die Zementschlämme im spezifischen Gewicht um rund 50% schwerer als die Bohrspülung ist, wird der Druckbedarf zunächst minimal sein und sich erst dann bemerkbar machen, wenn die schwere Zementschlämme im Ringraum höher zu stehen kommt als in den Futterrohren.

Da das Nachpumpen der Bohrspülung nach dem Einsetzen des zweiten Pfropfens heute fast ausnahmslos durch eine Spülpumpe der Bohranlage erfolgt, die mit den entsprechenden Einsatzzylindern den maximal zu erwartenden Druck bewältigen kann, wird normalerweise für primäre Zementationen von Futterrohren keine Hochdruckpumpe für das Verpumpen der Zementschlämme erforderlich sein.

Der Druckverlust ergibt sich ähnlich, wie schon im Kapitel „Spülungskreislauf" (S. 161) besprochen wurde, aus der dort angeführten Überlegung, wobei allerdings das höhere spezifische Gewicht der Schlämme in Rechnung gestellt werden muß.

Über die Verpumpungsgeschwindigkeit der Schlämme in das Bohrloch gehen heute noch die Ansichten auseinander. Einerseits werden Ringraum-Geschwindigkeiten von rund 1,5 m/Sek. und darüber empfohlen. Andererseits wird mit der heute verfügbaren Pumpleistung der Spülpumpen der Bohranlage diese Geschwindigkeit nicht erreicht. Im Durchschnitt liegt sie etwa bei 1,0 m/Sek. innerhalb der Futterrohre.

Es sollte aber angestrebt werden, daß die Geschwindigkeit innerhalb der Rohre und im Ringraum ungefähr die gleiche ist, was nur dann der Fall ist, wenn die Ringraum-Querschnittsfläche fast dieselbe ist wie jene der Futterrohre.

2. Der Zementierkopf

Das Einbringen der Zementschlämme in die Futterrohre erfolgt über einen eigenen Zementierkopf, der auf das letzte, ober Tage stehende Futterrohr angesetzt ist.

Es sind die verschiedensten Typen verfügbar. Die einfachste Type ist der „Calmec"-Zementierkopf (s. Abb. 168), dessen Zapfengewinde in die Muffe des obersten Futterrohres eingeschraubt wird. Diametral gegenüberliegend sind zweizöllige Anschlüsse vorgesehen, die mit je einem Hochdruckhahn gesperrt werden können.

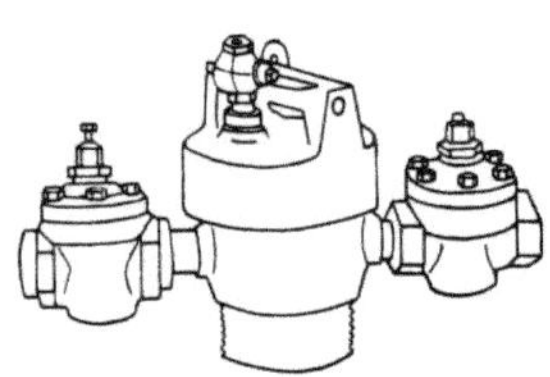

Abb. 168. Einschraubbarer Zementierkopf nach Fa. MacClatchie Manufacturing Co.

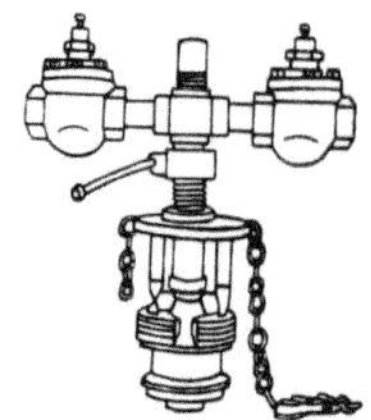

Abb. 169. Zementierkopf mit Keilverbindung nach Fa. MacClatchie Manufacturing Co.

Der MacClatchie-Zementierkopf (s. Abb. 169) ist selbstdichtend und wird in den obersten Rohrkopf einfach eingesetzt. Das Durchflußrohr ist am unteren Ende mit einer Stahlplatte ausgestattet, auf die ein starker Gummi-Dichtungsring aufgeschoben ist. Oberhalb desselben ist auf der Spindel lose eine zweite Stahlscheibe aufgezogen. Mit der Spindel fix verbunden sind, oberhalb des Gummiringes, Keilflächen vorgesehen, auf denen Keile gleiten können, die mit gelenkigen Armen an eine Deckplatte mit Muttergewinde angeschlossen sind. Durch Drehen der mit Gewinde ausgestatteten Spindel werden die Deckplatte und damit die Keile entlang der Keilgleitfläche nach abwärts geschoben. Sie drücken dabei den Gummidichtungsring gegen die Rohrwandungen und verklemmen sich gleichzeitig an der Innenwand der Rohre, so daß sie auch bei hohem Innendruck in den Rohren einen sicheren und leicht lösbaren Abschluß bilden.

Ein Kreuz- oder bloß T-Stück ist der obere Abschluß des Spindelrohres, an das, ebenfalls diametral gegenüberliegend, zweizöllige Leitungen mit je einem Hochdruckhahn angeschlossen sind.

Wie schon im vorhergehenden Kapitel gesagt wurde, wird die Zementschlämme innerhalb der Futterrohre durch eigene Pfropfen von der Bohrspülung isoliert, um ein Vermischen der beiden Medien zu verhüten.

Bevor auf die näheren Details des Zementiervorganges eingegangen wird, sollen noch die dabei verwendeten Zementierpfropfen beschrieben werden.

3. Die Zementierpfropfen

Die ältere Type dieser Pfropfen, wie sie heute noch Verwendung findet, ist in Abb. 170 *a* und *b* zu sehen.

Der erste zum Einbau gelangende Pfropfen (Abb. 170 *a*) ist ein zylindrischer Holzkörper, der im unteren Drittel seiner Höhe einen größeren Durchmesser hat als im oberen Teil.

Die Höhe ist nicht standardisiert, beträgt aber etwa das zweifache des größeren Durchmessers, der 10 bis 15 mm kleiner ist als der Innendurchmesser der dickwandigsten Futterrohre, welche zementiert werden sollen.

Im verdickten Teil sind zwei diametral gegenüberliegende Schrägbohrungen vorgesehen, welche mit einer zentralen Bohrung, die von der unteren Basisfläche bis zu den beiden Schrägbohrungen reicht, kommunizieren.

Im oberen Teilstück ist ein Kautschukring eingesetzt, der den gleichen Durchmesser hat wie der weiteste Futterrohr-Innendurchmesser.

Dieser erste Pfropfen hat die Aufgabe, die in der Bohrung befindliche Spülung von der nachfolgenden Zementschlämme zu isolieren.

Abb. 170 *a*. Unterer Zementierpfropfen

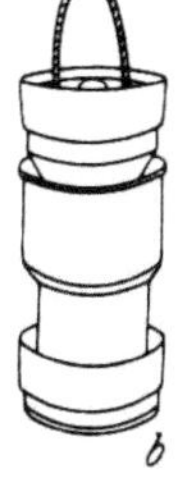

Abb. 170 *b*. Oberer Zementierpfropfen nach älterer Art

Sobald dieser Pfropfen beim Nachpumpen der Schlämme in seiner Endstellung in den Futterrohren ankommt, wird der Kautschukring durch den Pumpdruck nach abwärts gebogen, so daß die Schlämme durch die schon beschriebenen Bohrungen im Holzzylinder fließen kann.

Es ist dies der sogenannte Bodenpfropfen oder „Bottom plug".

Der zweite Pfropfen, der nach vollständigem Einpumpen der Schlämme in die Rohre eingesetzt wird und die Aufgabe hat, die nun nachdrückende Spülung von der Schlämme zu isolieren (s. Abb. 170 *b*), ist im Durchmesser nur etwa 10 bis 15 mm kleiner als der engste Rohrinnendurchmesser.

Wie in Abb. 170 *b* ersichtlich, ist er mit zwei stulpenförmigen Kautschukdichtungen und einer Kautschukplatte ausgestattet, die sich beim Nachpumpen der Spülung eng an die Rohrinnenwand anlegen.

Die Zementschlämme befindet sich somit beim Einpumpen in die Futterrohre zwischen diesen beiden Pfropfen. Die Isolierung gegenüber der zu verdrängenden und der nachdrückenden Spülung innerhalb der Futterrohre ist allerdings bei diesen als klassisch zu bezeichnenden Pfropfen keinesfalls einwandfrei.

Beim ersten Pfropfen, auf den die um etwa 50% schwerere Zementschlämme drückt, wird sich die Kautschukplatte so weit deformieren, daß sich hier Spülung und Schlämme teilweise vermischen werden.

An der Rohrinnenwand wird ein dünner Spülungsfilm zurückbleiben, der erst vom besser dichtenden zweiten Pfropfen zum Großteil abgescheuert wird. Bei großen Teufen ergibt sich auch bei einem verhältnismäßig dünnen Spülungsfilm ein genügend großes Spülungsvolumen, das sich unmittelbar vor dem zweiten Pfropfen mit der Schlämme mischen wird. So wäre z. B. bei einer 8 5/8-Zoll-Futterrohrkolonne mit einem Innendurchmesser von rund 200 mm und einem Spülungsfilm von 0,5 mm Dicke das abgescheuerte Spülungsvolumen etwa

0,3 l/m Rohrlänge. Hätte daher der zweite Pfropfen eine Teufenstrecke von 1000,0 m zu passieren, wären dies etwa 300 l Spülung, die mit der Schlämme gemischt werden.

Die 300 l ergeben eine Flüssigkeitssäule von rund 10 m Höhe innerhalb der 8 5/8-Zoll-Rohre. Die Mischung wird aber mindestens die doppelte Höhe füllen.

Diese Mischung hat sowohl eine viel längere Abbindezeit als auch eine erheblich geringere Festigkeit als eine reine Zementschlämme.

Da nun gerade mit dieser letzten Mischung die Abdichtung vom Rohrschuh im Ringraum nach aufwärts erfolgen wird, also in einem besonders wichtigen Abschnitt, wird die folgende Vorkehrung getroffen:

Die einfachste Art ist der Einbau einer gußeisernen Platte mit zentraler Bohrung zwischen dem zweiten und dritten Rohr oberhalb des Rohrschuhes.

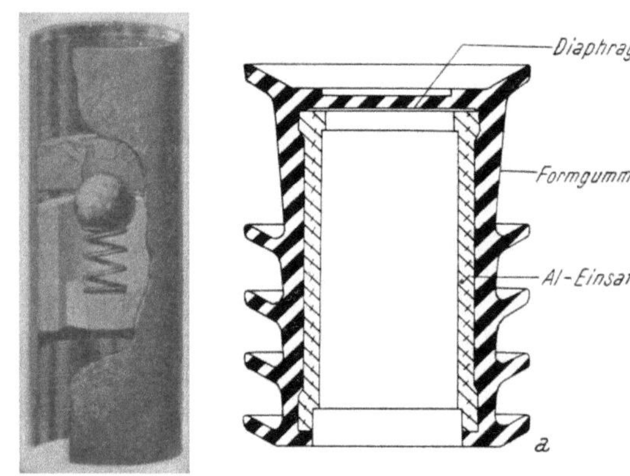

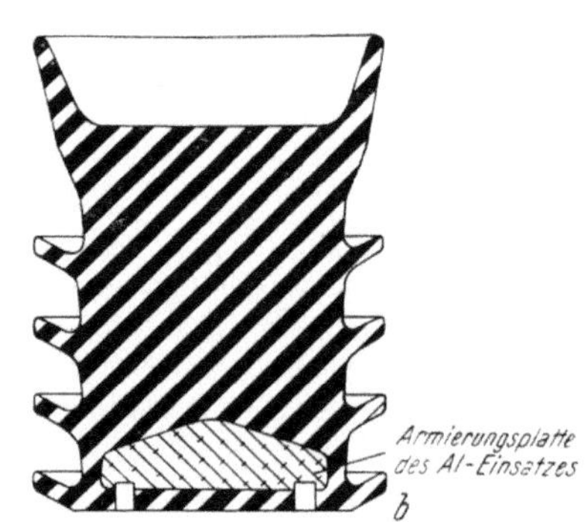

Abb. 171. Rückschlag- bzw. Schwimmventil (Float collar) nach Fa. Halliburton Oil Well Cementing Co.

Abb. 172 *a* und *b*. Neuere Zementierpfropfen nach Fa. Halliburton Oil Well Cementing Co.

Sowohl der erste als auch der zweite Pfropfen setzen sich auf dieser Platte auf, so daß das Zement-Spülungsgemisch, das sich unterhalb des zweiten Pfropfens gesammelt hat, noch innerhalb der Rohre Platz findet und lediglich die reine Schlämme in den Ringraum gelangt.

Die oben beschriebene Platte ist aus bohrbarem Gußeisen hergestellt, so daß sie nach der Erhärtung des Zementes, ebenso wie die darüber sitzenden Pfropfen, mit dem Meißel ausgebohrt werden kann.

Dem gleichen Zweck dienen auch spezielle, kurze Muffenstücke, die mit einem Schwimmventil ausgestattet sind (s. Abb. 171). Es sind die sogenannten „Float collars". Die Zementfüllung hat eine zentrale Bohrung und ist gleichzeitig das Auflager für die Spiralfeder, welche die Ventil-Bakelitkugel trägt.

Über der Zementhülse ist die Ventilsitzplatte aus gegossenem Aluminium aufgelegt, durch welche die weitere Abwärtsbewegung der Pfropfen verhindert wird. Sowohl die Zementhülse als auch der Aluminium-Ventilsitz werden nach dem Abbinden des Zementes mittels Meißels verbohrt.

Neue Pfropfenkonstruktionen, wie sie in Abb. 172 *a* und *b* dargestellt sind, ergeben nach praktischen Erfahrungen eine viel bessere Isolierung der beiden flüssigen Medien.

C. Besondere Hinweise beim Einbau und Zementieren von Futterrohren

Wie aus den bisherigen Erläuterungen hervorgeht, setzt sich eine zu zementierende Futterrohrkolonne wie folgt zusammen:

Das unterste Teilstück ist der Rohrschuh, mit oder ohne Schwimmventil, der an das erste Rohr angeschraubt und zusätzlich verschweißt ist.

Die erste Zentriereinrichtung ist unmittelbar über dem Rohrschuh eingebaut. Es folgen zwei bis drei Futterrohre, an die der „Float collar" angeschraubt wird, auf dem die beiden Zementierpfropfen zu stehen kommen.

Falls eine Gußeisenplatte an Stelle des „Float collar" verwendet wird, wird sie in die Muffe des zweiten oder dritten Rohres auf den darin vorstehenden Rohrzapfen aufgelegt. Am Rohr unterhalb dieses Anschlagpunktes wird die nächstfolgende Zentriereinrichtung eingebaut. Die restlichen werden entlang der Teufenstrecke, welche mit Zement zu hinterfüllen ist, in Entfernungen von etwa 20 bis 40 m angebracht.

In der gleichen Strecke sind auch die Drahtbürsten anzusetzen, allerdings in Entfernungen von etwa 1,5 bis 2,0 m voneinander.

Es wurde schon darauf hingewiesen, daß die Zentriereinrichtungen vor allem den Zweck haben, die Rohre im Bohrloch möglichst konzentrisch zu führen. Darüber hinaus haben sie die Aufgabe, einen möglichst gleichstarken Ringraumquerschnitt für die Zementhinterfüllung zu sichern.

Die Stahlbürsten haben wiederum den Zweck, den Filterkuchen in der zu zementierenden Teufenstrecke von der Bohrlochwand zu beseitigen, so daß sich eine gute Verbindung der Zementschlämme mit dem durchbohrten Gestein ergibt.

Ist das durchteufte Gestein weniger standfest, hat der Einbau der Rohre langsamer zu erfolgen, um ein Aufballen der an der Bohrlochwand scheuernden Zentriereinrichtungen und Bürsten zu verhüten, was zum Festwerden der Rohre führen könnte.

Die Beobachtung von Gewichtsindikator und Flüssigkeitsniveau im Spülbecken, in das die austretende Spülung fließt, ist von Wichtigkeit.

Ferner muß überlegt werden, ob es vorteilhaft ist, eine Spülungszirkulation (Futterrohr-Ringraum) schon während des Rohreinbaues in bestimmten Teufenstufen durchzuführen oder aber erst beim Erreichen der Endteufe.

Die Entscheidung wird davon abhängen, inwieweit die durchteuften Schichten als mehr oder weniger standfest bzw. zum Nachfall neigend anzusehen sind und ob während der Bohrarbeit Spülungsverluste auftraten.

Bei weniger standfesten Schichten und dort, wo Spülungsverluste auftraten, wird es sich empfehlen, nach Einbau von je 300 bis 400 m Rohren zu zirkulieren. Dadurch werden die von den Zentriereinrichtungen und Bürsten abgescheuerten Brocken, die von diesen von der Bohrlochwand gelöst werden, rechtzeitig hochgespült, bevor sie sich zu massiveren Einheiten zusammenschieben und ein Festfahren der Rohre zur Folge haben können.

Zum Durchspülen wird auf das oberste Rohr ober Tage der Zementierkopf angesetzt, mit der Spülpumpe der Bohranlage mittels der schon beschriebenen Leitung verbunden und die Pumpe zunächst mit geringer Hubzahl in Gang gesetzt.

Bevor die Spülung auszufließen beginnt, sind die Rohre um etwa 2 bis 3 m auf- und abwärts zu bewegen. Ist der Spülstrom geschlossen, kann dieses Manöver auf etwa eine Rohrlänge erfolgen.

Es ist zu empfehlen, sowohl das Anheben als auch das Nachlassen der Rohre mit verhältnismäßig geringer Geschwindigkeit durchzuführen, um keinen Unterdruck und Überdruck auf die Bohrlochwandungen auszuüben.

Beim Beginn des Spülens ist zu vermeiden, den Spülstrom zu rasch zu beschleunigen, was ebenfalls mit zu plötzlichem Druckanstieg verbunden wäre und sich besonders bei lockeren oder schluckenden Schichtenkomplexen nachteilig auswirken würde.

Sobald die Spülung in jeder Hinsicht die gleiche Charakteristik hat und keine Bohrschmantbrocken in ihr aufscheinen, kann das Zirkulieren eingestellt und der weitere Rohreinbau fortgesetzt werden.

Die letzte Zirkulation erfolgt, sobald die Rohre an der zu zementierenden Teufe angekommen sind. Auch hier sind die oben besprochenen Gesichtspunkte zu beachten.

Während des Einpumpens der Zementschlämme soll das Manöver, das ist die Auf- und Abwärtsbewegung der Rohre, ebenfalls durchgeführt werden, und zwar auf eine größere Länge, als die Entfernung der eingebauten Stahlbürsten beträgt, um den Filterkuchen möglichst gründlich von der Bohrlochwand zu lösen, der dann vom Spülstrom im Ringraum hochgetragen wird. Dieses Manöver soll solange fortgesetzt werden, bis der zweite Pfropfen auf den vorgesehenen Sitz (Gußplatte oder Float collar) aufzusitzen kommt.

Während des Einpumpens der Schlämme müssen auch der Pumpdruck und der Gewichtsindikator laufend verfolgt werden, aus deren Ablesewerten hervorgehen wird, wann die Schlämme aus dem Rohrschuh in den Ringraum auszutreten beginnt — größerer Auftrieb infolge der schwereren Schlämme —, wann der Spiegel der Schlämme in den Rohren und im Ringraum dieselbe Höhe hat — Beginn des Druckanstieges — und schließlich, wann die Schlämme auf die gewünschte Höhe im Ringraum angestiegen ist.

Der dabei allmählich ansteigende Druck muß genau beobachtet werden, um eine zu plötzliche Druckerhöhung beim Auftreffen des zweiten Pfropfens auf den ersten zu vermeiden, was ein Aufplatzen einer schwachen Rohrstelle zur Folge haben könnte. Der Bedienungsmann, der die nachdrückende Spülpumpe bedient, muß daher rechtzeitig die Pumpe abstellen können.

Um die jeweilige Teufenlage des zweiten Pfropfens zu verfolgen, ist vor allem das nachzupumpende Spülungsvolumen im Saugbecken zu messen und die Pumpe noch vor Verpumpung des erforderlichen Volumens, also unmittelbar bevor der zweite Pfropfen seine Ruhestellung erreicht, abzustellen.

Die Firma Halliburton hat eine Einrichtung entwickelt, um die Teufenlage dieses Pfropfens laufend festzustellen.

Der Zementierkopf hat zu diesem Zweck oben eine mit einer Stopfbüchse ausgestattete Bohrung, durch die ein 3-mm-Stahldraht geführt ist, an dessen Ende ein Bleilot hängt. Der Stahldraht ist auf einer kleinen Trommel mit Teufenanzeiger aufgespult. Mittels Handrad wird das Lot ständig im Kontakt mit dem Pfropfen gesenkt und am Teufenanzeiger die jeweilige Teufe abgelesen. Mit dieser Einrichtung ist es daher auch möglich, die Pumpe rechtzeitig abzustellen und so einen plötzlichen und gefährlichen Druckanstieg zu vermeiden.

Nach beendeter Zementierung wird eine Abbindezeit eingeschaltet, die nach heutigen Erfahrungen bei Ankerkolonnen mit 24, bei Förderkolonnen mit 48 bis 72 Stunden als entsprechend angenommen wird.

Der Zementierkopf kann gelöst werden und nach 8 bis 15 Stunden wird die Messung der Bohrlochtemperatur vorgenommen, aus der auf die Höhe des Zementspiegels im Ringraum geschlossen werden kann.

Es ist bekannt, daß bei der Abbindereaktion des Zementes Wärme frei wird. Das in die Futterrohre eingebaute Thermometer registriert daher auch beim Niveauspiegel der Zementschlämme einen sprunghaften Temperaturanstieg. Ein Diagramm, das diesen Temperaturanstieg zeigt, ist in Abb. 173 dargestellt.

Abb. 173. Bestimmung des Zementkopfes mittels Temperaturmessung

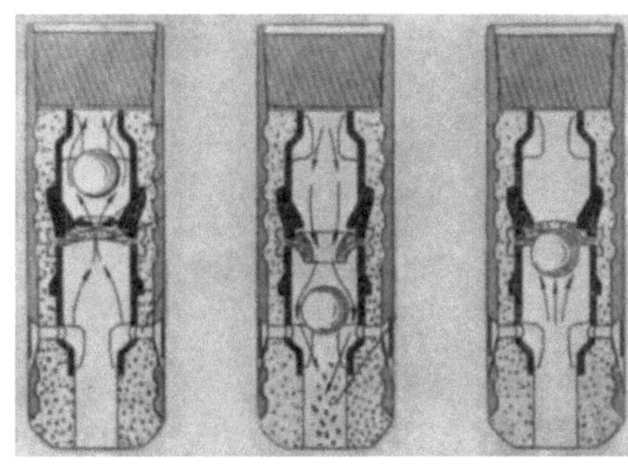

Abb. 174 *a* bis *c*. Spezial-Rohrschuh (Flexiflow fill up shoe) der Fa. Baker Oil Tools Inc.

D. Neuere Rohrschuhkonstruktionen

Werden die Futterrohre mit einem normalen Rohrschuh mit Schwimmventil eingebaut, so muß in gewissen Abständen Spülung in die Rohre eingepumpt werden, um den Auftrieb zu überwinden.

Eine Rohrschuhkonstruktion, welche die Füllung der Rohre automatisch besorgt, den sogenannten „Flexiflow fill up shoe", entwickelte die amerikanische Firma Baker Oil Tools Inc. (s. Abb. 174 *a*, *b* und *c*).

Das aus synthetischem Kautschuk hergestellte Diaphragma mit zentraler Bohrung regelt beim Einbau der Rohre den Durchfluß der im Bohrloch befindlichen Spülung selbständig, berücksichtigend die jeweiligen Auftriebsverhältnisse.

Die in der Abbildung ersichtliche Ventilkugel verbleibt während des Rohreinbaues in der oberen Kammer, in der sie durch oberhalb vorgesehene Rippen gestützt ist.

Sobald der Futterrohrstrang auf die gewünschte Teufe eingebaut ist, wird mit einem Überdruck von etwa 50 Atü die in der oberen Kammer befindliche gelochte Scherplatte durch die darauf sitzende Kugel durchbrochen und letztere durch das flexible Diaphragma in die untere Kammer durchgedrückt. Nach erfolgter Zementierung wirken Kugel und Diaphragma als Rückschlagventil, wie beim normalen Rohrschuh, der mit dem Schwimmventil ausgestattet ist.

Bei dieser Konstruktion wird somit der Zeitverlust beim Nachfüllen der Spülung in die Futterrohre bei deren Einbau erspart. Sie soll sich in USA in weniger tiefen Bohrungen gut bewährt haben.

Die Firma Larkin Packer Co. Inc. entwickelte eine andere Type, die vom folgenden Gedankengang ausging:

Bei Zementierungen mit dem Standardrohrschuh kann beobachtet werden, daß immer auf etwa 1,5 bis 2,0 m unterhalb desselben Zement angetroffen wird. Die Zementschlämme sinkt somit infolge ihres höheren Gewichtes in der Bohrspülung auf diese Teufe ab. Wird oberhalb einer schon angebohrten Öl- oder Gasschichte mit normalem Rohrschuh zementiert, können die oberen Komplexe dieser Schichten durch Zement verschlämmt werden, was in vielen Fällen beobachtet wurde.

Es kann ferner auch der Fall eintreten, daß einer der tieferen Horizonte unterhalb des Rohrschuhes druckschwach ist und die Spülung infolge des hohen Druckes der im Ringraum hochsteigenden Zementschlämme in diese Schichte gepreßt wird.

Abb 175 *a* und *b*. Futterrohr-Schuh nach Fa. Larkin Packer Co. Inc.

In Abb. 175 *a* und *b* ist die Zusammensetzung dieses Spezialrohrschuhes in der offenen und geschlossenen Stellung dargestellt.

Der Rohrschuh wird in der offenen Position mit der unteren Bakelitkugel als Abschlußorgan des Rückschlagventiles eingebaut. Vor dem Einpumpen der Zementschlämme kann in jeder Teufenlage Spülung zirkuliert werden.

Im Mantelrohr sind vier Bohrungen vorgesehen, welche in der Einbauposition durch die obere Ventilhülse abgeschlossen sind, die mit einer Ringhülse durch Scherstifte verbunden ist und entlang der vorgesehenen Schlitze am Mantelrohr gleiten kann.

Zwischen dem verdickten, unteren Ende des Rohrschuhes und der oberen Ringhülse ist ein Kautschukmantel eingebaut.

Vor dem Einpumpen der Zementschlämme wird eine zweite (in Abb. 175 *a* die obere) Bakelitkugel in die Futterrohre eingelassen, die sich auf den oberen Ventilsitz aufsetzt und durch den in den Rohren erzeugten Überdruck mit der Ringhülse nach abwärts gleitet. Dadurch wird der Kautschukmantel an die Bohrlochwand gepreßt, die Scherbolzen abgeschert, so daß die Ventilhülse in ihre Endstellung (s. Abb. 175 *b*) zu stehen kommt. Das Abwärtsgleiten der Ventilhülse hat dabei die vier Bohrungen im Mantelrohr freigelegt, so daß die Kommunikation zwischen den Futterrohren und dem Ringraum oberhalb des Kautschukmantels sichergestellt ist und damit die Zementschlämme lediglich oberhalb desselben im Ringraum hochsteigt.

XVIII. Zementierung der Futterrohre in Stufen

A. Allgemeines

Unter bestimmten Verhältnissen ist es vorteilhaft, die Hinterfüllung des Ringraumes mit Zementschlämme nur in bestimmten Teilabschnitten durchzuführen. Die zwingende Ursache für diese sogenannte Stufen-Zementierung kann folgende sein:

1. Der Teufenunterschied zwischen den zu sperrenden Schichten kann in einer Bohrung so groß sein, daß bei einer durchgehenden Hinterfüllung mit der schweren Zementschlämme sehr hohe Pumpdrücke erforderlich wären.
2. Hohe Drücke können ein Aufbrechen der Bohrlochwandungen in weniger konsolidierten Schichten zur Folge haben und in den so gebildeten Rissen kann Schlämme verloren gehen. Dasselbe kann in den sogenannten schluckenden Schichten eintreten, in denen schon während der Bohrarbeit Spülung verloren ging.
3. Je kürzer die von der Zementschlämme durchflossene Wegstrecke im Ringraum ist, um so besser wird auch der gesamte Ringraumquerschnitt von ihr erfüllt werden, um so geringer ist die Wahrscheinlichkeit einer Kanalisierung.
4. Bei großen Zementschlämm-Volumen besteht außerdem die Gefahr, daß infolge der längeren Verpumpungszeit die Schlämme so viskos wird, daß sie zuletzt nicht mehr verpumpbar ist und ein großer Teil in den Futterrohren erhärtet.

Für diese Stufen-Zementierungen muß die Futterrohrkolonne allerdings eine besondere Ausstattung erfahren.

Die einzelnen zu zementierenden Teufenabschnitte werden nach dem SCHLUMBERGER-Diagramm festgelegt und dementsprechend die für die Stufen-Zementierung erforderlichen Einrichtungen in die Futterrohrkolonne eingebaut.

Es sind dies eigene Schleusen, die durch das Einlassen bzw. Einpumpen von besonderen Pfropfen geöffnet werden, um die Zementschlämme in den darüber befindlichen Ringraum einfließen zu lassen.

Je nach der Anzahl der zu zementierenden Abschnitte können zwei bis drei solcher Schleusen in den entsprechenden Abständen vom Rohrschuh bzw. voneinander vorgesehen werden.

Sowohl die Schleusen als auch die Pfropfen sind aus leicht verbohrbaren Metall-Legierungen (auch aus Kunststoff) und Kautschuk hergestellt.

Die einzelnen Abschnitte werden nacheinander, mit dem tiefsten beginnend, zementiert.

B. Spezial-Einrichtungen für Stufen-Zementierungen

Es sollen hier die Konstruktionen zweier maßgebender amerikanischer Firmen, und zwar der Baker Oil Tools Inc. und der Halliburton Oil Well Cementing Co., näher erläutert werden.

In Abb. 176 *a* und *b* ist die Einrichtung der Firma Baker dargestellt.

Der Rohrschuh hat ein Schwimm- bzw. Rückschlagventil, über dem eine Zentriereinrichtung eingebaut ist.

Auf zwei bis drei Rohrlängen darüber ist ein Muffenstück mit Schwimmventil, der sogenannte „Float collar“, eingesetzt, dessen obere Durchflußöffnung so gestaltet ist, daß der beim Nachdrücken der Zementschlämme verwendete Zementierpfropfen diese Öffnung völlig abschließt (Abb. 176 *a*). Für den ersten Abschnitt wird die Schlämme, ohne Isolierung von der im Bohrloch befindlichen Spülung, in die Futterrohre, also ohne ersten Pfropfen, eingepumpt, die nachdrückende Spülung aber durch einen flexiblen Kautschukpfropfen von der Schlämme isoliert. Dieser spezielle Pfropfen (s. Abb. 177) ist so gebaut, daß er die diversen höher gelegenen Schleusen passieren kann und die Schlämme in den Futterrohren bis zum Muffenstück mit Schwimmventil, „Float collar", verdrängt.

Damit ist die Zementschlämme in den ersten Teilabschnitt des Ringraumes gepumpt worden.

Unmittelbar darauf erfolgt die Zementierung des entsprechend höheren, zweiten Teilabschnittes durch die hier eingebaute Schleuse. Ihre Konstruktion ist aus Abb. 178 *a* und *b* zu ersehen.

Der vor der Zementschlämme in die Futterrohre eingepumpte Pfropfen — „Trip bob" — (s. Abb. 178 *b*) sperrt den Durchfluß durch die Schleuse. Mit einem Überdruck von etwa 35 bis 40 Atü werden die Scherbolzen der Innenhülse abgeschert, die nun nach abwärts bis zum Zapfen des darunter befindlichen Futterrohres gleitet. Dadurch werden die Öffnungen im Mantelrohr der Schleuse frei und die Schlämme kann nun zwischen dem das Mantelrohr bedeckenden Kautschukmantel und dem diesen schützenden Deckring in den Ringraum fließen. Der Kautschukmantel hat dabei die Funktion eines Rückschlagventiles, so daß lediglich ein Fluß von innen nach außen möglich ist, bzw. ein Rückströmen der im Ringraum hochsteigenden schweren Zementschlämme in die Rohre verhindert wird.

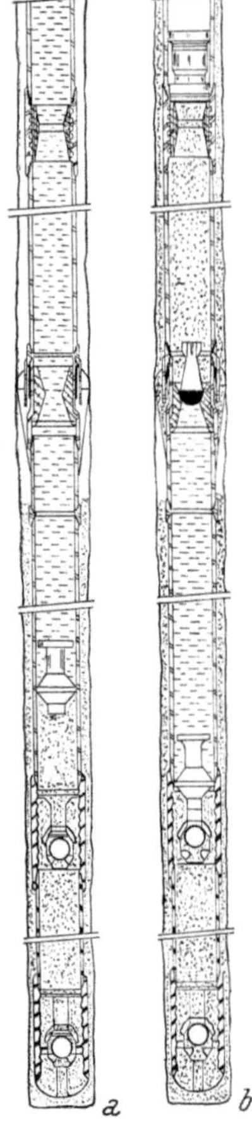

Abb. 176 *a* und *b*. Schematische Darstellung einer Zementierung in mehreren Stufen nach Fa. Baker Oil Tools Inc.

Abb. 177. Flexibler Kautschuk-Zementierpfropfen für Stufen-Zementierungen nach Fa. Baker Oil Tools Inc.

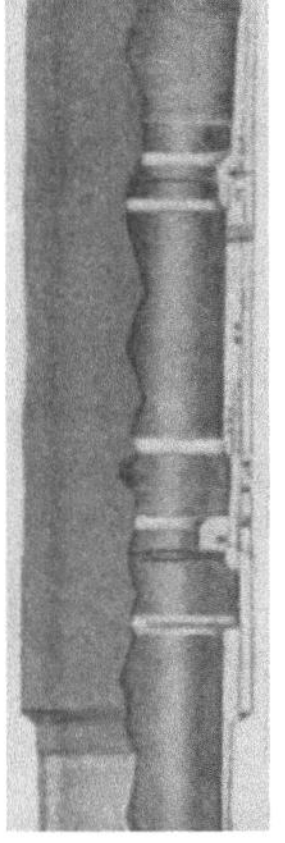

Abb. 178 *a*. Zementierschleuse für Stufen-Zementierungen nach Fa. Baker Oil Tools Inc.

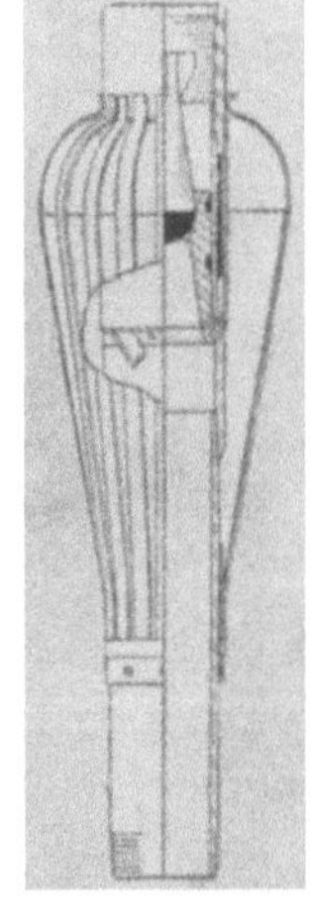

Abb. 178 *b*. Zementierschleuse mit Schirm und Sperrpfropfen (Trip bob) nach Fa. Baker Oil Tools Inc.

Die hier eingepumpte Zementschlämme wird von der nachdrückenden Spülung durch einen normalen Pfropfen isoliert, der sich auf einem Muffenstück mit verengter Durchflußöffnung (Baffle collar), das zwei bis drei Rohrlängen über der Schleuse eingebaut ist, nach beendeter Zementierung aufsetzt (s. Abb. 176 *b*).

Abb. 179 *a* bis *d*. Schematische Darstellung einer Zementierung in mehreren Stufen nach Fa. Halliburton Oil Well Cementing Co.

Um ein Absinken der Schlämme im oberen Teilabschnitt zu verhindern, ist unterhalb der Schleuse eine Schirmkonstruktion angesetzt, die aus Stahlfederrippen besteht, die innen mit Sackleinwand ausgekleidet sind (s. Abb. 178 *b*).

Die einzelnen Positionen bei dieser Zementierung sind in Abb. 176 *a* und *b* dargestellt.

Bei einer Dreistufen-Zementierung sind drei Schleusen eingebaut; der Arbeitsvorgang ist dem hier beschriebenen völlig analog.

Halliburton hat eine sehr ähnliche Konstruktion für die Stufen-Zementierung entwickelt. Die Schleusen und Pfropfen weichen allerdings von der oben besprochenen Konstruktion der Firma Baker ab, ferner verwendet Halliburton einen offenen Rohrschuh und hat ein Schwimmventil lediglich zwei bis drei Rohrlängen oberhalb des Schuhes eingebaut.

Unmittelbar über diesem Ventilstück ist die Stoßplatte mit zentraler Durchflußöffnung eingesetzt, auf welcher der die Zementschlämme nachdrückende Pfropfen zu sitzen kommt (s. Abb. 179 *a* bis *d*).

Die Zementierung der ersten, tiefsten Stufe erfolgt in der gleichen Weise wie bei Baker.

Für den nächsthöheren Teilabschnitt ist nun wieder eine Schleuse eingebaut.

Auch hier wird die Schleuse durch den Einbau eines massiven Pfropfens geöffnet, indem durch einen Überdruck der untere Ventilsitz eine Ringhülse nach abwärts verschiebt, wodurch Öffnungen im Mantelrohr für den Durchfluß der Zementschlämme in den Ringraum freigelegt werden. Sobald ein zweiter Pfropfen, mit welchem die Zementschlämme durch die nachgepumpte Spülung verdrängt wird, auf dem oberen Ventilsitz der Schleuse ankommt, wird durch den Überdruck eine zweite Ringhülse nach abwärts geschoben und verschließt die Öffnungen im Mantelrohr, so daß die im Ringraum hochgepumpte Schlämme nicht in die Futterrohre zurückfließen kann.

Der Zementiervorgang in chronologischer Reihenfolge ist in Abb. 179 *a* bis *d* schematisch dargestellt.

XIX. Druckzementation (Squeeze cementing operation)

A. Begriff der Druckzementation

Zunächst soll klargestellt werden, was in Fachkreisen unter einer Druckzementation verstanden wird.

Aus Schlumberger-Diagrammen können die Sättigungsverhältnisse der allem Anscheine nach Öl oder Gas enthaltenden Horizonte nicht immer einwandfrei ermittelt werden. Vor allem lassen sie keine absolut zuverlässigen Schlüsse auf eine wirtschaftliche Ausbeute zu. Die Bohrung wird daher vollständig verrohrt und auch in den Ölhorizonten durchwegs zementiert.

Es folgt nun ein selektives Perforieren der einzelnen Horizonte, gemäß dem Schlumberger-Diagramm. Der erste, tiefste Horizont wird perforiert (Schußperforation), so daß eine Kommunikation durch mehrere Schußöffnungen, aus der Lagerstätte in das Rohrinnere, möglich wird.

Bei der nun folgenden Förderprobe zeigt es sich, daß die geöffnete Schichte fast ausschließlich Wasser eruptiv fördert, daher für eine wirtschaftliche Ausbeute nicht in Frage kommt.

Bevor aber der nächsthöhere Horizont geöffnet wird, muß diese nur Wasser fördernde Schichte mit einer Zementschlämme so abgedichtet werden, daß sie einen darüber liegenden guten Horizont in keiner Weise ungünstig beeinflußt.

Zu diesem Zweck wird eine spezielle Einrichtung an einem Bohrgestänge oder an Steigrohren (Tubing) in die Futterrohre eingebaut und oberhalb des perforierten Teiles abgesetzt. Die Konstruktion dieser Einrichtung — des sogenannten „Cement Retainers" — ermöglicht eine völlige Abdichtung des darunter liegenden perforierten Futterrohrteiles und gleichzeitig eine solide Verankerung in den Futterrohren, welche auch einen einseitig hohen Druck aufnehmen kann.

Es kann daher durch die Steigrohre bzw. Gestänge eine Zementschlämme in den unterhalb des Retainers befindlichen perforierten Futterrohrteil eingepumpt und unter hohem Druck in die wasserführende Schichte eingepreßt werden.

Solche Druckzementierungen können sich aber auch in den folgenden Fällen als notwendig erweisen:

1. Wenn die primäre Zementierung der Futterrohre nicht gelungen ist und die erwünschte Isolierung der wasserführenden gegenüber der benachbarten ölführenden Schichte nicht restlos erzielt wurde.

2. Bei Wasser- oder Gaseinbruch während der Ölausbeute. In einem mächtigeren Ölkomplex, der sich aus mehreren Teilhorizonten zusammensetzt, die durch verhältnismäßig dünne (0,5 bis 0,2 m) Tonbänke voneinander getrennt sind, kann bei gleichzeitiger Förderung einer dieser Horizonte nach einer gewissen Zeit einen Wasser- oder Gaseinbruch aufweisen, der die Ausbeute der unmittelbar benachbarten Schichten hemmt bzw. verwässert.

3. Falls Futterrohre an irgend einer Stelle leck werden und einer Wasserschichte den Zufluß ins Bohrloch öffnen.

4. Wenn in einer Schurfbohrung mehrere Ölhorizonte bezüglich ihrer Förderperiode erprobt werden und man nach Erprobung des höchsten auf einen tiefer liegenden Horizont zurückkehrt, der eine wirtschaftliche Förderung ergab.

B. Höhe des Druckes bei Druckzementationen

Es handelt sich nun darum, festzustellen, welcher Druck bei diesen Operationen anzuwenden ist, ohne ein Aufbrechen des Hangenden und damit vertikale Risse zu verursachen, und welche Verfahren ein günstiges Resultat ergeben.

Der Gebirgsdruck spielt dabei eine maßgebende Rolle. Theoretisch entspricht der Gebirgsdruck, in einem gegebenen Teufenpunkt, dem Gewicht der darüber liegenden Gesteinsschichten.

Normalerweise wird er mit rund 0,23 Atm./m Teufe angenommen. Aus Feststellungen in USA (Golfküste, West-Texas und New Mexico) ergab sich bei Teufen von rund 600 m ein Gebirgsdruck, der zwischen 0,172 und 0,254 Atü/m variierte. Bei Teufen von rund 2400,0 m hingegen wurden 0,13 bis 0,195 Atü/m beobachtet.

Die Ursache dieser Abweichungen kann folgende sein: Die in das Gestein eingepreßte Flüssigkeit hebt nicht das gesamte Hangende, sondern der Flüssigkeitsdruck preßt benachbarte Schichten zusammen, welche in der Nähe einer Bruchzone liegen oder die nach einer Ausbeuteperiode eine Druckreduzierung erfuhren. Ferner wurde beispielsweise bei Bohrungen an der Golfküste festgestellt, daß Ton derselben Zusammensetzung in einer Teufe von 900 m ein spezifisches Gewicht von 2,0 hat, hingegen bei 3600 m sich sein spezifisches Gewicht auf 2,6 erhöhte. Die tiefer liegenden Tonbänke werden folglich durch den Gebirgsdruck komprimiert. Ferner kann im Hangenden eine sehr tragfähige Gesteinsbank vorhanden sein, die einen Teil des Hangendgewichtes aufnimmt.

C. Aufbrechen der zu zementierenden Schichte

Dr. AARON MILES, der sich mit diesem Problem eingehend beschäftigte, kam zu der Feststellung, daß der Gebirgsdruck ein vertikales Aufplatzen der Bohrlochwand zur Folge hat, was in zahlreichen Trockenbohrungen in Oklahoma beobachtet werden konnte. Um ein Aufbrechen in horizontaler Richtung zu erreichen, müßte das Gewicht der Hangendschichten überwunden werden.

In zahlreichen Untersuchungen in Laboratorien und im Ölfeld wurde versucht, die günstigste Methode für eine erfolgreiche Druckzementation zu finden.

Der zu zementierende Horizont muß zunächst aufgebrochen werden, um der Zementschlämme auch tatsächlich ein Einströmen zu ermöglichen. Vor dem Einpumpen der Schlämme wurden als Aufbrechagenden zunächst Wasser und eine Tonwasserspülung verwendet.

Wasser hat den Vorteil, daß die Gesteinswandungen der aufgebrochenen Kanäle mit der Zementschlämme eine gute Bindung ergeben. Gut durchlässige Schichten können allerdings mit Wasser wegen seiner geringen Zähigkeit nicht aufgebrochen werden, ferner kann Wasser in benachbarte Ölhorizonte leicht eindringen und deren Förderung ungünstig beeinflussen.

Die Ton-Wasserspülung ist wiederum ein guter Aufbrechagend in gut durchlässigen Schichten und wird auch druckhafte Ölschichten in deren Ausbeute nicht so ungünstig beeinflussen wie Wasser. Sie hat aber den Nachteil, daß infolge der Filterkuchenbildung an den Gesteinswänden die Bindung der Zementschlämme ungünstig ist.

Ein Versuch, eine Mischung von verdünnter Salz- und Flußsäure als Aufbrechagend zu verwenden, ergab die besten Resultate.

D. Verteilung der Zementschlämme nach dem Aufbrechen der Schichte

Die nächste Frage war, wie sich die Zementschlämme in der Schichte verteilt, das heißt, welchen Weg sie beim Einpressen nimmt.

Laboratoriumsuntersuchungen sind hier allein nicht maßgebend.

In Fachkreisen werden drei verschiedene Ansichten hierüber geäußert. Eine davon besagt, daß beim Einpressen der Schlämme weiche Sande und Tone in der Nähe des Bohrloches komprimiert werden und dadurch der Raum um das Bohrloch erweitert wird. Der Enddruck ist dann gegeben, wenn ein weiteres Zusammenpressen nicht mehr möglich ist und der Hohlraum mit der Schlämme vollkommen erfüllt ist.

Eine zweite Ansicht geht dahin, daß die eingepreßte Schlämme vertikal entlang des Bohrloches, also in der Richtung der primären Zementierung, hochsteigt und hier die noch vorhandene Bohrspülung und vorhandene Filterkuchen verdrängt.

Der Enddruck wäre erreicht, sobald diese Hohlräume mit der Schlämme völlig gefüllt sind.

In diesem Falle würde allerdings das Volumen der Zementschlämme zumindest beim Beginn der Einpressung verhältnismäßig groß sein.

Schließlich wird die Meinung geäußert, daß der Enddruck beim Einpumpen der Schlämme in die vorher aufgebrochene Formation dann gegeben ist, wenn die Schlämme ihr Wasser an die Formation gänzlich abgegeben hat und ihre Viskosität hoch angestiegen ist.

Nach praktischen Erfahrungen können alle drei Ansichten zu einem gewissen Teil zu Recht bestehen.

Es konnte ferner folgendes festgestellt werden:

1. Salz- und Flußsäure-Mischungen erwiesen sich als Aufbruchagenden am günstigsten.

2. Ein langsames Einpumpen, oft auch kurzzeitige Unterbrechung der Verpumpung der Zementschlämme ist bei Druckzementierungen günstiger, die benötigte Zementmenge geringer. Die Schlämme gibt bei genügender Zeit Filtrat ab, wird zähflüssiger und dichtet daher besser ab.

3. Ein Enddruck, der genügend hoch ist, um das Gewicht der überlagerten Gesteinsschichten zu überwinden, wird nur gegen Schluß der Einpreßoperation erreicht werden.

4. Ein verhältnismäßig hoher Enddruck scheint im allgemeinen einen guten Erfolg zu ergeben, wenn es auch nicht immer gelingt, bei der ersten Druckzementierung sämtliche Perforationen abzudichten.

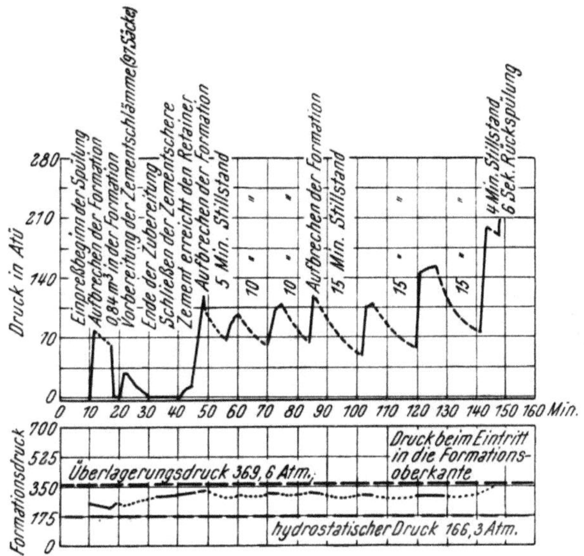

Abb. 180. Verlauf einer Druckzementation (nach A. W. WALKER, World Oil, September 1949)

5. Beim Abdichten eines perforierten, vorher zementierten Teiles einer Futterrohrkolonne kommt es darauf an, daß die neue Zementschlämme mit dem im Ringraum vorhandenen Zement gut bindet. Ist das nicht der Fall, sondern das neu eingepreßte Schlämmvolumen wird tiefer eingepreßt, ist mit einer dauerhaften Abdichtung nicht zu rechnen.

6. Sowohl die verbohrbaren als auch die ausbaubaren „Cement Retainer" erwiesen sich gleichermaßen als geeignet.

7. Die Wartezeit nach erfolgter Zementierung ist mit 24 Stunden reichlich bemessen.

8. Bei der Kontrolle der Druckzementation sollte die Druckdifferenz nicht größer sein, als sie während der Förderperiode sein wird.

In Abb. 180 ist der Verlauf einer Druckzementierung graphisch dargestellt.

Es kann angenommen werden, daß sich die Einpreß-Operation in der folgenden Reihenfolge abspielen wird:

a) Einpressen des Aufbrechagenden in die Formation,

b) Druckanstieg und vertikale Rißbildung in der Bohrlochwand,

c) Eindrücken der Zementschlämme bei fortschreitender Dehydration derselben,

d) Horizontale Rißbildung in der Formation, wobei der Enddruck erreicht wird.

E. Hilfseinrichtung für Druckzementationen

Die in der Fachwelt allgemein bekannte Bezeichnung „Cement Retainer" ist schwer deutsch zu übersetzen. Vielleicht wäre die Bezeichnung „Zementations-Packer" am zutreffendsten. In den folgenden Ausführungen soll die englische Bezeichnung beibehalten werden.

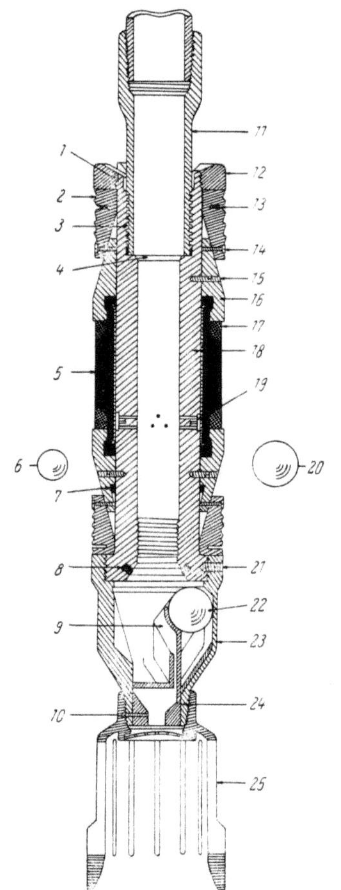

Abb. 181. Zement-Retainer nach Fa. Baker Oil Tools Inc.
1 Sperrschraube für Abschlußring, *2* Keile, *3* Linksgang-Gewinde, *4* Zementierkugelsitz, *5* Gummipacker, *6* Fallkugel, *7* Keilsperring, *8* Ventilsitz, *9* Schwimmventil-Kugelhalter, *10* Scherschraube für Fallkugelsitz, *11* Linksgängiger Übergang, *12* Abschlußring, *13* Federring, *14* Abscherschraube, *15* Abscherschraube, *16* Konus, *17* Führungsring, *18* Hauptstück, *19* Flüssigkeits-Öffnung mit Rückschlagfeder, *20* Zementierkugel, *21* Scherschraube, *22* Schwimmventilkugel (Bakelit), *23* Ventilgehäuse, *24* Fallkugelsitz, *25* Abschlußstück

Die amerikanische Firma Baker Oil Tools Co. ist auf diesem Gebiet in allen Erdölländern führend. Sie liefert sowohl die bohrbaren „Cement Retainer", die aus einer Magnesiumlegierung hergestellt sind, als auch die ausbaubaren, die unter dem Namen „Retrievable Cementer" bekannt sind.

Die Details der bohrbaren Konstruktion sind in Abb. 181 ersichtlich. Die aufeinander folgenden Operationen zum Festsetzen derselben in den Futterrohren zeigen Abb. 182 *a* bis *f*.

Die Einrichtung wird entweder an einem Bohrgestänge oder an Steigrohren (Tubing) auf die vorher bestimmte Teufe in die Futterrohre eingebaut. Der größte Außendurchmesser des geschlossenen Retainers ist bei den kleineren Einheiten um etwa 6, bei den größeren um rund 7 mm kleiner als der Mindest-Innendurchmesser der betreffenden Rohrkolonne.

Ist der Retainer auf die gewünschte Teufe eingebaut, wird das Bohrloch zunächst durchgespült. Das Absetzen des Retainers erfolgt in der folgenden chronologischen Reihenfolge:

1. Eine kleine Bakelitkugel wird nach abwärts gepumpt und setzt sich im Retainer auf den Fallkugelsitz auf (s. Abb. 182 *a* und *b*), wodurch ein weiterer Durchfluß durch die Bohrung des Retainers unterbunden wird.

2. Durch den nun wirksam werdenden Überdruck bei weiterem Einpumpen wird die Flüssigkeit durch die seitlichen Bohrungen des Mantelkörpers auszutreten trachten und den darüber gestülpten Kautschukmantel nach außen drücken, der sich gegen die Futterrohrwand preßt. Bei dieser Formveränderung erfährt der starke Kautschukmantel gleichzeitig eine Streckung, damit wird ein gewisser Druck gegen seine beiderseitigen Auflager ausgelöst (s. Abb. 182 *c*).

Der Druck nach abwärts wird von der hier vorgesehenen Konstruktion ohne jedwede Veränderung aufgenommen. Der Druck nach aufwärts dient hingegen zur Festsetzung der oberen Keilreihe im vorhandenen Ringraum. Wie aus den Abbildungen zu ersehen ist, schließt unmittelbar an die obere Keilreihe ein Abschlußring an, der mit dem Mantelrohr verschraubt ist. Der vom Kautschukmantel nach aufwärts wirkende Druck hat das Bestreben, die beiden Keilflächen zusammenzuschieben und wird daher das schwächste Verbindungsglied zwischen den beiden, nämlich die Scherschrauben, abscheren. Die oberen Keile setzen sich nun zwischen den Futterrohren und der Keilfläche fest (s. Abb. 182 *c*).

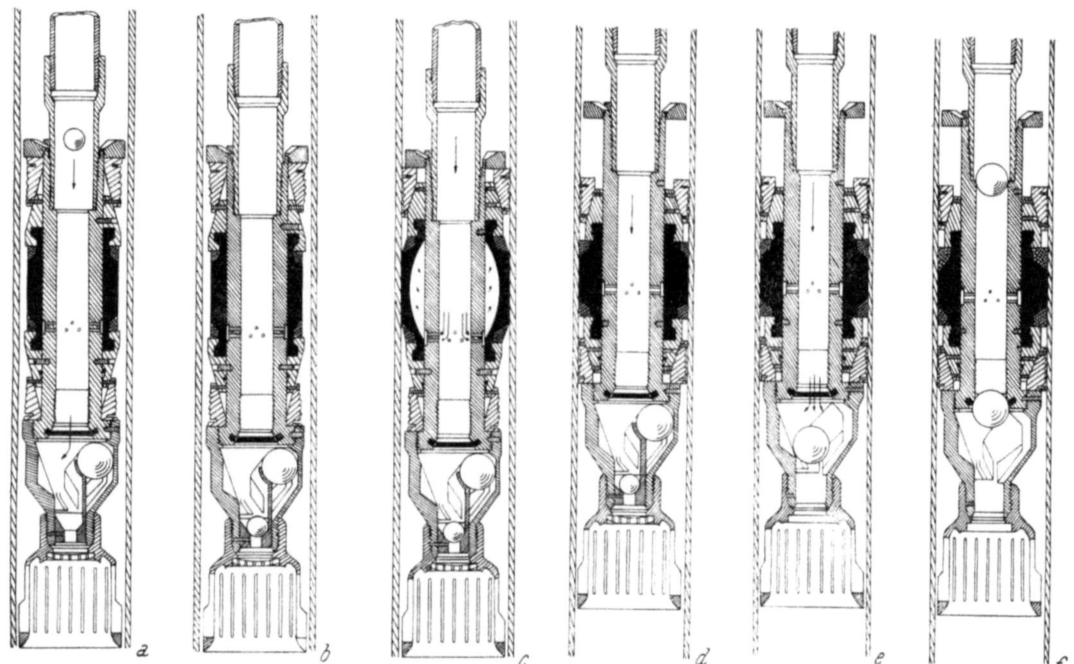

Abb. 182. Darstellung der Arbeitsweise des Baker Zement-Retainers.
a Fallkugel eingelassen; *b* Fallkugel kommt auf den Fallkugelsitz; *c* Pumpdruck dehnt Gummipacker, der den oberen Konus nach oben schiebt. Dadurch Abscherung der Schrauben zwischen ihm und dem Keil, wodurch die Keile gegen die Rohrwand gepreßt werden. Gleichzeitig wird Gummipacker gegen Rohrwand gedrückt; *d* Durch Anheben des Gestänges wird das Hauptstück mit den unteren Keilen angehoben, wodurch Schrauben zwischen diesem und dem unteren Konusteil abgeschert werden und die Keile zum Eingriff an die Rohrwand kommen; *e* Durch zusätzlichen Pumpendruck auf Fallkugel und ihren Sitz wird die Schraube zwischen letzterem und dem unteren Teil des Hauptstückes abgeschert und beide erstgenannten Teile gleiten in das Bohrloch, wodurch die Schwimmventilkugel in das Ventilgehäuse fällt; *f* Nach Einpumpen der Zementschlämme, auf welcher die Zementierkugel schwimmt, wird, im Moment, da letztere auf ihrem Zementierkugelsitz ankommt, durch Überdruck von unten die untere Kugel gegen ihren Ventilsitz gepreßt

Bei dieser Operation ist die Stellung des unteren Teiles der Einrichtung völlig unverändert geblieben.

3. Es folgt nun ein leichtes Anheben des Gestänges ober Tage. Der über dem Kautschukmantel befindliche Teil ist in den Rohren schon fest verankert, es kann daher nur noch das Mantelrohr mit dem daran verschraubten, unteren Ventilgehäuse angehoben werden. Beim Anheben werden die unteren

Keile nach aufwärts gestoßen, die Scherschrauben, mit denen sie mit der unteren Keilgleitfläche verbunden sind, werden abgeschert und die gezahnten Keile setzen sich auch hier zwischen den Futterrohren und der Keilgleitfläche fest. Dabei ist gleichzeitig der Kautschukmantel weiter zusammengepreßt worden und dichtet hier den Ringraum vollständig ab (s. Abb. 182 *d*).

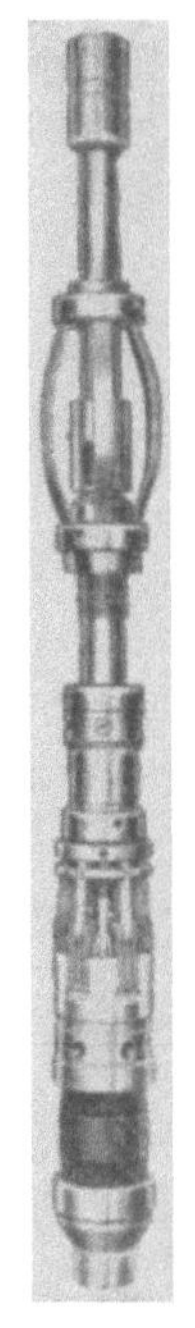

Abb. 183. Ausbaubarer Zement-Retainer (Retrievable Cementer) nach Fa. Baker Oil Tools Inc.

Durch einen weiteren Überdruck im Gestänge bzw. in den Steigrohren wird der Scherstift, mit dem der Fallkugelsitz befestigt ist, abgeschert und die Fallkugel sinkt mit ihrem Sitz auf die Bohrlochsohle (s. Abb. 182 *d*, *e*).

Es kann nun das Einpressen der Aufbrechflüssigkeit beginnen, der sodann die einzupumpende Zementschlämme folgt.

Ist das Einpressen beendet, wird das vorgesehene Rückschlagventil wirksam (s. Abb. 182 *f*). Die schon ursprünglich im Ventilgehäuse eingebaut gewesene große Bakelitkugel, welche sich nach dem Abgleiten des Fallkugelsitzes auf eigene Rippen der unteren Durchflußöffnung gesetzt hat, dabei aber den Durchfluß nach unten gestattet, wird bei der folgenden Druckentlastung im Innenteil auf den oberen Ventilsitz im Mantelrohr gedrückt und damit ein Rückfließen der darunter befindlichen Zementschlämme verhindert.

Der Retainer ist mit einem linksgängigen Übergangsstück mit dem Gestänge bzw. den Steigrohren verbunden, so daß durch Rechtsdrehung letzterer ober Tage die Verbindung mit dem Retainer gelöst und das Gestänge ausgebaut werden kann.

Nach einer Erhärtungswartezeit von etwa 24 Stunden werden der Retainer und der unter diesem in den Rohren verbliebene Zement ausgebohrt.

Falls eine Speicherschichte zwischen zwei noch ergiebigen Horizonten zu zementieren ist, müssen zwei Retainer eingebaut werden, die Schlämme wird zwischen die beiden eingepumpt, ohne die benachbarten Schichten zu verschlämmen. In diesem Falle wird nach Fixierung des unteren Retainers eine weitere Bakelitkugel durch die Gestänge eingepumpt, die sich auf den oberen Ventilsitz des Mantelrohres aufsetzt und damit den darunter befindlichen Rohrteil abschließt.

Der ausbaubare „Cement Retainer" der Firma Baker, der unter der Bezeichnung „Retrievable Cementer" geliefert wird, ist in seinem Aufbau viel komplizierter als der normale verbohrbare Retainer (s. Abb. 183). Er soll daher hier nur in großen Zügen kurz besprochen werden.

Wird eine solche Apparatur bestellt, liefert die Firma die Instruktionen zur Handhabung dieser Apparatur mit, so daß sich der Fachmann sehr bald mit allen ihren Details vertraut machen kann. Im Prinzip besteht dieser „Cementer" aus einem tragenden Rohrstück, an das der sperrende und den Ringraum abdichtende Teil angeschlossen ist. Zwischen den beiden ist ein leicht lösbares, quadratisches Linksgewinde vorgesehen, so daß bei einem eventuell vorkommenden Festwerden des unteren, dichtenden Teiles der restliche Apparat durch Rechtsdrehen des Gestänges, mit dem er eingebaut wurde, abgeschraubt und ausgebaut werden kann. Aus diesem Grunde ist der untere Teil wieder aus verbohrbarem Material hergestellt und kann daher mit dem Meißel ausgebohrt werden.

Über dem tragenden Rohrstück ist die Auslöseeinrichtung für das Festsetzen der Keile und Pressen der Kautschukdichtung eingebaut.

Mit dieser Konstruktion ist es möglich, die Sperrung bzw. Abdichtung an mehreren Teufenpunkten einer Bohrung nacheinander durchzuführen. Sie kann daher sowohl zum Einpressen von Zementschlämmen, zum Aufbrechen von Ölhorizonten (Hydrafrac), sowie zum Erproben von geöffneten Ölhorizonten, die auf ihre Wirtschaftlichkeit untersucht werden sollen, verwendet werden.

Eine sehr ähnliche Konstruktion der gleichen Firma wird für den Einbau der sogenannten Einheits-Rohrkolonne empfohlen.

Diese Rohrkolonne besteht aus einem nichtperforierten Teil, der von ober Tage bis oberhalb der durchteuften Öl- oder Gasschichte reicht und anschließend aus einem perforierten Teil, der in die genannte, auszubeutende Schichte reicht.

Oberhalb der Öl- bzw. Gasschichte müssen die nichtperforierten Rohre zementiert werden, ohne die darunter liegenden Schichten zu verschlämmen. Zu diesem Zweck wird ein „Zementrol-Muffenstück" oberhalb des perforierten Rohres eingesetzt, das im Prinzip ebenso konstruiert ist wie der „Zementrol-Schuh" der in Abb. 175 *a* und *b* dargestellt ist.

Durch den an die Bohrlochwand gepreßten Kautschukring steigt die Zementschlämme oberhalb desselben im Ringraum hoch.

Eine Anschlagmuffe (Baffle plate) für die beiden Pfropfen ist sowohl zwei bis drei Rohrlängen oberhalb des Zementrol-Schuhes als auch in der Zementrol-Muffe einzubauen.

XX. Fangarbeiten beim Rotarybohren

A. Allgemeines

Als solche werden vor allem jene Arbeiten bezeichnet, welche den Zweck haben, sowohl gebrochene, abgeschraubte oder auf Bohrlochsohle gefallene Bohrstrangteile als auch Kleineisenteile aus dem Bohrloch zu Tage zu fördern.

Im weiteren Sinne werden darunter auch jene Arbeiten verstanden, durch die versucht wird, den im Bohrloch festgeklemmten Bohrstrang wieder zu lösen und auszubauen.

1. Ursachen von Fangarbeiten

Die Ursachen dieser Fangarbeiten können folgende sein:

a) Der Bohrstrang kann während der Bohrarbeit an einer schon geschwächten Stelle zu Bruch gehen, so daß der mit dem Meißel verbundene Teil die Drehbewegung nicht mehr mitmacht und auch der Spülungskreislauf nicht mehr über dem auf der Bohrlochsohle stehenden Bohrmeißel geschlossen ist.

Über die verschiedenen Faktoren, die eine Bruchgefahr zur Folge haben können, wurde schon in den Kapiteln VI und VII gesprochen.

b) Eine Gewindeverbindung im Bohrstrang kann sich lösen. Die Folge davon ist dieselbe wie die unter a) angegebene.

c) Es kann außerdem vorkommen, daß beim Aus- oder Einbau des Bohrstranges infolge unsachgemäßer Handhabung der Abfangwerkzeuge der im Bohrloch hängende Bohrstrang zur Sohle fällt.

d) Beim Bohren mit Rollenmeißeln besteht die Gefahr, daß bei zu hoher Abnützung derselben, also bei nicht rechtzeitigem Ausbau, Rollen oder Rollenteile im Bohrloch bleiben.

e) Der Bohrstrang kann aber auch während der Bohrarbeit durch plötzlichen Nachfall der Bohrlochwand festgeklemmt werden, bzw. es kann sich der Bohrmeißel in der Bohrlochsohle festfahren, so daß der Bohrstrang nicht angehoben werden kann.

Unsachgemäßes Nachlassen, mangelhafte Kontrolle der verwendeten Bohrspülung, Leckwerden des Bohrstranges und dadurch ein Kurzschluß im Spülungskreislauf können die Ursache sein. Schließlich kann auch der Ausfall der Kraftübertragung, also ein längerer Ausfall der Antriebsmotoren für den Drehtisch und das Hebewerk oder der Spülpumpen zum Festklemmen des Bohrstranges führen.

Ferner können auch sonstige Kleineisenteile, wie z. B. Kleinwerkzeuge, in das Bohrloch fallen.

Es handelt sich nun darum, die im Bohrloch verbliebenen Teile wieder zu heben, um die Bohrarbeit fortsetzen zu können. Solche Fangarbeiten sind in vielen Fällen sehr zeitraubend, kostspielig und nicht immer erfolgreich. Häufig werden sie nach einigen erfolglosen Versuchen aufgegeben und der durch sie verlegte Bohrlochteil neu, vorwiegend abgelenkt, gebohrt.

Im folgenden sollen die in den einzelnen Fällen erforderlichen Fangarbeiten und die dabei zu verwendenden Fanggeräte der Reihe nach besprochen werden.

2. Gestängebruch während der Bohrarbeit

Nach Ausbau des noch am Flaschenzug hängenden Bohrstrangteiles wird man auf die Teufe und Art des Bruches schließen können.

Ist der Bruch vom Bohrmeister rechtzeitig bemerkt und der Strang unmittelbar darauf gehoben worden, wird der Innen- und Außendurchmesser der Bruchstelle keine wesentlichen Unterschiede gegenüber den ursprünglichen Durchmessern aufweisen.

Wurde aber der Bruch zu spät bemerkt und mit dem gebrochenen Strang eine Zeitlang weitergebohrt, kann die Innenbohrung durch überhängende Rohrlappen teilweise oder völlig verlegt sein, das heißt, es können solche Lappen weit über die Außenwand des Rohraußendurchmessers tulpenförmig vorragen.

Je nach der Form der Bruchstelle muß entschieden werden, welche Fanggeräte zum Ausbau des im Bohrloch verbliebenen Bohrstranges geeignet sind.

Dabei muß erwogen werden, wie sich das Bohrloch, berücksichtigend die Charakteristik der Bohrspülung und eventuell Nachfallgefahr, verhalten wird, beziehungsweise ob damit zu rechnen ist, daß der gebrochene Bohrstrangteil im Bohrloch als festgeklemmt angenommen werden muß.

In Fachkreisen wird der im Bohrloch verbliebene Bohrstrang allgemein als „Fisch" und das zum Fangen und Ausbauen des Fisches verwendete Bohrgestänge als Fanggestänge bezeichnet.

Das Fanggestänge kann das normale rechtsgängige Bohrgestänge oder gegebenenfalls ein linksgängiges, sogenanntes Rettungsgestänge sein.

Je rascher die Verbindung mit dem Fisch hergestellt ist, je früher der Spülstrom durch den Meißel zirkulierend geschlossen werden kann, um so größer ist auch die Wahrscheinlichkeit, den Fisch zu ziehen.

Da der Außendurchmesser des Bohrgestänges kleiner ist als der Bohrlochdurchmesser, kann die Bruchstelle an der Bohrlochwand anliegen. Dieser Fall wird besonders dort eintreten, wo der Bruch unbeachtet blieb und die beiden Bruchstellen beim Weiterbohren nebeneinander zu stehen kamen. Jedenfalls wird der Fischkopf nur in den seltensten Fällen im Bohrloch zentriert sein.

Das Modell

Über die Stellung der Bruchstelle im Bohrloch und deren genaue Teufe gibt das sogenannte Modell Aufschluß.

Es ist ein Rohrstück mit einem Außendurchmesser, etwa 20 bis 30 mm kleiner als der Bohrlochdurchmesser, das am oberen Ende ein Anschlußgewinde für das Bohrgestänge besitzt, mit dem es eingebaut wird, und am unteren Ende mit Paraffin oder Weichblei vergossen ist (s. Abb. 184).

Das Modell wird am Gestänge eingebaut, auf die Bruchstelle aufgesetzt und zeigt nach dem Ausbau einen Abdruck, aus dem die Lage und Form des Fischkopfes ersichtlich ist. Beim Ausbau des Modells wird das Gestänge genau vermessen und die Teufe des Fischkopfes berechnet.

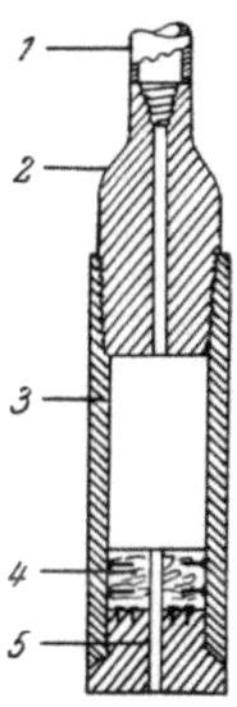

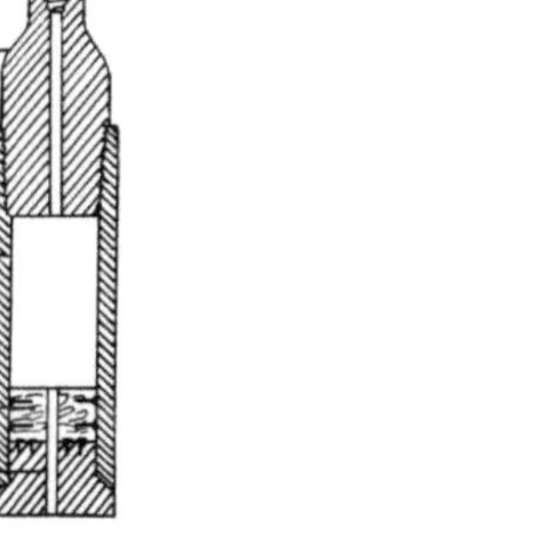

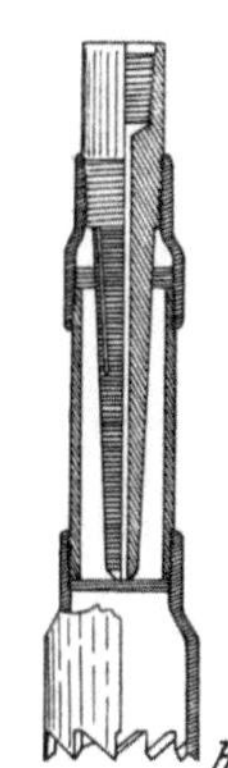

Abb. 184. Modell. *1* Gestänge, *2* Übergang, *3* Rohrstutzen, *4* Holzpfropfen mit Draht und Nägeln, *5* Paraffin (Blei)

Abb. 185 *a*. Fangdorn

Abb. 185 *b*. Fangdorn mit Führungshut

3. Fangarbeiten mit dem Fangdorn (Tap)

Zeigt der Abdruck eine fast konzentrische Stellung mit freier Bohrung des Fischkopfes, wurden ferner beim Abteufen der Bohrung keinerlei Schwierigkeiten beobachtet und ist die Charakteristik der Bohrspülung einwandfrei, kann angenommen werden, daß die Verbindung und der Ausbau des Fisches mittels eines Fangdornes (am Fanggestänge eingebaut) erfolgreich sein wird.

Der Fangdorn (s. Abb. 185 *a* und *b*) ist ein konisch geformtes Stahlstück mit zentraler Bohrung für den Spülungsdurchfluß und hat am Außenmantel gehärtete Schneidegewinde mit lotrecht verlaufenden Spannuten, in denen die beim Einschneiden sich ergebenden Stahlspäne Platz finden. Die Form des Dornes für jede Gesteins-Nenngröße ist so gewählt, daß er in die Verdickung des Gestängeendes, in den unverdickten Teil desselben und auch in die Bohrung der Spezialverbinder eingeschnitten werden kann.

Die Konizität ist normalerweise 1 : 10. Für Gestänge von 3 1/2 bis 6 5/8 Zoll ist die Gangzahl der Schneidegewinde 8 Gang/Zoll bei einer Gewindehöhe von 3,2 mm, für Gestänge mit dem Nenndurchmesser von 2 3/8 und 2 7/8 Zoll beträgt die Gangzahl 12/Zoll mit einer Schneidegewindehöhe von 2,1 mm.

Die Dornlänge variiert je nach der Nenngröße des zu fangenden Bohrgestänges etwa zwischen 500 und 1200 mm.

Der Dorn wird normalerweise mit einem Führungshut ausgestattet, dessen unteres Ende einen fingerförmigen Fortsatz hat (s. Abb. 185 *b*).

Der Führungshut erleichtert das Einführen des Dornes in die Bohrung des Fischkopfes.

Das obere Dornende ist als „Tool-joint-Muffe" ausgebildet, in welche der „Tool-joint-Zapfen" des anschließenden Fanggestänges eingeschraubt wird.

Da die Möglichkeit besteht, daß beim Auftreffen des Dornes auf den Fischkopf zunächst die Dornspitze bzw. die Unterkante des Führungshutes hier aufstehen und erst bei einigem Manöver der Dorn tatsächlich in die Gestängebohrung eingeführt werden kann, ist es vorteilhaft, vor dem Einbau desselben das Maß vom tiefsten Punkt dieser Fangeinrichtung bis zum Einsetzen des Dornes in die Bohrung, an einem gleichbemessenen Rohrstück ober Tage, festzustellen.

Dieses Maß ist wichtig, um bei der Fangoperation ermitteln zu können, ob der Dorn nach erster Kontaktnahme mit dem Fisch tatsächlich in dessen Bohrung eingeführt ist und nicht etwa neben der Bruchstelle sitzt.

Im letzteren Falle könnte die Bruchstelle an die Bohrlochwand gedrückt werden, was die Fangoperation wesentlich erschweren würde.

Beim Einbau muß das Gestänge genau vermessen werden.

Bevor die eigentliche Fangarbeit am Kopf des Fisches beginnt, soll der Spülungskreislauf geschlossen werden, um sowohl den Fangdorn als auch das Bohrloch oberhalb der Fangstelle reinzuspülen.

Bei der knapp über dem Kopf des Fisches beginnenden Operation ist die genaue Beobachtung des Gewichtsanzeigers unerläßlich.

Das Gestänge wird langsam auf den Fischkopf gesenkt, der erste Kontaktpunkt ober Tage an der Mitnehmerstange, als oberstem Glied des eingebauten Fanggestänges, mit Kreide markiert. Durch langsames Drehen des Gestänges ober Tage (mit Kettenzangen) wird versucht, mit dem Dorn in die Bohrung des Fisches zu gelangen. Es ergibt sich oft ein zeitraubendes Manöver, bei dem immer wieder der Dorn wenig angehoben, das Gestänge um einen gewissen kleinen Winkel gedreht und wieder gesenkt werden muß, bis aus den Maßen der verschiedenen Teufenlagen, auf welche das Fanggestänge gesenkt werden konnte, verglichen mit dem ober Tage festgestellten Maß, geschlossen werden kann, daß der Dorn aller Wahrscheinlichkeit nach in die Bohrung des Fisches eingeführt wurde.

Das Gestängegewicht wird sodann langsam nachgelassen und das Gestänge ober Tage anfangs mittels Rohrzangen, später mit dem Drehtisch langsam gedreht, so daß sich der Dorn in die Bohrung der Bruchstelle einschneiden kann. Der Gewichtsanzeiger zeigt dabei den Druck an, mit dem der Dorn belastet ist. Nach mehreren Umdrehungen wird das Gestänge langsam angehoben, dabei wieder gedreht und am Gewichtsanzeiger beobachtet, ob der Fisch mitgehoben wird. Sind ungenügend Drehungen durchgeführt worden, kann der Dorn wieder ausreißen und die Operation muß wiederholt werden.

Nach gelungener Fangarbeit wird der Fisch ausgebaut, die gebrochene Bohrstange durch eine andere ersetzt und die Bohrarbeit fortgesetzt.

Um nach dem Einschneiden des Dornes in den Fischkopf auch den Spülungskreislauf durch den Fisch zu schließen, werden die Fangdorne im höchsten Gewindeteil, der noch zum Eingriff kommt, mit einem Schneidegewinde ohne Spannute ausgebildet oder aber die Spannuten werden in diesem Teil des Dornes mit einem Weichbleimantel vergossen.

Es ist jedenfalls wünschenswert, den Spülungskreislauf so bald wie möglich aufzunehmen, weil immerhin die Gefahr besteht, daß die Bohrspülung durch die Einwirkung der Bohrlochtemperatur ungünstig beeinflußt wird, koaguliert und Wasser abgibt, was ein Einfallen der Bohrlochwandungen zur Folge haben kann.

Zeigt das Modell eine exzentrische Lage der Bruchstelle im Bohrloch an, muß der Dorn entweder mit dem schon besprochenen Führungshut oder aber zusätzlich mit einer schwach exzentrisch gebogenen ersten Bohrstange eingebaut werden (s. Abb. 186). Die Operation ist im Prinzip dieselbe, wie sie eben beschrieben wurde.

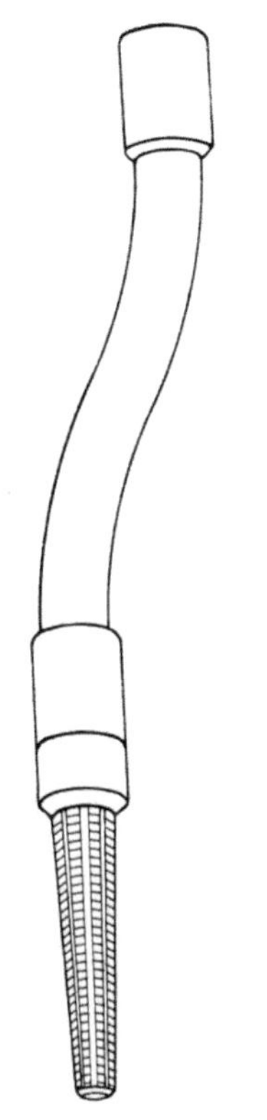

Abb. 186. Fangdorn mit Exzenterstange

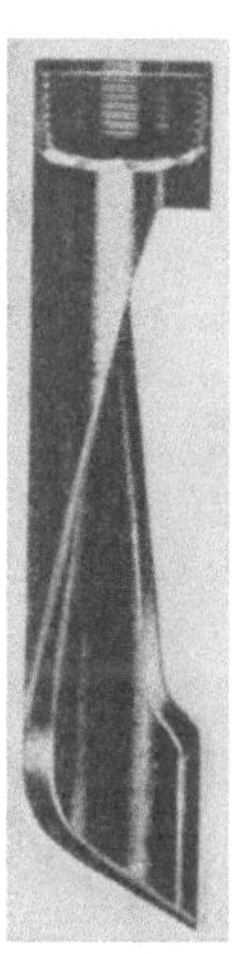

Abb. 187 *a* und *b*. Richthaken

Der Richthaken

Ist auch mit diesen Hilfsmitteln eine Verbindung nicht herzustellen, wird versucht, die Lage der Bruchstelle mit einem Richthaken zu verändern. Ein solcher Richthaken ist in Abb. 187 *a* und *b* dargestellt. Der Haken wird mit dem Fanggestänge bis unterhalb der Bruchstelle eingebaut und durch langsames Drehen desselben ober Tage versucht, mittels der Greifbacke des Hakens das gebrochene Gestängeende gegen die Bohrlochmitte zu drücken.

Nach Ausbau des Richthakens wird das Modell eingebaut, um den Erfolg dieser Operation zu kontrollieren und im positiven Falle die Fangarbeit mit dem Dorn zu wiederholen.

Fangoperation mit Dorn und Sicherheitsverbinder (Tap with safety joint)

Die Fangoperation mit dem Dorn wird allerdings nur dann erfolgreich sein, wenn der Fisch nicht im Bohrloch festsitzt.

Wird befürchtet, daß mit dem Festsitzen des gebrochenen Bohrstranges zu rechnen ist, müssen besondere Vorkehrungen getroffen werden.

Um ein Lösen des mit dem Dorn eingebauten Gestänges vom Fisch zu ermöglichen, kann dieser mit einem leicht lösbaren Verbindungsstück, einem Sicherheitsverbinder oder „Safety joint", eingebaut werden (s. Abb. 188 *a* und *b*).

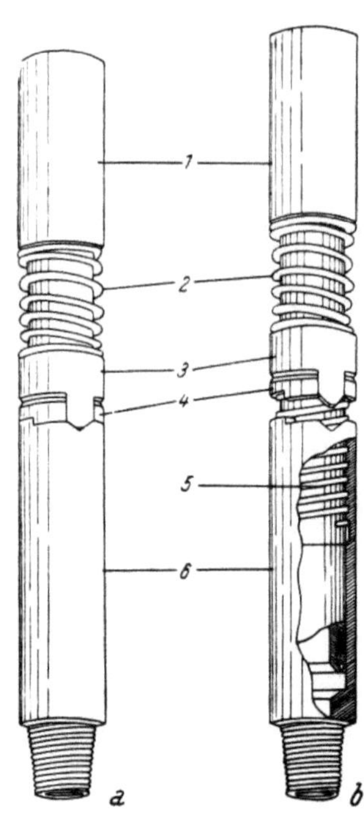

Abb. 188 *a* und *b*. Sicherheitsverbinder nach Fa. Baash Ross Tool Co. *1* Oberes Übergangsstück mit beiderseitigem Muffengewinde, *2* Spiralfeder, *3* Gleitring mit Klauenlippe, *4* Klauenkragen, *5* Hohlspindel mit rechtsgängigem Flachgewinde, *6* Unteres Übergangsstück

Der Dorn wird an den Zapfen des unteren Übergangsstückes (*6*), das Fanggestänge an das obere Übergangsstück angeschraubt.

Die Fangoperation ist die gleiche, wie sie schon beschrieben wurde. Bei Rechtsdrehung des Fanggestänges ober Tage wird das Drehmoment bei der in Abb. 188 *a* ersichtlichen Stellung auf den Dorn übertragen. Die einzelnen Klauen sind im Eingriff, die Gleitbüchse (*3*) wird durch die Spiralfeder (*2*) nach abwärts gedrückt, so daß ihre Lippe sowohl in die Nut des Klauenkragens (*4*) als auch in die gekerbte Oberkante des unteren Übergangsstückes (*6*) eingreift.

Ist der Fisch nicht zu ziehen, wird das rechtsgängige, steile und flache Gewinde, welches die Hohlspindel (*5*) mit dem unteren Übergangsstück (*6*) verbindet, durch Linksdrehen des Fanggestänges gelöst. In Abb. 188 *b* ist die Stellung nach der ersten Linksdrehung dargestellt.

Das dabei erforderliche Drehmoment ist maximal halb so groß, als es zum Lösen einer normalen Tool-joint-Verbindung erforderlich wäre. Die entsprechend gespannte Spiralfeder überträgt das Drehmoment auf den Gleitring und nimmt dabei mit ihrer Klaue, die in die Nut des Hohlspindel-Klauenkragens eingreift, die Hohlspindel mit.

Nach beendeter Linksdrehung verbleibt lediglich das untere Übergangsstück mit dem Fangdorn am Fischkopf, wohingegen die Hohlspindel mit dem Fanggestänge wieder ausgebaut werden kann.

Vor dem Einbau muß der Sicherheitsverbinder ober Tage gründlichst gereinigt und das Flachgewinde gut geschmiert werden. Die Sicherheitsverbinder werden sowohl für rechts- als auch linksgängiges Fanggestänge für alle Gestänge-Nenngrößen geliefert. Außer von der Firma Baash Ross Tool Co. werden diese Verbinder auch von den Firmen S. R. Bowen Co., Byron & Jackson Tools Inc., Hydril Co., M. O. Johnston Oil Field Service Corp. und anderen hergestellt.

Um den Fisch endgültig aus dem Bohrloch auszubauen, sind nun andere Operationen notwendig, die noch später näher besprochen werden sollen, nämlich das allmähliche Überwaschen des Bohrstranges mit darauf folgendem sukzessivem Abschrauben oder Schneiden.

In Tab. 51 sind die Maße der verfügbaren Sicherheitsverbinder der Firma Baash Ross angegeben.

Tabelle 51. *Größen der von der **Firma** Baash Ross Tool Co. gelieferten Sicherheitsverbinder*

Gestänge-Nenngröße nach A.P.I. Zoll	2 7/8 Reg.	2 7/8 F.H.	3 1/2 Reg.	3 1/2 F.H.	3 1/2 I.F.	4 I.F.	4 1/2 Reg.	4 1/2 F.H.	4 1/2 I.F.	5 1/2 Reg.	5 1/2 F.H.	5 1/2 I.F.	6 5/8 Reg.	6 5/8 F.H.
Maximaler Außendurchmesser des Verbinders mm	95,25	107,95	107,95	117,48	120,65	146,05	139,70	146,05	155,58	174,63	177,80	187,33	200,03	203,2
Kleinste Bohrung des Verbinders	31,75	38,10	38,10	38,10	38,10	57,15	57,15	57,15	57,15	69,85	69,85	76,20	88,90	88,90

Legende: Reg. = Regular Tool joint A.P.I. = Reguläre Tool joints = Spezialverbinder nach A.P.I.

F.H. = Full hole Tool joint = Tool joints mit voller Querschnittsfläche ihrer Bohrung.

I.F. = Internal flush = Tool joints bei außen verdickten Gestängeenden, wobei ihr Innendurchmesser derselbe ist wie jener des Gestänges.

Der lösbare Fangdorn (Releasing spear)

Bei Verwendung dieses Fangdornes kann auf einen Sicherheitsverbinder verzichtet werden. Die S. R. Bowen Co. hat die in Abb. 189 *a* bis *d* dargestellte Konstruktion entwickelt, die sowohl zum Fangen von Gestängen und Steigrohren (Tubing) als auch für Futterrohre in verschiedenen Nenngrößen verfügbar und sehr einfach zu handhaben ist.

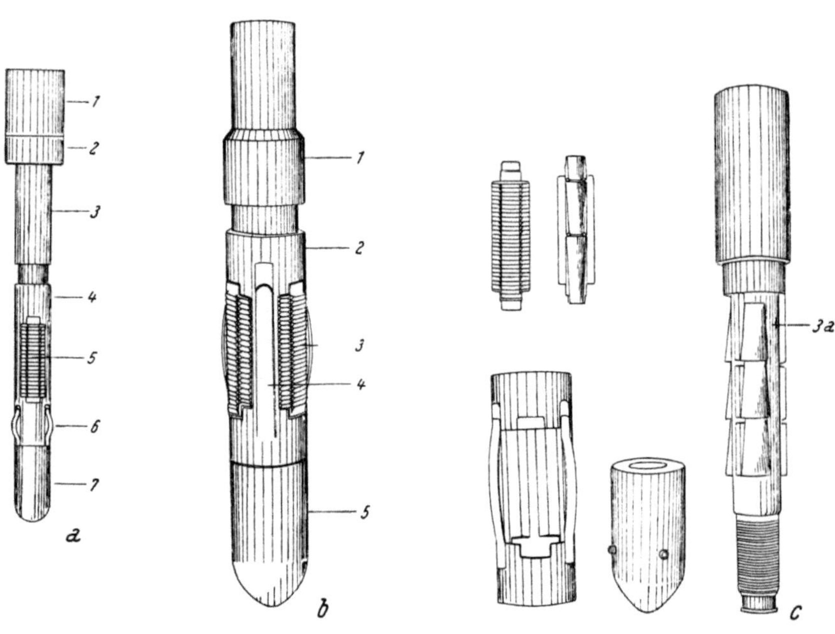

Abb. 189 *a*. Lösbarer Fangdorn (Releasing spear) für Bohrgestänge und Tubings nach Fa. S. R. Bowen Co. *1* Übergangsstück, *2* Kopfstück der Hohlspindel, *3* Hohlspindel, *4* Keilkäfig, *5* Keile, *6* Zentrierfedern, *7* Abschlußkopf

Abb. 189 *b*. Lösbarer Fangdorn (Rohrkrebs) für Futterrohre nach Fa. S. R. Bowen Co. *1* Hohlspindel mit Übergang, *2* Keilkäfig, *3* Keile, *4* Zentrierfedern, *5* Abschlußkopf

Abb. 189 *c*. Details des lösbaren Fangdornes nach Fa. S. R. Bowen Co. *3a* Neutrale Nut

Die Einzelteile sind in der Legende beschrieben.

Der lösbare Fangdorn wird am Fanggestänge eingebaut. Am unteren Ende desselben kann zusätzlich ein Führungshut mit entsprechendem Führungsschuh aufgeschraubt werden (s. Abb. 189 *d*), der fingerförmig gestaltet ist und das konzentrische Einführen in den Kopf des Fisches erleichtert.

Sobald der Dorn in den gebrochenen Gestängekopf eingeführt ist, nehmen nach Abb. 189 *a* die gespannten Zentrierfedern (*6*) des Keilkäfigs (*4*) Kontakt mit der Innenwand des zu fangenden Gestänges. Die Keile (*5*) befinden sich dabei einerseits in den vorgesehenen Ausnehmungen der Federhülse, andererseits mit ihrer Innenfläche in den neutralen Nuten (*3 a* in Abb. 189 *c*) der Hohlspindel.

Nach Einsetzen des Dornes in den Fischkopf bleibt der Keilkäfig (*4*) dank der an die Gestängeinnenwand gepreßten Zentrierfedern (*6*) mit den Keilen in der früheren Stellung stehen. Die Keile gleiten in der neutralen Nut der Traghülse in die höchste Lage.

Wird nun das Fanggestänge mindestens um 60° entgegengesetzt dem Uhrzeigersinne gedreht, wobei die im Keilkäfig gehaltenen Keile dank der gespannten Zentrierfedern diese Drehung nicht mitmachen, schieben sich die keilförmigen Gleitflächen der Hohlspindel unter die Keilinnenflächen.

Beim Anheben des Fanggestänges schieben die konischen Gleitflächen der Hohlspindel die Keile gegen die Innenwand des Fischkopfes, wo sie sich dank ihrer gezahnten Außenfläche festsetzen. Die Verbindung des Fanggestänges mit dem Fischkopf ist damit hergestellt.

Ist der Fisch im Bohrloch verklemmt und kann nicht gezogen werden, wird zur Lösung des Dornes das gespannte Fanggestänge plötzlich nachgelassen und um 60° im Uhrzeigersinne gedreht. Der Keilkäfig, in dem auch die Keile gehalten werden, bleibt an der Innenwand haften. Die Keile kommen wieder gegenüber der neutralen Nut der Hohlspindel zu stehen.

Das Fanggestänge mit dem lösbaren Fangdorn kann ausgebaut werden.

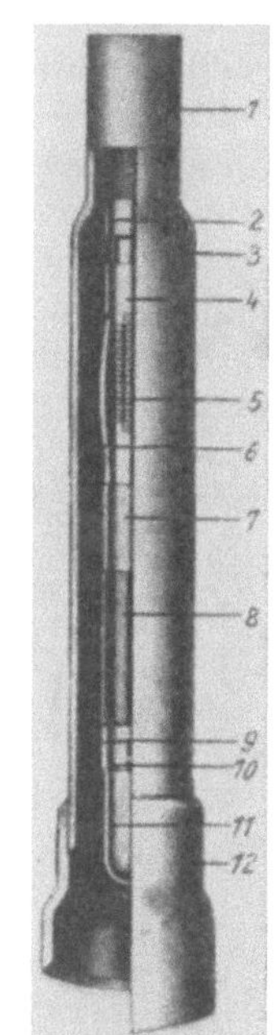

Abb. 189 *d*. Lösbarer Fangdorn mit Führungshut (Releasing tap with guide) nach Fa. S. R. Bowen Co.
1 Übergangsstück, *2* Hohlspindel, *3* Führungshut, *4* Keilkäfig, *5* Keile, *6* Zentrierfedern, *7* Packerhülse, *8* Gummipacker, *9* Packer-Fußhülse, *10* Packerabschluß, *11* Abschlußkopf, *12* Führungsschuh

Die Konstruktion ist bei allen im Prinzip dieselbe, nur daß für das Bohrgestänge und die Steigrohre an Stelle der Abschlußkappe, mit der die Traghülse bei Fangdornen für Futterrohre abgeschlossen wird, ein Führungsdorn vorgesehen werden kann.

Um auch den Spülungskreislauf zu ermöglichen, wird unterhalb des Keilkäfigs ein eigener Packer mit Kautschukring an die Traghülse angeschraubt. Sobald Spülung eingepumpt wird, expandiert der Kautschukmantel und ermöglicht den Spülungskreislauf durch den Fisch.

4. Fangarbeiten mit der Fangmuffe (Die collar)

Zeigt der Abdruck des Modells, daß die Bruchstelle innen verlegt ist (Rohrlappen hereingebogen sind), hingegen die Außenwandungen fast unverändert blieben, kann die Fangoperation mit der Fangmuffe durchgeführt werden.

Es ist das Gegenstück des Fangdornes (s. Abb. 190 *a* und *b*), somit ein innen konisch geformter Hohlzylinder mit zentraler Spülbohrung, der an der konischen Innenbohrung gehärtete Schneidegewinde mit Spannuten besitzt und sich an der Außenwand der Bruchstelle einschneiden soll.

Die Konizität der Innenbohrung ist ebenfalls 1 : 10, die Gewindegangzahl und Gewindehöhe ist dieselbe wie beim Dorn.

Das obere Ende hat gleichfalls ein „Tool-joint-Muffengewinde", in das das Gestänge eingeschraubt wird.

Die Fangmuffe kann an der unteren Basis gezahnt ausgebildet sein, so daß wenig nach außen vorragende Teile des gebrochenen Gestänges abgefräst werden können. Die Zähne sind entweder gehärtet oder entsprechend mit Hartmetall gepanzert.

Schließlich kann die Fangmuffe auch mit einem Führungshut ausgestattet werden, der wie beim Dorn eine sichere Führung beim Verbinden mit der Bruchstelle gewährleistet.

Die Fangoperation an sich ist die gleiche, wie sie schon bei Verwendung des Dornes besprochen wurde.

Auch hier kann es erforderlich sein, mit dem Richthaken die Bruchstelle gegen die Mitte des Bohrloches zu verschieben, falls diese an der Bohrlochwand anliegt.

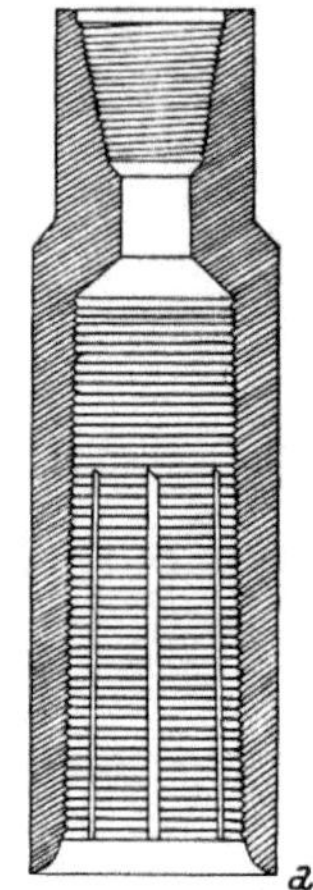

Abb. 190 *a*. Fangglocke

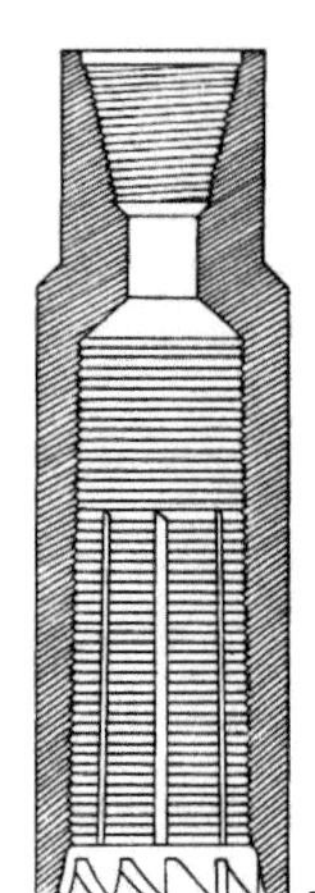

Abb. 190 *b*. Fangglocke mit gezahnter Basis

Abb. 191. Fangkrone

5. Fangarbeiten mit der Fangglocke (Overshot)

An Stelle der Fangmuffe kann aber auch eine eigene Fangglocke für diese Arbeit eingebaut werden. Die als klassisch anzusprechende Fangglocke (s. Abb. **191**) ist ein Rohrstück, in dessen unterem verstärktem Ende innen starke Fangfedern oder Fangklappen eingesetzt sind. Ihre Länge ist so bemessen, daß die Federn bzw. Klappen der Gestänge bei der ersten Muffe unterhalb der Bruchstelle fassen können. Sie hat allerdings den Nachteil, daß ein Lösen derselben nicht möglich ist, falls der gebrochene Gestängeteil im Bohrloch festgeklemmt und nicht zu ziehen ist.

Lösbare Fangglocke

Heute werden ausschließlich lösbare Fangglocken verschiedenster Konstruktion für diese Fangarbeiten verwendet.

Im folgenden sollen zwei der maßgebenden näher beschrieben werden, und zwar die Fangglocke der amerikanischen Firmen Baash Ross Tool Co. und S. R. Bowen Co.

Die Maße sind aus Tab. 52 und 53 zu entnehmen.

Tabelle 52. *Maße der lösbaren Fangglocke der Firma Baash Ross Tool Co.*

Fangglocken-Außen-durchmesser Zoll bzw. mm	3 15/16 100,01	4 5/8 117,47	5 1/8 130,17	5 5/8 142,87	6 152,4	6 1/2 165,1	7 1/2 190,5	8 1/8 206,37	9 1/8 231,70	9 1/4 234,95	9 7/16 239,71	10 1/4 260,35
Maximaler Fang-durchmesser Zoll bzw. mm	3 1/16 77,9	3 11/16 93,66	3 11/16 93,66	4 1/4 107,95	4 5/8 117,47	5 127,00	5 3/4 146,05	6 1/4 158,75	7 177,8	7 1/4 184,15	7 3/4 196,85	8 1/8 206,37

Tabelle 53. *Maße der lösbaren und dichtenden Fangglocke der S. R. Bowen Co. (Santa Fé Springs, Cal., USA)*

Fangglocken-Außen-durchmesser Zoll bzw. mm	4 1/2 114,3	4 7/8 123,83	5 1/4 133,35	5 7/16 138,11	5 9/16 141,29	5 15/16 150,81	6 1/4 158,75	7 1/8 180,98	7 3/8 187,33	7 5/8 193,68	8 3/8 212,73	8 5/8 219,08	9 228,60	9 3/8 238,13	9 5/8 244,48	10 1/4 260,35	12 1/4 317,50
Zu fangender Gestänge-Außen-durchmesser Zoll	2 3/8	2 3/8	2 7/8	2 7/8	3 1/2	3 1/2	3 1/2	4 1/2	4 1/2	4 1/2	5 9/16	5 9/16	5 9/16	6 5/8	6 5/8	6 5/8	8 5/8
Zu fangender Tool joint-Außen-durchmesser Zoll bzw. mm	3 1/8 Reg. 79,38	3 3/8 I.F. 85,73	3 3/4 Reg. 95,25	4 1/8 I.F. 104,78	4 1/4 Reg. 107,95	4 5/8 F.H. 117,48	4 3/4 I.F. 120,65	5 1/2 Reg. 139,70	5 3/4 F.H. 146,05	6 1/8 I.F. 155,58	6 3/4 Reg. 171,45	7 F.H. 177,8	7 3/8 I.F. 187,33	7 3/4 Reg. 196,85	8 F.H. 203,20	8 1/2 I.F. 215,9	10 A.P.I. 254,0

Legende: Reg. = Regular Tool joint = Normalgestängeverbinder nach A.P.I., Gestängeende innen verdickt.
F.H. = Full hole Tool joint = Gestängeverbinder mit vollem Durchflußquerschnitt (Gestängeenden verdickt).
I.F. = Internal flush Tool joint = Gestängeverbinder für außen verdickte Gestängeenden.

Erstere ist in Abb. 192 *a* und *b* dargestellt. Die Fangglocke wird am Gestänge über dem Fischkopf eingebaut, wobei dieselben Maßnahmen getroffen werden wie beim Einbau des Fangdornes. Voraussetzung ist, daß kein Rohrlappen weit über den Außenrand der Bruchstelle vorragt. Ist dies der Fall, müßte der Kopf entweder mit einem eigenen Flachfräser (s. Abb. 193) glattgefräst werden oder aber, bei nur geringem Vorragen eines Lappens, zwischen die Keilhülse und den Führungshut ein ringförmiger Fräser eingeschaltet werden, dessen Innendurchmesser kleiner ist als der des Dichtungsringes.

Ist die Fangglocke über dem Fischkopf eingebaut, werden die Keile (*4*) durch den Federdruck (*3*) nach abwärts geschoben und fassen das Gestänge unterhalb der Bruchstelle.

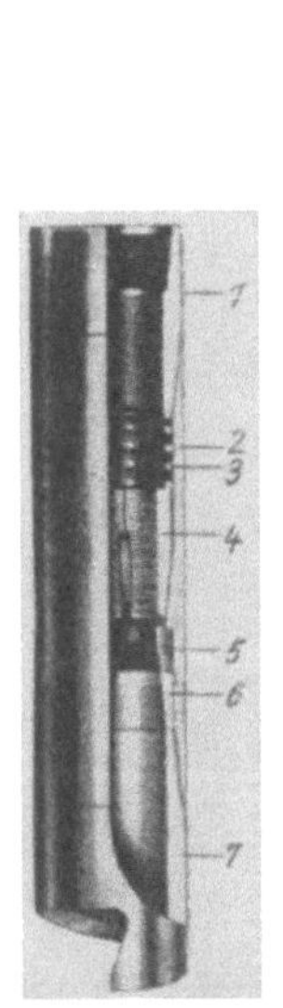

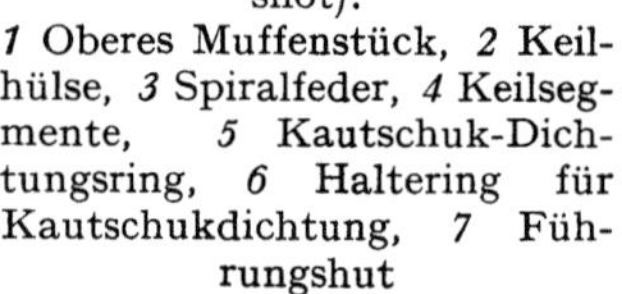

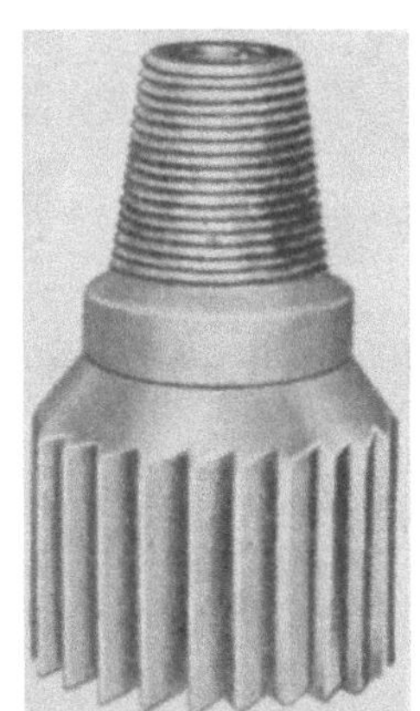

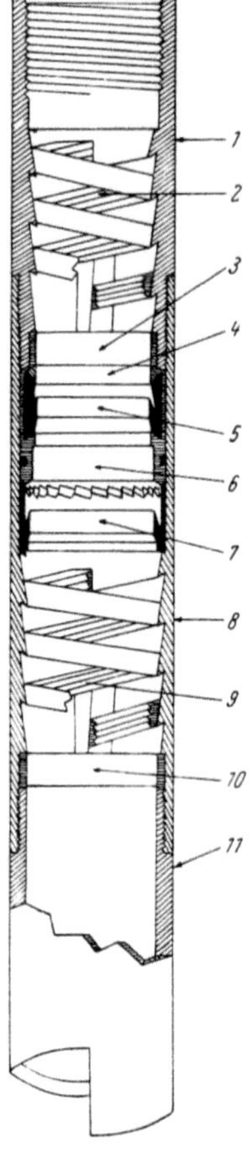

Abb. 192 *a* und *b*. Lösbare Fangglocke nach Fa. Baash Ross Tool Co. (Releasing overshot).

1 Oberes Muffenstück, *2* Keilhülse, *3* Spiralfeder, *4* Keilsegmente, *5* Kautschuk-Dichtungsring, *6* Haltering für Kautschukdichtung, *7* Führungshut

Abb. 193. Flachfräser

Abb. 194. Lösbare, den Ringraum dichtende Fangglocke nach Fa. S. R. Bowen Co.

1 Fanghülse, dem Gestänge-Außendurchmesser entsprechend, *2* Fangfeder, gezähnt, *3* Fangfeder-Kontrollring, *4* Zwischenring, *5* Kautschuk-Dichtungsring für das Gestänge, *6* Fräserhülse, *7* Kautschuk-Dichtungsring f. Tool joints, *8* Fanghülse, dem Tool-joint-Außendurchmesser entsprechend, *9* Fangfedern, gezahnt, *10* Fangfeder-Kontrollring, *11* Führungshut

Beim Anheben kann am Gewichtsanzeiger beobachtet werden, ob der Fisch in der Glocke festsitzt.

Durch die vorgesehenen Dichtungen (*5*) in der Keilhülse (*2*) kann sogleich der Spülungskreislauf durch den Meißel versucht werden. Ist ein Ausbau desselben durch wiederholtes Spannen und Entspannen des Gestänges nicht möglich, der Meißel bzw. das Gestänge im Bohrloch festgeklemmt, muß die Fangglocke wieder gelöst und mit dem Gestänge ausgebaut werden. Zum Lösen der Glocke wird das Gestänge entspannt, dadurch die Keilhülse (*2*) nach abwärts gedrückt, so daß die Keile (*4*) nicht mehr in ihr festgeklemmt sind. Das Gestänge wird sodann ober Tage im Uhrzeigersinne kontinuierlich gedreht und gleichzeitig langsam angehoben. Auf diese Weise lösen sich die gezahnten Keile vom Gestänge.

Eine andere Fangglocken-Konstruktion derselben Lieferfirma zeigt Abb. 192 *b*. Hier sind zwei übereinander angeordnete Keilfänger und Dichtungen vorgesehen, wobei die oberen für den Gestängedurchmesser, die unteren für den Durchmesser des Spezialverbinders (Tool joint) bestimmt sind.

Falls der Spülungskreislauf durch den Fisch möglich ist, muß die Hoffnung nicht aufgegeben werden, daß der anfangs festsitzende Fisch doch noch gehoben werden kann. Hierüber soll nach Beschreibung der zweiten Konstruktionstype der Firma S. R. Bowen Co. noch gesprochen werden.

In Abb. 194 ist diese Konstruktion dargestellt, die Maße sind in Tab. 53 verzeichnet.

Auch bei dieser Konstruktion sind Fänger und Dichtungen sowohl für den Außendurchmesser des Gestänges als auch für den der Spezialverbinder (Tool joints) in ein und derselben Fangglocke eingebaut. Für den Fall, daß auch hier die Bruchstelle eine unregelmäßige Lappenbildung aufweist, ist in der Fanghülse ein Fräser eingesetzt.

Der Einbau erfolgt in derselben Weise wie mit der Fangglocke der Firma Baash Ross. Die Fangfedern *2* und *9* befinden sich zunächst in der tiefsten Stellung, wie in Abb. 194 dargestellt.

Ist die Fangglocke über der Bruchstelle angelangt, wird das Gestänge ober Tage langsam im Uhrzeigersinn gedreht und gleichzeitig allmählich tiefer gelassen. Bei sukzessiver Lockerung der Drehspannung wird das Fanggestänge angehoben. Die Fangfedern werden dabei entlang der spiralförmigen Gewinde der Fanghülse hochgeschoben und kommen zum Eingriff an der Außenwand des Gestänges.

Die eingebauten Kautschukdichtungen ermöglichen den Spülungskreislauf durch den gebrochenen Gestängestrang. Sobald dieser geschlossen ist, wird ebenfalls versucht, durch Spannen und Entspannen den Fisch anzuheben und auszubauen.

Ist das Anheben des Fisches trotz wiederholtem Manöver und gleichzeitigem Spülungskreislauf nicht möglich, muß die Fangglocke gelöst und mit dem Gestänge ausgebaut werden.

Durch plötzliches Nachlassen des Fanggestänges drückt dessen Gewicht auf die Fangglocke. Unmittelbar darauf wird das Gestänge im Uhrzeigersinne gedreht und langsam angehoben, bis die Glocke über den Kopfteil der Bruchstelle zu stehen kommt.

Beim plötzlich erfolgten Stoß, den die Fanghülse erfährt, verschiebt sich diese im Kontakt mit den gespannten Fangfedern nach abwärts. Die konischen und spiralförmig angeordneten Gleitsitze im Inneren der Fanghülse erlauben dabei eine Entspannung der Fangfedern, was durch die zusätzliche Rechtsdrehung noch begünstigt wird.

Bei diesen Konstruktionen ist als besonders wichtig hervorzuheben, daß sowohl beim Festsetzen als auch beim Lösen der Fangglocken immer nur im Uhrzeigersinne gedreht werden muß, das heißt im selben Sinne, in dem die Gewindeverbinder des Fanggestänges verschraubt sind.

Hingegen besteht bei Fangwerkzeugen, die mit rechtsgängigem Gestänge eingebaut werden und zum Lösen ein Drehen im umgekehrten Sinne erforderlich machen, immer die Gefahr, daß sich eine Gewindeverbindung des Fanggestänges lösen kann.

6. Fangarbeit mit lösbarer Fangglocke und Kniestück (Overshot and Knuckle joint)

Der Kopf des im Bohrloch verbliebenen Gestänges kann sich in einer Auskolkung der Bohrlochwand befinden und ist daher mit den normalen Fanggeräten, wie sie bisher beschrieben wurden, nicht zu fangen.

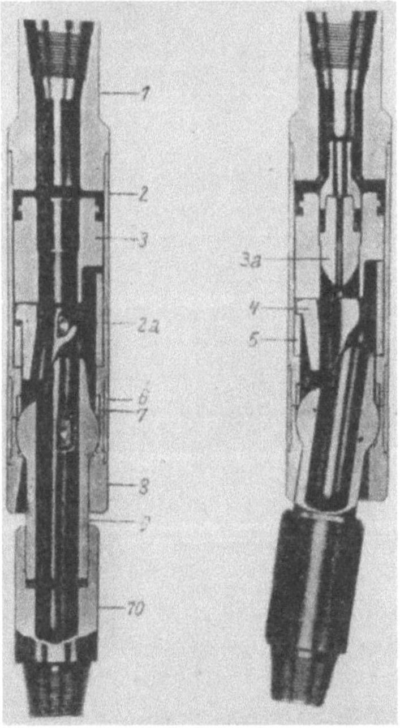

Die Fangoperation muß in diesem Fall entweder mit einer entsprechend exzentrisch gebogenen kurzen Bohrstange, welche unmittelbar über der Fangglocke eingebaut wird, oder aber mit einem speziellen Kniestück, dem sogenannten „Knuckle joint", versucht werden.

Die Fangarbeit mit einer Exzenterstange geht in der gleichen Weise vor sich, wie sie schon beim Fangen mit Dorn und Fangmuffe beschrieben wurde.

Eine Kniestück-Type der LeBus Rotary Tool Works Inc. ist in Abb. 195 *a* und *b* zu sehen, die einzelnen Teile sind in der Legende beschrieben.

Abb. 195 *a* zeigt das Kniestück in der Einbaustellung, der Spülungskreislauf kann in dieser Position geschlossen werden, um das Bohrloch oberhalb des Fisches reinzuspülen.

Für die Fangarbeit wird der Fallkolben (*3 a*) durch das Fanggestänge eingepumpt und setzt sich in die Bohrung des Einsatzzylinders (*3*). Bei weiterem Einpumpen der Bohrspülung wird infolge der hohen Geschwindigkeit des aus der Düse des Fallkolbens (*3 a*) tretenden Spülstrahles der Druckhebel (*4*) in die Strahlrichtung gedreht und damit das Kniestück (*9*) schief gestellt.

Abb. 195. Kniestück (Knuckle joint) der Fa. LeBus-Rotary Tool Works Inc. *a* In Einbaustellung, *b* in Fangstellung. *1* Übergang, *2* Gehäuse, *2a* Drehbolzen, *3* Einsatzzylinder, *3a* Fallkolben, *4* Druckhebel, *5* Hebelhülse, *6* Verbindungsmuffe, *7* Ringhülse, *8* Gehäuseabschluß, *9* Kniegelenk, *10* Übergang

Durch langsames Drehen des Fanggestänges ober Tage wird die mit einem Richthaken ausgestattete Fangglocke den gebrochenen Gestängekopf fassen und in weiterer Folge in die Fangglocke zwingen.

7. Fangarbeiten nach Bohrstrangteilen, die sich während der Bohrarbeit abschraubten und im Bohrloch verblieben

Über die Ursachen dieser Unfälle wurde im Kapitel XX (S. 349) gesprochen. Der Bohrstrang kann z. B. in einigen Gewindeverbindern schon Wackelschäden aufweisen, so daß sich beim Manöver desselben die lockerste Verbindung löst.

Es kann ferner das Drehmoment während der Bohrarbeit, z. B. durch zu rasches Nachlassen, plötzlich stark ansteigen, wodurch der Bohrstrang stark verdrillt wird. Wird der Bohrstrang in diesem Zustand angehoben, dreht sich das Gestänge bei der dabei erfolgenden Entspannung im umgekehrten Sinne; eine nicht ganz feste Gewindeverbindung kann sich dabei leicht lösen.

Der Bohrmeister wird in einem solchen Falle zunächst versuchen, die beiden Bohrstrangteile wieder zu verbinden, ohne den am Flaschenzug hängenden Teil auszubauen.

Sind die beiden abgeschraubten Gewindeteilstücke einwandfrei, kann ihm das gelingen, vorausgesetzt, daß der Kopf des Fisches nicht sehr exzentrisch im Bohrloch steht.

Wenn auch das Verbinden der beiden Bohrstrangteile gelungen ist, empfiehlt es sich, zur Kontrolle aller Gewindeverbindungen die Bohrgarnitur auszubauen.

Bei beschädigtem Gewinde wird diese Operation kaum gelingen. Der am Flaschenzug hängende Teil muß in diesem Falle ausgebaut und eine Fangoperation, wie schon beschrieben, mit einem Fangdorn oder einer Fangglocke versucht werden.

Ist die Lage des Kopfendes sehr exzentrisch, wird das gewählte Fangwerkzeug entweder mit einer Exzenterstange oder dem hydraulisch zu betätigenden Kniestück, „Knuckle joint", eingebaut und die Verbindung durch die schon besprochene Fangoperation herzustellen versucht.

B. Das Freispülen des festgefahrenen Bohrstranges mit Rohöl

Wie schon früher gesagt wurde, ist das rechtzeitige Schließen des Spülungskreislaufes durch den auf Sohle sitzenden oder durch Nachfall und Bohrschmant festgeklemmten Bohrstrang von besonderer Wichtigkeit. Oft sind hiezu hohe Pumpdrücke erforderlich. Sollte jedoch mit der normalen Bohrspülung und wiederholtem Manöver kein Erfolg zu erzielen sein, kann folgende Maßnahme das Lösen des Fisches ermöglichen.

Aus der Spannung im Gestänge und der dabei erfolgten Längung desselben kann ungefähr ermittelt werden, wo der gebrochene Bohrstrang im Bohrloch festgeklemmt ist (s. Kapitel IV, B, S. 53).

Ergibt sich aus der Berechnung, daß der Bohrstrang beim Meißel oder in dessen Nähe festgeklemmt ist, wird die folgende Operation fast in allen Fällen erfolgreich sein.

Durch das Bohrgestänge wird in das Bohrloch Rohöl eingepumpt und mit Bohrspülung so weit nach abwärts gedrückt, daß das Öl anfangs etwa 1,0 m oberhalb des Meißels im Ringraum zu stehen kommt.

Das einzupumpende Rohölvolumen wird so bemessen, daß sich der Ölspiegel im Ringraum nach beendeter Operation von der Sohle bis auf einige Meter oberhalb der Klemmstelle einstellt.

Rohöl hat die vorteilhafte Eigenschaft, die Adhäsion von Gesteinsteilen am Stahl und Eisen wesentlich herabzusetzen. Nach je **30** Minuten wird die Ölsäule durch entsprechend berechnetes Nachpumpen von Spülung im Gestänge wieder etwa 2 bis **3,0** m im Ringraum hochgedrückt. Diese Operation wiederholt sich so lange, bis das gesamte eingepumpte Rohölvolumen den Ringraum, von der Sohle nach aufwärts, ausfüllt.

Gleichzeitig wird immer wieder versucht, durch Spannen und Entspannen des Fanggestänges den Fisch aus seiner Verklemmung zu lösen.

Ist die erste Operation erfolgreich, wird der Ringraum am Bohrlochmund abgedichtet und durch umgekehrtes Spülen das Rohöl-Spülungsgemisch durch die Gestänge hochgepumpt. Ein direktes Spülen kann in lockeren und zu Nachfall neigenden Horizonten gefährlich werden und zu weiteren Schwierigkeiten führen. Ist die erste Operation nicht gelungen, kann sie wiederholt werden.

C. Fangarbeiten, wenn der Bohrstrang oder Teile davon im Bohrloch festgeklemmt sind

Der Teufenpunkt der Klemmstelle kann nach der in Kapitel IV, B (S. 53) besprochenen Berechnung ermittelt werden.

Die hier möglichen Fälle sollen der Reihe nach besprochen werden.

1. Der Bohrstrang wird während der laufenden Bohrarbeit fest, der Spülungskreislauf ist nicht unterbunden. (Ursache kann ein zu rasches Nachlassen, dadurch Festklemmen des Meißels auf der Sohle, ein längerer Ausfall der Antriebsmotoren und Nachfall der Bohrlochwand sein.)

2. Fall wie 1., wobei aber der Spülungskreislauf unterbunden ist.

3. Ein im Bohrloch gebrochener oder abgeschraubter Bohrstrangteil ist wohl gefangen worden, der Spülungskreislauf konnte geschlossen werden, aber der Fisch ist im Bohrloch festgehalten und kann trotz Einpumpen von Rohöl nicht ausgebaut werden.

4. Wie 3., nur daß der Spülungskreislauf nicht erzielt werden konnte.

Die folgenden Operationen können in den vorgenannten Fällen erfolgreich sein:

1. Abschrauben mit linksgängigem Rettungsgestänge

Es wird zunächst mit forciertem Spülungskreislauf und ständigem Manöver, Spannen und Entspannen des Stranges, sowie Verdrillung desselben versucht, die Lösung zu erreichen. Gelingt dies nicht und liegt der Klemmpunkt am Meißel oder nicht sehr weit von diesem, wird man zunächst versuchen, durch das Einpumpen von Rohöl den Bohrstrang frei zu machen. Bleibt diese Operation erfolglos, wenn z. B. der Klemmpunkt sehr hoch liegt und durch Nachfall hervorgerufen wurde, muß der Bohrstrang sukzessive überwaschen und abgeschraubt oder in Teilstücken geschnitten und ausgebaut werden.

Der Vorgang kann dabei der folgende sein: Zunächst wird der Strang durch Drehen des Rotarytisches rechtsgängig verdrillt.

Infolge der von ober Tage nach unten immer schwächer werdenden elastischen Verdrillung des Bohrgestänges werden die oberen Gewindeverbindungen am stärksten, die tiefer liegenden im Uhrzeigersinne immer schwächer festgezogen.

Bei der nun folgenden Linksdrehung des Rotarytisches, bzw. der in diesen eingesetzten Mitnehmerstange, besteht die Aussicht, daß sich im rechtsgängigen Gestänge eine tief liegende Gewindeverbindung löst und damit ein Großteil des Bohrstranges gezogen werden kann.

Nachdem dieser Teil ausgebaut wurde, kann, falls der Klemmpunkt vorher als tiefer liegend ermittelt wurde, ein linksgängiger lösbarer Fangdorn mit einem linksgängigen Rettungsgestänge eingebaut und in den im Bohrloch verbliebenen Gestängekopf linksdrehend eingeschraubt werden. Dabei wird sich der im Bohrloch verbliebene Bohrstrang in einem weiteren Verbindungsgewinde lösen.

.Da die Beschaffung des Rettungsgestänges sehr kostspielig ist und sein Einsatz verhältnismäßig selten erfolgt, begnügt man sich nur mit Nenngrößen, welche jener Bohrstrangzusammensetzung entsprechen, die in den gefährlichsten, bzw. tiefsten Teufenstrecken erforderlich sein könnte. Es sind dies vorwiegend die Nenngrößen 3 1/2 und 4 1/2 Zoll.

Überwaschen

Ist der Strang bis zum Klemmpunkt abgeschraubt, muß er überwaschen werden.

Der zum Überwaschen geeignete Strang setzt sich im Prinzip aus einer bestimmten Anzahl von Futterrohren und anschließendem Gestänge zusammen.

Ob nun hiezu normale rechtsgängige Futterrohre und Bohrgestänge oder eine spezielle linksgängige Garnitur mit Rettungsgestänge verwendet werden soll, wäre für die Überwaschungsoperation an sich gleichgültig.

In Anbetracht dessen, daß nach dem Überwaschen das Abschrauben unbedingt mit linksgängigem Rettungsgestänge erfolgen muß, wird es vorteilhafter sein, auch schon beim Überwaschen eine linksgängige Garnitur einzusetzen.

Schon aus Platzmangel im Bohrturm und aus Gründen der Zeitersparnis wird die letztgenannte Garnitur auch für diesen Arbeitsgang zu wählen sein.

Die Futterrohre müssen allerdings so bemessen sein, daß sich zwischen ihrem Innendurchmesser und dem zu überwaschenden Gestängestrang einerseits und zwischen dem Bohrlochdurchmesser und dem Durchmesser der Futterrohrmuffen andererseits ein entsprechender Ringraum ergibt und damit die Reibungsverluste beim Drehen des Stranges nicht zu hoch werden.

Wenn beispielsweise ein Bohrgestänge der Nenngröße 4 1/2 Zoll in einem Bohrloch mit Durchmesser von 216,00 mm überwaschen werden soll, erscheint eine Futterrohr-Nenngröße von 7 Zoll als die geeignetste.

Der Innendurchmesser variiert bei diesen Rohren zwischen 150,37 und 166,07 mm.

Werden die dickwandigsten Rohre gewählt, so ergibt sich der folgende Ringraum:

Di der Rohre	150,37 mm
4 1/2 Zoll Tool joint	146,05 mm
Differenz	4,32 mm

Daher wäre der Ringraum 4,32/2 = 2,16 mm viel zu klein.

Bei den dünnwandigsten 7-Zoll-Rohren hingegen ist

Di	166,07 mm
4 1/2 Zoll Tool joint	146,05 mm
Differenz	20,02 mm

Der Ringraum daher 20,02/2 = 10,01 mm, der nach Erfahrungen als entsprechend angesehen werden kann.

Was den Ringraum zwischen dem Bohrlochdurchmesser und dem Durchmesser der Futterrohrmuffen betrifft, ergibt sich nachstehendes Bild:

D_b (Bohrlochdurchmesser)	216,00 mm
D_{am} 7 Zoll (Rohrmuffendurchmesser)	194,50 mm
Differenz	21,50 mm

Damit resultiert ein Ringraum von 21,05/2 = 10,75 mm, der ebenfalls als entsprechend angesehen wird.

Die Länge der Überwaschrohre wird von den lokalen Verhältnissen im Bohrloch abhängen.

In Teufenstrecken, welche zum Nachfall neigen oder in denen Spülungsverluste während der Bohrarbeit beobachtet wurden, wird man sich mit zwei bis drei Rohrlängen, also mit etwa 30,0 m begnügen müssen.

Die Stellung der zu überwaschenden Gestänge, der Überwaschrohre und des Bohrloches wird in den seltensten Fällen konzentrisch sein.

Die gezahnte Krone der Überwaschrohre wird daher nicht allseitig den gleichen Widerstand finden und kann sich sogar in das zu überwaschende Gestänge einschneiden.

Unter sehr günstigen Bohrlochverhältnissen und relativ geradem Bohrlochverlauf wurden bis zu 200,0 m lange Überwaschrohre eingesetzt.

Beim Einbau muß der Fischkopf vorsichtig überstülpt werden (Gewichtsanzeiger beobachten) und nach Schließung des Spülungskreislaufes das Rettungsgestänge im Rotarytisch langsam, mit etwa 20 Umdrehungen gedreht werden.

Besondere Vorsicht ist dann geboten, wenn die Überwaschrohre die „Tool joints“ des Gestänges zu passieren haben.

Nach dem Überwaschen wird der Strang ausgebaut und das Rettungsgestänge wieder zum Abschrauben dieses Teiles mit einem Fangdorn eingebaut.

Es besteht allerdings auch die Möglichkeit, diesen Fangdorn direkt in die Überwaschgarnitur einzubauen, und zwar in das Verbindungsglied zwischen den Rohren und dem Rettungsgestänge. Auf diese Art wird ein Aus- und Einbauzyklus erspart, weil sofort nach dem Überwaschen der Fangdorn in den im Bohrloch stehenden Gestängekopf eingeschraubt, bzw. bei Linksdrehung der überwaschene Teil abgeschraubt werden kann.

Viel schwieriger gestaltet sich das Überwaschen der Schwerstangen, die in ihrer ganzen Länge einen noch größeren Außendurchmesser haben als die Tool joints. Der Ringraum ist hier geringer als beim Überwaschen des Gestänges und daher wird selten mehr als nur eine Schwerstangenlänge mit etwa 8,0 m frei zu spülen sein.

Erfolgte das Abschrauben der Gestänge in verhältnismäßig kurzen Teilstücken und erforderten diese Operationen mehrere Tage, wird die Bohrspülung infolge der höheren Bohrlochtemperatur ausflocken, die Festteile im Ringraum werden absinken und das Überwaschen erschweren.

Bei der besprochenen Überwasch- und Abschraube-Operation besteht die Gefahr, daß bei der Linksdrehung der im Bohrloch verbliebene Gestängeteil nicht nur an einer, sondern an zwei und mehr Gewindeverbindungen gelöst wird und beim Ausbau eine der sehr locker im Gewinde hängenden Bohrstangen in das Bohrloch zurückfällt.

Ferner wird es vorkommen, daß der am Rettungsgestänge eingebaute Dorn, falls er z. B. in den Spezialverbinder, Tool joint (der Kopf des Fisches), eingesetzt werden muß, lediglich diesen Verbinder vom Gestängeende oder lediglich eine Stangenlänge abschraubt.

Bei großen Teufen bedeutet dies großen Zeitverlust und hohe Kosten.

Um dem zu begegnen, kann das Gestänge auf die überwaschene Länge auch außen geschnitten werden, womit allerdings ein Verlust an Bohrstangen in Kauf genommen werden muß, aber der Zeitaufwand bei dieser Operation reduziert werden kann.

2. Außen-Schneidegerät für Bohrgestänge (External cutting tool)

Eine Gestänge-Schneide-Konstruktion der Baash Ross Tool Co. ist in Abb. 196 *a* und *b* zu sehen. Sie wird zum Schneiden von Bohrgestängen, Steigrohren und Futterrohren in verschiedenen Größen geliefert (s. Tab. 54).

Nach dem Überwaschen der Gestänge, das in diesem Falle mit einem rechtsgängigen, normalen Bohrgestänge und rechtsgängigen Futterrohren durchgeführt werden kann, wird die Garnitur ausgebaut und an Stelle des gezahnten Rohrschuhes das Außen-Schneidegerät an das untere Ende der Waschrohre angesetzt.

Der Führungshut erleichtert das Überstülpen des Gerätes über den Fischkopf. Nachdem die tiefste überwaschene Gestängemuffe des im Bohrloch geklemmten Stranges passiert ist, wird das Fanggestänge leicht angehoben, wodurch die Fangfedern (*2 a*) sich gegen die Unterkante der Muffe stemmen und das Fangfeder-Gleitstück (*2b*) nach unten schieben. Die darunter eingebaute Spiralfeder (*3*) drückt wiederum auf den Druckring (*5*), der das Schneidemesser (*6*) gegen die Gestänge-Außenwand drückt. Das Fanggestänge wird bei weiterem allmählichem Hochziehen langsam gedreht und damit das Gestänge geschnitten. Nach erfolgtem Schnitt wird das Fanggestänge und auch der geschnittene Gestängeteil, der durch die Fangfedern (*2 a*) im Schneideapparat gehalten ist, ausgebaut.

Tabelle 54. *Außen-Schneidegerät für Steigrohre, Bohrgestänge und Futterrohre nach Fa. Baash Ross Tool Co.*

Nenngröße der zu schneidenden Rohre Zoll bzw. mm	2 3/8 60,33	2 7/8 73,03	3 1/2 88,90	3 1/2 88,90	4 101,60
Maximaler Außendurchmesser der Muffen des zu schneidenden Rohres bzw. Gestänges Zoll bzw. mm	3 3/8 85,73	3 3/4 95,25	4 1/4 107,95	4 3/4 120,65	5 3/8 136,53
Außendurchmesser des Schneidegerätes Zoll bzw. mm	4 9/16 115,89	5 3/8 136,53	5 1/2 139,70	6 152,4	7 1/4 184,15
Empfohlene Überwaschrohre Innendurchmesser Zoll bzw. mm	4 1/2 114,30	4 3/4 120,65	5 127,00	5 1/2 139,70	7 5/8 193,68
Mindest-Bohrlochdurchmesser Zoll bzw. mm	4 7/8 123,53	5 5/8 142,88	5 5/8 142,88	6 1/8 155,58	7 5/8 193,68

Die Fangfedern sind so stark bemessen, daß sie bis zu 120 m Gestänge heben können. In Abb. 196 *b* sind die Fangfedern durch gezahnte Keile ersetzt, so daß das Gestänge an einer beliebigen Stelle geschnitten werden kann.

Mit diesem Schneidegerät können allerdings lediglich die Gestänge und nicht die Schwerstangen geschnitten werden.

Ähnliche Konstruktionen werden noch von der Wilson Supply Co., der S. R. Bowen Co. usw. gebaut.

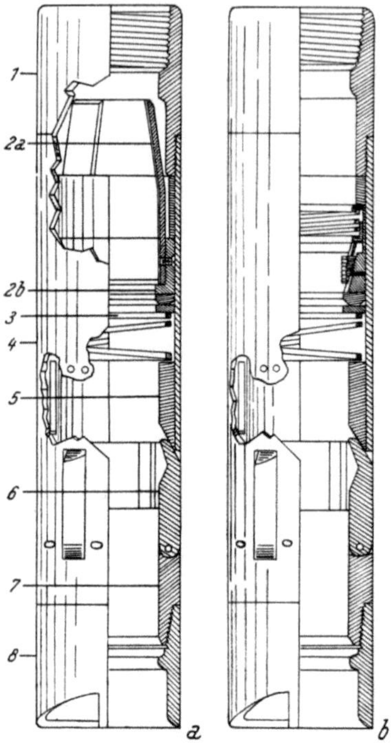

Abb. 196. Außen-Schneidegerät für Gestänge nach Fa. Baash Ross Tool Co. *a* Mit Blattfedern, *b* mit Keilen. *1* Übergang, *2a* Fangfeder, *2b* Fangfeder-Gleitstück, *3* Spiralfeder, *4* Hülse, *5* Druckring, *6* Schneidemesser, *7* Übergang, *8* Führungshut

3. Innen-Schneidegerät für Bohrgestänge (Internal cutting tool)

Die Firma Baash Ross Tool Co. entwickelte ein Innen-Schneidegerät, und zwar für Bohrgestänge der Nenngröße 2 7/8 Zoll mit innen glatten Enden (internal flush) und für Gestänge mit innen verdickten Enden und Full-hole-Tool-joints für alle Nenngrößen von 3 1/2 Zoll aufwärts (siehe Abb. 197 *a* und *b*).

Die einzelnen Teile sind aus der Legende dieser Abbildung zu entnehmen. Der Vorteil bei Verwendung dieses Innen-Schneidegerätes liegt darin, daß der Schnitt im Gestänge unmittelbar oberhalb des Klemmpunktes erfolgen kann, an dem das Gestänge im Bohrloch gehalten wird. Es können daher viel größere Gestängelängen durch einen Schnitt ausgebaut werden.

Das Messer wird an entsprechenden Steigrohren — Tubing — in das Bohrgestänge eingebaut. Am erwünschten Teufenpunkt angekommen, wo der tiefste Schnitt zu erfolgen hat, werden die Steigrohre ober Tage nach rechts gedreht, so daß der Eingriffzahn des Abschlußkopfes (*7*) die Zentriereinrichtung frei gibt. Beim unmittelbar folgenden leichten Senken der Steigrohre bleiben die gespannten Zentrierfedern (*6*) an der Gestängeinnenwand haften, wobei die mit der Zentriereinrichtung gelenkig verbundenen Abfangkeile (*5 a*) auf der Keilhülse (*5*) hochgeschoben werden und dadurch das Schneidegerät an der Innenwand der Gestänge festklemmen.

Bei allmählichem Nachlassen der Steigrohre drückt die Spiralfeder (*3*) die Messer (*4 a*) nach außen und bei langsamer Drehbewegung ober Tage wird das Gestänge innen geschnitten. Sobald die Gestängewand durchschnitten ist, lassen sich auch die Steigrohre ober Tage sehr leicht drehen und können nun mit dem Apparat ausgebaut werden.

Das Ausbauen des geschnittenen Gestängeteiles erfolgt sodann mit der Fangglocke, die am normalen Bohrgestänge eingebaut wird.

Es können auch mehrere Schnitte nacheinander durchgeführt werden, und nach Ausbau des Schneidegerätes die einzelnen Teilstücke nacheinander mit der Fangglocke gezogen werden.

Sobald allerdings der Festhaltepunkt erreicht ist, muß überwaschen und das Gestänge mit dem Außen-Schneidegerät, wie schon beschrieben, geschnitten werden.

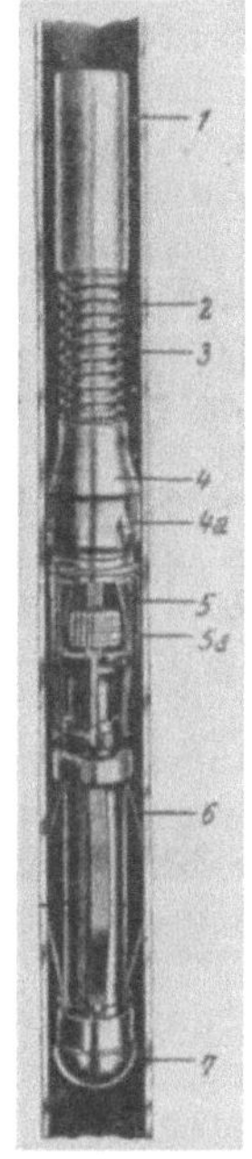

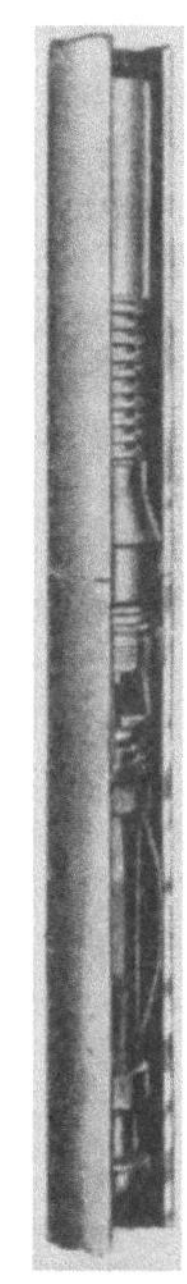

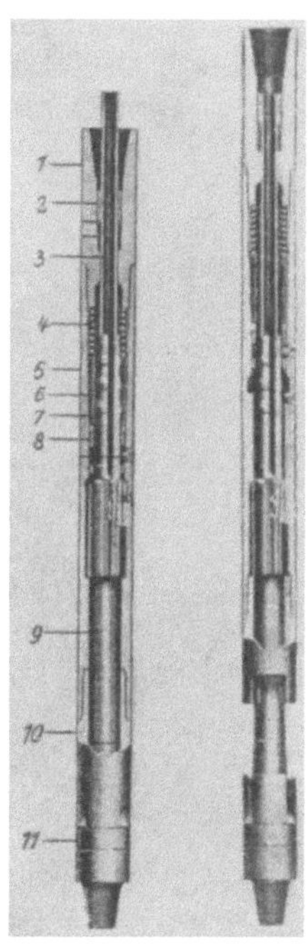

Abb. 197 a und *b*. Innen-Schneidegerät (Internal cutting tool) nach Fa. Baash Ross Tool Co.
1 Übergang, *2* Traghülse, *3* Spiralfeder, *4* Schneidekopf, durch Federkeile mit Traghülse verbunden, *4a* Schneidemesser, *5* Keilhülse, *5a* Abfangkeile, *6* Zentriereinrichtung, *7* Abschlußkopf

Abb. **198** *a* und *b*. Schlagschere (Rotary jar) nach Fa. S. R. Bowen Co.
1 Oberes Übergangsstück, *2* Stopfbüchse, *3* Spülrohr, *4* Spiralfeder, *5* Mantelrohr, *6* Spanndornhülse, *7* Keile, *8* Kontrollring, *9* Hauptspindel mit Schlagkopf, *10* Übergang mit Klauen, *11* Unteres Übergangsstück

4. Die Schlagscheren (Rotary jars)

Bei sehr schwierigen Gesteinsverhältnissen kann das Festfahren des Bohrstranges, trotz sorgfältigster Behandlung der Bohrspülung und trotz aller Aufmerksamkeit dennoch vorkommen.

In solchen Fällen wird der Einbau einer Schlagschere empfohlen, die entweder direkt über dem Meißel oder im Schwerstangenstrang eingesetzt wird und die normale Bohrarbeit in keiner Weise behindert.

Ferner kann eine Schlagschere auch bei Fangarbeiten erfolgreich sein, falls der Fisch mit dem Fangwerkzeug wohl gefangen, aber durch das schon beschriebene Manöver — Spannen und Entspannen — nicht gehoben werden kann.

Die Schlagscheren ermöglichen sowohl ein Abwärts- als auch ein Aufwärtsschlagen des Bohrstranges, so daß unter günstigen Umständen auf diese Weise ein Freiwerden desselben erreicht werden kann.

In Abb. 198 *a* und *b* ist eine Schlagschere der S. R. Bowen Co. dargestellt, die Einzelteile sind in der Legende beschrieben.

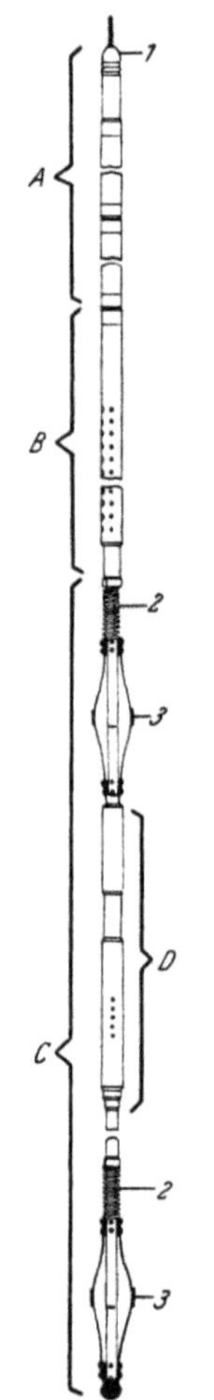

Abb. 199. Elektronisches Spannungs-Meßgerät nach Fa. The Dia-Log Co. *A* Schwerstangen, *B* Rohrschere, *C* Spiral- und Zentrierfedern, *D* Elektronik-Indikator, *1* Seilflasche, *2* Spiralfedern, *3* Zentrierfedern

Über dem Fangwerkzeug, vorwiegend einer lösbaren Fangglocke, wird die Schlagschere am Fanggestänge in das Bohrloch eingebaut. Sobald der Fänger am Kopf des Fisches festgesetzt ist, wird das Fanggestänge ober Tage gespannt. Die im schwach konischen Innendurchmesser des Mantelrohres (*5*) eingebauten Keile (*7*) werden dabei nach aufwärts gedrückt und infolge ihrer wellenförmigen Innenfläche so lange an der ebenso geformten Außenwand der Spanndorn-Hülse (Friction mandrel) unter Druckspannung zurückgehalten, bis die Zugspannung im Fanggestänge ein bestimmtes Maß übersteigt.

In diesem Moment wird die Reibung zwischen den beiden Berührungsflächen der Teile (*6*) und (*7*) plötzlich überwunden und das Gestänge entspannt. Es erfolgt ein kräftiger Hammerschlag des unteren Übergangsstückes (*10*) gegen den Schlagkopf der Hauptspindel (*9*), mit der das Fangwerkzeug und der Fisch verbunden sind.

Durch Nachlassen des Fanggestänges ober Tage kommt der Apparat wieder in die Ausgangsstellung, so daß die Operation beliebig oft wiederholt werden kann, bis es gelingt, den Fisch freizuschlagen und auszubauen.

Hervorzuheben ist der Umstand, daß mit dieser Schlageinrichtung keine Drehbewegung durchgeführt werden muß, sondern das Fanggestänge lediglich gespannt und entspannt wird.

Ähnliche Konstruktionen werden auch von den amerikanischen Firmen Baash Ross Tool Co., M. O. Johnston Oil Field Service Corp. und anderen gebaut.

Gelingt das Losschlagen des Fisches nicht, wird das Fangwerkzeug vom Fischkopf gelöst und mit dem darüber befindlichen Schlagapparat am Fanggestänge ausgebaut.

D. Besondere Einrichtungen für Fangarbeiten

Die Bestimmung des Klemmpunktes mittels der im Kapitel IV, B (S. 53) gezeigten Berechnung kann bei älterem und teilweise abgenütztem Gestänge irreführend sein.

Durch ein spezielles elektrisches Meßverfahren kann aber die Klemmstelle sehr genau bestimmt werden.

Die Firma The Dia-Log Co. hat ein elektronisches Spannungs-Meßgerät entwickelt, welches Zug- wie auch Verdrehungsspannungen sowohl in Futterrohren als auch im Bohrgestänge und Steigrohren einwandfrei registriert.

Das Gerät ist in Abb. 199 ersichtlich. Über die genaue Innenausstattung, die patentiert ist, wurde allerdings nichts veröffentlicht.

Die Hauptbestandteile des Gerätes sind folgende:

1. Eine Seilflasche (*1*), die mit dem isolierten Kabel verbunden ist, an dem der Einbau in den Bohrstrang erfolgt.

2. Eine oder zwei Schwerstangen (*A*) mit einem Außendurchmesser von 1 5/8 oder 2 Zoll (je nach der Bohrung des Bohrstranges), die etwa 60 kg wiegen.

3. Eine Rohrschere (*B*).

4. Der Elektronik-Indikator (*D*), der in einem Rohr eingesetzt und zwischen je einer Spiralfeder und einer Zentrierfeder eingebaut ist.

Die Distanz zwischen der oberen und unteren Zentrierfeder beträgt etwa 1,3 m. Diese Blattfedern sind so bemessen, daß sie das Indikatorgewicht in jedem beliebigen Teufenpunkt innerhalb des Gestänges in Ruhelage halten können.

5. Das Anzeigegerät ober Tage, welches durch das Kabel mit dem Indikator verbunden ist.

Über das Meßverfahren selbst ist bisher nur folgendes publiziert worden:

Das Gerät wird in die Rohre auf die vermutete Teufe des Klemmpunktes eingebaut. Der Anzeigeapparat ober Tage wird bei Anheben und Senken der Schere kalibriert, wobei der Indikator durch die Zentrierfedern in den Futterrohren oder im Bohrgestänge in der gleichen Stellung gehalten wird.

Durch Verdrehen oder Spannen des Stranges ändern sich die Widerstandsverhältnisse und die ober Tage gemachte Lesung zeigt dabei in verschiedenen Teufenstufen an, wo das Gestänge vom Nachfall in der Bohrlochwand gehalten wird.

Lösen der Gewindeverbindungen durch Detonation, Apparatur der Firma The Dia-Log Co.

Es ist die sogenannte „Back off"-Methode. Eine besondere Sprengladung geheimgehaltener Zusammensetzung wird an einem Kabel bis zu jener Tool joint-Muffe eingebaut, die abgeschraubt werden soll. Die Ladung, bzw. ihre Intensität, wird je nach Teufe und Type der Gewindeverbindung gewählt. Der dabei verwendete Sprengstoff ist gegen Stoß, Reibung und hohe Temperatur völlig unempfindlich und kann nur elektrisch gezündet werden.

Durch die Detonation erfolgt ein kräftiger Hammerschlag bei der betreffenden Gewindeverbindung, ohne diese dabei zu beschädigen, so daß bei Linksdrehung des Gestänges ein leichtes Abschrauben an dieser Stelle möglich wird.

Die Firma The Dia-Log Co. berichtet, daß auf diese Weise Gestänge bis zu einer Teufe von 4000,0 m abgeschraubt werden konnten.

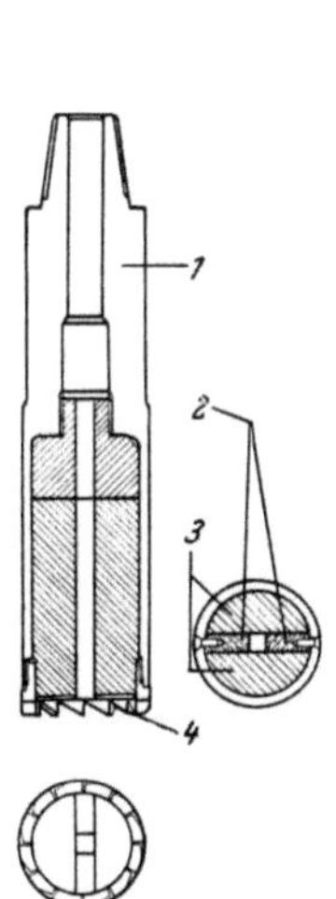

Abb. 200. Magnetfänger nach Fa. Emsco Derrick and Equipment Co.
1 Nichtmagnetischer Körper, *2* Messing-Trennplatten, *3* Magnetische Segmente, *4* Gezähnter Schuh

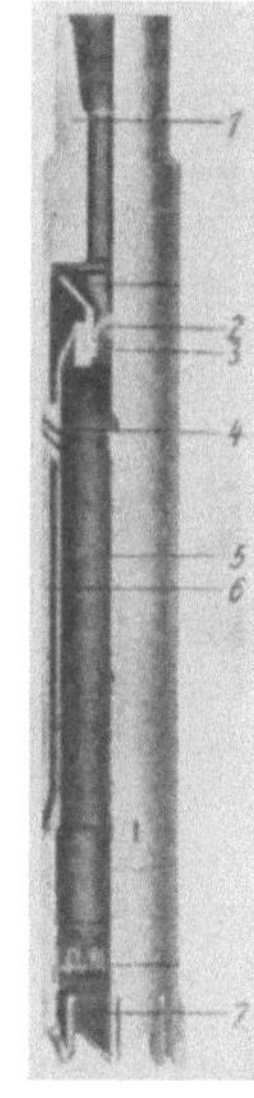

Abb. 201. Hydraulisches Fanggerät für Kleineisenteile nach Fa. S. R. Bowen Co.
1 Übergangsstück, *2* Stahlkugel, *3* Ventilsitz, *4* Bohrungen, *5* Innenrohr, *6* Außenrohr, *7* Ringfräser

E. Fangarbeiten nach kleineren Eisenteilen, die auf die Bohrlochsohle fielen

Für solche Fangarbeiten werden entweder permanente Magneten oder hydraulische Spezialgeräte verwendet (s. Abb. 200, 201 und Legende).

1. Das Magnetgerät

Der Magnet ist aus einer speziellen Legierung hergestellt, die sehr spröde ist und daher keinerlei Schläge verträgt.

Das Magnetgerät ist mit einem Fräser am unteren Ende ausgestattet, der beim Drehen des Gerätes den auf Sohle liegenden Eisenteil gegen die Magnetmitte bringen soll.

Am Bohrgestänge in das Bohrloch eingebaut, wird der Spülungskreislauf etwa 5 bis 6 m oberhalb der Sohle geschlossen und der Bohrstrang im Drehtisch mit geringer Drehzahl gedreht.

Bei allmählichem, gleichzeitigem Nachlassen wird das Bohrloch über den Eisenteilen gründlich gespült.

Sobald der Fräser wenige Zentimeter in die Bohrlochsohle eingedrungen ist und dabei die Eisenteile gegen den Pol des Magneten verschoben hat, wird ausgebaut.

Der Magnet darf nicht allzulange auf den Eisenteilen arbeiten, da dies zu seiner Entmagnetisierung und Beschädigung führen könnte.

Solche Magneten werden unter anderen von der Firma Kingston Instrument Co. Ltd. und auch in Rußland gebaut, und zwar für Bohrlochdurchmesser von 6 bis 15 Zoll.

2. Hydraulische Apparate zum Fangen von Kleineisenteilen

S. R. Bowen Co. hat für die gleichen Zwecke ein spezielles Gerät entwickelt, welches auf hydraulischem Wege das Fangen von Kleineisenteilen ermöglicht (s. Abb. 201). Es ist der sogenannte hydraulische Fangkorb (Junk basket).

Das Gerät wird am Bohrgestänge 3 bis 4 m oberhalb der Sohle eingebaut und der Spülungskreislauf geschlossen, um den Fangkorb und das Bohrloch gründlichst rein zu spülen. Sodann wird die Stahlkugel (*2*) in das Gestänge eingeführt, die frei fallend auf den Ventilsitz (*3*) zu liegen kommt und den zentralen Durchfluß sperrt.

Das Gerät wird am Fanggestänge allmählich zur Sohle gelassen und dabei im Rotarytisch langsam gedreht, bis der Ringfräser (*7*) sich in die Sohle genügend einschneidet und förmlich einen kurzen Kern bohrt.

Bei voller, das heißt forcierter Zirkulation geht der Spülstrom durch den Ringraum zwischen dem Außenrohr (*6*) und Innenrohr (*5*) hindurch und trifft mit großer Geschwindigkeit an der Außenwand des Ringfräsers die Bohrlochsohle.

Von hier ist er gezwungen, in den Fräser und das Innenrohr einzutreten und durch die im oberen Teil desselben vorgesehenen Öffnungen (*4*) außerhalb des Fangkorbes, bzw. im Ringraum zwischen dem Bohrloch und dem Gestänge, zu Tage zu steigen.

Die hohe Geschwindigkeit des Spülstromes in der Richtung zur Mitte des Fangkorbes und die Drehbewegung des letzteren schieben die Kleineisenteile in die Fanghülse, wo sie beim Anheben in den Fangklappen festgehalten und schließlich mit dem Gestänge ausgebaut werden.

F. Fangarbeiten mit einem hydraulischen Spezialgerät

Die amerikanische Firma Wilson Supply Co. hat ein Spezialgerät entwickelt, mit welchem der Fisch ohne Beanspruchung des Fanggestänges aus seiner

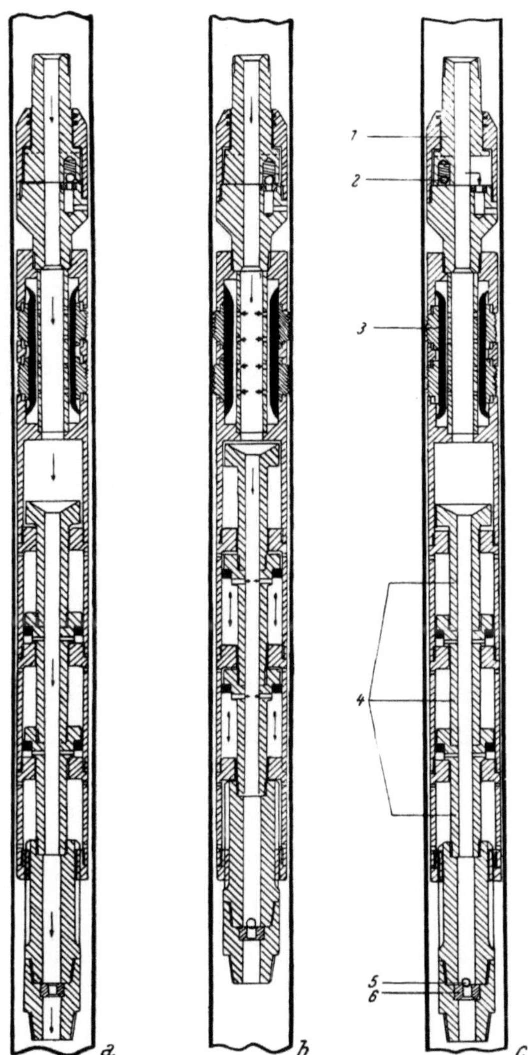

Abb. 202 *a* bis *c*. Hydraulisch betätigtes Gerät zum Ziehen von im Bohrloch festgeklemmten Bohrstrangteilen nach Fa. Wilson Supply Co.
1 Kopfstück, *2* Entlastungsventil, *3* Keile, *4* Kolben, *5* Metallkugel, *6* Ventilsitz

Klemmstelle freigezogen werden kann. Es wird allerdings nur für Bohrgestänge von **5** Zoll aufwärts und für Futterrohre bis zu **13 3/8** Zoll gebaut und kann nur dort Verwendung finden, wo eine Verankerung des Gerätes innerhalb einer Futterrohrkolonne möglich ist.

Das Gerät ist in Abb. 202 *a* bis *c* schematisch dargestellt.

Es besteht aus den folgenden Einheiten:

1. Dem Kopfstück mit dem Entlastungsventil,
2. dem Ankerteil-Stück,
3. der hydraulischen Druckpumpe.

Diese Operation spielt sich im Prinzip in der folgenden Reihenfolge ab:

Nach Einbau und Festsetzen des Fangdornes bzw. der Glocke am Fischkopf wird das Kopfstück (*1*) mit dem Entlastungsventil (*2*) durch eine halbe Linksdrehung des Gestänges geschlossen und das Gestänge gespannt. Die Metallkugel (*5*) wird in das Gestänge eingeworfen, setzt sich im Ventilsitz (*6*) am untersten Ende des Apparates auf und sperrt somit hier den Durchfluß. Der Druck innerhalb des mit Spülung gefüllten Fanggestänges wird allmählich erhöht, so daß die Keile (*3*) im Ankerteil gegen die Wand der Futterrohre gepreßt werden und hier die gesamte Fangeinrichtung verankern. Bei weiterer Drucksteigerung werden die Kolben (*4*) im Druckpumpenteil des Gerätes nach aufwärts gedrückt und das mit ihnen verbundene Fangwerkzeug nach aufwärts gezogen. Sobald der Kolbenhub beendet ist, wird das Einpumpen der Spülung eingestellt und der Druck im Gestänge abgelassen.

Dieser Zyklus wird nun so lange wiederholt, bis der Fisch vollkommen frei bewegt werden kann.

Ist dies der Fall, wird neuerdings bis zu einem Druck von etwa 35 Atm. Spülung in das Gestänge gepumpt, um das Gerät neuerdings in den Futterrohren zu verankern. Das Gestänge wird nun wenig gesenkt und gleichzeitig zur Öffnung des Entspannungsventiles im Uhrzeigersinne gedreht. Die im Gerät befindliche Spülung kann nun aus dem Gerät in den Ringraum abfließen. Damit ist die Fangoperation beendet und der Fisch kann ausgebaut werden.

Die dabei notwendigen Pumpdrücke sind der Nenngröße des Gerätes angepaßt und in Tab. 55 verzeichnet.

Tabelle 55. *Maximal erforderliche Pumpdrücke für Wilson-Geräte verschiedener Außendurchmesser*

Geräte-Type Zoll	5	5 1/2	7	8 5/8
Maximaler Pumpdruck Atm.	350	420	420	420

Kann der Fisch nicht gezogen werden, wird das Fangwerkzeug vom Fischkopf gelöst und mit dem Fanggestänge ausgebaut. Es verbleibt dann nur mehr der Versuch, den Gestängestrang zu überwaschen, sukzessive abzuschrauben oder zu schneiden.

G. Behebung geringer Schäden in Futterrohren

1. Allgemeines

Wenn der eingebaute Futterrohrstrang an einem Teufenpunkt infolge von Nachfall der Bohrlochwand und dem dabei auftretenden plötzlichen Gebirgsdruck schwach deformiert wird, kann diese Engstelle beim aufmerksamen Einbau der Bohrgarnitur (mit der in diesen Rohren das Bohrloch weiter abgeteuft wird) festgestellt werden.

Der Bohrmeißel wird hier nur in einer ganz bestimmten Stellung frei hindurchgehen.

Die Größe der Verformung kann durch Einbau von dünnwandigen Schablonen (dünnwandigen kurzen Blechrohren), die sich an der Engstelle entsprechend verformen, ermittelt werden.

Der kleinste Durchmesser dieser Druckstelle kann aber auch durch den Einbau verschiedener Rohrkaliber festgestellt werden.

Geringe Verformungen der Rohre können, günstige Verhältnisse vorausgesetzt (Rohrwandungen nicht zu dick, Gebirgsdruck nicht zu groß), mit einem Rohrroller wenigstens teilweise behoben werden.

Drei außen gehärtete, tonnenförmige Rollen sind in einem birnenförmigen Stahlstück seitlich verlagert (s. Abb. 203).

Der Roller wird am Fanggestänge bis zur Engstelle eingebaut und hier mit einer geringen Drehzahl (10 bis 15 U/Min.) gedreht. Dabei wirkt ein Teil des Gestängegewichtes als Druckbelastung.

Futterrohrroller werden für Rohre von 5 bis 10 3/4 Zoll gebaut, ihr Gewicht variiert, je nach der Nenngröße, etwa zwischen 30 und 180 kg.

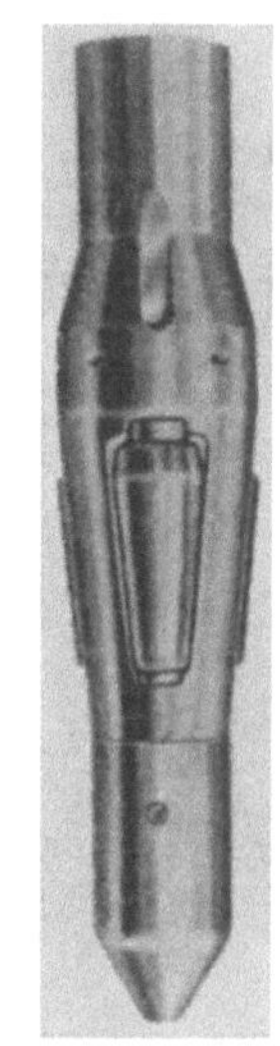

Abb. 203. Futterrohrroller (Casing roller) nach Fa. Wilson Supply Co.

2. Schneiden und Ziehen von Futterrohren

Diese Arbeiten können in folgenden Fällen durchzuführen sein:

1. Eine Förderbohrung ist an ihrer wirtschaftlichen Grenze angelangt und soll verlassen werden. Sie war mit mehreren Futterrohren verrohrt, die nicht alle bis zu Tage zementiert wurden.

Man wird hier versuchen, einen Teil der nicht zementierten Rohre zu ziehen.

2. Eine Schurfbohrung, gleichfalls mit mehreren Futterrohren verrohrt, wobei ebenfalls nicht alle Rohre bis zu Tage zementiert wurden, wird aufgelassen. Auch hier wird man den Versuch machen, so viel als möglich von der Verrohrung wieder zu gewinnen.

Die Teufenpunkte, bis zu welchen die Rohre zementiert wurden, sind bekannt, man wird daher trachten, den Rohrstrang oberhalb dieses Punktes zu schneiden und auszubauen.

Das Innen-Schneidegerät für Futterrohre gleicht den schon beschriebenen für Bohrgestänge (s. Abb. 197 *a* und *b*).

Er wird mit einem entsprechenden Gestänge in das Bohrloch zum gewählten Teufenpunkt eingebaut und bei geringer Drehzahl werden die Rohre geschnitten.

Es kann nun vorkommen, daß die geschnittenen Rohre an der Bohrlochwand festgeklemmt sind und nicht gezogen werden können. Man wird daher den Schnitt einige Rohrlängen höher nochmals versuchen.

Tabelle 56. *Rohrkrebse der S. R. Bowen Co. (Santa Fé Springs, Cal.)*

Rohr-Nenndurchmesser Zoll	Maximaler Außendurchmesser bei geschlossener Stellung mm	Maximaler Außendurchmesser bei Fangstellung mm
4 1/2	93,66	107,16
4 3/3 bis 5 Zoll	98,43	111,92
5	104,78	123,83
5 1/2	115,89	133,35
6	122,24	134,94
6 5/8	142,88	161,13
7	149,23	166,69
7 5/8	163,51	186,12
8 5/8	177,80	195,26
9 5/8	204,79	236,92
10 3/4	238,13	265,11
11 3/4	266,7	290,51
13 3/8	307,97	334,17

Ist es gelungen, einen Teil der Rohre auszubauen, wird der Versuch gemacht, auch noch den restlichen Teil zu gewinnen.

Da der noch zu ziehende Rohrstrang kürzer ist und damit auch die Reibung der Außenwand im Ringraum (der mit Nachfall teilweise hinterfüllt sein kann) geringer ist, kann der Ausbau gelingen.

Zu diesem Zwecke wird ein lösbarer Rohrkrebs, der im Prinzip dem lösbaren Fangdorn gleicht, am Fanggestänge in den Rohrkopf eingebaut und hier festgesetzt (s. Abb. 189 *b*).

Durch Spannen und Entspannen der Fanggestänge kann ein Freimachen der Rohre Erfolg haben und der geschnittene Rohrteil gezogen werden.

Gelingt diese Operation nicht, kann der Rohrkrebs, ebenso wie der lösbare Fangdorn, aus seiner Verbindung mit dem Rohrkopf gelöst und ausgebaut werden.

Lösbare Rohrkrebse werden auch zum Einbau von verlorenen Rohrkolonnen häufig verwendet.

Bei Bohrungen, welche verlassen werden, muß eine entsprechende Verdämmung sowohl der perforierten Rohrstrecken als auch der geschnittenen Rohrköpfe durch Ton- und Zementpfropfen erfolgen.

Auch der Bohrlochmund muß entsprechend mit Zement abgedichtet werden.

Rohrkrebse werden für Futterrohre von **4 1/2** bis **13 3/8** Zoll geliefert. In Tab. **56** sind die Maße von Rohrkrebsen der Firma S. R. Bowen Co. verzeichnet.

XXI. Geräte zur Bestimmung der Ausbeute-Kapazität durchteufter Öl- und Gashorizonte (Formation test tools)

1. Allgemeines über den Zweck dieser Geräte und ihre Funktion

Die Konstruktion dieser Geräte basiert auf folgender Überlegung:

Wird ein Bohrgestänge, welches an seinem unteren Ende z. B. mit einem Pfropfen abgedichtet ist, in ein mit Spülung gefülltes Bohrloch auf eine bestimmte Teufe eingebaut, so ergibt sich zwischen dem mit Spülung gefüllten Ringraum und dem nur mit Luft gefüllten Gestängeinneren eine Druckdifferenz, die vom spezifischen Gewicht der Spülungssäule abhängt.

Oberhalb des Abschlußpfropfens sei am Gestänge ein Packer eingebaut, der den Ringraum zwischen der Bohrloch- und Gestängeaußenwand an der gegebenen Stelle im Bohrloch völlig abschließt. Bestünde nun die Möglichkeit, den Pfropfen zu lösen, so würden, infolge der bestehenden Druckdifferenz, die unterhalb des Packers in den durchteuften Schichten unter Druck gespeicherten Medien, z. B. Öl, in das Gestänge einströmen.

In der hier zu beschreibenden Apparatur ist nun der obengenannte Pfropfen durch ein Gerät ersetzt, das mit einer besonderen Ventilkonstruktion ausgestattet ist.

Sie sichert beim Einbau den erforderlichen Abschluß des Gestängeinneren, sie ermöglicht aber auch das Einfließen und verhindert das Rückfließen des in die Apparatur und Gestänge eingeströmten Mediums beim Ausbau.

Die so gewonnene Probe läßt auf den Charakter des gespeicherten Mediums und auf das Ausbeutepotential schließen.

Verschiedene Konstruktionen solcher Apparate sind heute verfügbar, die den unterschiedlichen lokalen Verhältnissen gerecht werden.

Im Prinzip sind die beiden folgenden Typen gebräuchlich:

1. Testgeräte, welche durchteufte Öl- oder Gasschichten im unverrohrten Bohrloch untersuchen lassen.

2. Geräte für verrohrte Bohrlöcher, in denen die zementierten Futterrohre in der Höhe der vermuteten Speicherschicht perforiert wurden.

Bei den ersteren sind wiederum Konstruktionen vorgesehen, mit welchen nur eine Speicherschichte untersucht werden kann, und andere, mit welchen selektive Untersuchungen von mehreren übereinander liegenden Schichtenpaketen möglich sind.

Die Probe kann nun im Bohrloch mit vollem Durchmesser durchgeführt werden oder aber im kleineren Kernapparat-Durchmesser, falls die zu untersuchende Schichte gekernt wurde.

Im ersten Falle ergibt sich der Vorteil, daß das Bohrloch für den Test nicht besonders vorbereitet werden muß und nach der Probe sofort mit gleichem Meißeldurchmesser weiter gebohrt werden kann, bzw. die Futterrohre ohne Nachschneiden eingebaut werden können.

Im zweiten Falle hat man wiederum den Vorteil, daß ein im Durchmesser kleinerer Packer eingebaut werden kann, der mit geringeren Widerständen (ohne die Bohrlochwand zu scheuern) auf die erwünschte Teufe gelangt. Ferner liegt ein weiterer Vorteil darin, daß der mit dem Kernapparat gezogene Kern im

Laboratorium untersucht und die Untersuchungswerte mit der im Bohrstrang gewonnenen Probe verglichen werden können. Allerdings muß in diesem Falle vor Beginn des weiteren Abteufens das Bohrloch auf den normalen Bohrlochdurchmesser nachgeschnitten werden.

Im Prinzip wird somit die zu untersuchende Schicht vom hydrostatischen Druck der Spülungssäule entlastet, so daß sowohl ihr Speicherinhalt als auch ihr Druck festgestellt werden kann, bevor die definitive Verrohrung eingebaut wird.

Die Apparatur besteht aus einer Anzahl von speziellen Ventilen, von denen jedes eine besondere Aufgabe hat, und einem Packer, der den Ringraum oberhalb der zu untersuchenden Schichte abschließt. Sie kann an einem Bohrgestänge oder an Steigrohren in das Bohrloch eingebaut werden.

Eine dieser Konstruktionen, die vielfach Verwendung findet, ist der sogenannte „Johnston Formation Tester", der hier im Detail beschrieben werden soll.

Die im offenen (nicht verrohrten) Bohrloch verwendete Methode wird in der amerikanischen Literatur als „Drill Stem Test" bezeichnet und ist auch in allen Fachkreisen als solche bekannt.

2. Das Testgerät der Firma M. O. Johnston Oil Field Service Corp.

Das Johnston-Gerät für eine Probenahme im offenen Bohrloch (s. Abb. 204 *a*) setzt sich aus den folgenden Teilen zusammen:

Dem Bohrgestänge, an dem das Gerät eingebaut wird (*1*).

Dem Auslöseventil (*2*), welches nach Einbau und Absetzen des Packers die erste Teiloperation der Probenahme einleitet, bzw. den Eintritt der Schichtflüssigkeit oder der Schichtgase in das leere Bohrgestänge ermöglicht und, wie später noch erläutert wird, auch ein Kontrollorgan ist.

Dem Rückschlagventil (*3*), das den Zutritt der Flüssigkeit und der Gase in die Apparatur regelt und nach der Probenahme ein Rückfließen aus dem Gestänge und der Probeapparatur verhindert.

Dem Ausgleichsventil (*4*), welches nach erfolgter Probenahme einen Druckausgleich zwischen dem oberhalb und unterhalb des Packers befindlichen Bohrlochteil herstellen läßt, so daß beim Anheben der gesamten Apparatur der gegen die Bohrlochwand zusammengepreßte Packer auf seinen ursprünglichen Einbau-Durchmesser gestreckt wird und die Apparatur ohne eine Kolbwirkung ausgebaut werden kann.

Dem Kautschuk-Packer (*5*), der die Abdichtung des Ringraumes zu besorgen und den je nach Teufe hohen Differentialdruck aufzunehmen hat.

Dem perforierten Standrohr (*6*), welches als Auflager bzw. Stütze zwischen der Bohrlochsohle und dem Packer bei dessen Absetzen zu dienen hat.

Ferner den im Standrohr befindlichen Druckregistrierapparaten, die noch näher besprochen werden.

Die Bauart und die Funktion der einzelnen Teile sollen im folgenden beschrieben werden.

Als Gestänge wird vorwiegend das gleiche Gestänge verwendet, mit dem das Bohrloch abgeteuft wurde. Wichtig ist, daß alle Gewindeverbindungen absolut dicht sind, um bei der großen Druckdifferenz zwischen dem mit Spülung gefüllten Ringraum und dem leeren (nur mit Luft erfüllten) Gestänge jedwedes Einströmen der Spülung in das Gestänge zu verhindern.

Das Auslöseventil oder die sogenannte „Disk valve" (s. Abb. 204 *b*) besteht aus dem oberen Übergangsstück (*1*), das an das Gestänge anschließt, dem Disk-Schlagstück (*2*), der oberen Führungshülse (*3*), der unteren Führungshülse (*4*), der Disk-Platte (*5*) aus einer gegossenen Aluminiumlegierung, die zwischen den beiden Führungshülsen festgepreßt ist, dem unteren Übergangsstück (*6*) und der Düse (*7*), durch welche die aus der Schicht kommende Flüssigkeit gedrosselt einfließen kann, sobald die Disk-Platte durchbrochen wird und damit die Kommunikation zwischen Schicht und Gestängebohrung hergestellt ist.

Die Funktion dieses Ventils als Kontrollorgan wird bei der Besprechung der Probenahme erklärt werden.

Das Rückschlagventil (s. Abb. 204 *c*) schließt mit seinem Übergangsstück (*1*) an das Auslöseventil an. Die Innenhülse (*2*) ist am oberen Kopfende mit dem Übergangsstück (*1*), am unteren Ende mit dem Ventilschaft (*8*) verschraubt.

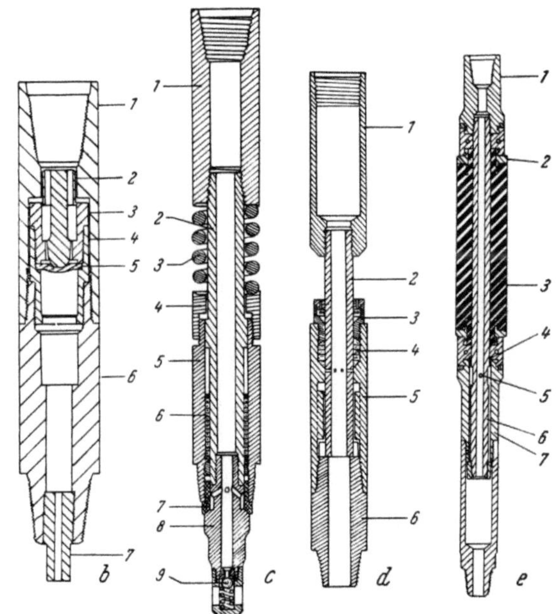

Abb. 204 *a*. Formations-Probegerät (Formation Tester) nach Fa. Johnston.
1 Bohrgestänge, *2* Auslöseventil, *3* Rückschlagventil, *4* Ausgleichsventil, *5* Packer, *6* Standrohr perforiert

Abb. 204 *b* bis *e*. Formations-Probegerät (Formation Tester) nach Fa. Johnston.
b Auslöseventil. *1* Oberes Übergangsstück, *2* Disk-Schlagstück, *3* Obere Führungshülse, *4* Untere Führungshülse, *5* Disk-Platte, *6* Unteres Übergangsstück, *7* Düse.
c Rückschlagventil. *1* Übergangsstück, *2* Innenhülse, *3* Spiralfeder, *4* Spannmuffe, *5* Außenhülse, *6* Packungen, *7* Zirkulationsventilsitz, *8* Ventilschaft, *9* Federgesteuertes Kugelventil.
d Ausgleichsventil. *1* Oberes Übergangsstück, *2* Innenhülse, *3* Stopfbüchse, *4* Packungen, *5* Außenhülse, *6* Unteres Übergangsstück.
e Kautschuk-Packer für das unverrohrte Bohrloch. *1* Oberes Übergangsstück, *2* Obere Verlagerung des Kautschukmantels, *3* Kautschukmantel, *4* Untere Verlagerung des Kautschukmantels, *5* Scherbolzen, *6* Packerhülse, *7* Gleithülse mit Nuten

Außerhalb der Innenhülse ist lose eine Außenhülse (*5*) aufgezogen, die am oberen Ende mit der Spannmuffe (*4*) verbunden ist und am unteren Ende außen ein Zapfengewinde zum Anschluß an das folgende Teilstück der Apparatur hat. Ferner ist hier mit Muffengewinde der Ventilsitz (*7*) angeschlossen. Zwischen dem Übergangsstück (*1*) und der Spannmuffe (*4*) ist eine starke Spiralfeder (*3*) eingebaut.

Der Ringraum zwischen Innen- und Außenhülse ist mit den Packungen (*6*) abgedichtet.

Der Ventilschaft (*8*) hat eine zentral durchgehende Bohrung, die unten mit einem federgesteuerten Kugelventil (*9*) abgeschlossen wird, so daß nur eine Zirkulation von innen und außen möglich ist.

Von der zentralen Bohrung des Ventilschaftes (*8*) sind seitliche Bohrungen vorgesehen. In der Normalstellung beim Einbau der Apparatur drückt die Spiralfeder (*3*) die Außenhülse (*5*) nach abwärts, so daß der Ventilsitz (*7*) auf dem Konus des Ventilschaftes (*8*) fest aufsitzt und jede Kommunikation zwischen außen und innen unterbunden wird.

Wird die Außenhülse in unveränderter Lage festgehalten, die Innenhülse hingegen durch Nachlassen des Bohrstranges nach abwärts gedrückt, löst sich der mit letzterer verbundene Ventilschaft (*8*) vom Ventilsitz (*7*). Damit kann die im anschließenden Innenteil des Gerätes befindliche Flüssigkeit durch die radialen Bohrungen in die Bohrung der Innenhülse (*2*) einströmen.

Wird wieder angehoben und die Spiralfeder (*3*) zum Teil entspannt, schließt sich das Ventil, so daß die eingeströmte Flüssigkeit nicht mehr austreten kann.

Das Ausgleichsventil (s. Abb. 204 *d*) schließt mit dem Muffengewinde des oberen Überganges (*1*) an das Zapfengewinde der Außenhülse (*5*) des Rückschlagventils an. Am Übergangsstück (*1*) des ersteren ist die Innenhülse (*2*) angeschraubt, die innerhalb einer Stopfbüchsen-Dichtung (*4*) in den Führungsnuten der Außenhülse (*5*) auf einer begrenzten Wegstrecke nach auf- und abwärts gleiten kann. An die Außenhülse schließt der Übergang (*6*) an, der schließlich mit dem Packer verschraubt wird.

Die Innenhülse (*2*) hat in einer bestimmten Höhe radiale Bohrungen vorgesehen.

Beim Einbau der Apparatur befindet sich die Innenhülse gegenüber der Außenhülse in der höchsten Stellung, so daß sich deren radiale Bohrungen oberhalb der Stopfbüchse befinden und damit eine Kommunikation von außen nach innen möglich ist.

Wird hingegen das Standrohr auf die Bohrlochsohle gesetzt und übernimmt damit das Gewicht der an der Außenhülse (*5*) hängenden Apparatur, so wird die Innenhülse in die Außenhülse eingeschoben. Damit befinden sich die radialen Bohrungen unterhalb der Stopfbüchse, und die Kommunikation mit dem Ringraum ist wieder unterbunden.

Sobald die Probenahme beendet ist, muß vor Ausbau des Packers ein Druckausgleich zwischen den Bohrlochteilen oberhalb und unterhalb des Packers erfolgen, was durch ein Anheben des Gestänges erfolgt, wobei die Innenhülse in der Außenhülse nach aufwärts gleitet und durch ihre radialen Bohrungen eine Kommunikation zwischen dem Ringraum und dem Bohrlochteil unterhalb des Packers möglich macht und so den Druckausgleich herstellt.

Der Kautschuk-Packer

Der Packer (s. Abb. 204 *e*) ist mit dem Muffengewinde des oberen Übergangsstückes (*1*) am Gewindezapfen des Ausgleichsventiles angeschlossen. Das Übergangsstück (*1*) ist innen mit der Packerhülse (*6*) verschraubt, die in Längsnuten der Gleithülse (*7*) eine gegebene Länge auf- und abwärts bewegt werden kann. Am unteren Ende des Übergangsstückes (*1*) ist in der oberen Verlagerung (*2*) der Kautschukmantel (*3*) eingebaut, der in einer Länge von etwa 40 bis 50 cm über die Packerhülse (*6*) gestülpt ist. Sein unteres Ende ist am Kopfende der Gleithülse (*7*) in der unteren Verlagerung (*4*) befestigt. Beim Einbau ist die Packerhülse (*6*) mit der Gleithülse (*7*) durch den Scherbolzen (*5*) verbunden.

Bei beiderseitigem Druck wird der Scherbolzen (*5*) abgeschert und es gleitet die Packerhülse (*6*) nach abwärts, so daß der Kautschukmantel nach außen gegen die Bohrlochwand gepreßt wird und auf diese Weise den Ringraum abdichtet.

Es sind auch hier verschiedene Neukonstruktionen entwickelt worden, die eine sichere Abdichtung gewährleisten sollen.

Das perforierte Standrohr ist eigentlich das Auflager, das zwischen der Bohrlochsohle und dem Packer zu stehen kommt und den Druck beim Setzen des Packers aufzunehmen hat.

Je nach der Teufe, in der die Probe genommen werden soll, wird der sich dabei bildende Differentialdruck verschieden sein. Dementsprechend muß auch die Beanspruchung des Standrohres auf Knickung unterschiedlich werden. Für große Teufen werden diese Standrohre daher aus Schwerstangen hergestellt, die als eine Art Sandfilter entsprechend perforiert sind.

Standrohre bis über 150,0 m Länge wurden bei dieser Konstruktion verwendet.

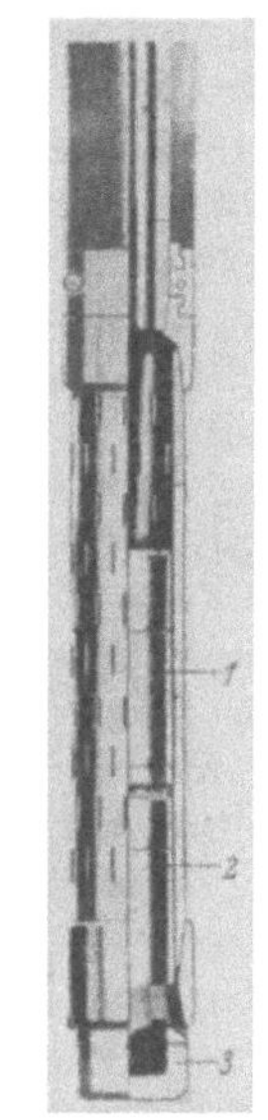

Abb. 205. Detail des Formations-Testgerätes mit den zwei Druckregistrierapparaten nach Fa. Johnston. *1* Innen-Druckregistrierapparat, *2* Außen-Druckregistrierapparat, *3* Rohrabschluß

Druckregistrierapparate

Es sind stets zwei Apparate eingebaut, und zwar unterhalb des Packers im perforierten Standrohr (s. Abb. 205).

Der obere (Inside Recorder) registriert den vorhandenen Druck innerhalb des perforierten Rohres.

Der andere Apparat (Outside Recorder) ist im geschlossenen Schuh des Standrohres eingebaut, der seitliche Bohrungen hat und den Druck außerhalb desselben registriert.

Über die Auswertungen dieser Messungen wird später Näheres ausgeführt werden.

3. Durchführung des Testes im offenen Bohrloch mit Standrohr

Die Apparatur wird in der schon beschriebenen Reihenfolge (Standrohr, Packer, Ausgleichsventil, Rückschlagventil, Auslöseventil, Gestänge) in das Bohrloch eingebaut. Die Länge des Standrohres ist so gewählt, daß der Packer nach dem Absetzen oberhalb der zu prüfenden Schicht zu stehen kommt.

Während des Einbaues tritt die Bohrspülung durch das perforierte Standrohr und das ausgezogene Ausgleichsventil bis zum unteren Ende des Rückschlagventils in die Apparatur ein, wohingegen der Teil oberhalb des Rückschlagventils leer bleibt.

Ist daher der Packer auf die erwünschte Teufe eingebaut und fixiert, entspricht der Gegendruck, der auf die zu untersuchende Schicht wirksam ist, je nach Konstruktionstype, lediglich einer Flüssigkeitssäule von etwa 2,0 m Höhe.

Die Disk-Platte (*5*) des Auslöseventils (s. Abb. 204 *b*) aus gegossenem Aluminium muß bei der Probenahme mit einem Fallgewicht durchbrochen werden, um der aus der Schicht einfließenden Flüssigkeit, die zunächst das offene Rückschlagventil passieren muß, den Weg in das Gestänge freizugeben.

Das Auslöseventil ist aber auch gleichzeitig ein Sicherheits- und Kontrollorgan, wie dies schon früher erwähnt wurde, und zwar für die folgenden Fälle:

Beim Einbau der Apparatur kann der Packer an irgend einer Engstelle im Bohrloch aufgehalten werden, wodurch sich eine, wenn auch kurzfristige Druckbelastung der Apparatur ergeben kann. Das Rückschlagventil kann sich in diesem Fall für eine bestimmte Zeitspanne öffnen und Bohrspülung in die Apparatur eindringen lassen. Die Spülung kann aber nur bis zur Disk-Platte hochsteigen, die ihr den weiteren Weg versperrt. Durch diese Spülung wird allerdings die später aus der Schichte kommende Flüssigkeit verunreinigt.

Falls andererseits Spülung durch eine leck gewordene Stelle im Gestänge eindringt, sammelt sie sich oberhalb der Disk-Platte. Das Fallgewicht, das die Platte im leeren Gestänge leicht durchschlagen würde, wird durch die darüber befindliche Spülung in seiner Fallgeschwindigkeit gehemmt, so daß die Platte nicht durchschlagen und die Apparatur mit nicht durchbrochener Platte ausgebaut wird.

Die Probenahme ist in diesem Falle nicht gelungen. Es muß daher vorher das Gestänge bzw. seine Verbindungen auf ihre Dichtigkeit untersucht werden.

Ist die Apparatur bis knapp oberhalb der Bohrlochsohle eingebaut, wird unter Beobachtung des Gewichtsindikators das Standrohr auf Sohle gesetzt und durch allmähliches Nachlassen des Stranges der Scherbolzen des Packers abgeschert und der Kautschukmantel so weit gedrückt, daß der Ringraum völlig gedichtet ist. Der Druck ist dabei so bemessen, daß sich das Rückschlagventil noch nicht öffnet.

Nach dieser Operation wird ein aus Stahl gefertigtes Fallgewicht in das leere Gestänge eingelassen, das die Disk-Platte durchbricht.

Die Firma Johnston schreibt für die verschiedenen Gestängedurchmesser die folgenden Maße für das Fallgewicht vor:

Zoll mm	Länge m
1/4 = 6,35	1,8
3/8 = 9,525	0,8
1/2 = 12,7	0,45
5/8 = 15,87	0,3
3/4 = 19,05	0,2
7/8 = 22,22	0,15
1 = 25,4	0,4

Zur Probenahme muß das Bohrstranggewicht weiter nachgelassen werden, damit sowohl die Spannung der Spiralfeder des Rückschlagventiles als auch der Differentialdruck überwunden werden, um das Ventil zu öffnen und damit den Zufluß aus der Schicht zu ermöglichen.

Die unterhalb des Packers und in der Schichte gespeicherte Flüssigkeit steigt nun im Gestänge hoch.

Sobald das Gestängegewicht wenig angehoben wird, entspannt sich zunächst die Spiralfeder des Rückschlagventiles und sperrt damit die in den Strang eingetretene Flüssigkeit ab.

Gleichzeitig wird die Innenhülse des Ausgleichventils hochgezogen, so daß sich durch die seitlichen Bohrungen derselben der Druck zwischen den Bohrlochteilen oberhalb und unterhalb des Packers ausgleichen kann.

Durch die dabei erfolgte Druckentlastung des Kautschuk-Packers schrumpft dieser auf seinen Einbaudurchmesser und gibt einen Ringspalt frei, so daß der Strang ohne eine Kolbwirkung ausgebaut werden kann.

4. Konstruktion mit besonderer Verankerungseinrichtung

Eine andere Konstruktion der Firma Johnston Oil Field Service Corp. ermöglicht eine selektive Probenahme in beliebigem Abstand von der Bohrlochsohle, wobei kein Standrohr erforderlich ist (s. Abb. 206).

Da bei dieser Konstruktion die zu untersuchende Öl- oder Gasschichte durch einen Packer unterhalb und oberhalb derselben von den benachbarten Horizonten isoliert wird, ist ein selektives Testen eines jeden Horizontes möglich.

Gegenüber den früheren Methoden wird dadurch das Abdichten der tiefer gelegenen Horizonte mittels Zementbrücken erspart.

Die Apparatur wird ebenfalls am Bohrgestänge eingebaut, an welches die schon besprochenen Ventile, sodann der obere Packer, der perforierte Rohrteil, der untere Packer und schließlich der Ankerteil anschließen.

Unterhalb des perforierten Rohrteiles zwischen den beiden Packern sind zwei Druckregistrierapparate und ein Thermometer eingebaut. Unterhalb des unteren Packers ist ein dritter Registrierapparat vorgesehen, der die Funktion der Bypassverbindung zwischen dem Raum oberhalb des ersten und unterhalb des zweiten Packers kontrolliert.

Die Ankereinrichtung setzt sich aus folgenden Teilen zusammen:

a) Der Ankerhülse (*1*), mit neun Ankerschneiden (*2*) ausgestattet, welche in entsprechenden Ausnehmungen, als zweiarmige Hebel auf Drehbolzen, gelagert sind.

Beim Einbau der Apparatur sind die Schneidemesser völlig innerhalb der Ausnehmungen der Ankerhülse eingeschwenkt.

b) Der Fangkorbhülse (*3*), die im unteren Ende der Ankerhülse drehbar verlagert ist. Sie ist mit vier starken Blattfedern (*4*) ausgestattet, die sich gegen die Bohrlochwand pressen.

Im Inneren der Fangkorbhülse ist ein mit einer Spiralfeder gesteuerter Mechanismus (*5*) eingebaut, der mit den Ankerschneiden in Verbindung steht.

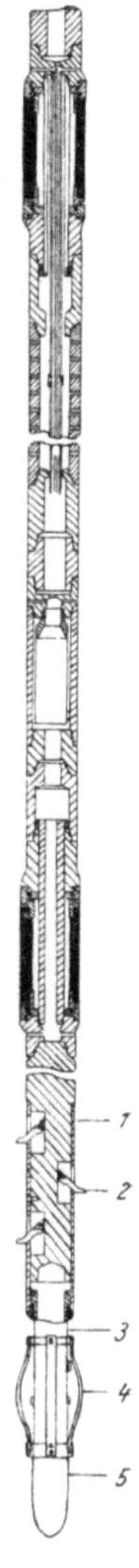

Abb. 206. Formations-Probegerät (Formation Tester) mit besonderer Verankerungseinrichtung nach Fa. Johnston.
1 Ankerhülse, *2* Ankerschneiden, *3* Fangkorbhülse, *4* Blattfedern, *5* Abschlußkopf mit Steuermechanismus

Sobald das Gerät an der erwünschten Stelle im Bohrloch eingebaut ist, wird der Bohrstrang etwa 1,0 m angehoben und gleichzeitig mit 1 1/2 bis 2 Umdrehungen, entgegengesetzt der Uhrzeigerrichtung, gedreht.

Durch diese Operation wird der Mechanismus der Ankereinrichtung ausgelöst und die Ankerschneiden in die Bohrlochwand gedrückt. Der Bohrstrang wird nun allmählich weiter nachgelassen und gleichzeitig um weitere 1 1/2 bis 2 Umdrehungen links gedreht. Damit ist die Verankerungsoperation beendet.

Zum späteren Lösen der Verankerung, also nach erfolgter Probenahme, wird der Bohrstrang wieder im Uhrzeigersinne gedreht und angehoben.

Die Verankerung übernimmt zunächst nur einen Teil des Gewichtes, um bei weiterem Nachlassen den unteren Packer zu setzen. Sobald dieser gesetzt ist, übernimmt er mit der Verankerung das gesamte Gewicht, welches zum Absetzen des oberen Packers erforderlich ist.

Die Probenahme erfolgt weiter in derselben Weise wie beim einfachen Packer.

5. Geräte für Probenahme innerhalb perforierter Futterrohre

Das Prinzipielle bei dieser Konstruktion ist die Verankerung des Packers in der Futterrohrwand (s. Abb. 207).

Die Ventilapparatur ist die gleiche wie bei den schon besprochenen Geräten. Unterschiedlich ist lediglich die Verankerung des Packers. Sie ist so ausgebildet wie die Verankerung von verlorenen Förderrohren. Unterhalb des Packers ist die Keilverankerung mit dem Federkorb (*6*) eingebaut.

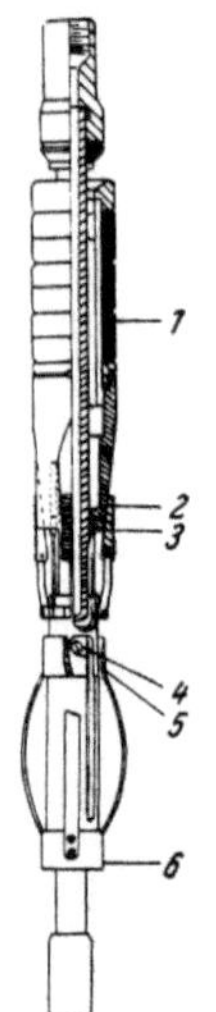

Abb. 207. Johnston-Formation-Test-Packer zum Testen im verrohrten Bohrloch. *1* Kautschukmantel, *2* Keilkonus, *3* Gezahnte Keile, *4* Sperrbolzen, *5* Federkorbring, *6* Federkorb

Der in eine Bajonettnut des oberen Federkorbringes (*5*) eingreifende Sperrbolzen (*4*) des Geräteschaftes hält die Keile während des Einbaues in der tiefsten Lage. Sobald die Apparatur an der gewünschten Teufe angelangt ist, wobei sich die starken Bandfedern des Federkorbes gegen die Rohrwand pressen, wird das Gestänge und damit der Geräteschaft bei leichtem Anheben etwa um 45° links gedreht. Der Sperrbolzen kommt dadurch aus seiner Sperrstellung und gleitet beim Nachlassen des Stranges in der vertikalen Nut des Federkorbringes (*5*) nach abwärts.

Die Abwärtsbewegung macht auch der Keilkonus (*2*) mit, so daß die durch den Federkorb gehaltenen, gezahnten Keile (*3*) gegen die Rohrwandung gedrückt werden und auf diese Weise die Apparatur verankern. Ein weiteres Nachlassen drückt den Kautschukmantel (*1*) gegen die Rohrwand und dichtet damit den Ringraum völlig ab.

Die Probenahme erfolgt in der gleichen Art, wie schon besprochen. Zum Ausbau wird, nach Ausgleich des Differentialdruckes mittels des Ausgleichsventiles, das Gestänge leicht angehoben und durch eine leichte Rechtsdrehung der Sperrbolzen wieder in die Bajonettnut gebracht. Damit erfolgt auch ein Lösen der Keile von der Futterrohrwand, die entlang des Keilkonus wieder in die tiefste Stellung gleiten.

Zum selektiven Testen sind zwei Packer vorgesehen, zwischen denen sich der perforierte Rohrteil der zu testenden Schichte befindet. Die Verankerung erfolgt auch hier lediglich unterhalb des unteren Packers.

6. Der Obertage-Abschluß des Bohrstranges während der Operation mit dem Testgerät nach Firma Johnston

Der Abschluß (s. Abb. 208) besteht aus einer speziellen Spülkopf-Konstruktion, die in dem obersten Gestänge-Verbinder eingeschraubt wird und jedwede Drehbewegung des Bohrstranges gestattet.

Am T-Stück (*3*) schließt oben und seitlich je ein Hochdruckhahn (*1*, *2*) an. Durch den oberen Hahn (*1*) kann das Fallgewicht eingebracht werden.

Vom seitlichen Hochdruckhahn (*2*) kann im Falle einer Eruption der Fluß durch einen entsprechenden Eruptionskopf geleitet werden, in dem mittels Düsen der erforderliche Gegendruck gehalten werden kann.

Es ist natürlich auch möglich, einen anderen Abschluß zu entwickeln, der den bei dieser Probenahme vorzunehmenden Arbeitszyklen entspricht.

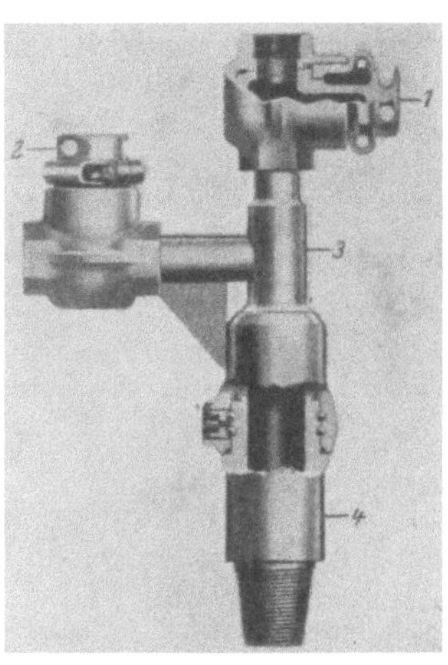

Abb. 208. Gestängeabschluß ober Tage während der Operation mit dem Johnston-Formations-Testgerät.
1 Oberer Hochdruckhahn, *2* Unterer Hochdruckhahn, *3* T-Stück, *4* Spülkopf

7. Auswertung der Druckdiagramme, die bei der Probenahme im Registrierapparat aufgezeichnet wurden

Die Druckregistrierapparate sind, wie schon erläutert wurde, entweder im perforierten Standrohr oder unterhalb des perforierten Rohrteiles zwischen den beiden Packern eingebaut.

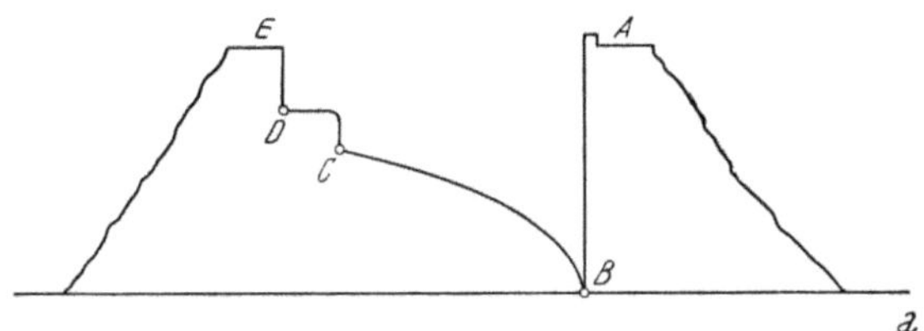

Abb. 209 *a*. Typisches Druckdiagramm eines Formations-Testgerätes

Ein typisches Diagramm, das von rechts nach links zu lesen ist, zeigt Abb. 209 *a*. Auf der Abszisse ist die Zeit, auf der Ordinate der Druck aufgetragen.

Beim Einbau steigt der Druck mit zunehmender Teufe an und erreicht beim Punkt *A* den totalen hydrostatischen Druck.

Wenn der Packer gesetzt wird, wird die unter ihm befindliche Spülung gepreßt und dadurch ein weiterer geringer Druckanstieg hervorgerufen.

Nach Öffnen des Rückschlagventiles erfolgt zunächst ein rapider Druckabfall und es stellt sich bei B der Anfangs-Fließdruck ein, mit dem der Zufluß aus der Schicht beginnt.

Im Punkt C ist der maximale Fließdruck erreicht. Wird nun ober Tage der Fluß im Bohrstrang gesperrt, steigt der Druck bis zum Punkt D an, dem Lagerstätten-Sperrdruck. Wird der Packer gelüftet bzw. vorher der Druckausgleich oberhalb und unterhalb desselben durchgeführt, stellt sich im Punkte E wieder der hydrostatische Druck ein.

Abb. 209 *b*. Druckdiagramm des oberen Druckregistrierapparates bei verstopfter Perforatur

Abb. 209 *c*. Druckdiagramm des unteren Druckregistrierapparates bei verstopfter Perforatur

Falls nun die Perforatur des Standrohres verstopft ist und keinerlei Zufluß aus der Schicht erfolgt, zeigen die beiden Registriergeräte das in Abb. 209 *b* und *c* dargestellte Diagramm. In Abb. 209 *b* ist das Diagramm des oberen Apparates zu sehen. Nach Einbau und Festsetzung des Packers entspannt sich lediglich die unter dem Packer befindliche Spülung, es erfolgt aber keinerlei Zufluß durch die verstopfte Perforatur des Standrohres. Nach Druckausgleich steigt der Druck zunächst langsamer, dann rapid wieder an, die Spülung hat beim Anheben die Verstopfungen zum Teil behoben.

Das Diagramm des unteren Registrierapparates (Abb. 209 *c*), der den Druckverlauf außerhalb des Standrohres aufnimmt, zeigt infolge der sukzessive auftretenden Verstopfung der Perforatur durch den Filterkuchen bzw. Bohrschmant nach dem Lüften des Rückschlagventils einen unregelmäßigen und geringen Druckanstieg.

Erfolgt keinerlei Verstopfung des perforierten Rohrteiles, zeigen beide Registrierapparate das gleiche Diagramm.

Je nach dem Charakter des Speichergesteines und der gespeicherten Medien werden sich auch unterschiedliche Diagramme ergeben.

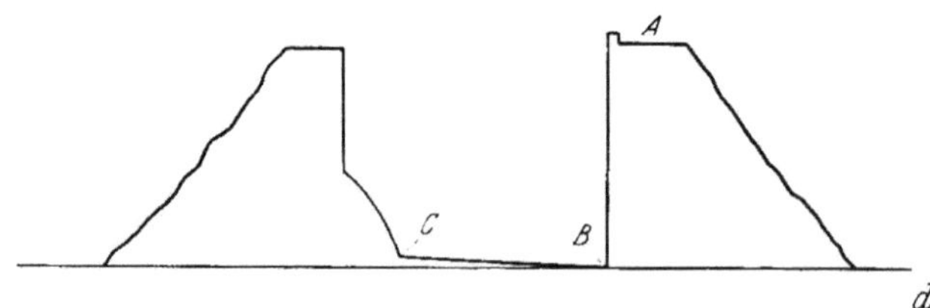

Abb. 209 *d*. Druckdiagramm einer Schicht mit schlechter Durchlässigkeit

In Abb. 209 *d* ist das Diagramm einer Schicht dargestellt, die eine schlechte Durchlässigkeit aufweist.

Punkt A ist wieder der totale hydrostatische Druck.

Punkt B ist der Anfangs-Fließdruck, der nur sehr langsam auf den Fließdruck C ansteigt.

In Abb. 209 *e* ist das Diagramm einer gut durchlässigen, eruptiven Schicht zu ersehen. Hier repräsentiert *B* den Anfangsfließdruck, der verhältnismäßig rasch auf den Endfließdruck *C* und nach Sperrung des Flusses ober Tage auf den Lagerstättendruck *D* ansteigt.

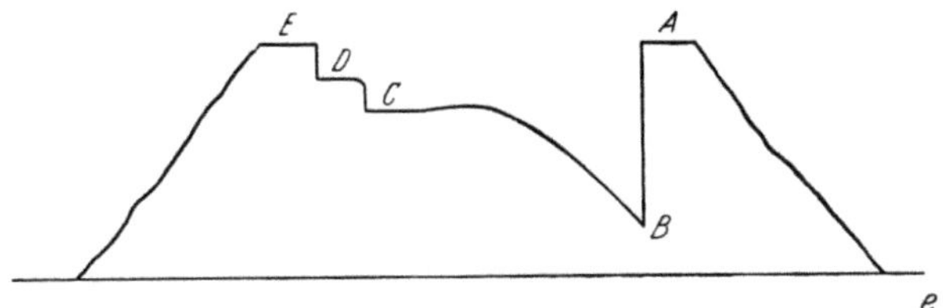

Abb. 209 *e*. Druckdiagramm einer Schicht mit guter Durchlässigkeit

Punkt *E* entspricht wieder dem normalen hydrostatischen Druck, der sich nach Lüftung des Packers einstellt.

Die Handhabung all dieser Geräte, ebenso wie die richtige Deutung der Druckdiagramme, erfordert eine entsprechende Schulung.

Diese Teste werden vorwiegend durch das geschulte Personal der Lieferfirma durchgeführt.

Es sei noch darauf verwiesen, daß der Luftraum zwischen dem Packer und dem Auslöseventil in Volumen 10% jenes Volumens haben muß, welches dem Spülungsvolumen unterhalb bzw. zwischen den beiden Packern entspricht.

8. Druckregistrierapparate

Es werden verschiedene Konstruktionen für Druckregistrierungen in Bohrlöchern angewendet. Eine dieser Typen, welche von der Firma Johnston als Type *E* bezeichnet wird, ist in Abb. 210 dargestellt, die Einzelteile sind in der Legende beschrieben.

Der Druck der in das Standrohr durch die radialen Bohrungen eintretenden Flüssigkeit wird durch die mit Öl gefüllte Gummihülse (*16*) und Innenhülse (*14*) auf den Kolbenkopf (*9*) übertragen. Letzterer ist mit einer Schreibfeder (*8*) versehen, die den jeweiligen Druck auf dem Diagrammpapier des Hohlzylinders (*5*) aufzeichnet.

Der Hohlzylinder (*5*) wird durch das Uhrwerk (*4*) je nach Einstellung gedreht, so daß der Druckverlauf in beliebigen Zeitabschnitten auf dem Diagramm verzeichnet wird.

Zwischen dem Fuß des mit dem Kolben verbundenen Kolbenmantelrohres (*11*) und der oberen Hülse (*6*) ist eine Spiralfeder (*7*) eingebaut, deren Spannung den

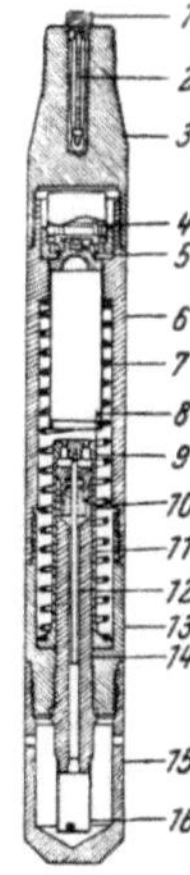

Abb. 210. Druckregistrierapparat nach Fa. Johnston.
1 Thermometerhülse, *2* Thermometer, *3* Kopfstück, *4* Uhrwerk, *5* Hohlzylinder mit Diagrammpapier, *6* Obere Hülse, *7* Spiralfeder, *8* Schreibfeder am Kolbenkopf, *9* Kolbenkopf, *10* Dichtung der Kolbenstange, *11* Kolbenmantelrohr, *12* Kolbenstift, *13* Untere Hülse, *14* Innenhülse, ölgefüllt, *15* Abschlußstück mit radialen Bohrungen, *16* Gummischutzhülse

zu erwartenden Druckverhältnissen entsprechend gewählt wird, um ein zu rapides Vorschnellen des Kolbens zu verhindern.

Die Feder ist so austariert, daß die maximale Druckdifferenz zwischen dem Bohrlochdruck und der Federspannung im Schreibgerät verzeichnet werden kann.

XXII. Apparate zum Perforieren von Futterrohren

1. Zweck des Perforierens

Um ein selektives Testen mehrerer übereinanderliegender Öl- bzw. Gas-Horizonte innerhalb einer Bohrung zu ermöglichen, werden diese Schichten zunächst verrohrt und zementiert und sodann selektiv in Teilstrecken perforiert.

Das heißt, daß mit einer speziellen Apparatur in den vorher festgestellten Teufenstrecken kleinkalibrige Verbindungskanäle durch die Futterrohre und den sie umgebenden Zementmantel in die Speicherschichte geschossen werden.

Sind bei einer Bohrung mehrere ausbeutbare Horizonte vorhanden, so wird, falls die Verhältnisse derselben unterschiedlich sind, zunächst der tiefste allein in Förderung genommen. Ist bei diesem Horizont die wirtschaftliche Grenze der Ausbeute erreicht, deckt die Förderrate nicht die Förderkosten, wird er verlassen, das heißt abgedämmt und der nächst höhere, bisher verrohrt gewesene, perforiert und in Ausbeute genommen.

Man hat es in der Hand, starkwandige Futterrohre, und zwar zwei, sogar drei teleskopisch ineinander eingebaute Rohre und deren Zementhinterfüllung zu durchschießen.

Für solche Zwecke, allerdings nur für eine einzige Futterrohrtour, wurden früher eigene Schlitzmesser oder aber recht filigrane Bohrapparate verwendet, die einen sehr schlechten Wirkungsgrad hatten.

2. Die Kugel-Schußapparate

Erst nach dem ersten Weltkrieg begann die Entwicklung eigener Kugel-Schußapparate für Tiefbohrungen.

Das Prinzip einer solchen Apparatur ist in Abb. 211 dargestellt.

In einem beliebig langen Stahlzylinder waren anfangs in Abständen von etwa 10 bis 12 cm, übereinander und um je 90° versetzt, entsprechende Bohrungen für den Laderaum und die Laufbüchse vorgesehen. Vom Laderaum führte eine kleinkalibrige Bohrung nach außen, durch die das elektrische Zündkabel für eine Glühdrahtzündung, gegen den Flüssigkeitsdruck abgedichtet, eingeführt wurde.

Der Laderaum wurde mit einem brisanten Pulver gefüllt. Das Spitzgeschoß mit gehärteter Mantelfläche hatte am Grunde eine Kreisplatte aus Kupfer aufgezogen und wurde rückwärts in die Laufbüchse eingeführt; diese wurde sodann in das Muttergewinde des Schußkörpers eingeschraubt. Beim Festziehen wurde der Kupferring am Grunde der Laufbüchse gepreßt und dichtete den Laderaum gegenüber der Laufbüchse ab.

Die Laufmündung wurde ferner mit einem dünnen Metall- und Gummipfropfen abgedichtet.

Die Glühdrähte in den einzelnen Laderäumen waren so gewählt, daß die Zündung durch unterschiedliche Spannungen nacheinander erfolgen konnte.

Eine andere Apparatur war nach dem Prinzip der Perkussionszündung konstruiert worden.

Die einzelnen Laderäume waren hier durch kleinkalibrige Zündkanäle miteinander verbunden. Vom obersten Laderaum führte der Zündkanal zu einer Perkussionskapsel, welche im Zentrum des Apparates unmittelbar unterhalb eines Schlagbolzens angeordnet war.

Der Apparat wurde an einem Drahtseil, 12 bis 16 mm im Durchmesser, in das verrohrte Bohrloch eingebaut. Auf der gewünschten Teufe angelangt, wurde ein Fallgewicht (zweiteiliger hohler Stahlzylinder) entlang des Tragseiles eingelassen, das auf den Schlagbolzen aufschlug, der mit einem Scherstift gesichert war. Hierdurch wurde die Zündkapsel zur Explosion gebracht, die durch die vorgesehenen Zündkanäle die einzelnen Ladungen zündete.

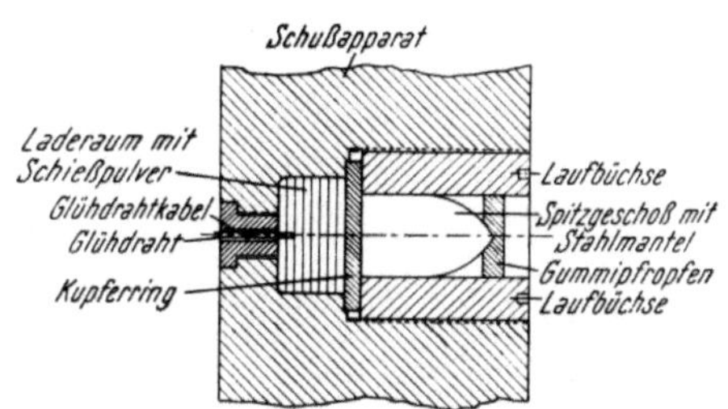

Abb. 211. Kugel-Schußapparat mit Glühdrahtzündung

Die Durchschlagskraft dieser Kugel-Schußapparate ist im allgemeinen abhängig von der Qualität und Größe der Ladung, von der Masse der Kugel und von der Lauflänge.

Die Ladedichte, das heißt das Verhältnis vom Pulvergewicht zum Volumen desselben, soll möglichst hoch sein.

Bei rauchschwachem Pulver wurden etwa 6 bis 10 g für Geschoß-Durchmesser von 6 bis 12 mm verwendet. Die bei der Explosion auftretenden Drücke variierten zwischen 2000 und 3000 Atü.

Eine Kugel großen Kalibers hat wohl eine größere Masse, wird aber langsamer beschleunigt und findet einen größeren Widerstand. Das Gegenteil ist bei kleinem Kaliber der Fall.

Der mögliche Spitzendruck im Laderaum muß die Festigkeit der gewählten Stahlqualität berücksichtigen, da sonst die Gefahr besteht, daß der Laderaum aufplatzt.

Die Tiefe des Durchschlages hängt von der Länge des Laufes, der Geschoßgeschwindigkeit und der Position des Laufes gegenüber der Rohrwand ab.

Je länger der Lauf gewählt wird, um so höher ist im allgemeinen auch die Durchschlagskraft, was aus dem folgenden Versuch zu ersehen ist:

5-Zoll-Rohre mit der Wandstärke von 7 mm waren in

7-Zoll-Rohren mit der Wandstärke von 9 mm zementiert.

Der Schußapparat hatte eine Lauflänge, die gleich war der 1 1/8-fachen Kugellänge. Die Kugelspitze blieb hier in den 7-Zoll-Rohren stecken.

Als eine Lauflänge von 1 3/4 der Kugellänge gewählt wurde, wurde ein vollständiger Durchschuß erzielt.

Je länger der Lauf, um so größer wird die Geschwindigkeit des Geschosses beim Verlassen desselben sein.

Je besser der Apparat im Bohrloch zentriert ist, um so glatter wird der Durchschlag sein.

Als Geschoßform wird fast durchwegs das Spitzgeschoß verwendet, das einen glatten Durchschlag ergibt, der im Durchmesser fast genau dem Geschoß-Durchmesser entspricht.

Für besondere Zwecke können auch andere Formen, wie Kegelstumpf, Hohlzylinder usw. verwendet werden, bei denen der Durchschlag im Durchmesser größer als der Kugeldurchmesser, die Durchdringung allerdings geringer ist.

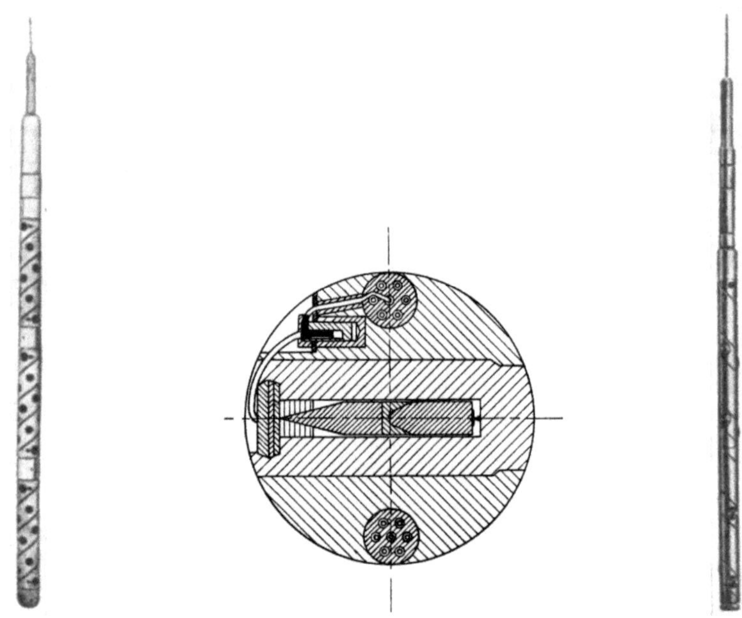

Abb. 212 *a*. Kugel-Schußapparat der Fa. Halliburton Oil Well Cementing Co.

Abb. 212 *b*. Kugel-Schußapparat der Fa. Halliburton Oil Well Cementing Co.

Abb. 213. Kugel-Schußapparat der Fa. Schlumberger

Die Kugel-Schußapparate wurden in den letzten Jahren vielfach verbessert, so daß ihre Handhabung und deren Sicherheit wesentlich vereinfacht bzw. erhöht wurde.

Als führende Firmen wären vor allem die folgenden zu nennen: Schlumberger, Lane-Wells Co., Halliburton, Byron & Jackson, McCullough.

In Abb. 212 *a* und *b* ist ein Kugel-Schußapparat der Firma Halliburton, in Abb. 213 ein solcher der Firma Schlumberger ersichtlich.

Wie man sieht, sind die Apparate aus einzelnen Teilstücken zusammengesetzt. Jede Firma hat ihre geheimgehaltenen Konstruktionen, insbesondere, was die Führung des Kabels zu den Glühdrähten der einzelnen Laderäume betrifft.

Die Firma Schlumberger arbeitet mit zwei Standard-Modellen und einem Super-Modell.

Die Standard-Modelle haben die folgenden Maße:

Außen-durchmesser Zoll, mm	Länge m	Schußzahl	Schuß/m	Kugeldurchmesser mm
4 = 101,6	2,14	24	13	10,3 oder bzw. 14,3
3 3/8 = 85,7	2,14	24	13	8,5 oder 12,7

Das Super-Modell hat die gleichen Maße wie das 4 Zoll Standard-Modell, jedoch eine höhere Ladung, und erzielt dadurch auch eine bessere Durchschlagskraft.

Die Firma hat zweierlei Abschußmöglichkeiten für ihre Apparate vorgesehen, und zwar können alle acht Schuß eines Apparatteilstückes auf einmal oder jeder Schuß einzeln abgefeuert werden.

Der Abschuß wird ober Tage am Mikrophon abgehört. Es sind auch alle Sicherheitsmaßnahmen getroffen, die ein vorzeitiges Zünden der Apparatur während des Einbaues unmöglich machen.

Die Standard-Modelle werden für alle normalen Perforierarbeiten empfohlen, wo bis zu drei Futterrohre mit Zementhinterfüllung zu durchschießen sind.

Das Super-Modell eignet sich für besonders schwere Bedingungen, also für große Wandstärken, besonders dicke Zementhinterfüllungen und vor allem für eine möglichst weite Durchdringung der Formation. Nach Angaben werden Durchdringungsweiten bis zu **30** cm erzielt.

Dieses Modell empfiehlt sich für spezielle Operationen, die den Zweck haben, die Zuflußkanäle einer Bohrung zu erweitern, um die Ausbeuterate zu steigern.

Man verwendet sowohl Konstruktionen aus Stahl, die immer wieder neu geladen werden können, als auch solche, deren Körper beim Abschuß völlig zertrümmert werden.

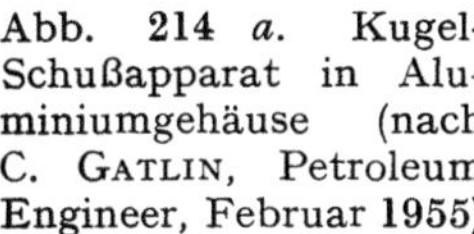

Abb. 214 *a*. Kugel-Schußapparat in Aluminiumgehäuse (nach C. GATLIN, Petroleum Engineer, Februar 1955)

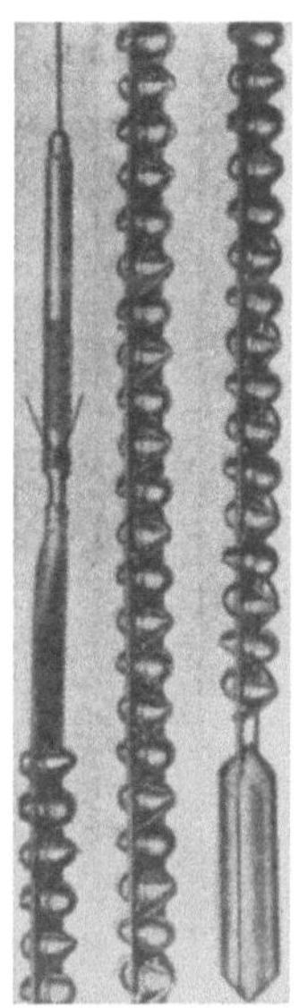

Abb. 214 *b*. Kugel-Schußapparat in Glasgehäuse (nach C. GATLIN, Petroleum Engineer, Februar 1955)

In Abb. 214 *a* und *b* sind davon einige Typen dargestellt.

Die Laderäume sind bei den letzteren Konstruktionen aus Gußeisen, Aluminium, sogar aus Glas hergestellt.

Eine Neuerscheinung ist auch der Apparat nach Abb. 215, der zum Aufbrechen von dichtem Speichergestein benützt wird.

Eine Kugel mit dem Durchmesser von 1 1/2 Zoll wird lotrecht nach abwärts geschossen und durch eine entsprechende Stahlgleitbahn um 90° horizontal abgelenkt. Die Eindringtiefe beträgt je nach Gesteinshärte 0,6 bis 1,5 m.

Laderaum
Geschoß

Abb. 215. Perforier-Apparat zum Aufbrechen von dichten Speichergesteinen (nach C. Gatlin, Petroleum Engineer, Februar 1955)

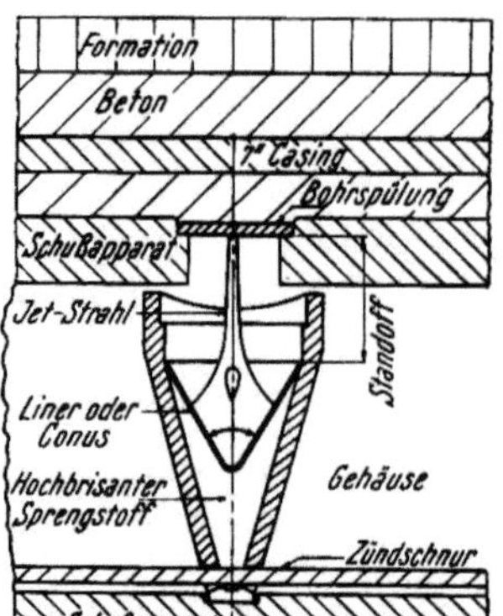

Abb. 216. Jet-Perforier-Apparat (nach V. L. Forsyth und J. Gardiner, Lane-Wells Co.)

3. Der Koneshot-Perforier-Apparat (Jet-Apparat)

Nach einem völlig anderen Prinzip arbeitet der Koneshot-Apparat. Die Arbeit der mit großer Geschwindigkeit aus dem Lauf austretenden Kugel übernimmt hier ein Feuerstrahl, der Stahl, Zement und Gestein durchbrennt.

Die Abb. 216 zeigt das Prinzip eines solchen Apparates, dessen Einzelteile in der Legende erläutert sind.

Die einzelnen Ladungen sind in einem starkwandigen Hohlzylinder aus Stahl, etwa einer Schwerstange mit großer Bohrung vergleichbar, übereinander in Spiralform eingesetzt.

Als Sprengmasse wird in USA das Pentolite, ein Erzeugnis der Firma Du Pont, in Deutschland das Thermit verwendet. Die Sprengmasse muß auch bei Temperaturen über 170° C unempfindlich sein.

Eine brisante Zündschnur geht durch die Zündmassen aller vorgesehenen Laderäume hindurch und bringt diese rasch nacheinander, das heißt praktisch auf einmal, zur Explosion.

Die Initiierung der Zündschnur erfolgt elektrisch über eine Zündkapsel.

Der Durchmesser der zu durchschlagenden Futterrohre bestimmt auch den Außendurchmesser des Apparates. Im Apparat ist die sogenannte „Stand off-

Distanz" für die Wirkung des Durchschlages maßgebend, die in Abb. 216 zu ersehen ist.

Der durch die Detonation gebildete Feuerstrahl hat die Form einer sich zuspitzenden Bohrung. Die Weite des Durchschlages hängt vor allem von der Größe des Apparates und damit der Ladung und von der Härte des zu durchstoßenden Mediums ab.

Die Firma Schlumberger baut vier Größen und gibt im Prospekt die folgenden Angaben:

Nenngröße Außendurchmesser Zoll	Apparat Länge m	Schußzahl	Schuß pro m	Durchdringungstiefe mm Stahl
5	2,44	24	13	127
4	2,44	24	13	102
3 3/8	2,44	24	13	89
2 5/8	2,28	24	13	50,8

Der besondere Vorteil dieser Apparatur ist der absolut glatte Durchschlag durch den Zement ohne jedwede Rißbildung, die beim Perforieren mit dem Kugelapparat nicht immer zu vermeiden ist. Es wäre denn, daß der Zement mit Bentonit angerührt und nicht allzulange Zeit erhärtet ist.

Beim Perforieren von Ölschichten, die nur durch dünne Tonbänke von Wasserhorizonten getrennt sind, können solche Risse zu Wasserdurchbrüchen führen.

Wenn man die beiden Perforiermethoden miteinander vergleicht, muß dem Koneshot-Verfahren in mancher Hinsicht der Vorzug gegeben werden.

Die Eindringungstiefe ist im allgemeinen besser, die Börtelung der Rohre minimal, ebenso minimal ist auch das Aufreißen von Zementierungen.

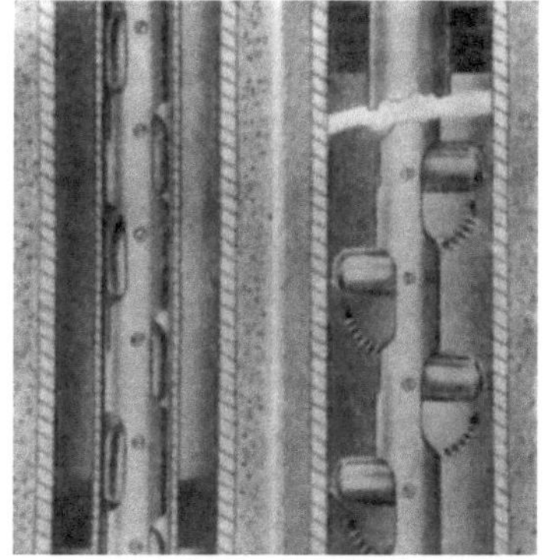

Abb. 217. Jet-Perforier-Apparat zum Einbau durch Steigrohre

Der Schußapparat nach Abb. 217 kann durch die engen Steigrohre eingebaut werden, um die Futterrohre unterhalb derselben zu perforieren. Die einzelnen Laderäume sind miteinander gelenkig verbunden und gleiten beim Einbau entlang der inneren Steigrohrwand. Sobald sie aus dem unteren Steigrohrende austreten, stellen sie sich horizontal, in welcher Stellung auch das Abschießen erfolgt.

Trotz des verhältnismäßig kleinen Querschnittes, der hier zum Einbau zur Verfügung steht, können die Läufe genügend lang gehalten werden und ermöglichen dadurch eine befriedigende Schußweite.

4. Neueste Konstruktion der Koneshot-Apparatur

In Abb. 218 ist ein Querschnitt des neu entwickelten Jet-Systems, Dyna-Jet genannt, ersichtlich.

Es besteht aus einem Metallgehäuse, einer Bohrung oder Ausnehmung für die Zündschnur, einer Zündladung, einer Stahleinlage, einem mit Wachs überzogenen RDX-Sprengstoff und einem Metall-Liner. Die Größe ist ähnlich den gewöhnlichen Ladungen für 4-Zoll-Perforier-Apparate und enthält 19 g Sprengstoff.

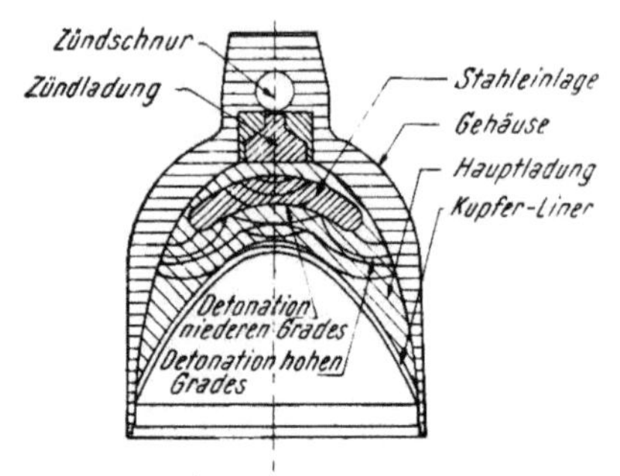

Abb. 218. Dyna-Jet-Perforier-Apparat (nach J. E. Kastrop, Petroleum Engineer, Januar 1957)

Die Zündladung ist nicht so dicht gepackt wie die Hauptladung, ist aber empfindlicher gegen Stoß als letztere. Je dichter der Sprengstoff gepackt ist, desto wirkungsvoller ist seine Sprengkraft. Die Zündschnur bringt also die lose gepackte Zündladung zur Detonation und diese den Sprengstoff.

Die Anwendung der Stahleinlage und die Form des Metall-Liners waren die kritischen Faktoren für die Verbesserung der geformten Ladungen.

Bei den normalen Ladungen bewirkt die Konus-Depression, daß die durch die Detonation in kleine Partikelchen zerfallenen Linerteile zur Konusachse konvergieren und damit eine zusätzliche Wirkung auslösen.

Es ist bekannt, daß, wenn eine Detonation niederen Grades von einer hohen Grades überlagert wird, nicht nur eine zusätzliche, sondern eine vielfache Wirkung zustande kommt.

Um bei einer Sprengladung eine Detonation hohen und niederen Grades zu erzielen, wurde eine Stahleinlage eingebaut. In Abb. 218 sind beide Detonationsgrade ersichtlich, wie sie sich über der sphärischen Form des Liners überlagern.

Die Detonation wird durch die Stahleinlage zu einer niederen Grades verlangsamt, während die Detonation in der Sprengladung eine solche hohen Grades bleibt. Die Stahleinlage und die geformte Sprengladung bewirken somit sowohl eine Detonation niederen als auch eine hohen Grades, die sich über dem sphärischen Teil des Liners überlagern. Die Form des Metall-Liners wurde so geändert, daß der Jet-Strahl die erwünschten Charakteristiken bekam. Statt eines Konus mit gekrümmtem Scheitel, wie er bei den normalen Ladungen in Verwendung ist, bekommt der Metall-Liner bei der neuen Jet-Ladung mehr die Form eines Ellipsoids.

Der Vorteil dieser neuen Ladung liegt vor allem darin, daß der Durchmesser des Schußkanals, die Eintrittsöffnung des Strahls und die Schußkanal-Länge größer werden.

5. Letzte Angaben aus USA über Kugel-Schuß- und Koneshot-Perforier-Apparate von J. Lebus[1]

Nach den bisherigen Erfahrungen in USA mit den oben angeführten Perforier-Apparaten sind bezüglich der Bevorzugung des einen oder anderen Typs die nachfolgenden Faktoren maßgebend:

[1] World Oil, März 1957.

1. Die Temperatur im Bohrloch,
2. der Durchmesser der zu perforierenden Futterrohre,
3. der erwünschte Aufbrucheffekt der Formation,
4. die Wirtschaftlichkeit.

ad 1. In Bohrungen, in denen Temperaturen von mehr als 130° C vorhanden sind, ist der Jet-Apparat vorzuziehen, da die Pulversorten, welche in Kugelapparaten Verwendung finden, temperaturempfindlich sind. Der Schuß kann sich daher bei diesen letzteren Apparaten früher lösen, als es erwünscht ist. Jet-Apparate haben Ladungen, die bei weit höheren Temperaturen noch unempfindlich sind.

ad 2. Beim Kugel-Schußapparat ist eine möglichst lange Lauflänge anzustreben. Er soll aber gegenüber dem Innendurchmesser der Futterrohre nur um etwa 2 Zoll = 50,0 mm kleiner sein, damit der Einbau zeitsparend und ohne Schwierigkeiten erfolgen kann. Beim Jet-Apparat spielt die Größe seines Durchmessers nicht die maßgebende Rolle. Auch mit Apparaten von 1 3/4 Zoll Durchmesser wurde eine entsprechende Durchschlagsteufe erreicht.

ad 3. Was das Aufbrechen der Gesteinsformationen betrifft, ergibt der Kugelapparat einen besseren Erfolg als der Jet-Apparat.

ad 4. Die Kugelapparate sind im allgemeinen wirtschaftlicher. Es können mehr Schuß pro m Rohrlänge abgegeben werden, so z. B. 6, 12 und 18 Schuß/m. Es ist ferner möglich, mit einem Einbau eine größere Teufenstrecke auf einmal zu perforieren. Auch können einzelne Teufenstrecken mit einem Einbau selektiv perforiert werden.

Das Perforieren hat, wie schon gesagt wurde, den Zweck, Verbindungskanäle von der öl- oder gasführenden Formation zum Bohrloch herzustellen.

Nach Laboratoriumsversuchen, wobei ein 15 Zoll (381,0 mm) langes Rohr mit dem Durchmesser von 6 Zoll (152,4 mm) mit einer Zementschlämme vom spezifischen Gewicht 1,9 gefüllt wurde, konnten nach verschiedener Erhärtungszeit die nachfolgenden Durchschlagsteufen mit Kugel- und Jet-Apparaten gemessen werden:

Type der Apparate	Durchschlagsteufe in Zoll nach Erhärtungszeit von Std.				
	24	72	120	168	240
Kugel-Apparat	15	15	12 7/8	10 1/2	9 3/8
Jet-Apparat	15	11 7/8	11 3/16	11 3/16	10 1/2

In einem sehr harten Sandstein durchschlug die Kugel eine Teufe von 4 Zoll, der Jet-Apparat hingegen 6 3/4 Zoll. In einer mittelharten Stahlplatte war mit der Kugel eine Durchschlagsteufe von 2 Zoll, mit dem Jet-Apparat eine solche von 3 7/8 Zoll zu erzielen.

Daraus kann geschlossen werden, daß für besonders schwere Bedingungen (Durchschießen mehrerer, teleskopisch ineinanderliegender und zementierter Futterrohre) der Jet-Apparat der geeignetere ist.

Bei verhältnismäßig leichteren Bedingungen hingegen wird der Kugelapparat wirtschaftlicher sein.

XXIII. Neue Konstruktionen von Kernapparaten

1. Kernapparate, die am Gestänge eingebaut werden

Im Prinzip (s. Abb. 219) ist es die gleiche Apparatur, wie sie in meinem Buch „Tiefbohrgeräte“ beschrieben wurde.

Der Unterschied ist lediglich der, daß die Kugelverlagerung des Innenrohres nicht abgedichtet ist und die Kugel des Rückschlagventils erst nach dem Reinspülen der Bohrlochsohle eingeführt werden kann.

Die Kernfänger (s. Abb. 220 *a* und *b*) sind aus Stahl gefertigt und innen mit einer griffigen Hartmetallpanzerung ausgestattet. Für brüchige Formationen wird der Fänger nach Abb. 220 *b*, für weichere Gesteine jener nach Abb. 220 *a* eingesetzt.

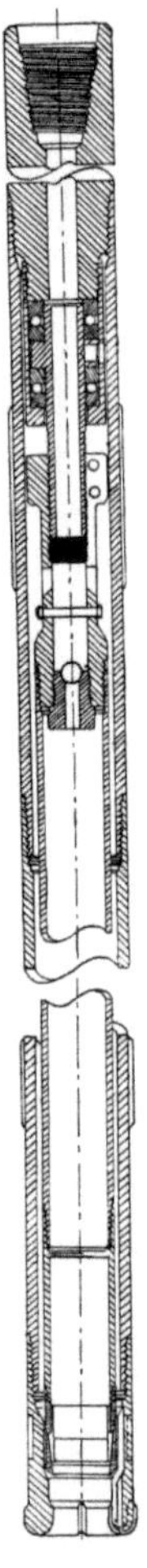

Abb. 219. Doppelkernrohr mit stillstehendem Innenrohr nach Fa. Christensen Diamond Products Co.

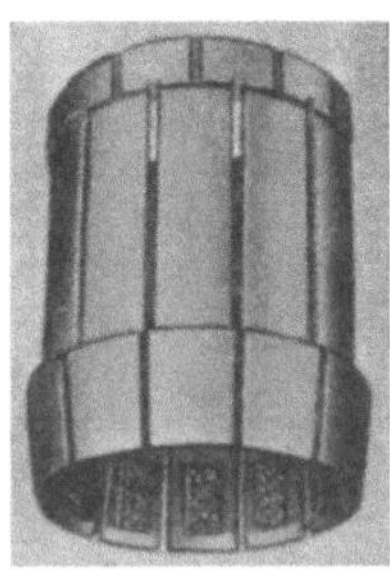

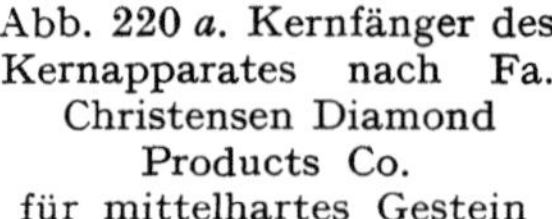

Abb. 220 *a*. Kernfänger des Kernapparates nach Fa. Christensen Diamond Products Co. für mittelhartes Gestein

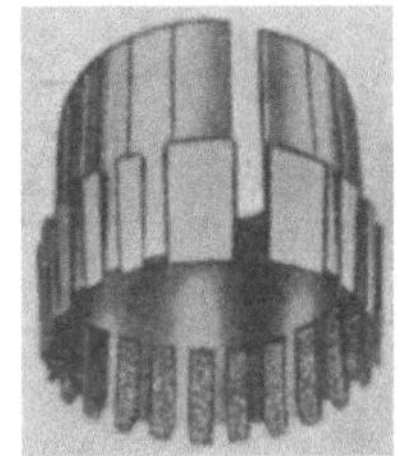

Abb. 220 *b*. Kernfänger des Kernapparates nach Fa. Christensen Diamond Products Co. für hartes Gestein

Die Firma Christensen Diamond Products (Salt Lake City, Utah) baut diese Kernapparate in den in Tab. 57 verzeichneten Größen.

Tabelle 57. *Maße der Diamant-Kernapparatur der Fa. Christensen Diamond Products Co.*

Länge des Kernapparates mm	18 300,0				
Außendurchmesser des Außenrohres Zoll bzw. mm	4 1/2 114,3	4 3/4 120,65	5 3/4 146,05	6 3/4 171,45	7 5/8 193,675
Kleinster Innenduchmesser im Innenrohr Zoll bzw. mm	2 1/8 53,975	2 5/8 66,675	3 1/2 88,90	4 101,80	5 1/4 133,35
Nenngröße des anschließenden Gestänges Zoll	2 7/8 Regular	3 1/2 F.H.	4 1/2 F.H.	4 1/2 F.H.	4 1/2 F.H.

2. Das Seilkernrohr der Firma Reed Roller Bit Co.

Bei den normalen Kernapparaten müssen diese zwecks Kerngewinnung mit dem Bohrstrang ausgebaut werden, was bei der Konstruktion der Firma Reed nicht erforderlich ist (s. Abb. 221 *a* bis *c* und Tab. 5b).

Hier wird der, allerdings kleinkalibrige, Kernapparat durch den Bohrstrang eingelassen und ragt mit seiner Kernkrone aus einer zentralen Bohrung des Spezialmeißels heraus.

Die erste, am Spezialbohrmeißel anschließende Schwerstange, innerhalb welcher der Kernapparat zu stehen kommt, hat ein besonderes Anschlag-Klemmstück (*10*) innen angeschraubt, in welches die unter Federspannung stehende Klinke (*12*) eingreift, so daß eine Aufwärtsbewegung des Kernapparates während der Kernarbeit verhindert wird.

Das Kopfstück desselben ist dementsprechend ausgebildet, wie dies in Abb. 221 *c* ersichtlich ist.

Ist die Länge des Kernapparates abgebohrt, wird an einem Drahtseil mit einem Durchmesser von 12 bis 18 mm eine Fangglocke durch das Bohrgestänge eingelassen, die am Kopf des Apparates eingreift. Beim Hochziehen dieser Fangeinrichtung wird mittels des Führungsbolzens (*11*), der sich im Schlitz der Sperrklinke befindet, diese aus der Klemmstellung gelöst und der Kernapparat kann ausgebaut werden.

Am unteren Ende des Apparates ist ein Haltering (*4*) vorgesehen, der auf der verengten Innenbohrung des Meißels aufsitzt und ein Durchfallen des Kernrohres verhindert.

Die Meißelbohrung ist im Durchmesser entsprechend weit gestaltet, so daß der erwähnte Haltering Bewegungsfreiheit hat.

Zwischen dem Klemmstück oben und dem mit einem Rückschlagventil (*8*) ausgestatteten eigentlichen Kernrohr ist eine starke Spiralfeder (*7*) eingebaut, um Druckstöße, die sich beim Kernen ergeben, zu dämpfen.

Ist eine Kerngewinnung nicht erwünscht, wird an Stelle des beschriebenen Kernapparates ein eigenes Spitzmeißelstück in die zentrale Bohrung des Meißels eingeführt, so daß die normale Bohrarbeit fortgesetzt werden kann.

Das Spitzmeißelstück ist in der gleichen Art wie das Kernrohr in der Schwerstange festgeklemmt und kann auch mit der gleichen Fangvorrichtung ausgebaut werden.

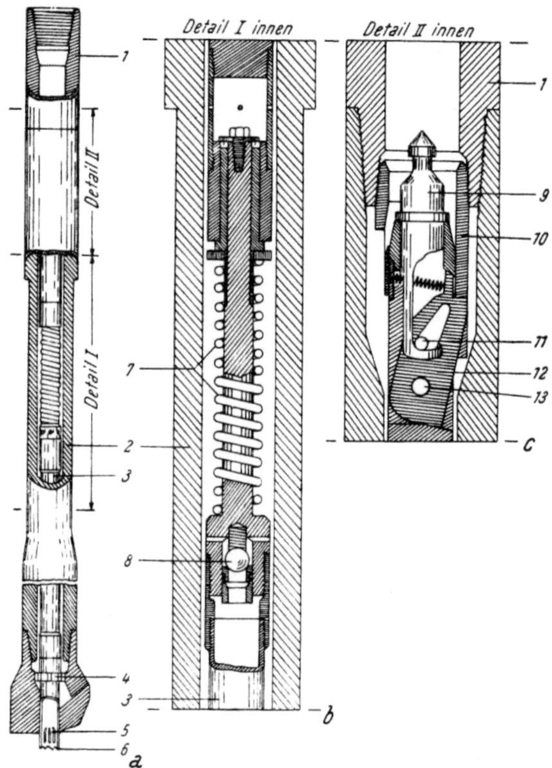

Abb. 221 *a* bis *c*. Seilkernrohr (Wire line core bit) nach Fa. Reed Roller Bit Co. *1* Übergangsstück von Schwerstange auf Gestänge, *2* Schwerstange, *3* Kernrohr, *4* Halterippen, *5* Kernfänger, *6* Bohrkrone, *7* Spiralfeder, *8* Auslaßventil, *9* Kernrohrkopf-Fangstück, *10* Anschlagklemmstück, *11* Fangstückbolzen, *12* Sperrklinke, *13* Sperrklinken-Drehbolzen

Dieser Kernapparat liefert allerdings nur unter sehr günstigen Bedingungen eine voll befriedigende Kerngewinnung und wird daher dort eingesetzt, wo nur eine allgemeine Orientierung über die durchteuften Schichten gefordert wird.

Tabelle 58. *Maße der Seilkernrohre der Firma Reed Roller Bit Co.*

Type	Bohrmeißel - Durchmesser Zoll	Schwer- stangen- Durch- messer Zoll	Schwer- stangen- bohrung Zoll	Außen- durch- messer des Kernrohres Zoll	Kerndurch- messer Zoll	Kern- länge ft
PA	5 5/8 bis 8 1/2	4 3/8	2 1/4	1 11/16	1	6
PAA	5 5/8 bis 8 1/2	4 3/8	2 1/4	1 7/8	1 1/8	6
PCC	6 5/8 bis 9 7/8	6	2 7/8	2 3/8	1 7/16	10
PDD	9 1/2	8	2 13/16	2 11/16	1 11/16	10
PF	9 1/2	8	4	3 15/16	2 3/16	10 1/2

3. Das Seilkernrohr mit Diamantbohrkrone der Firma Christensen

Es ist im Prinzip ein Doppelkernrohr mit feststehendem Innenrohr, das in der Legende zu Abb. 222 beschrieben ist.

Das Seilkernrohr wird hier in ein eigenes dickwandiges Außenrohr eingeführt, an dessen unterem Ende eine Diamantbohrkrone mit zentraler Bohrung angeschraubt ist.

Das Charakteristische bei dieser Konstruktion ist das Fehlen einer Klemmeinrichtung am oberen Ende des Apparates.

Der Spülstrom, welcher durch eigene Düsen in den Ringraum geführt wird, erzeugt einen entsprechend hohen Staudruck, der allein das Niederhalten des Kernrohres bewirkt.

Das Seil-Innen-Kernrohr selbst hängt in Kugellagern, deren Widerlager in einer eigenen Rast des Spezial-Außenrohres aufsitzen. Zum Unterschied vom Reedschen Seilkernapparat macht das Innenrohr die Drehbewegung nicht mit und ragt auch nicht aus der hier verwendeten Diamantbohrkrone heraus.

Die Kernmuffe mit dem Kernfänger ist ebenso ausgeführt wie beim normalen Diamantkernrohr der Firma Christensen.

Die Maße dieser Apparate sind in Tab. 59 ersichtlich.

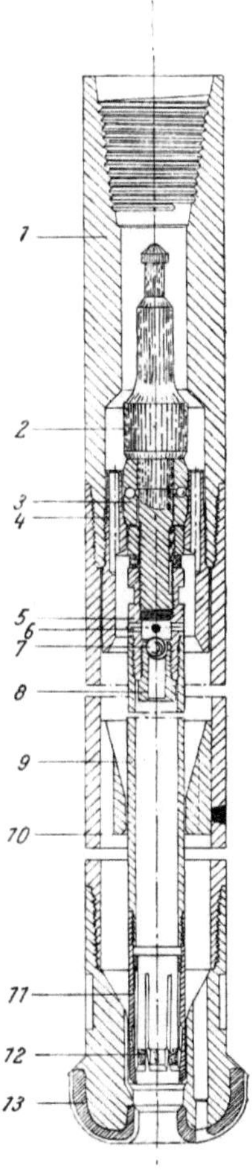

Abb. 222. Diamant-Seilkernrohr nach Fa. Christensen Diamond Products Co.

1 Verbindungsstück, *2* Innenrohrkopf, *3* Kugellager, *4* Auflager mit Bohrungen, *5* Verbindungsstück zum Innenrohr, *6* Radiale Bohrungen, *7* Ventilkugel, *8* Düse, *9* Innenrohr, *10* Außenrohr, *11* Kernfangmuffe, *12* Kernfänger, *13* Diamantkrone

Tabelle 59. *Maße der von der Firma Christensen gebauten Diamant-Seilkernrohre*

Länge Zoll bzw. mm	15 Fuß = 4575,0 mm				
Außendurchmesser des Außenrohres Zoll bzw. mm	3 3/4	4 1/8	4 3/4	5 3/4	6 3/4
Kerndurchmesser Zoll bzw. mm	1 1/8	1 1/8	1 1/8	1 3/4	1 3/4
Anschlußgewinde	2 7/8 Außenverd. Tubing	2 7/8 A.P.I. I.F. Muffe	3 1/2 A.P.I. F.H. Muffe	4 1/2 A.P.I. F.H. Muffe	4 1/2 A.P.I. F.H. Muffe

4. Kerngewinnung aus der Bohrlochwand

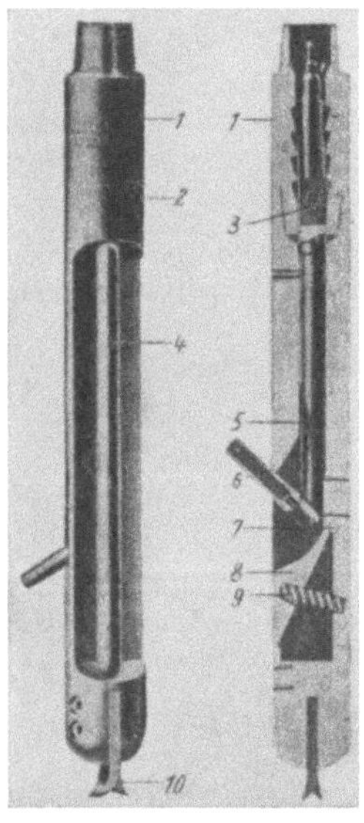

Abb. 223. Bohrlochwand-Kerngerät nach Fa. A—1 Bit & Tool Co.
1 Übergangsstück, *2* Gehäuse, *3* Sperrklinke, *4* Spülungsrohr, *5* Kernapparatur, *6* Kernrohr mit Gelenk, *7* Drehbolzen, *8* Keilstück, *9* Spiralfeder, *10* Meißelschneiden

Bei Förderbohrungen werden im allgemeinen wenig Kerne mit den normalen Kernapparaten gezogen.

Man beschränkt sich bei diesen Bohrungen auf Kernarbeiten, um bestimmte Leithorizonte festzustellen und auf Kerne aus Öl- oder Gashorizonten, um die Porosität, Durchlässigkeit und Sättigungsverhältnisse der gewonnenen Kerne im Laboratorium zu ermitteln.

Vielfach wird zur Kontrolle der Schichtenfolge lediglich der Bohrschmant im Laboratorium untersucht.

Obwohl vor Einbau einer jeden Futterrohrkolonne ein Bohrloch-Profil mit dem bekannten Schlumberger-Verfahren aufgenommen wird, kann es vorkommen, daß sich für Korrelationszwecke zusätzlich Kerne aus dem unverrohrten Bohrloch als erforderlich erweisen.

Um aus der Bohrlochwand kurze Orientierungskerne zu gewinnen, wurden besondere Apparate entwickelt.

Was ihre Konstruktion betrifft, stehen zwei Typen in Verwendung, und zwar:

a) Kernapparate, bei denen kurze Kernrohre mechanisch in die Bohrlochwand gedrückt bzw. gebohrt werden (s. Abb. 223) und

b) solche, bei denen kurze Kernrohre durch eine explosive Ladung in die Bohrlochwand geschossen werden.

Die unter a) genannten Kernapparate werden in verschiedener Ausführung gebaut. So z. B. von der amerikanischen Firma Houston Oil Field Material Co. Inc. (HOMCO), der Firma A—1 Bit & Tool Co. und der Hunt-Tool Co.

a) Bohrlochwand-Kernapparatur der Firma Houston Oil Field Material Co. Inc.

Diese Apparatur (s. Abb. 223) besteht aus einem eigenen starkwandigen Gehäuseteil (*2*), der am Bohrgestänge eingebaut wird. Das untere kugel-kalottenförmige Ende hat zwei Meißelschneiden aufgesetzt (*10*).

Das Gehäuse ist auf einer Seite glatt gefräst, so daß ein Spülungsrohr (*4*) in diesem Teil Platz findet, welches die Spül-Bohrung im oberen Teil mit den Spül-Bohrungen des Meißels verbindet.

Unmittelbar nebenan ist im gleichen Gehäuse eine zweite lotrechte Bohrung vorgesehen, in die der Kernapparat (*5*) eingebaut wird.

Dieser Kernapparat ist mit einer eigenen Sperrklinke (*3*) in dem innen gezahnten Teil des Übergangsstückes (*1*) fixiert.

Im unteren Teil, der für die Aufnahme des Kernapparates bestimmten flachen Ausnehmung, ist ein schräg gestelltes Keilstück (*8*) vorgesehen, das in einem Drehbolzen (*7*) gelenkig gelagert ist und mittels der Spiralfeder (*9*) in der Schrägstellung gehalten wird.

Die Arbeitsweise mit dieser Apparatur ist folgende:

Das Gerät wird am Bohrgestänge eingebaut, und zwar zunächst ohne die Kernapparatur.

Falls es erforderlich ist, das Bohrloch vor der Kernentnahme durchzuspülen, wobei der Spülstrom bis zum Meißel geführt werden muß, wird die zentral angeordnete Bohrung, die für die Aufnahme des Kernapparates bestimmt ist, verschlossen.

Dies erfolgt durch den Einbau einer kurzen Stahlstange, die frei fallend in das Gestänge eingelassen wird und die zentrale Bohrung, in die später der Kernapparat eingebaut wird, verschließt.

Sobald das Bohrloch auf die erwünschte Teufe freigespült wurde, wird die Stahlstange mittels einer am Stahlseil in das Gestänge eingebauten Fangkrone gezogen und an ihrer Stelle die Kernapparatur eingelassen.

Der gelenkige Teil (*6*), der für die Kernaufnahme bestimmt ist, gleitet entlang der Keilfläche gegen die Bohrlochwand. Wenn nun der Bohrstrang nachgelassen wird, drückt sich das Kernrohr in die Bohrlochwand.

Beim Anheben der Bohrgarnitur klappt das Kernrohr mit dem so gewonnenen Kern nach abwärts gegen die Keilfläche (*8*).

Die Kernapparatur kann nun wieder mit einer an einem Drahtseil eingebauten Fangkrone gezogen und in weiterer Folge der Bohrstrang mit dem Gehäuse ausgebaut werden.

Abb. 224. Apparat zum Schießen von Kernen aus der Bohrlochwand nach Fa. Schlumberger

b) Das Schießen von Kernen aus der Bohrlochwand

Man verwendet dazu eine besondere Apparatur, welche von der Firma Schlumberger entwickelt wurde (s. Abb. 224).

In einem Stahlzylinder sind radial 6, 12, 18, 24, ja sogar 30 kurze Kernrohre übereinander eingesetzt, die wie Geschosse auf je einem Laderaum aufsitzen, der mit einem brisanten Pulver gefüllt ist.

Der dem Laderaum zugekehrte Teil des Kernrohres ist mit einem massiven, abschraubbaren Metallpfropfen abgeschlossen.

Jedes Kernrohr ist mit zwei Drähten mit dem Gehäuse der Apparatur verbunden, an denen es beim Ausbau hängen bleibt.

Für weiches und hartes Gestein sind die Schneideköpfe der Kernrohre unterschiedlich ausgebildet. Bei weichem Gestein hat der Schneidekopf eine scharfe Schneide, bei hartem Gestein ist er gezahnt mit stumpfen Schneidewinkeln.

Jedes Kernrohr hat ferner zwei radiale Bohrungen, durch die die Spülung, beim Eindringen desselben in die Bohrlochwand, entweichen kann.

Das Gerät wird an einem mehradrigen, isolierten Kabel in das unverrohrte Bohrloch eingelassen, die einzelnen Ladungen werden auf der gewünschten Teufe, nacheinander, elektrisch gezündet.

Die kurzen Kernrohre werden auf diese Weise in die Bohrlochwand geschossen und füllen sich dabei mit dem ihnen gegenüberliegenden Gestein.

Beim Anheben der Apparatur hängen die Kernrohre an ihren Drähten, mit denen sie, wie schon erwähnt wurde, am Gehäuse der Apparatur verbunden sind.

Es sind hauptsächlich die folgenden zwei Nenngrößen in Verwendung:

Außendurchmesser		Schußzahl	Kerndurchmesser		Kernrohrlänge		Mindest-Bohrlochdurchmesser	
Zoll	mm		Zoll	mm	Zoll	mm	Zoll	mm
4 3/4	120,6	30	1 3/16	63,5	2 1/2	63,5	7 1/2	190,5
3 9/16	90,5	24	3/4	19,0	1 1/2	38,0	5 1/2	140,0

Literaturverzeichnis

A — 1 Bit & Tool Co.: Prospekte.

Anderson, A.: Underground Surveys of Oil Wells. In Uren, L. Ch.: Petroleum Production Engineering, Band „Oil-Field Development", **3**. Aufl., S. **716**. New York-London: McGraw-Hill Book Company, Inc. **1946**.

Anderson, F. M.: Effect of Mud-Treating Chemicals on Oil-Well Cements. Oil and Gas Journal, **29**. September **1952**.

A.P.I. Vorschriften für Bohrspülungen, Meßgeräte zur Bestimmung von deren Charakteristiken, Vorschriften für Zemente für Tiefbohrungen und für Apparate zur Bestimmung der Charakteristiken.

A.P.I. Vorschriften für Rotary-Bohrgestänge, Futterrohre für Tiefbohrungen, Futterrohrflanschen, herausgegeben vom American Petroleum Institute, Division of Production, Dallas/Texas. Übersetzt vom Wirtschaftsverband Erdölgewinnung e.V. Celle.

Arbeitsausschuß „Spülung" des Wirtschaftsverbandes Erdölgewinnung e.V. Hannover, **15**. Januar **1956**, Sonderdruck.

Baash Ross Tool Co.: Prospekte.

Bachmann, W. S.: Rubber Stabilizers Solving Permian Problems. World Oil, Oktober **1953**.

Baker Oil Tools Inc.: Prospekte.

Baroid Sales Division: Prospekte.

Barrett, J. P. und E. D. Gould: Cathodic Protection in Action. World Oil, März **1956**.

Bergmann, W. E., C. J. Engle, S. J. Marwil und M. R. Tek: Three-Inch Cyclone Removes Solids from Drilling Fluids. World Oil, April **1956**.

Besigk, H. und G. Kühne: Beitrag zur Kenntnis der Arbeitsweise von Gesteinsbohrern unter besonderer Berücksichtigung spanabhebender Bohrer. Öl und Kohle, November **1940**.

Bobo, R. A., R. S. Hoch und G. S. Ormsby: The Importance of Rock Bit Size. World Oil, Januar **1955**; Phillip Tests Air-Mud Drilling. Oil and Gas Journal, **24**. Januar **1955**.

Boice, E. G.: Crush Type Bit Speeds Brittle Formation Drilling. World Oil, Oktober **1952**.

S. R. Bowen Co.: Prospekte.

Brady, A.: How Magnesium Anodes Retard Casing Corrosion. World Oil, Januar **1957**.

Bromell, R. J.: Cut Drilling Costs with Planned Crooked Hole Program. World Oil, Dezember **1954**.

Byron & Jackson Tools Inc.: Prospekte.

Caldwell, D. H. und H. E. Babbitt: Flow of Muds, Sludges and Suspension in Circular Pipe. Industrial and Engineering Chemistry **33** (**2**), (**1941**), **249**.

Cameron Iron Works Inc.: Prospekte.

Cannon, G. E.: A.P.I. Drilling and Production Practice, herausgegeben vom American Petroleum Institute, Dallas/Texas. **1934**.

Cassidy, J. Jr.: More Efficient Rig Hydraulic System Means More Profit in Shallow Drilling. World Oil, Juni **1955**.

Christensen Diamond Products Co.: Prospekte.

Clason, C. E.: Evolution and Use of Gypsum Cement for Oilwells. World Oil, August **1949**.

CURRAN, B. E.: Replaceable End Drill-Collars in Multiple Collar-Strings. World Oil, Dezember 1949.

The Dia-Log Co.: Prospekte.

DUBBELS Taschenbuch für den Maschinenbau, Band I und II, 11. Aufl. Berlin-Göttingen-Heidelberg: Springer-Verlag. 1953. Berichtigter Neudruck 1958.

DUMBAULD, G. K., F. A. BROOKS JR., B. E. MORGAN und G. W. BINKLEY: A Lightweight, Low Water-Loss, Oil-Emulsion Cement for Use in Oil-Wells. Journal of Petroleum Technology, Mai 1956.

Dyckerhoff-Zementwerke: Prospekte.

Eastman Oil Well Surveys Co.: Prospekte.

ECK, B.: Einführung in die technische Strömungslehre, Band I. Berlin: Springer-Verlag. 1935.

ECK, B.: Technische Strömungslehre, 5. Aufl. Berlin-Göttingen-Heidelberg: Springer-Verlag. 1957, Neudruck 1958.

ECKEL, J. R. und W. J. BIELSTEIN: Nozzle Design and its Effect on Drilling Rate and Pump Operation. World Oil, Februar-März 1952.

EINARSEN, CH. A.: High Strength Granular Sealing Materials Increases Efficiency of Primary Cementing and Squeeze Cementing. Journal of Petroleum Technology, August 1955.

Erdöltechnisches Handbuch, herausgegeben vom Wirtschaftsverband Erdölgewinnung e.V. Celle, 1950, mit Nachträgen.

FIEDLER, K.: Österreichisches Patent Nr. 184 535, angemeldet am 6. Dezember 1956.

FORSYTH, V. L. und J. GARDINER: A Study in the Effective Use of the Shaped Charge Process. In: Koneshot Perforating. Sonderdruck der Lane-Wells Co., No. KS-49-3.

Gardner-Denver Co.: Prospekte, Composite Catalog 1951.

GATLIN, C.: Perforating of All Types. Petroleum Engineer, Februar 1955.

GIBBON, A.: Oil-Emulsion Mud Studies in Dissimilar Areas. World Oil, Februar 1952.

Paul Gräfe: Prospekte, Sonderdruck.

GRAY, G. R. und W. C. KELLOG: The Wilcox Trend. A Cross-Section of Typical Mud Problems. World Oil, August 1955.

GRODDE, K. H.: Beiträge zur Rheologie disperser Systeme. Erdöl und Kohle **6** (1953), Juli.

Halliburton Oil Well Cementing Co.: Prospekte, Sonderdruck.

Haniel & Lueg G.m.b.H.: Prospekte, Sonderdruck.

HAVENAAR, I.: The Pumpability of Clay-Water Drilling Fluids. Journal of Petroleum Technology, November 1954.

HEAD, A. L., JR.: A Drillability Classification of Geological Formations. World Oil, Oktober 1951.

HOLMQUIST, J. L. und A. NADAI: A.P.I. Drilling and Production Practice, herausgegeben vom American Petroleum Institute, Dallas/Texas. 1939. Auch in ZABA, J. und W. T. DOHERTY: Practical Petroleum Engineers' Handbook, 3. Aufl. Houston/Texas: Gulf Publishing Co. 1949.

HOPF, L.: Die Messung der hydraulischen Rauhigkeit. Zeitschrift für angewandte Mathematik und Mechanik **3** (1923), 329.

Houston Oil Field Material Co. Inc. (HOMCO): Prospekte.

HOWARD, G. C. und P. P. SCOTT JR.: An Analysis and Control of Lost Circulation. Transactions of the American Institute of Mining and Metallurgical Engineers **192** (1951), 171.

Hughes Tool Co.: Prospekte, Sonderdruck.

Hunt-Tool Co.: Prospekte.

Hütte, des Ingenieurs Taschenbuch, 27. Aufl. Berlin: Wilhelm Ernst & Sohn. 1949.

Hydril Co.: Prospekte.

JOHNSTON, D. und W. R. JOHNSON: Current Drilling Practice in West-Texas. World Oil, April 1953.

M. O. Johnston Oil Field Service Corp.: Prospekte.

Kalle & Co.: Prospekte, Sonderdruck.

Kastrop, J. E.: New Shapped Charge Packs Bigger Wallop. Petroleum Engineer Januar **1957**.

Kinzbach Tool Co. Inc.: Prospekte.

Lane-Wells Co.: Prospekte.

Larkin Packer Co. Inc.: Prospekte.

Lebus, J.: Should We Use Bullets or Jets? World Oil, März **1957**.

LeBus Rotary Tool Works Inc.: Prospekte.

Lemmons, R. D. und K. J. Barr: Air Drilled Well Compared with Well Drilled with Mud. World Oil, Januar **1955**.

Leutert, Friedrich, K.G.: Prospekte.

Lilienthal, W. B.: Meter Aids Exact Mud Control. World Oil, Juli **1952**.

Lubinski, A.: Buckling of Rotary-Drilling-Strings. World Oil, März-Mai **1951**.

Lummus, J. L. und B. V. Randall: New Oil-Base and Invert Emulsion Mud Introduced. World Oil, November **1956**.

Magner, H. J.: Lost Circulation and Completion Problems Eased. World Oil, Januar **1955**.

Mannesmann-Rohrbau G.m.b.H.: Mannesmann-Rohre für das Ölfeld, 5. Aufl. **1955**.

Mannesmann-Trauzl A.G.: Prospekte.

Martin-Decker Corp.: Prospekte.

McCullough Tool Co.: Prospekte.

McLaughlin, Ch. und W. F. Hower: Report to the Industry on Diesel-Oil-Cement. World Oil, Dezember **1955**.

McLaughlin, Ph. L.: Air and Gas Drilling. World Oil, Februar **1955**.

Melrose, I. C.: Meter Aids Exact Mud Control. World Oil, Juli **1952**.

Morgan, B. E. und G. K. Dumbauld: Bentonite Cements Proving Successful in Permanent-Type Squeeze Operations. World Oil, November **1954**.

Müller, W.: Kraftverschraubung von Gestängeverbindern. Erdöl-Zeitung **71** (1955), Heft 7.

Murray, A. S. und R. A. Cunningham: Effect of Mud Column Pressure on Drilling Rates. Journal of Petroleum Technology, November **1955**.

The National Supply Co.: Prospekte, Sonderdruck.

Nolley, I. P., G. R. Cannon und D. Ragland: The Relation of Nozzle Fluid Velocity to Rate of Penetration with Drag-Type Rotary Bits. World Oil, Oktober **1948**.

Oilwell Drain Hole Drilling Co.: Prospekte.

Oil Well Supply Co.: Prospekte.

Passler, H.: Meß- und Hilfsgeräte der Erdölindustrie und ihre Wartung. Bohrtechniker-Zeitung **58** (1940), **14**.

Prandtl, L.: Führer durch die Strömungslehre, **3**. Aufl. Braunschweig: Vieweg. **1949**.

Prikel, G.: Tiefbohrgeräte mit besonderer Berücksichtigung der Rotary-Bohranlagen. Wien: Springer-Verlag. **1957**.

Reed Roller Bit Co.: Prospekte.

Regan Forge & Engineering Co.: Prospekte.

Rogers, W. F.: Composition and Properties of Well Drilling Fluids, 1. Ed. Houston/Texas: Gulf Publishing Co. **1948**.

Rudat, W.: Festigkeitsberechnung von Gestängerohren. Erdöl und Kohle **6** (1953), August.

Salzgitter Maschinen-A.G.: Sonderdruck.

Schlumberger, Société de prospection électrique: Sonderdruck.

Schmitz, G.: Slip Velocity of Bit Cuttings. Canadian Oil and Gas Industries Juli **1955**.

Shaffer Tool Works: Prospekte.

Smith, D. K.: Physical Properties of Gel-Cement. Petroleum Engineer, April **1951**.

Spang-Chalfant: Prospekte, Sonderdruck.

Sperry Sun Well Surveying Corp.: Prospekte.

Szepanek, H.: Betriebserfahrungen mit Rollenmeißeln. Erdöl-Zeitung **72** (1956), Heft 7.

Technical Oil Tool Corp. Ltd. (TOTCO): Prospekte.
TEXTER, H. G. und R. S. GRANT: Causes and Prevention of Drillpipe and Tool Joint Troubles. World Oil, Oktober, November, Dezember **1948**, Januar, Februar, März **1949**.
Ungarischer Bentonit: Sonderdruck der Fa. Mineralimpex, Budapest.
VAN DYKE, O.: Oil-Emulsion-Drilling-Mud. World Oil, November **1950**.
VÖGL, E.: Diplomarbeit. Montanistische Hochschule Leoben, **1957**.
WALKER, A. W.: Squeeze Cementing. World Oil, September **1949**.
Wilson Supply Co.: Prospekte.
Wolff & Co.: Sonderdruck (Antisol).
WOODS, H. B.: Analysis of Rock Bits Performance Data. World Oil, September **1951**.

Firmenverzeichnis

A — 1 Bit & Tool Co., Houston, Texas, USA (S. 400).
Baash Ross Tool Co., Los Angeles, California, USA (S. 284, 288, 289, 354, 355, 358, 359, 360, 361, 367, 368, 369, 370).
Baker Oil Tools Inc., Huntington Park, California, USA (S. 321, 322, 337, 339, 340, 342, 346, 347, 348).
Baroid Sales Division, Los Angeles, California, USA (S. 123).
Bataafsche Petroleum Maatschappij, 's Gravenhage, Holland (S. 178, 179).
Gebr. Böhler & Co., A.G., Wien, Österreich (S. 9).
S. R. Bowen Co., Santa Fé Springs, California, USA (S. 354, 356, 357, 358, 359, 360, 361, 368, 369, 371, 372, 376).
Byron & Jackson Tools Inc., Los Angeles, California, USA (S. 354, 390).
Cameron Iron Works Inc., Houston, Texas, USA (S. 283, 285).
Christensen Diamond Products Co., Salt Lake City, Utah, USA (S. 396, 397, 399, 400).
DECECA-Chemie G.m.b.H., Hannover, Bundesrepublik Deutschland (S. 123).
The Dia-Log Co., Houston, Texas, USA (S. 370, 371).
Du Pont Explosives Department, Los Angeles, California, und Dallas, Texas, USA (S. 392).
Dyckerhoff-Zementwerke, Wiesbaden, Bundesrepublik Deutschland (S. 298, 299, 300, 301).
Eastman Oil Well Surveys Co., Dallas, Texas, USA (S. 177, 178, 179, 193, 194, 195, 196, 199, 200, 201).
Emsco Derrick & Equipment Co., Los Angeles, California, Houston and Garland, Texas, USA (S. 371).
English Drilling Equipment Co. Ltd. (EDECO), London, England (S. 9).
Farbwerke Höchst A.G., Höchst, Bundesrepublik Deutschland (S. 142).
Gardner-Denver Co., Quincy, Illinois, USA (S. 324, 326).
General Electric Co., New York, N.Y., USA (S. 22).
Gesellschaft für nautische und tiefbohrtechnische Instrumente, Kiel, Bundesrepublik Deutschland (S. 16).
Paul Gräfe, Wenningsen/Deister, Bundesrepublik Deutschland (S. 19, 184, 185).
Halliburton Oil Well Cementing Co., Duncan, Oklahoma, USA (S. 20, 111, 186, 295, 296, 297, 302, 305, 310, 319, 320, 325, 328, 331, 334, 336, 339, 341, 342, 390).
Haniel & Lueg G.m.b.H., Düsseldorf-Grafenberg, Bundesrepublik Deutschland (S. 5, 83).
Houston Oil Field Material Co. Inc. (HOMCO), Houston, Texas, USA (S. 400, 401).
Hughes Tool Co., Houston, Texas, USA (S. 9, 12, 23, 29, 152, 153, 157, 158, 164).
Hunt-Tool Co., Houston, Texas, USA (S. 400).
Hydril Co., Los Angeles, California, USA (S. 284, 285, 286, 287, 354).
Hydromatik G.m.b.H., Ulm/Donau, Bundesrepublik Deutschland (S. 27, 29).
International Cementers Inc., Long Beach, California, USA (S. 324, 329).
M. O. Johnston Oil Field Service Corp., Los Angeles, California, USA (S. 354, 370, 378, 379, 381, 382, 383, 384, 385, 387).
Kalle & Co., Wiesbaden, Bundesrepublik Deutschland (S. 115, 119).
Kingston Instrument Co. Ltd., London, England (S. 372).
Kinzbach Tool Co. Inc., Houston, Texas, USA (S. 208, 209).
Lane-Wells Co., Los Angeles, California, USA (S. 196, 390).
Larkin Packer Co. Inc., Waxahachie, Texas, USA (S. 338).

Namen- und Sachverzeichnis

Monotypesatz und Druck von Berger & Schwarz, Zwettl, N.-Ö.

Berichtigungen

S. 29, in der Legende zu Abb. 19 lies: *2* Spraberryschiefer statt: Sparberryschiefer.

S. 46, Zeilen 8 bis 10 von oben lies: cos (90 — 30) = 0,5; $R =$ $= 300 \cdot 0{,}5 \cdot 0{,}25 = 37{,}5$ kg/Berührungspunkt statt: cos (90 — 30) = 0,485; $R = 300 \cdot 0{,}485 \cdot 0{,}25 = 36{,}37$ kg/Berührungspunkt.

S. 46, Zeilen 17 und 18 von oben lies: 3750,0 kg bei $\alpha = 30°$ und 1302,0 kg bei $\alpha = 10°$ statt: 3637,0 kg bei $\alpha = 30°$ und 1175,0 kg bei $\alpha = 10°$.

S. 76, Zeile 4 von oben lies: Fressen statt: Pressen.

S. 145, Zeile 8 von oben lies: $\varrho = \frac{\eta}{\nu}$ statt: $\varrho = \frac{\eta}{\gamma}$.

S. 148, Zeile 18 von oben lies: $R_e = \frac{D_i \cdot v}{\nu}$ statt: $R_e = \frac{D_i \cdot v}{\gamma}$.

S. 148, Zeile 20 von oben lies: $\Delta p = 32 \cdot \frac{L}{D_i^2} \cdot \nu \cdot v \cdot \frac{\gamma}{g}$

statt: $\Delta p = 32 \cdot \frac{L}{D_i^2} \cdot \gamma \cdot v \cdot \frac{\gamma}{g}$.

S. 153, Zeile 4 von unten lies: Q = Spülvolumen in m^3/Min. statt: in m^3/Sek.

S. 164, Zeile 3 von oben lies: Q = Spülvolumen in m^3/Min. statt: in m^3/Sek.

S. 204, Zeilen 5 bis 7 von unten lies: Auf der Abszisse $0 — A$ ist die Lotabweichung, auf dem äußersten Kreisbogen sind die Azimutgrade aufgetragen statt: ist die Lotabweichung auf dem äußersten Kreisbogen aufgetragen.

MIX
Papier aus verantwortungsvollen Quellen
Paper from responsible sources
FSC® C105338

If you have any concerns about our products,
you can contact us on
ProductSafety@springernature.com

In case Publisher is established outside the EU,
the EU authorized representative is:
Springer Nature Customer Service Center GmbH
Europaplatz 3, 69115 Heidelberg, Germany

Printed by Libri Plureos GmbH
in Hamburg, Germany